Darstellungstechniken – Modellierung –
Modellierung von Informationssystemen

Geschäftsprozessanalyse — Kapitel 7

- **Prozessarchitektur**
  - Prozessarchitekturdarstellung — S. 316
- **Prozesse Übersichtsdarstellungen**
  - Prozesslandkarte (statisch) — S. 318
  - Prozesslandkarte (dynamisch) — S. 319
  - Kundenprozessübersicht — S. 323
- **Prozesse Ablaufdarstellungen**
  - Flussdiagramm — S. 328
  - Ereignisgesteuerte Prozessketten — S. 332
  - Vorgangskettendiagramm — S. 345
  - Aufgabenkettendiagramm — S. 346
  - Petri-Netz — S. 352
  - Sequenzdiagramm — S. 358
  - Aktivitätsdiagramm (UML) — S. 361
  - Verbale Rasterdarstellung — S. 368

Anforderungsanalyse — Kapitel 8

- **Anforderungsmodellierung**
  - Akteurbeziehungsdiagramm — S. 373
  - Anwendungsfalldiagramm — S. 374
  - Sequenzdiagramm — S. 381
- **Strukturmodellierung (Strukturdiagramme)**
  - Klassendiagramm (UML) — S. 385
  - Objektdiagramm (UML) — S. 389
- **Verhaltensmodellierung (Interaktionsdiagramme)**
  - Sequenzdiagramm (UML) — S. 390
  - Kollaborationsdiagramm (UML) — S. 392
- **Verhaltensmodellierung (Ablaufdiagramme)**
  - Aktivitätsdiagramm (UML) — S. 395
  - Zustandsdiagramm (UML) — S. 396
- **Funktionsmodellierung**
  - Ereignis-Funktionsdiagramm — S. 401
  - Funktionshierarchiediagramm — S. 404
- **Datenflussmodellierung**
  - Datenflussdiagramm — S. 408

Entwurf (Desgin) — Kapitel 9

- **Architektur- und Funktionsbeschreibung**
  - Komponentendiagramm (UML) — S. 420
  - Verteilungsdiagramm (UML) — S. 426
  - Block-Diagramm — S. 428
  - „Tier"-Darstellung — S. 431
  - Sequenzdiagramm — S. 434
  - Zustandsdiagramm — S. 434
  - Strukturdiagramm — S. 436
- **Programmierschnittstellen**
  - API-Darstellung — S. 440

Ralph Brugger

IT-Projekte strukturiert realisieren

Situationen analysieren, Lösungen konzipieren –
Vorgehen systematisieren, Sachverhalte visualisieren –
UML und EPKs nutzen

2., vollständig überarbeitete und erweiterte Auflage

Mit 456 Abbildungen

STUDIUM

Bibliografische Information der Deutschen Nationalbibliothek
Die Deutsche Nationalbibliothek verzeichnet diese Publikation in der
Deutschen Nationalbibliografie; detaillierte bibliografische Daten sind im Internet über
<http://dnb.d-nb.de> abrufbar.

1. Auflage 2003
2., vollständig überarbeitete und erweiterte Auflage 2005
   Unveränderter Nachdruck 2009

Alle Rechte vorbehalten
© Vieweg+Teubner | GWV Fachverlage GmbH, Wiesbaden 2005

Lektorat: Dr. Reinhold Klockenbusch | Andrea Broßler

Vieweg+Teubner ist Teil der Fachverlagsgruppe Springer Science+Business Media.
www.viewegteubner.de

Umschlaggestaltung: KünkelLopka Medienentwicklung, Heidelberg
Druck und buchbinderische Verarbeitung: MercedesDruck, Berlin
Gedruckt auf säurefreiem und chlorfrei gebleichtem Papier.

ISBN-13: 978-3-8348-0118-0   e-ISBN-13: 978-3-322-82041-9
DOI:10.1007/978-3-322-82041-9

Vorwort zur 2. Auflage

Die breite Akzeptanz der ersten Auflage hat gezeigt, dass die systematische Herangehensweise an IT-Projekte und deren strukturierte Realisierung ein wichtiges Anliegen in der Praxis ist und auch in der Ausbildung einen hohen Stellenwert einnimmt. Dieser Umstand, in Verbindung mit den zahlreichen Rückmeldungen aus dem Leserkreis, hat den Autor und den Verlag dazu bewogen, die Erstauflage zu überarbeiten. Eine wichtige Orientierung waren dabei die konstruktiven Vorschläge der Leser und die neuen – aus Berufspraxis und Erfahrungsaustausch gewonnenen – Erkenntnisse.

Die in der vorliegenden Auflage eingeflossenen Änderungen und Erweiterungen beziehen sich nicht nur auf inhaltliche Aspekte, sondern gleichfalls auf formale Gesichtspunkte und können wie folgt zusammengefasst werden:

- **Ergänzungen:** Deutliche Erweiterungen wurden insbesondere im ersten Teil des Buches (Teil 1 – Systematisieren) vorgenommen. Die neuen Inhalte verfolgen im Wesentlichen das Ziel, ein ganzheitliches Themenverständnis sicherzustellen, das Gespür für praktische Anwendungsmöglichkeiten zu schärfen und schlussendlich die Handlungskompetenz des Lesers auszubauen.

- **Aktualisierungen:** Die vorhandenen Inhalte wurden auf Aktualität überprüft und – wo notwendig – entsprechend den neuesten Entwicklungen und Erkenntnissen angepasst.

- **Layout-Verbesserungen:** Im Fließtext platzierte Abbildungs- und Kapitelverweise sind durch pfeilförmige Markierungen gekennzeichnet und deshalb deutlich erkennbar. Da das Buch weit über 400 Abbildungen enthält, liegt der Vorteil für den Leser vor allem darin, dass er rasch einen Bezug zwischen Abbildungen und den entsprechenden Erklärungen im Fließtext herstellen kann.

- **Fehlerbereinigungen:** Bei einem derart umfangreichen Buch ist es nahezu unvermeidlich, dass im Rahmen der Erstauflage einige wenige grammatikalische Fehler beim Korrekturlesen übersehen werden. Diese wurden in der nun vorliegenden Überarbeitung korrigiert.

Nicht verändert wurde die Kapitelstruktur. Der anlässlich der ersten Auflage ausgearbeitete „rote Faden" hat sich als robuster und vor allem praxisgerechter Rahmen bewährt und wurde deshalb beibehalten. Positiv aufgenommen haben die Leser insbesondere das modulare Gesamtkonzept. Die einzelnen Kapitel verkörpern homogene Einheiten und können flexibel – entsprechend einem Bausteinprinzip – gruppiert werden. Es ist somit möglich, den Inhalt an die spezifischen Aufgabenstellungen in IT-Projekten zu adaptieren. Auf welche Weise dies geschehen kann, wird in der Einleitung detailliert erläutert.

Laufenburg, im Dezember 2005

Ralph Brugger

Da das Ganze mehr ist als die Summe seiner Teile,
gilt auch: Die Komplexität eines Gesamtproblems ist größer als die
Summe der Komplexitäten seiner Teilprobleme.

Ralph Brugger

Vorwort zur 1. Auflage

IT-Projekte erfolgreich zu realisieren ist ohne Zweifel eine anspruchsvolle Aufgabe. Durch den stetigen Fortschritt unserer Wirtschaftssysteme werden wir heute immer mehr mit komplexen Aufgabenstellungen konfrontiert, die sich aus intransparenten, vernetzten und dynamischen Situationen ergeben. Beim Scheitern von Projekten werden allzu voreilig die Gründe in den Unzulänglichkeiten des Projektmanagements gesucht. Es wird oftmals zu wenig hinterfragt, ob man damit bereits bei den wirklichen Ursachen angelangt ist oder ob die Schwierigkeiten des Projektmanagements bestenfalls ein Symptom – eine Wirkung – von tiefergreifenden Ursachen sind.

Wenn man der Sache genauer auf den Grund geht, stellt man in vielen Fällen fest, dass aufgrund der Komplexität die Ursachen auch in einer mangelnden Transparenz über die Aufgabenstellung und einer erschwerten Kommunikation über die Projektinhalte zu suchen sind. Diese Umstände führen nicht nur zu Missverständnissen und Fehlinterpretationen, welche die Projektarbeit erschweren, vielmehr wird auch die Entscheidungsqualität negativ beeinflusst. Ein Verlust an Entscheidungssicherheit und Abstimmungsprobleme zwischen den Projektbeteiligten sind die Folge. Die Aufgaben, die wir heute zu bewältigen haben, sind eben – komplex.

Die Absicht dieses Buches ist es, einen Ausweg aus der Komplexitätsfalle aufzuzeigen. Es werden zwei übergeordnete Ziele verfolgt. Zum einen soll aufgezeigt werden, wie IT-Projekte systematisch angegangen werden können. Zum anderen soll gezeigt werden, wie anhand von Darstellungstechniken die Projektinhalte analysiert und verständlich kommuniziert werden können. Dabei werden die Analyse von Aufgabenstellungen und die Konzeption von Lösungen gleichermaßen behandelt.

Der erste Themenschwerpunkt beschreibt, auf welche Weise sowohl die Transparenz über die Aufgabenstellung, als auch über die Vorgehensweise erhöht werden kann. Hierzu gehört die systematische Analyse und Strukturierung der inhaltlichen Projektaspekte und die systematische Konzeption des Projektvorgehens. Der zweite Themenschwerpunkt zeigt auf, wie schwierige Sachverhalte durch Darstellungstechniken visualisiert werden können, um einerseits ein vollständiges Verständnis über die Systeminhalte und -zusammenhänge zu gewinnen und um andererseits diese effektiv, klar und unmissverständlich kommunizieren zu können.

Das Buch verzichtet bewusst darauf, „yet another method" zu proklamieren und den Leser in ein methodisches Korsett zu zwängen. Vielmehr ist es ein wichtiges Anliegen des Buches, aufzuzeigen, wie die Projektinhalte und das Projektvorgehen systematisiert werden können, um den Leser zu eigenen und situationsangepassten methodischen Schlüssen zu befähigen. Dadurch wird es möglich, die eigene Problemlösungspraxis zu perfektionieren und Vorgehensstrategien projektspezifisch anzuwenden, sie kontinuierlich anzupassen und zu optimieren.

Bei Praktikern bildet sich verstärkt das Bewusstsein, dass in komplexen und systemischen Aufgabenstellungen der Erfolg nicht zwangsläufig dadurch garantiert wird, dass man einige „charakteristische" Merkmale der Situation betrachtet und gemäß diesen Merkmalen ein standardisiertes Vorgehen auswählt. Mit zunehmendem Anspruch der Aufgabe kommt es vielmehr darauf an, die jeweils ganz spezifische, individuelle Konfiguration der Merkmale zu betrachten, der jeweils auch nur eine ganz individuelle Sequenz von Aktionen angemessen ist. Die Anwendung einer „pauschalen" Methode trägt spezifisch geformten Situationen oftmals nur ungenügend Rechnung. Wählt man aufgrund von allgemeinen Merkmalen der Gesamtsituation zwischen definierten Methoden aus, so besteht die Gefahr, dass die Individualität der Situation, die in ihrer spezifischen Merkmalskonfiguration liegt, unberücksichtigt bleibt.

Das vorliegende Buch will den individuellen Strömungen und Ausprägungen in IT-Projekten Rechnung tragen. Dazu wird dem Leser in einer praxisgerechten Form die Bandbreite des systematischen und darstellungstechnischen Aktionsspielraums aufgezeigt, und die Einsatzmöglichkeiten der verschiedenen Darstellungsvarianten werden anhand von praktischen Beispielen illustriert. Somit wird das Urteilsvermögen des Lesers im Hinblick auf die situationsgerechte, zielkonforme und angemessene Anwendung von Darstellungen geschärft.

In gleichem Maße sollte es auch dem Nutzer von pauschal definierten Methoden gestattet sein, nicht nur einen eingeschränkten Ausschnitt aus dem gesamten Darstellungsspektrum zu kennen und anzuwenden, sondern vielmehr alle Facetten der heute praktikablen Möglichkeiten zu überblicken. Er ist dann in der Lage, auf methodenunabhängige Darstellungen zurückzugreifen, falls eine konkrete Sachlage dies erfordert. Vordergründig zu nennen ist hierbei die in der Praxis wiederholt anzutreffende Situation, bei der ein bestimmter Sachverhalt im Projektteam und/oder mit Partnern, Beratern, Kunden und Entscheidungsträgern diskutiert werden muss.

IT-Projekte beginnen nicht ad-hoc. Vielmehr durchlaufen sie – eine mehr oder weniger intensive – Abklärungsphase und sind eingebunden in einen unternehmerischen Kontext. Die im Vorfeld stattfindenden Projektabklärungen sind deshalb ebenso von Bedeutung wie die spätere Umsetzung eines Projektes. In Anlehnung daran wird im vorliegenden Buch auch der Zeitraum der Projektanbahnung entsprechend gewürdigt. Es wird aufgezeigt, wie die Abstimmung von Projekten hinsichtlich der Geschäftsstrategie, dem Geschäftsnetzwerk, der Unternehmensarchitektur und der vorhandenen Applikationslandschaft visuell unterstützt werden kann.

Die Inhalte werden anhand von gängigen Beispielen aus der Berufspraxis erklärt. Dieser unmittelbare Praxisbezug soll die Übertragung, Anwendung und Verankerung der Themeninhalte in der täglichen Arbeitspraxis ermöglichen. Etablierte Standards (wie zum Beispiel Ereignisgesteuerte Prozessketten für die Geschäftsprozessanalyse und die UML für die Anforderungsanalyse und den Entwurf) werden berücksichtigt und sind deshalb ausführlicher im Buch beschrieben.

Zusammenfassend gibt das Buch Antworten auf die folgenden Fragen:

Systematisieren

- Wie gehe ich systematisch an IT-Projekte heran?
- Wie strukturiere ich den Bearbeitungsgegenstand?
- Wie mache ich die Abhängigkeiten und Beziehungen der Projektinhalte transparent?
- Wie analysiere ich die Aufgabenstellung?
- Wie spezifiziere ich die Anforderungen an die Lösung?
- Wie systematisiere ich die Projektarbeit?
- Wie kann ich Lösungsvorschläge auf konzeptionellem Weg ausarbeiten und bis zur Implementierungsreife konkretisieren?

Visualisieren

- Welche Darstellungstechniken gibt es und wie kann ich diese bei analytischen, konzeptionellen und methodischen Arbeitsschritten einsetzen?
- Wie können Visualisierungen die Abklärungs- und Vorprojektphasen unterstützen?
- Wie können Darstellungstechniken die Projektarbeit unterstützen?
- Wie kann ich mit Hilfe der Modellierung die analytischen Arbeitsschritte unterstützen?
- Wie kann ich mit Hilfe der Modellierung die Synthese und die Konzeption von Lösungen unterstützen?
- Wie kann ich komplexe und systemische Sachverhalte grafisch kommunizieren?

Laufenburg, im März 2003

Ralph Brugger

Inhaltsübersicht

Inhaltsverzeichnis

4 Komplexe Projektabläufe systematisch konzipieren........................155

Teil 2: Visualisieren (Darstellungstechnik)

5 Visualisieren mit Darstellungstechniken 209

Einleitung

Inhalt und Gliederung des Buches

Wenn wir heute im Berufsleben mit komplexen IT-Projekten konfrontiert werden, so wäre es der offensichtlichste Weg zur Bearbeitung der Aufgaben, die Komplexität zu reduzieren. Diese Option steht uns jedoch nicht zur Verfügung, da die Komplexität eine systembedingte gegebene Größe des Projektinhalts darstellt, die wir nicht beeinflussen können. Würde man die Komplexität reduzieren, so wäre dies eine unzulässige Vereinfachung der Aufgabenstellung. Ein sinnvolles Vorgehen für die Bewältigung von komplexen Aufgaben liegt in zwei wesentlichen Aspekten – dem Systematisieren und dem Visualisieren. Die Gliederung des Buches orientiert sich an diesen beiden Themenschwerpunkten.

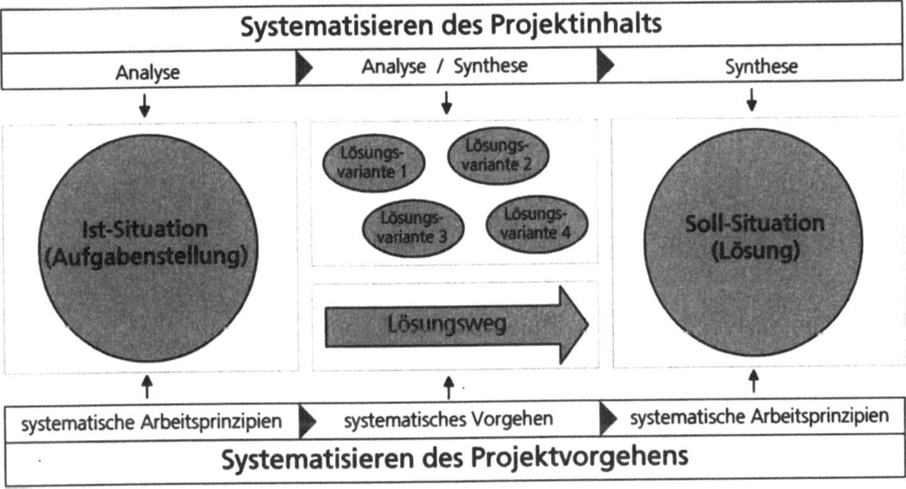

Abb. 1: Die Kernaspekte der Systematisierung im Kontext des Projektfortschritts

Die systematische Herangehensweise an IT-Projekte wird als erstes behandelt. Hierbei werden die inhaltlichen Strukturen eines Projektes genauso beleuchtet wie die vorgehensorientierten Aspekte. In ▶Abb. 1 wird das Zusammenwirken dieser beiden grundlegenden Aspekte grafisch illustriert. Aus dieser Abbildung geht hervor, dass beide Facetten notwendig sind, um einen Ist-Zustand in einen Soll-Zustand zu überführen. Die Systematisierung ist auch eine wichtige Grundlage für ein tiefgreifendes Verständnis von Darstellungstechniken und für die aussagegerechte grafische Umsetzung von komplexen Sachverhalten.

In **Kapitel 1 und 2** wird beschrieben, wie man systematisch an komplexe IT-bezogene Aufgabenstellungen herangehen kann, wie man die Inhalte strukturiert und analysiert und wie man sie zu nachhaltigen Lösungen überführt. Um anschließend den gesamten Ablauf der Transformation von einem Ausgangszustand zu einem Zielzustand geordnet durchführen zu können, wird in **Kapitel 3 und 4** erläutert, wie man den Lösungsweg systematisch gestalten kann.

Kapitel 5 behandelt die Grundlagen der Darstellungstechnik, gibt Hinweise hinsichtlich der Differenzierung von Darstellungstechniken anhand verschiedener inhaltlicher und formaler Aspekte und zeigt, in welcher chronologischen Reihenfolge die „Modellierung" in IT-Projekten stattfinden kann. Die Gliederung der in den nachfolgenden Kapiteln beschriebenen Darstellungstechniken orientiert sich an vier übergeordneten Ebenen der Projektrealisierung (Strategie, Analyse, Konzept und einer allgemeinen Ebene).

Diese Einteilung stellt ein sinnvolles und prägnantes Gerüst für die tätigkeitsbezogene Strukturierung der Darstellungstechniken dar. In der strategischen Ebene werden die Grundlagen für alle Projektaktivitäten in einem Unternehmen erarbeitet und die Projektabklärung durchgeführt. **Kapitel 6** widmet sich den diesbezüglichen Darstellungsinhalten.

Der strategischen Ebene folgt eine analytische Phase, in der die Geschäftsprozesse (**Kapitel 7**) und die Anforderungen an den Entwicklungsgegenstand (**Kapitel 8**) analysiert werden. Nach der Analyse geschieht der Lösungsentwurf, dessen Darstellungsmöglichkeiten in **Kapitel 9** beschrieben werden. ▶Abb. 2 verdeutlicht die Ebenen-Aufteilung und die Zugehörigkeit der jeweiligen Darstellungsaspekte.

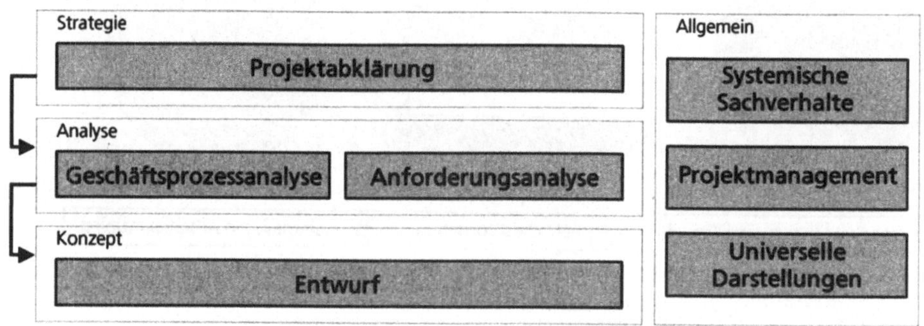

Abb. 2: Strukturierung der Darstellungstechniken

Aus ▶Abb. 2 geht auch hervor, dass es Darstellungsbereiche mit Querschnittfunktion gibt. Diese allgemeinen Darstellungstechniken können Ebenenübergreifend eingesetzt werden. Hierzu gehören die in **Kapitel 10** beschriebenen Darstellungen systemischer Sachverhalte, die in **Kapitel 11** behandelten Darstellungen des Projektmanagements und verschiedene universelle Darstellungen, die in **Kapitel 12** erläutert werden.

Das Buch muss nicht in chronologischer Reihenfolge gelesen werden. Die beiden Teile des Buches (Teil 1 – Systematisieren und Teil 2 – Visualisieren) können unabhängig voneinander angegangen werden. Je nach Wissensstand und persönlicher Vorerfahrung hat der Leser beispielsweise die Möglichkeit, sich zuerst dem Visualisierungsteil zuzuwenden, um einen Überblick über die Darstellungstechniken zu erhalten und danach situativ in die Systematisierung einzusteigen – oder auch umgekehrt.

Um die Praxistauglichkeit des Buches weiter zu erhöhen, wurden auch die einzelnen Kapitel so konzipiert, dass sie unabhängig voneinander sind. Je nachdem welche Phase in einem Projekt ansteht, kann das entsprechende Kapitel konsultiert und Wissen situationsbezogen aufgebaut werden. Mögliche Anhaltspunkte für Lesewege sind in ▶Abb. 3 dargestellt.

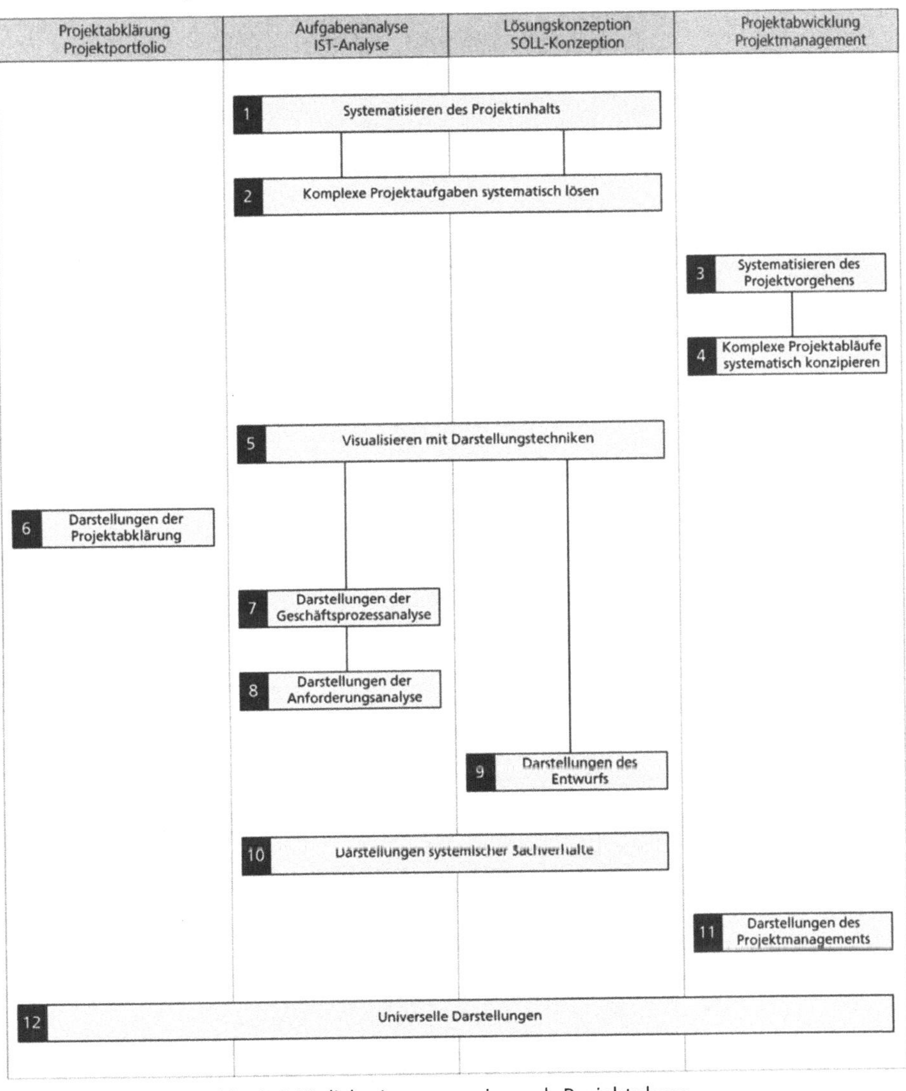

Abb. 3: Mögliche Lesewege je nach Projektphase

Danksagung

An dieser Stelle möchte ich mich bei Niels Forster bedanken, der das gesamte Manuskript mit „zwei" scharfen Augen durchgesehen hat. Er hat somit nicht nur mit fachlichen Anregungen zur Vervollständigung dieses Werkes beigetragen, sondern meinen Blick auch auf viele Details gelenkt, die einer Präzisierung bedurften. Weiterhin möchte ich mich bei Adriano Cattola und Michael Brugger bedanken, die wertvolle Anregungen für das Praxisbeispiel „Content-Management-System" einbringen konnten, welches an verschiedenen Stellen in diesem Buch verwendet wird.

Mein weiterer Dank gilt all denjenigen Weggefährten und Fachkollegen, die mit mir in dem Geist zusammengearbeitet haben, den dieses Buch zu fördern sucht.

1 Systematisieren des Projektinhalts

1.1 Komplexe Systeme – komplexe Pobleme

Ein gelungene Analogie für heutige Problemsituationen stammt von Dietrich Dörner, der in seinem Buch „Die Logik des Mißlingens" beschreibt, „dass ein Akteur in einer komplexen Handlungssituation einem Schachspieler gleicht, der mit einem Schachspiel spielen muss, welches sehr viele Figuren aufweist, die mit Gummifäden aneinanderhängen, so dass es ihm unmöglich ist, nur eine Figur zu bewegen. Außerdem bewegen sich seine und des Gegners Figuren auch von allein, nach Regeln, die er nicht genau kennt oder über die er falsche Annahmen hat. Und obendrein befindet sich ein Teil der eigenen und der fremden Figuren im Nebel und ist nicht oder nur ungenau zu erkennen".

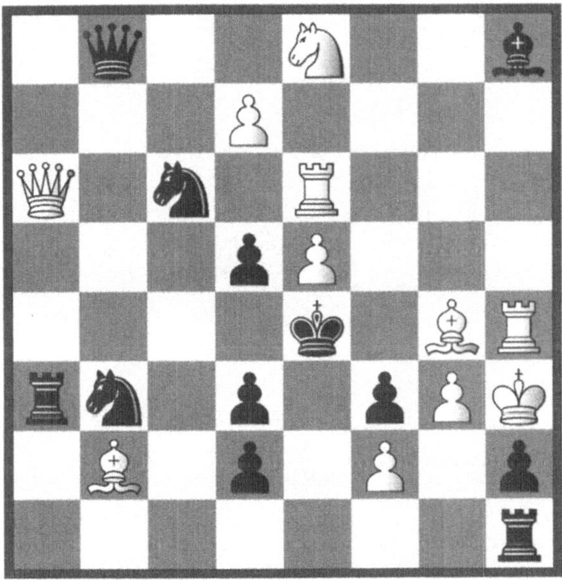

Abb. 4: Komplexe Systeme – Komplexe Strukturen – Komplexe Probleme

Diese Metapher lässt sich direkt in die Welt der IT-Projekte übertragen. IT-Projekte sind systemische Aufgabenstellungen. Die Schachfiguren der von uns gewählten Farbe verkörpern die Bausteine unserer Ausgangslage bzw. unseres gegenwärtigen Systems. Die gegnerischen Schachfiguren verkörpern die Komponenten der Systemumwelt (das „Umsystem"), in welches unser Zielsystem eingebettet ist. Nicht nur innerhalb unseres Systems finden permanent Wechselwirkungen statt, sondern unser System „wirkt" auch ständig auf das Umsystem und das Umsystem „wirkt" auf unser System. Zusätzlich wird unsere Bewegungsfreiheit durch die Felder des Schachbretts eingeschränkt. Dieses Raster verkörpert Rahmenbedingungen (z. B. unternehmerisch, betriebswirtschaftlich, technologisch, sozial, zielgruppenbezogen etc.), die wir bei der Lösungssuche berücksichtigen müssen. Wir können uns nicht frei bewegen. Der Lösungsspielraum wird limitiert und nicht jeder von uns geplante oder vorgenommene „Zug" ist auch ein „gültiger Zug".

Komplexe Systeme erzeugen also offensichtlich komplexe Strukturen und verursachen demzufolge auch komplexe Probleme. Es ist nicht mehr möglich, mit herkömmlichen Methoden und Intuition die Probleme anzugehen. Anwendungssysteme, die im Rahmen von IT-Projekten realisiert werden, sind primär durch folgende Merkmale gekennzeichnet:

- Die Systeme lassen sich nur schwer als Ganzes fassen (falls dies möglich ist, dann nur auf einem hohen Abstraktionsniveau).

- Die Systeme haben eine innere Struktur (sie bestehen aus untergeordneten Bausteinen, den so genannten Systembausteinen bzw. Elementen).

- Die Bausteine eines Systems stehen in komplexen, oftmals wechselseitigen Beziehungen zueinander.

- Systeme bilden eine Einheit (die Einheit entsteht durch das Zusammenwirken aller Systemelemente entsprechend einem übergeordneten Ziel).

Eine wichtige Orientierung für eine systemgerechte Herangehensweise an die Inhalte von IT-Projekten bildet das systemische Denken. Das systemische Denken ist ein zeitgemäßer und in der Praxis bewährter Ansatz, um systemische Aufgabenstellungen mit hohem Schwierigkeitsgrad handhabbar zu machen und sie zu einer sinnvollen und nachhaltigen Lösung überführen zu können.

In Kurzform lassen sich die wesentlichen Elemente des systemischen Denkens wie folgt umschreiben:

Das systemische Denken

- ist ein allgemeiner Ansatz, mit dessen Hilfe komplexe Situationen überblickbar gemacht werden können

- ist eine besondere Art und Weise, die Realität zu sehen

- ist die Basis für die strukturelle Erkundung von Systemen

- ist ein Interpretationsmuster zur Ordnung der Wahrnehmung und zur Strukturierung der Realität

- unterstützt die ganzheitliche Betrachtung und die vernetzte Denkweise

- zwingt zur Systematisierung und Strukturierung

- betont die funktionelle und prozessorientierte Sicht

- bildet damit einen erwünschten Gegensatz zum linearen, lokalen und isolierten Denken.

Das systemische Denken kommt sowohl bei der Analyse bestehender Systeme (Ist-Situation) als auch bei der Gestaltung von Lösungen (Soll-Situation) zum Einsatz. Bei der Analyse der Aufgabenstellung interessiert uns vorwiegend das Verständnis über die Gesetzmäßigkeiten, Funktionsmechanismen und Wirkungszusammenhänge des „Ist-Systems", weiterhin dessen Stärken und Schwächen (Probleme, Schwierigkeiten). Bei der Gestaltung der Problemlösung steht ebenfalls das Verständnis über die Gesetzmäßigkeiten, Funktionsmechanismen und Wirkungszusammenhänge im Vordergrund. Hinzu kommen die Stärken und Schwächen jedes Lösungsentwurfs. Ergänzend erfolgt in aller Regel auch eine Bewertung im Hinblick auf Chancen und Risiken der neuen Lösung.

Zusammenfassend adressiert das systemische Denken folgende Aspekte

- Wie erkenne ich das richtige Problem / Projekt (Abgrenzung des Projektes)?
- Wie analysiere ich die vorhandene Situation bzw. die Ausgangslage?
- Wie kann ich ein System inhaltlich differenzieren?
- Wie stelle ich die Situation dar
  (Modellierung wichtiger Wirkungszusammenhänge)?
- Wie zerlege ich ein komplexes Problem in beherrschbare Teilprobleme?
- Wie gewährleiste ich abgestimmte Teillösungen
  (Verhinderung von Insellösungen)?
- Wie stelle ich sicher, dass ein System in seine Umwelt passt?
- Wie vermeide ich unerwünschte Redundanzen und Mehrfachentwicklungen?

Abb. 5: Die Schwerpunkte des Systemkonzepts

1.1.1 Strukturwissen, Funktionswissen und Situationskenntnis

In Anlehnung an unsere klassische Denkweise und unserem alltäglichen „Problemlösen" gehen wir davon aus, dass wir ideal positioniert sind, wenn wir alle Details einer Situation kennen. Dementsprechend legen wir den ersten Fokus bei der Bewältigung einer Aufgabe darauf, möglichst viel Wissen über den aktuellen Kontext einer Ausgangslage zu erhalten. Diese „Situationskenntnis" ist aber für die anspruchsvollen Aufgabenstellungen des heutigen Wirtschaftslebens in den meisten Fällen nicht mehr ausreichend. Die augenblickliche Situation mit ihren Merkmalen ist letztendlich nur eine Ausprägung des derzeitigen Zustands eines Systems und der Systemumwelt. Wir erhalten dadurch eine Beschreibung des Systemzustands und seiner Umwelt zum Zeitpunkt der Informationsgewinnung.

Um komplexe, vielschichtige und weitreichende Problemsituationen meistern zu können, benötigen wir zusätzlich zur Situationskenntnis noch Wissen auf einer höheren Stufe. Es ist nicht mehr ausreichend, nur die Merkmale der augenblicklich gegebenen Situation und ihre Einbettung in die Umgebung zu kennen. Man muss auch etwas über den inneren Aufbau des betrachteten Systems wissen und die Funktion der einzelnen „Bausteine" kennen. Man braucht Know-how und Informationen darüber, wie die Dinge zusammenhängen und wie sie sich gegenseitig beeinflussen. Man benötigt Wissen über die funktionalen Abhängigkeiten der Bestandteile eines Systems und die Wirkungsbeziehungen des Systems mit seiner Umwelt.

Diese Wissensinhalte bezeichnet man als „**Strukturwissen**" und „**Funktions-wissen**". Eines der wichtigsten Ziele des Systemkonzepts ist es, uns dieses Wissen zu erschließen. Ergänzt werden die Informationen über diese Inhalte durch einen kontext-spezifischen „periphären Blick", der uns Informationen über die Einbettung eines Systems in sein spezifisches Umfeld liefert („**Situationskenntnis**").

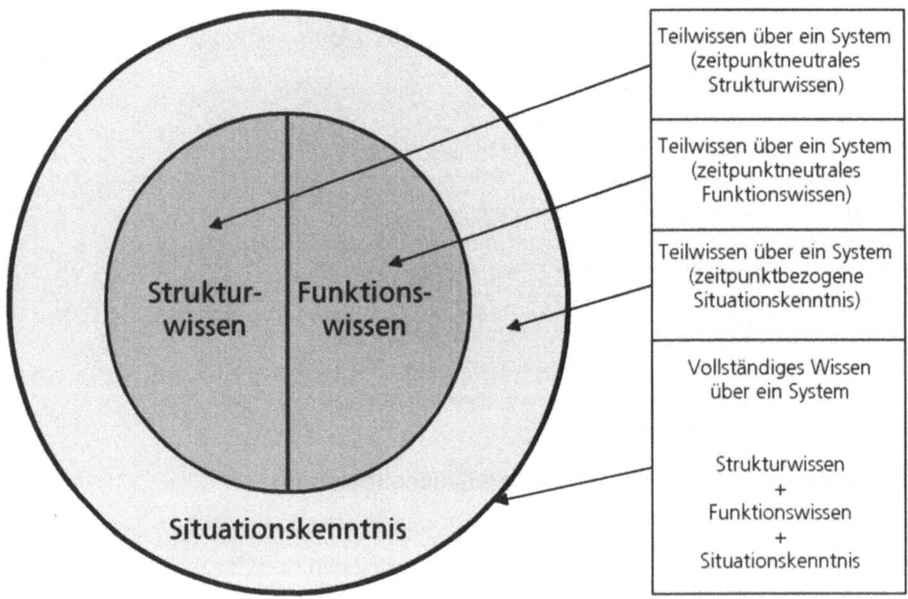

Abb. 6: Strukturwissen und Situationskenntnis

Vor allem durch das Struktur- und Funktionswissen werden die Folgen des Handelns absehbar bzw. abschätzbar. Es ist heute nicht mehr nur entscheidend zu wissen, was momentan der Fall ist, sondern auch, wie sich die Situation zukünftig in Abhängigkeit von bestimmten Eingriffen verändern könnte. Prognosen über zukünftige Systemkonstellationen werden erst durch das Struktur- und Funktionswissen auf eine verlässliche Basis gestellt. Das Ziel bei der „modernen" Informationsgewinnung lautet demnach nicht nur, möglichst viel Wissen über eine Situation bzw. einen aktuellen Zustand zu erhalten, sondern auch möglichst viel Know-how über den strukturellen Aufbau, die Funktionsweise und Gesetzmäßigkeiten eines Systems und seiner Bestandteile zu erhalten. Die

Situationskenntnis ergibt sich dann zu einem großen Teil als zeitpunktbezogene Ableitung aus dem Wissen über die Struktur und die Funktion.

Es bleibt festzuhalten, dass zu einem vollständigen Wissen über ein System sowohl **das zustandsbezogene Wissen** (Kenntnis der gegenwärtigen Situation) als auch das **inhaltsbezogene Wissen** (Wissen über die Struktur und die Funktion) gehört. ▶Abb. 6 verdeutlicht diesen Sachverhalt.

Damit wird auch ein weiterer wesentlicher Unterschied zwischen Situationskenntnis und Struktur- und Funktionswissen sichtbar. Die Kenntnis einer Situation ist nämlich nur eine Momentaufnahme zu einem bestimmten Zeitpunkt. Unsere Welt ist jedoch dynamisch. Die Situationskenntnis wird deshalb nach einiger Zeit überholt und damit obsolet. Das Struktur- und Funktionswissen hingegen behält seine Gültigkeit, solange sich nicht die Funktionsweisen, Wirkungsmechanismen und Gesetzmäßigkeiten des beobachteten Systems und/oder der Systemumwelt verändern. Die Situationskenntnis ist also wesentlich kurzlebiger; sie hat eine kürzere Halbwertszeit als das Struktur- und Funktionswissen.

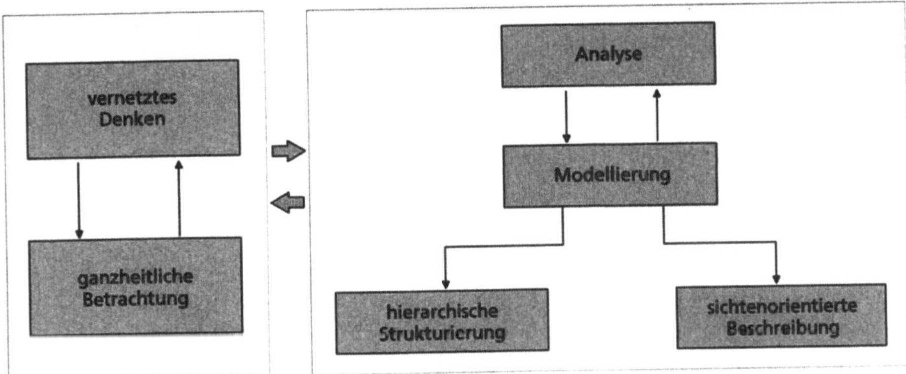

Abb. 7: Grundlegende Aspekte für die Anwendung des systemischen Denkens

Es stellt sich nun die Frage, auf welche Weise wir komplexe Probleme beherrschen können und wie man sich die für die Bewältigung einer Aufgabenstellung notwendigen Wissensinhalte vollständig erschließen kann. Da man davon ausgehen kann, dass die Komplexität eines Gesamtproblems größer ist als die Summe der Komplexitäten seiner Teilprobleme, ist die Aufteilung und Strukturierung des Bearbeitungsgegenstandes ein wichtiger Teil der Problemlösung. Erreicht wird dies durch die kombinierte Anwendung von Analyse- und Zerlegungsstrategien. Die diesbezüglich elementaren Aspekte sind in ▶Abb. 7 dargestellt und werden im Folgenden besprochen.

1.1.2 Systematische Analyse

Die Analyse ist der erste Schritt jeder problemlösenden bzw. systemgestalterischen Aufgabe. Um eine Aufgabenstellung lösen zu können, muss man das dahinterstehende Problem bzw. die dahinterliegende Ausgangslage verstanden haben, dann eine Lösungsstrategie ausarbeiten und diese zu einem Ergebnis bzw. einem Endprodukt umsetzen. Das Problemverständnis gewinnt man durch eine Analyse. Nach Tom DeMarco, dem Autor von „Strukturierte Analyse und Systemspezifikation" ist Analyse die Untersuchung eines Problems, bevor Maßnahmen ergriffen werden. Die Analyse bedingt ein detailliertes Studium der „fachlichen Realität" des Geschäftssystems und seiner Umwelt. Neben der Erhebung aller relevanten Informationen strebt die Analyse eine verständliche Darstellung der Systemeigenschaften an, die für eine bestimmte Aufgabenstellung relevant sind. Ihr Ziel ist ein umfassendes Verständnis und eine kommunizierbare Darstellung des Problems.

Die Inhalte der Analyse sind stark abhängig von der Vorhabensart und der Realisierungsstrategie. Bei Softwareprojekten, bei denen beispielsweise empirisch vorgegangen werden soll (Refactoring) ist die Analyse besonders ausgeprägt. Empirisch vorzugehen bedeutet, dass der vorhanden Zustand zu berücksichtigen und entsprechend zu analysieren ist. Dazu ist es notwendig, sich einen möglichst vollständigen und konzeptionell wesentlichen Überblick über die Ist-Situation zu verschaffen. Die wesentlichen funktionalen Aspekte und strukturellen Merkmale der vorhandenen Situation müssen systematisch erfasst werden. Im Rahmen der Ist-Analyse ist es deshalb sinnvoll, aus der vorhandenen Situation ein konzeptionelles Modell abzuleiten.

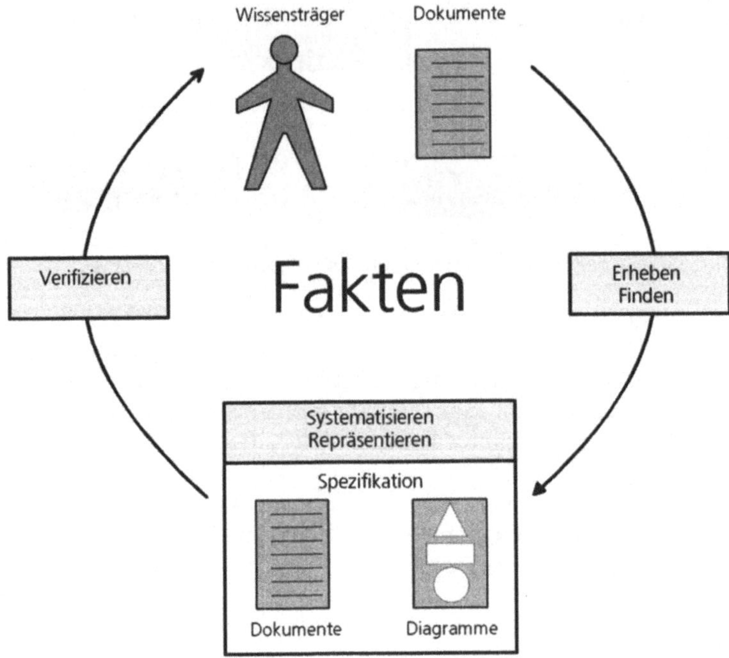

Abb. 8: Der Analyse-Vorgang

In ▶Abb. 8 ist der Analyse-Vorgang grafisch dargestellt. Im Wesentlichen geht es darum, Fakten zu erheben und zu finden, diese zu systematisieren und festzuhalten und sie anschließend zu verifizieren. Als Resultate entsteht eine Spezifikation über den Bearbeitungsgegenstand, sie setzt sich zusammen aus textlichen und grafischen Beschreibungen (Prosatext und Diagramme).

Die Erhebung von Informationen bzw. das Finden von Fakten geschieht im Wesentlichen durch Befragung der Wissensträger aus dem Fachbereich und ergänzend durch Konsultation von etwaigen vorhandenen Dokumentationen. Die Grundlagen und Mechanismen der fachlichen Realität und die Motivationen für das Projekt müssen vollständig aufgedeckt und dokumentiert werden. Das Faktenwissen muss anschließend gegliedert und strukturiert werden, damit es in geordneter Weise in Form von Text-Dokumenten und Diagrammen repräsentiert werden kann. Die so aufbereiteten Spezifikationsinhalte werden durch die Wissensträger auf Korrektheit und Vollständigkeit verifiziert. Die Überprüfung der Spezifikation durch Fachbereichskenner ist wesentlich, um Entwicklungsfehler ausschließen zu können.

Unabhängig davon, welcher konkrete Auftrag einer Analyse zugrunde liegt, entsteht als Ergebnis der Analyse immer ein mehr oder weniger abstraktes Modell der Problemsituation bzw. der Ausgangslage – die vorhandene oder die zukünftig gewünschte Situation wird „modelliert". Um diese Modellierung durchführen zu können, muss man den Projektgegenstand systematisch durchdringen und vollständig erfassen. Dazu kann man sich verschiedener Prinzipien bedienen – dem vernetzten Denken, der ganzheitlichen Betrachtung, der gedanklichen Abstraktion und schließlich der konzeptionellen Modellierung. Die Funktionsweise dieser Prinzipien wird im Folgenden beschrieben.

1.1.3 Vernetztes Denken

Das vernetzte Denken ist ein zentraler Wesensaspekt des Systemdenkens. Vernetztes Denken wird auch bezeichnet als das „Denken in Kausalnetzen" und macht so auch den Unterschied zum „älteren" linearen Denken deutlich, dass als „Denken in Kausalketten" bezeichnet wird.

Vernetztes Denken ist bestrebt, eine umfassende Problembeschreibung vorzunehmen. Es gilt, Problemsituationen in ihrer realen Komplexität zu erfassen und die Auswirkungen von möglichen Eingriffen zu prüfen. Um dies zu erreichen, müssen alle Faktoren, die mit einem Problem bzw. einem Vorhaben zusammenhängen und ihre Verknüpfungen entsprechend analysiert und festgehalten werden – unabhängig davon, wie stark sie mit dem Projekt in Verbindung stehen. Auch solche Aspekte, die durch das Vorhaben nicht verändert werden können sind relevant, denn von ihnen können sich Hinweise für eine allumfassende Problemlösung ergeben.

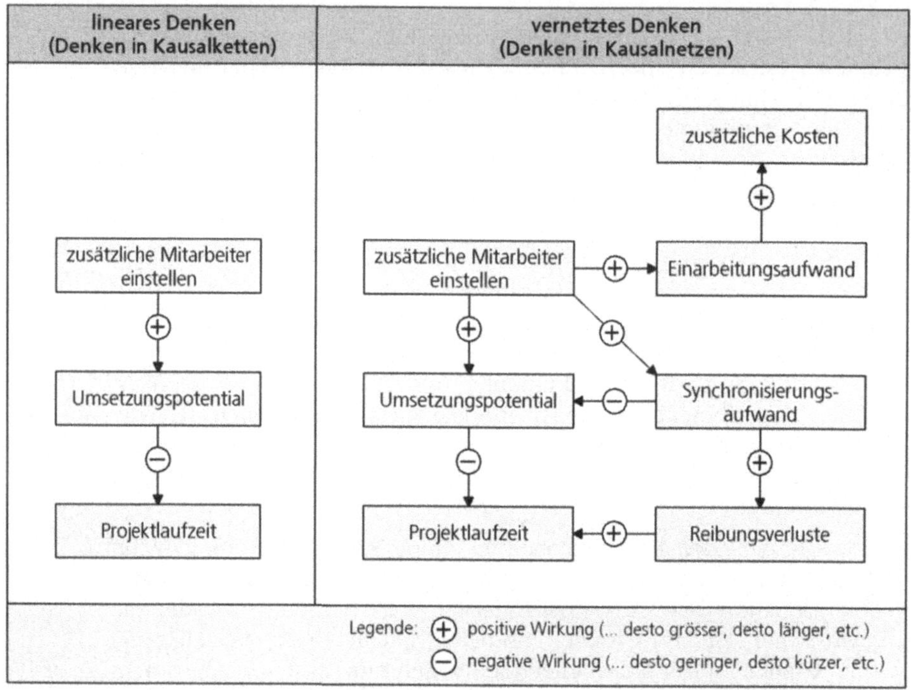

Abb. 9: Lineares Denken und das Geflecht der tatsächlichen Wirkungen

Das vernetzte Denken bietet eine Hilfestellung, um unzulässigen Vereinfachungen entgegenwirken. Aussagen wie: „Wenn wir unseren Außendienstmitarbeitern Zugriff auf unser Intranet geben und diese direkt mit unseren Intranetbasierenden Geschäftsanwendungen kommunizieren können, sind wir in der Lage, Geschäfte wirtschaftlicher abzuwickeln." – sind zwar prinzipiell richtig. Derartige Vereinfachungen lassen jedoch außer Betracht, dass verschiedene Faktoren für den Erfolg dieses Ansatzes zusammenspielen müssen.

Beispielsweise die Dimension der firmeninternen Datenleitungen, die Kapazität der Server, die Schulung der Anwender, die Einhaltung des Datenschutzes bzw. der Datensicherheit, die Konfiguration und Anforderungen der Laptops, die Online-Verbindungskosten, die Anzahl der Support-Anfragen etc.

Das vernetzte Denken trägt dem Umstand Rechnung, dass sich eine gelungene Lösung in der Regel nur durch ein durchdachtes und koordiniertes Zusammenspiel von verschiedenen Faktoren ergibt und dass unerwarteten Nebenwirkungen durch eine umfassende Sicht der Dinge vorgebeugt werden kann. Man muss sich vergegenwärtigen, dass beim Umgang mit Systemen jede Entscheidung und jede daraus ergriffene Maßnahme in der Regel mehrere Aspekte des gesamten Systems zugleich beeinflusst. Diese „Nebenwirkungen" sind ein wichtiges Merkmal beim Umgang mit komplexen und vernetzten Systemen.

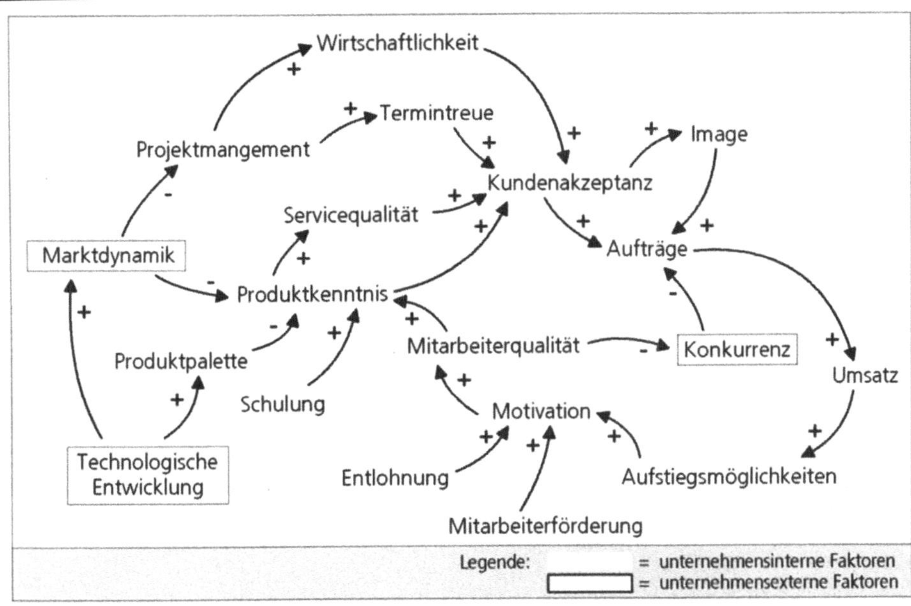

Abb. 10: Beispiel für die Anwendung von vernetztem Denken

1.1.4 Ganzheitliche Betrachtung

Ein weiterer wichtiger Anwendungsfall des Systemdenkens ist die ganzheitliche Betrachtung. Ein Problem ganzheitlich zu erfassen bedeutet, unterschiedliche Standpunkte einzunehmen, die Aufgabenstellung bzw. Problemsituation aus verschiedenen Perspektiven zu beleuchten, um so eine vollständige Sichtweise und Berücksichtigung aller Aspekte zu erreichen.

Normalerweise ist man es gewohnt, Probleme primär von der eigenen Sichtweise aus zu betrachten und zu interpretieren. Dies führt zu einer eindimensionalen Sicht der Ausgangslage und demzufolge auch zu einseitigen Beurteilungen und Problemlösungen. Bei Aufgabenstellungen gibt es aber immer mehrere Anspruchsgruppen und jede dieser Anspruchsgruppen betrachtet die Problemsituation aus einer anderen Optik. Als Problemlöser muss man sich bewusst in die verschiedenen Perspektiven hineinversetzen und die jeweiligen Ansichten und Standpunkte ergründen. ▶Abb. 11 stellt einige typische Anspruchsgruppen dar. Die verschiedenen Optiken ergeben sich durch unterschiedliche Interessen, Erfahrungen und Vorstellungen, durch individuell definierte Schwerpunkte und Präferenzen und durch ein differenziertes Hintergrundwissen.

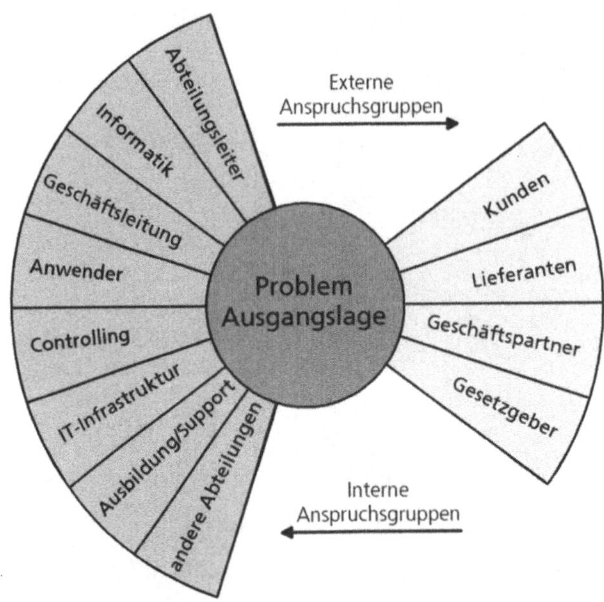

Abb. 11: Typische Anspruchsgruppen für eine ganzheitliche Betrachtung

Wird beispielsweise in einem Unternehmen für eine Abteilung eine neue Geschäftslösung konzipiert, so ergeben sich unterschiedliche Sichtweisen durch die zukünftigen Anwender, den Abteilungsleiter, die Geschäftsleitung, die Trainer- und Support-Mitarbeiter, die Kunden, die Lieferanten, die angrenzenden Abteilungen und vielen mehr. Um einen ganzheitlichen Überblick zu erreichen, müssen verschiedene Standpunkte eingenommen werden. Als Problemlöser muss man sich bewusst in die Position von verschiedenen Anspruchsgruppen hineinversetzen und die dabei sichtbar werdenden Facetten der Problemdimension erfassen, charakterisieren und beurteilen.

Das ganzheitliche Denken deckt entgegengerichtete Lösungsbeziehungen auf. Beispielsweise ist die Aussage, dass ein stark individuell anpassbares User Interface viele Vorteile bietet, aus der Sicht des Anwenders richtig (Anpassung entsprechend dem Know-how und den Vorlieben des Anwenders). Aus der Sicht des Supports bedeutet dies aber eine Erhöhung der Support-Anfragen und eine Erschwernis bei der Problemlösung.

1.1.5 Konzeptionelle Modellierung

Systemdenken ist – in den meisten Fällen – konzeptionelles Denken. Man denkt abstrakt und visualisiert dies in Form von konzeptionellen Modellen. Was versteht man in diesem Zusammenhang unter konzeptionell? Was bedeutet „modellieren"? Und was ist ein konzeptionelles Modell?

Modellierung bedeutet, Eigenschaften real existierender oder vorausgedachter „Produkte" in Form von grafischen Darstellungen („Modellen") nachzubilden und sie mit dem Ziel der Informationsgewinnung zu untersuchen. Der Vorgang der Modellbildung zwingt zu einer strengen Unterscheidung zwischen Wesentlichem und Unwesentlichem. Dadurch wird das Themengebiet übersichtlich strukturiert und die Aufnahme und Verarbeitungskapazität nicht unnötig belastet. Der Blick auf das Wesentliche wird frei. Modelle sind also zweckgebundene, auf Kernaspekte konzentrierte Vereinfachungen der Wirklichkeit.

Bei einem Modell kann es sich entweder um ein Abbild eines real existierenden oder eines vorausgedachten Gebildes handeln, das Struktur-, Funktions- oder Verhaltensanalogien zu diesem aufweist. Bereits durch den Prozess der Modellbildung gewinnt man ein grundlegendes Verständnis über den Betrachtungsgegenstand und gelangt zu einer Reihe von wichtigen Schlüssen, so dass sich alleine wegen diesem Prozess die Erstellung von Modellen rechtfertigt.

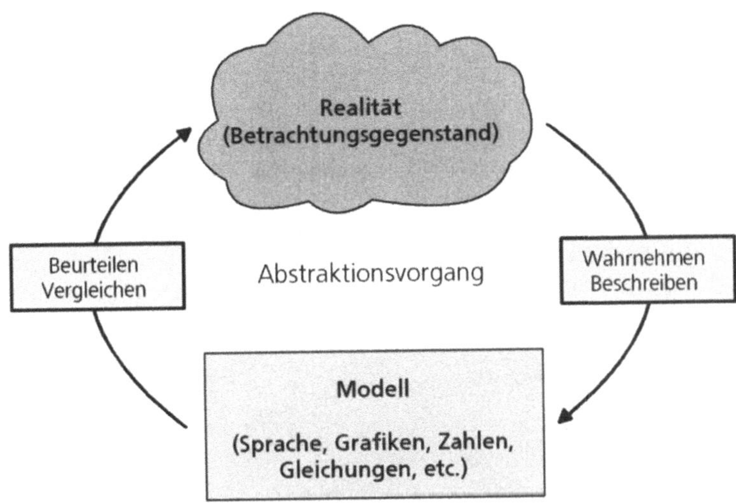

Abb. 12: Abstraktionsvorgang - Prozess von Wahrnehmung und Beurteilung

Die Modellbildung wird auch als Abstraktionsvorgang bezeichnet. Der Abstraktionsvorgang ist ein iterativer Prozess, der mehrmals durchlaufen wird. Mit jedem Durchgang erreicht man eine schrittweise Annäherung des Modells an die Realität. Im Rahmen dieser modellhaften Abstraktion entsteht in der Regel eine grafische Darstellung, die die Teilaspekte fass- und begreifbar macht. Die Hauptschwierigkeit der Modellierung liegt darin, einen Kompromiss zu finden zwischen den folgenden drei Faktoren:

- Verständlichkeit für den Anwender

- Präzision des Modells

- Implementierungsunabhängigkeit

Die Abstraktionsbeziehung zwischen Modell und Original ist folgender Natur:

- Das Modell übernimmt nicht alle Eigenschaften, sondern nur die für einen beabsichtigten Zweck wichtigen Teile oder wesentlichen Inhalte.

- Von einem Original können mehrere Modelle existieren, d.h. multiple Interpretationen sind möglich.

- Ein Modell ist weniger komplex als das Original.

Da wir den Modellbegriff geklärt haben, können wir nun detaillierter auf die „konzeptionelle Modellierung" eingehen. Konzeptionell bedeutet, unabhängig sein von z. B. einer konkreten Art und Weise der Implementierung. Konzeptionell bedeutet, keinen Bezug zur Art und Weise der späteren physischen Implementierung zu nehmen. Konzeptionelle Modelle sind neutral hinsichtlich der Details einer Implementierung.

Die Problemlösung, d. h. die Umsetzung eines Ausgangszustands in einen Zielzustand, findet auf der Modellebene statt. Dazu wird zunächst ein konzeptionelles Modell der Ist-Situation angefertigt, welches in weiteren Schritten zu einem detaillierten Ist-Modell erweitert wird. Dieses Ist-Modell bildet die Ausgangslage für die Lösungsfindung, die zunächst in Form eines konzeptionellen Soll-Modell ausgearbeitet wird und dann schrittweise zu präzisen Soll-Modellen verfeinert wird. Das systemische Denken ist der Schlüssel zur Problem- und Lösungsstrukturierung. Durch die Anwendung des Systemdenkens kann sowohl die Ist-Situation als auch die Soll-Situation durchdacht und konzeptionell dargestellt werden.

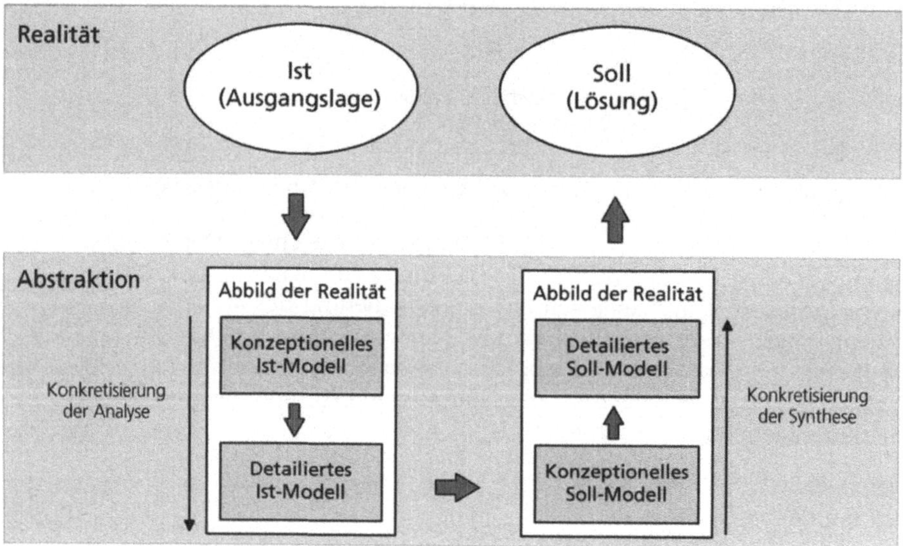

Abb. 13: Abstraktion und Modellbildung vom Ist zum „Soll"

Die konzeptionelle Modellierung eines Problems oder einer Lösung findet auf einer abstrakten, lösungsneutralen Ebene statt. In der Lösungsneutralität (physische Unabhängigkeit) liegt einer der größten Nutzenpotentiale von konzeptionellen Modellen.

Hierfür gibt es drei Gründe:

- Die Darstellung zeigt ausschließlich die aus fachlicher Sicht entscheidenden Aspekte – sozusagen die Essenz der Aufgabenstellung. Der Sachverhalt wird entsprechend der fachlichen Motivation wiedergegeben, wodurch eine Informationsreduktion und Konzentration auf das Wesentliche erreicht wird.

- Aufgrund der Lösungsunabhängigkeit des Konzepts bleibt eine Bewegungsfreiheit hinsichtlich der Art und Weise einer konkreten physischen Implementierung bestehen. Es können also grundsätzlich mehrere Möglichkeiten bestehen, wie das Konzept in die Tat umgesetzt wird. Der Spielraum für Lösungsvarianten wird durch das Konzept nicht künstlich eingeschränkt.

- Wenn sich in der Implementierung Änderungen ergeben, muss das Konzept davon nicht zwingenderweise betroffen sein, es kann nach wie vor Bestand haben. Konzeptionelle Modelle sind weitgehend unempfindlich gegenüber Einflüssen, die sich aus einer technischen Sicht ergeben. Konzeptionelle Modelle zeichnen sich deshalb durch eine wesentlich längere Halbwertszeit aus als implementierungsabhängige Pläne.

Man muss im Rahmen der Analyse eines Problems und dessen konzeptionellem Lösungsentwurf verlässliche Aussagen über die Realisierbarkeit von Konzepten gewinnen, bevor diese Konzepte in die Tat umgesetzt werden. Fehler, die sich beispielsweise in eine Systemspezifikation einschleichen, sollen möglichst früh im Projektverlauf erkannt und beseitigt werden, solange diese Nachbesserungen noch nicht viel kosten. Ohne Modelle ist dies nicht möglich.

Die wichtigsten Ziele der Modellierung von Aufgabenstellung sind:

- Reduktion der Komplexität
- Vollständige Übersicht und umfassendes Problemverständnis
- Frühzeitige Fehlererkennung
- Bessere Abschätzung der Realisierbarkeit
- Erleichterung der Kommunikation mit Beteiligten
- Erkennung von Optimierungspotential
- Kostenminimierungen

In der Informatik unterscheidet man das logische Design und das physische Design. Das logische Design ist eine synonyme Bezeichnung zur „konzeptionellen Modellierung". In der Datenmodellierung unterscheidet man beispielsweise zwischen einem konzeptionellen Datenmodell und einem physischen Datenmodell.

1.1.6 Hierarchische Strukturierung

Im Zusammenhang mit dem Abstraktionsvorgang, stellt sich die Frage, ob man in der Lage ist, mit einem einzigen Modell ein vollständiges Abbild der Realität zu erzeugen. Bei sehr einfachen Systemen kann dies gelingen. Bei komplexen Systemen wird dieses eine Modell jedoch so viele Informationen enthalten müssen, das nicht mal ein Mikrofilm für dessen Darstellung ausreichen würde. Vergleichen lässt sich dies mit einem Atlas. Dort findet man eine Weltkarte, die alle Kontinente und Länder der Erde zeigt. Daneben findet man aber auch detaillierte Karten, beispielsweise von Kontinenten, Ländern, Regionen und Städten. Auf einer dem Atlas übergeordneten Stufe gibt es Kartenmaterial zu unserem Planetensystem und anderen Sonnensystemen. All diese Informationen auf einer einzigen, großformatigen und entsprechend detailreichen Karte darzustellen, ist sicherlich unvorstellbar.

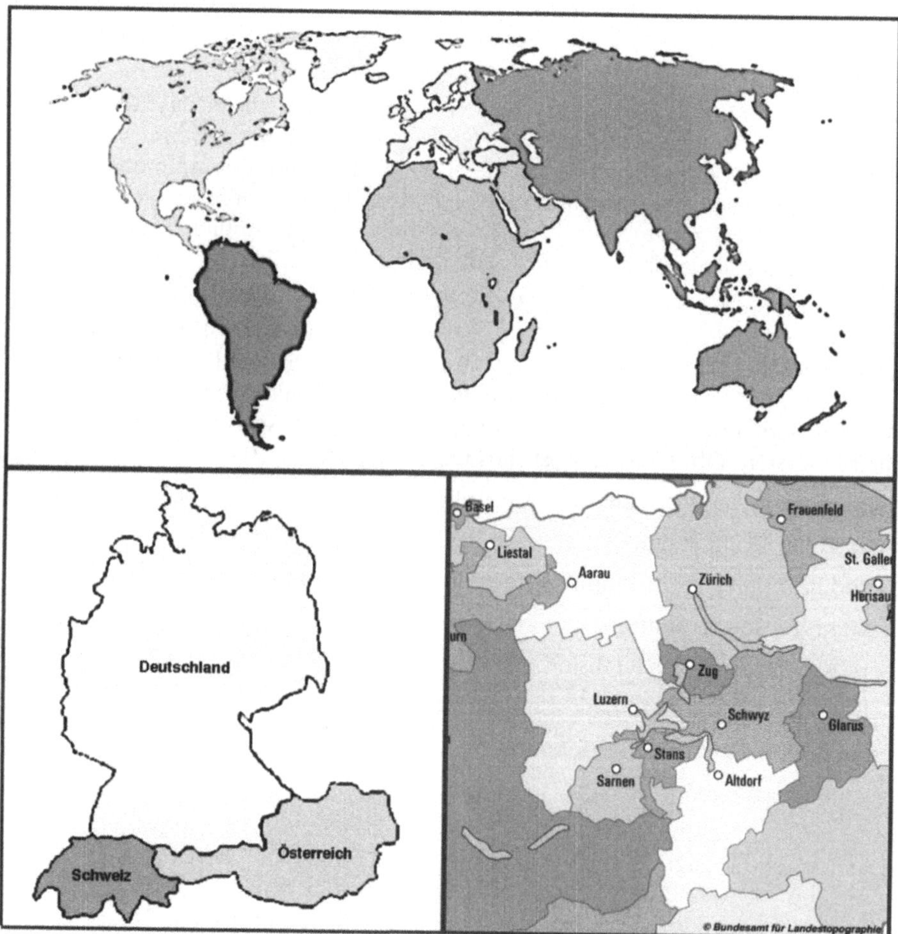

Abb. 14: Unterschiedliche Hierarchiestufen – mit zunehmender Konkretisierung

Ein wichtiges Element zur Beherrschung von komplexen Systemen ist deshalb die hierarchische Strukturierung und die hierarchie-angepasste modellhafte Abbildung. Es entstehen dadurch Abstraktionen auf verschiedenen Ebenen des abzubildenden Systems. Jede Abstraktionsebene zeichnet sich durch einen unterschiedlichen Detaillierungsgrad auf und enthält jeweils nur die Informationen, die spezifisch für diese Ebene sinnvoll sind.

Bei dem vorher angeführten Atlas-Beispiel wären dies z.B. Weltkarten, Kontinentkarten, Landkarten, Regionalkarten und letztendlich Stadtpläne. ▶Abb. 14 verdeutlicht diesen Sachverhalt. Auf dem höchsten Abstraktionsniveau des Systems „Erde" – der Weltkarte, können die einzelnen Länder nicht mehr abgegrenzt und bezeichnet werden. Geht man eine Hierarchiestufe nach unten und greift sich aus dem Gesamtsystem „Erde" einen Kontinent heraus, so können auf dieser Darstellungsebene Länder abgegrenzt und bezeichnet werden. Und so weiter.

Das Systemdenken unterstützt diesen hierarchischen Ansatz durch die Relativität des Systembegriffs. So gibt es aus der Sicht eines Systems immer ein Übersystem und ein oder mehrere Untersysteme. Das Systemdenken stellt auch die Integrationsfähigkeit dieser unterschiedlichen Hierarchiestufen sicher, indem es hilft, Querbezüge zu den einzelnen Ebenen herzustellen. Die Diagramme, welche im Rahmen des Systemdenkens angewendet werden, bieten deshalb die Möglichkeit, auf der obersten Stufe (Übersichtsstufe) überflüssige Informationen wegzulassen und diese dafür in den Detailstufen sichtbar zu machen. Auf die praktische Anwendung der hierarchischen Strukturierung im Rahmen des Systemdenkens werden wir später noch zurückkommen. Wir bleiben vorerst bei den Grundlagen.

1.1.7 Sichtenorientierte Beschreibung

Eine wichtige Technik für die Beherrschung komplexer Aufgabenstellung ist die Aufteilung des Betrachtungsgegenstandes in verschiedene Sichten. Diese Aufteilung bezeichnet man auch als „sichtenorientierte Beschreibung". Man reduziert damit die Komplexität des Gesamtsystems durch eine Fokussierung auf einen ganz bestimmten Teilaspekt. Dazu löst man aus dem Gesamtsystem einen bestimmten Betrachtungsschwerpunkt heraus und setzt diesen Aspekt in einer eigenen Darstellung um. Es kann dann eine Darstellungsform gewählt werden, die speziell auf den Teilaspekt abgestimmt ist, wodurch eine optimale und in der Regel auch übersichtliche und verständliche Visualisierung möglich ist.

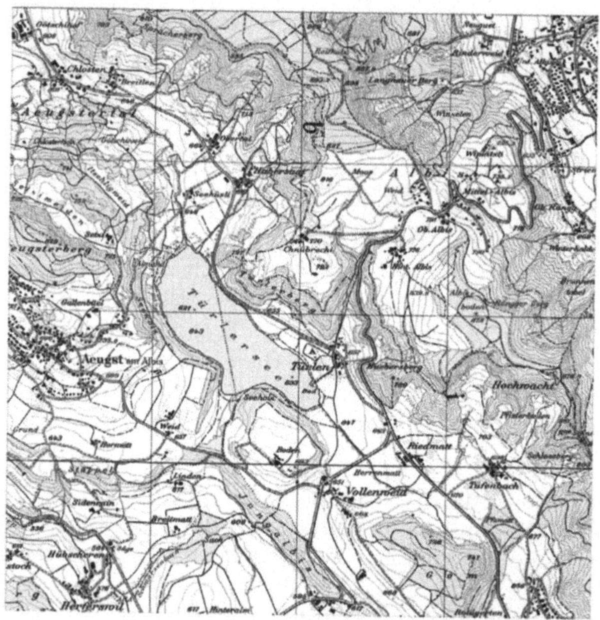

Abb. 15: Gesamtsicht (© Bundesamt für Landestopographie, Schweiz)

Auch dieser Sachverhalt lässt sich mit einer Analogie aus dem vorher beschriebenen Atlas-Beispiel verdeutlichen. So kann man von einer bestimmten Region mehrere Karten erstellen. Die Karten zeigen zwar immer den gleichen Gebietsausschnitt, aber mit jeweils unterschiedlichen „Systembestandteilen". Beispielsweise eine Karte mit den Straßen und Orten, eine Karte mit den Gemarkungsgrenzen, eine Karte mit den Schienenverbindungen, eine Karte mit den Flüssen und Seen, eine Karte mit den Waldkonturen, eine Karte als Höhenrelief aus der die Höhenunterschiede hervorgehen und so weiter. Genauso gut kann man auch nur eine einzige Karte dieser Region erstellen und alle Informationen in dieser Karte verdichten, wodurch eine entsprechend komplexere Abbildung entsteht. In ▶Abb. 15 wird ein Kartenausschnitt mit den gesamten Informationen angezeigt. Die daraus abgeleiteten Teilsichten sind in ▶Abb. 16 dargestellt.

Das herauslösen einzelner Teilaspekte birgt aber auch gewisse Risiken, die im Wesentlichen dann entstehen, wenn ein Teilaspekt isoliert betrachtet und behandelt wird. Anhand des Karten-Beispiels kann dies einfach erklärt werden. Würde man zum Beispiel einem Straßenplaner eine Karte mit allen Ortschaften geben, und ihn bitten, die Orte mit Straßen zu verbinden, so könnte der Straßenplaner nicht überprüfen, ob Flüsse, Seen oder auch Wälder seine Planung tangieren. Neben den Teilsichten benötigt man also immer auch eine Gesamtsicht bei der Analyse oder Lösung von Problemen.

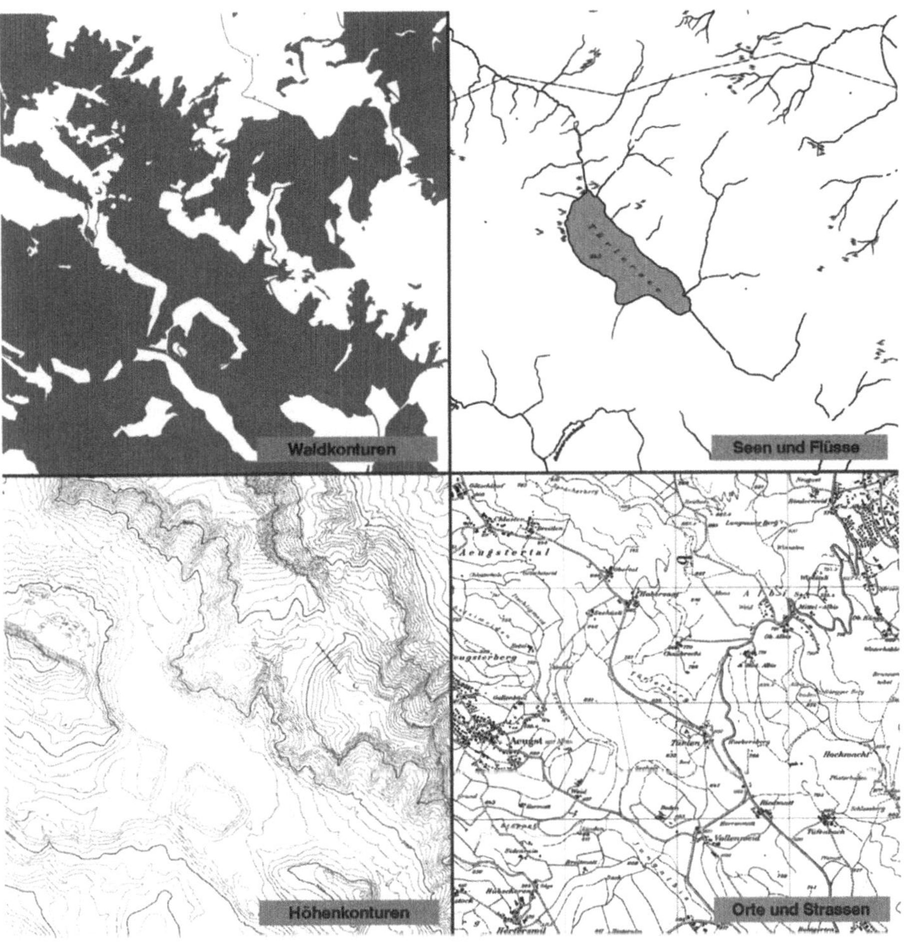

Eine wichtige Funktion des Systemdenkens ist es deshalb, die Integrationsfähigkeit von Teillösungen zu sichern. Dies wird zum einen dadurch erreicht, dass mit Hilfe des Systemdenkens der Blick auf die Gesamtsicht nie vernachlässigt wird. Zum anderen wird durch die Anwendung von verschiedenen Techniken des Systemdenkens erreicht, dass Querbezüge zu den Teilaspekt-Repräsentationen hergestellt und fortlaufend berücksichtigt werden.

Diese Zeilen sollten als Einstieg die Notwendigkeit der sichtenorientierten Beschreibung als ein wichtiges Mittel der Komplexitätsbewältigung aufzuzeigen und erste Grundlagen dieses Modellierungsprinzips vermitteln. Die Erläuterungen zur sichtenorientierten Beschreibung werden im Laufe der nachfolgenden Beschreibungen immer wieder aufgegriffen und vertieft. Insbesondere werden alle elementaren und übergeordneten Sichten der heutigen Informationssysteme (Prozesssicht, Objektsicht und Datensicht) behandelt.

Einige Autoren zählen die Organisationssicht bzw. Aufgabensicht als weitere Sicht von Informationssystemen hinzu. Eine eigenständige Betrachtung dieser Sicht, die durch das Organigramm entsteht, ist aber in vielen Fällen nicht notwendig. Vielmehr versuchen die heutigen Darstellungstechniken, die Organisationssicht in ihre Modelle zu integrierenden. So bieten beispielsweise Ereignisgesteuerte Prozessketten die Möglichkeit, Aufgabenträger bzw. Organisationseinheiten der Prozessbeschreibung hinzuzufügen, was ein sehr sinnvoller Ansatz ist. Ein ähnlicher Ansatz wird mit den stellenorientierten Flussdiagrammen erreicht (z.B. Stellenorientiertes Aktivitätsdiagramm; beschrieben in ▶ Kapitel *„7 Darstellungen der Geschäftsprozessanalyse"*.

1.2 Systembausteine

Der Begriff „System" ist mittlerweile zu einer gängigen Bezeichnung geworden, die in vielen verschiedenen Zusammenhängen verwendet wird. Man kennt natürliche Systeme, wie das Sonnensystem und das Ökosystem oder abstrakte Systeme wie das Wirtschaftssystem und das Finanzsystem. Es gibt technische Systeme, wie das Kommunikationssystem, das Sicherheitssystem, das Baukastensystem, das Parkleitsystem, das Navigationssystem oder EDV-Systeme wie das Prozessleitsystem, dass Expertensystem, das Datenbanksystem und das Informationssystem. Auffallend ist, dass der Systembegriff oftmals in Verbindung mit komplexen Strukturen oder Gebilden erwähnt wird, deren kausale Zusammenhänge und Wirkungsweisen sich dem Menschen nicht ad-hoc, sondern nur mit gedanklicher Energie und Ausdauer erschließen.

Was versteht man unter einem System? In einer einfachen Form lässt sich der Systembegriff vom griechischen Wort „systema" herleiten, das ursprünglich bedeutete: „aus mehreren Teilen zusammengesetztes Gebilde". Ein System besteht aus zahlreichen differenzierten Teilen, die eine bestimmte Organisation aufweisen, eine innere Architektur. Durch die organisierten Wechselwirkungen der Elemente wird das Verhalten des Systems als Ganzes bestimmt. Entfernt man ein Teil (ein Element) des Systems, so verändern sich seine „Natur" und seine Funktionsfähigkeiten. Viele Dinge um uns herum sind also Systeme (z. B. eine Blume, ein Tier, eine Zelle, eine Gesellschaft, eine Maschine, ein Betrieb, der menschliche Körper, ein Computer, ein Programm etc.).

Eine konstruktivistische und an die Informationstechnik angelehnte Definition des Systembegriffs könnte somit lauten:

> „Ein System ist eine Gesamtheit von Elementen, die durch Beziehungen derart miteinander verbunden sind, dass sich ein funktionsfähiges Ganzes mit einem bestimmten Verhaltensmuster bildet.".

Diese Definition deckt sich mit der etwas komplizierteren Beschreibung des Systembegriffs laut ISO-Norm 12207: Ein System ist dort definiert als:

> Ein einheitliches Ganzes, das aus einem oder mehreren Prozessen, Hardware, Software, Einrichtungen und Personen besteht, das die Fähigkeit besitzt, vorgegebene Forderungen oder Ziele zu befriedigen.

Systeme sind entweder offen, d. h. sie interagieren mit der Umwelt, oder geschlossen, d. h. sie haben keine Interaktion mit der Umwelt, wobei es geschlossene Systeme eigentlich nur in der Theorie gibt (z. B. Mathematik oder Physik). Ein offenes System kommuniziert mit seinem Umfeld durch Material-, Energie- oder Informationsflüsse. In der Datenverarbeitungssprache spricht man in diesem Zusammenhang von Schnittstellen. Es sind die Schnittstellen, die ein System öffnen. Durch Schnittstellen erhält ein System Inputs, verarbeitet diese und generiert daraus Outputs.

Im Rahmen des systemischen Denkens besteht jedoch durchaus die Möglichkeit, ein System als geschlossenes System zu sehen – und zwar dann, wenn das System über keine „relevanten" Interaktionsbeziehungen mit der Umwelt verfügt. Dies führt uns zu einer der häufigsten Fehleinschätzungen in Verbindung mit dem systemischen Denken.

Man geht allzu schnell von einem geschlossenen System aus bzw. hält die Umweltbeziehungen für vernachlässigbar und bezieht sie deshalb bei der Analyse des Systems nicht mit ein. Hierbei handelt es sich um eine zeitpunktbezogene Entscheidung. Diese kann sich als falsch herausstellen, wenn sich gewisse Parameter im Laufe des Vorhabens verändern und dadurch ungewünschte Wechselwirkungen von System und Umwelt eintreten oder auch „nicht-relevante" Umweltbeziehungen plötzlich an Bedeutung gewinnen. Die Umweltbeziehungen eines Systems sollte man also nie vorschnell ausschließen.

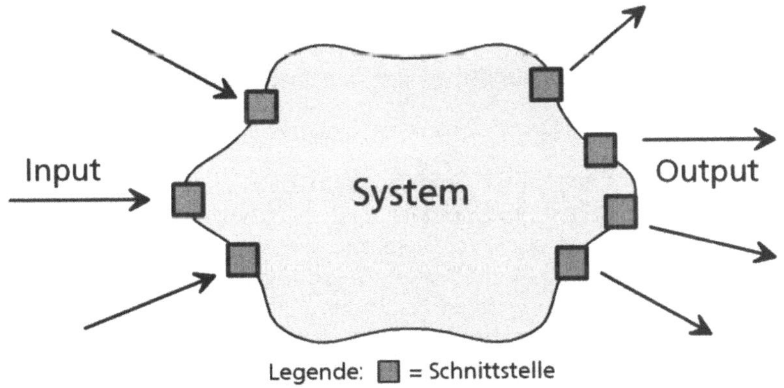

Abb. 17: Ein System kommuniziert über Schnittstellen

Durch das systemische Denken werden wir in die Lage versetzt, mit komplexen Systemen umzugehen, sie zu analysieren, darzustellen und letztendlich zu verstehen. Dies ist gleichfalls ein solides Fundament, um Systeme aktiv gestalten zu können.

1.2.1   Der Systembauplan – Elemente und Beziehungen

Elemente und Beziehungen sind die zentralen Bausteine eines Systems. Als **Elemente** werden die Teile eines Systems bezeichnet, die von einem bestimmten Standpunkt aus betrachtet nicht mehr aufgelöst werden bzw. weiter unterteilt werden können. Elemente sind demnach die atomaren Bauteile eines Systems, wobei zu beachten ist, dass die Elementdefinition relativ ist.

Es hängt vom Betrachtungsstandpunkt (Zoom-Faktor) ab, was in einem bestimmten Fall als Element anzusehen ist. So würde es z. B. wenig Sinn machen, bei der systematischen Betrachtung eines Computers, ein Silizium-Atom als Element anzusehen. Auf der obersten Betrachtungsstufe wäre vielmehr der Prozessor ein Element, zusammen mit weiteren Elementen wie Bus, Steckkarten usw. Elemente können also ihrerseits wieder als Systeme betrachtet werden. Was Element ist und was nicht, hängt von der Definition des Auflösungsgrades ab.

Elementtyp	Beispiele
Anwendungsfall bzw. Software-Funktion	„Waren bestellen", „Waren retournieren"
Prozess	„Auftragsprozess", „Einkaufsprozess"
Objekt	„Kunde", „Auftrag", „Transaktion", „Artikel", „Lieferung"
Softwarebaustein	Planungs-Modul, Steuerungs-Modul, Controlling-Modul
Anwendungssystem	Warenwirtschaft, ERP, CRM, PPS, CAD
Organisationseinheit	Einkauf, Entwicklung, Distribution, Marketing
Unternehmensfunktion	Lohnbuchhaltung, Kreditorenbuchhaltung, Personal
Aufgabenträger	Web-Master, Anwender, Datenbank-Administrator

Abb. 18: Mögliche Elementtypen einer Systembetrachtung

Die Elemente eines Systems sind über **Beziehungen** miteinander verbunden. Diese Beziehungen repräsentieren Wirkpotentiale, d. h. von ihnen gehen Wirkungen aus, die die anderen Komponenten beeinflussen oder steuern. Der Begriff „Beziehungen" ist im Sinne des Systemkonzepts sehr allgemein zu verstehen. Beziehungen können z. B. kommunikativer Natur sein, also zum Beispiel durch Informations- oder Datenaustauschverbindungen zustande kommen. Beziehungen können auch Materialflüsse, Belegflüsse, Warenflüsse, Geldflüsse etc. sein.

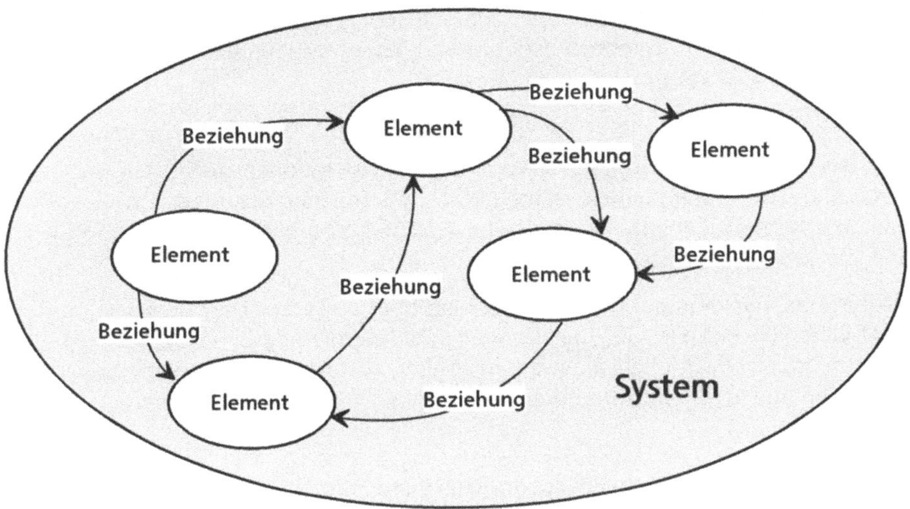

Abb. 19: Neutralbetrachtete Form eines Systems mit Elementen und Beziehungen

Neben den Beziehungen innerhalb des Systems hat ein System auch Beziehungen mit seiner „Umwelt". Diese Beziehungen kann man als **„Außenbeziehungen"** bezeichnen.

Eine typische Eigenschaft von Systemen ist, dass die Elementbeziehungen auf vernetzten Prozessen aufgebaut sind. Der Output eines Prozesses beeinflusst weitere Prozesse. Die Prozesse haben mehr als einen Eingang und mehr als einen Ausgang. Das Beziehungsnetz zwischen den Elementen folgt also nicht etwa einem einfachen linearen Muster (ein weiterer Anhaltspunkt dafür, dass das lineare Denken bei der Arbeit mit Systemen nicht sehr erfolgsversprechend ist). Das im Systemdenken eingebundene „vernetzte Denken" trägt der netzwerkartigen Systemstruktur Rechnung.

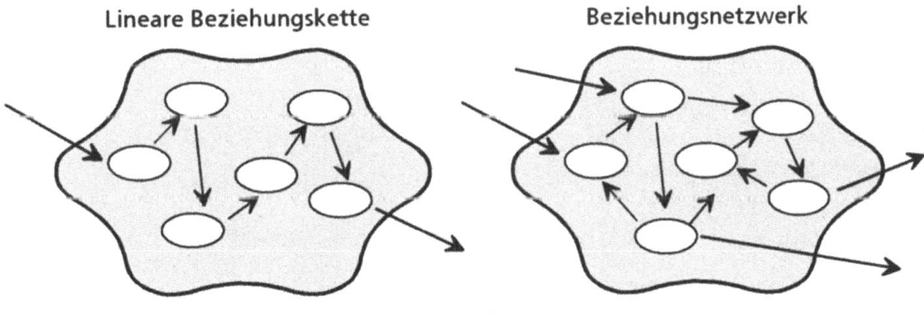

Abb. 20: Elementbeziehungen als lineare Kette und als Netzwerk

Bei Software-Projekten bezeichnet man die Elemente eines Systems auch als „**Subsysteme**" und „**Module**". Üblicherweise gibt es keinen eindeutigen Unterschied zwischen einem Subsystem und einem Modul.

Von Fall zu Fall kann jedoch die folgende Differenzierung sinnvoll sein:

- Ein Subsystem ist ein eigenständiges System, dessen Operationen nicht von den Diensten anderer Subsysteme abhängen. Subsysteme sind aus Modulen aufgebaut und haben definierte Schnittstellen, die zur Kommunikation mit anderen Subsystemen dienen.

- Ein Modul ist eine Systemkomponente, die einen oder mehrerer Dienste für andere Module bereitstellt. Es macht von Diensten anderer Module Gebrauch und wird gewöhnlich nicht als unabhängiges System angesehen. Module können aus einer Anzahl anderer, einfacherer Systemkomponenten aufgebaut sein.

Während also ein Subsystem prinzipiell auch alleine eine gewisse Überlebensfähigkeit und Daseinsberechtigung hat, sind Module alleine nicht funktionsfähig, sondern müssen erst zu einem System integriert werden.

Anhand eines praktischen Beispiels soll die Darstellung von systemischen Sachverhalten illustriert werden. Die Darstellungstechnik, die hierbei zur Anwendung kommt, wird als „Bubble Chart" bezeichnet. Die Bausteine des zu beschreibenden Sachverhalts sind in ▶Abb. 21 aufgeführt. Dabei wird zwischen zwei Element-Kategorien unterschieden (Organisatorische und technische Elemente).

Elemente der Content Management Umgebung

Organisatorische Elemente (Rollen)
- Autor(en)
- Administrator(en)

Technische Elemente (Softwarebausteine)
- CMS Client Modul
- CMS Server Modul
- Web-Editor
- Web-Server
- Produktionssystem
- Marketing-Info-System
- (Web-Browser)

Abb. 21: Systembausteine des Content Management Systems

In ▶Abb. 22 sind die Systembausteine (Elemente) des Content-Management-Systems als „Bubbles" dargestellt – noch ohne Beziehungen.

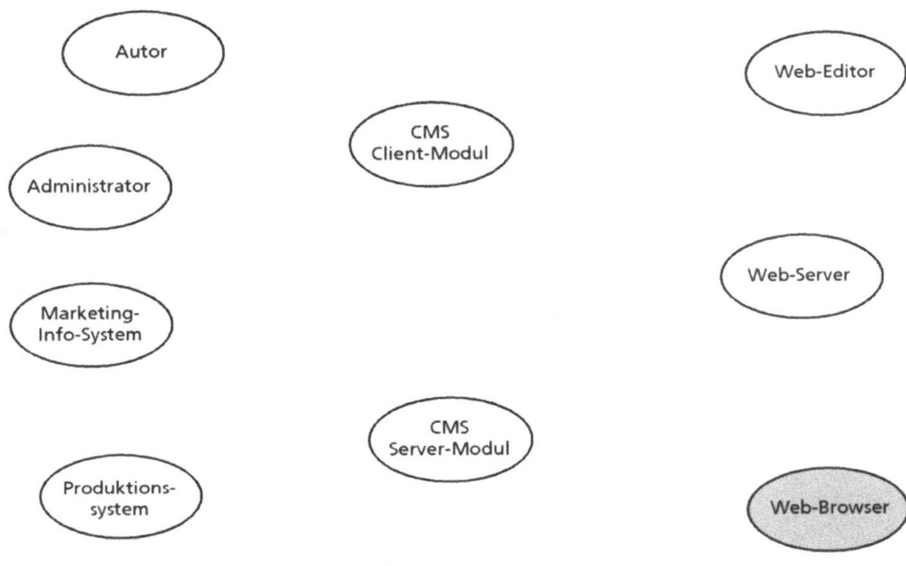

Abb. 22: Die konzeptionell wesentlichen Elemente des Sachverhalts

In den meisten konzeptionellen Darstellungen werden lösungsspezifische Elementen zum Beispiel Betriebssysteme, Datenspeicher und Datenbanken ausgeklammert. Würde man diese Elemente in die Darstellung mitaufnehmen, wird man feststellen, dass dadurch keine neuen, wesentlichen Informationen hervorgehen und die Darstellung dadurch nur unübersichtlicher wird und schwieriger zu verstehen ist. Diese Aussage verliert natürlich dann ihre Gültigkeit, wenn es sich bei dem zu untersuchenden System um ein Betriebssystem, eine Datenbank oder ein System, das sich eng an diese Komponenten ankoppelt, handelt. Dann erlangen die entsprechenden Bausteine eine konzeptionelle Bedeutung.

Für eine vollständige Darstellung des Sachverhalts müssen als nächstes die Austauschbeziehungen, die zwischen den Bubbles herrschen, festgehalten werden. Einen Teil dieser Beziehungen wird man vermutlich schon bei der Identifikation der Systemelemente eingetragen haben. Bei den Beziehungen kann es sich um den Datenverkehr handeln, der zwischen den Software-Bausteinen stattfindet. Zusätzlich sollte auch festgehalten werden, welche Verrichtungen die Aufgabenträger mit welchen Software-Bausteinen durchführen. Auch hier geht es nur um die konzeptionell wesentlichen Beziehungen.

Wie der Sachverhalt mit den Elementbeziehungen grafisch umgesetzt werden kann, wird in ▶ Abb. 23 gezeigt.

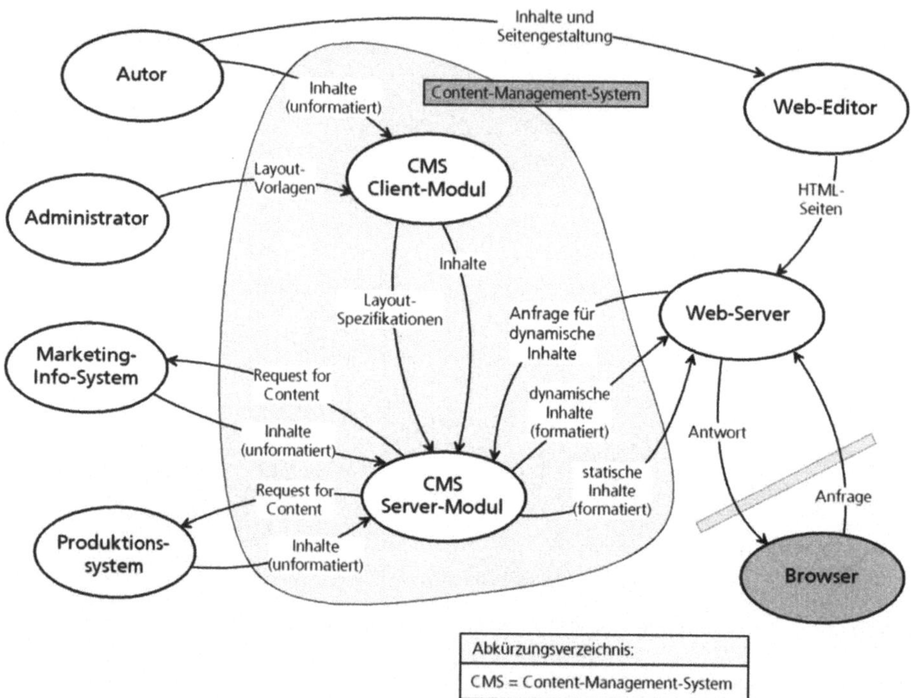

Abb. 23: „Bubble Chart" für die systemische Darstellung einer CMS-Umgebung

Wie auch in der realen Welt, sind die Systeme in unserer abstrakten Welt keine Monokulturen. Unser Wirtschaftssystem setzt sich beispielsweise aus Elementen menschlicher, finanzieller und technischer „Natur" zusammen. Gleichfalls besteht die in der Aufgabenstellung besprochene Web-Umgebung nicht nur aus Software-Bausteinen, sondern auch aus Personen (Autor, Administrator). Es sind also nicht nur Software- und Hardware-Bausteine als Systembestandteile anzusehen, sondern auch beteiligte Personengruppen. Aus der Sicht des Systemansatzes besteht ein System also aus einer Zusammenstellung aller Elemente, die für die gesamthafte Erfüllung einer Aufgabenstellung notwendig sind.

Diese Sichtweise hat mehrere Gründe. Zum einen kann man dadurch sicherstellen, dass alle relevanten Leistungen bzw. Ereignisse, die im Rahmen einer bestimmten Aufgabenstellung in das System führen oder das System verlassen, im Rahmen des Systemkonzepts erfasst werden können (Vollständigkeit der Wirkungsbeziehungen). Des Weiteren ist es das Ziel des Systemansatzes, Systeme so zu gestalten, dass diese vollständige und in sich schlüssige Ergebnisse oder Teilergebnisse liefern (Vollständigkeit der Aufgabenerfüllung). Jeder Vorgang soll innerhalb des Systems möglichst abschließend bearbeitet werden. Nur dadurch kann die Anzahl von Kopplungen (und damit auch Abhängigkeiten) zu den umliegenden Systemen reduziert werden und dass innerhalb des Systems vorhandene Optimierungspotential vollständig genutzt werden.

1.2.2 Elemente und ihr Vernetzungsgrad

Auf Frederic Vester, einem „Vordenker" des Systemdenkens, geht die Kategorisierung von Elementen hinsichtlich ihres Vernetzungsgrades zurück. Vester unterscheidet diesbezüglich die vier Element-Kategorien:

- aktive Elemente

- passive Elemente

- stark vernetzte Elemente und

- schwach vernetzte Elemente

▶Abb. 24 zeigt die wesentlichen Merkmale dieser Elementeinteilung in grafischer Form.

Stark vernetzte Elemente sind solche Elemente, die mit vielen anderen Elementen des Systems in Verbindung stehen, und zwar zum einen dadurch, dass sie beeinflusst werden, und zum anderen dadurch, dass sie ihrerseits einen aktiven Einfluss auf das Systemverhalten nehmen. Sie zeichnen sich durch eine hohe Anzahl von Eingangs- und Ausgangsgrößen aus. Vester bezeichnet diese Elemente auch als „kritische Elemente" und zwar deshalb, weil sie durch ihre starke Vernetzung die wesentlichen Elemente eines Systems darstellen. Stark vernetzte Elemente wirken intensiv auf die anderen Elemente des Systems, werden aber auch sehr stark von den anderen Systemelementen beeinflusst.

Führt man Veränderungen an den stark vernetzten Elementen durch, so beeinflusst man in hohem Maße den Zustand des gesamten Systems. Ganz im Gegensatz zu den schwach vernetzten Elementen. **Schwach vernetzte Elemente** werden nur in geringem Maße von den Elementen des Systems beeinflusst und üben gleichfalls nur einen schwachen Einfluss auf das System aus.

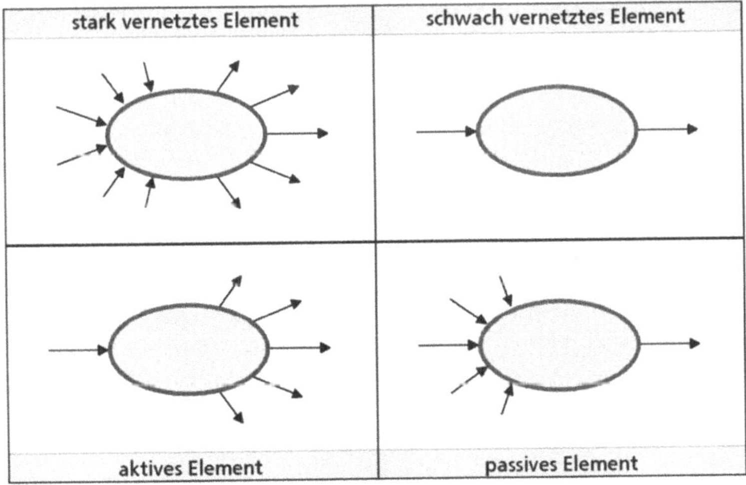

Abb. 24: Element-Kategorien nach [Ves 1980]

Die Element-Kategorisierungen liefern wichtige Anhaltspunkte für die Analyse. In den meisten Fällen dürfte es sinnvoll sein, während einer Systemanalyse den stark vernetzten Elementen eine höhere Bedeutung beizumessen als den schwach vernetzten Elementen. Die stark vernetzten Elemente werden selten ausgeglichen sein (gleiche Anzahl von Eingangs- und Ausgangsgrößen). Meist kann man ein stark vernetztes Element entweder in die Kategorie „aktives Element" oder „passives Element" zuordnen:

- Ein **aktives Element** gibt wesentlich mehr Wirkungen an das System ab, als dass Wirkungen vom System eingehen.

- Ein **passives Element** wird wesentlich mehr von Gesamtsystem beeinflusst, als das es Wirkungen an das System zurückgibt.

Vester bezeichnet die passiven Elemente auch als „**Indikator-Elemente**", denn sie hängen von sehr vielen Elementen des Systems ab und sind deshalb ein wichtiger Indikator für den Gesamtzustand des Systems. Werden Veränderungen im System vorgenommen, so machen diese sich vornehmlich bei den Elementen mit einer großen Anzahl von Eingangsparametern bemerkbar. Meist sind die passiven Elemente am stärksten von Veränderungen betroffen. Passive Elemente reflektieren diese Veränderungen in geringerem Maße an das System zurück, da sie weniger Ausgangsparameter und viel mehr Eingangsparameter aufweisen.

Zu beachten ist allerdings, dass die von Vester eingeführten Elementkategorien rein quantitative Betrachtungen sind. Sie treffen keine Aussage über die Qualität (Wichtigkeit) von Elementbeziehungen. Theoretisch ist es durchaus möglich, dass ein schwach vernetztes Element zwar nur wenig Eingangs- und Ausgangsgrößen aufweist, aber einem dieser Parameter eine sehr hohe Bedeutung für die momentane Problemsituation zukommt, während die zahlreichen Verindungen eines schwach vernetzten Elements von geringerer qualitativer Bedeutung sein können.

1.2.3 Systemabgrenzung nach außen – Systemgrenze, Umsysteme

Wenn man komplexe Systembeziehungen analysiert, führt man nicht nur eine Aufteilung zwischen dem System und seinen Bestandteilen (Elementen) durch. Das System muss auch von seiner Umwelt abgegrenzt werden, denn die Grenzen eines Systems gegenüber seinem Umsystem sind nicht per-se gegeben, sondern müssen gedanklich konstruiert werden. Dies geschieht durch eine vom Bearbeiter festgelegte „**Systemgrenze**", die das Innenleben des Systems von seinen Außenbeziehungen differenziert. Mit der Systemgrenze definiert man den Gestaltungsbereich, innerhalb dessen eine Lösung erarbeitet werden soll.

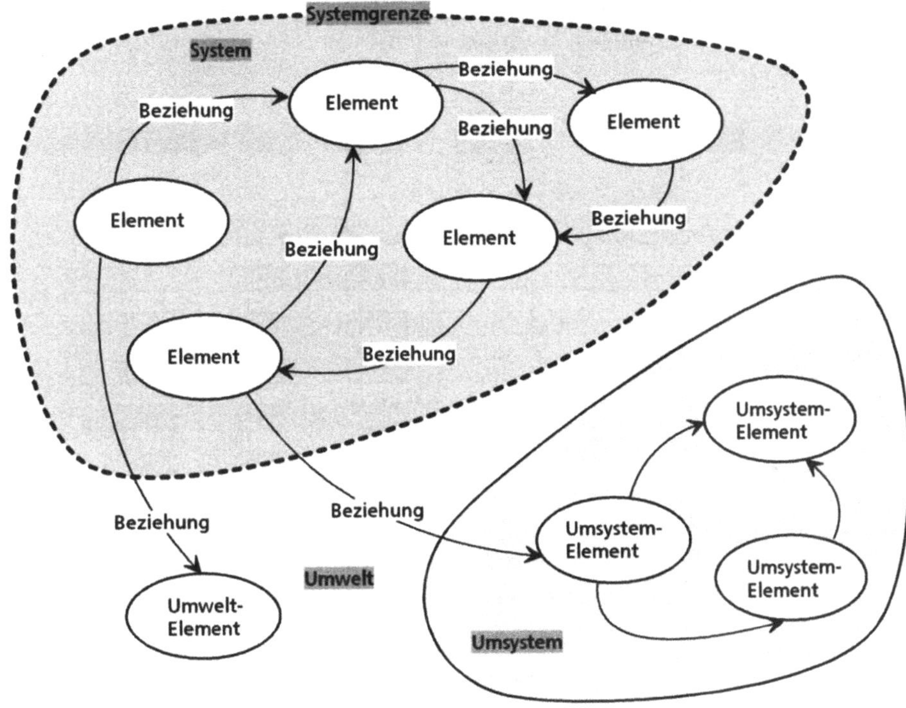

Abb. 25: Ein System wird durch die Systemgrenze von seiner Umwelt abgegrenzt

Alles was außerhalb der Systemgrenze liegt, gehört nicht zum Vorhaben und soll oder darf nicht verändert werden. Die Umwelt eines Systems kann entweder aus Umwelt-Elementen und/oder aus Umsystemen (die sich wiederum aus Umsystem-Elementen zusammensetzen) bestehen. Diese Systeme bzw. Elemente üben, obwohl sie ausserhalb des Systems liegen, Einfluss auf das System aus oder werden durch das System beeinflusst.

Es ist wichtig, dass man bei der Abgrenzung eines Systems nach außen die Systembeziehungen mit der Außenwelt festhält. Die externen Systembeziehungen bilden letztendlich diejenigen Schnittstellen zwischen Systemen, die in der Regel auch nach einer Veränderung noch funktionsfähig sein müssen. Man bezeichnet diese Schnittstellen auch als „**Außenbeziehungen**".

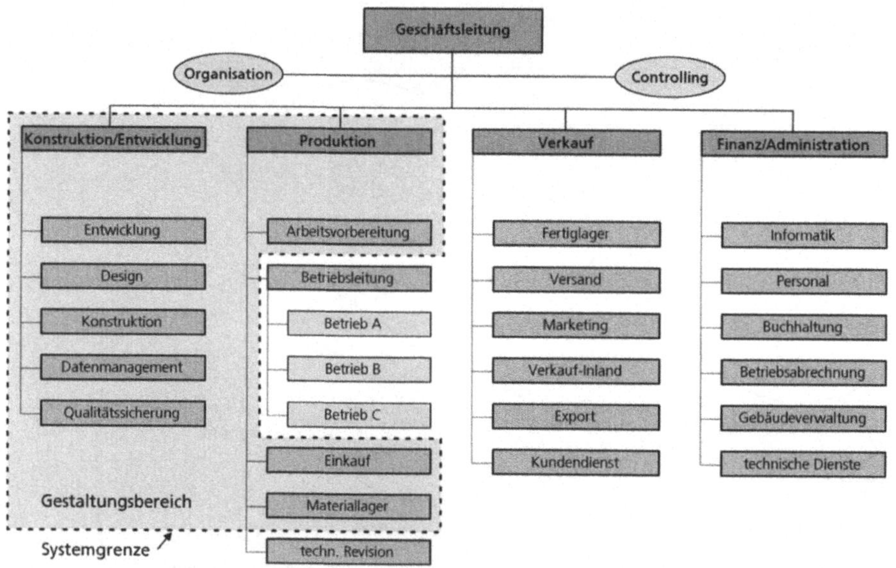

Abb. 26: Systemgrenze eingezeichnet in einem Organigramm

Das Ziehen einer Systemgrenze ist in der Praxis nicht immer ohne weiteres möglich. Es setzt eine genaue Kenntnis der Funktionsweise eines Systems voraus. Bei Abgrenzungsschwierigkeiten kann das das Prinzip des „**Übergewichts der inneren Bindung**" als Orientierungshilfe dienen (dargestellt in ▶Abb. 27).

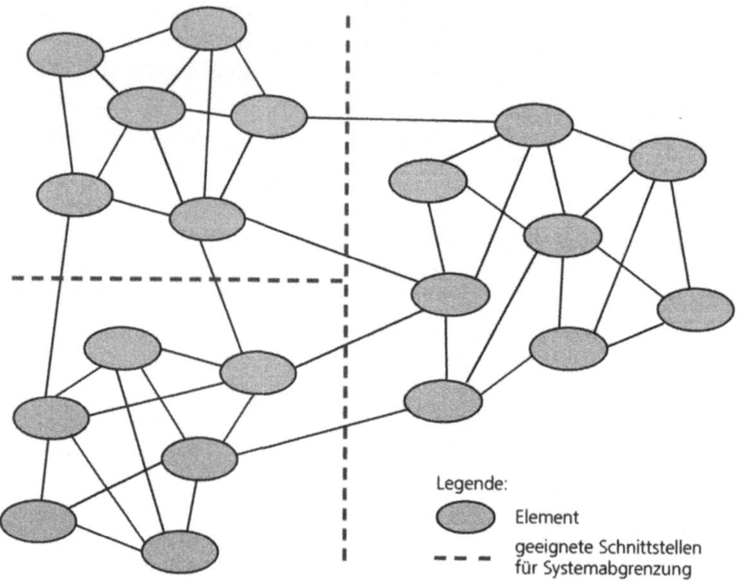

Entsprechend dem „Übergewicht der inneren Bindung", soll ein System im Idealfall so abgegrenzt werden, dass es relativ viele Beziehungen im Inneren und relativ wenige Beziehungen nach außen hat. Die Anwendung dieses Prinzips führt zu einer Minimierung der Schnittstellen. Was zweckmäßig ist, denn möglichst wenige und einfache Schnittstellen erleichtern die Koordination mit den Umsystemen.

Beim Festlegen einer Systemgrenze kann man im Grunde genommen keinen Fehler machen, denn eine falsche Systemgrenze gibt es nicht. Neben der idealen Systemgrenze kann man zwei „sub-optimale" Situationen unterscheiden:

- Die Systemgrenze wird zu groß gezogen: Je umfassender das System abgegrenzt wird, desto größer ist der Aufwand für die Analyse der Systemstruktur.

- Die Systemgrenze wird zu klein gezogen: Eine zu enge Systemabgrenzung schränkt den Spielraum bei der Problembehebung bzw. Lösungssuche unnötig ein und versperrt eventuell bestimmte Lösungsvarianten und Eingriffsmöglichkeiten.

Man sollte nicht davon ausgehen, dass eine einmal gezogene Systemgrenze etwas unveränderbares darstellt. Je nach Projektfortschritt kann die Systemgrenze variieren. In den frühen Phasen eines Projektes empfiehlt es sich, die Systemgrenze eher großzügig festzulegen. Auf diese Weise wird sichergestellt, dass während den Analysephasen alle problemrelevanten Sachverhalte aufgedeckt werden. Da man sich zu Beginn eines Vorhabens nur sehr grob mit dem System auseinander setzt, ist dieser Aufwand vertretbar. Werden demgegenüber wichtige Teilbereiche zu spät erkannt und müssen nachträglich ergänzt werden, so entsteht ein wesentlich höherer Aufwand.

Im Zuge des Projektforschritts und vor allem bei der Konkretisierung der Lösungsfindung wird dann die Systemgrenze enger gezogen bzw. präzisiert, so dass sie nur noch die tatsächlich relevanten Teile der zukünftigen Systemlösung umfasst.

In ▶Abb. 28 wird die Festlegung der Systemgrenze und damit des Gestaltungsbereichs für das Beispiel „Content-Management-System" gezeigt. Der Untersuchungsbereich ist in diesem Beispiel nicht eingezeichnet. Er ist umfassender und beinhaltet mit Ausnahme des Web-Editors und des Browsers alle anderen „Umsysteme". Die neue Lösung tangiert die Arbeit der Autoren und Administratoren und führt zu Schnittstellen-Anpassungen im Hinblick auf das Marketing-Info-System und das Produktionssystems. Browser und Web-Editor kommunizieren mit dem Web-Server über standardisierte Schnittstellen (HTML, evtl. ActiveX oder JAVA, etc.), so dass diesbezüglich keine speziellen Analysen notwendig sind. Will man jedoch sicherstellen, dass das Layout von allen Browsertypen richtig wiedergegeben wird, so muss auch der Web-Browser in den Untersuchungsbereich mit einbezogen werden.

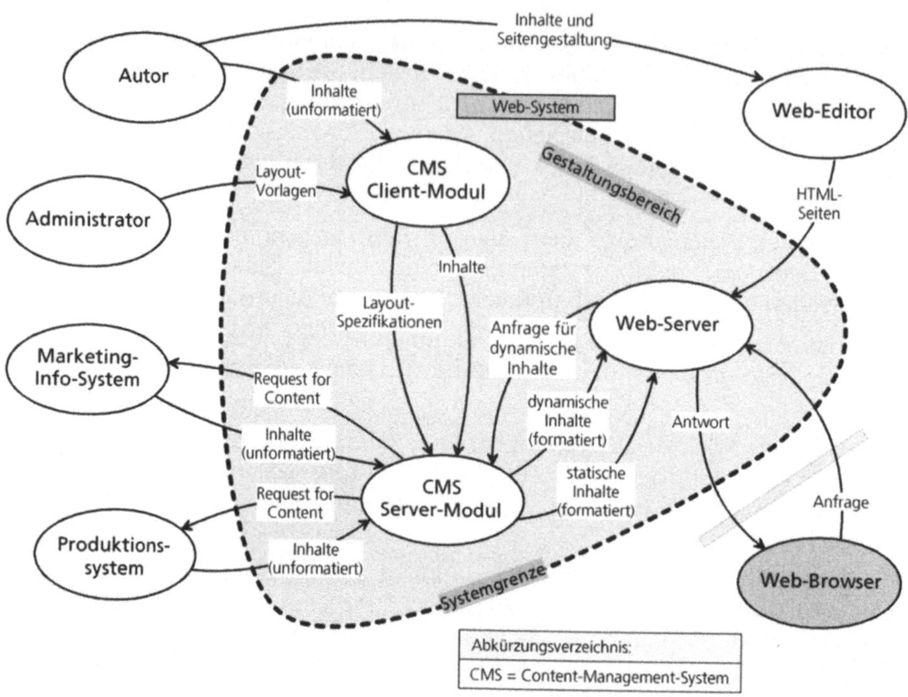

Abb. 28: Systemgrenze für die Beschaffung einer neuen Web-Management-Lösung

Falls man beabsichtigt, mehrere mögliche Varianten von Systemabgrenzungen in einer Abbildung darzustellen, kann dies entweder durch Linien in unterschiedlichen Farben, verschiedenen Strichstärken oder Linienarten (gestrichelt, gepunktet etc.) realisiert werden. Die Linienvarianten sollten dann in einer Legende bezeichnet werden.

Bestimmung der Systemgrenze – Bedeutung und Vorteile dieses Schritts:

- **Eindeutige Identifizierung betroffener Bereiche:** Es kann verbindlich festgelegt werden, innerhalb welchem Bereich Analysen durchgeführt und Lösungen gesucht werden sollen. Der Untersuchungsaufwand kann dadurch eingegrenzt werden.

- **Abstimmung mit dem Auftraggeber möglich:** Der Umfang der Ausgangslage ist für den Auftraggeber klar erkenntlich.

- **Der Bereich möglicher Lösungen wird festgelegt:** Es wird genau bestimmt, was Teil der Lösung sein soll und welche Systeme unberührt bleiben sollen.

- **Beachten der Schnittstellen:** Durch die Systemgrenze werden die Berührungspunkte zu den nicht veränderbaren Umsystemen sichtbar, woraus sich erste Hinweise auf Schnittstellen ergeben.

- **Miteinbeziehung und Information betroffener Bereiche / Personen:**
  Es wird erkennbar, welche Personen oder Personengruppen mit dem Projekt in Berührung stehen.

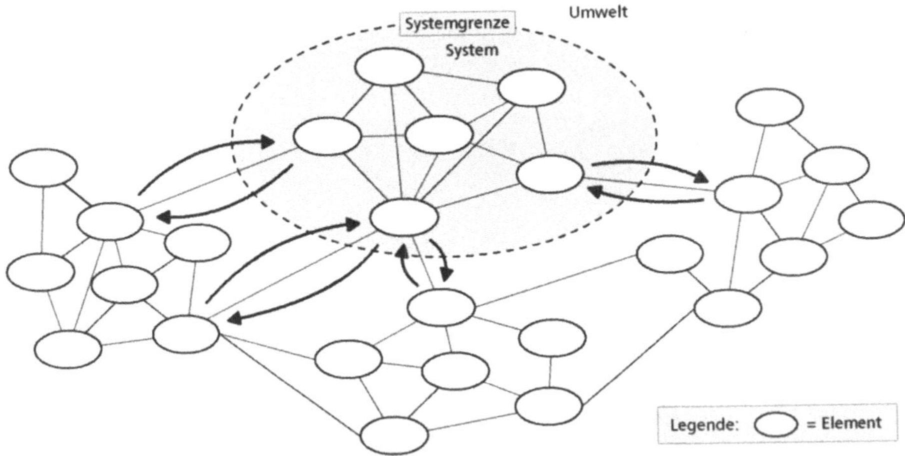

Abb. 29: Ein System hat immer Wechselwirkungen mit seiner Umwelt

Mit der Festlegung einer Systemgrenze wird das System nicht von seiner Umwelt isoliert. Zwischen Umwelt und System gibt es nach wie vor Wechselwirkungen. Die Umwelt beeinflusst das System und das System beeinflusst durch sein Verhalten die Umwelt. Diese Wechselwirkungen müssen bei der Systemanalyse identifiziert und festgehalten werden. Sie werden spätestens im Rahmen des Lösungsentwurfs relevant, denn für eine nachhaltige Lösung müssen nicht nur die system-internen Beziehungen beachtet werden, sondern auch die Einflüsse auf die Umwelt und von der Umwelt.

1.2.4 Systemabgrenzung nach innen – Untersysteme

Es wurde eingangs bereits erwähnt, dass Systeme in der Regel komplexe Gebilde sind, die sich dem Betrachter nicht ohne weiteres in vollem Umfang erschließen. Ein entscheidender Schritt zur Vereinfachung kann deshalb das Isolieren von überschaubaren Lösungsbereichen sein. Jeder Lösungsbereich kann dann für sich genauer analysiert und modelliert werden. Das systemische Denken sieht die Bildung von so genannten „Untersystemen" vor. Dabei handelt es sich um Teile eines Systems, die sich anhand bestimmter Kriterien klar abgrenzen und zuordnen lassen.

Mögliche Kriterien, die man für eine Differenzierung verwenden kann, können sein:

- Isolierte Teilschritte oder Abläufe von Prozessen

- Funktion – d. h. funktionale Zugehörigkeit

- Organisation – d. h. organisatorische Zugehörigkeit

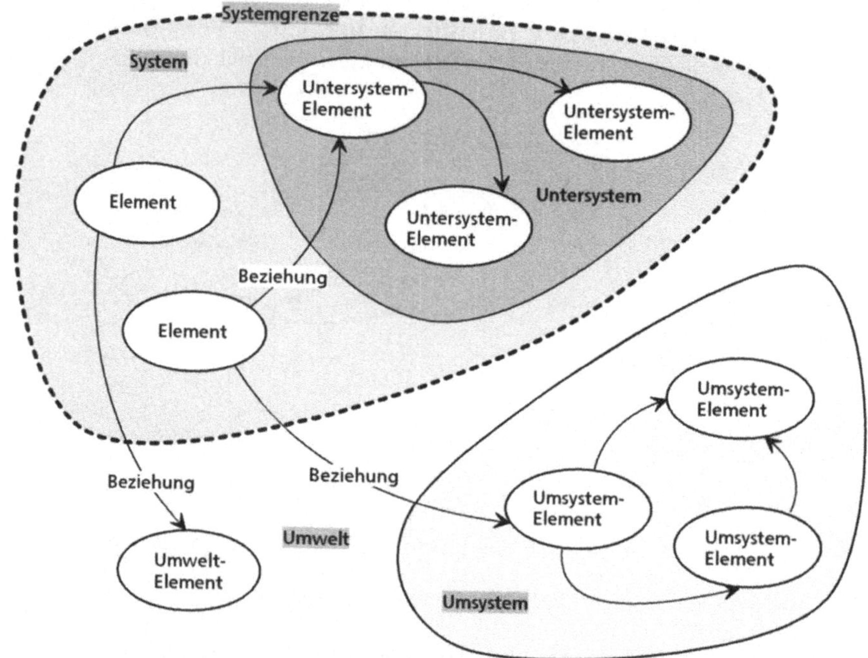

Abb. 30: Systemdarstellung mit Untersystem und Untersystem-Elementen

Durch diese Abgrenzung nach innen wird ein bestimmter Beziehungszusammenhang isoliert betrachtet, und es entstehen kleinere, überschaubare Einheiten – jede für sich wird als wiederum Ganzes betrachtet. Dieser Ansatz fördert indirekt das Denken in Modulen – also standardisierte und wiederverwendbare Bausteine, die an beliebigen Stellen in Systemen eingesetzt werden. Es ist durchaus denkbar, dass bei einer Untersystemabgrenzung potentielle Modulkandidaten sichtbar werden.

Wie bei der externen Systemabgrenzung, ist auch bei der internen Systemabgrenzung das Prinzip des **„Übergewichts der inneren Bindung"** eine wichtige Orientierung. Das heißt, dass sich Untersystemkandidaten eventuell dadurch identifizieren lassen, dass sie wenige Schnittstellen (Beziehungen) zu den anderen Elementen des Systems aufweisen. Auch wenn man die Untersystemabgrenzung frei bestimmen kann, ist es vorteilhaft, die Einheiten so abzugrenzen, dass sie relativ viele Beziehungen im Inneren und relativ wenige Beziehungen nach außen haben. Dies vereinfacht die Schnittstellenbildung.

Wichtig bei der Aufgliederung von Systemen in Untersysteme mit Untersystem-Elementen ist, dass man die Systembeziehungen (Schnittstellen) festhält. Denn durch diese Schnittstellen muss sichergestellt sein, dass das Untersystem mit dem Gesamtsystem harmoniert.

1.2.5 Untersuchungsbereich und Gestaltungsbereich

Im Zusammenhang mit der Systemabgrenzung kann es je nach Situation sinnvoll sein, auch zwischen Untersuchungsbereich und Gestaltungsbereich zu differenzieren.

- So kann man Anfang einer Systemanalyse zunächst den Bereich herausarbeiten und abgrenzen, der einer detaillierten Untersuchung bedarf bzw. innerhalb dessen Veränderungen vorgenommen werden sollen und dürfen. Dieser Bereich wird als „**Untersuchungsbereich**" bezeichnet.

- Ist das Problemfeld für die Planenden und den Auftraggeber klar genug strukturiert, kann der Bereich, in welchem sich die zukünftige Lösung bewegen soll, genauer spezifiziert werden – der „**Gestaltungsbereich**".

Den Untersuchungsbereich wird man Anfang der Analyse tendenziell eher großzüger festlegen, um sicherzustellen, dass die Facetten der Problemsituation möglichst vollständig erfasst und einer frühen Beurteilung bzw. Einschätzung unterzogen werden können.

Der Gestaltungsbereich wird dem gegenüber möglichst straff und präzise eingegrenzt, um im Zuge der detaillierteren Untersuchungen eine intensive Auseinandersetzung mit dem eigentlichen Kern des Problems bzw. dem Hauptanliegen der Lösung zu ermöglichen.

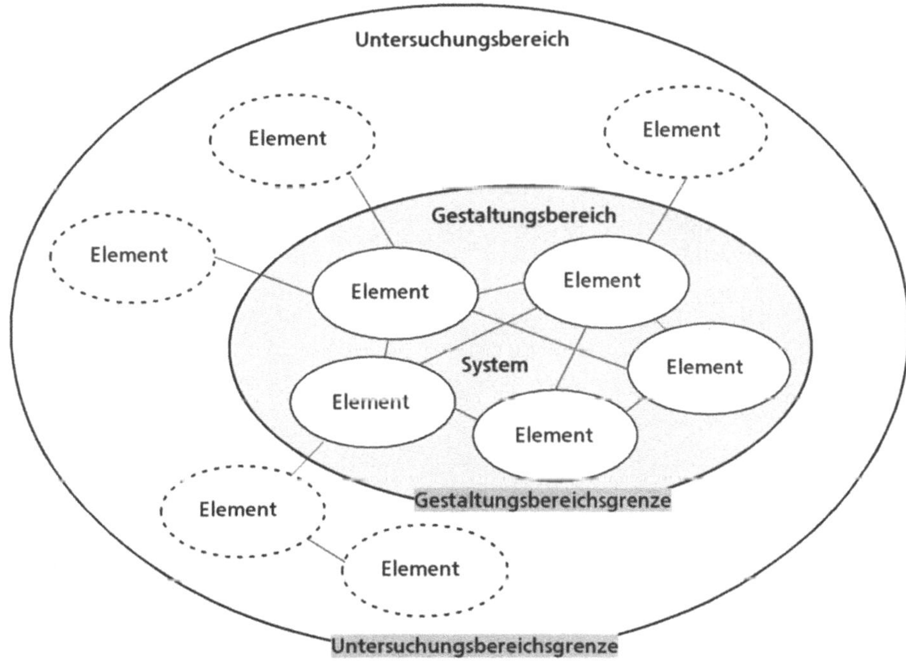

Abb. 31: Gestaltungsbereich und Untersuchungsbereich

Mit der Differenzierung von zwei Systembereichen soll einem nicht zu unterschätzenden Risiko bei der Analyse der Aufgabenstellung begegnet werden: Tendenziell neigt man dazu, bei der Erfassung von Wirkungszusammenhängen einer Ist-Situation aus kleineren, handhabbaren Problemen große und weitreichende Aufgabenstellungen abzuleiten. Die Empfehlung nach einer weiten Fassung des Untersuchungsbereichs im Rahmen der Analyse wird deshalb mit der Forderung verbunden, nach der Analyse den Gestaltungsbereich auf das geforderte, sinnvolle und tatsächlich notwendige Maß zu reduzieren.

1.2.6 Die Systemhierarchie

Es wurde bereits erwähnt, dass sowohl der Elementbegriff als auch der Systembegriff relativ zu sehen sind. Die Elemente eines Systems können wiederum aus noch kleineren Einheiten zusammengesetzt sein und dadurch eine hierarchische Struktur bilden. Durch diese stufenweise Zerlegung entsteht die so genannte Systemhierarchie. Jedes System kann über eine Reihe von Stufen immer detaillierter beschrieben werden. Es entstehen dabei Modelle von Untersystemen 1.Ordnung, 2.Ordnung usw. Man spricht auch von unterschiedlichen System-Ebenen bzw. System-Leveln.

In ▶Abb. 32 ist das Konzept der Hierarchiebildung in neutralbetrachteter Form dargestellt. Auf der System-Ebene 1 wird ein Element „herausgelöst" und auf einer tieferen Stufe (Ebene 2) als System betrachtet. Dieses System ist somit ein „Untersystem" der System-Ebene 1.

Dementsprechend wird auch das System selbst zu einem Element, wenn man anstelle eines „Zooms nach innen" einen „Zoom nach außen" vornimmt; den Betrachtungsstandpunkt auf eine höhere Ebene verlagert. Im Rahmen des Systemkonzepts bezeichnet man diese Systeme als „**Übersysteme**".

Folgt man diesen Ausführungen, so wird klar, dass es sich bei den Begriffen „Element", „Untersystem" und „Übersystem" lediglich um sprachliche Konstrukte handelt, die helfen sollen, die Struktur eines Systems auf einer Betrachtungsebene zu differenzieren. Letztendlich sind aber alles Systeme. Auch ein Element ist ein System – solange man sich nicht auf der Stufe der „atomaren Elemente" befindet.

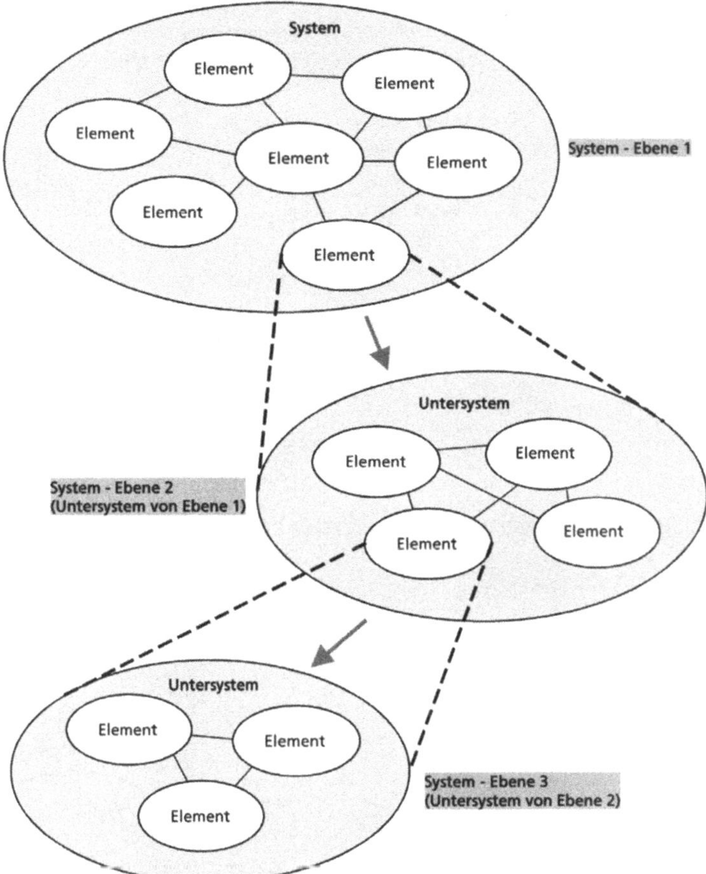

Abb. 32: Neutralbetrachtete Form einer Systemhierarchie

Anhand einer Diagramm-Serie soll die hierarchische Auflösung einer Systemumgebung gezeigt werden. Als Grundlage verwenden wir das bereits behandelte Beispiel einer Web-Lösung mit einem Content-Management-System. In ▶Abb. 33 wird das gesamte Web-System als Black-Box betrachtet. Diese Art des Diagramms kann man auch als „**Kontextdiagramm**" bezeichnen. Ein Kontextdiagramm zeigt ein System immer auf der höchsten Hierarchiestufe – dem Level 0. Das Innenleben des Systems wird nicht dargestellt, sondern nur die Beziehungen des Systems mit seiner Umwelt – die so genannten „Außenbeziehungen".

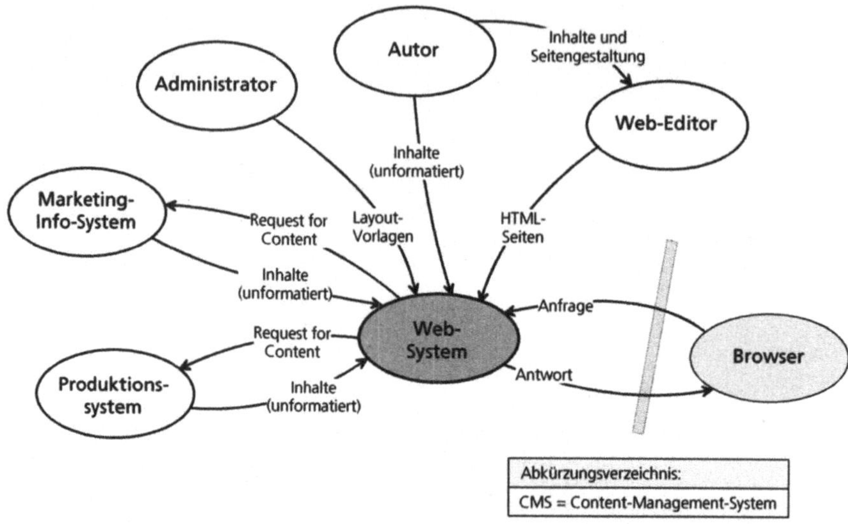

Abb. 33: Bubble Chart als Kontextdiagramm (Level 0; höchste Abstraktionsstufe)

In einem nächsten Schritt wird das System schrittweise „geöffnet". Man bewegt sich also in der Hierarchie nach unten und dringt tiefer in das System ein. Dies wird in ▶Abb. 34 gezeigt. Das Web-System setzt sich demnach aus zwei wesentlichen und übergeordneten Elementen zusammen – dem Web-Server und dem Content-Management-System. Diese Darstellung kann man auch als „**Level-1-Diagramm**" bezeichnen. Sie zeigt das System in der ersten Auflösungsstufe.

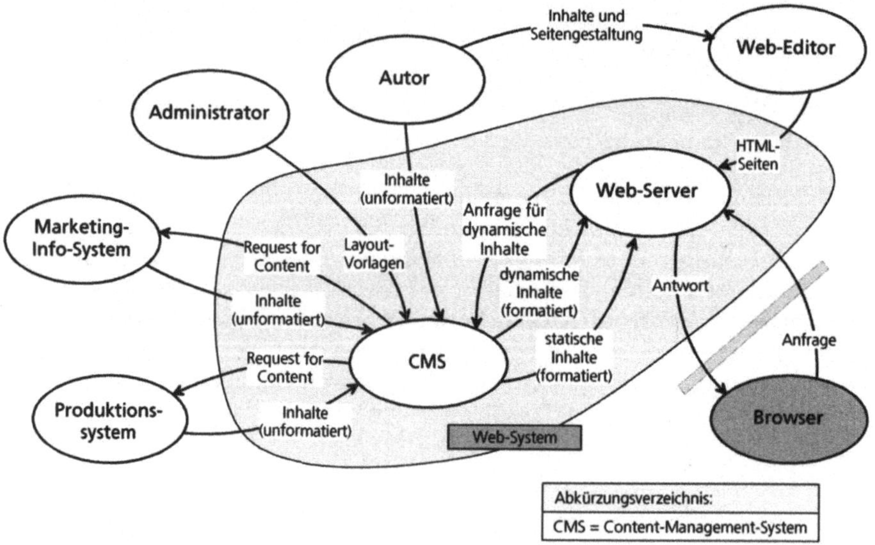

Abb. 34: Bubble Chart als Level1-Diagramm (erste Auflösungsstufe)

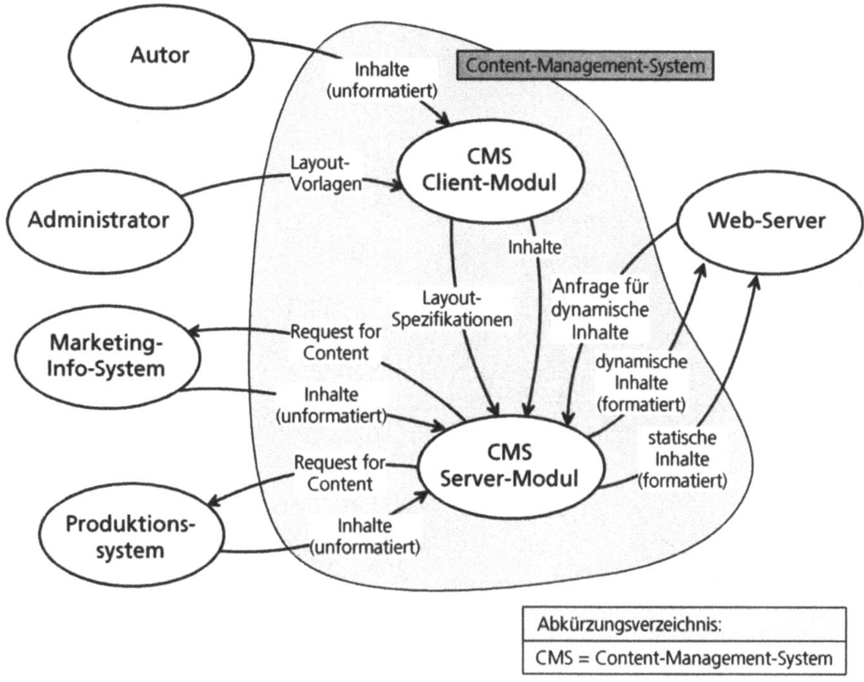

Abb. 35: Bubble Chart als Level 2 (zweite Auflösungsstufe)

Da sich die Content-Management-Lösung aus zwei wesentlichen Bausteinen zusammensetzt, kann man den Auflösungsgrad von diesem Systembestandteil nochmals um eine Stufe erhöhen. Das ausgehend vom Level-1 Auflösungsgrad als Element zu sehende „Content-Management-System" wird in der nächsten Auflösungsstufe als eigenständiges System betrachtet. Dies wird in ▶Abb. 35 gezeigt. Diese Darstellung wird als „**Level-2-Diagramm**" bezeichnet. Wir sind damit bei dem höchsten sinnvollen Auflösungsniveau angelangt. Bei komplexeren Systemen kann es eventuell noch eine oder zwei weitere Auflösungsstufen geben.

Diese Vorgehensweise zeigt, wie man komplexe Systeme Stück für Stück auflösen und gedanklich durchdringen kann. Die hierarchisch abgestuften Diagramminhalte stellen sicher, dass der Blick für den Gesamtzusammenhang nicht verloren geht.

1.3 Systembetrachtungen

Bei der Betrachtung von Systemen geht es im Wesentlichen um die Fragestellung, nach welchen Kriterien, Prinzipien und Überlegungen eine Vereinfachung des Betrachtungsgegenstandes möglich ist.

Man kann diesbezüglich zwischen fünf verschiedenen Betrachtungsweisen unterscheiden:

- umfeldorientierte Betrachtung
- wirkungsorientierte Betrachtung (Black-Box)
- strukturorientierte Betrachtung (White-Box)
- teilsichtorientierte Betrachtung
- zeitorientierte Betrachtung (dynamische Betrachtung)

Durch die verschiedenen Betrachtungen entstehen unterschiedliche Modelle eines Systems. Modelle sind immer Vereinfachungen und Abstraktionen eines Betrachtungsgegenstandes, die durch eine Konzentration auf bestimmte Merkmale und gezieltes Weglassen anderer Merkmale entstehen. Das am stärksten vereinfachte Modell eines Systems entsteht durch die „umfeldorientierte Betrachtung".

Die „umfeldorientierte Betrachtung" ist eine wichtige Grundlage für die „wirkungsorientierte Betrachtung". Bei dieser Betrachtung konzentriert man sich auf die konkret vorhandenen Interaktionsbeziehungen eines Systems mit seiner Umwelt (die externen Systembeziehungen). Bei der strukturorientierten Betrachtung wird schließlich das Innenleben des Systems analysiert. Im Rahmen einer Teilsystembetrachtung wird die innere Struktur des Systems zusätzlich differenziert, in dem unterschiedliche Beziehungsarten identifiziert und abgegrenzt werden. Es besteht die Möglichkeit, jede Beziehungsart in einem eigenen Modell darzustellen. Dies ist eines der wichtigsten Mittel, um die Komplexität von Systemen beherrschbar zu machen. Bei der dynamischen Betrachtung steht schließlich die Veränderung der Elemente und Beziehungen im Vordergrund.

1.3.1   Die umfeldorientierte Betrachtung

Bei der umfeldorientierten Betrachtung geht es im Wesentlichen darum, diejenigen Umfeld-Systeme zu identifizieren und festzuhalten, die mit dem untersuchten System in Zusammenhang stehen. Man erhält dadurch eine erste Basis, um die für einen bestimmten Kontext relevanten Schnittstellenbeziehungen des Systems mit seiner Umwelt feststellen zu können. Diagramme, die eine solche Sichtweise repräsentieren, kann man auch als „Kontextdiagramm" bezeichnen.

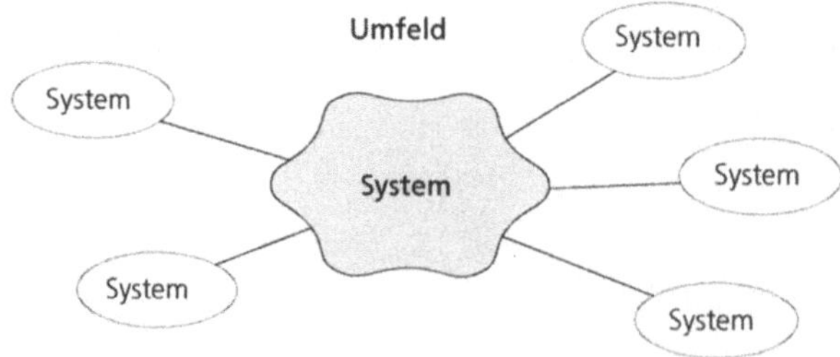

Abb. 36: Neutralbetrachtete Form einer umfeldorientierten Betrachtung

In ▶Abb. 37 wird ein konkretes Beispiel für eine umfeldorientierte Betrachtung gezeigt. Im Kern steht ein CAD-System für das die wesentlichen Umweltbeziehungen erfasst wurden. Vereinfachungen wurden dadurch vorgenommen, dass die in den Abteilungen „Fertigung" und „Design" eingesetzten Systeme nicht separat aufgeführt wurden, sondern diese Abteilungen nur durch Rechtecke – sozusagen als „Black-Boxes" eingezeichnet sind.

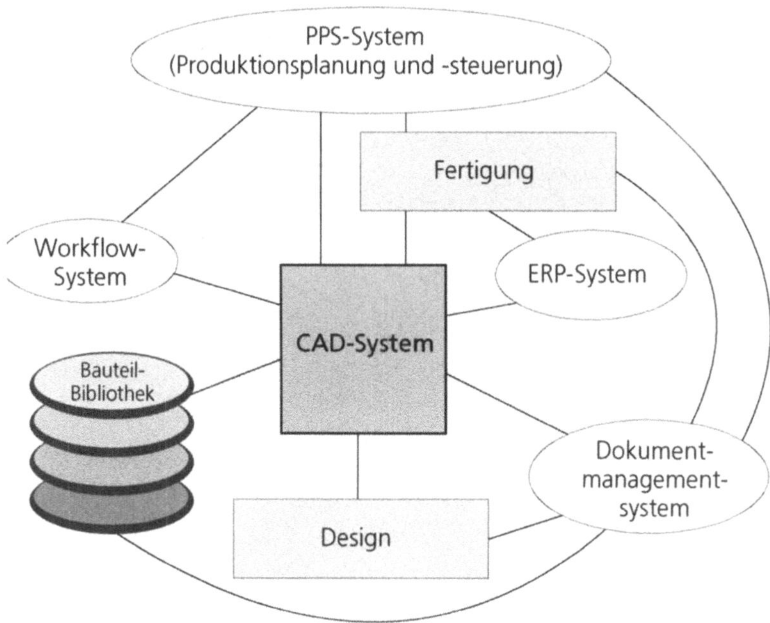

Abb. 37: Beispiel für eine umfeldorientierte Betrachtung

1.3.2 Die wirkungsorientierte Betrachtung (Black-Box)

Bei der wirkungsorientierten Betrachtung werden die Eingangs- und die Ausgangsgrößen identifiziert und analysiert, nicht aber das der innere Aufbau des Systems. Dabei wird im Wesentlichen von der Frage ausgegangen:

- Welche Eingaben (Inputs) führen zu welchen Reaktionen (Outputs)?

Sowohl die Eingangs- als auch die Ausgangsgrößen können unterschiedliche Dimensionen aufweisen. Es kann sich um einfache Parameter (Steuerparameter) handeln oder um Datenaustausch-Beziehungen, bei denen Dateien übergeben werden. Die wirkungsorientierte Betrachtung dient dazu, die Ein- und Ausgabeschnittstellen des Systems möglichst vollständig zu erfassen und die groben Zusammenhänge zwischen den Eingaben und Ausgaben festzuhalten. Wie das System die Inputs in Outputs transformiert, ist dabei nicht relevant. Diese Betrachtungsweise bezeichnet man auch als **„Black-Box-Betrachtung"**, weil dem Innenleben des Systems keine Bedeutung beigemessen wird.

Da man bei dieser Betrachtung einen umfassenden Überblick über die Außenbeziehungen eines Systems erhält, ist sie ein wichtiges Hilfsmittel, um Ansatzpunkte für detaillierte Untersuchungen zu erhalten. Potentielle Problemfelder und Lösungsansätze lassen sich eventuell schon grob charakterisieren. Aufbauend auf diesem Analyseschritt können Schwerpunkte für eine nachfolgende strukturorientierte Betrachtung spezifiziert werden oder zumindest gewisse Eingrenzungen vorgenommen werden.

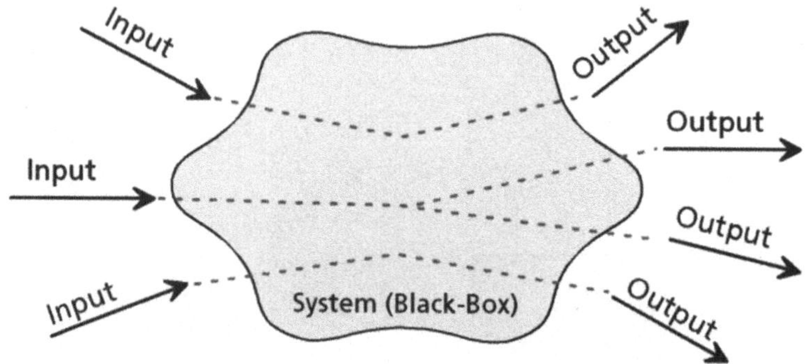

Abb. 38: Systembetrachtung als Black-Box

Zusammenfassend lässt sich festhalten, dass bei der Black-Box Betrachtung die so genannten „Was"-Fragen im Vordergrund stehen:

- Was wird in das System eingegeben?

- Was wird vom System ausgegeben?

Im Unterschied dazu steht die strukturorientierte Betrachtung, die sich eher mit dem „Wie" beschäftigt und im Folgenden besprochen wird.

1.3.3   Die strukturorientierte Betrachtung (White-Box)

Bei der strukturorientierten Betrachtung wird das Innenleben des Systems untersucht und differenziert. Die Struktur eines Systems entsteht durch die Elemente und deren Beziehungen, die zusammen eine innere Ordnung bilden und deren Einheit einen höheren Nutzen ausmacht. Die Black-Box wird zur White-Box gemacht, und es wird ermittelt bzw. festgehalten, wie die Inputs zu Outputs transformiert werden. Von besonderem Interesse sind dabei die die dynamischen Aspekte wie z. B. Datenflüsse und Informationsflüsse, Prozesse und innere Wirkmechanismen.

Bei der White-Box Betrachtung stehen „Wie"-Fragen im Vordergrund:

- Wie werden Eingaben zu Ausgaben verarbeitet?

- Wie gestalten sich die Beziehungen der Systemelemente?

Sie haben wahrscheinlich schon festgestellt, dass wir dies alles schon in diesem Kapitel behandelt haben. Wir haben Systeme abgegrenzt, Elemente, Untersysteme, Untersystem-Elemente und Übersysteme identifiziert und Teilsystembetrachtungen vorgenommen. All dies waren bereits strukturorientierte Betrachtungen, die an dieser Stelle mit dem dafür vorgesehenen Oberbegriff belegt wurden – und damit auch von der wirkungsorientierten Betrachtung (Black-Box) differenziert werden können.

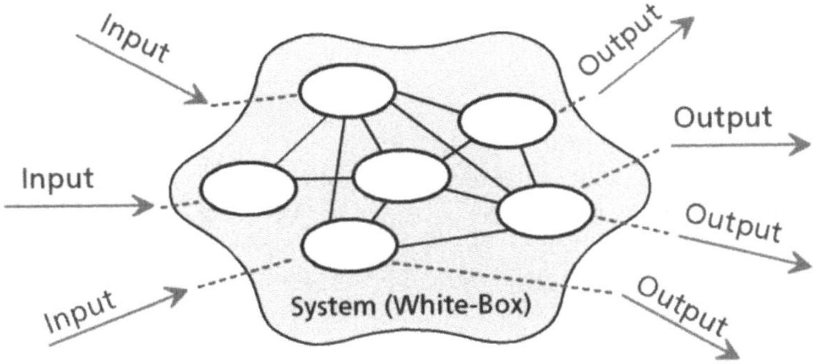

Abb. 39: Systembetrachtung als White-Box

Die Unterscheidung zwischen wirkungsorientierter und strukturorientierter Betrachtung ist deshalb wichtig, weil bei der Projektabwicklung diese Betrachtungsweisen oftmals abwechselnd zum Einsatz kommen. Etwa bei der Bildung von Lösungsvarianten, die jeweils zuerst mit einem wirkungsorientierten Schwerpunkt grob umschrieben und dann mit strukturorientierten Analysen stufenweise verfeinert werden. Das nachfolgende Kapitel geht unter anderem auch deshalb konkreter auf die Abwicklungsaspekte von Vorhaben und Projekten ein.

In jedem Fall muss bei der Analyse eines Ist-Systems oder eines Soll-Systems eine wirkungsorientierte Untersuchung und auch eine strukturorientierte Untersuchung durchgeführt werden, denn das Verhalten eines Systems kann nur verstanden und beurteilt werden, wenn es gedanklich in Verbindung zum Umsystem als Teil eines umfassenderen Systems betrachtet wird.

1.3.4 Die teilsichtorientierte Betrachtung

Die Teilsicht-Betrachtung eines Systems verwendet man als Erweiterung der wirkungsorientierten Betrachtung, wenn Systeme analysiert werden müssen, bei denen unterschiedliche Beziehungsarten ein unübersichtliches Geflecht von Elementbeziehungen ergeben. Diese Mehrschichtigkeit der Beziehungen ist gleichzeitig auch einer der Hauptgründe für die Komplexität von Systemen. Stellt man sich das Körpersystem des Menschen vor, so lassen sich dort beispielsweise der Blutkreislauf, die Muskelfasern, die Nervenbahnen etc. als Ausprägung dieser Mehrschichtigkeit differenzieren. Innerhalb eines Systems können sich also verschiedene Schichten überlagern und aufeinander einwirken. Im Rahmen des Systemdenkens bedient man sich der bereits beschriebenen „sichtenorientierten Betrachtung", um diese Beziehungsüberlagerungen zu separieren.

Beispiele für unterschiedliche Strukturen des Systems „Unternehmen" sind:

- der Informations- und Datenfluss,

- der Materialfluss,

- der Wertfluss (Geldfluss),

- der Belegfluss (Formulare) und

- der Anordnungsfluss (Weisungen).

Da sich für diese verschiedenen Aspekte bisher keine Namenskonvention eingebürgert hat, sollen diese hier als „Teilsicht-Systeme" bezeichnet werden. Fälschlicherweise werden sichtenorientierte Betrachtungen oftmals als „Teilsystem" bezeichnet, was sprachlich keine gelungene Lösung ist, da bei dieser Betrachtung das ganze System dargestellt wird und nicht nur bestimmte Elemente eines Systems. Würde man nur eine bestimmte Gruppe von Elementen eines Systems darstellen, würde dies einem Teilsystem entsprechen. Teilsicht-Systeme haben oftmals Beziehungen zueinander. So kann ein Informationsfluss der Auslöser für einen Materialfluss sein und umgekehrt.

Teilsicht-Systeme aus Prozesssicht	Teilsicht-Systeme aus Beziehungssicht
Bestellungsprozess	Informationsfluss / Datenfluss
Fertigungsprozess	Materialfluss / Warenfluss
Einkaufsprozess	Wertefluss / Geldfluss
Auslieferungsprozess	Belegfluss / Formularfluss
Verrechnungsprozess	Anordnungsfluss / Weisungsfluss

Abb. 40: Beispiele für die Teilsicht-Systeme

Ein übergeordnetes Kriterium für die Ableitung von Teilsichten ist die Prozess-Sicht. Man stellt sich die Frage: „Welche Prozesse finden im System statt?" bzw. „Welche Prozesse sind für die Lösungsgestaltung relevant?". Die Beziehungen zwischen den Elementen ergeben sich dann aus dem jeweiligen Prozess. Wobei ein Prozess durch eine Kombination von unterschiedlichen Beziehungsaspekten zusammengesetzt sein kann. Beispielsweise können zu einem Bestellprozess sowohl Datenflüsse als auch Belegflüsse gehören. Die Tabelle in ▶Abb. 40 zeigt verschiedene Kriterien (Sichten) für die eine teilsichtorientierte Betrachtung.

Will man ein System mit all seinen charakteristischen Aspekten visualisieren, so gibt es zwei Möglichkeiten:

- Man kann mehrere Strukturdarstellungen (in der Regel „Bubble Charts") erstellen, die jeweils unterschiedliche Teilsicht-Systeme zeigen oder

- man kann die relevanten Teilsichten in einem einzigen grafischen Modell verdichten.

Die erste Variante entspricht dem in der Einleitung bereits erwähnten Prinzip der „sichtenorientierten Beschreibung". Dieses Verfahren ist ein elementares Werkzeug zur Komplexitätsreduktion und damit auch zur Komplexitätsbeherrschung.

Verwendet man die zweite Darstellungsart und integriert alle Sichten in einer Grafik, kann man zur Unterscheidung der Teilsichten verschiedene Linienarten für die Elementverbindungen verwenden. Die Bedeutung der Linienarten sollte in einer Legende angegeben sein. Diese Darstellungsweise ist von Vorteil, wenn Elemente eines Systems hinsichtlich verschiedener Systemaspekte relevant sind und dies auch bewusst gezeigt werden soll. Beispielsweise das Element „Warenlager", bei dem ein Warenabgang in Form eines Materialflusses zum Empfänger und eines Datenflusses („Ware ausgeliefert") zum Fakturierungssystem dargestellt werden kann.

Abb. 41: Möglichkeit der Kennzeichnung von Beziehungsarten (Teilsysteme)

Inwiefern unterscheiden sich Teilsicht-Systeme von den zuvor angeführten Untersystemen? Ein Teilssicht-System repräsentiert eine Sicht auf einen bestimmten Aspekt des ganzen Systems. Aus den mehrdimensionalen Elementbeziehungen wird eine Dimension – eine Sicht – herausgelöst und isoliert betrachtet. Ein Teilsicht-System kann sich über mehrere Untersysteme erstrecken. Es Teilsicht-System hat bezogen auf sich selbst keine Daseinsberechtigung und ist deshalb auch nicht überlebensfähig. Ein Untersystem kann hingegen eine gewisse Eigenständigkeit, und damit eine Daseinsberechtigung, aufweisen. Es kann auch überlebensfähig sein, wenn es entsprechend modular konzipiert wurde.

Die Betrachtung eines Systems mit unterschiedlichen Schwerpunkten ist ein Merkmal des ganzheitlichen, umfassenden Denkens, mit der das Systemdenken die Problem- und Lösungsbetrachtung unterstutzt. Das ganzheitliche Denken ist deshalb wichtig, weil die Aussagen und Erkenntnisse, die man aus einer Systemdarstellung ziehen kann, entscheidend durch die verschiedenen Sichtweisen beeinflusst werden.

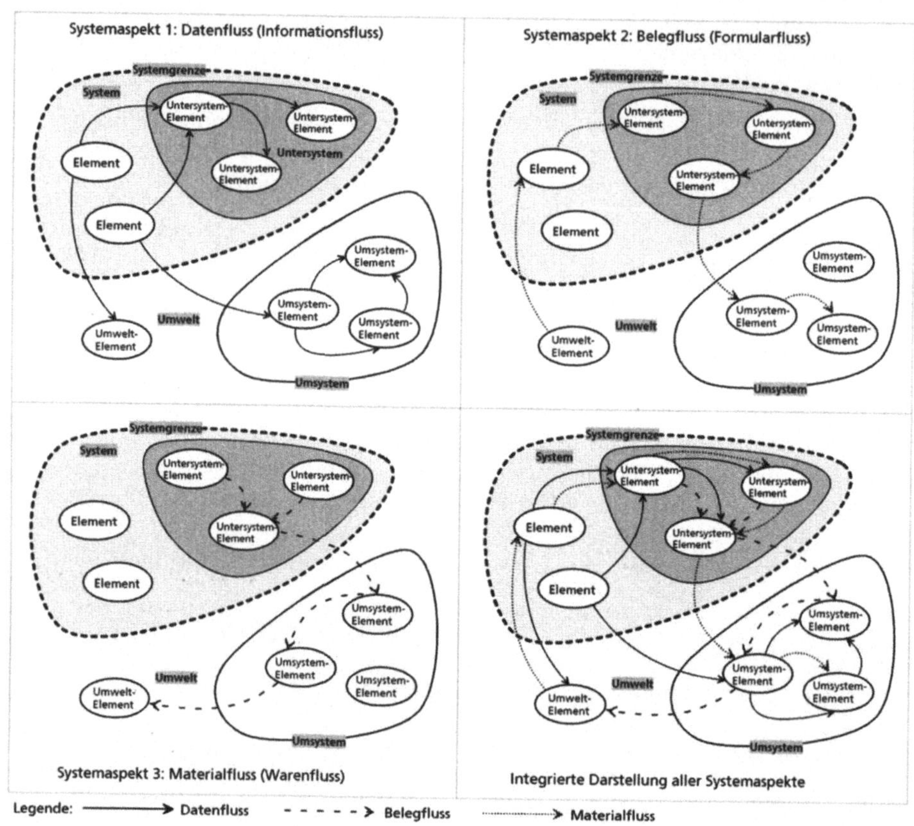

Abb. 42: Neutralbetrachtete Form von möglichen Teilsystemdarstellungen

An dieser Stelle soll darauf hingewiesen werden, dass in der Fachliteratur die Begriffe „Untersystem" und „Teilsystem" sehr oft gleichgesetzt werden. Sie werden letztendlich nur als unterschiedliche Bezeichnungen für den gleichen Inhalt verwendet. Man muss sich jedoch vergegenwärtigen, dass es beim Arbeiten mit Systemen zwei übergeordnete und elementare Betrachtungsaspekte – den hierarchischen Aufbau eines Systems und die mehrdimensionalen Beziehungen zwischen den Elementen.

Dementsprechend scheint es sinnvoll, die Begrifflichkeiten präziser festzulegen. Teilsystem und Untersystem sollten insofern unterschieden werden, als dass ein **Teilsystem** ein Zusammenschluss einer sinnvollen Menge von Elementen aus einem System darstellt, die eine abgeschlossene Einheit bilden und sich auf der gleichen hierarchischen Stufe befinden (sozusagen eine „Teilmenge"). Ein **Untersystem** stellt hingegen eine systemtechnisch schlüssige und in sich geschlossene Substruktur eines Systems dar. Der Untersystem-Begriff sollte also für die hierarchische Differenzierung verwendet werden, während der Teilsystem-Begriff für die Differenzierung von gleichberechtigten, benachbarten Systemen verwendet werden sollte.

1.3.5 Die zeitorientierte Betrachtung

Nahezu alle Systeme sind dynamisch und verändern ihren Zustand über die Zeit. Beispiele für solche Systeme sind die biologischen und physikalischen Systeme unserer realen Umgebung. Auch die Behauptung, dass zum Beispiel ein Unternehmen, ein Konzern oder unser Wirtschaftssystem dynamische Systeme sind, müsste man gelten lassen. Allerdings wird diese Dynamik durch gezielte Einflussnahme des Menschen angestoßen bzw. durch vom Menschen definierte Selbstregulierungsmechanismen gesteuert. Um die zeitlichen Veränderungen sichtbar zu machen, wird der Zustand des Systems zu verschiedenen Zeitpunkten untersucht und die Veränderungen gegenübergestellt und verglichen. Dies bezeichnet man als „dynamische Betrachtung". Zu beachten ist dabei, dass nicht nur die inneren Beziehungen zwischen den Elementen des Systems sich im Laufe der Zeit verändern können, sondern dass auch die Beziehungen zur „Außenwelt" dieser Dynamik unterliegen.

Obwohl wir es also fast ausschließlich mit dynamischen Systemen zu tun haben, ist die dynamische Betrachtung aus unserer Sichtweise eine Spezialform. Sie ist hauptsächlich bei den Systemen relevant, bei denen die Veränderung gleichzeitig auch der eigentliche Betrachtungsgegenstand ist (dies kommt beispielsweise in der Biologie und in der Physik sehr häufig vor). Das soll jedoch nicht heißen, dass wir die Veränderungen, denen informationstechnologische Systeme ausgesetzt sind, ignorieren. Wenn sich ein System verändert, sind wir durchaus bestrebt, den neuen Zustand festzuhalten – aber eben nur den veränderten Zustand und in der Regel nicht den Prozess der Veränderung. Es interessiert uns vor allem die Tatsache, dass eine Veränderung stattgefunden hat. Man muss also differenzieren zwischen einem **„Zeitpunkt"** und einem **„Zeitraum"**.

Die Systembetrachtungen von informationstechnologischen Vorhaben sind in der Regel „zeitpunktbezogen" und nicht „zeitraumbezogen". Das heißt, sie erstrecken sich nicht über einen bestimmten Zeitraum, sondern werden zu einem bestimmten Zeitpunkt aufgenommen.

Da die dynamische Betrachtung für den Kontext dieses Buches nicht relevant ist, wird sie nicht detaillierter erklärt. Es ist jedoch wichtig, dass wir die Dynamik eines Systems gebührend beachten, damit wir Veränderungen der Ausgangslage erkennen und unsere Lösung entsprechend steuern können. Dazu benötigt man jedoch keine dynamische Betrachtung, vielmehr ist es ausreichend, wenn man den Zustand des Systems während dem Projektfortschritt in bestimmten Zeitabständen prüft bzw. Veränderungen des Systems entsprechend beachtet.

1.4 Begriffsübersicht und Metamodell

Um alle Systembegriffe im Zusammenhang sehen zu können und das Nachschlagen einzelner Begriffe zu erleichtern, sollen an dieser Stelle die Definitionen der Systembegriffe zusammengefasst werden. Da textliche Beschreibungen in der Regel nicht ausreichen, um einen „visuellen Gesamteindruck" zu erzeugen, wird das Zusammenwirken aller Systembausteine zusätzlich noch grafisch dargestellt.

Systembegriff	Beschreibung
System	Eine Gesamtheit von Elementen, die untereinander durch Beziehungen verbunden sind und einen gemeinsamen Zweck erfüllen.
Übersystem	Das aus der Sicht eines bestimmten Systems übergeordnete System; (Synonym: Supersystem).
Untersystem (Subsystem)	Das aus der Sicht eines bestimmten Systems untergeordnete System. Ein Untersystem bzw. Subsystem erscheint im betrachteten System lediglich als Element, lässt sich jedoch selbst auf tieferer hierarchischer Stufe als eigenes System darstellen.
Teilsystem	Zusammenschluss einer sinnvollen Menge von Elementen, die eine abgeschlossene Einheit bilden und sich auf der gleichen hierarchischen Stufe befinden.
Teilsicht-System	Ein Teilsicht-System repräsentiert eine Sicht auf einen bestimmten Aspekt des ganzen Systems (sichtenorientierte Beschreibung). Ein Teilsicht-System befasst sich mit einem bestimmten Betrachtungsschwerpunkt, z. B. nur dem Datenfluss eines Systems oder nur dem Materialfluss eines Systems.
Element	Ein Element ist ein „elementarer Systembaustein". Alle Elemente eines Systems befinden sich in der Regel auf einer vergleichbaren Abstraktionsstufe. Die Element-Bezeichnung ist relativ, d. h. bei einer Veränderung des Abstraktionsgrades kann aus einem Element ein System werden.
Atomares Element	Bei einem atomaren Element handelt es sich um den kleinsten Baustein eines Systems. Eine weitere Unterteilung dieses Bausteins ist aus bestimmten Gründen nicht mehr sinnvoll.
Randelement	Ein Randelement verfügt über Beziehungen zu Elementen aus der relevanten Umwelt.
Beziehung	Die Elemente eines Systems werden durch Strömungsgrößen (z. B. Informations-, Material- oder Belegfluss) zueinander in Beziehung gebracht. Alternativ können Beziehungen auch strukturelle Zusammenhänge zwischen den Elementen darstellen.
Außenbeziehung	Es besteht die Möglichkeit, zwischen Beziehungen, die innerhalb des Systems bestehen und Beziehungen, die das betrachtete System mit seiner Umwelt hat, begrifflich zu unterscheiden. Man spricht dann im letzteren Fall von „Außenbeziehungen".

Systembegriff	Beschreibung
Systemgrenze	Die Systemgrenze trennt das System von der Umwelt ab. Die innerhalb der Grenze liegenden Elemente sind untereinander oftmals stärker vernetzt als Randelemente mit Elementen der Umwelt.
Untersuchungsbereich	In der Regel großzügig festgelegter Bereich eines Systems, der zu Beginn der Systemanalyse Gegenstand detaillierter Untersuchungen ist.
Gestaltungsbereich	Nach der Systemanalyse konkretisierter Bereich, innerhalb dessen die Lösung gestaltet werden soll. Der nachträgliche spezifizierte Gestaltungsbereich ist in der Regel kleiner als der anfänglich grob festgelegte Untersuchungsbereich.
Umwelt (Systemumwelt)	Alle Elemente, die nicht mehr zum betrachteten System gehören.
Umsystem	System, das sich in der Umwelt eines Systems befindet – also außerhalb der Systemgrenze – und aus „Umsystem-Elementen" zusammengesetzt sein kann. Umsysteme haben oftmals eine Beziehung zum System.
Black-Box-Betrachtung	Das System wird in seiner Gesamtheit betrachtet. Relevant sind dabei die Eingangs- und Ausgangsbeziehungen (Input und Output). Dem Innenleben des Systems wird keine Bedeutung beigemessen.
White-Box-Betrachtung	Das System wird „geöffnet" und dessen Bestandteile (Elemente) und Funktionsweise (Beziehungen) werden analysiert.

Abb. 43: Systembegriffe im Überblick

An dieser Stelle soll ein kurzer Vorgriff auf die in ▶Kapitel „12 Universelle Darstellungen" behandelten Metamodelle gemacht werden. Das Zusammenwirken der einzelnen Systembausteine lässt sich mit Hilfe von Metamodellen übersichtlich darstellen.

▶Abb. 44 zeigt das „Metamodell des systemischen Denkens". Das Metamodell ist in drei Betrachtungsebenen unterteilt:

- Die Ebene **„Struktur"** bezieht sich auf die innere Struktur eines Systems und zeigt das Zusammenwirken bzw. das Ordnungsprinzip der Systembestandteile.

- In der Ebene **„Umgebung"** sind die Umwelt-Elemente eines Systems dargestellt und wie ein System mit der Umwelt kommuniziert.

- Schließlich bleibt noch die eigentliche **„Systemebene"**, die im Wesentlichen durch die Systemgrenze bestimmt wird.

Durch die Systemgrenze wird festgelegt, was innerhalb oder außerhalb des Systems ist und damit entweder der Ebene „Struktur" oder der Ebene „Umgebung" zuzuordnen ist.

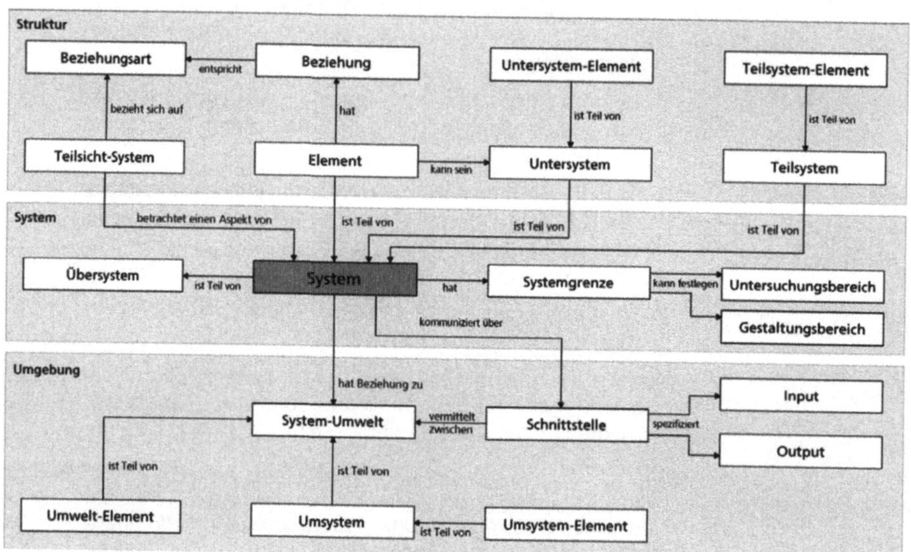

Abb. 44: Metamodell des systemischen Denkens

2 Komplexe Projektaufgaben systematisch lösen

2.1 Komplexe Probleme – komplexe Strukturen

In vielen Berufsbildern wird heute ein professionelles Problemlösen gefordert. Informatiker, Betriebswirtschaftler, Wirtschaftsingenieure, Business-Analysten, Projektleiter und ähnliche Berufsgruppen stehen sehr oft vor der Herausforderung, komplexe Ausgangslagen in Form von Chancen, Ideen oder Problemen einer Lösung zuzuführen. Die damit verbundenen Aufgabenstellungen haben sehr oft einen systemischen Charakter und lassen sich in hierarchisch strukturierbare Elemente und Sub-Systeme zusammen, die miteinander die verschiedensten Beziehungen unterhalten.

Komplexität ist eine unabstreitbare Eigenschaft der heutigen Vorhaben und Projekte. Gerade im Bereich der Informationstechnologie müssen wir uns heute mit hochkomplexen Systemen und breit abgestützten betriebswirtschaftlichen Herausforderungen auseinander setzen. Die Komplexität resultiert aus einer bestimmten Menge von Sachverhalten, die wir im Folgenden als „Komplexitätsmerkmale" einzeln vorstellen.

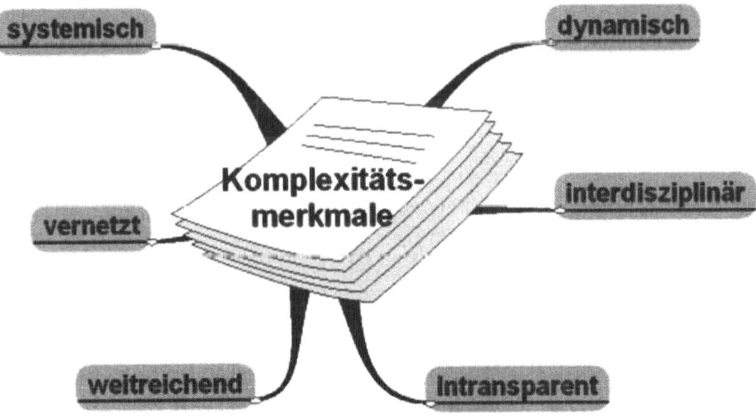

Abb. 45: Die sechs Komplexitätsaspekte der heutigen Aufgabenstellungen

Eigenschaft	Beschreibung
systemisch	Die Gesamtaufgabe kann als System betrachtet werden, dass sich aus einer bestimmten Zahl von Elementen zusammensetzt, die eine bestimmte Organisation aufweisen, eine innere Architektur. Je nach Komplexität des Systems können die Elemente als Teilsysteme zusammengefasst werden, wodurch eine System-Hierarchie entsteht. Die Elemente sind als gleichberechtigt anzusehen sind, solange sie aus der Optik des gleichen Auflösungsniveaus betrachtet werden. Ein Softwaresystem setzt sich beispielsweise aus einer Vielzahl von Komponenten, Daten- und Objektstrukturen zusammen, die durch verschiedene Kommunikationsarchitekturen miteinander in Verbindung stehen und die über mehrere Schnittstellen Informationen mit anderen Systemen austauschen.
vernetzt	Die Elemente des Systems sind durch vielfältige Wirkungsbeziehungen miteinander verbunden. Beziehungen können z. B. kommunikativer Natur sein, also zum Beispiel durch Informations- oder Datenaustauschverbindungen zustande kommen. Beziehungen können auch Materialflüsse, Belegflüsse, Warenflüsse, Geldflüsse etc. sein. Ein Eingriff, der einen Teil des Systems betrifft oder betreffen soll, wirkt fast immer auf ein oder mehrere andere Teile des Systems. Bei Verändernungen genügt es also nicht, nur Einzelmerkmale zu beachten und sie in geeigneter Weise zu formen, sondern man muss zusätzlich berücksichtigen, dass die verschiedenen Elemente des Systems nicht unabhängig voneinander existieren, sondern bestimmte Beziehungsverhältnisse unterhalten. Veränderungen, die man an einem Element durchführt, beeinflussen in vielen Fällen andere Elemente des Systems. Man muss mehrere Merkmale gleichzeitig beachten, damit die einwandfreie Funktionsfähigkeit des Systems auch nach Veränderungen gewährleistet ist.
dynamisch	Systeme sind nie geschlossen, sondern stehen mit ihrem Umfeld in Beziehung. Und da sich dieses ständig weiterentwickelt („Nichts ist so konstant wie der Wandel") ergeben sich Veränderungen, die auch Auswirkungen auf das System (die Aufgabenstellung) haben. Diese Unbeständigkeit ist zu einem zentralen Merkmal des Wirtschaftslebens geworden. Veränderungen finden auch dann statt, wenn man selbst nicht aktiv und lenkend in ein System eingreift. Dies erfordert zum einen Veränderungsbereitschaft und erzeugt zum anderen Zeitdruck. Die Informationssammlung und die Planung kann nicht beliebig fein aufgelöst werden. Insbesondere bei „Business Networking" Projekten, die in der Regel Web- bzw. Online-Elemente enthalten, ist die Entdeckung und Erschließung von neuen Nutzenpotentialen ein Nebenziel in jedem Projekt.

Eigenschaft	Beschreibung
weitreichend	Die heutigen Vorhaben verbinden Prozesse, Organisationseinheiten, Aufgaben, Funktionen und Informationsflüsse nicht nur untereinander, sondern koppeln diese auch mit mehreren Softwaresystemen. Und dies nicht nur innerhalb des Unternehmens, sondern über die gesamte Wertschöpfungskette hinweg, was alle Partnerbeziehungen und den Kunden mit einschliesst. Deshalb spricht man heute auch vom „Business Networking".
interdisziplinär	Bedingt durch die breite Wirkung der heutigen Vorhaben ergibt sich die Notwendigkeit, dass eine Vielzahl von Personengruppen mit den unterschiedlichsten Wissenshintergründen zusammenarbeiten müssen. Angefangen bei den Anwendern aus den Fachabteilungen, über die Business-Analysten, die Wirtschaftsinformatiker als Mittelsfunktion zwischen Fachabteilung und Entwicklung, die Programmierer, die Datenbank-Designer, die Systembetreuer, die Tester, die Dokumentations-Autoren, die Web-Master, bis hin zu weiteren Beteiligten wie Projektmanagern, externe Berater oder Dienstleister, Mitarbeiter von Partnerfirmen und natürlich auch die Entscheidungsträger.
intransparent	Man sieht auf den ersten Blick nicht alles, was man sehen will. Das heißt man hat zu Beginn keine vollständigen Kenntnisse der Systemeigenschaften. Es liegen nur Informationsfragmente vor, die aber noch kein schlüssiges Gesamtbild ergeben und nicht ausreichend für ein gezieltes Handeln. Im schlimmsten Fall bedeutet dies, dass man von falschen Annahmen ausgeht, wenn man das System (die Aufgabenstellung) nicht analysiert. Das Wissen über das System, seine Struktur und seine Funktionsweise muss also aktiv ergründet werden.

Abb. 46: Merkmale komplexer Handlungssituationen

Aus diesen Komplexitätsmerkmalen ergeben sich mehrere spezifische Anforderungen an den „modernen Problemlöser". Er muss mit diesen Aspekten umgehen können, um Ausgangslagen in überlebensfähige Zielzustände zu transformieren. Erschwert wird dies zusätzlich dadurch, dass man oft mit Werkzeugen, Techniken und auch Leuten arbeiten muss, die nicht so erprobt sind, wie man sich dies wünschen würde. Man begeht fast immer neues Terrain mit schwer greifbaren Inhalten, auf die man sich nicht im Voraus einstellen kann.

2.1.1 Analyse des Problemlösungsverhaltens

Dietrich Dörner hat in seinem Werk „Die Logik des Mißlingens" eine Vielzahl von Studien beschrieben, die das Ziel hatten, das Problemlösungsverhalten von Personen zu untersuchen. Er verglich dabei die Merkmale des Denkens, Planens, Entscheidens und der Hypothesenbildung, also die Merkmale der kognitiven Prozesse von erfolgreichen und weniger erfolgreichen Problemlösern. Bei den Aufgabenstellungen, die seinen Untersuchungen zugrunde lagen, ging es nicht um „ad-hoc" lösbare Probleme, sondern um „komplexe, systemische Aufgabenstellungen". Aufgabenstellungen also, die sowohl ein „vernetztes Innenleben" aufweisen und auch eingebettet sind in einen Systemkontext und deshalb über Umweltbeziehungen verfügen. Dies führt zu Wechselwirkungen mit der Systemumwelt, die Dörner als „Nebenumstände" und „Fernwirkungen" umschreibt.

Geht man mit der traditionellen linearen Denkweise an diese „systemischen Probleme" heran, so führt dies zu bestimmten Fehlern, Sackgassen, Umwegen und Umständlichkeiten, die Dörner in seinen Experimenten wiederholt feststellen konnte. Die folgende Gegenüberstellung des Verhaltens und Vorgehens von „guten Problemlösern" und „verbesserungsfähigen Problemlösern" basiert auf den in Dörner´s Buch „Die Logik des Mißlingens" beschriebenen Feststellungen.

„verbesserungsfähige" Problemlöser	„gute" Problemlöser
Vorgehen ohne Zielvereinbarung (Anmerkung: Gefahr, dass man die Probleme löst, die man lösen kann, anstatt diejenigen, die man lösen sollte)	Setzen von Zielen (Anmerkung: Orientierung für das Handeln; die Erreichung des Ziels und damit der Erfolg oder Nicht-Erfolg der Arbeit kann geprüft werden)
Bleiben bei Analysen an der Oberfläche. (Anmerkung: Erhalten dadurch nur einen groben Einblick in die Funktionsweise eines Systems. Es fehlt ein umfassendes Bild des Systems als Ganzes mit allen Wechselwirkungen)	Gehen bei Analysen in die Tiefe. (Anmerkung: Dadurch erreichen Sie eine nahezu vollständige Transparenz der Systembestandteile und der Funktionsweise eines Systems)
Oftmals nur eine Entscheidung pro Absicht. (Anmerkung: Systemveränderungen werden dadurch wesentlich pauschaler, grober und intensiver in Gang gesetzt mit der Konsequenz, dass sich auch ungewollte Veränderungen sehr viel stärker bemerkbar machen und durch heftiges Gegensteuern korrigiert werden müssen.)	Treffen mehr Entscheidungen pro Absicht. Sie handeln also gewissermaßen „komplexer". Sie berücksichtigen mit ihren Entscheidungen jeweils verschiedene Aspekte des gesamten Systems und nicht nur Einzelaspekte. (Anmerkung: Dies führt zu einer filigranen, durchdachten Steuerung des Systems und ist sicherlich ein Verhalten, welches generell bei komplizierten, vernetzten Systemen angemessener ist als ein Verhalten, welches in isolierter Weise nur Einzelaspekte beachtet.)

„verbesserungsfähige" Problemlöser	„gute" Problemlöser
Keine Strukturierung des Problemlösungsvorgangs (Anmerkung: Schlussendlich resultiert daraus oft ein „Maßnahmenhaufen")	Vorab-Strukturierung des Problemlösungsvorgangs (Anmerkung: Es entsteht ein sinnvolles „Maßnahmenkonzept")
Führen keine Überprüfung von einmal getroffenen Hypothesen und Annahmen durch. (Anmerkung: Dadurch entsteht ein „ballistisches" Verhalten der Hypothesenbildung. Eine Hypothese wird einmal aufgestellt, und damit ist die Realität bekannt. Eine Überprüfung erübrigt sich. Der Problemlöser formuliert also „Wahrheiten" statt Hypothesen.	Überprüfen häufig einmal getroffene Hypothesen bzw. Annahmen durch selbskritisches Hinterfragen. (Anmerkung: Problemlöser sind dadurch in der Lage, Änderungen der Situation Rechnung zu tragen und/oder neue „eingetroffene" Informationen entsprechend zu würdigen.
Stellen eher „Gibt es-Fragen" (Anmerkung: Es wird nicht versucht, die Wirkungsweise des Systems aktiv und nachhaltig zu ergründen.)	Stellen häufig „Warum-Fragen" (Anmerkung: Gute Problemlöser zeigen starkes Interesse an den kausalen Einbettungen von Maßnahmen in der Systemlandschaft.)
Instabiles Verhalten. Hohes Ausmaß an „Ad-Hocismus". Hohe Bereitschaft, sich ablenken zu lassen. (Anmerkung: Es entstehen viele offene Baustellen, die nie fertiggestellt werden)	Kontinuität. Konstantes Handeln. Hoher Stabilitätsindex. (Anmerkung: Geringe Gefahr, den Fokus zu verlieren und sich zu „verzetteln")
Hilfloses Hin- und Herpendeln zwischen verschiedenen Beschäftigungsbereichen. Häufige Themenwechsel Oberflächlichkeit. (Anmerkung: Orientierungsloses Vorgehen, führt zu einem weitgefassten Betätigungsfeld und einem breitgefächerten Entscheidungsspektrum)	Beharrliche Auseinandersetzung mit dem gerade aktuellen Ziel bzw. mit dem gewünschten Ergebnis. Tiefes Eindringen in das Problem. (Anmerkung: Festhalten an einem für sinnvoll erachteten Beschäftigungsbereich und kontinuierliches Optimieren dieses Bereichs)

„verbesserungsfähige" Problemlöser	„gute" Problemlöser
Allenfalls Rekapitulationen des eigenen Verhaltens. (Anmerkung: Man scheut die Reflexion des eigenen Verhaltens; geringe Bereitschaft, das eigene Verhalten zu korrigieren und zu verbessern)	Ausgeprägte Selbstorganisation. Machen sich sehr oft Gedanken über ihr Verhalten, geben kritische Stellungnahmen ab und erarbeiten Ansätze zur Selbstmodifikation. (Anmerkung: Die hohe Bereitschaft zum Korrigieren des eigenen Verhaltens führt zu besseren Entscheidungen)
Spontanes Vorgehen statt geplantes Vorgehen (Anmerkung: Gefahr, dass das Vorgehen dem Projekt nicht gerecht wird und das man aufgrund von z. B. Informationsdefiziten, Einzelprobleme in einer nicht optimalen Reihenfolge löst)	Umfangreiche Vorab-Strukturierung des eigenen Verhaltens. Die methodisch sinnvolle und logisch richtige Bearbeitungsreihenfolge wird im Voraus festgelegt. (Anmerkung: Die fundierte Auseinandersetzung mit dem Problemlösungsvorgang erhöht die Qualität der Lösungsbearbeitung)
Verwenden eher absolute Begriffe, die keinen Raum für andere Möglichkeiten und Bedingungen lassen. Beispiele: „immer", „jederzeit", „alle", „absolut", „ausnahmslos", „restlos", „total", „eindeutig", „einwandfrei", „fraglos", „gewiss", „allein", „nicht", „nur", „weder ... noch", „müssen", „haben zu" (Anmerkung: In diesen Ausdrücken zeigt sich, dass eher Feststellungen anstatt Hypothesen postuliert werden)	Verwenden eher Ausdrücke und Begriffe, die auf Bedingungen und Sonderfälle hinweisen, Hauptrichtungen betonen – Nebenrichtungen aber noch zulassen oder Möglichkeiten angeben. Beispiele: „ab und zu", „im Allgemeinen", „gelegentlich", „gewöhnlich", „häufig", „denkbar", „fraglich", „können", „denkbar", „darüber hinaus", „in der Lage sein", „dürfen" (Anmerkung: In diesen Ausdrücken zeigt sich das Bemühen um Analyse und die Suche nach Gründen)

Abb. 47: Verhaltensvergleich zwischen Problemlösern

Die oben angegebene Mängelliste der „verbesserungsfähigen Problemlöser" darf nicht als homogener Block betrachtet werden. Es treten keineswegs alle Schwächen „in summa" bei einer Aufgabenstellung auf. Vielmehr ist gerade das Verhalten der „verbesserungsfähigen" Problemlöser sehr unterschiedlich. Manchmal ist jene Gruppe von Mängeln stärker ausgeprägt und ein anderes Mal ist eine andere Konstellation von Schwächen bei einem „verbesserungsfähigen" Problemlöser besonders ausgeprägt.

Auch wenn die obigen „Problemfelder" nur zu einzelnen Fehlern in einem Projekt führen, kann dies gefährlich für den Erfolg des gesamten Projekts sein.

Vorhaben scheitern in der Regel nicht wegen einem einzigen Fehler. Wenn Projekte scheitern, so liegt dies vielmehr daran, dass man hier diesen Fehler, dort jenen Fehler macht und durch die Addition von mehreren Einzelfehlern schlussendlich ein nicht mehr tragbarer Zustand oder eine nicht haltbare Lösung entsteht. Dies ist analog zur „Verkettung von unglücklichen Umständen", welche heute oftmals als Ursache für Unfälle angeführt wird. Gerade deshalb kann die obige Auflistung interessante Anhaltspunkte für die Beobachtung und Reflexion des eigenen Problemlösungsverhaltens geben, um somit letztendlich einer Fehler-Kumulation entgegenwirken zu können. Schließlich ist das Beheben von Ursachen effektiver als das fortwährende Bekämpfen von Symtomen (womit aufgetretene Fehler gemeint sind).

Als Fazit dieser Gegenüberstellung kann man festhalten, das sich die meisten Fehler oder negativen Konsequenzen bei komplexen und systemischen Aufgabenstellungen vermeiden oder zumindest minimieren lassen, wenn man die Problemsituation vernetzt und ganzheitlich betrachtet (Systemdenken) und wenn man systematisch an die Aufgabe herangeht (Methodenkompetenz). Es lassen sich dadurch bessere Lösungen verwirklichen. Besser in dem Sinne, dass durch den ganzheitlichen Anspruch die Probleme umfassend und nachhaltig gelöst werden und die Lösungen in aller Regel auch längerfristig Bestand haben.

Die systematisch-methodische Art der Aufgabenbewältigung führt zwar in den frühen Phasen der Problemlösung zu einem erhöhten Aufwand. Dieser Mehraufwand wird sich aber gegenüber dem unsystematischen im Laufe des Vorhabens wieder ausgleichen. Vergleicht man diesen Mehraufwand mit der Qualität der Lösung, so lässt sich feststellen, dass man mit etwas mehr Aufwand am Beginn einer Problemlösung zu deutlich besseren und langlebigeren Lösungen gelangen kann.

Auf Dörner geht auch die Analyse des Problemlösungsverhaltens im Hinblick auf zwei maßgebliche Indikatoren zurück, die er als **Stabilitätsindex"** und **„Innovationsindex"** bezeichnet.

- Unter **Stabilitätsindex** versteht Dörner das Spektrum von instabilem und stabilem Verhalten. Im Kontext dieses Buches reicht das Spektrum von einem stark wechselnden Tätigkeitsspektrum bis zu einem gleichbleibenden Tätigkeitsspektrum. Im ersten Fall arbeitet man mehr oder weniger an einem einzigen Problem (stabiles Verhalten), im zweiten Fall arbeitet man parallel an mehreren Problemen (instabiles Verhalten).

- Der **Innovationsindex** hingegen kennzeichnet das Ausmaß, der Richtungsänderungen durch Entscheidungen. Wenn ein „Problemlöser" bei der Lösung eines Problems oder bei der Bearbeitung einer Aufgabenstellung häufig andersartige Entscheidungen trifft, so ist der Innovationsindex hoch. Wenn er indessen weitgehend bei einem einmal gewählten Entscheidungsspektrum bleibt, so ist der Innovationsindex gering.

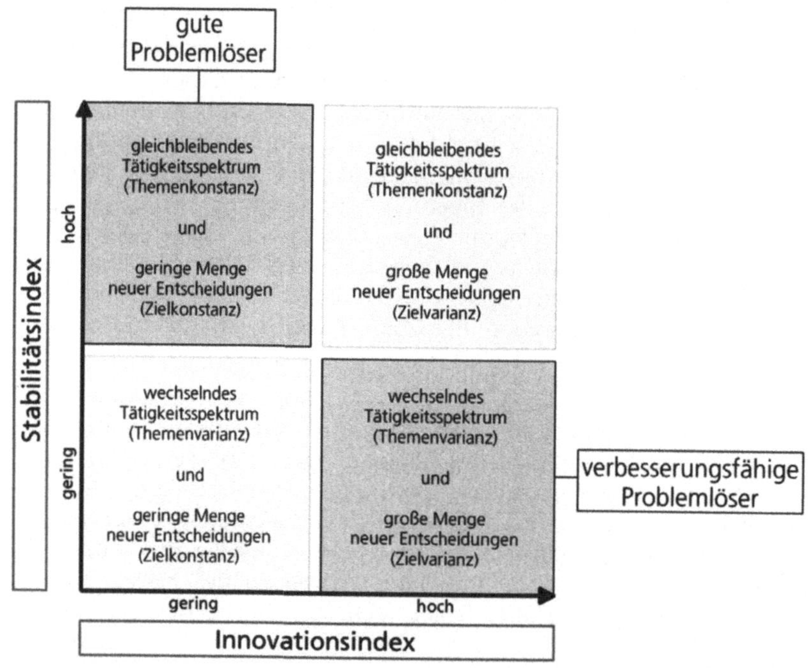

Abb. 48: Portfolio – Klassifizierung des Problemlösungsverhaltens

Die von Dörner durchgeführten Versuche haben ergeben, dass die Innovations-indizes der „guten" Problemlöser generell niedriger sind als die der „verbesse-rungsfähigen" Problemlöser. Zugleich sind die Stabilitätsindizes der „guten" Problemlöser höher als die der „verbesserungsfähigen" Problemlöser. ▶Abb. 48 verdeutlicht diesen Sachverhalt in einer grafischen Form (mit einer Darstellungs-technik, die wir an späterer Stelle in diesem Buch noch ausführlicher behan-deln).

Auf der einen Seite mag dies zwar verwundern, da man mit „Innovation" immer etwas Positives verbindet. Es macht aber deutlich, dass die „guten" Problemlöser dadurch gekennzeichnet sind, dass sie sich sehr konstant mit einem bestimmten Problem beschäftigten – sich also kontinuierlich diesem Problembereich widme-ten – und innerhalb dieses Problembereichs durch eine Abfolge von gleicharti-gen, zielgerichteten Entscheidungen schließlich zu einem Ergebnis gekommen sind.

Die geringe Innovation von Entscheidungen – also das Festhalten an einem gleichartigen Entscheidungsspektrum – ist demnach vorteilhafter, als immer andersartige Entscheidungen zu treffen. Eine große Menge von neuen Entschei-dungen führt zu fortwährenden Richtungsänderungen, was für den Projekterfolg eher nachteilig ist. Deshalb schreibt wohl auch Ashley Friedlein in seinem Buch „Web-Projektmanagement": Es ist besser ein paar Dinge wirklich gut zu machen und sie regelmäßig zu aktualisieren, als zu sehr in die Breite zu gehen.

Dörner weißt in seinem Buch „Die Logik des Mißlingens" auch auf die Wichtigkeit der Reflexion des eigenen Problemlösungsverhaltens hin: Die Betrachtung der Folgen von Massnahmen und Eingriffen in ein System bietet hervorragende Möglichkeiten zur Korrektur eigener falscher Verhaltenstendenzen und zur Korrektur falscher Annahmen über den Betrachtungsgegenstand (Problembereich oder Lösungsbereich). Wenn sich etwas einstellt, was man als Folge einer Maßnahme eigentlich nicht erwartet hat, so muss das ja seine Gründe haben. Und aus der Analyse dieser Gründe kann man lernen, was man in Zukunft besser oder anders machen könnte.

Dörner spricht in diesem Zusammenhang von einem „ballistischen Verhalten" und beschreibt dies wie folgt: „Ballistsich verhält sich zum Beispiel eine Kanonenkugel. Wenn man sie einmal abgefeuert hat, kann man sie nicht mehr beeinflussen, sondern sie fliegt ihre Bahn allein nach den Gesetzen der Physik. Anders eine Rakete. Sie verhält sich nicht ballistisch. Indem man von einem Kontrollpult aus die Steuerungsparameter verändert, kann man auch die Flugbahn der Rakete beeinflussen und sie dadurch wesentlich genauer ins Ziel „lenken". Allgemein lässt sich die Maxime aufstellen, dass Verhalten nicht ballistisch sein sollte. In einer nur schwer zu erfassenden, vernetzten und komplexen Realität sollte man nachsteuern können. Die Analyse der Konsequenzen von durchgeführten Maßnahmen ist für diese „Justierung" von großer Bedeutung". Anstrebenswert wäre also sozusagen ein „anti-ballistisches Verhalten" bei der Lösung von komplexen Problemen.

Allgemein lässt sich auf Grund der oben angegebenen Informationen auch festhalten, dass es in den meisten Fällen wohl nicht ideal ist, zu viele Probleme und Herausforderungen auf einmal lösen zu wollen. Insbesondere bei vielschichtigen und vernetzten Situationen führt Handeln ohne Ziele, ohne systemisches Denken und ohne methodisches Vorgehen zu Schwierigkeiten bei der Bewältigung der Aufgabenstellung.

2.2 Strukturierungsprinzipien

Komplexität, Intransparenz, Vernetztheit, Dynamik und Unvollständigkeit der Kenntnisse über das jeweilige System und seine Umweltbeziehungen sind allgemeine Merkmale der Handlungssituationen beim Umgang mit informationstechnologischen oder betriebswirtschaftlichen Aufgabenstellungen. Es ist deshalb unabdingbar, die Inhalte der Ausgangslage im Detail zu erkunden. Durch Differenzierung der inhaltlichen Sachverhalte müssen wesentliche Merkmale gesucht und gefunden werden. Anschließend müssen diese damit in eine sinnvolle und schlüssige Struktur überführt werden. Die damit gewonnene Übersichtlichkeit sorgt für eine transparente Erfassung des Gesamtzusammenhangs.

Es gibt eine Reihe von prinzipiellen Vorgehensweisen, mit denen man diese Problemstrukturierung erreichen kann. Sie führen das Denken und helfen dabei, komplexe Ausgangslagen gedanklich zu durchdringen, zu ordnen und übersichtlich darzustellen. Sie vermitteln die notwendigen Anhaltspunkte für Differenzierungs- und Strukturierungsansätze und geben Hilfestellungen für die Reihenfolge der Bearbeitungsschritte. Im Folgenden sollen diese Prinzipien näher erläutert werden.

2.2.1 Sichtendifferenzierung

Die sichtenorientierte Beschreibung ist eine wichtige Technik für die Durchdringung von informationstechnologischen Aufgabenstellungen. Auf einer hohen Abstraktionsstufe lässt sich z. B. ein zu realisierendes Softwaresystem auftrennen in eine datenorientierte bzw. objektorientierte Sicht und eine funktionale Sicht. Das heißt, man betrachtet die Daten bzw. Objekte und die Funktionen und Aktivitäten des Programms getrennt. Eine ebenfalls hoch angelegte Gliederungsstufe für eine sichtenorientierte Beschreibung ist die Aufteilung eines Systems in statische und dynamische Aspekte. Diese sichtweise Beschreibung von Systemen wird von nahezu allen Methoden und Methodenverbünden angewendet, wie wir im Folgenden noch sehen werden.

Für jede Sicht gibt es prädestinierte Darstellungsarten. Beispielsweise besteht ein Unternehmen aus einer Vielzahl von strukturellen Merkmalen, die man nicht sinnvoll in einer Gesamtsicht zeigen kann. Bekannte Darstellungsarten von Unternehmens-Strukturaspekten sind das Organigramm, welches für die Darstellung der statischen Organisations-Sicht eines Unternehmens verwendet werden kann, während mit einer Prozesslandkarte die dynamischen Ablaufbeziehungen dargestellt werden können. Den Informatik-Aufbau eines Unternehmens kann man mit einer Applikationslandschaft verdeutlichen.

Jede Methode hat meistens ihre eigene Einteilung in Sichten und stellt für die grafische Aufbereitung dieser Sichten individuelle oder allgemeingültige Darstellungstechniken zur Verfügung. Ein wichtiger Punkt bei der sichtenorientierten Darstellung ist die Sicherstellung der Konsistenz zwischen verschiedenen Sichten. Dazu gibt es spezielle Diagrammtypen, die die Sichten zueinander in Beziehung setzen und so einen Abgleich ermöglichen.

Je nach den Schwerpunkten einer Geschäftslösung sind einige Sichten wichtiger als andere. So dominieren z. B. in Systemen mit hohem Datenaufkommen Modelle für statische Entwurfssichten. In GUI-lastigen Systemen sind statische und dynamische Anwendungsfallsichten relativ wichtig. In schnellen Echtzeitsystemen sind dynamische Prozesssichten entscheidend. Und in verteilten Systemen sind Implementierungs- und Einsatzsichten am wichtigsten.

Sichten gemäß ARIS

Das Konzept der „Architektur integrierter Informationssysteme" (ARIS) stellt einen etablierten Modellierungsrahmen dar, der dem Aspekt einer ganzheitlichen und integrierten Geschäftsprozessbetrachtung Rechnung trägt. ARIS spezifiziert das Vorgehen vom Geschäftsprozess zum Anwendungssystem.

Die ARIS-Methode auf den vier Sichten:

- Organisation

- Daten

- Funktion

- Steuerung

Die Zusammenhänge dieser Sichten sind in ▶Abb. 49 illustriert und werden in der Tabelle in ▶Abb. 50 detaillierter erklärt.

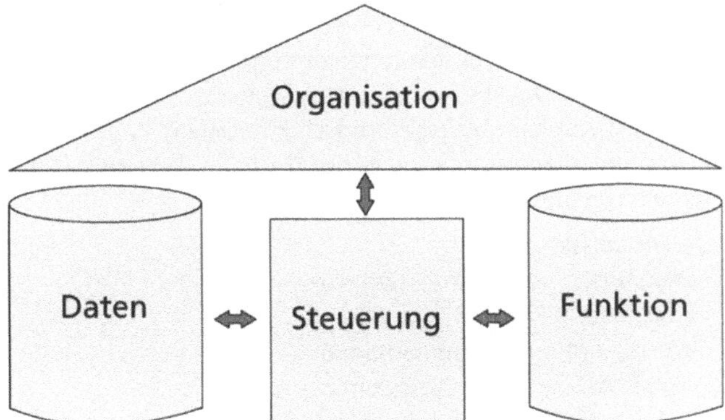

Abb. 49: Die vier Sichten von Geschäftslösungen gemäß ARIS

Die Steuerungssicht ermöglicht eine ganzheitliche Darstellung der Geschäftsprozesse und vernetzz die (Teil-) Prozesse untereinander. Durch dieses Modellierungsvorgehen können die relevanten betriebwirtschaftlichen Aspekte der Leistungsbündelung durchgängig beschrieben werden.

Sicht	Beschreibung
Organisationssicht	Die Organisationssicht bildet die strukturellen Beziehungen zwischen den Bearbeitern und Organisationseinheiten ab. Darstellungstechnik: - Organigramm
Funktionssicht	Die Funktionssicht beschreibt die relevanten Aufgaben bzw. Tätigkeiten und die zwischen ihnen bestehenden Anordnungsbeziehungen. Darstellungstechnik: - Funktionsbaum - Funktionshierarchiediagramm

Sicht	Beschreibung
Datensicht	Die Datensicht umfasst die Informationen und das Wissen, welche zum Erbringen einer Leistung erforderlich sind. Darstellungstechnik: - Entity-Relationsship-Modell - ERM-Attributszuordnungsdiagramm
Steuerungssicht Synonym: Prozesssicht	In der Steuerungssicht werden die Beziehungen, die bei der Beschreibung der einzelnen Sichten außer acht gelassen wurden, wiederhergestellt und die Komponenten zu einem Gesamtmodell zusammengefügt. Es wird erfasst, welche Tätigkeiten (Funktionen) von welchen Aufgabenträgern in welchen Organisationseinheiten unter Verwendung welcher Daten und in welcher Reihenfolge ausgeführt werden. Darstellungstechnik: - Ereignisgesteuerte Prozessketten - Prozessauswahlmatrix - Wertschöpfungskettendiagramm - Funktionszuordnungsdiagramm

Sichten gemäß UML

Da die UML näher an der Software-Architektur angelehnt ist, liegt ihr eine andere Sichteneinteilung als bie ARIS zugrunde. Die UML geht zwar ebenfalls von fünf Sichten aus, allerdings haben diese Sichten andere Schwerpunkte.

►Abb. 51 stellt die UML-Sichten in einer grafischen Gesamtübersicht dar.

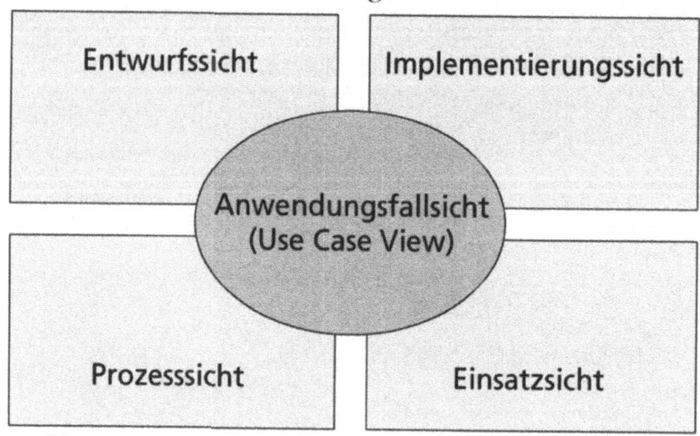

Abb. 51: Die 5 Sichten einer Softwarearchitektur gemäß UML

Die **Anwendungsfallsicht** wird in einer frühen Projektphase erarbeitet und umfasst die Anwendungsfälle (Use Cases), die das Verhalten des Systems so beschreiben, wie seine Anwender, Analytiker und Tester es sehen. Diese Sicht spezifiziert weniger die Organisation eines Softwaresystems, sondern mehr die Interaktionsmöglichkeiten, die die Systemarchitektur formen. Die statischen Aspekte dieser Sicht lassen sich in Anwendungsfalldiagrammen festhalten, während die dynamischen Beziehungen in Interaktions-, Zustands- und Aktivitätsdiagrammen darstellen lassen.

Die **Entwurfssicht** eines Systems umfasst die Klassen, Schnittstellen und Kollaborationen, die das Vokabular des Problems sowie dessen Lösung bilden. Diese Sicht unterstützt hauptsächlich die funktionalen Anforderungen des Systems, also die Dienste, die es den Endanwendern zur Verfügung stellen sollte. Die statischen Aspekte dieser Sicht können in Klassen- und Objektdiagrammen festgehalten werden, die dynamischen Beziehungen in Interaktions-, Zustands- und Aktivitätsdiagrammen.

Die **Implementierungssicht** eines Systems umfasst die Komponenten und Dateien, die für die Zusammenstellung und die Freigabe des physischen System verwendet werden. Diese Sicht geht hauptsächlich auf das Management der Versionskonfigurationen des Systems ein. Die statischen Aspekte dieser Sicht können in Komponentendiagrammen und die dynamischen in Interaktions-, Zustands- und Aktivitätsdiagrammen dargestellt werden.

Die **Einsatzsicht** eines Systems umfasst die Knoten, die die Hardware-Topologie des Systems bilden, auf der es ausgeführt wird. Diese Sicht dient vor allem der Verteilung, Lieferung und Installation der Teile, aus denen das physische System besteht.

Die **Prozesssicht** eines Systems umfasst die Threads und Prozesse, die die Nebenläufigkeits- und Synchronisierungsmechanismen des Systems bilden. Diese Sicht dient hauptsächlich der Leistung, der Skalierbarkeit und dem Durchsatz des Systems.

2.2.2 Differenzierung der Bestandteile des „Ist" und des „Soll"

Ein Problem kann definiert werden als eine Diskrepanz zwischen einer vorhandenen Ist-Situation und einer gewünschten Soll-Situation wobei man davon ausgeht, dass diese Diskrepanz als nachteilig empfunden wird. Die Lösung des Problems ergibt sich durch die Überführung des Ist-Systems oder des Ist-Zustands in ein Soll-System bzw. zu einem Soll-Zustand. Die Erkenntnis, dass sowohl die Ist-Situation als auch die angestrebte Soll-Lösung nicht aus einem „Guss" bestehen, sondern entsprechend einem „Systembauplan" aus mehreren Einzelteilen zusammengesetzt sind, stellt eine wichtige Grundlage für den inhaltlichen Aufbau der Problemlösung dar.

Um erste methodische Ansätze für die Behandlung der einzelnen Systemkomponenten und der Lösung des Problems zu erhalten, kann man die Komponenten der Ist-Situation hinsichtlich ihrer Überlebensfähigkeit bzw. Tragfähigkeit für die zukünftige Lösung analysieren. In dem Buch „Systementwicklung in der Wirtschaftsinformatik" von Böhm und Fuchs findet sich diesbezüglich eine hilfreiche Strukturierung. Sie basiert auf der Erkenntnis, dass bei der Abgrenzung von Problembestandteilen die Elemente der Ist-Situation einer von drei Qualitätskategorien zugeteilt werden können:

- guter Ist-Teil
- obsoleter Ist-Teil und
- Ist-Teil mit Schwachstellen

Diese drei Merkmale sind in der Tabelle in ▶ Abb. 52 beschrieben.

Komponenten der Ist-Situation	
guter Ist-Teil	Der gute Ist-Teil ist der Teil der Ist-Situation, der aus der Sicht des Betrachters nicht geändert werden muss und demzufolge unverändert in die Soll-Vorstellung übernommen werden kann.
obsoleter Ist-Teil	Der obsolete Ist-Teil ist der Teil der Ist-Situation, der aus der Sicht des Betrachters nicht mehr in der Soll-Vorstellung enthalten ist und demnach weggelassen werden kann.
Ist-Teil mit Schwachstellen	Der Ist-Teil mit Schwachstellen ist der Teil der Ist-Situation, der aus der Sicht des Betrachters grundsätzlich in der Soll-Vorstellung enthalten sein soll, jedoch verbesserungswürdig ist, d. h. Optimierung der Ist-Situation.

Abb. 52: Die Komponenten der Ist-Situation [Boe Fu 2002]

Nachdem die Komponenten einer Ist-Situation entsprechend ihrer Überlebensfähigkeit in die drei möglichen Qualitätskategorien eingeteilt wurden, ergibt sich eine prinzipielle Lösungsstrategie, die in ▶ Abb. 53 dargestellt ist. Aus der Abbildung ist ersichtlich, dass sich auch die Soll-Lösung aus drei Bausteinen zusammensetzt. Der gute Ist-Teil kann direkt in die Soll-Lösung übernommen werden. Die Schwachstellen des „Ist" werden verbessert und fließen in einer überarbeiteten Form in die Soll-Lösung ein. Der schlechte Ist-Teil wird eliminiert und durch neue Teile ersetzt.

So wie das „Ist" aus drei wesentlichen Komponenten besteht, entsteht auch durch die Transformation vom „Ist" zum „Soll" eine aus drei hauptsächlichen Komponenten zusammengesetzte Lösung: „guter Ist-Teil", „überarbeiteter Ist-Teil" und „neuer Soll-Teil". Diese Komponenten der Soll-Situation sind in der Tabelle in ▶ Abb. 54 beschrieben.

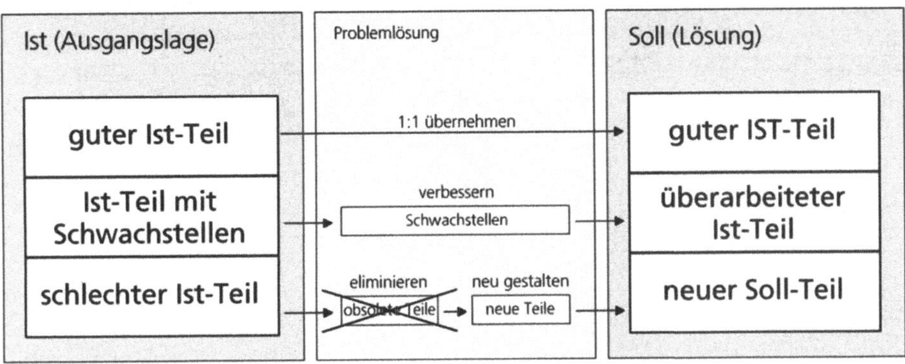

Abb. 53: Die Wege vom „Ist" zum „Soll"

Komponenten der Soll-Situation	
guter Ist-Teil	Der gute Ist-Teil ist der Teil der Ist-Situation, der ohne Veränderung in die Soll-Vorstellung übernommen wird.
verbesserte Ist-Teile	Die verbesserten „alten" Elemente bilden jenen Teil der Soll-Vorstellung, der grundsätzlich schon in der Ist-Situation enthalten ist. Diese Elemente werden jedoch in der Soll-Vorstellung verbessert (optimiert).
neue Teile	Die neuen Elemente sind aus der Sicht des Betrachters nicht in der Ist-Situation enthalten. Dies können Ideen oder Visionen sein, die mit der angestrebten Soll-Vorstellung realisiert werden sollen.

Abb. 54: Die Komponenten der Soll-Situation [Boe Fu 2002]

Die Vorteile von solchen Überlegungen sind beispielsweise, dass eine Verkürzung der Entwicklungszeit möglich ist. Die guten Komponenten des „Ist" können ohne Bearbeitungsaufwand wieder verwendet werden; die „mangelhaften" Ist-Komponenten müssen lediglich verbessert werden, so dass nur die schlechten Ist Bestandteile neu entwickelt werden müssen.

Sehr hilfreich kann die Aufschlüsselung und Gegenüberstellung der wesentlichen Ist- und Soll-Komponenten auch in einer anderen Hinsicht sein, und zwar zur Vernetzung von Problemen, ihren Ursachen und ihren Lösungen. Man kann dazu eine Darstellung verwenden, die für jedes Problem eine Verbindung zwischen der im „Ist" begründeten Ursache und der Lösung im „Soll" herstellt. Dazu werden in einer Darstellung die drei Merkmale spaltenweise aufgeführt. Als erstes die Schwachstellen des „Ist", als zweites die sich daraus ergebenden Schwierigkeiten oder Probleme und als drittes die beabsichtigten Komponenten des „Soll", die die Nachteile beseitigen. ▶Abb. 55 zeigt ein Beispiel für eine derartige Darstellungstechnik.

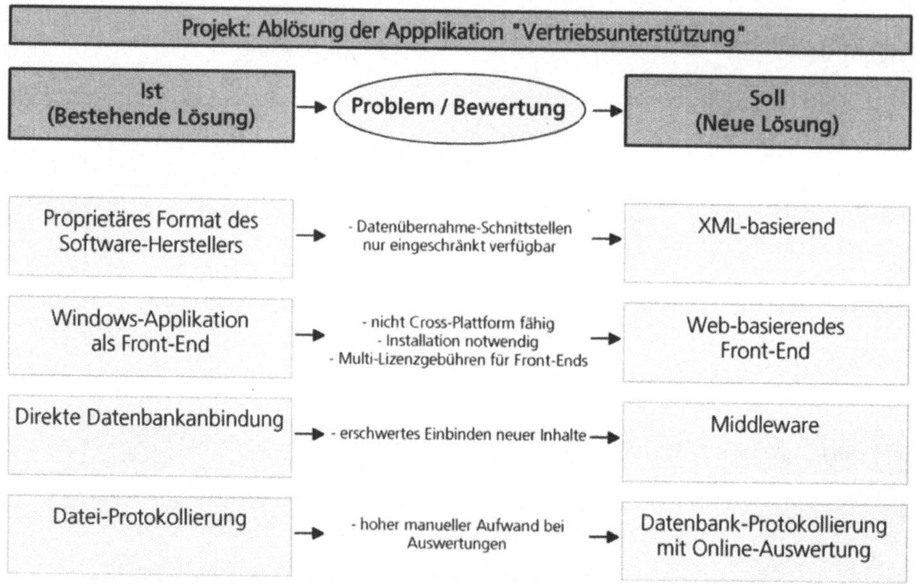

Abb. 55: Problemvisualisierung durch Ist-Soll-Gegenüberstellung

2.3 Problemlösungsprinzipien (Synthese)

Wenn man die Menge aller möglichen, für den Kontext dieses Buches relevanten Vorhabensarten betrachtet, so kann man feststellen, dass es immer um die Bewältigung von komplexen, vernetzten, intransparenten und dynamischen Aufgabenstellungen geht. Die Aufgabenstellung umfasst in der Regel eine große Zahl von „systeminternen" und „systemexternen" Variablen, die gewisse Beziehungen aufweisen – also vernetzt sind. Oftmals sind diese Beziehungen mehrschichtig (Daten, Weisungen, Entscheidungsflüsse, Work-Flows etc.), und es entsteht ein komplexes Netz von unterschiedlichen Beziehungstypen.

Weiterhin sind die Systeme intransparent, zumindest teilweise. Auf Anhieb sieht man nicht alles, was man sehen sollte und was wichtig ist für eine sinnvolle Lösung. Und schließlich entwickeln sich in vielen Fällen die beteiligten Systeme (z. B. Systeme zu denen Datenaustauschbeziehungen unterhalten werden) weiter, so dass man evtl. unvorbereitet mit Änderungen konfrontiert wird, wenn man diesen Umstand nicht bedacht hat.

Bei der Problemlösung sind deshalb eine Vielzahl von Aspekten und Merkmalen zu beachten, um zu einer ganzheitlichen und nachhaltigen Lösung zu kommen. Im Folgenden sollen die zentralen Prinzipien vorgestellt werden, mit denen man diesen Umständen Rechnung tragen und bei deren Beachtung die Lösungsqualität positiv beeinflusst werden kann.

2.3.1 Divide et impera – Modularisierung

Bei der Modularisierung geht es im Wesentlichen darum, die Lösung modularisiert aufzubauen. Betrachtet man diese Zerlegung aus der Sicht des Systemdenkens, entstehen daraus Teilsysteme und damit Kontexte von Teilmodellen des Gesamtsystems. Die Schwierigkeit der Modularisierung besteht darin, sinnvolle Teilsysteme, die in sich abgeschlossen und zusammenhängend sind und nach außen einfache, langfristig konstante Schnittstellen haben, zu identifizieren. Das Ziel der Modularisierung ist unter anderem, die Überlebensfähigkeit und Flexibilität des Gesamtsystems zu erhöhen.

Die Modularisierung gilt als eines der wichtigsten Prinzipien ingenieurmäßiger Problemlösung. Es verwundert deshalb nicht, dass bei den von Genrich Altschuller im Rahmen des TRIZ-Konzepts formulierten 40 Erfinderprinzipien die ersten drei im Zeichen der Modularisierung stehen:

1. **Segmentierung:** Gliedere ein System in Module, erhöhe den Grad der Unterteilung, oder lege das Objekt zerlegbar aus.

2. **Extraktion:** Löse einen „störenden" Bestandteil heraus und betrachte ihn gesondert.

3. **Lokale Optimierung:** Übergang von der homogenen Struktur eines Objekts zu einem heterogenen Aufbau; verschiedene Teile eines Objekts übernehmen verschiedene Aufgaben; optimiere jeden Bestandteil für sich.

Bei Software-Lösungen bedeutet Modularisierung, dass verwandte Programmteile auf eine sinnvolle Weise zusammengefasst werden sollen, so dass homogene und in sich schlüssige Einheiten entstehen. Je nach Hierarchiestufe, auf der die Modularisierung durchgeführt wird, entstehen dabei Schichten, Komponenten, Module oder Klassen. Die Modularisierung ist aber nicht nur bei Softwaresystemen wichtig. Auch andere Aufgabenstellungen profitieren von einer modularisierten Zusammenstellung der Lösung. Im Folgenden wird der Begriff „Modul" als Überbegriff für jegliche Art von Bausteinen verwendet, die durch eine Modularisierung entstehen.

Im Zusammenhang mit der Modularisierung spricht man auch von Zerlegungsstrategie. Die im Rahmen der Zerlegung entstehenden Bausteine sollten möglichst stabil sein, d. h.

- zwischen den Teilen sollen nur einfach strukturierte Schnittstellen bestehen, von denen eine geringe Tendenz zu Änderungen erwartet wird,

- nötig werdende Änderungen sollen sich auf einzelne Teile lokalisieren lassen und nicht die anfangs gewählte Zerlegung beeinträchtigen,

- Änderungen sollen keine unbeabsichtigten Fernwirkungen zur Folge haben, die einzelnen Teile sollen entkoppelt sein.

Außerdem soll die Zerlegung pragmatisch und nachvollziehbar, d. h. konform zur Alltagswelt der Gestaltungssituation sein. Dazu gehört auch als besonders wichtiger Punkt die Sicherstellung der Integration der Module durch eine die

Umsetzung begleitende Qualitätssicherung. Durch die Modularisierung einer Gesamtlösung erreicht man einige wesentliche Vorteile, die in ▶Abb. 56 zusammengefasst sind.

Die wesentlichsten Vorteile der Modularisierung sind:	
Übersichtlichkeit	Die Gesamtlösung wird in überschaubare Bereiche aufgeteilt.
Redundanzfreiheit	Redundanzen (beispielsweise in verschiedenen Quellcode-Bausteinen) können reduziert oder sogar vollständig entfernt werden.
Wiederverwendbarkeit	Module können in anderen Lösungen genutzt werden.
Änderungsfreundlichkeit	Die Wartung einer Gesamtlösung vereinfacht sich, da modulweise vorgegangen werden kann.
Austauschbarkeit	Die aus der Modularisierung entstandenen Elemente sind austauschbar.
Verteiltheit	Module können auf verschiedene Rechner verteilt werden, um beispielsweise eine Lastverteilung zu erreichen.
Unabhängigkeit	Module können in einer spezifisch vorteilhaften Programmiersprache, Betriebssystemumgebung oder Hardwareplattform realisiert werden.

Abb. 56: Vorteile der Modularisierung

Im Falle von objektorientierten Entwicklungen ergibt sich die Modularisierung zu einem grossen Teil aus den Objekten. Sie verfolgt schwerpunktmäßig die Fragestellung: „Welche Objekte werden verarbeitet?" Im betriebswirtschaftlichen Kontext spricht man in diesem Zusammenhang auch von den „Geschäftsobjekten". Diese Form der Modularisierung ist vergleichbar mit einer datenorientierten Zerlegung (Datenabstraktion).

Geht es aber um systemübergreifende oder sogar betriebswirtschaftliche Aufgabenstellungen, so müssen andere Anhaltspunkte für die Modularisierung gesucht werden. Eine Möglichkeit ist, die Aufgabeninhalte aus einer funktionalen Perspektive zu betrachten (funktionale Abstraktion). Bei der funktionalen Modularisierung werden diejenigen Funktionen zu Lösungselementen zusammengefasst, die ähnliche oder eng miteinander verbundene Aufgaben ausführen. Man kann beispielsweise alle Aspekte der Verarbeitungslogik eines Systems in einem Anwendungsteil zusammenfassen und diesen vom User-Interface und von grundlegenden Dienstfunktionen trennen. Dieses Prinzip findet man beispielsweise bei einigen Schachprogrammen. Die Benutzeroberfläche ist von der Logik getrennt. Verschiedene mathematische Löungsmodelle oder -ansätze können dann quasi als „Plug-Ins" in das Schachprogramm integriert werden, und man kann diese sogar gegeneinander antreten lassen.

Das gleiche Prinzip kann auch bei der Geschäftslogik angewendet werden. Man trennt die Geschäftslogik vom Rest einer Anwendung, indem man sie in parametrisierbare Tabellen und eigenständige Module auslagert. Die Anpassung der Geschäftslogik kann dann weitgehend unabhängig von der Kernaplikation erfolgen.

Bei Informationssystemen kann auf einer übergeordneten Stufe eine Modularisierung beispielsweise durch eine so genannte **„Schichtenarchitektur"** erreicht werden. Unterschiedliche Gruppen von Komponenten eines Informationssystems können als eine Reihe von Schichten betrachtet werden. Jede Schicht ist von der direkt darunter befindlichen Schicht abhängig und stellt eine Schnittstelle zu dieser Schicht bereit. Werden die Schnittstellen beibehalten, ist es möglich, Änderungen innerhalb einer Schicht durchzuführen, ohne die benachbarten Schichten zu beeinträchtigen. Durch diese Art der Aufteilung entsteht eine „vertikale Schichtung".

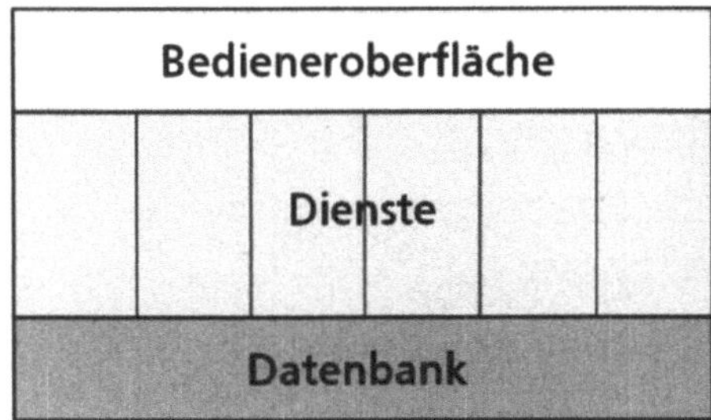

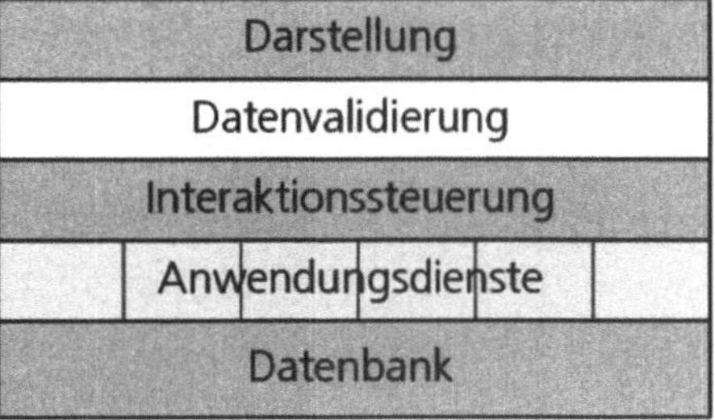

Abb. 57: Mögliche Schichtenmodelle für die Verteilung von Anwendungen

In ▶Abb. 57 werden mögliche Schichtenmodelle für verteilte Anwendungen gezeigt. Bei der links gezeigten Schichteneinteilung sind die Bedieneroberfläche, die Systemdatenbank und die Systemdienste deutlich voneinander getrennt. Aber auch innerhalb jeder Schicht ist eine weitere Strukturierung möglich und qualitätsfördernd. Die Aufteilung einer Schicht in unabhängige Aufgaben wird im Modellbild durch senkrechte Linien repräsentiert. Man erreicht dadurch eine „horizontale Schichtung". Beispielsweise sind innerhalb der Dienstschicht einzelne Dienste genau definiert, damit erreicht man kleine, überschaubare und leicht pflegbare Einheiten. Bei der rechts dargestellten Schichtenarchitektur können Verteiltheitsanforderungen noch präziser berücksichtigt werden.

- Die **Darstellungsschicht** ist für die Anzeige und Anordnung der Masken zuständig, die den Endbenutzern des Systems angezeigt werden.

- Die **Datenvalidierungsschicht** ist für die Überprüfung der Dateneingaben und für die Ausgaben an den Endbenutzer zuständig.

- Die **Interaktionssteuerungsschicht** ist für die Verwaltung der Reihenflge zuständig, in der die Vorgänge der Endbenutzer bearbeitet und die Masken dem Benutzer angezeigt werden.

- Die **Anwendungsdiensteschicht** ist für die von der Anwendung ausgeführten Grundberechnungen zuständig.

- Die **Datenbankschicht** übernimmt das Speichern und die Verwaltung der Anwendungsdaten.

In ▶Abb. 58 wird eine mögliche Strukturierung entsprechend einem „4-Schichtenmodell" gezeigt. In der abgebildeten Schichteneinteilung eines Informationssystems werden die Geschäftsprozesse durch die Anwendungssoftware unterstützt. Dies kann beispielsweise dadurch geschehen, dass Geschäftsregeln in der Software abgebildet sind. Die Anwendungssoftware stützt sich wiederum auf eine Reihe von unterschiedlichen Unterstützungsprogrammen (z. B. des Betriebssystems, des Hardware-Lieferanten, bis hin zu Datenbanken oder firmenspezifischen Bibliotheken).

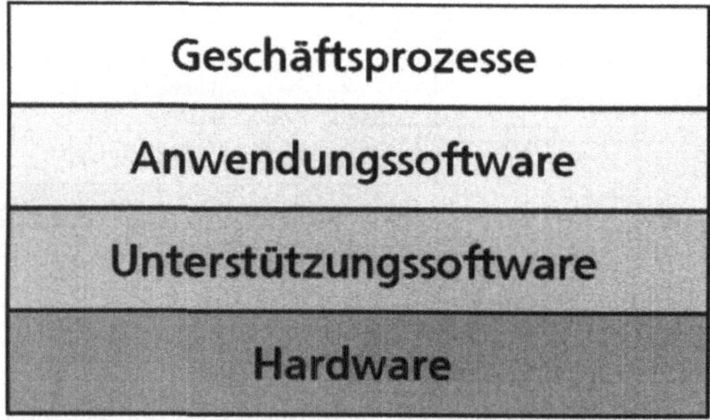

Abb. 58: Mögliches Schichtenmodell eines Informationssystems

In der Praxis funktioniert diese einfach Kapselung allerdings nur bis zu einem gewissen Veränderungsgrad. Anpassungen an einer Schicht des Systems erfordern möglicherweise Änderungen an den über und unter der angepassten Schicht liegenden Schichten. Die Gründe dafür sind folgende:

- Mit der Änderung einer Systemschicht können neue Funktionen eingeführt werden, und höhere Schichten im System können dann die Vorteile dieser Funktionen nutzen. Eine in die Unterstützungssoftware-Schicht eingeführte Datenbank könnte beispielsweise Funktionen für den Datenzugriff über einen Web-Browser enthalten, und Geschäftsprozesse könnten so verändert werden, dass sie die Vorteile dieser Funktionalität nutzen.

- Oft ist es unmöglich, Hardwareschnittstellen aufrechtzuerhalten, besonders wenn ein radikaler Wechsel zu einem neuen Hardwaretyp vorgeschlagen wird. Nimmt eine Firma zum Beispiel eine Umstellung von Großrechnerhardware auf Client/Server-Systeme vor, verfügen diese Systeme normaler-

72

weise über unterschiedliche Betriebssysteme. Daher werden große Änderungen auf der Softwareebene notwendig.

Wie kann nun die Modularisierung bei Softwareprojekten konkret erreicht werden? Es gibt dazu verschiedene Ansätze. Um diese Frage sinnvoll beantworten zu können, muss man zunächst einmal differenzieren zwischen einem modularen Programmaufbau innerhalb einer Anwendung bzw. innerhalb eines bestimmten Programms (interne Modularisierung) und einer anwendungsübergreifenden Modularisierung (externe Modularisierung).

Die daraus sich ergebenenden Lösungsmöglichkeiten für die Modularisierung von Software sind dann:

- Objekte (nur für interne Modularisierung innerhalb eines Programms)

- Komponenten

- Anwendungsrahmen

- Anwendungsfamilien

- Entwurfsmuster

Mit dem Aufkommen der objektorientierten Programmierung dachte man, nun endlich ein Entwicklungskonzept sowohl für den internen modularen Programmaufbau, als auch für die externe Modularisierung gefunden zu haben. Für die interne Modularisierung hat sich der objektorientierte Ansatz in der Tat bewahrheitet, nicht jedoch für die externe Modularisierung. Einzelne Objektklassen sind in der Regel zu detailliert und zu spezifisch, und für ihre Verwendung ist eine ausführliche Kenntnis der Klassen erforderlich. Dies bedeutet für gewöhnlich, dass der Quelltext verfügbar sein muss, was wiederum ein schwerwiegendes Vermarktungsproblem darstellt.

Eine Lösung für die externe Modularisierung von Anwendungen ist die so genannte „komponentenbasierte Entwicklung". Komponenten sind abstrakter als Objektklassen und können als eigenständige Dienstanbieter angesehen werden. Wenn ein System einen Dienst benötigt, ruft es eine Komponente auf, damit diese den Dienst bereitstellt. Dabei kümmert sich das System nicht darum, wo diese Komponente ausgeführt wird oder welche Programmiersprache verwendet wurde, um die Komponente zu entwickeln.

Komponenten werden durch ihre Schnittstellen definiert. In den meisten Fällen kann angenommen werden, dass sie zwei zueinander in Beziehung stehende Schnittstellen besitzen (siehe ►Abb. 59):

- „Stellt bereit"-Schnittstelle, die die von der Komponente angebotenen Dienste definiert

- „Erfordert" Schnittstelle, die spezifiziert, welche Dienste für das System, das die Komponente verwendet, verfügbar sein müssen. Falls diese Dienste nicht bereitgestellt werden, funktioniert die Komponente nicht oder nur eingeschränkt.

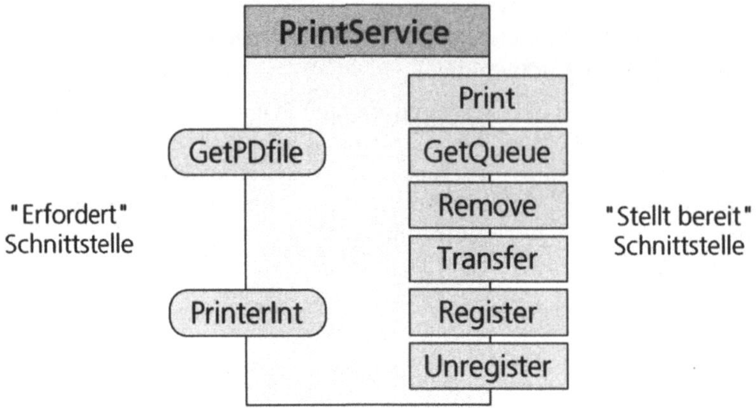

Abb. 59: Schnittstellen einer Komponente zur Bereitstellung von Druckdiensten

Bei der in ▶Abb. 59 gezeigten Komponente eines Druckdienstes gehören zum Beispiel zu den bereitgestellten Diensten die Möglichkeiten, ein Dokument zu drucken, den Warteschlangenzustand eines bestimmten Druckers zu ermitteln, einen Drucker bei der Komponente für Druckdienste zu registrieren bzw. die Registrierung aufzuheben, einen Druckauftrag von einem zu einem anderen Drucker zu verschieben und einen Auftrag aus einer Druckerwarteschlange zu entfernen. Als Anforderung für diese Komponente gilt, dass die zugrunde liegende Plattform einen Dienst namens „GetPDfile" zum Aufrufen der Druckerbeschreibungsdatei eines Druckertyps sowie einen Dienst namens „PrinterInt" bereitstellen sollte, der Befehle an einen bestimmten Drucker überträgt.

2.3.2 Methodische Variantenbildung

Die Variantenbildung ist ein Prozess, bei der man von einer Ist-Situation oder einer Soll-Situation abstrahiert, um dadurch das Blickfeld auf weitere Lösungsmöglichkeiten zu erweitern. Durch die Abstraktion distanziert man sich von implementierungssepzifischen Gedanken, konzentriert sich auf die Grundidee, die Ziele, die wesentlichen Merkmale der gewünschten Lösung und versucht andere Wege zu finden, um ein gleichwertiges oder besseres Ergebnis zu erreichen.

Bezüglich der Bildung von Lösungsvarianten gibt es zwei elementare Vorgehensmethoden:

- progressiv (vom Ist-Zustand ausgehend) und

- regressiv (vom Zielzustand ausgehend)

Die erste Variaten wird auch als die „**Methode des Vorwärtsschreitens**" bezeichnet. Diese Art der Variantenbildung bezieht sich schwerpunktmäßig auf die Problemsituation. Ausgehend von dem Problem bzw. der Ist-Situation wird ein Lösungsansatz entwickelt. Von diesem ersten Lösungsansatz aus werden möglichst viele Wege eingeschlagen (divergentes Denken). Dabei muss nicht zwingend systematisch variiert werden. Auch das Auseinanderlaufen der Gedanken, ausgehend von einem Lösungsansatz, gehört zu dieser Methode. Die systematische Betrachtung von Merkmalen und deren Variation kann dieses Vorgehen massiv unterstützen, doch sollte damit nicht eine Einschränkung des Denkprozesses erfolgen. Die Varianten, die auf diese Weise entstehen, werden als „Problemlösungsvarianten" bezeichnet.

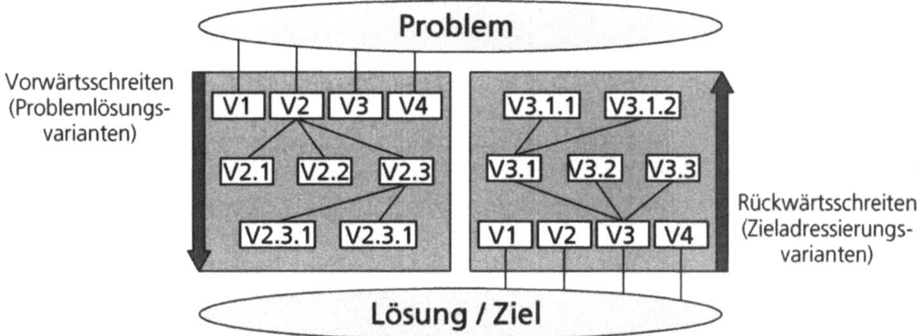

Abb. 60: Die zwei prinzipiellen Arten der Variantenbildung

Ein anderes mögliches Vorgehen ist die „Methode des Rückwärtsschreitens" (regressives Vorgehen). Diese Art der Variantenbildung bezieht sich schwerpunktmäßig auf die Zielvorstellung. Von der Zielsituation ausgehend werden möglichst viele Varianten ermittelt, die mit dem gesetzten Ziel kompatibel sind (konvergentes Denken). Dabei muss das Ziel ausreichend konkret und eindeutig definiert sein. Es ist auch denkbar, ein so genanntes „ideales System" als gedankliches Ziel zu definieren. Allerdings ist bei komplexen Systemen diese Festlegung problematisch.

Der Ansatz des Rückwärtsschreitens kann vor allem dann interessant sein, wenn nur geringe Abhängigkeiten zu einer Ist-Situation bestehen. So könnte dieses Vorgehen zum Beispiel bei Innovationsprojekten sinnvoll angewendet werden. Damit die auf diese Weise entstandenen Varianten auch sprachlich abgegrenzt werden können, kann man sie als „Zieladressierungsvarianten" bezeichnen.

Es besteht die Möglichkeit, die gebildeten Lösungsalternativen in einem so genannten „Morphologischen Kasten" einander gegenüberzustellen. Siehe dazu ▶Abb. 61.

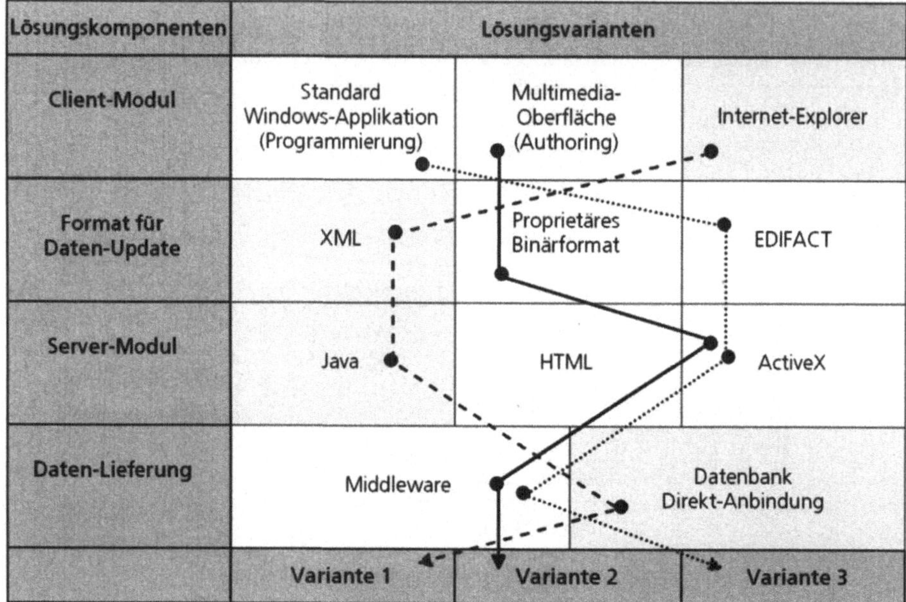

Abb. 61: Beispiel für Variantenermittlung mit dem morphologischen Kasten

Wenn man Lösungsvarianten bildet, stellt sich sehr schnell die Frage, was denn genau als „eine Variante" anzusehen ist. Oder anders formuliert: Wie stark müssen sich die Varianten unterscheiden, damit sie als eigenständige Alternativen neben den anderen Varianten bestehen können und dürfen? Eine Antwort auf diese Frage kann pauschal nicht gegeben werden. Betrachtet man die Variantenbildung jedoch unter einem zeitlichen Aspekt (also im Rahmen des Projektfortschritts), so ergeben sich hilfreiche Anhaltspunkte für eine konkrete Abgrenzung von Varianten.

Sowohl beim Vorwärtsschreiten als auch beim Rückwärtsschreiten geschieht die Variantenbildung nach dem Top-Down-Prinzip:

1. Zu Beginn der Variantenbildung (beispielsweise in einer Vorstudie) geht es im Wesentlichen darum, Lösungsalternativen aufzustellen, die sich fundamental unterscheiden. Zwischen den Varianten muss also ein wesentlicher bzw. grundsätzlicher Unterschied bestehen. Derartige Varianten können als **„Prinzipvarianten"**, **„Grundsatzvarianten"** oder **„Fundamentalvarianten"** bezeichnet werden. Diese Varianten werden nur soweit strukturiert und durchdacht, bis man sich ein ungefähres Bild über den Zielerreichungsgrad, die Auswirkungen, die Voraussetzungen und die Konsequenzen machen kann. Man verfügt dann in der Regel über ausreichende Informationen, um die erfolgsversprechendste Variante auswählen zu können und in die nächste Phase übergehen zu können.

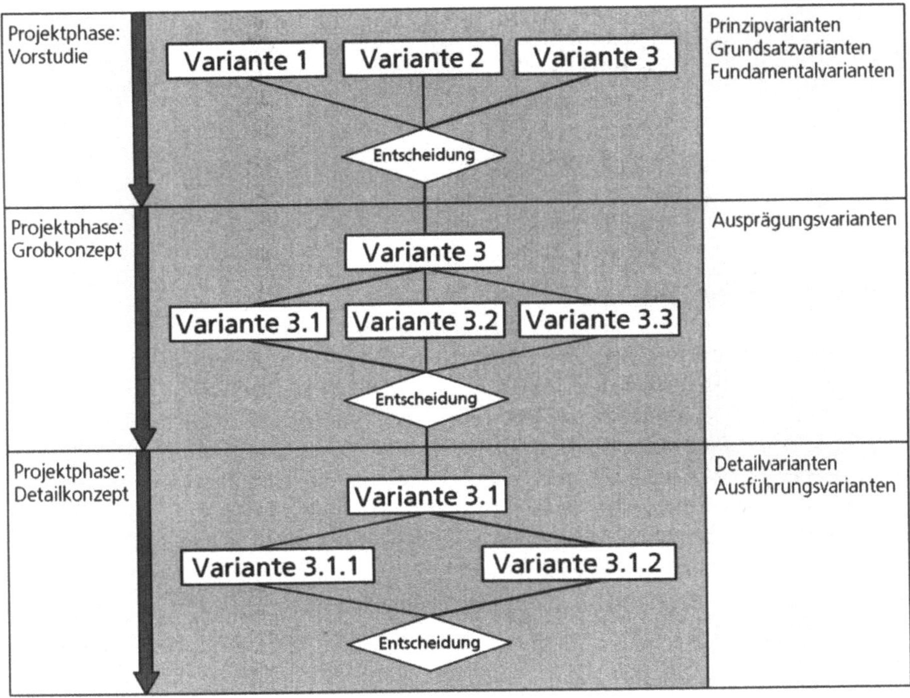

Abb. 62: Abgrenzung von Varianten im Rahmen des Projektfortschritts

2. Hat man sich für eine Variante entschieden (z. B. am Ende der Vorstudie), wird diese in der nächsten Phase (Grobkonzept) detaillierter ausgearbeitet. Im Rahmen des Grobkonzepts können dann von der ausgewählten Prinzipvariante weitere Varianten erstellt werden, die sich nur noch in einer Ausprägung unterscheiden. Diese Varianten können als „Ausprägungsvarianten" bezeichnet werden.

3. Eine Entscheidung hinsichtlich einer Ausprägungsvariante legt den Grundstein für die nächste Phase (Detailkonzept). In dieser Projektphase werden unterschiedliche Ausführungsalternativen bzw. Implementierungsmöglichkeiten der gewählten Variante diskutiert und ausgearbeitet. Diese Varianten unterscheiden sich nicht mehr prinzipiell, sondern nur noch im Hinblick auf die „technische" Ausführung oder in einigen „technischen" Details. Man kann diese Varianten deshalb als „Ausführungsvarianten" oder „Detailvarianten" bezeichnen.

Grundsätzlich ergibt sich bei der Entscheidung über Lösungsvarianten immer ein gewisses Restrisiko. Es kann sich in den nachfolgenden Phasen herausstellen, dass der eingeschlagene Weg nicht haltbar ist oder das Ziel nicht ganz trifft. Dieses Risiko ist besonders in der ersten Phase sehr groß, wo man über grob strukturierte Grundsatzvarianten entscheidet. Diesem Risiko kann man entgegenwirken, wenn man mehrere oder alle Lösungsalternativen in die nächsten

Phasen übernimmt und fortlaufend konkretisiert. Dies führt allerdings zu einem erhöhten Zeit- und Arbeitsaufwand, der in der Praxis nur in wenigen Fällen vertretbar ist. Außerdem reduziert er das Kreativitätspotential bei der Ausarbeitung von Sub-Varianten in den weiteren Konkretisierungsstufen. Bei einem Fehltritt ist es deshalb angebrachter, auf die nächst höhere Planungsstufe zurückzukehren (z. B. von der Stufe „Ausführungsvariante" zur Stufe „Ausprägungsvariante") und von dort aus die Lösung in einer anderen Richtung zu suchen.

2.3.3 Normallfall vor Sonderfall

Methodisch sinnvolles Vorgehen bedingt auch, eine Differenzierung zwischen den Normalfällen und den Sonderfällen. Es ist empfehlenswert, diese Unterscheidung bereits während der Analyse-Phase im Blickfeld zu behalten. Nach der Analyse sollten zum einen entsprechende Kandidaten für Ausnahmefälle identifiziert werden können und zum anderen auch Anhaltspunkte bzw. Kriterien für die Differenzierung zwischen Normalfall und Sonderfall zur Verfügung stehen, so dass eine Einteilung aller Auftragsinhalte in diese beiden Kategorien möglich ist.

Bei der Ausarbeitung einer ersten Fassung des Entwurfs bzw. der Erstellung eines Konzepts sollte man dann zunächst die Lösung für Normalfälle erarbeiten. Es ist nicht empfehlenswert, bereits jetzt Zeit für die Lösungskonzeption von Ausnahme- und Sonderfälle zu investieren. Dafür gibt es zwei gute Gründe:

- Es steht zu diesem Zeitpunkt noch nicht fest, ob die Grundkonzeption den an sie gestellten Anforderungen tatsächlich in vollem Umfang gerecht wird. Sie ist in der Regel noch nicht innerhalb der Informatik-Abteilung geprüft worden und auch nicht vom Fachbereich und der Geschäftsleitung bzw. vom Auftraggeber abgenommen.

- Es besteht die Gefahr, dass man das Konzept und damit die „Architektur" der Lösung zu stark auf Sonderfälle ausrichtet, Sonderfälle, die in der Praxis zwar vorkommen, aber nur in einer kleinen Häufigkeit oder nur einen verschwindend kleinen Teil sämtlicher zu bearbeitenden Vorgänge ausmachen.

Man sollte also Spezialfälle erst dann angehen, wenn die Grundkonzeption gründlich geprüft und im Zweifelsfall vom Auftraggeber/Geschäftsleitung genehmigt wurde. Es stellt sich bei der Bearbeitung der Spezialfälle auch die Frage, in welchem Umfang diese überhaupt durch die Aufgabenstellung berücksichtigt werden sollen bzw. im Rahmen einer Systementwicklung als Teil der Systemfunktionalität abgedeckt werden müssen. Auch diesbezüglich müssen mit der Fachabteilung und der Geschäftsleitung entsprechende Abklärungen durchgeführt und Entscheidungen getroffen werden.

Im Rahmen des Systemdesigns kann man dann die Normalfälle im Bereich der Kernfunktionalität abbilden und die Spezialfälle in der „konzeptionellen Hülle" ansiedeln. ▶Abb. 63 verdeutlicht diesen Sachverhalt grafisch. In einer solchen

Grafik können auch die jeweiligen Fälle bzw. Ereignisse, die zu Normal- und Spezialfällen führen, direkt eingetragen werden.

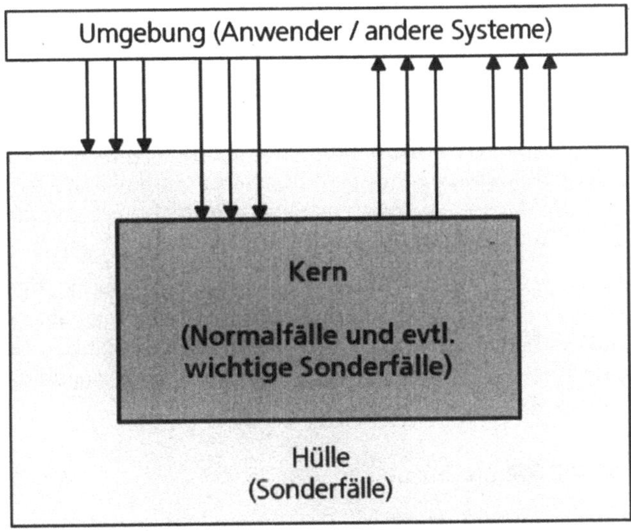

Abb. 63: Kern und Hülle eines Systemkonzepts

Die Hülle ergibt sich aus dem Umstand, dass es in bestimmten Fällen nicht zweckmäßig ist, alle Reaktionen des Systems zu spezifizieren und im Rahmen der Kernfunktionen zu modellieren. Gerade den Spezialfällen liegt vielfach ein nicht formalisierbares Handlungsmuster zugrunde, das nur durch die „manuelle" Urteilskraft eines Anwenders bewältigt werden kann. Im Rahmen des Konzept besteht dann die Möglichkeit, Wege auszuarbeiten, wie die Spezialfälle abgewickelt werden können. Es sollte geklärt werden, welches Verhalten vom Anwender oder von beteiligten Systemen erwartet wird, wenn ein Spezialfall eintritt. Man kann beispielsweise Unterstützungen vorsehen, wenn Spezialfälle manuell bearbeitet werden müssen. In jedem Fall sollte man sie getrennt von der eigentlichen Funktionalität des Systems festhalten und dokumentieren.

Die Differenzierung zwischen Normal- und Sonderfällen steht in engem Zusammenhang mit weiteren Differenzierungsaspekten. Beispielsweise kann es je nach Aufgabenstellung auch sinnvoll sein, die Projektinhalte hinsichtlich ihrer Lebensdauer bzw. Überlebensfähigkeit zu differenzieren. Man erhält dadurch weitere Anhaltspunkte für die Modularisierung einer Lösung. Beispielsweise kann man unterscheiden zwischen eher kurzlebigen und eher langlebigen Lösungsbausteinen oder zwischen veränderlichen und konstanten Inhalten der Lösung. Die Unterscheidung zwischen Stammdaten und Bewegungsdaten entspringt zum Beispiel diesem Differenzierungsaspekt. Stammdaten (z. B. Adressstamm, Lieferantenstamm etc.) sind eher langfristiger und konstanter Natur, während Bewegungsdaten (z. B. Flugbuchungsdaten) oftmals nur von kurzzeitigem Interesse sind (bis der Flug durchgeführt wurde) und nach einer kurzen Nachfrist archiviert werden können.

2.4 Vorgehensprinzipien

Analysiert man die wesentlichen Merkmale von komplexen systemischen Aufgabenstellungen, so kann man daraus Rückschlüsse ziehen, welche Handlungsfolgen notwendig sind, um zu schlüssigen und nachhaltigen Lösungen zu gelangen. Es gibt verschiedene grundlegende methodische Vorgehensprinzipien, die den Umständen der „modernen" Aufgabenstellungen Rechnung tragen und auch helfen, sie erfolgreich umzusetzen.

Die Prinzipien, die helfen, den Problemlösungsvorgang bzw. das projektmäßige Vorgehen zu steuern, werden als Vorgehensprinzipien bezeichnet. Sie haben einen geringeren inhaltlichen Bezug zur einer konkreten Ausganglage oder einem Zielzustand und sind eher dazu gedacht, eine Vorgehenssystematik in den Lösungsprozess einzubringen.

2.4.1 Top-Down und Bottom-Up

Eine wichtige Ausgangslage für die konkrete Projektarbeit sind die im vorigen Kapitel beschriebenen Sachverhalte zur Systemhierarchie (Unter- und Übersyteme), die hier mit den unterschiedlich tiefgreifenden Betrachtungsweisen (Black-Box und White-Box) zu grundlegenden Vorgehensstrategien konsolidiert werden. Man unterscheidet zwischen zwei grundlegenden „Anpack-Strategien", mit denen konkrete Aufgabenstellungen von einer Ist-Ausgangslage zu einer Soll-Lösung überführt werden können. Diese beiden Strategien werden als „Top-Down" und „Bottom-Up" bezeichnet. Damit adressiert das Systemdenken die zwei grundsätzlichen Denkhaltungen:

- Das analysierende Denken (zerlegen des Gesamtsystems und lösen von Teilproblemen).

- Das integrierende Denken (integrieren gelöster Teilprobleme in das Gesamtsystem).

Der Grundgedanke, der hinter diesen Anpack-Strategien steckt ist, dass komplizierte Aufgabenstellungen nicht in einem einzigen Schritt zu einer Lösung überführt werden können. Vielmehr muss das Problem solange in Teile zerlegt werden, bis die Teilprobleme überschaubar und handhabbar sind (Top-Down). Auf dieser Basis können dann Teilziele festgelegt und Teilaufgaben definiert werden. Nachdem diese erfolgreich bearbeitet wurden, erfolgt die Integration der Teillösungen zu einer Gesamtlösung (Bottom-Up).

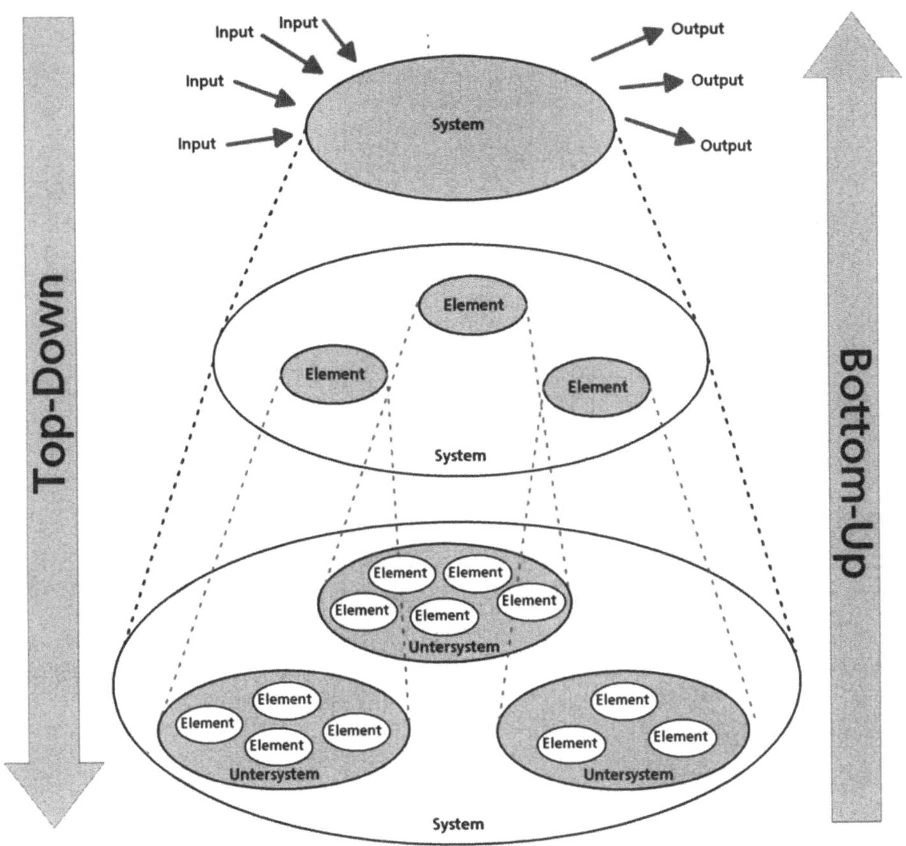

Abb. 64: neutrale Betrachtung des Top-Down- und Bottom-Up-Vorgehens

Diese prinzipielle Strukturierung des Vorgehens soll sicherstellen, dass der Gesamtzusammenhang erhalten bleibt, auch wenn man vom Gesamtsystem Teilbereiche ausgliedert und diese isoliert betrachtet. Man kann sich also auf unterschiedlichen Detaillierungsstufen befinden, ohne das Gesamtbild aus den Augen zu verlieren.

Im Zusammenhang mit dem prinzipiellen Vorgehen, lässt sich neben den zwei dominierenden Verfahren „Top-Down" und „Bottom-Up" noch eine dritte Variante abgrenzen, die als „Inside-Out" bezeichnet wird. Aus dieser Bezeichnung geht bereits hervor, dass damit eine Vorgehensweise gemeint ist, die von innen nach außen gerichtet ist. Ausgehend von einem zentralen Punkt (dem Kern bzw. dem wesentlichen Element einer Aufgabe) werden die umliegenden Elemente erfasst, bis man eine bestimmte Grenze (Systemgrenze, Peripheriegrenze) erreicht hat. Im Gegensatz dazu arbeitet man bei den Top-Down und Bottom-Up Vorgehen entlang einer Vorgehensachse, so dass der Bearbeitungsablauf entlang einer vorgegebenen Richtung verläuft.

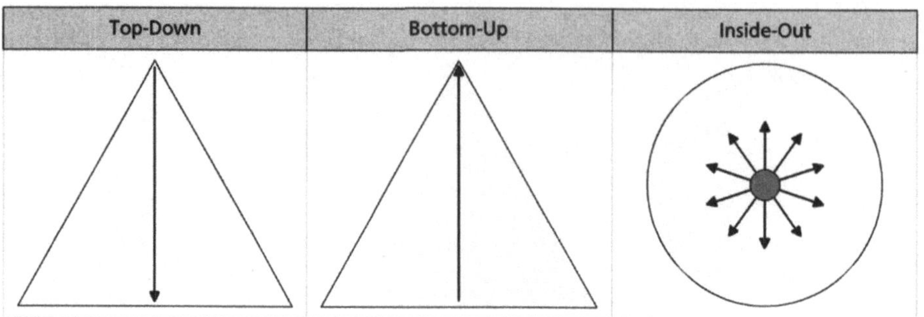

Abb. 65: Top-Down und Bottom-Up im Vergleich zu Inside-Out

Das Inside-Out Vorgehen kann zum Beispiel bei stark unstrukturierten Aufgabenstellungen erfolgversprechend angewendet werden. Voraussetzung ist allerdings, dass sich ein klarer Schwerpunkt (z. B. zentraler Problem- oder Lösungsaspekt) lokalisieren lässt, von dem aus der Bearbeitungshorizont ausgeweitet werden kann. Bei der Modellierung von Objekten und bei der Datenmodellierung ist dies beispielsweise möglich. Bei einem Bestellsystem (Order-Processing), kann zum Beispiel das Objekt bzw. der Entitätstyp „Bestellung" als zentrales Element gesehen werden. Es werden nun schrittweise die weiteren Elemente, die mit der Bestellung in Beziehung stehen, identifiziert. Auch von diesen neuen Elementen werden dann die Beziehungen analysiert, bis man eine Systemgrenze erreicht.

Der **Top-Down-Ansatz** wird als „Vorgehen vom Groben zum Detail" oder auch als „Vorgehen von Außen nach Innen" bezeichnet. Dabei wird der problematische Sachverhalt vom Groben zum Detail zerlegt. Der dahinter stehende Grundgedanke ist, dass es bei den heutigen Problemsituationen oder Aufgabenstellungen unzweckmäßig ist, auf Anhieb in Detailaspekte einzusteigen. Probleme, die aufgrund ihres inneren Beziehungsgeflechts und ihrer starken Vernetzung mit der Außenwelt schwer fassbar sind, sollten vielmehr systematischer angegangen werden.

Ausgehend vom Black-Box-Prinzip sieht das Top-Down-Vorgehen eine stufenweise Auflösung der Problemsituation hin zu einer White-Box vor. Auf der untersten Auflösungsstufe werden dann lösbare Teilaufgaben und Teilziele herausgearbeitet, die dann als Folge von Operationen den Ist-Zustand in einen gewünschten Soll-Zustand umsetzen helfen. Der Vorteil von diesem Verfahren ist, dass die im Zuge der Verfeinerung gebildeten Unter- und Teilsysteme im Einklang zu dem Gesamtkonzept stehen. Im Rahmen der stärkeren Detaillierung des Betrachtungsgegenstandes findet auch die Anpassung des zu Beginn großzügig ausgelegten Untersuchungsbereichs hin zum präzise abgegrenzten Gestaltungsbereich statt.

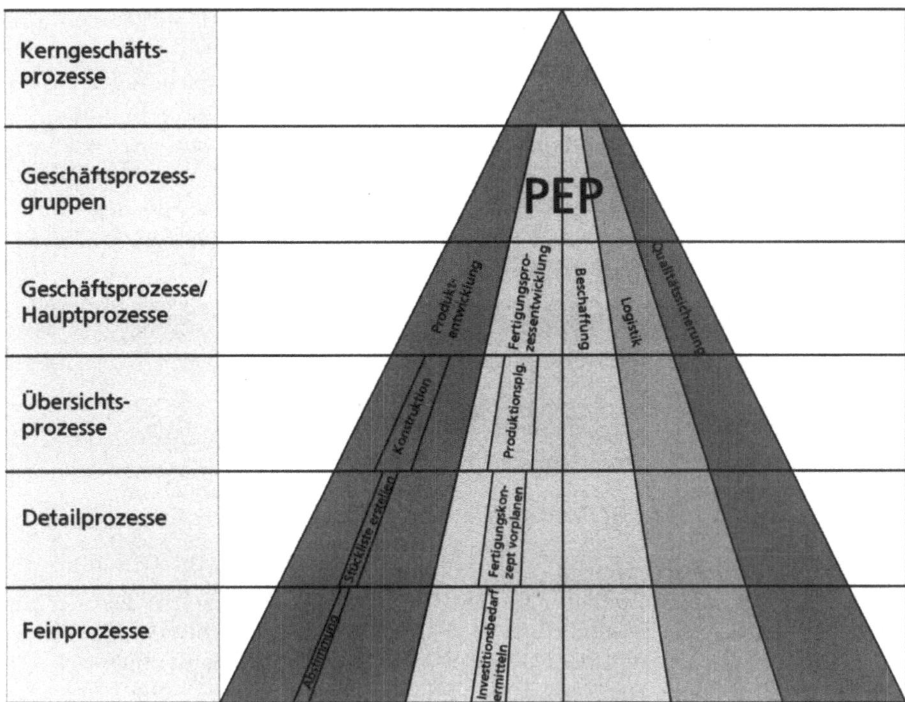

Abb. 66: Top-Down-Vorgehen am Beispiel von ARIS

Nicht nur bei der Ist-Analyse, sondern auch bei der Gestaltung von Lösungen kann Top-Down vorgegangen werden. Im Vordergrund stehen dabei generelle Überlegungen, Strukturen oder Ansätze für die grundsätzliche Ziele, Rahmenbedingungen und Lösungsspielräume festgelegt werden. Im Zuge von schrittweisen Verfeinerungen werden dann detailspezifische Anforderungen und Lösungsdefinitionen abgeleitet. Das auf der höheren Stufe erarbeitete Gesamtkonzept stellt einen wichtigen Orientierungsrahmen während der gesamten Projektabwicklung dar. Wird diesem Aspekt zu wenig Beachtung geschenkt, besteht die Gefahr, dass die Lösung eines Teilproblems für sich gesehen vielleicht perfekt, aber unverträglich mit dem Gesamtkonzept ist. Bei der Software-Entwicklung läuft der Entwurf ebenfalls Top-Down ab. Man geht über die Schritte Architektur des Systems, Subsysteme, Komponenten, Datenstrukturen und Algorithmen vom Allgemeinen zum Speziellen vor.

Top-Down wird im nicht-technischen Bereich oftmals auch mit dem so genannten „deduktiven Vorgehen" assoziiert. Man geht dabei vom Denken, von bestimmten Annahmen oder von der Vermutung aus, die dann empirisch überprüft werden. Man formuliert also eine Hypothese oder stellt eine Behauptung auf und sammelt dann empirisch Material (Befragungen, Beobachtungen) – welches die Behauptung unterstützt.

Bei einem Top-Down-Vorgehen wird man nicht immer nur strikt von „Aussen nach Innen" bzw. von „Oben nach Unten" – also unidirektional – vorgehen. Oftmals ergeben sich zumindest am Ende eines Top-Down-Arbeitsdurchlaufs Rückkopplungen, die in die entgegengesetzte Richtung führen – also Bottom-Up. Durch diesen zweiten entgegengesetzten Arbeitsschritt hat man die Möglichkeit, die aus dem ersten Durchlauf gewonnen Arbeitsergebnisse einerseits zu verifizieren und diese andererseits einem Fine-Tuning zu unterziehen. Durch die umgekehrte Form der Bearbeitung werden Zusamenhänge oftmals in einem neuen Bild sichtbar, und es können sich neue Aspekte ergeben.

Merkmale des Top-Down-Vorgehens

Analysierendes Denken

- stufenweise Einengung des Betrachtungsfeldes
- fortschreitende Detaillierung
- vom Abstrakten zum Konkreten

Abb. 67: Merkmale des Top-Down-Vorgehens

Das **Bottom-Up-Vorgehen** ist die Umkehrung des Top-Down-Ansatzes und entspricht dem integrierenden Denken. Das Bottom-Up-Vorgehen wird in der Regel während der Problemlösung – also nach der Top-Down-Analyse angewendet. Ausgehend von einem gelösten Detailaspekt wird dieser mit weiteren Einzelaspekten verbunden, so dass ein übergeordnetes und schlüssiges Gesamtbild geformt wird.

Es besteht aber auch die Möglichkeit, dass man für eine Problemlösung direkt Bottom-Up einsteigt, beispielsweise wenn die Lösung zu einem großen Teil schon vorgegeben ist. Dies können Gesetzesänderungen sein, die Anpassungen eines spezifischen Moduls notwendig machen, oder Lieferanten und Kunden, die gezielte Systemvorgaben vorschreiben. Auch „kleine" Lösungen ohne große Außenwirkungen könnten manchmal Bottom-Up integriert werden.

Bottom-Up wird im nicht-technischen Bereich oftmals auch mit dem so genannten „induktiven Vorgehen" assoziiert. Ausgehend von konkreten Situationen beobachtet man Abläufe, sammelt und ordnet Fakten. Dann beurteilt man die Fakten anhand von Kriterien und versucht Ursachen und Wirkungen festzustellen bzw. Gesetzmäßigkeiten abzuleiten. Das heißt, man studiert Einzelphänomene und versucht, daraus allgemein gültige Zusammenhänge abzuleiten.

Merkmale des Bottom-Up-Vorgehens

Integrierendes Denken

- einzelne Systemteile in ein übergeordnetes Gesamtsystem integrieren
- fortlaufend Abstraktionsstufen definieren (vom Konkreten zum Abstrakten)

Abb. 68: Merkmale des Bottom-Up-Vorgehens

2.4.2 Beispiele für Top-Down- und Bottom-Up-Vorgehen

Nehmen wir an, wir haben die Aufgabe, für ein Unternehmen ein Organigramm zu erstellen. Wir können nun in die einzelnen Abteilungen gehen und jeden Mitarbeiter nach seinem Namen fragen. Gleichzeitig erkundigen wir uns auch nach den Namen der jeweils Vorgesetzten. Wir erfragen dann bei den übergeordneten Mitarbeitern ihrerseits die Namen deren Vorgesetzter. Dies tun wir solange, bis wir jemanden finden, der keinen Vorgesetzten mehr hat. Dieses Vorgehen entspricht dem Bottom-Up-Ansatz. Umgekehrt können wir als erstes zur Firmenspitze gehen und uns den Namen des Firmenleiters und seiner direkt unterstellten Mitarbeiter geben lassen. Dann erkundigen wir uns bei diesen Mitarbeitern ihrerseits nach den Namen der jeweils unterstellten Mitarbeiter. Dieser Ablauf wird fortgesetzt, bis alle Mitarbeiter erfasst sind. Dies entspricht einem Top-Down-Vorgehen.

Am Beispiel der „Funktionsmodellierung" sollen im Folgenden das Top-Down- und Bottom-Up-Vorgehen praxisbezogen erklärt werden. Funktionen sind „per se" nicht bekannt, sondern müssen identifiziert werden. Es stellt sich deshalb die Frage, wie man zu den korrekten Funktionen kommt. Die entsprechende Vorgehensweise wird im Folgenden Beschrieben und ist in ▶Abb. 69 grafisch dargestellt.

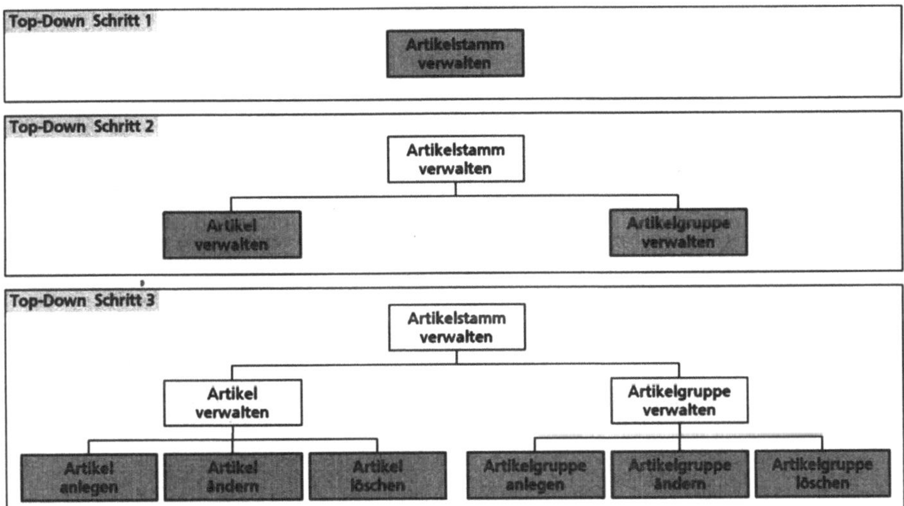

Abb. 69: Top-Down-Vorgehen – am Beispiel „Funktionsmodellierung"

Beim **Top-Down Ansatz** versucht man, ausgehend von einer Haupt-Funktion die darunter liegenden Funktionen analytisch abzuleiten. Dieser Vorgang kann sich eventuell über mehrere Hierarchiestufen bis hin zu den so genannten „Elementar-Funktionen" – also der untersten Funktionsebene – erstrecken. Konkret kann beispielsweise die Haupt-Funktion „Artikelstamm verwalten" Ausgangslage sein, um die Unter-Funktionen „Artikel verwalten" und

„Artikelgruppen verwalten" abzuleiten. Die Funktion „Artikelgruppe verwalten" kann wiederum in die Elementar-Funktionen „Artikelgruppe anlegen", Artikelgruppe ändern" und „Artikelgruppe löschen" unterteilt werden.

Beim **Bottom-Up-Ansatz** geht man umgekehrt vor. Man macht sich zunächst darüber Gedanken, welche Ereignisse in einer Anwendung überhaupt vorkommen können. Alle möglichen Ereignisse hält man in einer so genannten „Ereignis-Liste" fest. Die zunächst unsortiert zusammen getragenen Ereignisse werden dann in einem nächsten Bearbeitungsschritt solange analysiert, strukturiert und bereinigt, bis man als Ergebnis eine vollständige Zusammenstellung aller Elementar-Funktionen einer Anwendung erhält. Im letzten Bearbeitungsschritt werden dann Überbegriffe für eine sinnvolle Gruppierung der Elementar-Funktionen gebildet. Bei der Gruppierung können mehrere Hierarchiestufen entstehen.

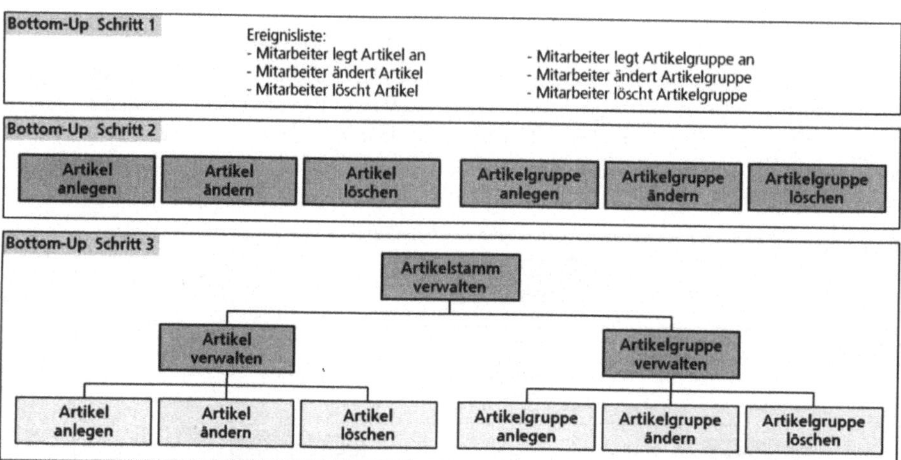

Abb. 70: Bottom-Up-Vorgehen – am Beispiel „Funktionsmodellierung"

Beide Vorgehensweisen (Top-Down und Bottom-Up) haben ihre individuellen Vor- und Nachteile – die je nach Anwendungssituation unterschiedlich ausfallen, so dass an dieser Stelle keine pauschalen Aussagen gemacht werden können. In der Praxis werden für die Bearbeitung einer Aufgabe oftmals beide Verfahren angewendet, wodurch man die individuellen Nachteile jedes Verfahrens kompensieren kann. Es ist dabei nicht immer notwendig, eine strenge Trennung der Bearbeitungsreihenfolge vorzunehmen (z. B. erst Top-Down, dann Bottom-Up). Vielmehr besteht die Möglichkeit, bei der Bearbeitung einer Aufgabenstellung beide Ansätze zu kombinieren. In kurzen Zeitintervallen vollzieht man dabei immer wieder Gedankensprünge zwischen beiden Verfahren – man wechselt sozusagen die Sicht auf das Problem. Dieses kombinierte Vorgehen entspricht wohl auch unbewusst dem „natürlichen" Vorgehen, dass wir intuitiv bei einer gedanklichen Leistung zur Anwendung bringen.

Im Hinblick auf die Funktionsmodellierung gibt es auch noch weitere Möglichkeiten, um auf „korrekte Funktionen" zu kommen. Diese werden an späterer Stelle in diesem Buch behandelt.

Die Frage, ob Top-Down oder Bottom-Up, stellt sich regelmäßig bei informationstechnologischen Vorhaben. Beispielsweise besteht auch bei der Geschäftsprozessanalyse die Möglichkeit, die Prozesse eines Unternehmens entweder Top-Down (als Ableitung der Geschäftsstrategie oder der Hauptaufgaben eines Unternehmens) oder Bottom-Up (durch Befragung der Mitarbeiter) zu erheben. Um eine Aufgabe zu lösen, werden beide Verfahren oftmals in Kombination angewendet. Bei der Geschäftsprozessanalyse ergeben sich Top-Down meist ca. 5 – 8 Hauptprozesse, welche die Geschäftstätigkeit einer Unternehmens repräsentieren. Die Details der Abläufe und Synchronisation einzelner Aktivitäten auf der untersten Prozessebene werden dann Bottom-Up vervollständigt.

Auch bei der Aufwandschätzung kann man Top-Down oder Bottom-Up-Vorgehen. Bei der Top-Down-Schätzung wird zuerst der Aufwand für das ganze Projekt geschätzt (oder als vorgegebene Größe übernommen) und dann daraus der Aufwand für die einzelnen Arbeitspakete abgeleitet. Bei der Bottom-Up-Schätzung wird zuerst der Aufwand für jedes einzelne Arbeitspaket geschätzt und dann zum Gesamtaufwand des Projekts konsolidiert. Präzisere Schätzungen entstehen in der Regel beim Bottom-Up-Vorgehen.

2.4.3 Divide et impera –Teilprojekte und Reihenfolgeplanung

Wenn man mit komplexen Aufgabenstellungen konfrontiert wird, wird es in der Regel notwendig, die Gesamtaufgabe (das Gesamtziel) in Teilziele und Teilaufgaben zu zerlegen. Dieses herunterbrechen in handhabbare Aufgabenabschnitte liefert die Klarheit, was wer wann in welcher Art und Weise zu tun hat. Ein umfangreiches Projekt kann dazu beispielsweise in handliche, klar abgrenzbare Teilprojekte aufgeteilt werden, für die entsprechende Zwischenziele vereinbart werden.

Projekt		
Ziele		
⇩	⇩	⇩
Teilprojekt 1	**Teilprojekt 2**	**Teilprojekt 3**
Teilziele	Teilziele	Teilziele

Abb. 71: Aufteilung eines Projekts in Teilprojekte

Das Vorhaben wird dadurch in führbare Etappen aufgeteilt, die in absehbarer Zeit erreicht werden können und deren Zielerreichung auch gemessen werden sollte. Dies führt zu besseren und nachvollziehbareren Ergebnissen, als wenn man von Zielzuständen ausgeht, die, von der momentanen Position aus betrachtet, zu distanziert und gewöhnlich auch diffuser sind. Mit greifbaren Teilzielen kann man sich in der Regel besser identifizieren, was auch einen positiven Einfluss auf die Motivation hat.

Eine Aufteilung ist vor allem dann von Vorteil, wenn jedes der Teilprojekte mit einem nachvollziehbaren Ergebnis abgeschlossen werden kann (z. B. ein definiertes Sub-System oder ein in sich schlüssiger Teil einer Webseite). Man sollte deshalb nicht mit Gewalt versuchen, jedes große Vorhaben in Teilprojekte aufteilen zu wollen. Vor allem wenn sich wenig sinnvolle oder dishomogene Teilzustände ergeben, sollte man davon absehen.

Es stellt sich nun die Frage, nach welchen Kriterien eine Aufteilung eines Projektes vorgenommen werden kann oder soll.

Reihenfolgeplanung bzw. Teilprojektbildung nach Dringlichkeitsgrad

Wenn aufgrund von zeitlichen Vorgaben eine Aufteilung ins Auge gefasst wird, kann eine Aufteilung der Funktionalität nach den Kriterien „must", „should" und „nice to have" sinnvoll sein. Diese Form der Zerlegung einer Gesamtaufgabe entspricht der Feststellung, dass nicht zwingenderweise die gesamte Funktionalität bereits zum Einführungszeitpunkt zur Verfügung stehen muss, sondern ein so genanntes „Basisprodukt" ausreichend sein kann.

Dazu müssen zunächst diejenigen Teile des gesamten Funktionsumfangs identifiziert werden, die für eine Arbeit des Anwenders mit der Lösung unverzichtbar sind. Diese bilden die Aufgabenstellung für die erste Projektstufe („**must**"). Dann müssen die Funktionen lokalisiert werden, die für eine wirtschaftliche Arbeit mit dem System erforderlich sind, aber nicht unbedingt zum Einführungszeitpunkt bereits vorliegen müssen. Diese bilden die zweite Projektstufe („**should**"). Die dritte Stufe enthält schließlich die Komfort-Funktionen, die im System in seiner endgültigen Ausbaustufe enthalten sein sollen, die aber auch vorläufig noch in ihrer Realisierung zurückgestellt werden können, ohne dass gravierende Nachteile für die Basis-Funktionsfähigkeit der Lösung bestehen („**nice to have**").

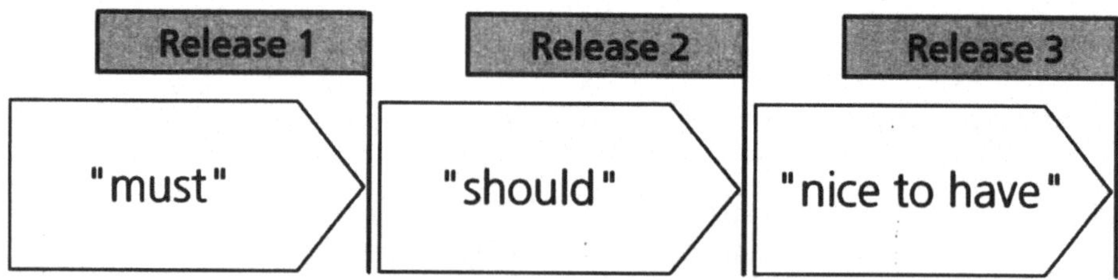

Abb. 72: Dreiteilung einer Vorhabensumsetzung

Die Funktionen der dritten Stufe verursachen zu ihrer Realisierung oftmals deutlich mehr Aufwand, ohne dass der Grenznutzen des Systems wesentlich gesteigert wird. Trotzdem darf man diesen letzten Bereich nicht unterschätzen, denn sehr oft handelt es sich um Funktionen, die die Bedienungsfreundlichkeit erhöhen und deshalb wesentlich für die Akzeptanz der Lösung beim Anwender sind. Trotzdem ist der Anwender mit einer solchen Dreiteilung des Funktionsumfangs meistens einverstanden, weil sie eine Nutzbarkeit der grundlegenden Funktionen zum frühestmöglichen Zeitpunkt vorsieht. Diese Vorgehensweise kann man auch als das „Denken in Releases" bezeichnen. Die Gesamtlösung entsteht dabei in drei oder mehreren Releases.

Ein weiterer Vorteil dieses Vorgehens ist, dass die Grundanforderungen, die in der Regel relativ stabil bleiben, am Beginn realisiert werden und die nicht unbedingt notwendigen Anforderungen und Wünsche, erst danach. Denn naturgemäß ergeben sich gerade bei den „should"- und „nice to have"-Merkmalen häufige Änderungen im Zuge der Projektrealisierung.

Reihenfolgeplanung bzw. Teilprojektbildung nach Schwierigkeitsgrad

Im Hinblick auf den Schwierigkeitsgrad kann die Reihenfolgeplanung nach zwei Gesichtspunkten erfolgen: „Hardest first" und „Easiest first".

Bei der „Hardest-first-Strategie" bearbeitet man jene Aufgaben zuerst, die die größten (vorhersehbaren) Schwierigkeiten bei der Realisierung verursachen. Diese Vorgehensweise ist vor allem dann sinnvoll, wenn der Projekterfolg ohne die Lösung dieser Aufgaben nicht möglich ist.

Bei der „Easiest-first-Strategie" bearbeitet man jene Aufgaben zuerst, die ohne Probleme lösbar sind und daher schnell abgearbeitet werden können. Diese Vorgehensweise ist dann sinnvoll, wenn gewährleistet werden soll, dass möglichst viele Teile der Gesamtaufgabe in einer begrenzten Zeit umgesetzt werden sollen. Man kann damit vermeiden, dass für die schwierigen Aufgaben zu viel Zeit aufgewendet wird und deshalb die anderen Aspekte nur noch ungenügend berücksichtigt werden können.

Reihenfolgeplanung bzw. Teilprojektbildung nach Zielerreichungsgrad

Eine andere Strategie kann die Anwendung des 80:20-Gedankens sein (Pareto-Prinzip). Die diesem Prinzip zugrunde liegende Verteilung wurde 1897 vom italienischen Ökonomen Vilfredo Pareto entdeckt. Nach diesem Prinzip ist ein großer Teil des Gesamterfolges (z. B. 80 %) mit einem sehr kleinen Teil des Gesamtaufwandes (z. B. 20 %) erreichbar. Es gilt aber auch der Umkehrschluss: Eine Minderheit der Ursachen, des Aufwands oder der Anstrengungen führt zu einer Mehrheit der Wirkungen, des Ertrags oder der Ergebnisse. Die beste Strategie für eine diesbezügliche Aufteilung des Vorhabens würde nun darin bestehen, die 80% der Leistung, die mit 20 % des Aufwands erreichbar sind, frühzeitig zu identifizieren und danach die Planung der Realisierungszeitpunkte auszurichten.

Bei der Anwendung dieser Vorgehensweise in Softwareprojekten besteht allerdings die Gefahr, dass in sich schlüssige Lösungsbestandteile durch aufwandsbezogene Umschichtungen verzerrt werden. Funktionale Zusammenhänge können dadurch aufgebrochen werden. Auch kann man in der Softwareentwicklung nicht willkürlich Lösungsbestandteile mit hohem Aufwand zeitlich verschieben. Beispielsweise ist die Entwicklung der grundlegenden Architektur eine elementare Aufgabe mit höchster Priorität. Überlegungen zu sachlogischen Abhängigkeiten sollten deshalb bei der Softwareentwicklung vordergründig bedacht werden. Im Rahmen von übergeordneten strategischen Überlegungen kann das 80:20-Prinzip auch bei Softwareprojekten in Erwägung gezogen werden.

2.5 Begriffsübersicht und Assoziationsmodell

Damit die methodischen Grundbegriffe bei Unklarheiten oder für Nachschlagezwecke schnell gefunden werden können, sind im Folgenden alle Definitionen zusammengefasst.

Begriff	Beschreibung
Methode	Planmäßig angewandte und begründete Vorgehensweise zur systematischen Lösung einer Aufgabenstellung mit definierten Handlungsanweisungen und Ergebnisprodukten. Eine Methode spezifiziert, wie Prinzipien und Techniken eingesetzt werden, um eine Aufgabe zu lösen.
Prinzip	Allgemeiner Grundsatz des Denkens und Handelns ohne konkrete Handlungsanweisung. Prinzipien sind allgemein gültig, abstrakt und genereller Art. Prinzipien werden aus der Erfahrung und der Erkenntnis hergeleitet und durch sie bestätigt.
Technik	Eine dokumentierte Art der Durchführung bzw. Ausführung eines konkreten Verfahrens, einer bestimmten Maßnahme oder einer grafischen Darstellung. Als Techniken werden die Werkzeuge und Instrumente bezeichnet, die beim Abarbeiten von Methoden zum Einsatz kommen. Sie unterstützen beispielsweise die Zielfindung (Zielfindungstechniken), die Analyse (Analysetechniken), die Informationssammlung (Erhebungstechniken), die Lösungsfindung (Kreativitätstechniken) oder den Vergleich von Lösungsvorschlägen (Bewertungstechniken).
Instrument	Die einzelnen Mittel, die bei bestimmten Techniken zum Einsatz kommen, sind Instrumente. Beispielsweise ist ein Prüffragenkatalog ein Instrument zur Würdigung von Informationen. Ebenso ein Schwachstellenkatalog oder eine Checkliste.
Analyse	Die systematische Untersuchung eines Problems, bevor Maßnahmen ergriffen werden. Neben der Informationserhebung strebt die Analyse eine verständliche Darstellung des Problembereichs anhand eines oder mehrerer konzeptioneller Modelle an.
Modellierung	Eigenschaften real existierender oder vorausgedachter „Produkte" in Form von Modellen nachbilden und sie mit dem Ziel der Informationsgewinnung zu untersuchen.

Begriff	Beschreibung
Top-Down	„Vorgehen vom Groben zum Detail" bzw. „Vorgehen von Außen nach Innen". Die Problemsituation wird stufenweise aufgelöst, wobei man immer tiefer in den „Untersuchungsgegenstand" vordringt.
Bottom-Up	Das Bottom-Up-Vorgehen ist die Umkehrung des Top-Down-Ansatzes und entspricht dem integrierenden Denken. Ausgehend von einem Detailaspekt bewegt man sich stufenweise nach oben, bis ein Gesamtbild erreicht ist. Ziele für ein Projekt können sich beispielsweise Top-Down ergeben (Unternehmensstrategie, IT-Strategie, Fachbereichsstrategie etc.) oder Bottom-Up (Anwenderwünsche, Analyse der vorhandenen Situation etc.).
Induktion	Ableitung von allgemein gültigen Zusammenhängen auf Basis von einzelnen Beobachtungen.
Deduktion	Formulierung einer Hypothese mit nachfolgender empirischer Überprüfung derselben durch Materialsammlung, Befragung oder Beobachtung.

Abb. 73: Methodische Grundbegriffe im Überblick

In ▶Abb. 74 wird ein Assoziationsmodell, welches die grundlegenden Bausteine der methodischen Kompetenz enthält, dargetellt. Im Rahmen der nachfolgenden Kapitel, die an ihrem jeweiligen Schluss auch ein Assoziationsmodell enthalten, erfährt dieses Modell verschiedene Detaillierungen. Die Methode wird dabei überwiegend nur noch als „Baustein" in die detaillierteren Assoziationsmodelle eingesetzt.

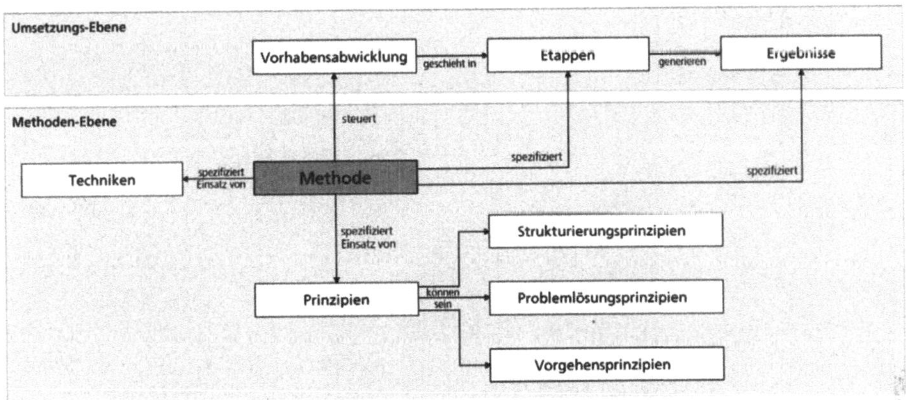

Abb. 74: Assoziationsmodell der methodischen Kompetenz

3 Systematisieren des Projektvorgehens

3.1 Komplexe Strukturen – komplexe Lösungen

Die Lösungen von komplexen Problemen sind keine Zufallsprodukte, sondern das Ergebnis eines zielgerichteten, anforderungsgerechten und methodisch unterstützten Problemlösungsprozesses. Der Weg von einem vorhandenen Problem zur gelösten Aufgabe ist ein langer Weg. Das Problem bzw. die Aufgabenstellung mit Hilfe des Systemdenkens und methodischen Techniken konzeptionell zu durchdringen, ist eine Sache. Die Umsetzung bzw. das Beschreiten des Weges, auf dem das Problem zu einer Lösung transformiert werden soll, ist eine andere Sache.

Eine Aufgabenstellung kann von verschiedenen Lösungen gleichermaßen erfüllt werden. Die Lösungen erfüllen zwar die gleichen Ziele, aber auf unterschiedliche Art und Weise und auch der Weg, der eingeschlagen wird, kann unterschiedlich ausfallen. Dieser Spielraum bei der Problemlösung wird in ▶ Abb. 75 dargestellt. Der halbkreisförmige Lösungsraum symbolisiert das mögliche Spektrum an gültigen Lösungen, welche die identischen Ziele und Anforderungen einer Aufgabenstellung adressieren, aber aus technischer Perspektive unterschiedlich implementiert sein können.

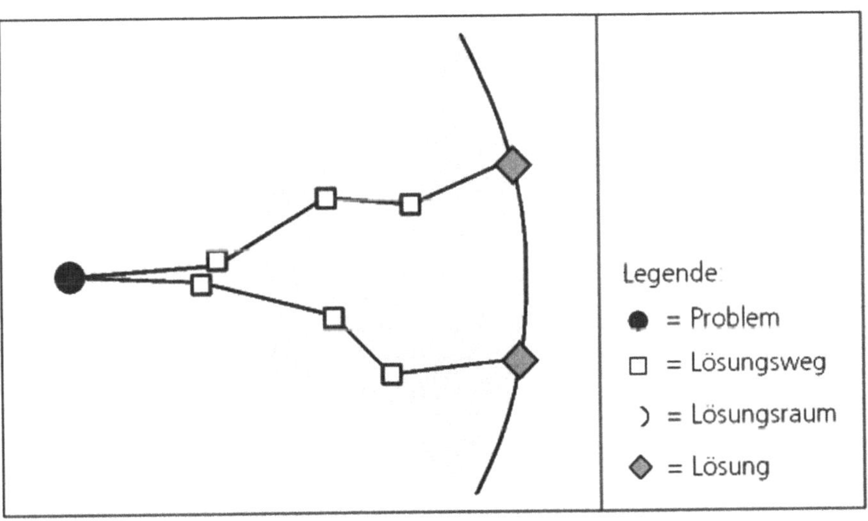

Abb. 75: Lösungsspektrum einer Aufgabenstellung

Eine sinnvolle Herangehensweise und Bearbeitungsreihenfolge ist entscheidend für eine erfolgreiche Problemlösung. Da bei der Vielfalt der heute möglichen Aufgabenstellungen eine Pauschalierung des Problemlösungsweges nicht möglich ist, kann ein sinnvolles Ziel nur sein, eine individuell abrufbare Vorgehenssystematik und ein methodisches Fundament aufzubauen, mit dem es möglich wird, komplexe Ausgangslagen selbständig zu lösen. In diesem Kapitel werden die Bausteine für dieses Fundament geliefert und zusammengesetzt.

Bei der Lösung von Problemen sollte man nicht grundsätzlich davon ausgehen, dass eine vollkommen neue Lösung zu „erfinden" ist. Es kann auch sinnvoll sein, die Möglichkeit des „Recyclings" von vorhandenen Lösungen zu prüfen. Dazu ist es notwendig, die komplexen Strukturen des zu lösenden Problems „aufzulösen" und durch Abstraktion zu vereinfachen. Ein wichtiges Prinzip der normalen „handwerklichen" Problemlösung besteht in der Transformation einer konkreten Aufgabe in ein Standardproblem und der Anwendung der Standardlösung auf die spezielle Aufgabenstellung.

Dieses Prinzip wurde nicht erst durch Genrich Altschuller, der mit TRIZ eine bedeutende Methodik des Erfindens formulierte, bekannt. Altschuller machte die Feststellung, dass viele Aufgabenstellungen in anderen Bereichen und unter anderen Bezeichnungen, aber inhaltlich vergleichbar, bereits gelöst worden sind, zu einer seiner Grundannahmen. Einen ähnlichen, an informationstechnologischen Vorhaben ausgerichteten Ansatz der Wiederverwendung von vorhandenen Lösungen unternimmt auch Michael Jackson mit seinen „Problem Frames", die er in seinem gleichnamigen Buch beschreibt. Man sollte es also nach Möglichkeit vermeiden, das Rad neu zu erfinden.

Altschuller formulierte aufgrund seiner Erkenntnisse den dreiteiligen ingenieurmäßigen Lösungsweg. Dieser sieht vor, dass

1. in einem ersten Schritt die konkrete Aufgabenstellung verallgemeinert und in ein ähnliches oder analoges Problem verwandelt wird, für das ein Lösungskonzept existiert.

2. Dieses Lösungskonzept wird im zweiten Schritt übernommen und

3. im dritten Schritt die Standardlösung mit den entsprechend angepassten Parametern auf die konkrete Aufgabe angewandt.

In ▶Abb. 76 ist dieser Ablauf grafisch dargestellt. Der Prozess verläuft in der Praxis jedoch keineswegs so trivial, wie das auf den ersten Blick erscheint – die Schwierigkeit liegt meist in der sachgerechten Formulierung der Aufgaben. Zu erkennen, worauf es ankommt, um dann die in der Ausbildung und durch Erfahrung erworbenen Methoden anwenden zu können, zeichnet im Allgemeinen den Fachmann aus. Diese Methoden- und Problemlösungskompetenz zu vermitteln ist das zentrale Anliegen dieses Kapitels.

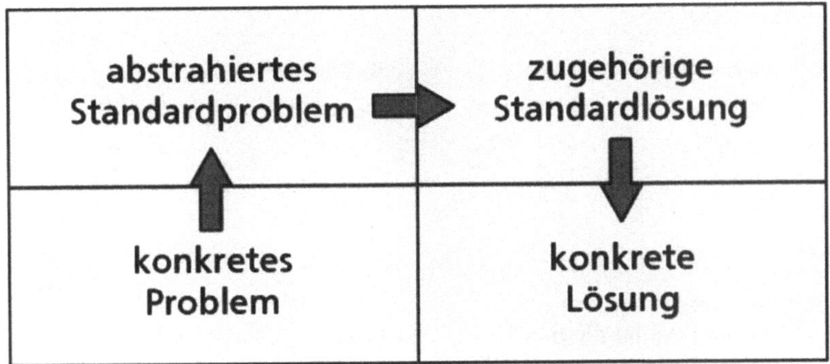

Abb. 76: Problemlösung durch Abstraktion und Nutzung von vorhandenen Lösungen

3.1.1 Formalisierung der Problemlösung

Der unformalisierte – also freie und unstrukturierte – Umgang mit den Herausforderungen, die dem Problemlöser durch komplexe und vernetzte Systeme gestellt werden, führt nur in wenigen Fällen zum Ziel. Das „einfach mal so Vorgehen" läuft tendenziell darauf hinaus, dass man nach einiger Zeit über derart viel Informationen in einer ungeordneten Form verfügt, dass man den Überblick verliert. Es wird „Problemlösungsenergie" verschwendet. Gedanken werden eventuell in die falsche Richtung gelenkt oder kreisen orientierungslos um die Problemsituation herum, frei nach dem Motto „still confused, but on a higher level!".

Um diesem Effekt vorzubeugen, kann es in einigen Fällen angebracht sein, die analytische Problemlösungsarbeit in formaleren Bahnen ablaufen zu lassen – also eine Systematisierung der inhaltlichen Auseinandersetzung mit einem Problem anzustreben. Auch der TRIZ-Begründer Genrich Altschuller und Albert Einstein stellten als eine wichtige Basis ihrer schöpferischen Tätigkeit die folgende Grundannahme auf: „Allein die präzise Beschreibung eines Problems führt häufig schon zu kreativen Lösungen."

Ein Ansatz zur formalisierten und sytematischen Problemlösung ist die so genannte „Kraftfeldanalyse" nach Kurt Lewin. Bei dieser Analyse geht es darum, positive und negative Kräfte, die bei einem Problem wirksam werden können, zu erkennen. Kräfte treten als Gegensätze oder Hindernisse auf.

Die Kraftfeldanalyse kennt daher zwei Anwendungsarten:

- Gegensatz-Form: Was möchten wir? – Was möchten wir nicht?

- Hindernis-Form: Was steht uns im Weg? – Was können wir dagegen tun?

Kraftfeldanalyse	
Was wollen wir erreichen?	**Was möchten wir nicht?**
Was steht uns im Weg?	**Was können wir dagegen tun?**

Abb. 77: Kraftfeldanalyse

In den Phasen der Problemanalyse und Zielformulierung kann eine Protokollierung von Sachverhalten im Rahmen der Kraftfeldanalyse wertvolle Ansatzpunkte liefern.

Man kann sich bei der Formalisierung der Problemlösung auch an den Prinzipien der formalen wissenschaftlichen Methode orientieren. Eine Ausprägung dieser Art der Problemlösungssystematik ist das so genannte „Laborjournal". Es dient der systematischen Erfassung einer Problemsituation.

Die logischen Aussagen, die in das Journal eingetragen werden, können beispielsweise in sechs Kategorien eingeteilt werden:

1.   Formulierung des Problems

2.   Hypothesen über die Ursache des Problems

3.   Versuche zur Überprüfung jeder dieser Hypothesen

4.   vorhergesagte Resultate dieser Versuche

5.   beobachtete Resultate der Versuche

6.   Schlussfolgerungen aus den Resultaten der Versuche

Diese Kategorien können beispielsweise Spalten einer Tabelle darstellen. Man schafft sich durch diese Art der Strukturierung und Differenzierung der Problemlösungsinhalte präzise Leitlinien für Gedankengänge. Der eigentliche Zweck dieser formalen Methode ist es, sich zu vergewissern, dass man durch die Undurchsichtigkeit eines komplexen Systems nicht zu falschen Annahmen verleitet wird und man fälschlicherweise davon ausgeht, das man etwas weis, was man in Wirklichkeit nicht weis.

Problemformulierung:				
Hypothesen über die Problemursache	Versuche zur Prüfung jeder Hypothese	Erwartete Resultate der Versuche	Beobachtete Resultate der Versuche	Schlussfolgerungen aus den Versuchen

Abb. 78: „Laborjournal" für die systematische Erfassung von Problemen

Im ersten Schritt dieser formalen Herangehensweise (1. Formulierung des Problems) besteht die Kunst vor allem darin, dass man unter keinen Umständen mehr behauptet, als man mit Sicherheit weis. Es ist viel besser, man schreibt „Löse das Problem: Warum kommt es zu Verzögerungen bei der systemgestützten Disposition von Aufträgen?", als dass man formuliert „Löse das Problem: Kapazitätsengpässe des Servers", wenn man nicht absolut sicher weiss, dass der Fehler in der Performance des Servers begründet liegt.

Sinnvollerweise wäre stattdessen zu schreiben: „Löse das Problem: Wodurch werden die Verzögerungen bei der Dispositionsbearbeitung ausgelöst?" und dann als ersten Eintrag in der zweiten Spalte (Hypothesen über die Ursache des Problems) schreibt: „Hypothese 1: Verzögerungen ergeben sich durch Performance-Probleme des Servers" und als weiteren Eintrag beispielsweise festhält: „Hypothese 2: Verzögerungen ergeben sich durch zeitweise Überlastung des Netzwerkes".

Diese Vorsicht bei der Formulierung der Ausgangsfragen bewahrt den Problemlöser davor, eine grundfalsche Richtung einzuschlagen und dadurch Problemlösungsenergie zu verschwenden.

Eine andere Möglichkeit der Formalisierung besteht in der Anwendung der „6-W Methode", deren tabellarischer Aufbau in ▶Abb. 79 dargestellt ist. Bei dieser Methode werden sechs Basisfragen (Was, Wer, Wo, Wann, Warum, Wie) als Spalten in einer Tabelle angeordnet. Die Problembeschreibung ergibt sich dann aus der Beantwortung der Fragen. Dabei werden die die Basisfragen jeweils aus drei unterschiedlichen Perspektiven beantwortet (Problem, Nicht-Problem, Lösung und Anforderungen). Diese Perspektiven stellen die Zeilen der Tabelle dar.

Problem / Aufgabenstellung:					
Was	**Wer**	**Wo**	**Wann**	**Warum**	**Wie**
Was ist das Problem?	Wer meldet das Problem?	Wo tritt das Problem auf?	Wann tritt das Problem auf?	Warum ist es ein Problem?	Wie zeigt sich das Problem?
Was ist <u>nicht</u> das Problem?	Wer ist <u>nicht</u> betroffen vom Problem?	Wo tritt das Problem <u>nicht</u> auf?	Wann tritt das Problem <u>nicht</u> auf?	Warum ist es für andere kein Problem?	Wie läuft es normalerweise ab?
Was sollte eine Lösung unbedingt können?	Wer könnte eine Lösung ebenfalls benutzen?	Wo könnte eine Lösung noch verwendet werden?	Wann sollte eine Lösung vorhanden sein?	Warum brauchen wir eine Lösung?	Wie sollte eine Lösung aussehen?

Die Zeilen der Tabelle sind mit **Problem**, **Nicht-Problem** und **Lösung, Anforderungen** beschriftet.

Abb. 79: Beispiel für die Formalisierung der Problemlösung nach der 6-W-Methode

Ist-Nicht-Fragen leisten einen wichtigen Beitrag, um Ist-Fragen zu klären. Das Beantworten der Ist-Nicht-Fragen zwingt den Problemlöser dazu, die Ist-Informationen genauer zu betrachten. Das Ist-Nicht erfüllt auch einen zweiten Zweck. Es bestimmt den Umfang eines Problems, indem es dem „Ist" Grenzen setzt. Das tatsächliche Problem wird stärker von weiteren möglichen, aber im vorliegenden Fall nicht zutreffenden Problemursachen abgegrenzt. Je genauer die Grenzen des „Ist" festgelegt werden können, desto gezielter kann man nach den Ursachen suchen. Aus der Beantwortung der Ist-Nicht-Fragen ergeben sich weiterhin wichtige Anhaltspunkte für die Prüfung möglicher Problemursachen. Dabei kann man von der Fragestellung ausgehen: „Wie erklärt eine Ursache sowohl die Ist- als auch die Ist-Nicht-Information in der Problembeschreibung?"

Zusammenfassend lässt sich festhalten, dass die Beantwortung der Ist-Nicht-Fragen drei Funktionen erfüllt. Zum einen helfen sie, die Grenzen des Problems festzulegen, zum anderen verdeutlichen sie die Ist-Informationen und zum dritten helfen sie, mögliche Ursachen zu prüfen.

Ein wichtiger Aspekt der Anwendung dieser Problemformulierungstechniken ist, dass sie den Anwender dazu bringen, Fragen über das Problem zu stellen und genauere Informationen auf einem systematischen Weg zu erheben. Möglichst vollständige Informationen über ein Problem bzw. eine Aufgabenstellung ist die wichtigste Voraussetzung, um Probleme und Aufgaben lösen zu können.

3.1.2 Der „methodische erste Schritt"

Problemlösendes Handeln ist ohne Planung nicht vorstellbar. Ausgehend von einer zu lösenden Aufgabe oder einem anstehenden Problem lässt sich bereits aus dem ersten Bearbeitungsschritt ein Unterschied zwischen einem methodisch geprägten Vorgehen und einem nicht methodischen Vorgehen erkennen. Wenn dieser erste Schritt direkt der Problemlösung gilt, geht man nicht methodisch vor und verschenkt einen großen Teil des „methodischen Potentials". Will man methodisch Vorgehen, so gilt der erste Schritt nicht der unmittelbaren Lösung des Problems, sondern der Frage nach dem besten Weg bzw. dem optimalen Vorgehen – der sinnvollsten Methodik.

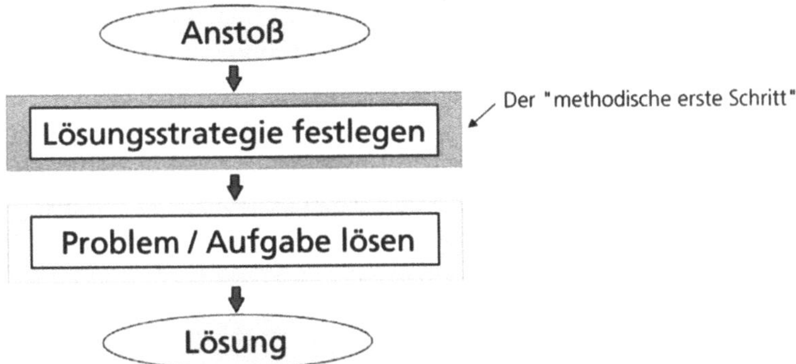

Abb. 80: Vor der Problemlösung steht der „methodische erste Schritt"

Methodisch sinnvoll an ein Problem heranzugehen bedeutet in erster Instanz, sich einen konzeptionellen Rahmen als Grundlage für eine Problemlösung zu erarbeiten. Es gilt, sich Gedanken darüber zu machen, wie man die Aufgabe bzw. das Problem anpackt. Die optimale „Anpackstrategie" bzw. „Lösungsstrategie" ist zu ermitteln. Im Zentrum steht die Frage: „Welcher Weg bzw. welche Vorgehensweise ist am besten geeignet, um das Problem zu lösen?" Dazu muss man das Problem einordnen bzw. sich die Aufgabe zurechtlegen. Ein paar grundlegende Fragen können diesbezüglich eine Hilfestellung geben.

1. Die erste Frage bezieht sich auf die Art der Aufgabenstellung: „Um was für einen Problem- bzw. Aufgabentyp handelt es sich?". Aus einer Zuordnung der Aufgabe zu einer bestimmten Vorhabensart können sich erste Anhaltspunkte für die ideale Lösungsumsetzung ergeben.

2. Die nächste zu beantwortende Frage bezieht sich auf das situativ sinnvolle Vorgehen: „Welches sind die optimalen Problemlösungsschritte und in welcher Reihenfolge sollen sie angewendet werden?

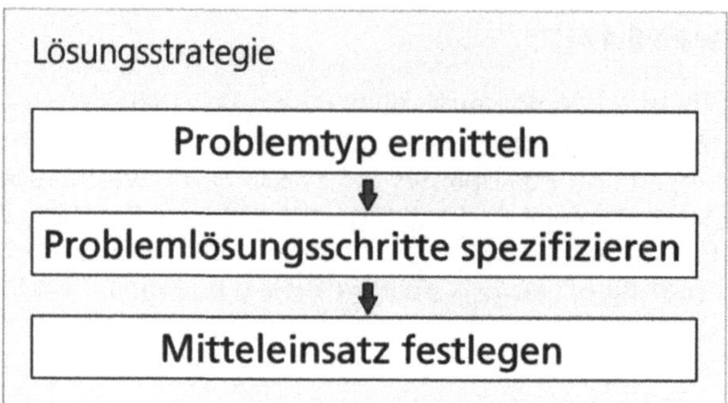

Abb. 81: Vorgehensweise zum Ermitteln der Lösungsstrategie

Basierend auf dem Typ der Aufgabenstellung steht die Gliederung der Gesamtaufgabe in zweckmäßige Teilaufgaben im Vordergrund. Dazu kann gegebenenfalls auf die später vorgestellten universellen oder typbezogenen Vorgehensmodelle zurückgegriffen werden. Die letzte Frage bezieht sich auf konkrete
gedankliche oder technische Hilfsmittel: „Welche Prinzipien und Techniken
setze ich wann ein?" Zum Mitteleinsatz gehört auch die Wahl des zweckmäßi-
gen Denkens. Im Falle von informationstechnologischen Vorhaben nimmt das
Systemdenken eine zentrale Rolle ein.

Element	Fragen als Hilfestellug
Problemtyp	▪ Lässt sich das Problem / die Aufgabe typisieren? ▪ Wenn ja, um welchen Problemtyp oder Aufgabentyp handelt es sich?
Problemlösungs-schritte	▪ Wie kann man den Problemlösungsvorgang strukturieren? ▪ Gibt es für den Problemtyp bzw. Aufgabentyp bereits ein geeignetes Vorgehensmodell? ▪ Kann aus vorhandenen Vorgehensmodellen ein passendes zusammengestellt werden? ▪ Welche Teilschritte sind sinnvoll, um zu einer Lösung zu gelangen? ▪ Wie ist die optimale Reihenfolge der Teilschritte? ▪ Soll die Ist-Analyse vor oder nach der Zielformulierung durchgeführt werden?
Mitteleinsatz	▪ Welche Denkweisen und Prinzipien lege ich der Problemlösung zugrunde? ▪ Welche Methoden und Techniken verwende ich in welchen Teilschritten?

Abb. 82: Die Elemente der Lösungsstrategie („methodisch erster Schritt")

3.1.3 Auflösungsgrad der Planung

Beim Ausarbeiten einer Lösungsstrategie ergibt sich die gleiche Ungewissheit wie bei einigen anderen Themen (z. B. Informationsbeschaffung oder Spezifikation). Und zwar stellt sich die Frage, bis zu welcher Detaillierung man bei einer Planung den Ablauf vorwegnimmt. Man kann zu grob planen oder zu fein. Steigt man zu früh in alle Details ein, besteht die Gefahr, dass der Planungsprozess entartet und zum Selbstzweck wird.

Wie detailliert muss demnach die Lösungsstrategie zum Beginn eines Vorhabens ausgearbeitet werden? Was ist der richtige Auflösungsgrad? Diese Frage ist sehr individuell und kontextbezogen zu beantworten. Es können diesbezüglich nur wenig pauschale Regeln aufgestellt werden. Sicherlich wird man als zunächst alle wesentlichen übergeordneten Phasen (die höchste Gliedergrundstufe) definieren, um einen Vorgehensrahmen für das gesamte Vorhaben zu erhalten. Die Wahl der Phasen hängt von der Vorhabensart ab. Handelt es sich um ein Software-Entwicklungsprojekt, um die Einführung einer Standardsoftware oder um die Optimierung von Geschäftsprozessen? Je nach Art des Vorhabens ist ein bestimmtes Phasengerüst sinnvoll.

Beispielsweise können die Phasen in „Analyse", „Planung", „Umsetzung" und „Kontrolle" eingeteilt sein. Als nächstes wird dann die erste Phase konkreter ausformuliert. Die „Analyse" kann beispielsweise in die Arbeitsschritte „Situationsanalyse" und „Problemformulierung" aufgeteilt werden. Für diese beiden Arbeitsinhalte können dann gezielt Tätigkeiten, d. h. durchführbare Bearbeitungsschritte festgelegt werden. Wir wollen dieses Beispiel hier nicht weiterführen, sondern auf ▶Kapitel „*4 Komplexe Projektabläufe systematisch konzipieren*" verweisen, in dem Gliederungs- und Vorgehensvarianten detailliert besprochen werden.

Wenn man die Details der ersten anzugehenden Phase festgelegt hat, kann man dies für die nächste Phase tun, wobei es dabei durchaus legitim ist, diese nachfolgende Phase nur in Arbeitsschritte aufzuteilen und detaillierte Einteilung in Tätigkeiten auf später zu verschieben. Die einzelnen Tätigkeiten der Arbeitsschritte können dann nach Abschluss der ersten Phase konkretisiert werden. Es sind dann auch mehr Anhaltspunkte und Erfahrungswerte vorhanden, um eine sinnvolle Strukturierung vorzunehmen. Bei den restlichen Phasen besteht die Möglichkeit, noch grober zu bleiben. Die Arbeitsschritte dieser Phasen kann man nach dem Abschluss der ersten Phase festlegen und die einzelnen Tätigkeiten dann, wenn die unmittelbar vorhergehende Phase beendet ist. ▶Abb. 83 zeigt dieses schrittweise Vorgehen anhand eines Beispiels in grafischer Form.

Ist eine Lösungsstrategie erarbeitet, so bedeutet dies nicht, dass sie unwiderruflich während des gesamten Ablaufs einzuhalten ist. Es kann sein, dass sich im Rahmen eines ersten Bearbeitungsschritts (in der Regel eine Ist-Analyse) neue Sachverhalte ergeben oder Änderungen berücksichtigt werden müssen. Dies kann eventuell eine leichte Anpassung der gewählten Vorgehensstrategie nach sich ziehen. Während der Projektlaufzeit – insbesondere bei sehr zeitaufwändigen Projekten – sollte man also periodisch die zu Beginn gewählte Vorgehensweise auf ihre Aktualität prüfen.

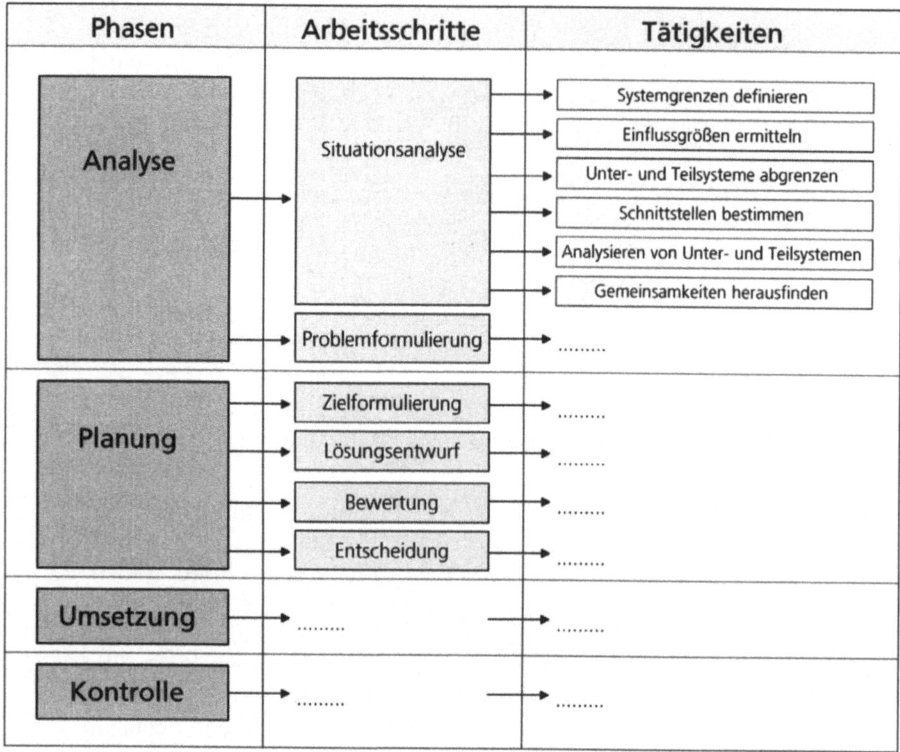

Abb. 83: Beispiel für eine vorab festgelegte Lösungsstrategie

Die Lösungsstrategie, im Sinne einer durchdachten Strukturierung und sachlogisch richtigen Bearbeitungsreihenfolge der Arbeitsschritte eines Problemlösungsvorgangs, nimmt eine zentrale Rolle beim methodischen Vorgehen ein. Dieses Thema ist deshalb an dieser Stelle nur verkürzt angeschnitten worden und wird detailliert in einem eigenen Kapitel behandelt (▶ Kapitel *„4 Komplexe Projektabläufe systematisch konzipieren"*).

3.2 Die Basisfragen – Was? und Wie?

Der Mensch neigt dazu, in Lösungen zu denken. Wenn wir mit einem Problem oder einer Aufgabenstellung konfrontiert werden, lenken uns unsere Gedanken meist direkt in die „Lösungswelt". Erhebt man beispielsweise im Gespräch mit dem zukünftigen Anwender die Anforderungen an eine neue Lösung, so entsteht gedanklich oftmals ein lösungsorientiertes Konzept, dass durch geradlinige Realisierbarkeit gekennzeichnet ist. Wenn dann der Anwender im Rahmen des Gesprächsverlaufs eine Anforderung nennt, die mit dem noch völlig undurchdachten Lösungskonzept des „Analytikers" nicht verträglich ist, ist der Analytiker dazu geneigt, diese neue Anforderung nicht ohne weiteres aufzunehmen. Je nach Durchsetzungsfähigkeit entsteht im schlimmsten Fall dann ein Konzept, mit dem weder der Fachbereich noch die Informatik-Abteilung gut leben kann.

Wir tendieren dazu, uns bei der Auseinandersetzung mit einem Problem, unmittelbar darüber Gedanken zu machen, „wie" die Lösung aussehen kann. Wir sind gewohnt so zu reagieren, weil wir in unserem Leben meistens mit alltäglichen Problemen konfrontiert werden, die wir direkt und einfach lösen können. Bei komplizierten Aufgabenstellungen aus dem Berufsleben führt uns dieses angelernte „Denken in Lösung" jedoch meist in eine Sackgasse. Denn nach einiger Zeit ergeben sich Unklarheiten, die dazu führen, dass man die Orientierung verliert und sich spätestens dann die Frage stellt: „Was wollen wir eigentlich?" – „Was genau sind unsere Ziele?". Eine wichtige Differenzierung im Zusammenhang mit dem methodischen Vorgehen bei komplexen Aufgabenstellungen ist also die Unterscheidung zwischen dem „Was?" und dem „Wie?".

In ▶Abb. 84 wird die Unterscheidung zwischen dem „Was" und dem „Wie" tabellarisch verdeutlicht. Die erste Frage (Was?) ist nicht Teil des Lösungskonzeptes. Sie muss lösungsneutral beantwortet werden. Sie stellt ein konkretes und einzuhaltendes Fundament für die Lösungssuche dar – sie beschreibt jedoch die Lösung nicht. Die Beschreibung der Lösung wird erst durch die zweite Frage (Wie?) adressiert.

Was?	Wie?
Analysierende Betrachtung (Ist-Analyse)	Synthetisierende Betrachtung (Soll-Entwurf)
Was ist das Problem? Was ist die Aufgabe? Was wollen wir erreichen? Was muss das System leisten? Was braucht der Anwender? Was soll die Lösung enthalten? Was soll das System tun?	Wie lösen wir das Problem? Wie erreichen wir unser Ziel? Wie setzen wir die Anforderungen um? Wie soll das implementiert werden? Aber auch: Welches Vorgehen wenden wir an? Welche Methoden verwenden wir? Welche Alternativen haben wir?
Was soll modelliert werden? (Strukturierte Analyse und Objektorientierte Analyse)	Wie soll es modelliert werden? (Strukturiertes Design und Objektorientiertes Design)

Abb. 84: Unterschiede zwischen dem Was? und dem Wie?

Diese Unterscheidung wird auch von den bekannten Methodenverbünden der strukturierten Techniken (Strukturierte Analyse und Design) und der objektorienterten Techniken (objektorientierte Analyse und Design) aufgegriffen. Anzumerken ist hierbei, dass in der Informatik die Bezeichnung „Design" synonym zu „Entwurf" und „Konzept" ist. Die Titel dieser Methodenverbünde resultieren aus den fundamentalen Fragestellungen:

- „Was soll modelliert werden?" und

- „Wie soll es modelliert werden?".

Auch die Vorgehensmodelle, die später detailliert besprochen werden, greifen diese Differenzierung auf. Man kann sogar sagen, dass es bei den Vorgehensmodellen im Wesentlichen darum geht, das Was? und das Wie? derart auszuformulieren, dass konkret durchführbare und zeitlich sinnvoll aneinander gereihte Bearbeitungsschritte entstehen. Man spricht in diesem Zusammenhang auch von den „Beschreibungsebenen" der Informatik.

Beschreibungsebene		
Realwelt	betriebswirtschaftliche Aufgabenstellung	Handlungsbedarf aus betriebswirtschaftlicher Sicht
Fachkonzept	Anwendersicht (semantische Modelle)	Beschreibung des Anwendungssystems aus fachlicher Sicht
IV-Konzept (auch: DV-Design)	Entwicklersicht (logische Modelle)	Beschreibung des Anwendungssystems aus der Sicht der IV-Umsetzung
Implementierung	physische Realisierung	Übertragung des DV-Konzepts auf konkrete Software und Hardware

Abb. 85: Die Beschreibungsebenen von IT-Aufgabenstellungen

Warum ist die Trennung von Fachkonzept und IV-Konzept bzw. DV-Design so wichtig? Man geht davon aus, dass wenn die fachliche Beschreibung einer Anwendung und deren IV-Konzept miteinander vermischt sind, die fachliche Essenz des Systems nicht mehr klar erkennbar ist. Dies kann zu Kommunikationsproblemen nicht nur zwischen den Analytikern, sondern auch zwischen Analytikern und Anwendern führen. Eine Qualitätssicherung auf der Fachbereichsseite, welche die fachliche Richtigkeit der Spezifikation bestätigen sollte, kann unter solchen Voraussetzungen nicht mehr sinnvoll durchgeführt werden.

Die Unterscheidung zwischen dem Was? und dem Wie? wird auf zwei unterschiedliche „Räume" bezogen, die man als „Problemraum" und „Lösungsraum" bezeichnen kann. Die Frage nach dem „Was" wird auf Basis der Informationen des Problemraums beantwortet (Analysemodell) und die Frage nach dem „Wie" innerhalb des Lösungsraums (Designmodell bzw. Entwurfsmodell).

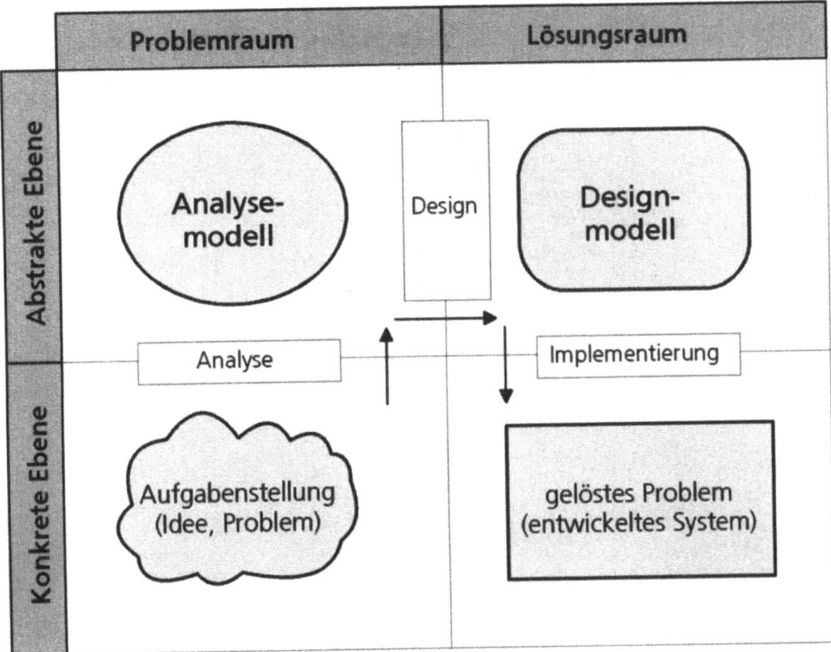

Abb. 86: Von der Aufgabe über die Analyse zum Design und Implementierung

▶Abb. 86 verdeutlicht diesen Sachverhalt in grafischer Form. Aus der Abbildung geht auch die Positionierung der Analyse-Phase und der Design-Phase bzw. Implementierungs-Phase im Problemlösungsprozess hervor.

Ausgangslage für das Verständnis eines Problems ist die Analyse. Wenn empirisch vorgegangen werden soll, muss auch die Ist-Situation entsprechend gewürdigt und im Rahmen des Analysemodells auch ein Modell der Ist-Situation erstellt werden. Die Differenzierung zwischen Problem- und Lösungsraum ist also vor allem dann sehr wichtig, wenn ein empirisches Vorgehen verlangt wird. In jedem Fall stellt das Analysemodell ein fachliches Modell der Aufgabenstellung dar und enthält den betriebswirtschaftlichen Leistungsumfang des zukünftigen Informationssystems.

In der Design-Phase wird das abstrakte Analysemodell (Fachkonzept) aus dem Problemraum in ein konkreteres Designmodell (IV-Konzept) in den Lösungsraum überführt. Es entsteht dabei ein relativ detailliertes Modell einer implementierbaren Lösung. Während das Analysemodell noch konzeptioneller Natur ist (also lösungsneutral), ist das Designmodell lösungsorientiert. Es ist Basis für weitere Formalisierungen der Entwickler sowie Ausgangspunkt für die Implementierung.

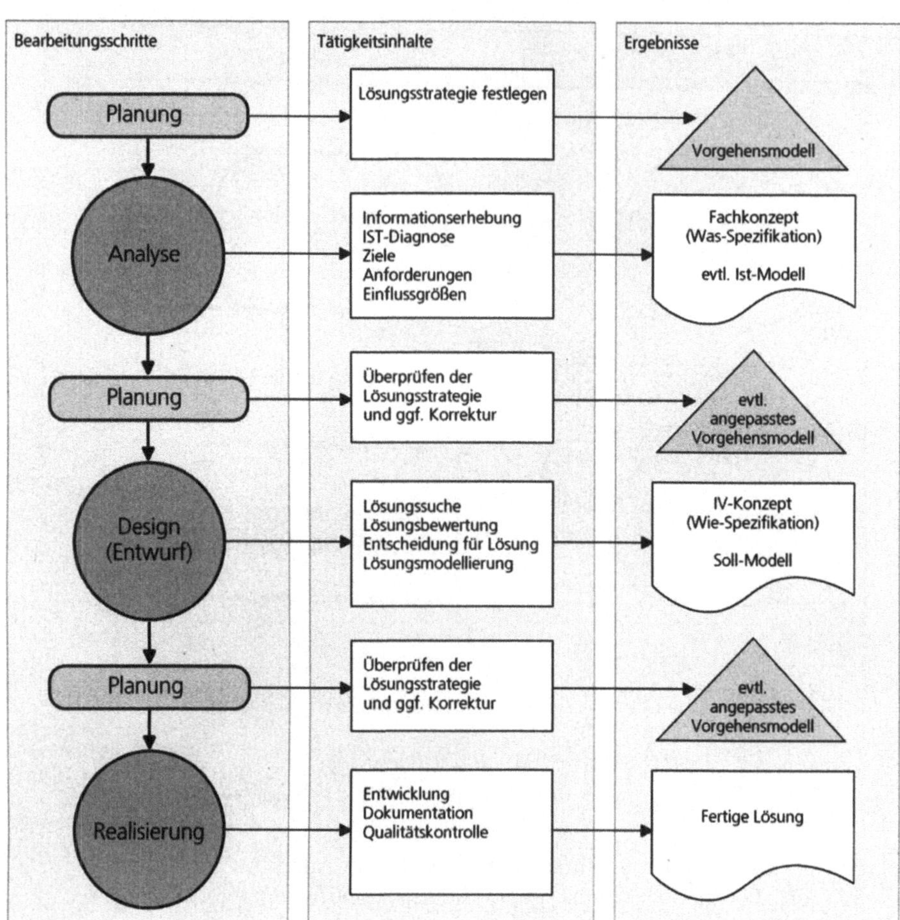

Abb. 87: Einordnung von „Was?" und „Wie?" bei der Software-Entwicklung

3.2.1 Unterscheidung zwischen Zielen und Lösungen

Die Differenzierung zwischen dem „Was?" und dem „Wie?" steht in engem Zusammenhang mit der ebenfalls sehr wichtigen Unterscheidung zwischen der Zielsuche und der Lösungssuche. Methodisch sinnvoll vorzugehen bedeutet, sich vor der Lösungssuche detailliert über die Ziele, die man mit der Lösung erreichen will, klar zu werden. Das Problem hierbei ist, dass bei der konkreten Formulierung von Zielen diese oft mit Lösungen verwechselt werden. Zwei einfache und allgemein verständliche Beispiele sollen dies verdeutlichen:

Beispiel 1: Wenn ein Tankstellenbesitzer sich vornimmt, das mit einem Automaten die Kundenbedienung an Sonn- und Feiertagen gesichert werden soll, so ist dies bereits eine Lösung, d. h. eine Antwort auf die „Wie-Frage". Das dahinter stehende Ziel wäre, das der Tankstellenservice für Kunden immer verfügbar sein soll.

Beispiel 2: Mit der Aussage, dass man eine Applikation mit einer hohen Fehlertoleranz möchte, spezifiziert man bereits ein Merkmal der zukünftigen Lösung. Also eine Antwort auf die Frage „Wie soll etwas erreicht werden?" Das Ziel will man also mit einer fehlertoleranten Applikation erreichen. Wenn man sich nun die Frage stellt „Warum möchte man eine hohe Fehlertoleranz?", findet man in der Regel zu der ursprünglichen Absicht – zum eigentlichen Ziel. Das hinter dieser Lösung stehende Ziel lautet in diesem Fall: „Wir möchten eine sehr gute Benutzerakzeptanz" (Was soll erreicht werden?). Dieses Ziel ist nun lösungsneutral, und aufgrund dieser Lösungsunabhängigkeit gibt es nun mehrere Möglichkeiten, wie dieses Ziel erreicht werden kann. Eine Applikation mit einer hohen Fehlertoleranz ist eine von mehreren möglichen Varianten. Eine andere Möglichkeit wäre eine kontext-sensitive Hilfefunktion.

Die Differenzierung zwischen Zielen und Lösungen ist wichtig, weil in der Zielstruktur versteckte „Lösungen" den Spielraum für Lösungsvarianten künstlich einschränken. Hat man für ein Vorhaben eine Zielstruktur definiert, so sollte man untersuchen, ob sich Lösungen darunter befinden und diese gegebenenfalls durch die dahinter stehenden Ziele ersetzen. Dadurch wird der Blick auf alternative Lösungen möglich.

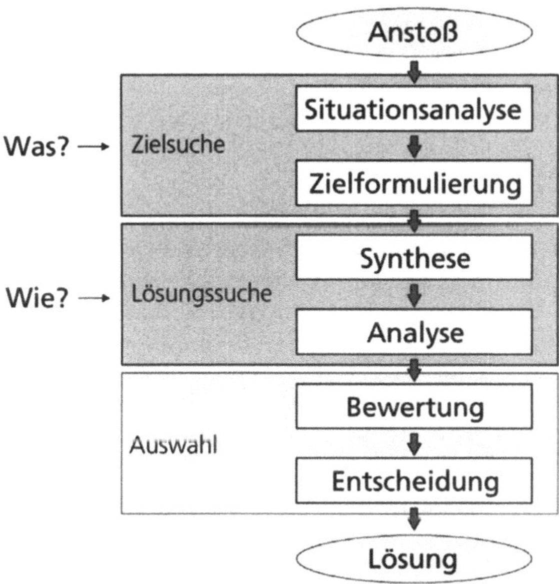

Abb. 88: Einordnung der Ziel- und Lösungssuche in einem Problemlösungsprozess

Die Einordnung der Zielsuche und der Lösungssuche in den zeitlichen Ablauf eines typischen Problemlösungsprozesses zeigt ▶Abb. 88. Nach dem Anstoß eines Vorhabens beginnt unmittelbar die Phase der Zielsuche, die sich aus mehreren Teilschritten zusammensetzen kann (Anmerkung: Da es sich hier um einen Problemlösungszyklus und nicht um ein projektmäßiges Vorgehensmodell handelt, ist die Anforderungsanalyse nicht aufgeführt). Nachdem die Ziele abschließend formuliert sind, geht man in die Phase der Lösungssuche über, die ebenfalls aus mehreren Teilschritten besteht. Im Rahmen der Lösungssuche werden verschiedene Lösungsvarianten konzipiert (Synthese). Die erarbeiteten Lösungsvarianten werden dann untereinander und auch mit den spezifizierten Zielen verglichen (Analyse). Die jeweiligen Teilschritte sind in diesem Zusammenhang nicht von Bedeutung; sie werden detailliert in den noch folgenden Kapiteln behandelt.

Im Folgenden werden wir die möglichen Inhalte einer Was-Beschreibung in jeweils einzelnen Kapiteln erklären. Die Reihenfolge, mit der im Folgenden die möglichen Bestandteile einer Was-Spezifikation erläutert werden, bezieht sich nicht auf eine tatsächliche Bearbeitungsreihenfolge in der Praxis. Da diese Komponenten stark miteinander vernetzt sind, werden sie in Wirklichkeit nicht sequentiell ausgeführt. Man beginnt zwar meistens mit groben Zielformulierungen, dann ergeben sich aber sehr schnell Überschneidungen und Wechselwirkungen, so dass die einzelnen Aspekte parallel verfeinert werden.

3.2.2 Mögliche Komponenten der Was-Spezifikation

Es stellt sich nun die Frage, welche Möglichkeiten es gibt, um das „Was" genauer zu umschreiben. Bei der Frage nach dem „Was?" kann man zwischen drei wesentlichen Aspekten differenzieren:

- Ziele

- Anforderungen

- Einflussgrößen

Die Ausarbeitung und Konkretisierung dieser drei Sachverhalte sollte bei jedem größeren Vorhaben erfolgen. Weitere mögliche Inhalte einer Was-Spezifikation sind die so genannten „kritischen Erfolgsfaktoren" und dem entgegengesetzt die Stolpersteine. Eine spezielle Ausprägung der Was-Spezifikation ist die „Include-Exclude-Liste". Bei dieser Liste werden meist in tabellarischer Form, die **Lösungsbestandteile** (in scope) den **Lösungsausschlüssen** (out of scope) gegenübergestellt. Zu guter Letzt können in einer Offenen-Punkte-Liste alle noch unbestimmten Faktoren festgehalten werden.

Bevor wir auf diese und weitere Elemente der Was-Spezifikation im Einzelnen eingehen, muss erwähnt werden, dass die Inhalte und der Umfang einer Was-Spezifikation sehr stark von der Vorhabensart abhängig sind. Auch innerhalb einer bestimmten Vorhabensart variiert der Inhalt der Was-Spezifikation je nach Umfang des Vorhabens (klein, mittel, groß) oder zeitlichen Vorgaben (kurzfristig, mittelfristig, langfristig). Es kann also keine pauschale Aussage darüber gemacht werden, welche der möglichen Elemente einer Was-Spezifikation in welchem Umfang bei einem konkreten Vorhaben für eine vollständige

Beschreibung des „Was" notwendig sind. In ▶Abb. 89 werden mögliche Inhalte einer Was-Spezifikation gezeigt.

Abb. 89: Mögliche Inhalte einer Was-Spezifikation

Bei einem kleineren Projekt, das ohne Software-Entwicklung auskommt (beispielsweise eine Multimedia-Anwendung in Form einer Demo-CD für eine Software), werden in der Regel die Definition von Zielen in allgemeiner und operationalisierter Form, die wesentlichen Anforderungen und die Festlegung von Einflussgrößen ausreichen, während bei einem großen Softwareprojekt der Fokus eindeutig auf den Anforderungen liegt, und diese nach Abschluss der Anforderungsanalyse im Idealfall so spezifiziert sind, dass sie den Einflussgrößen implizit Rechnung tragen.

Auch die zu Beginn des Vorhabens spezifizierten Ziele werden im Rahmen der Anforderungsanalyse so weit konkretisiert, dass sie schlussendlich ebenfalls in den Anforderungen eingearbeitet sind. D. h. die Konkretisierung der Ziele drückt sich in Form von „Anforderungen an die Software" aus.

Komponente	Inhalt
Ziele	Was sind die Ziele, die mit der Aufgabenstellung bzw. mit der Problemlösung erreicht werden sollen?
Anforderungen	Was sind die Anforderungen, die an die Lösung gestellt werden? Welche Merkmale muss die Lösung aufweisen?
Einflussgrössen	Was sind die Rahmenbedingungen, die für die Lösung gelten sollen? Welche Restriktionen gelten für das Vorhaben? Innerhalb welcher Grenzen muss sich die Lösung bewegen? Was soll die Lösung nicht sein? Was will man nicht?

Abb. 90: Die drei elementaren Komponenten der Was-Spezifikation

Es ist also das Urteilsvermögen des „Problemlösers" gefragt, um situationsspezifisch den richtigen „Mix" der Was-Spezifikation zu bestimmen. Die nachfolgenden Ausführungen sollen das notwendige Rüstzeug und Hintergrundwissen vermitteln, um diese Entscheidung fundiert und sachgerecht fällen zu können.

Anhaltspunkte für die Beantwortung der Was-Frage können sich beispielsweise aus der Differenzierung zwischen **Effektivität** und **Effizienz** ergeben.

- Effektiv sein heißt, die richtigen Dinge tun.
- Effizient sein heißt, die Dinge richtig tun.

Darauf aufbauend kann man sich folgende grundsätzliche Fragen stellen: Die erste Frage bezieht sich auf die Effektivität und lautet „Machen wir die richtigen Dinge?" woraus sich die Frage ableitet, „Ist das, was mir machen, notwendig?" Die zweite Frage bezieht sich auf die Effizienz und lautet „Machen wir die Dinge richtig?", woraus sich die Frage ableitet, „Ist die Art und Weise, wie wir es machen, optimal?"

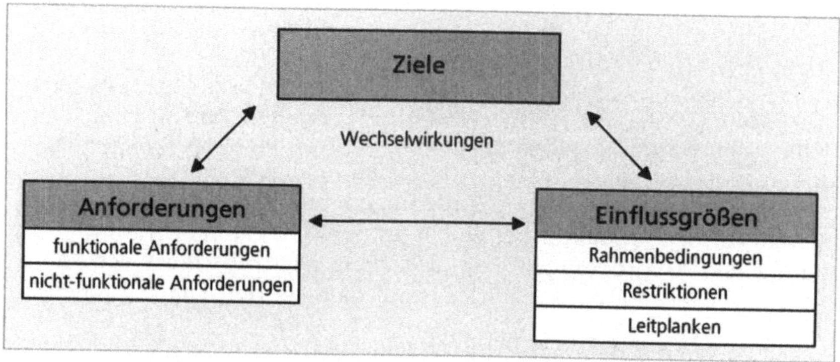

Abb. 91: Wechselwirkungen zwischen den wesentlichen Komponenten des „Was"

Die Komponenten des Was sind nicht unabhängig voneinander, vielmehr entstehen während dem Prozess, in dem sie erarbeitet werden, wichtige gegenseitige Beeinflussungen. Die übliche Bearbeitungsreihenfolge von den Zielen über die Rahmenbedingungen zu den Anforderungen wird deshalb durch ständige Wechselsprünge zwischen diesen drei Aspekten unterbrochen. In ▶Abb. 91 werden die Komponenten des „Was", zwischen denen die stärksten Wechselwirkungen bestehen, gezeigt.

Um unter Einbeziehung des Wissens über die Was-Bestandteile, den Gesamtzusammenhang zwischen dem „Was" und dem „Wie" herzustellen, wird in ▶Abb. 92 das Zusammenspiel zwischen diesen methodischen Basisschritten in einem größeren Kontext gezeigt. Die Was-Frage kann in aller Regel nicht ad-hoc beantwortet werden, sondern ergibt sich aus einer detaillierten Auseinandersetzung mit der Ist-Situation (Ist-Analyse). Im Rahmen dieser Ist-Analyse werden Ziele definiert bzw. vorab aufgestellte Ziele gegebenenfalls konkretisiert. Sie geben Schwerpunkte vor und zeigen auf, aus welcher Motivation heraus die Anforderungen zu erheben sind.

Nach der Zielformulierung findet der wichtigste Schritt einer Ist-Analyse statt: die Erhebung und Analyse der Anforderungen. Bei der Anforderungsspezifikation müssen wiederum die Einflussgrößen, die in Form von Rahmenbedingungen, Restriktionen und Leitplanen vorliegen, beachtet werden.

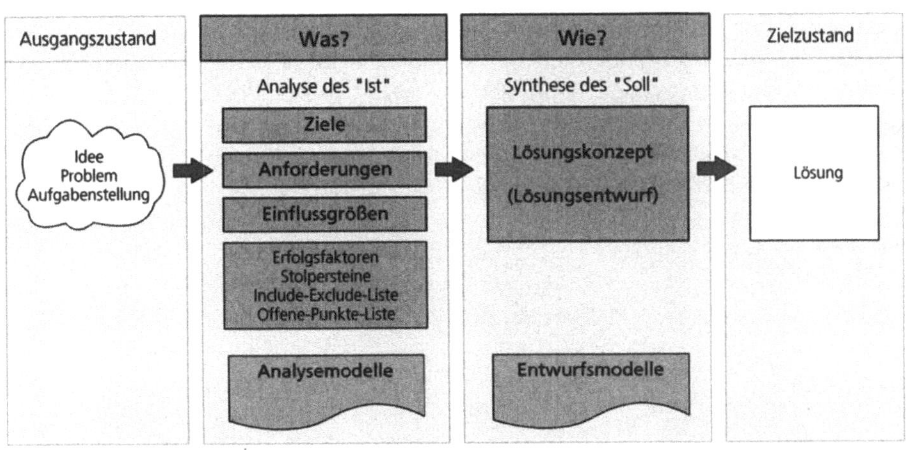

Abb. 92: Das Zusammenspiel zwischen dem „Was?" und dem „Wie?"

Die Beantwortung der Wie-Frage, d. h. die Suche nach einer geeigneten Lösung, basiert auf den festgelegten Zielen, den spezifizierten Anforderungen und den Einflussgrößen und bildet die Basis für die nachfolgende Umsetzung der Lösung.

3.2.3 Strukturfortschreibung und Strukturinnovation

Wir haben nun verschiedene Möglichkeiten kennen gelernt, mit denen wir das „Was" spezifizieren können. Macht man von diesen Möglichkeiten Gebrauch und analysiert den Problembereich entsprechend, so entsteht als Ergebnis dieser Tätigkeit eine genaue Spezifikation, die die Basis für den Entwurf (Wie) darstellt. Wenn diese Spezifikation im Rahmen einer Software-Entwicklung erarbeitet wurde, so wird sie im Wesentlichen aus Anforderungen bestehen, und man kann sie deshalb auch als „Anforderungsspezifikation" bezeichnen. In anderen Fallen kann man die neutrale Bezeichnung „Was-Spezifikation" oder nur „Spezifikation" verwenden. Man könnte sich nun fragen „Warum überhaupt Zeit für die Spezifikation des „Was" investieren und nicht gleich mit dem „Wie" beginnen?" und daran angelehnt die Folgefrage stellen, „Gibt es eine Alternative und wenn ja, ist diese Alternative zweckmäßig?"

In der Tat gibt es eine Alternative. Man kann auf die Spezifikation des „Was" verzichten und sich direkt mit dem „Wie" auseinandersetzen. Dieses Verfahren hat allerdings gewisse Nachteile, die sich mit der Unterscheidung zwischen Strukturfortschreibung und Strukturinnovation beschreiben lassen.

Geht man nicht den Umweg über eine lösungsneutrale Was-Spezifikation, so orientiert man sich bei der Gestaltung der Lösung zwangsläufig sehr stark am Problembereich, denn eine andere Orientierung hat man ja nicht. Demzufolge wird unbewusst der strukturelle Aufbau der Ist-Situation als Basis einer etwaigen Problemlösung herangezogen. Diese automatische Strukturextrapolation ist eine alte, ökonomische und tief eingefahrene Methode, Probleme in Lösungen zu überführen. Es ist zwar eine relativ sichere Vorgehensweise, die auch schnell und ganzheitlich umgesetzt werden kann. Aber sie führt in der Regel nicht zu „wirklich" neuen und innovativen Lösungen. Letztendlich stellt sie nur eine Modifikation des Vorhandenen dar – eben eine Fortschreibung des Ist-Zustands, die man auch als „Strukturfortschreibung" bezeichnet.

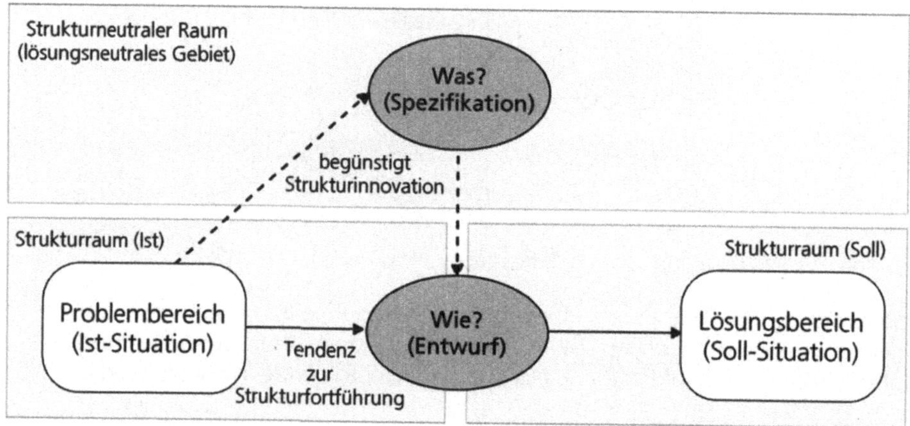

Abb. 93: Wege für die Strukturfortführung und die Strukturinnovation

Ein wichtiger Grund für das Aufstellen von Zielen, Anforderungen, Einflussgrößen und weiterer möglicher Spezifikationsinhalte ist, dass man dadurch ein Gerüst für die Lösung bekommt, das entkoppelt ist sowohl von der Struktur des derzeitigen „Ist" als auch von einer möglichen Struktur des zukünftigen „Soll". Weil die Inhalte der Was-Spezifikation lösungsneutral formuliert sind (sein sollten), sind sie zwangsläufig auch strukturneutral. Sie geben im Idealfall keine bestimmte Struktur des neuen Systems vor. In der Praxis bedeutet dies, dass die Spezifikation einer Lösung (Was) keinerlei Festlegungen in Bezug auf den Entwurf (Wie) enthält. Und genau darin liegt auch das Potential einer Was-Spezifikation. Durch die Analyse von den spezifizierten Zielen, Bedingungen und Anforderungen, kommt man auf ganz andere Möglichkeiten, mit einem bestimmten Problem fertig zu werden, als durch die pure Strukturfortschreibung des Ist-Systems.

Man muss allerdings auch Hinterfragen, ob es in der Praxis tatsächlich in jedem Fall möglich ist, sich bei der Was-Spezifikation vollständig von der Struktur des Problems bzw. des Zielzustandes zu lösen; und zwar aus dem Grund, weil auch die Spezifikationsinhalte des „Was" in irgendeiner Form sinnvoll strukturiert werden müssen, damit die Übersichtlichkeit und die Erfassbarkeit gewährleistet ist. So müssen zum Beispiel bei mittleren und großen Projekten die Anforderungen nach einem sinnvollen Schema geordnet werden. Um ein geeignetes Ordnungsschema zu erhalten, muss die Lösung in bestimmte Teilbereiche gegliedert werden. Dabei stehen oft funktionale Gesichtspunkte im Vordergrund, aus denen sich dann auch Anhaltspunkte für den strukturellen Aufbau ergeben.

Bei kleinen Systemen ist es sicherlich ohne Problem möglich, die Spezifikation des „Was" ohne inhaltliche Strukturierung aufzubauen und sich damit von jeglichen strukturellen Abhängigkeiten loszulösen. Bei mittleren oder größeren Vorhaben ist eine Dekomposition (Zerlegung) der absehbaren Architektur oftmals notwendig oder zumindest sinnvoll, um die Spezifikation zu strukturieren und zu organisieren. In einigen Fällen ist das Architekturmodell der Ausgangspunkt für die Spezifikation der verschiedenen Teile des Systems.

Wenn also auch in der Praxis nicht in jedem Fall eine 100%ige Entkoppelung von der Struktur des Problem- oder Lösungsbereichs möglich ist, so erreicht man durch die Was-Spezifikation dennoch eine nicht zu unterschätzende strukturelle Unabhängigkeit. Dadurch wird der Lösungsspielraum erweitert und der kreative Umgang mit der Problemsituation gefördert, was in aller Regel zu moderneren und innovativeren Lösungsansätzen führt – eben zur Strukturinnovation.

3.3 Die Was-Spezifikation (Fachkonzept)

Essenzielle Inhalte der Was-Spezifikation bei informationstechnologischen Vorhaben sind die Ziele, die Anforderungen und die Einflussgrößen. Diese Aspekte werden deshalb in den folgenden Unterkapiteln ausführlich besprochen.

Im Zusammenhang mit der Ausarbeitung von Zielen und Anforderungen bei informationstechnologischen Vorhaben wird oft auf den von Boehm in seinem Buch „Software Engineering Economics" aufgestellten Vergleich über die Kosten der Behebung von Konzeptfehlern in Analyse, Design und Implementierung hingewiesen. Boehm hat in diesem Kostenvergleich das Verhältnis 1:10:100 für die relativen Fehlerbehebungskosten in Analyse, Design und Implementierung definiert. Es scheint aus heutiger Sicht zwar nicht mehr unbedingt sinnvoll, diesen proportionalen Kostenverlauf in Zahlen auszudrücken, denn durch die objektorientierte Programmierung und auch dem damit einhergehenden stärkeren modularen Programmaufbau kann der progressive Verlauf abgeschwächt werden. Entsprechend diesem proportionalen Aufwandsverhältnis für die Fehlerbereinigung darf die Bedeutung der Was-Spezifikation nicht unterschätzt werden.

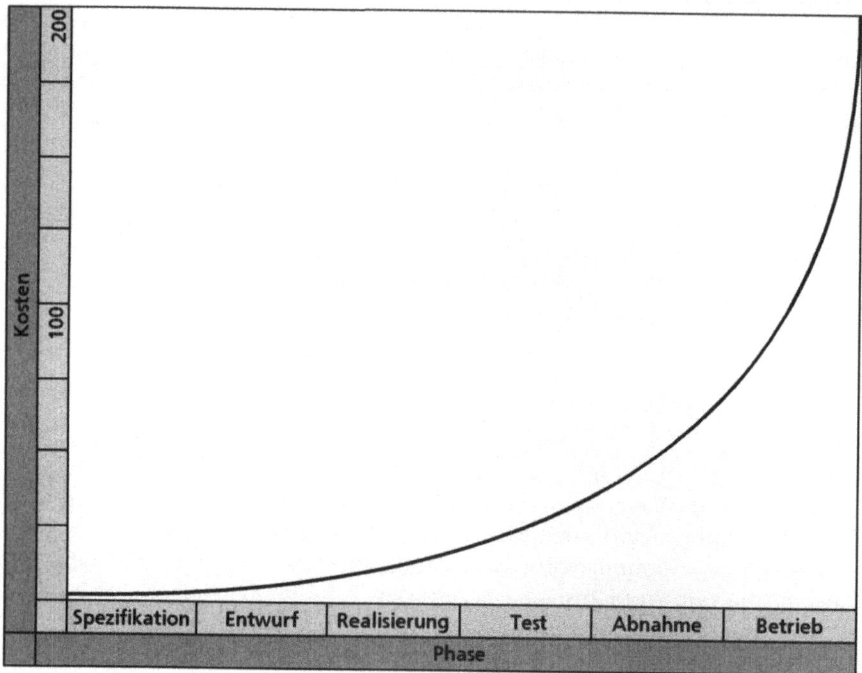

Abb. 94: Relative Fehlerbehebungskosten (in Anlehnung an [Boehm 1981])

3.3.1 Die Ziele

Bei komplizierten Problemsituationen ist es essenziell, dass man sich zunächst einmal Klarheit über das Ziel verschafft, welches angestrebt wird. Denn gerade bei komplexen Ausgangslagen ist im Vorfeld oft nicht eindeutig klar, was genau erreicht werden soll bzw. es wurden unkonkrete Handlungsvorgaben erteilt. Einer der wesentlichen Fehler beim Umgang mit komplexen, systemischen Problemen ist das „ziellose Handeln". Dörner schreibt diesbezüglich in seinem Buch „Die Logik des Mißlingens": Die schlechten Versuchspersonen hatten die Tendenz, nicht bei einem Thema zu bleiben, sondern während der Versuchssitzungen von einem Thema zum nächsten zu springen. Sie vagabundierten also thematisch durch die Beschäftigungsfelder.

Im schlimmsten Fall führt das orientierungslose Vorgehen zu einem starken Abweichen von der ursprünglichen Absicht. Man neigt dann dazu, die Probleme zu lösen, die man lösen kann, anstatt derjenigen, die man lösen sollte. Man unterliegt eher der Versuchung, sich durch neue Informationen vom vorhandenen Problem ablenken zu lassen. Tauchen neue Sachverhalte auf, wendet man sich diesen sofort zu, anstatt am eigentlichen Ziel festzuhalten.

Charakteristisch für ein solches Verhalten sind „gerutschte Übergänge" wie Stäudel sie in seinem Buch „Problemlösen, Kompetenz und Emotionen" nannte. Zum Beispiel:

> Im Rahmen eines Web-Projektes befasst man sich mit der Automatisierung der Lieferung von Inhalten (Daten bzw. Content in nicht-grafischer oder grafischer Form). Dabei stellt man fest, dass ein Content-Typ zwar richtig geliefert wird, aber anders gestaltet sein könnte. Man beginnt dann, die Gestaltung dieses Content-Typs zu ändern. Dabei fällt auf, dass die Content-Bibliothek ungünstig strukturiert ist, und man beginnt die Bibliotheksstruktur zu überarbeiten. Dabei stößt man auf ....".

Das Problemlösen führt also eher zu einem unschlüssigen „Maßnahmenhaufen", als einem stimmigen „Maßnahmenkonzept". Man hebt gewissermaßen den Wagen aus dem einen Straßengraben, um ihn gleich mit Schwung in den gegenüberliegenden hineinzuwerfen.

Abb. 95: Möglichkeiten der Zielherkunft

Je präziser im Vorfeld über die Ziele des Vorhabens gesprochen wird, desto weniger Änderungen werden nachträglich eintreten. Bei der Zielformulierung sollten deshalb möglichst alle relevanten „Stakeholder" beteiligt werden (Stakeholder = die am Projekt beteiligten Personengruppen bzw. die vom Projekt betroffenen Personengruppen). Auf Basis der formulierten Ziele werden im Folgenden die Anforderungen an die Lösung ermittelt und präzisiert.

Ein Ziel ist ein zukünftiger Zustand, der angestrebt wird und dessen Eintritt von bestimmten Handlungen abhängig ist. Ziele sind die eigentlichen, konkreten Randbedingungen, innerhalb derer sich eine mögliche Lösung bewegen muss. Ziele können sich ergeben aus der unmittelbaren Absicht des Projektes bzw. Vorhabens, als Ableitung und Konkretisierung aus den Unternehmenszielen (Unternehmensstrategie) und Informatik-Zielen (Informatik-Strategie), aus einer

Situationsanalyse (Analyse der Ist-Situation) oder aus einer vorhandenen (Soll-) Wunschvorstellung. Dabei muss erwähnt werden, dass der Unternehmensstrategie die höchste Bedeutung beigemessen werden sollte. Sie konkretisiert sich Top-Down über die Fachbereichsstrategien und Informatik-Strategie zu konkreten Unternehmens- und Projektzielen. In ▶Abb. 95 sind die wichtigsten Möglichkeiten der Zielherkunft aufgezeigt.

Ein möglicher Prozess der Zielfindung kann so aussehen, dass man

1. eine Analyse der Ausgangslage durchführt,

2. dann die Probleme der vorhandenen Situation und mögliche Optimierungen und Innovationen herausarbeitet

3. und danach die Zielzustände definiert.

Allerdings hängt das konkrete Vorgehen von dem spezifischen Umfeld des Projekts und von der Projektart ab. In ▶Kapitel „*4 Komplexe Projektabläufe systematisch konzipieren*" wird detaillierter auf den in bestimmten Situationen richtigen Zeitpunkt der Zielformulierung eingegangen.

Ziele lassen sich nach verschiedenen Kriterien klassifizieren. In Anlehnung an die vom Autorenpaar Gernert und Ahrend in ihrem Buch „IT-Management: System statt Chaos" aufgeführte Kategorisierung wird hier in ▶Abb. 96 eine erweiterte Strukturierung präsentiert. Die in der Abbildung aufgeführten Kriterien können für die Zielformulierung beliebig kombiniert werden.

Kriterium	Mögliche Ausprägungen
Reichweite	Strategische Ziele und operative Ziele
Bedeutung	Hauptziele und Nebenziele
Konkretisierung	Globalziele und Teilziele (vergleichbar mit Haupt- und Nebenzielen)
Zeithorizont	Langfristige Ziele und kurzfristige Ziele
Verbindlichkeit	Muß-Ziele und Kann-Ziele
Messbarkeit	Qualitative Ziele und quantitative Ziele
Inhalt	z. B. Unternehmensbereiche, Marketingziele, Vertriebsziele

Abb. 96: Klassifizierung von Zielen

Während das übergeordnete Gesamtziel des Vorhabens in der Regel vorab bekannt ist und deshalb auch ad-hoc formuliert werden kann, trifft dies für die daraus abzuleitenden Detailziele nicht zu. Das Vorgehen ist üblicherweise so, dass zunächst Zielideen in einer freien und unstrukturierten Form aus unterschiedlichen Quellen gesammelt werden. Den Stakeholder, der das Ziel fordert, sollte man bei der Erhebung als Autor festhalten. Der Stakeholder muss später sein Ziel vertreten können, und im Falle von Zielkonflikten muss eine Einigkeit herbeigeführt werden können.

Die unstrukturierten Ziele müssen dann in ein einziges konsistentes Zielsystem überführt werden, dessen Einzelteile gegenseitig unabhängig sind. Dazu wird die Zielsammlung systematisch in verschiedene Zieltypen eingeteilt und in einer Zielhierarchie geordnet.

Abb. 97: Neutralbetrachtete Form einer Zielhierarchie

Die Ziele, die sich auf den verschiedenen Hierarchiestufen befinden, sind unterschiedlich konkretisiert und können eventuell auch eine unterschiedliche Laufzeit aufweisen. Strategische Ziele der Informatik eines Unternehmens sind zum Beispiel projektübergreifend und können eventuell über Jahre gültig sein, während operative Ziele sich konkreter auf ein Projekt beziehen und eine entsprechend kürzere Halbwertszeit haben. Es ist wichtig, die erfolgskritischen Ziele herauszufinden. Dies sind diejenigen Ziele, deren Nichterfüllung für das Vorhaben oder für das zu erstellende System vernichtend wirkt.

Ziele sind lösungsneutral anzugeben, d. h. sie sollten keine Lösung beschreiben und auch nicht zu einem Lösungsvorschlag Bezug nehmen. Ziele sollten nach dem Grad der Verbindlichkeit klassifiziert werden. Man kann diesbezüglich zwischen Muss-Zielen und Kann-Zielen unterscheiden, wobei diese Unterscheidung bei den nachfolgend beschriebenen Anforderungen wesentlich wichtiger ist. Neben der Verbindlichkeit kann auch die Wichtigkeit (Priorität) eines Ziels angegeben werden. Sind beispielsweise zehn Muss-Ziele bestimmt worden, kann es sinnvoll sein, diesen Zielen Prioritäten zu vergeben oder sie zumindest in Prioritätsklassen einzuteilen (z. B. Ziele erster, zweiter und dritter Priorität).

Die Formulierung von konkreten Projektzielen sollte wohl überlegt erfolgen. An gut formulierte Ziele werden die folgenden Anforderungen geknüpft:

Ziele müssen

- lösungsneutral
- widerspruchsfrei
- realistisch bzw. erreichbar
- positiv formuliert
- und messbar sein.

Derart spezifizierte Ziele bezeichnet man auch als „operative Ziele", womit eine Differenzierung zu den strategischen Zielen möglich ist. In ▶Abb. 98 sind strategische und operative Ziele in einer Tabelle gegenübergestellt.

Strategische Ziel	Operative Ziele
Gibt eine Richtung vor bzw. umschreibt eine Vision (richtungsweisendes Ziel).	Ist ein mengenmäßig, wertmäßig und zeitlich definiertes Ziel. Messbarkeit bedeutet, dass das Ziel quantitativ bestimmt ist.
Gilt für mehrere Projekte, ist über einen längeren Zeitraum gültig. Dient als Basis für die Ableitung von Projektzielen.	Kann entweder eine längere Gültigkeit haben oder ein konkretes Projektziel darstellen (und dann nur für dieses bestimmte Projekt gültig sein). Operative Ziele unterstützen strategische Ziele und helfen, diese zu erreichen.
z. B.: Geringere Mitarbeiter-Fluktuation	z. B.: Verringerung der Fluktuationsrate um 10 % in den nächsten zwei Geschäftsjahren. z. B.: Mit dem neuen System soll die Auftragsabwicklung um 20 % beschleunigt werden, innerhalb von drei Monaten nach der Systemeinführung.

Abb. 98: Unterscheidung zwischen strategischen und operativen Zielen

In den Vorprojektphasen werden oftmals Globalziele definiert, die angelehnt sein können an: Kostenreduktionen, Effizienzsteigerungen, qualitative Verbesserungen, menschlich soziale Ziele, abgestimmte Ziele, etc. Im Rahmen der frühen Projektphasen werden dann konkrete, auf das Projekt abgestimmte Ziele definiert, die sich an eventuell festgelegten Globalzielen orientieren. Diese konkreten Projektziele können bei Bedarf hierarchisch in „Hauptziele" und daraus abgeleiteten „Teilzielen" strukturiert werden. Während die Hauptziele noch relativ unkonkret formuliert sein können, ist spätestens bei den Teilzielen eine Operationalisierung durchzuführen. Das heißt, dass diese Ziele so formuliert sein müssen, dass sie messbar sind. Derart formulierte Ziele werden als „operationalisierte Ziele" bezeichnet. Wie man operationalisierte Ziel erreicht, wird im Folgenden beschrieben.

3.3.2 Operationalisierung und Skalierung von Zielen

Ein operatives Ziel ist ein messbarer Zielzustand (Endzustand), der mit dem Projekt erreicht werden soll. Wenn beispielsweise das Globalziel lautet, dass schnelle und sofortige Auswertungen von Aufträgen anhand verschiedener Kriterien möglich sein sollen, so besteht noch sehr viel Interpretationsspielraum. Wann ist „schnell" schnell genug? Wie viel Bedieneraktionen (Mausklicks) sind maximal als „sofortige Auswertung" anzusehen? Generell kann man sagen, dass die Angabe eines Ziels in Form eines Komparativs (z. B. „benutzerfreundlicher", „schneller") in der Regel darauf hinweist, dass man gar nicht genau weis, was man eigentlich anstrebt.

Je komplexer die Ausgangslage ist, desto klarer sollten jedoch die Ziele formuliert sein. Denn nur wenn konkrete Zielvorgaben vorliegen, hat man Richtlinien und Kriterien in der Hand, mit deren Hilfe die Geeignetheit oder Ungeeignetheit von Maßnahmen und Lösungsalternativen beurteilt werden kann. Aus dem zuvor erwähnten Globalziel lässt sich beispielsweise das folgende operative Teilziel ableiten: Die Auswertung von Aufträgen anhand verschiedener Kriterien soll um 10 % beschleunigt werden, innerhalb von zwei Monaten nach der Systemeinführung.

Hauptziel	Teilziel	operationalisiertes Ziel
Hohe Kundenzufriedenheit	Aktuelle und korrekte Kundendaten in der Datenbank	Die Beschwerden wegen unkorrekten oder unvollständigen Kundendaten müssen innerhalb eines Jahres um 50% zurückgehen.
Schnelle Managementinformationen	Schnelle und sofortige Auswertung von Aufträgen	Innerhalb von acht Wochen sollen alle Endkundenaufträge so verarbeitet werden, dass eine Auswertung innerhalb von 15 Minuten möglich ist.

Abb. 99: Beispiele für die Operationalisierung von Zielen

Grundsätzlich sollte jedes Ziel auf der untersten Stufe der Zielhierarchie messbar sein. Dies gilt auch für schwer definierbare Ziele. Diese müssen gegebenenfalls in Bundel einfacherer Ziele zerlegt werden, die paarweise unabhängig sind, solange bis nur noch einfachere skalierbare Ziele vorliegen. Unter einem „einfachen Ziel" versteht man ein Ziel, für das es eine Skala und ein Messverfahren gibt. Qualitätsausprägungen zu messen ist nur möglich, wenn eine Skala vorliegt.

Anhand des Beispiels „Durchlaufzeit für einen Vorgang in der Schadensabteilung einer Versicherung" soll die Bildung einer Skala erläutert werden. Messwert ist in diesem Fall die Zeit zwischen Posteingang und Postausgang. Es wird nun eine Skala erstellt, in der markante Skalenpunkte eingetragen werden können. Es gibt Mindestwerte, die in jedem Fall erreicht werden müssen. Hierzu gehört auf jeden Fall die derzeitige Ausprägung des Merkmals (Werte der Ist-Situation), bekannt gewordene Konkurrenz-Messwerte. Weitere Anhaltspunkte für Werte stellen die Ergebnisse von Tagungen dar oder neue Studien, die in etwa den Stand der Technik beschreiben. Schließlich gibt es Werte, die die Anwender oder die Geschäftsleitung fordern. Ein weiterer Wert ist der absolute Minimalwert, der unter keinen Umständen unterschritten werden darf.

Dann sollte man einen Planwert definieren für den Zeitpunkt unmittelbar nach der Einführung. Man sollte auch bedenken, dass die besseren Werte erst nach einiger Zeit des praktischen Einsatzes durch Optimierungsaktivitäten zustande kommen, die innerhalb der Entwicklung noch nicht durchgeführt werden können. Zu ergänzen sind demnach gestaffelte Zielwerte, für die Phase nach der Einführung, im Sinne von „Einführung + 1 Monat" und „Einführung + 3 Monate". Zwecks Übersichtlichkeit ist es empfehlenswert, die Skala in drei Bereiche aufzuteilen: ungenügend, akzeptabel und gut.

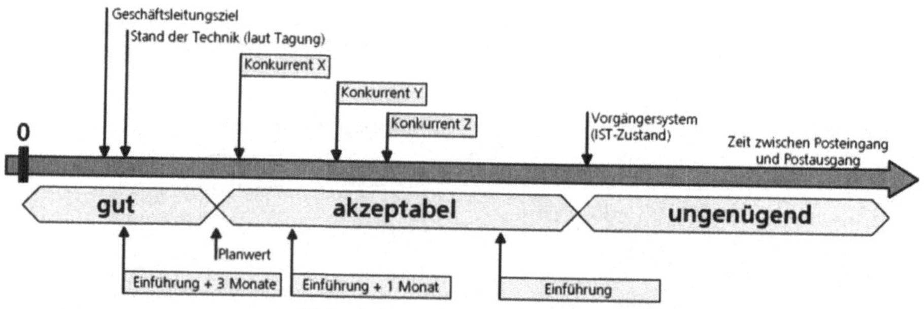

Abb. 100: Beispiel für Zielskala

Mit den operativen Zielen befinden wir uns bereits an der Schwelle zur Anforderung und sind gleichzeitig auf ein schwieriges Abgrenzungsproblem gestoßen. Bei den Zielen besteht nämlich die Gefahr, dass sie mit zunehmender Konkretisierung zu Anforderungen werden. Dies bereitet jedoch in der Theorie weit mehr Probleme als in der Praxis. Dennoch gibt es einen deutlichen Unterschied zwischen einem Ziel und einer Anforderung, auf den wir später noch eingehen werden.

3.3.3 Die Anforderungen

Eine Anforderung ist eine Aussage über eine zu erfüllende Eigenschaft oder eine zu erbringende Leistung eines Systems. Anforderungen legen also Eigenschaften und Qualitätsmerkmale des zukünftigen Systems fest. In der Regel werden Sie durch eine „Anforderungsanalyse" erhoben und in einer „Anforderungsspezifikation" festgehalten. Eine Anforderungsspezifikation ist ein Dokument, dass eine vollständige Beschreibung dessen enthält, „was" ein Softwaresystem tun bzw. leisten soll, aber nicht erklärt, „wie" es das tun soll. Wie auch die Ziele, sollten Anforderungen lösungsneutral formuliert sein. Anforderungen sollen nur definieren, was das System erreichen oder beinhalten muss. Wie dies dann realisiert wird, wird in der Designphase festgelegt.

Anforderungen können nicht nur an das zu erstellende Produkt gestellt werden, sondern auch an das Projektvorgehen, an die Dokumentation oder weitere Komponenten, die im Rahmen des Projektes relevant sind. Anforderungen sind somit der wichtigste Teil der „Wegbeschreibung", die zur Zielerreichung führt.

In ▶Abb. 101 sind Ziele und Anforderungen gegenübergestellt, um deren Unterschiede besser verdeutlichen zu können.

Ziele	Anforderungen
Ziele sind erwünschte Wirkungen. (Welche Zielzustände wollen wir erreichen?)	Anforderungen sind ein Merkmal der Lösung. (Welche Merkmale soll die Lösung aufweisen?)
Ziele sind lösungsneutral.	Anforderungen beschreiben in einer sehr konkreten Form die Merkmale der zukünftigen Lösung.
Allgemeine Zielformulierung: „schnelle und sofortige Auswertung von Aufträgen anhand verschiedener Kriterien". Operationalisierte (messbare) Zielformulierung: „Die Auswertung von Aufträgen anhand verschiedener Kriterien soll um 10% beschleunigt werden."	Z. B.: „Verwendung einer gegliederten und standardisierten Dokumentstruktur mit intelligenten Feldfunktionen".

Abb. 101: Unterschiede zwischen Zielen und Anforderungen

Anforderungen können entweder aus den Zielen abgeleitet werden oder durch Benutzerbefragungen erhoben werden. Bei einem Ziel-orientierten Vorgehen, bei dem nicht auf eine konkrete Ist-Situation Bezug genommen wird, ist die Ableitung der Anforderungen aus den Zielen ein wichtiger Bearbeitungsschritt. Steht jedoch die Verbesserung eines Ist-Zustandes an, so ergeben sich die Anforderungen hauptsächlich aus einer Anforderungsanalyse, die mit den bisherigen Anwendern durchgeführt wird. Die Ziele bilden in diesem Fall jedoch ein Fundament, das bei der Erhebung von Anforderungen zu berücksichtigen ist. Es muss also sichergestellt werden, dass die aus der Anforderungsanalyse hervorgehenden Anforderungen konform zu den vorab definierten Zielen sind.

Um das Verständnis für den Gesamtzusammenhang zu fördern, wird in ▶Abb. 102 das Zusammenwirken von Zielen und Anforderungen in einem größeren Kontext gezeigt. Daraus ist nicht nur die zeitliche Einordnung dieser Teilaktivitäten sichtbar, sondern auch die pro Aktivität verwendeten Hilfsmittel und die von der Aktivität generierten Ergebnisse bzw. Dokumente. Sowohl die Ziele als auch die Anforderungen werden in entsprechenden Dokumenten – in der Regel in Textform (Prosa) – erfasst und verwaltet.

Wichtige Hilfsmittel für die Anforderungsanalyse sind grafische Darstellungen die einen hohen Abstraktionsgrad aufweisen und mit natürlichem Text kombiniert sind. Beispielsweise

- Bubble Chart (Gesamtüberblick „Ist" und „Soll")

- Ereignisgesteuerte Prozessketten (Prozessbezogene Anforderungen)

- Anwendungsfalldiagramme (Funktionsbezogene Anforderungen)

Die nachfolgenden Kapitel zum Thema „Darstellungstechnik" gehen detailliert auf diese Techniken ein.

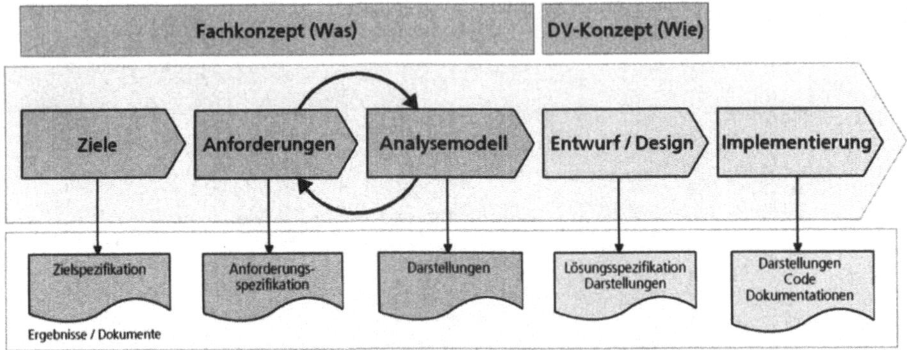

Abb. 102: Ziele und Anforderungen werden in ein Analysemodell überführt

Zwischen den Anforderungen und dem Analysemodell ist ein Wirkungskreis eingezeichnet, denn diese beiden Aktivitäten finden gleichzeitig statt und stehen in einem iterativen Wechselspiel. Ein Großteil der Anforderungen ist nicht a priori bekannt, sondern wird während dem Erstellen der Analyse-Darstellungen und der Diskussion mit den Anwendern über diese Darstellungen zu Tage gefördert. Die textliche Anforderungsspezifikation kann dadurch fortlaufend angepasst werden. Das Ergebnis ist schlussendlich ein Fachkonzept, dass sowohl die textliche Beschreibung der Anforderungen (Anforderungsspezifikation) als auch alle Darstellungen (Analysemodelle) enthält.

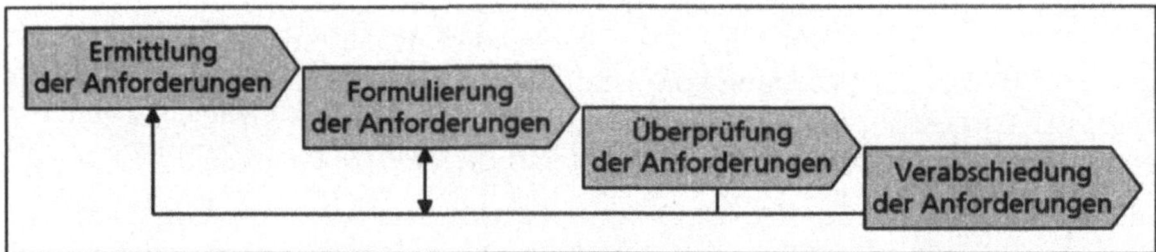

Abb. 103: Vorgehen der Anforderungsanalyse (Requirement Engineering)

Die Anforderungsanalyse ist ein Prozess, der in vier grundsätzlichen Stufen abläuft, zwischen denen sich aber immer wieder Wechselwirkungen und Rücksprünge ergeben. ▶Abb. 103 zeigt die Vorgehensschritte der Anforderungsanalyse. Die im Rahmen der Anforderungsanalyse spezifizierten Anforderungen bilden die Basis für die Analysemodellierung und den Entwurf, aus dem die Details der Implementierung abgeleitet werden.

Die Anforderungen schlagen sich also bis zum Endergebnis durch. Demzufolge sollten sie einer sehr strengen Qualitätskontrolle unterzogen werden. Anhaltspunkte können die in ▶Abb. 104 aufgeführten Qualitätskriterien geben. Es empfiehlt sich, jede Anforderung gegen jedes Kriterium zu prüfen.

Kriterium	Beschreibung
Lösungsneutral	Anforderungen dürfen keine impliziten Hinweise auf mögliche Lösungen enthalten. Alle Inhalte müssen lösungsneutral formuliert sein.
Korrekt	Insbesondere die funktionalen Anforderungen müssen fachlich korrekt widergegeben werden. Potentielle Fehlerquellen entstehen durch einzelne Funktionen, die zwar in sich korrekt spezifiziert sind, aber zu ungültigen oder unbrauchbaren Kombinationen führen.
Widerspruchsfrei	Anforderungen dürfen sich weder direkt noch indirekt widersprechen. Auf Widersprüche muss man besonders zwischen funktionalen und nicht-funktionalen Anforderungen achten. Im Allgemeinen findet man innerhalb der nicht-funktionalen Anforderungen mehr Widersprüche als bei den funktionalen Anforderungen. Die nicht-funktionalen Anforderungen sind deshalb strenger zu prüfen. Gegebenenfalls müssen Prioritäten festgelegt werden, um Widersprüche zu klären.
Eindeutig	Die Anforderungen müssen derart präzise und unmissverständlich spezifiziert sein, dass eine missverständliche oder mehrdeutige Interpretation während des Entwurfs und während der Implementierung ausgeschlossen werden kann.
Testbar	Jede Anforderung muss so spezifiziert sein, dass ihre erfolgreiche und fehlerfreie Implementierung durch einen Test eindeutig nachgewiesen werden kann. Es macht wenig Sinn, Anforderungen zu formulieren, die nicht getestet werden können. Pauschale Wörter wie „flexibel", „schnell" und „sicher" sind im Allgemeinen ein sicheres Zeichen für nicht testbare Anforderungen. In der Regel scheitert die Testbarkeit an der Quantifizierbarkeit von bestimmten Aussagen. Ist es nicht möglich, eine Anforderung quantifiziert auszudrücken, sollte man überlegen, inwiefern man sie als Rahmenbedingung, Restriktion oder Ziel einordnen kann, so dass diese dann durch bestimmte Tests, die das gesamte System bestehen muss, geprüft werden können.
Relevant	Nur die Aspekte, die explizit gefordert wurden, sollten als Anforderungen festgehalten werden. Optionale Anforderungen (Wünsche) sind separat aufzuführen.
Vollständig	Die Anforderungen müssen eine vollständige funktionale und nicht-funktionale Beschreibung des zu entwickelnden Systems darstellen.

Verständlich	Die Anforderungen sind so zu formulieren, dass sie für den zukünftigen Anwender verständlich und nachvollziehbar sind. Dies ist notwendig, da der „Fachbereich" bzw. der Abnehmer die Anforderungen abnimmt. Nur wenn er sie wirklich versteht, ist er dazu in der Lage.
Verfolgbar	Die Anforderungen sollten für die nachfolgenden Bearbeitungsschritte referenzierbar sein. Vom Entwurf sollte die Rückverfolgung zu den jeweiligen Anforderungen möglich sein, um überprüfen zu können, ob alle Anforderungen umgesetzt wurden.
Realistisch	Die Anforderungen müssen sich mit den derzeit verfügbaren technischen Mitteln und Werkzeugen verwirklichen lassen und mit dem heute verfübaren Know-How umsetzbar sein.
Konsistent	Ausdrücke müssen im ganzen Dokument eine einheitliche Bedeutung haben. Insbesondere der Sprachgebrauch des Fachbereichs muss konsistent angewendet werden, um Fehlinterpretationen zu vermeiden.

Abb. 104: Qualitätskriterien für Anforderungen

3.3.4 Funktionale und nicht-funktionale Anforderungen

Bei den Anforderungen unterscheidet man zwei übergeordnete Kategorien – die „funktionalen Anforderungen" und die „nicht-funktionalen Anforderungen". Die nicht-funktionalen Anforderungen können wiederum in die zwei Hauptkategorien „Anforderungen an den Entwicklungsprozess" und „Anforderungen an das Produkt" unterteilt werden. In ▶ Abb. 105 ist diese Einteilung grafisch dargestellt.

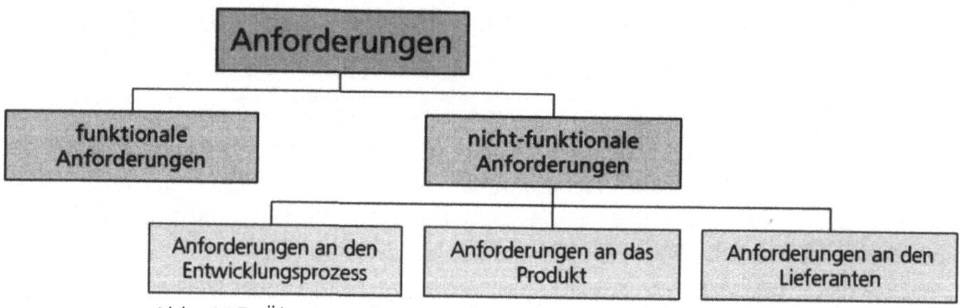

Abb. 105: Übergeordnete Strukturierung von Anforderungen

Funktionale Anforderungen entstehen aus einer fachlichen Motivation. Sie beziehen sich auf die Funktionalität des Systems und somit auf den konkreten Anwendungsbereich einer geplanten Lösung. Sie beschreiben konkrete Aktionen, die von einem System ausgeführt werden sollen bzw. die das System dem Anwender zur Verfügung stellen soll.

Bei einem Verkaufssystem sind dies beispielsweise:

- Funktionen zur Angebotsabwicklung (Bearbeiten von Anfragen, Erstellen von Angeboten),

- Funktionen für die Kundendaten (Verwaltung von Rechnungs- und Lieferanschrift, Zugriff über Matchcode),

- Funktionen für den Artikelstamm (Pflege von Preislisten, kundenbezogene Rabatte, gebietsbezogene Sonderpreise),

- Funktionen für den Versand (Erstellen von Lieferscheinen, Bilden von Versandeinheiten),

- Funktionen für die Fakturierung (Verwalten von unterschiedlichen Bezahlarten, Überwachung des Zahlungseingangs, Automatische Generierung von Zahlungserinnerungen).

Anforderungen aus Kundensicht („Front-Office")	Anforderugen aus Unternehmenssicht („Back-Office")
- Katalog-Navigation auf Basis von Produktgruppen - Produktsuche nach vorgegebenen Kriterien - Suche nach beliebigen Kriterien - Personifizierter Empfangsbildschirm - Vormerken in Warenkorb - Bestellung der Artikel im Warenkorb - Kundenmeinung abgeben	- Kundenverwaltung - Bestellungsverwaltung mit Teillieferungen - Rechnungsverwaltung mit Ratenzahlungen - Lieferantenverwaltung - Bonussystem mit volumenabhängigen Rabatten - Stornierung von Bestellungen/Teilbestellungen

Abb. 106: Mögliche Gliederung von funktionalen Anforderungen

Die erhobenen Anforderungen werden in einem Dokument – der so genannten **„Anforderungsspezifikation"** – festgehalten. Da dieses Dokument in der Regel sehr umfangreich sein wird, müssen die Anforderungen in irgendeiner Weise strukturiert werden. Es gibt zahlreiche Meinungen und Vorschläge, nach welchen Merkmalen die Gliederung der funktionalen Anforderungen zu erfolgen hat. Man kann sich nach der logischen Struktur des zu erstellenden Systems orientieren oder strukturneutrale Kriterien heranziehen.

Die erste Variante hat den Nachteil, dass sie eventuell gewisse Entwurfsentscheidungen vorwegnimmt. Verwendet man im späteren Entwurf eine andere Struktur, so müssen eventuell auch die Anforderungen umgruppiert werden. Verwendet man die Struktur des Systems als Maßstab, so können beispielsweise bei objektorientierten Entwicklungen die Anforderungen nach Objektklassen sortiert werden. Wenn die Klassen stabil bleiben, kann man beim Erstellen des Objektmodells auf einfache Weise prüfen, ob alle Anforderungen in dem Modell umgesetzt wurden.

125

Will man die Anforderungen strukturneutral gliedern, so kann man beispielsweise das Kriterium „Kritikalität" zur Differenzierung heranziehen. Die erfolgskritischen Anforderungen werden dadurch betont und ihre Umsetzung im Designmodell kann leicht geprüft werden.

Eine weitere mögliche Strukturierung ist die Einteilung der Anforderungen nach Funktionen, mit denen der Kunde agiert (Anforderungen aus Kundensicht) und Funktionen mit denen die Mitarbeiter des Unternehmens agieren (Anforderungen aus unternehmensinterner Sicht). Dieses Strukturierungsschema lässt sich beliebig ergänzen, beispielsweise durch eine weitere Gruppe „Anforderungen an unterstützende Software-Tools".

In der Tabelle in ▶Abb. 106 werden für eine E-Commerce Anwendung Beispiele für die entsprechenden Kategorien von funktionalen Anforderungen gegeben. Die Anforderungen sind in diesem Beispiel aus Platzgründen nur in grober Formulierung wiedergegeben.

funktionale Anforderungen	nicht-funktionale Anforderungen
Synonym: fachliche Anforderungen	Synonym: qualitative Anforderungen
Was muss das System leisten können?	Wie gut muss das System die Leistung erbringen? Wie muss der Entwicklungsprozess ablaufen?
Betreffen die Funktionalität des Systems: • Funktionen (Ausgabe, Verarbeitung, Eingabe) • Daten (Struktur, Verwendung, Erzeugung, etc.) • Fehler (Fehlerfälle und deren Behandlung)	Betreffen vor allem Qualitätsaspekte wie: • Benutzerfreundlichkeit • Stabilitätsanforderungen (Zuverlässigkeit) • Leistungsanforderungen (Performance) • Sicherheitsanforderungen • Wartungsanforderungen • Portierungsanforderungen • Verteiltheitsanforderungen • Service-Levels • Zugriffsschutzanforderungen
Funktionale Anforderungen ergeben sich beispielsweise aus einer Liste von Einzelfunktionen der verschiedenen Bausteine bzw. Module eines Systems: • Kunden verwalten (erfassen, mutieren, löschen) • Reservationen tätigen • Drucken von Angeboten • Autom. Preisfindung bei Auftragserfassung	Beispiele zur Benutzeroberfläche: Das System soll über folgenden Bedienerkomfort verfügen: • Grafische Benutzeroberfläche • Mausunterstützung • Listengenerator (für individuelle Auswertungen) • Konfigurierbare Symbolleisten • User-Interface-Pre-Sets für Anfänger und Fortgeschrittene

Abb. 107: Unterscheidung funktionale und nicht-funktionaler Anforderungen

Es hat sich in der Praxis gezeigt, dass man vor allem bei umfangreichen Projekten nicht mit nur einer Sicht auf die Anforderungen auskommt. Man benötigt dann Softwarewerkzeuge, welche die Anforderungen verwalten. Für jede Anforderung werden dann mehrere Parameter als Sortierkriterium erfasst (z. B. Kritikalität, Klassenzugehörigkeit, Kunden- oder Unternehmenssicht). Mit Hilfe der Software können dann die Anforderungen nach einem gewählten Sortierkriterium angezeigt werden.

Neben den funktionalen Anforderungen müssen auch die nicht-funktionalen Anforderungen systematisch erhoben werden. Nicht-funktionale Anforderungen sind alle restlichen an das System gestellte Anforderungen. Sie sind unabhängig vom Anwendungsbereich und beziehen sich nur in wenigen Fällen auf konkrete Systemfunktionen. Wenn, dann sind sie entweder administrativer (z. B. Backup) oder bedienungstechnischer (z. B. benutzerfreundliche Bedienung) Natur. Sie fixieren also eher die qualitativen Eigenschaften einer zu entwickelnden Lösung und umfassen zusätzlich auch den Entwicklungsprozess. Die Tabelle in ▶Abb. 107 zeigt die wichtigsten Unterschiede zwischen funktionalen und nicht-funktionalen Anforderungen.

Wie auch bei den Zielen können sowohl bei den funktionalen und den nicht-funktionalen Anforderungen Widersprüche oder zumindest Konflikte auftreten. Beispiele für solche Konflikte bei den nicht-funktionalen Anforderungen können sich aus den Bereichen „Leistungsfähigkeit" und „Wartbarkeit" ergeben. Werden hohe Anforderungen an die Wartbarkeit gestellt, so weis man, dass eine Systemarchitektur mit kleinen, unabhängigen Komponenten, die schnell und ohne Nebenwirkungen geändert werden können, geeignet ist. Werden jedoch gleichzeitig hohe Anforderungen an die Leistungsfähigkeit gestellt, so ist dies nicht ohne weiteres mit der Wartungsfreundlichkeit vereinbar. Leistungsfähigkeit wird begünstigt durch die Verwendung von großen Komponenten, bei denen Optimierungen durch ihre breite Abstützung tief greifende Performance-Verbesserungen ermöglichen.

Bereich	Mögliche Inhalte
Qualitätsanforderungen	Die Qualitätsmerkmale, die das zukünftige System haben soll, sind in absteigender Rangfolge zu beschreiben. Beispiele für Qualitätsaspekte sind: • Korrektheit • Verlässlichkeit • Benutzerfreundlichkeit • Genauigkeit • Sicherheit • Robustheit
Leistungsanforderungen	Die Leistungsanforderungen die entweder für das gesamte System oder für bestimmte Systemteile gelten sollen, sind zu beschreiben. Beispiele für Leistungsaspekte sind: • Antwortzeiten • Datendurchsatz Hierbei ist die Leistung von anderen Systemen, die mit dem aktuellen System zusammenarbeiten (z. B. Datenlieferanten) zu berücksichtigen.
Fehlverhalten	Für das gesamte System soll einheitlich beschrieben werden, auf welche Weise und in welcher Form das System in Ausnahmezuständen reagieren soll. Mögliche Aspekte sind: • Dialoge mit dem Anwender • Logdatei, Fehlerprotokoll • Messages an den Sysop • Ausweichen auf Backup-Systeme • Automatisches Recovery • Daten-Zwischenspeicherung und Restore
Dokumentation	Es ist festzuhalten welche Dokumentation, in welcher Form, in welchem Umfang für welche Zielgruppe zu erstellen ist. Mögliche Dokumentationsempfänger können sein: • Anwender • Betrieb (Rechenzentrum) • Wartung • Fachbereichsleitung • Partner

Abb. 108: Beispiele für nicht-funktionale Anforderungen an das Produkt

Beispiele für nicht-funktionale Anforderungen an das Produkt sind in der Tabelle in ▶Abb. 108 gegeben. Nicht-funktionale Anforderungen, die an den Entwicklungs- bzw. Herstellungsprozess gestellt werden können zum Beispiel sein: Standards und Richtlinien betreffend der einzusetzenden Modellierungsmethoden, Anforderungen an die Projektdokumentation, Bestimmung der zu verwendenden Entwicklungswerkzeuge, Aufbau des Projektteams, Projektdauer, maximale Projektkosten, Angaben bezüglich der Erfassung des Projektfortschritts und der einzuhaltenden Meilensteine, Anforderungen an die Projektmitarbeiter.

Wie auch die funktionalen Anforderungen sollten die nicht-funktionalen Anforderungen strukturiert erfasst werden. Die oberste Gliederungsstufe stellt die Einteilung in „Anforderungen an den Entwicklungsprozess" und „Anforderungen an das Produkt" dar. Bei den darunter liegenden Gliederungen gibt es keine einheitliche und/oder allgemein gültige Struktur. Möglich ist beispielsweise eine Einteilung in „Anforderungen aus Benutzersicht" und „Anforderungen aus Entwicklersicht". ▶Abb. 109 zeigt eine mögliche Strukturierung von nicht-funktionalen Anforderungen.

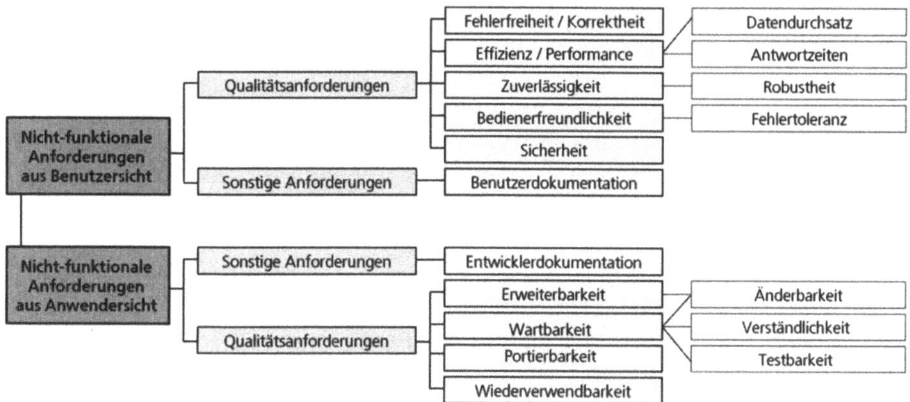

Abb. 109: Mögliche Strukturierung von nicht-funktionalen Anforderungen

Dies war ein kleiner Abstecher in einen Themenkomplex, den man bei sehr umfangreichen und komplexen Informationssystem-Projekten auch als „Requirement Engineering" bezeichnet. Es gibt mehrere Fachbücher, die sich explizit dem Thema der Anforderungsanalyse widmen.

3.3.5 Die Einflussgrößen

Neben den Zielen und Anforderungen können zur Spezifikation des „Was" noch weitere Einflussgrößen definiert werden, die für das Projekt gelten sollen. Dabei kann man im Wesentlichen zwischen drei Größen unterscheiden:

- Rahmenbedingungen

- Restriktionen

- Leitplanken

Diese Einflussgrößen verhindern unter Umständen bestimmte Lösungen oder erzwingen bestimmte Lösungselemente. Sie können weiterhin auch konkrete Abhängigkeiten sichtbar machen.

Rahmenbedingungen	Restriktionen	Leitplanken
Rahmenbedingungen sind Aspekte, die für die Eignung einer Lösung relevant sind.	Restriktionen sind zwingende interne und externe Vorgaben.	Leitplanken schließen explizit bestimmte Lösungen oder Lösungsinhalte aus.
Welche Sachverhalte sind zu beachten?	Was muss eingehalten werden?	Was darf nicht herauskommen?
„Zu beachten ist, …"	„Zwingend einzuhalten ist, …"	„Die Lösung soll nicht …."

Abb. 110: Mögliche Einflussgrößen und ihre Kernfragen

Rahmenbedingungen sind gegebene und unveränderliche Aspekte, die einen erwarteten Einfluss auf die Lösung haben. Rahmenbedingungen kann man nicht selbst beeinflussen. Sie geben Hinweise darauf, ob eine Lösung geeignet sein wird. Wichtige Rahmenbedingungen ergeben sich in der Regel aus dem Wettbewerbsumfeld. So können Leistungen von Mitbewerbern als Vorgaben aufgefasst werden. Wenn ein Mitbewerber zum Beispiel innerhalb von zwei Tagen liefert, kann diese Zwei-Tages-Frist eine Rahmenbedingung für unser Projekt sein.

Weitere typische Rahmenbedingungen sind beispielsweise:

- der Zeitrahmen und finanzielle Spielraum des Vorhabens
- einzuhaltende Meilensteine
- die Betriebssystem-Umgebungen in einem Unternehmen
- präferierte Hardware-Typen
- Kompatibilität mit vorhandenen Programmen
- verfügbares Personal

Zur Strukturierung der Rahmenbedingungen ist es empfehlenswert, diese bestimmten Bereichen zuzuordnen. Mögliche Bereichseinteilungen mit Inhalten werden in ▶Abb. 111 vorgestellt.

Bereich	Mögliche Inhalte
Entwicklungsbezogene Rahmenbedingungen	• Verwendung bestimmter Entwicklungsmethoden • Vorhandene Entwicklungstools • Vorgeschriebene Programmiersprachen
Projektbezogene Rahmenbedinungen	• Firmenspezifische Genehmigungsverfahren • Projektportfolio-Abstimmungen • Entscheidungsbereiche der Leitung (IT-Leitung u. Fach-Leitung)
Firmenbezogene Rahmenbedingungen	• Dokumentstandards und Richtlinien • Wirtschaftlichkeitsvorgaben • Leitbild / Unternehmensstrategie
Personalbezogene Rahmenbedingungen	• Ausbildung der Mitarbeiter (IT und Fachabteilung) • Verfügbarkeit der Mitarbeiter • Leistungswille und Leistungsfähigkeit
Produktbezogene Rahmenbedingungen	• Maximal gewünschte Komplexität • Erforderliche Modularität • Kompatibilität zu anderen Anwendungen

Abb. 111: Mögliche Kategorisierung von Rahmenbedingungen

Restriktionen stellen selbstgesetzte Einschränkungen und Vorgaben dar. Sie zeigen dem Projektleiter ganz klare und nicht beeinflussbare Vorschriften und „Gesetze" auf, die der zwingend beachten muss. Wenn beispielsweise gefordert wird, dass die Realisierung einer Aufgabenstellung ohne zusätzliche Schulung der Mitarbeiter erfolgen muss, so stellt dies eine Restriktion dar. Die Schwierigkeit für den Problemlöser besteht darin, nur die „echten" Restriktionen zu berücksichtigen, da bei konzeptionellen Projekten von den Beteiligten oftmals falsche, eigennützige Restriktionen vorgegeben werden.

Restriktionen kann man in zwei übergeordnete Kategorien einteilen.

Es sind dies:

• interne Restriktionen

• externe Restriktionen

Externe Restriktionen können durch Gesetze, Vorschriften, Auflagen, Vereinbarungen und Standards gegeben sein, die z. B. durch staatliche Stellen, Verbände, Hersteller oder Normierungs-Gremien aufgestellt wurden. Es empfiehlt sich, eine Restriktion so zu formulieren, dass die Einhaltung klar mit „Ja" oder „Nein" beurteilt werden kann. Im Rahmen der Restriktionen solle man sich auch die Frage stellen: „Von welchen Gegebenheiten bzw. Sachverhalten ist man abhangig?" Wenn die Übersicht über alle Abhängigkeiten sehr wichtig ist, kann man diese auch in einer separaten Zusammenstellung aufführen.

Bereich	Mögliche Inhalte
Externe Restriktionen	▪ Vorgaben für Netzwerkprotokolle ▪ Vorgaben von Standardisierungsgremien (z. B. ISO)
Interne Restriktionen (Firmenbezogen)	▪ Vorgeschriebene Verwendung eines Vorgehensmodells ▪ Vorgeschriebene Verwendung eines CASE-Tools ▪ Konkrete Kosten und Zeitvorgaben
Interne Restriktionen (Systembezogen)	▪ Maximale Zeitdauer für die Bearbeitung eines Geschäftsfalls ▪ Vorgeschriebene Kommentierungen im Quellcode ▪ Nutzung vorhandener Hardware oder Middleware

Abb. 112: Mögliche Kategorisierung von Restriktionen

Leitplanken geben dem Problemlöser ebenfalls eine wichtige Orientierung, in dem sie konkrete Grenzen aufzeigen, innerhalb der die Lösung sich bewegen muss. Sie verhindern das Ausbrechen aus einem für sinnvoll erachteten Rahmen. In der Praxis entstehen bei Funktionalitäten, die nahe liegend sind, aber von dem zu realisierenden System nicht abgedeckt werden sollen, sehr oft Unklarheit und fortwährende Abgrenzungsschwierigkeiten. Es hat sich deshalb bewährt, diese Aspekte, sozusagen verbindlich, in einer „Negativliste" festzuhalten.

Tendenziell nehmen Leitplanken stärker Bezug auf den Inhalt (das Produkt) des Projektes als Rahmenbedingungen und Restriktionen. Bildlich gesehen sollen Leitplanken vermeiden, dass man sich auf dem Weg zur Lösung zu weit nach links oder rechts vom „Lösungsziel" entfernt. Sie sollen das Abweichen von der ursprünglichen Absicht verhindern. Leitplanken ergeben sich zu einem großen Teil aus den Antworten der folgenden Fragen:

- „Was will man nicht?",

- „Was darf die Lösung nicht sein?" oder

- „Was darf die Lösung nicht enthalten?".

Ein strittiges Thema stellt oftmals der Zeitpunkt dar, zu welchem man sich mit den Rahmenbedingungen der Implementierung auseinandersetzen soll. Macht man dies zu früh, besteht die Gefahr, dass man derartige Aspekte zum zentralen Thema des Projektes macht. Einzelheiten der Implementierung sind zwar zweifellos wichtig, aber man sollte sie nicht in jedem Fall bereits zu einem frühen Zeitpunkt thematisieren. Wichtiger für den Gesamterfolg des Projektes ist eine klare Definition der eigentlichen Zielsetzung der Aufgabenstellung als Ausgangspunkt für eine spätere Implementierung. Man kann deshalb auch die Überlegung anstellen, Rahmenbedingungen der Implementierung erst zu dem Zeitpunkt in die Systemgestaltung einzubringen, wenn die logische Substanz des Systems klar definiert ist.

Im Rahmen einer Einflussgrößen-Analyse sollte man auch alle Abhängigkeiten, die für das Projekt bestehen und deshalb beachtet werden müssen, festhalten. Schlussendlich ist es das Ziel der im Rahmen der Einflussgrößen-Bestimmung vorgenommenen Abklärungen, auf alle möglichen Eventualitäten vorbereitet zu sein, um bei auftretenden Komplikationen angemessen reagieren zu können.

3.3.6 Die Include-Exclude-Liste

Ein weiteres Hilfsmittel für die Was-Spezifikation kann die so genannte „Include-Exclude-Liste" darstellen. Sie greift auf die Inhalte zurück, die eventuell im Rahmen einer Einflussgrößen-Analyse unter dem Stichwort „Leitplanken" (Was nicht!) zusammengetragen wurden.

Die Motivation für eine Include-Exclude-Liste ist, eine direkte und übersichtliche Gegenüberstellung der „in scope" und „out of scope" Bestandteile der Aufgabenstellung zu erhalten. Eine derartige Zusammenstellung ist dann am übersichtlichsten, wenn sie in Tabellenform dargestellt wird. In der linken Spalte werden die Inhalte, Aspekte, Komponenten aufgeführt, die im Rahmen des Vorhabens behandelt werden sollen und in der rechten diejenigen, die von dem Vorhaben ausgeschlossen sind. Bei Bedarf kann man die Tabelle horizontal in bestimmte Themenblöcke aufteilen und die Tabelleneinträge entsprechend zuordnen. Man erhält dadurch eine sehr gute Gesprächsgrundlage für weitere Abklärungen und auch eine Basis für einen formellen „Projektauftrag".

Include (in scope)	Exclude (out of scope)
Was?	Was-nicht?

Abb. 113: Include-Exclude Liste als Hilfsmittel der Was-Spezifikation

In ▶Abb. 114 wird anhand des STEP Application Protocols AP 212 eine Unterscheidung zwischen „In Scope" und „Out of Scope" beispielhaft gezeigt.

In Scope	Out of Scope
„AP 212" deckt folgende Informationskomplexe ab: • produktorientierte, funktionsorientierte und ortsorientierte Beschreibung von Objekten • Anschlüsse, Schnittstellen und Funktionen elektrotechnischer Produkte • Kabel, Kabelbäume, Verdrahtungsplan sowie Einbauanweisungen • Verweise auf externe Datenbeschreibungen • Verwaltung und Dokumentation der Entwurfs- und Änderungsprozesse • Organisationdaten (Verantwortlichkeiten, Freigabe etc.) • Dokumentation und grafische Darstellung	„AP 212" deckt folgende Informationskomplexe nicht ab: • Änderungsdaten vor der Anfangsfreigabe • Geschäfts- und Finanzdaten für das Verwalten eines Entwicklungsprojekts • Simulations- und Testdaten eines Entwurfs • Mechanischer Entwurf elektrischer bzw. elektronischer Produkte

Abb. 114: In-Scope und Out-of-Scope; STEP Application Protocols AP 212

Man kann auch auf die tabellarische Zusammenstellung verzichten und die „out of scope"-Aspekte in einer so genannten „Negativliste" aufführen. Es ist empfehlenswert, bereits während der Zielformulierung über das „Was nicht" nachzudenken. Damit lässt sich vermeiden, das Anforderungen in eine bestimmte Richtung ermittelt werden, die später nicht Teil der Lösung sein sollen.

Die Include-Exclude-Liste hat noch einen weiteren wichtigen Vorteil, vor allem dann, wenn die „out of scope"-Elemente möglichst umfassend aufgenommen wurden und auch alle nahe liegenden Funktionswünsche des Anwenders, die nicht Gegenstand der Entwicklung sein sollen, enthalten sind. Lässt man sich spätestens beim Entwurfsbeginn die Include-Exclude-Liste vom Kunden bzw. vom Fachbereich freigeben, so bestätigt der Abnehmer nicht nur die Kenntnisnahme, sondern er wird sich auch über die „out of scope"-Inhalte Gedanken machen – und es ist besser, wenn er dies zum jetzigen Zeitpunkt tut und nicht erst dann, wenn das Design konzipiert wurde und die Entwicklung in Gang gesetzt ist. Äußert der Abnehmer während der Entwicklung einen Erweiterungswunsch, der in die Richtung der „out-of-scope"-Inhalte geht, so kann sich der Abnehmer zudem nicht darauf berufen, dass er immer davon ausgegangen ist, das diese Funktionalität im Endprodukt enthalten ist.

3.3.7 Erfolgsfaktoren und Stolpersteine

Neben der Spezifikation von Zielen, Anforderungen und Einflussgrößen ist es in aller Regel auch vorteilhaft, wenn man sich Gedanken über die wesentlichen erfolgsbestimmenden Faktoren der vorliegenden Aufgabenstellung macht – die so genannten „kritischen Erfolgsfaktoren". Bei den kritischen Erfolgsfaktoren handelt es sich um fachliche, technische, soziale, vorgehensorientierte oder unternehmensbezogene Aspekte, die die erfolgreiche Umsetzung der Aufgabenstellung begünstigen oder die Bewältigung der Aufgabenstellung überhaupt erst ermöglichen. Im zweiten Fall stellen die Erfolgsfaktoren elementare Voraussetzungen für den Projekterfolg dar.

Beispiel: Kritische Erfolgsfaktoren für die Implementierung eines Help-Desk:

- Die Help-Desk-Struktur ist aufbau- und ablauforganisatorisch zu definieren und entsprechend den Kunden (Hauptsitz und Niederlassungen) bekannt zu geben. Im Besonderen sind Aufgaben, Zuständigkeiten und Dienstleistungen klar zu regeln.
- Die fachliche Kompetenz der Help-Desk-Mitarbeiter ist zu überprüfen und gegebenenfalls zu verbessern. Das gleiche gilt für die Kommunikation (mit den Kunden) und zwar hinsichtlich der unterstützten Landessprachen, der Fachsprache sowie der Interaktion.
- Problemlösungsprozesse müssen so definiert sein, dass sie für alle Beteiligten transparent und jederzeit nachvollziehbar sind. Das bezieht sich auf die Art eines möglichen Konfliktes (hard- und/oder softwareseitig), auf involvierte Stellen (intern und extern) sowie auf verbindliche Feedback- oder Erledigungszeiten. Im Weiteren ist eine klare Definition sowie die Abwicklung/Erledigung von Primär- und Sekundärproblemen (Notfall oder „nicht dringend") festzulegen.
- Die technischen Möglichkeiten im Help-Desk sind so zu verbessern, dass der Support-Mitarbeiter dem Hilfesuchenden effizienter und schneller Auskunft geben kann (z. B. Remote-Anwendungen). Andererseits muss das Help-Desk auch über aktuelle und zuverlässige Hilferessourcen verfügen (z. B. Diagnosesystem, Fehlerdatenbank usw.), die bei der Lösung von komplexen Problemen unterstützend eingesetzt werden können.
- Die Ausbildung und eine periodische Schulung der Mitarbeiter ist sicherzustellen und gegebenenfalls durch das Help-Desk zu initialisieren (Monitoringfunktion). Im Weiteren ist die Vollständigkeit und Qualität der Hilfefunktionen und Dokumentationen zu überprüfen und gegebenenfalls zu aktualisieren.

Die „kritischen Erfolgsfaktoren" müssen sich nicht zwangsweise auf den Gegenstand (das Produkt) des Vorhabens beziehen, sondern können auch bezogen auf das Umfeld, bezogen auf die einzelnen Kompetenzen von Mitarbeitern oder bezogen auf das projektmäßige Vorgehen sein. Wesentliche Erfolgsfaktoren bei der Einführung von neuen Software-Lösungen können zum Beispiel sein die Akzeptanz und die Veränderungsbereitschaft der Mitarbeiter oder die Berucksichtigung von interkulturellen Aspekten bei der Zusammenarbeit.

Typische „kritische Erfolgsfaktoren" für ein Business-Process-Reengineering-Vorhaben:

- Bekenntnis (Commitment) des Managements

- Motivierte und ausgebildete Mitarbeiter

- Klare Zielsetzungen

- Einsatz einer systematischen Methode

- Einbeziehung der Betroffenen

- Informationspolitik / Projektmarketing

- zeitgemäße und effiziente IT-Unterstützung

- Einbezug von Kunden und Lieferanten

- Funktionierendes Change Management

Eine Umkehrung der Erfolgsfaktoren stellen die Stolpersteine dar. Theoretische besteht bei einigen Erfolgsfaktoren die Möglichkeit, diese durch „sprachliche Umkehrung ins Negative" zu einem Stolperstein umzuformulieren. Das Gleiche gilt auch für einige Stolpersteine, die bei einer positiven Formulierung als Erfolgsfaktor zu sehen sind. Bei den Stolpersteinen kann man wie auch bei den Erfolgsfaktoren zwischen zwei Arten unterscheiden. Sie können allgemein im Hinblick auf einen bestimmten Vorhabenstyp formuliert sein oder sie können situationsspezifisch für ein einzelnes Projekt in einem spezifischen Kontext festgehalten werden.

Stolpersteine des Business Process Reengineering (BPR):

- Optimierung bestehender Abläufe anstatt Neugestaltung der Prozesse
- Ungenügende Berücksichtigung der Kundenwünsche
- Konfektions- statt Maßschneiderei der Prozesse
- Kurzfristige Erfolgsorientierung statt zukunftsgerichteter Entwicklung von Kernkompetenzen
- Mangelndes Engagement der Unternehmensleitung
- Abteilungsdenken anstatt abteilungsübergreifender Vernetzung der Prozesse

Abb. 115: Beispiel für allgemein formulierte Stolpersteine eines Vorhabenstyps

3.3.8 Auflösungsgrad der Was-Spezifikation

Eine Alternative zur Spezifikation des „Was" stellt die napoleonsche Devise „On s'engage et puis on voit!" dar, die frei übersetzt bedeutet: „Man fängt einfach mal an, und dann sieht man schon, was man machen kann!" Mit diesem Hinweis soll auf zwei wesentliche Umstände im Zusammenhang mit der Planung aufmerksam gemacht werden:

- Man geht heute davon aus, dass bei sehr komplexen Vorhaben eine absolut perfekte und 100 % vollständige Vorab-Spezifikation des „Was" fast nicht machbar ist; bzw. wenn, dann nur mit einem enormen Zeitaufwand, der jedoch in der Regel nicht mehr praxisgerecht ist.

- Gleichfalls geht man heute davon aus, dass in schnell verändernden Situationen es nicht immer Sinn macht, eine bis ins letzte Detail ausgetüftelte und mit hohem Zeitanteil (verglichen mit der gesamten Projektdauer) vorgenommene Spezifikation des „Was" vorzunehmen, unter anderem auch deshalb, weil man aus der Erfahrung vergangener Projekte weis, dass sich höchstwahrscheinlich während der Projektlaufzeit Veränderungen in den Anforderungen ergeben.

Bei der Spezifikation des „Was" ergibt sich deshalb die gleiche Ungewissheit wie auch bei anderen Themen (z. B. der Informationsbeschaffung oder der Vorgehensplanung). Und zwar stellt sich die Frage, bis zu welcher Detaillierung man eine Spezifikation erarbeitet. Man kann zu grob spezifizieren oder zu fein. Steigt man zu früh in alle Details ein, besteht die Gefahr, dass der Spezifikationsprozess entartet und zum Selbstzweck wird. Eine durchaus sinnvolle Strategie kann deshalb sein, auf Basis einer in den wesentlichen Teilen vollständigen Was-Spezifikation das „Anfangen" zu forcieren und den Auflösungsgrad (die Feinheit) der Was-Spezifikation kontinuierlich zu adaptieren, so dass ein ausgewogenes Verhältnis zwischen der Spezifikation des „Was" und des Lösungsentwurfs besteht. Parallel zum Lösungsentwurf wird also der Auflösungsgrad der Was-Spezifikation schrittweise erhöht.

Der zeitlich größte Anteil der Was-Spezifikation entfällt auf die Erhebung und Analyse der Anforderungen. Sie sind auch der wichtigste Spezifikationsteil. Die Entscheidung bezüglich des Auflösungsgrads muss deshalb bei den Anforderungen besonders gut durchdacht sein. Bestimmte Typen von Anforderungen sollten nach Möglichkeit vorab geklärt werden und stehen bei den Überlegungen zum Auflösungsgrad nicht zur Debatte. Es sind dies die architekturbestimmenden Anforderungen und die Anforderungen, die sich auf das gesamte System beziehen (die nicht-funktionalen Anforderungen). Sie definieren die wesentlichsten Aspekte des Designs. Wird beispielsweise bei einer E-Communication-Anwendung eine bestimmte Antwortzeit erwartet (nicht-funktionale Anforderung), so muss das Design der Anwendung auf diese Anforderung ausgelegt werden. Wird diese Anforderung erst im Nachhinein bekannt, kann dies zu kosten- und zeitaufwändigen Umstellungen führen.

Im Folgenden werden Taktiken erklärt, mit denen man schneller in das „Wie" einsteigen kann, ohne das „Was" zu vernachlässigen.

3.4 Methodische Vorgehensstrategien

Von einem übergeordneten Standpunkt betrachtet lassen sich drei elementare Realisierungsstrategien unterscheiden. Im Zuge von Software-Projekten spricht man auch von „Entwicklungsstrategien". Es handelt sich um das konstruktivistische Vorgehen, das evolutionäre (iterative) Vorgehen und das inkrementelle Vorgehen. Bei einem konstruktivistischen Vorgehen geht man von einem einmaligen Projekt aus, bei dem am Anfang eine klare Idee und Zielvorstellung besteht und das geradlinig zu einem Ergebnis geführt wird.

Ein typisches Beispiel für ein konstruktivistisches Vorgehen ist der Bau eines Hauses, das von der Idee über die Planung realisiert wird. Wenn das Haus gebaut ist, gibt es kein zurück mehr zur Planungsphase. Das Projekt ist abgeschlossen. Das Haus steht. Für die Softwareentwicklung hat das konstruktivistische Vorgehen an Bedeutung verloren. Die ersten in der Literatur erwähnten Vorgehensmodelle für Softwareprojekte basieren auf einer konstruktivistischen Sicht (z. B. Wasserfallmodell), sie sind aber heute größtenteils durch evolutionäre und inkrementelle Modelle abgelöst worden.

Realisierungsprinzip	Beschreibung
Konstruktivistisch	• Einmaliges Projekt (nach der Realisierung ist das Projekt definitiv abgeschlossen) • Klare Ausgangslage, eindeutiges Ziel, klarer Weg
Evolutionär (iterativ)	• Immer wieder „erneuern" • Nach der Realisierung beginnt das Projekt von vorne, mit dem Ziel, das Produkt zu verbessern.
Inkrementell	• Realisierung eine Produktes in „Einzelteil-Etappen" • Einzelne, isolierbare Teile eines übergeordneten Ganzen werden nach und nach realisiert

Abb. 116: Die drei elementaren Realisierungsprinzipien

Bei der evolutionären Realisierung wird ein Produkt einmal hergestellt und danach fortlaufend verbessert und perfektioniert. Dieses Vorgehen ist typisch für den Automobilbau (z. B. Golf I, II, III, IV), für technische Geräte (z. B. Mobiltelefone, Kaffeemaschinen und Computer) und für Software.

Bei der inkrementellen Realisierung wird das herzustellende Produkt in isolierbare Bauteile unterteilt, die dann einzeln und nacheinander fertiggestellt werden, bis das beabsichtigte übergeordnete Gebilde entstanden ist. Beim Hausbau würde inkrementell zum Beispiel bedeuten, dass man zuerst das Haus fertig stellt, danach eine Garage und danach einen Pool.

Die Unterscheidung zwischen diesen Realisierungsarten ist deshalb von Bedeutung, weil bei der Softwareentwicklung immer mehr von einem „evolutionären, inkrementellen Vorgehen" die Rede ist. ▶Abb. 117 zeigt die möglichen Vorgehensstrategien in einer grafischen Übersicht.

Vorgehensstrategien

konzeptionell	"Grüne Wiese"
empirisch	Ist-Zustand berücksichtigen

konstruktivistisch	"Hausbau"
evolutionär (iterativ)	kontinuierliche Verbesserung des Gesamtprodukts
inkrementell	Realisierung eines Gesamtprodukts in Teilen
iterativ-inkrementell	kontinuierliche Verbesserung einzelner Teile eines Gesamtprodukts

Abb. 117: Mögliche Vorgehensstrategien

3.4.1 Evolutionäre und iterative Entwicklung

Unter einem evolutionären Vorgehen versteht man im Wesentlichen die sukzessive und stufenweise Umsetzung eines Vorhabens in kleinen, flexibel adaptierten Schritten. Beispielsweise die schrittweise Verfeinerung eines zu entwickelnden Informationssystems. In ▶Abb. 118 wird das Atlas-Beispiel aus ▶Kapitel „*1.1.7 Sichtenorientierte Beschreibung*" aufgegriffen, eine schrittweise Verfeinerung zu illustrieren. Diese Technik basiert auf der Erkenntnis, dass man bei komplexen Aufgabenstellungen mit dem ersten Lösungsversuch bestenfalls richtige, aber keine wirklich guten und optimalen Lösungen findet. Dies ist auch gleichzeitig ein Hauptgrund für die Abkehr vom konstruktivistischen Entwickeln.

Durch das evolutionäre Vorgehen wird es möglich, sich schon in einem frühen Stadium ein aussagekräftiges Bild von der späteren Lösung zu verschaffen. Dies ist hilfreich, um beispielsweise die Anforderungen an die zukünftige Lösung präzise und vollständig spezifizieren zu können und ermöglicht weiterhin, Korrekturen rechtzeitig einzuleiten und Verbesserungen bzw. Optimierungen in die endgültige Lösung einfließen zu lassen.

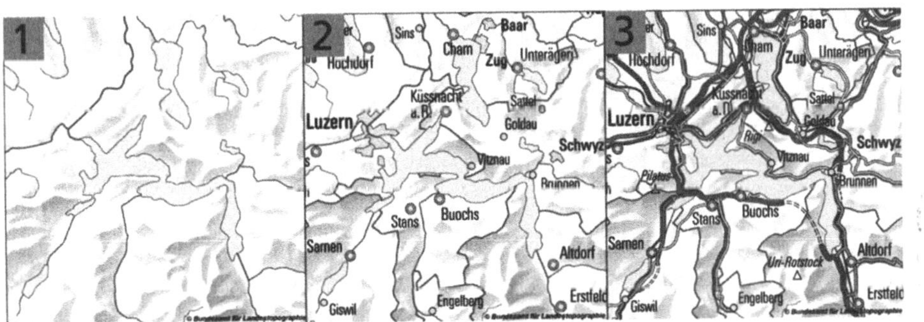

Abb. 118: Schrittweise Verfeinerung (© Bundesamt für Landestopographie, Schweiz)

Praxisbeispiel: Am Beispiel einer Web-Entwicklung soll ein mögliches evolutionäres Vorgehen erklärt werden. Die folgende Beschreibung bezieht sich auf die Ablauf-Darstellung in ▶Abb. 119. Aufgabenstellung ist die Entwicklung eines Extranets für Fachhandelspartner. Auf diesem Extranet sollen fortlaufend aktualisierte Daten abrufbar gehalten werden. Ursprung der Daten sind mehrere Datenbanken und Dateien von verschiedenen Programmen. Ein elementarer Aspekt des Projektes ist die laufende Aktualisierung des Contents auf dem Extranet, dazu müssen die Daten automatisch von unterschiedlichen Datenbanken ausgelesen, aufbereitet, verknüpft und in andere Formate umgesetzt werden. Die Automatisierung ist äußerst komplex, da numerische und alphanumerische Daten aus den kaufmännischen System (ERP, Warenwirtschaft) mit 2D- und 3D-Geometriedaten aus den technischen Systemen (CAD) und Bitmap-Bildern aus den Visualisierungsprogrammen nach bestimmten Spezifikationen aggregiert werden müssen.

Das evolutionäre Vorgehen ist in diesem Fallbeispiel in drei Teilstufen eingeteilt. Am Anfang steht eine Idee, ein Konzept. Um die für die Aktualisierung notwendigen Bearbeitungsschritte genauer kennen zu lernen, werden diese erst manuell auf verschiedene Arten durchgeführt. Dadurch wird erkennbar, was in welcher Form wie und mit welchen Parametern programmtechnisch automatisiert werden muss. Denn das eigentliche Ziel ist die vollkommen automatische Generierung des Contents. In einer zweiten Phase wird mittels Scripts bzw. Script-gesteuerten Tools eine Halb-Automatisierung umgesetzt. Man geht also stärker ins Detail, wodurch neue Abhängigkeiten, Rahmenbedingungen und auch erste Problemsituationen erkennbar werden.

In diesen ersten Phasen entsteht ein großer Abklärungsbedarf. Die relevanten Teile des Arbeitsablaufs können nun solange angepasst und optimiert werden, bis er zum einen reibungslos funktioniert und zum anderen genau den gewünschten Vorgaben entspricht. Nach dieser Teilautomatisierung ist der Automatisierungsablauf nun genügend transparent, und man verfügt über eine sehr präzise Kenntnis aller notwendigen Parameter. Damit kann man in die lezte Phase übergehen – der Vollautomatisierung durch Programmierung.

Das evolutionäre Vorgehen hat mehrere Vorteile. Hervorzuheben ist hier insbesondere der Investitionsschutz, denn diesbezüglich ergibt sich ein doppelter Nutzen.

- Zum einen wird sichergestellt, dass die Lösung genau mit dem aus der „E-volution" gewonnen Know-how bzw. Anforderungsprofil übereinstimmt (im Sinne einer Maximierung des Mitteleinsatzes).

- Zum anderen kann das Risiko von hohen Fehlausgaben vermindert werden, denn sollte das Projekt in den frühen „Evolutionsphasen" abgebrochen werden, stehen dem Abbruch geringere Ausgaben gegenüber.

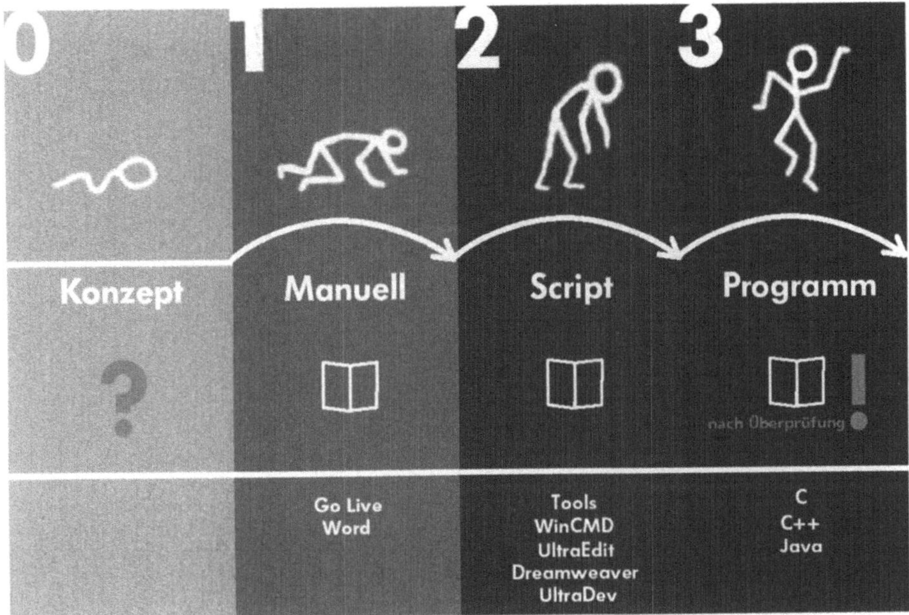

Abb. 119: Evolutionäres Vorgehen bei einer Web-Entwicklung (© Vitra)

Das evolutionäre Vorgehen kann in bestimmten Situationen auch als „iteratives Vorgehen" bezeichnet werden. Iterativ bedeutet, dass ein System (z. B. ein Programm, ein Prozess etc.) in mehreren Durchläufen verfeinert wird, wobei die gemachten Erfahrungen, die daraus gezogenen Konsequenzen und streng genommen auch die bisher erzielten Arbeitsergebnisse jeweils in den nächsten Durchlauf (die nächste „Iterationsstufe" bzw. der nächste „Iterationsschritt") mit einbezogen werden. Man geht dabei von einem definierten Zyklus aus, der wiederholt abgearbeitet wird. Am Ende jedes Zyklus steht eine neue, verbesserte und optimierte Version des Systems.

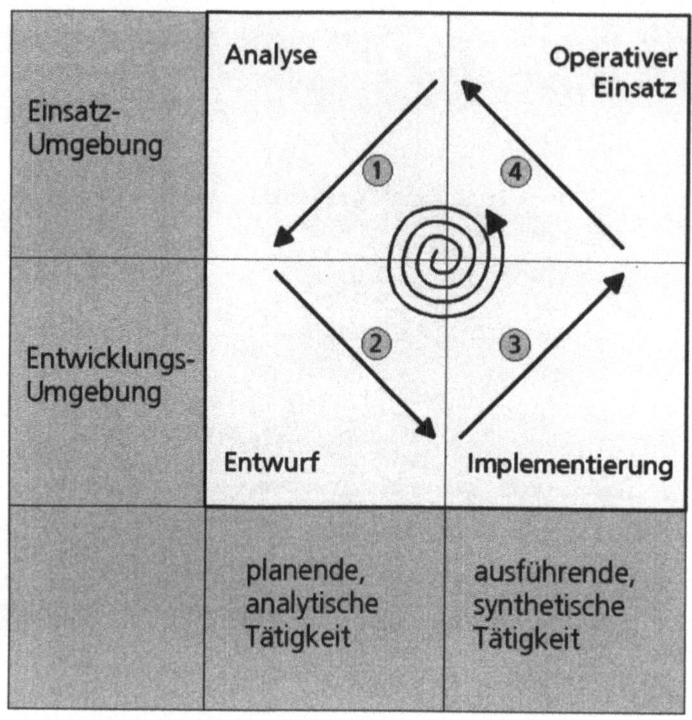

Abb. 120: Ein typischer Zyklus bei der iterativen Entwicklung [Hess 1996]

Der Vorteil der iterativen Entwicklung ist, dass ein Projekt trotz unvollständiger Anforderungen begonnen werden kann. Weitere Vorteile sind das geplante und kontrollierte Überarbeiten und Perfektionieren des Entwicklungsgegenstandes mit jedem Iterationsschritt. Die Überarbeitung dient dazu, veränderte oder präziser definierte Anforderungen in Systemfunktionen umzusetzen, Anregungen der Anwender aufzugreifen, Fehler zu beheben, sowie Architektureigenschaften und das Systemverhalten (User-Interface, Performance etc.) zu verbessern. Das Endprodukt jedes Iterationsschritts kann bereits operationell genutzt oder zumindest getestet werden. Die dabei gesammelten Erfahrungen können in den nächsten Iterationsdurchgang einbezogen werden.

Ein typischer Zyklus für die iterative Softwareentwicklung besteht aus den Teilschritten „Analyse", „Entwurf", „Implementierung" und „Operativer Einsatz" bzw. „Review durch Anwender".

In ▶Abb. 120 ist ein solcher Zyklus dargestellt. Im folgenden Kapitel, das sich den Vorgehensmodellen widmet, wird gezeigt, wie diese Teilschritte weiter in konkrete Bearbeitungsschritte unterteilt werden können. Die vorgestellte Einteilung der zyklischen Entwicklung sichert durch den „operativen Einsatz" die Einbeziehung der Qualitätssicherung (im Sinne von anforderungsgerechtem Entwickeln) in den Entwicklungsprozess.

Damit das iterative Vorgehen zielsicher durchgeführt werden kann, dürfen die Iterationen nicht einfach sich selbst überlassen bleiben, sondern müssen sorgfältig geplant werden. Die Anzahl der Iterationen ist im Vorfeld festzulegen, damit das ganze zu erwartende Arbeitspensum gleichmäßig und sinnvoll unterteilt werden kann. ▶Abb. 121 zeigt das iterative Vorgehen in vereinfachter Darstellung für ein System, das in drei Ausbaustufen (Iterationszyklen) realisiert wird.

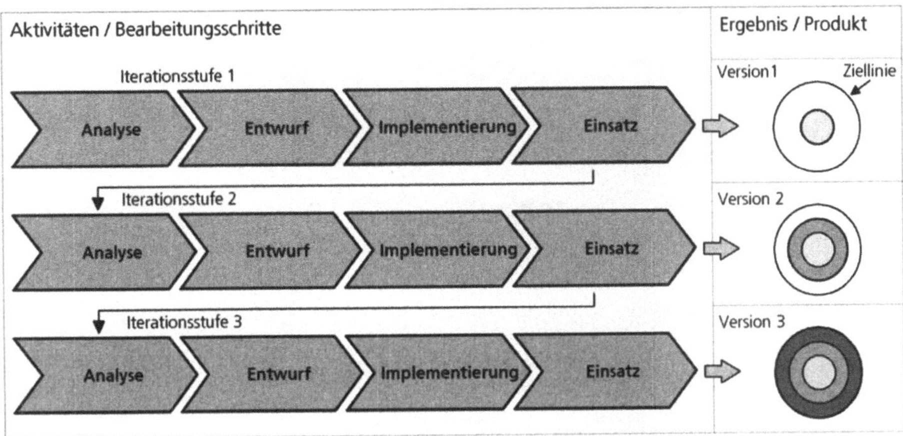

Abb. 121: Möglicher Ablauf bei einer iterativen Entwicklung

3.4.2 Prototyping – eine iterative Variante

Das iterative Vorgehen wird oftmals in Verbindung mit dem so genannten „Prototyping" verwendet. Beim Protoyping wird bereits in einer sehr frühen Phase ein „lauffähiges und nahezu voll funktionsfähiges Muster" – eben ein Prototyp – erstellt, das alle wesentlichen Merkmale der späteren Lösung aufweist. Der evolutionäre Prototyp wird bis zur Produktionsreife kontinuierlich optimiert und anschließend eingeführt.

Die üblicherweise strenge Trennung von Planung und Realisierung wird beim Prototyping aufgehoben und man erhält bereits in kurzer Zeit ein System, das von dem zukünftigen Anwender beurteilt werden kann. In ▶Abb. 122 ist der grundsätzliche Ablauf beim Prototyping-Vorgehen grafisch dargestellt. Abgeleitet von dem Desktop-Publishing Leitmotiv „What you see is what you get", kann man beim Prototyping sagen „What you prototyp is what you get".

Ein Prototyp kann aus unterschiedlichen Motivationen erstellt werden. Die wichtigste Unterscheidung ist diesbezüglich das „explorative Prototyping" und das „experimentelle Prototyping". Beim explorativen Prototyping dient der Prototyp als Kommunikationsbrücke, um im direkten Meinungsaustausch mit den Anwendern die Anforderungen zu klären, zu ergänzen und zu verfeinern. Hingegen wird der experimentelle Prototyp entwickelt, um durch Versuche technische Eigenschaften eines Systems oder Systemteils zu ermitteln (z. B. als Entscheidungsgrundlage).

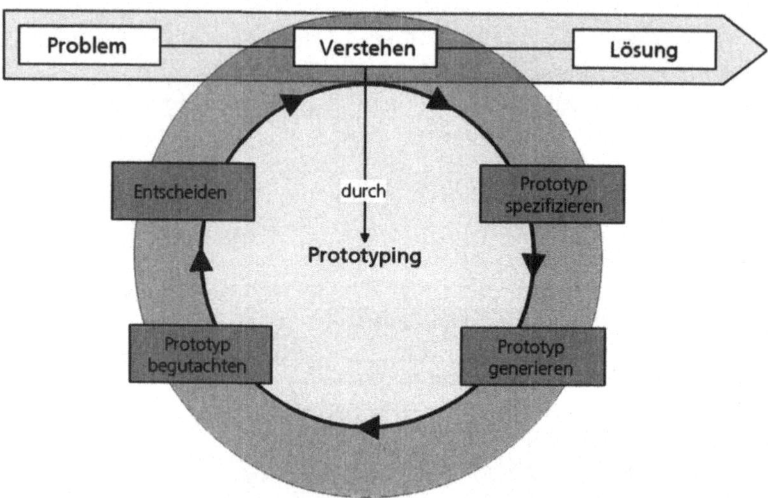

Abb. 122: Prototyping als Mittler zwischen Problem und Lösung

Beim Prototyping verschwimmen die Grenzen zwischen den typischen Realisierungsphasen „Analyse", „Design" und „Implementierung". Die Prototyping-Dauer kann sich dabei über alle Phasen erstrecken kann, was bedeutet, dass am Projektende der Prototyp die Lösung repräsentiert. Das Prototyping kann sich auch nur über Teile des gesamten Projekts erstrecken. Beispielsweise ist es möglich (und auch nicht unüblich), explizit für die Phase der Anforderungsanalyse einen Prototypen zu entwickeln (z. B. einen User-Interface-Prototypen) und diesen dann in den späteren Phasen zu verwerfen oder auszubauen.

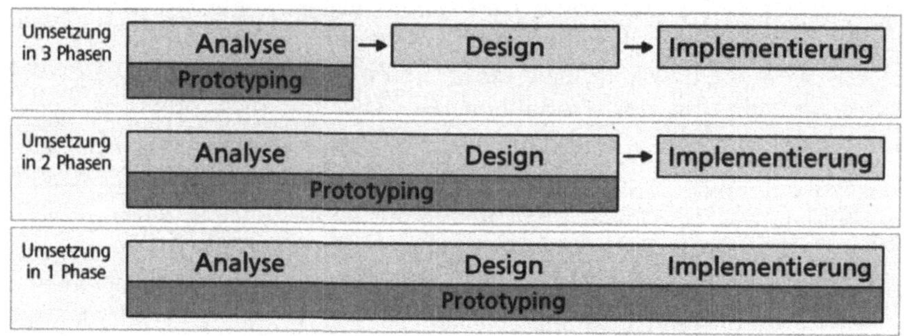

Abb. 123: Prototyping und die Zusammenführung der Realisierungsabschnitte

Bei einem Web-Projekt gibt es hinsichtlich des Prototyping interessante Varianten. In diesem Fall wäre es sehr aufwendig, komplett programmierte und interaktive Webseiten zu programmieren. Jedoch benötigt man eine gewisse Interaktivität, um die Vorzüge eines Web-Design zu demonstrieren. Im Rahmen des Prototyping liegt ein guter Mittelweg darin, dass man hochauflösende JPGs der „Attrappenseiten" erstellt und dann einfache HTML-Imagemaps gestaltet, die einem vorgegebenen Pfad folgen und dabei die interaktiven Features der Webseite demonstrieren.

3.4.3 Inkrementelle Entwicklung

Durch das iterative Vorgehen bekommen die Entwickler zwar die Möglichkeit, ihre Arbeit fortlaufend zu perfektionieren, ein endgültig einsetzbares System entsteht jedoch erst dann, wenn alle Iterationsstufen abgeschlossen sind. Die Ergebnisse der Iterationsstufen sind kurzfristig zwar überlebensfähig, ihnen fehlen jedoch in der Regel wesentliche Eigenschaften, um in einer operativen Nutzung mittel- und langfristig bestehen zu können.

Um die Komplexität eines zu realisierenden Gesamtsystems effektiv zu reduzieren, reicht das iterative Vorgehen alleine nicht aus. Komplexität begegnet man am besten damit, dass man eine Gesamtaufgabe in kleine überschaubare Einzelteile zerlegt, die idealerweise auch als allein stehende Bausteine eine Daseinsberechtigung haben und überlebensfähig sind. Dies kann mit einer inkrementellen Realisierungsstrategie erreicht werden. Unter einer inkrementellen Entwicklung versteht man die Realisierung eines Systems Stück für Stück in sinnvollen „Inkrementen". In jeder Ausbaustufe wird ein neuer Teil des Gesamtsystems erstellt, bis alle Teile – und somit das Gesamtsystem – vollständig sind. Im Unterschied zum iterativen Vorgehen, bei dem in jeder Iterationsstufe das Gesamtsystem verbessert wird (funktionale Verbesserung), wird beim inkrementellen Vorgehen mit jeder Ausbaustufe ein bestimmter Teilbereich des Gesamtsystems komplett fertig gestellt (funktionaler Zuwachs).

Aus ▶Abb. 124 ist ersichtlich, dass bei einer inkrementellen Entwicklung bereits im ersten Bearbeitungszyklus das daraus hervorgegangene Inkrement die Ziellinie erreicht. Aber dieses Inkrement deckt eben nicht das gesamte Spektrum der Lösung ab, sondern nur einen bestimmten Teil. Dieser Sachverhalt zeigt den Unterschied zum iterativen Vorgehen am deutlichsten, bei dem im ersten Bearbeitungszyklus die Ziellinie nicht erreicht wird, aber eine Basis für das gesamte System geschaffen wird. Anders ausgedrückt könnte man auch sagen, dass die iterative Entwicklung eher in die Breite tendiert (Abdeckung eines breiten Funktionsspektrums), während die inkrementelle Entwicklung eher in die Tiefe geht (Abdeckung eines kleinen Gesamtausschnitts dafür mit voller Funktionstiefe).

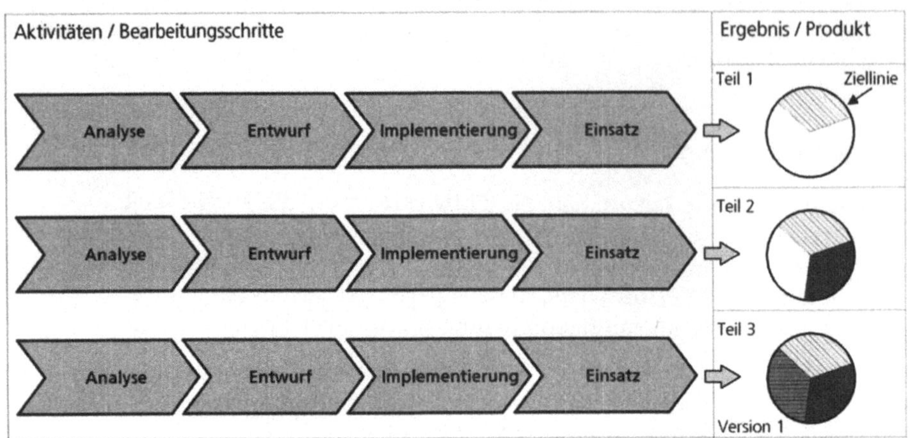

Abb. 124: Mögliches Vorgehen bei einer inkrementellen Entwicklung

Vorteile des inkrementellen Vorgehens sind:

- Der wichtigste Vorteil einer inkrementellen Entwicklung ist die frühe Nutzbarkeit von bereits fertig gestellten Systemteilen. Diese Teile („Inkremente") sind bereits zu 100 % ausgereift und entsprechen allen Anforderungen des operativen Betriebes, so dass die Anwender diese Teile verwenden können und nicht bis zur endgültigen Fertigstellung des Gesamtsystems warten müssen.

- Bei der inkrementellen Entwicklung besteht weiterhin die Möglichkeit, die Erstellung der Inkremente zu parallelisieren, vergleichbar mit dem vom Maschinenbau bekannten „Simultaneous Engineering". Voraussetzung ist allerdings, dass die Systemteile im Vorfeld entsprechend modular konzipiert wurden. Weiterhin wird die Planung und Steuerung des Vorhabens durch die Aufteilung deutlich unkomplizierter und risikoärmer als bei der Realisierung des gesamten Systems. Durch die Zerlegung des Systems in kleinere Einheiten, wird die Komplexität des Entwicklungsgegenstandes verringert und die später realisierten Inkremente können von den Erfahrungen der ersten Inkremente profitieren.

Die Aufteilung eines Gesamtsystems in weitgehend unabhängige Inkremente kann anhand von mehreren Kriterien erfolgen. Sie kann entweder fachlich oder technisch motiviert sein. Man kann sich beispielsweise im Rahmen der Anforderungsanalyse an den erhobenen Anwendungsfällen (Use Cases) orientieren. Ein Inkrement kann dann einen Anwendungsfall oder eine Gruppe von Anwendungsfällen umfassen.

Durch das evolutionäre bzw. iterative Vorgehen allein wird also noch keine Aussage darüber gemacht, ob das zu entwickelnde System als Ganzes oder in Teilen erstellt werden soll. Im Vergleich zu einer konstruktivistischen Entwicklungsstrategie begünstigen iterative Strategien jedoch eine inkrementelle Entwicklung. Durch die Objektorientierung und den modularen Aufbau von Programmen können die iterative Entwicklung und die inkrementelle Entwicklung sehr gut kombiniert werden. Dadurch entsteht die oft zitierte „iterativ, inkrementelle Entwicklung", die in vielen neuen Vorgehensmodellen als Entwicklungsprozess zugrunde gelegt wird.

3.4.4 Iterative, inkrementelle Entwicklung

Um die Vorteile der iterativen und inkrementellen Entwicklung zu kombinieren, können beide Ansätze kombiniert werden. Das bedeutet, dass ein Gesamtsystem in kleinere Einheiten (Inkremente) aufgeteilt wird. Jedes dieser Inkremente wird entsprechend einem iterativen Vorgehen Schritt für Schritt realisiert bzw. mehrmals überarbeitet, bis sie den gewünschten Reifegrad erreicht haben. Man minimiert so das Entwicklungsrisiko bezogen auf das Gesamtsystem bei gleichzeitig früherer Miteinbeziehung der Anwender durch das iterative Vorgehen.

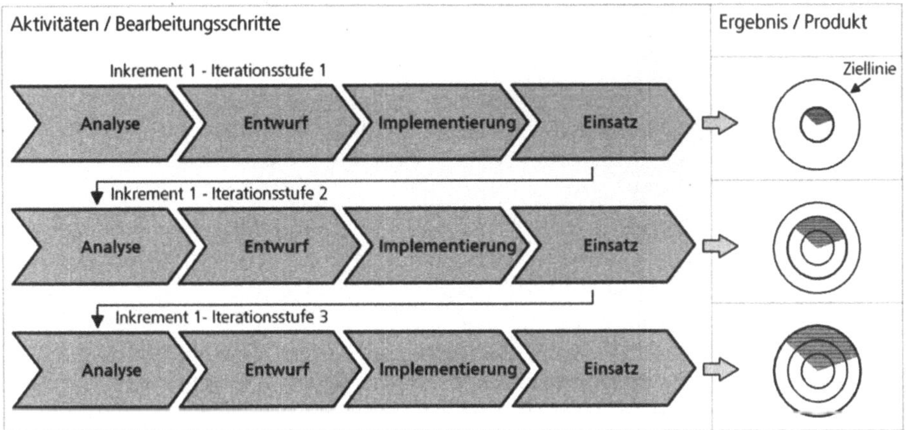

Abb. 125: Teilausschnitt einer iterativ, inkrementellen Entwicklung

►Abb. 125 zeigt das iterative, inkrementelle Vorgehen anhand eines Ausschnitts, bei dem das erste Inkrement des Gesamtsystems in mehreren Iterationsstufen entwickelt wird. Die anderen Inkremente könnten entweder nach der kompletten Fertigstellung des ersten Inkrementes angegangen oder parallel zum ersten Inkrement entwickelt werden.

Die Möglichkeit des zeitlich versetzen Arbeitens wird allerdings vom Grad der funktionalen Abhängigkeit der Inkremente im Einzelfall reduziert. Betrachtet man die Ergebnisdarstellung in der Abbildung, kann der Eindruck entstehen, dass jedes Inkrement in gleich vielen Iterationen realisiert wird. Dies muss nicht so sein. Da die einzelnen Inkremente einen unterschiedlichen Umfang und/oder eine unterschiedliche Komplexität aufweisen können, kann es durchaus sinnvoll sein, jedem Inkrement eine unterschiedliche Anzahl von Iterationen zugrunde zu legen.

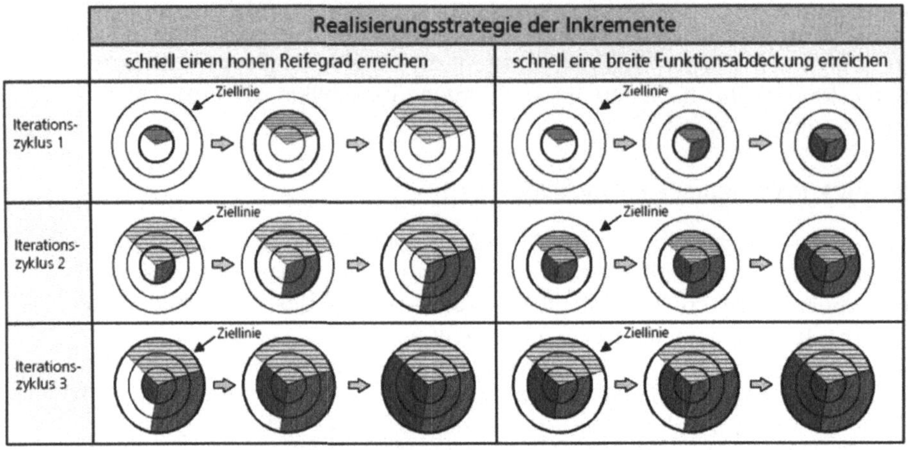

Abb. 126: Entwicklungsstrategien bei der iterativ inkrementellen Entwicklung

Bei der iterativ inkrementellen Entwicklung kann man zwei prinzipielle Arten der Inkrement-Realisierung unterscheiden. Lautet die Vorgabe, möglichst schnell einen hohen Reifegrad zu erreichen, so wird man die wichtigste Teil-Funktion des Systems identifizieren und zuerst diesen Teil in mehreren Inkrementen bis zum angestrebten Qualitätszustand ausbauen. Danach werden schrittweise die anderen Teil-Funktionen des Systems realisiert. Lautet hingegen die Vorgabe, möglichst schnell den gesamten Funktionsumfang des Systems abzudecken, so wird man in einem ersten Iterationszyklus jede Teil-Funktion des Systems grob realisieren und diese dann in den nächsten Iterationszyklen weiter ausbauen. ▶Abb. 126 verdeutlicht diese unterschiedlichen Vorgehensweisen.

Dieser Sachverhalt macht bereits auf einen zentralen Aspekt bei der iterativ inkrementellen Entwicklung aufmerksam – die Versionskontrolle. Dem Konfigurationsmanagement muss deshalb bei dieser Entwicklungsstrategie eine sehr viel höhere Bedeutung beigemessen werden als bei an anderen Entwicklungstrategien. Dafür erhält man den Vorteil, dass vor allem bei umfangreichen und komplizierten Aufgabenstellungen das Ergebnis eine höhere Qualität aufweist und besser mit den Anforderungen der Anwender übereinstimmt, denn für jedes Inkrement kann am Ende jeder Iteration das Entwicklungsergebnis geprüft und in den Folge-Iterationen verbessert werden.

Die neuen Vorgehensmodelle bzw. Methoden, insbesondere diejenigen, die auf Basis der objektorientierten Entwicklung entstehen, legen meistens ein iterativ inkrementelles Vorgehen zugrunde, was die Bedeutung dieser Entwicklungsstrategie unterstreicht.

3.4.5 Empirisches Vorgehen – versus – konzeptionellem Vorgehen

Vorhaben können idealtypisch auf zwei verschiedene Wege angegangen werden. Entweder empirisch oder konzeptionell. Das oftmals geforderte empirische

Vorgehen entspricht im Wesentlichen dem Top-Down-Ansatz. Wenn von empirischem Vorgehen gesprochen wird, so ist damit gemeint, dass der vorhandene Zustand (Ist-Zustand) berücksichtigt werden muss. Das heißt, man orientiert sich am Ist-Zustand und versucht auf dessen Basis Verbesserungen zu erreichen. Als erster Schritt erfolgt bei dieser Vorgehensweise deshalb eine so genannte „Ist-Bestandsaufnahme". Dies liegt im Einklang mit dem Systemdenken welches an erster Stelle eine Problemfeldbetrachtung (Analyse der Ist-Situation) und danach eine Lösungsbetrachtung (Synthese des Soll-Systems) vorsieht.

Allerdings gilt es abzuwägen, wie intensiv man sich bei einer bestimmten Ausgangslage bzw. Problemsituation mit dem „Ist" auseinandersetzt. Wenn man sich zu stark mit dem „Ist" identifiziert, besteht die Gefahr, dass der Blick für neuartige, kreative Lösungen eingeengt wird und man nicht mehr „unbefreit" an die Soll-Konzeption herangehen kann („Betriebsblindheit"). Deshalb wird oft fälschlicherweise der Standpunkt vertreten, dass eine zu tiefgehende Ist-Analyse das Potential des Problemlösers limitiert. Auf der anderen Seite steht jedoch außer Frage, dass in den meisten Fällen eine präzise Kenntnis des Ist-Zustandes ein wichtiges Fundament für die Detailkonzeption des Lösungssystems ist.

Wie lässt sich dieses Dilemma lösen? Den „Nebenwirkungen" einer zu starken Ist-Identifikation kann man entgegenwirken, indem man vor der Auseinandersetzung mit dem „Ist", Überlegungen bezüglich generellen Soll-Zielen, Lösungsszenarien und Lösungsspielräumen anstellt. Diese Überlegungen geschehen unbefangen von der momentanen Situation und sind deshalb frei von den „scheinbaren" Zwängen des „Ist".

Vorteile des empirischen Vorgehens

- geringes Risiko
- niedrige Kosten
- schnell vorliegende Ergebnisse
- weniger Änderungswiderstand im Fachbereich
- leichtere Einführung der erzielten Lösung / Teillösung
- weniger Umstellungsprobleme bei der Einführung
- insgesamt weniger „anstrengend"

Vorteile des konzeptionellen Vorgehens

- große Chancen für eine substantielle Verbesserung
- präzisere Umsetzung der Benutzeranforderungen bei detailliertem Requirement Engineering
- moderne, zeitgemäße Lösung (oder sogar Lösung, die „ihrer Zeit voraus ist")
- effiziente und leistungsfähige Schnittstellen

Abb. 127: Vorteile des empirischen und des konzeptionellen Vorgehens

Beim konzeptionellen Vorgehen wird der vorgefundene Zustand in Frage gestellt, und man denkt über eine völlig andere Lösung nach. Eine genaue Analyse des Ist-Zustandes ist bei diesem Vorgehen zweitrangig. Man lässt sich beim konzeptionellen Ansatz bewusst von technologischen Innovationen leiten, um

neue Ideen ohne Rücksicht auf vorhandene Strukturen verwirklichen zu können. Entscheidend ist deshalb weniger die Analyse der Ist-Situation, sondern
vielmehr ein umfassendes und detailliertes Requirement Engineering (Erfassen
der Ziele und Anforderungen an die Lösung).

Von Fall zu Fall kann es jedoch sinnvoll sein, während der Anforderungsanalyse
(Requirement Engineering) die Stärken des Ist-Zustands zu erheben. Somit lässt
sich verifizieren, inwieweit diese durch die neue Lösung erhalten bleiben. Wenn
auf Anhieb nicht alle Stärken der Ist-Situation in der neuen Lösung umgesetzt
werden können, so kann man anhand der Ist-Stärkenanalyse zumindest sicherstellen, das nicht das Gegenteilige eintritt und die vormals guten Lösungsbestandteile in der neuen Lösung zu Schwächen werden.

	Empirisches Vorgehen	Konzeptionelles Vorgehen
Ziele	Zielt primär auf die punktuelle Beseitigung von Schwachstellen des Ist-Zustands.	Zielt primär auf grundlegend neue Lösungsmodelle zur Optimierung.
Intensität des Vorgehens	Erfordert eine detaillierte Erhebung und Analyse der Ist-Situation bzw. der Ausgangslage.	Erfordert nur die Erhebung und Analyse von allgemeinen Informationen und Rahmenbedingungen. Gegebenenfalls eine Analyse der Ist-Stärken.
Art des Vorgehens	Projekte werden intuitiv – wenn man sich über das Vorgehen keine Gedanken macht – empirisch bearbeitet, dies insbesondere, wenn • man im Detail steckt, • der Fachbereich das Projekt bearbeitet, • wenig Risikobereitschaft besteht	Konzeptionelles Vorgehen erfolgt normalerweise bewusst am Ende der Vorstudie oder – bezogen auf Teilprojekte – am Ende der Hauptstudie. In Vor- und Hauptstudie werden empirische und konzeptionelle Grobvarianten untersucht. Die Entscheidung fällt für ein konzeptionelles Vorgehen, wenn • der Ist-Zustand hoffnungslos überholt ist, • die Planer echte – attraktive – Varianten zum Ist-Zustand kennen, • von vornherein Neuland betreten werden soll

Abb. 128: Unterschiede zwischen empirischem und konzeptionellem Vorgehen

Es lässt sich keine pauschale Aussage machen, wann welches Vorgehen gewählt
werden sollte. Auch die Entwicklungsstrategie (evolutionär oder inkrementell)
kann diesbezüglich nicht als Entscheidungskriterium herangezogen werden.
Sowohl bei einem empirischen Vorgehen, als auch bei einem konzeptionellen

Vorgehen, hat man die Möglichkeit, ein Vorhaben evolutionär oder inkrementell zu realisieren. Eine Gegenüberstellung der wesentlichsten Aspekte beider Vorgehensarten, wie sie in ▶Abb. 128 vorgenommen wurde, kann Anhaltspunkte für Abwägungen geben.

3.4.6 Zusammenführung von Revolution und Evolution

Im Rahmen von informationstechnologischen Vorhaben stellt sich regelmäßig die Frage, ob damit eine einmalige, radikale Veränderung des Geschäfts bewirkt werden soll oder ob die schrittweise Weiterentwicklung und Optimierung des Bestehenden das Ziel des Vorhabens darstellt. Beim ersten Gedanken, mit dem eine fundamentale Umwälzung einhergeht, wird in der Informatik mit „Revolution" gleichgesetzt. Die Revolution basiert zumeist auf dem vorhin angesprochenen „konzeptionellen Vorgehen". Der zweite Gedanke entspricht dem bereits angeführten evolutionären (iterativen) Vorgehen und meint eine „Evolution".

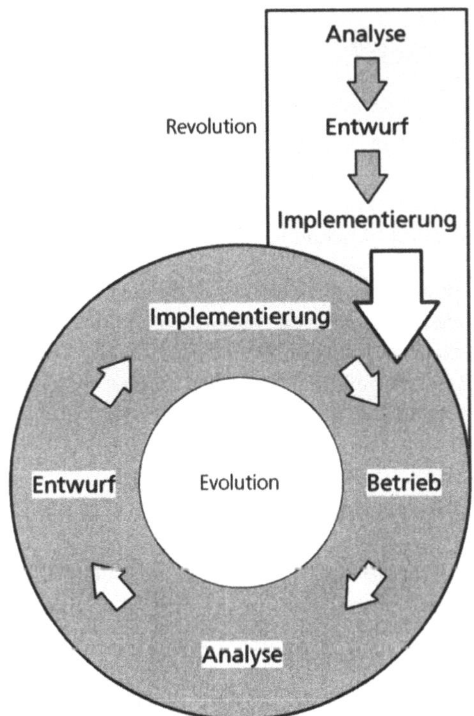

Abb. 129: Revolution und Evolution im Zusammenspiel

Der Ansatz des fundamentalen Überdenkens und radikalen Redesigns, mit dem Ziel, drastische Verbesserungen zu erreichen, kann mit drei Schlüsselwörtern umschrieben werden: „Fundamental", „Radikal" und „Drastisch".

151

Es müssen fundamentale, grundlegende Fragen gestellt werden, wie zum Beispiel: Warum tun wir überhaupt, was wir tun? Und warum führen wir es auf diese Art und Weise aus? Radikales Redesign bedeutet, das Vorhaben an den Wurzeln anzupacken und nicht nur oberflächlich. Es bedeutet, ohne Rücksicht auf Bestehendes völlig neu zu beginnen. Ziel des gesamten Ansatzes ist es, drastische Verbesserungen zu erhalten.

Es sollen Quantensprünge in Bezug auf Kosten, Qualität und Zeit realisiert werden, nicht nur inkrementelle Verbesserungen. Diese Ansätze werden mit dem BPR (Business Process Redesign) verbunden. BPR-Vorhaben bezwecken die Revolution.

	Revolution	Evolution
Motivation	Veränderung	Anpassung
Gegenstand	Prozesse (auf Makroebene)	Prozesse (auf Mikroebene) oder Systemfunktionen
Ziel	Quantensprung	Verbesserung, Optimierung
Risiko	tendenziell größer	tendenziell geringer
Ergebnis	nicht genau vorhersehbar	genau vorhersehbar
Rolle der Informatik	Enabler (tragend, auslösend)	Supporter (für Automatisierung und Rationalisierung)

Abb. 130: Unterscheidung zwischen Revolution und Evolution

Beide Ansätze können – und werden in der Regel – fusioniert. Man startet mit einem Projekt, welches einen grundlegenden Wandel ermöglicht (Revolution) und führt dieses Projekt im Unternehmen ein. Der erstmaligen Einführung folgt eine kontinuierliche Weiterentwicklung und schrittweise Verbesserung (Evolution). In ▶Abb. 129 wird das Zusammenwirken von Revolution und Evolution gezeigt.

3.5 Begriffsübersicht und Assoziationsmodell

Damit die methodischen Grundbegriffe bei Unklarheiten oder für Nachschlagezwecke schnell gefunden werden können, sind im Folgenden alle Definitionen zusammengefasst.

Begriff	Beschreibung
Methode	Planmäßig angewandte und begründete Vorgehensweise zur systematischen Lösung einer Aufgabenstellung mit definierten Handlungsanweisungen und Ergebnisprodukten. Eine Methode spezifiziert, wie Prinzipien und Techniken eingesetzt werden, um eine Aufgabe zu lösen.
Ziel	Ein zukünftiger Zustand, der angestrebt wird und dessen Eintritt von bestimmten Handlungen abhängig ist.
Anforderung	Eine Fähigkeit funktionaler oder nicht funktionaler Natur, welche ein Produkt erfüllen bzw. haben muss.
Kritische Erfolgsfaktoren	Wichtige Faktoren, die die erfolgreiche Umsetzung der Aufgabenstellung begünstigen oder die Bewältigung der Aufgabenstellung überhaupt erst ermöglichen. Im zweiten Fall stellen die Erfolgsfaktoren elementare Voraussetzungen für den Projekterfolg dar.
Einflussgrößen	Können vorliegen in Form von Rahmenbedingungen, Restriktionen und Leitplanken. Die Einflussgrößen geben Hinweise darauf, ob eine Lösung geeignet sein wird. Rahmenbedingungen sind eine Antwort auf die Frage: „Welche Sachverhalte sind zu beachten?" Restriktionen stellen zwingende Vorgaben dar und sind eine Antwort auf die Frage: „Was muss eingehalten werden?" Leitplanken sind eine Antwort auf die Frage: „Was darf nicht herauskommen?"
Konzeptionelles Vorgehen	Der vorgefundene Zustand wird in Frage gestellt und man denkt über eine völlig andere Lösung nach. Man versucht vollkommen neue, innovative Ideen zu verwirklichen, ohne sich an vorhandenen Strukturen orientieren zu müssen. Beispielsweise BPR (Business Process Re-Engineering).
Empirisches Vorgehen	Vorgehen unter Einbezug des Ist-Zustandes. Das empirische Vorgehen setzt eine Ist-Bestandsaufnahme und Analyse voraus.
Konstruktivistische Entwicklung	Einmaliges Projekt mit einer klaren Ausgangslage, einem klaren Ziel und einem klaren Weg zum Ziel. Das Projekt wird linear realisiert (z. B. Hausbau).
Iterative Entwicklung	Evolutionäres Vorgehen. Nach der erstmaligen Realisierung beginnt das Projekt von vorne, mit dem Ziel, das erreichte Ergebnis zu verbessern.
Inkrementelle Entwicklung	Realisierung einer Lösung in „Einzelteil-Etappen". Einzelne, isolierbare Teile eines übergeordneten Ganzen werden nach und nach verwirklicht.
Iterativ inkrementelle Entwicklung	Kombiniert die Vorteile der iterativen und der inkrementellen Entwicklung. Eine Gesamtlösung wird in kleinere Einheiten aufteilt. Jede dieser Einheiten wird nach einem evolutionären Prinzip Schritt für Schritt realisiert.

Abb. 131: Begriffe des methodischen Vorgehens im Überblick

Am Ende von ▶ Kapitel „*1 Systematisieren des Projektinhalts*" wurde zur Visualisierung des gesamten Themengebiets ein Metamodell des Systemdenkens präsentiert. Zum Schluss dieses Kapitels über die Systematisierung des Projektvorgehens wird ein Gesamtüberblick über den Kapitelinhalt als „Assoziationsmodell" dargestellt. Während ein Metamodell gewissen formalen Ansprüchen gerecht werden muss, die sich im Laufe der Zeit eingebürgert haben (de-facto Standardisierung), trifft dies für das Assoziationsmodell nicht zu. Ein Assoziationsmodell kann vollkommen frei gestaltet werden.

In dem hier präsentierten Assoziationsmodell wurde diese Gestaltungsfreiheit insofern genutzt, als dass verschiedene Inhalte (Objekte und Eigenschaften von Objekten) mit unterschiedlichen Symbolen dargestellt sind.

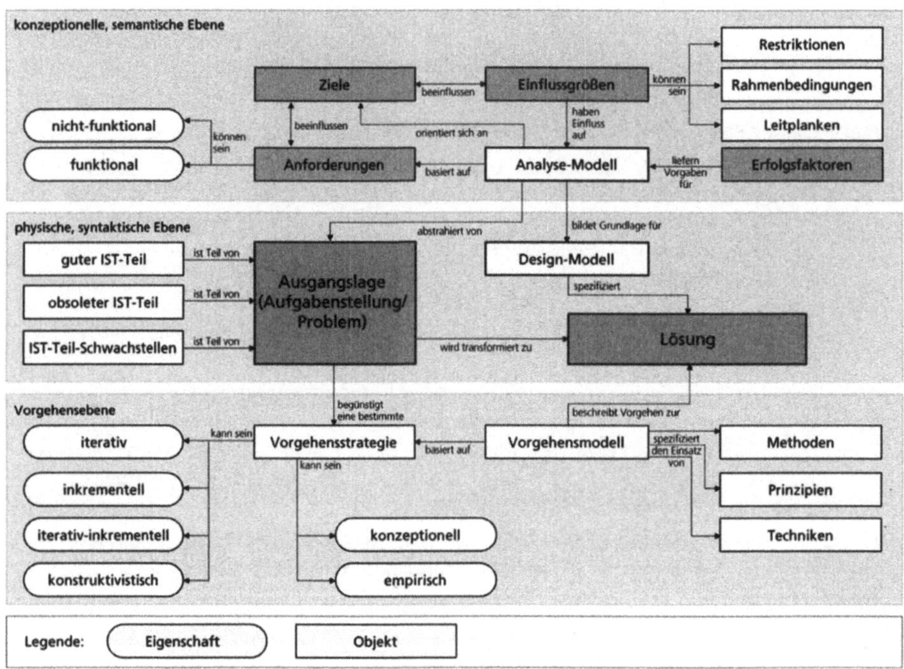

Abb. 132: Assoziationsmodell des methodischen Vorgehens

4 Komplexe Projektabläufe systematisch konzipieren

4.1 Komplexe Lösungen – komplexes Vorgehen

Die verschiedenen Aufgabenstellungen und Projekte, mit denen man heute im Berufsleben konfrontiert wird, weisen eine vergleichbare Individualität auf wie die Fingerabdrücke von verschiedenen Menschen. Neben den differenzierten Inhalten, unterscheiden sich Projekte vor allem auch hinsichtlich ihres Umfangs (kleine, mittlere, und große Projekte), der ihnen zugrunde liegenden Motivation und ihrer Einbettung in ein spezifisches Umfeld (Firma, Unternehmen, Konzern). Damit jede Situation mit der ihr zustehenden Individualität adäquat berücksichtigt und auch gemeistert werden kann, benötigt man unterschiedliche Ansätze und Herangehensweisen. Wird ein solcher Prozess formal festgehalten, kann man ihn als Entwicklungsprozess oder allgemeiner als „Vorgehensmodell" oder „Prozessmodell" bezeichnen. Vorgehensmodelle symbolisieren Generalisierungen von konkreten Aufgabenstellungen und deren Umsetzungsprozessen.

Für den Begriff „**Vorgehensmodell**" gibt es keine einheitliche Definition. Sie definieren die zeitlich logische Folge von Schritten in einem Problemlösungsprozess. Der Umfang von Vorgehensmodellen kann sehr unterschiedlich sein, von einer halben A4-Seite, bis zu mehreren hundert Seiten. In die letzte Kategorie fällt zum Beispiel das so genannte V-Modell, das sich heute zu einem Meta-Vorgehensmodell" weiterentwickelt hat. Man kann Vorgehensmodelle abgrenzen von den so genannten „**Lebenzyklusmodellen**". Lebenszyklusmodelle sind beispielsweise das Wasserfallmodell und das Spiralmodell.

Vorgehensmodelle sind der zentrale Schritt zur ingenieurmäßigen Bewältigung von komplexen informationstechnologischen oder betriebswirtschaftlichen Aufgabenstellungen. Sie bieten eine wichtige methodische Sicherheit und verschaffen den notwendigen Überblick, um die Transformation einer Ausgangslage in einen Zielzustand systematisch vornehmen zu können.

Ein Vorgehensmodell

- steuert das Denken (Philosophie) und die Anwendung von Prinzipien.
- bestimmt, welche Methoden und Techniken wann zum Einsatz kommen.
- unterteilt das Vorgehen in grundsätzliche, sinnvolle, überschaubare und kontrollierbare Etappen und
- legt die sachlogische Reihenfolge und Inhalte dieser Etappen fest.

Durch die Formalisierung des Problemlösungsprozesses wird der Prozess nicht nur überprüfbar, sondern auch wiederholbar und verbesserbar.

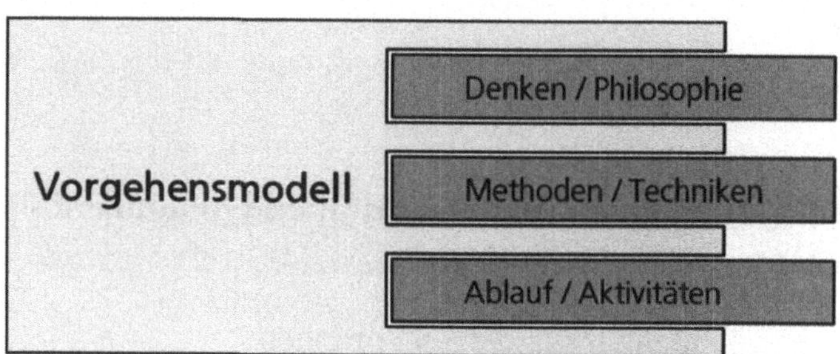

Abb. 133: Die Steuerungselemente eines Vorgehensmodells

Die Anwendung eines Vorgehensmodells hat den Vorteil, dass der Ablauf für alle Projektbeteiligten und auch für Außenstehende (z. B. Kunden oder Partner) dokumentiert und nachvollziehbar ist. Ein derart strukturiertes Vorgehen garantiert die Beachtung aller wichtigen Punkte, die für ein funktionierendes Endprodukt und eine nachhaltige Lösung relevant sind. Wird ein Vorhaben in einem Team abgewickelt, so erhalten alle Team-Mitglieder durch das Vorgehensmodell ein gemeinsames Verständnis des gesamten Ablaufs und erleichtert dadurch die Abstimmung und Synchronisation der Team-Arbeit. Das Vorgehensmodell nimmt dem Projektteam in der Regel eine Reihe von Entscheidungen ab, die sonst immer wieder aufs Neue diskutiert und getroffen werden müssen.

Als Problemlöser hat man im Hinblick auf Vorgehensmodelle prinzipiell drei Wahlmöglichkeiten. Man kann ein bereits vorhandenes Vorgehensmodell für die konkrete Aufgabenstellung 1:1 übernehmen. Man kann ein vorhandenes Vorgehensmodell anpassen, so dass es den Bedürfnissen einer spezifischen Aufgabenstellung gerecht wird. Oder man kann ein eigenes Vorgehensmodell erstellen, um individuellen Anforderungen einer Aufgabenstellung und dem individuellen Kontext, in dem das Projekt abgewickelt wird, Rechnung zu tragen.

Bezüglich der Klassifizierung von Vorgehensmodellen hinsichtlich ihrer Allgemeingültigkeit und der konkreten Hilfestellung bei einem spezifischen Projekt gibt es einen engen Zusammenhang, der in ▶Abb. 134 dargestellt ist. Positioniert man Vorgehensmodelle in einer Matrix, die sich aus den beiden zuvor genannten Kriterien besteht, so finden sich die Vorgehensmodelle entlang der Diagonalen, die die Spannbreite von höchster Allgemeingültigkeit und maximaler Hilfestellung darstellt.

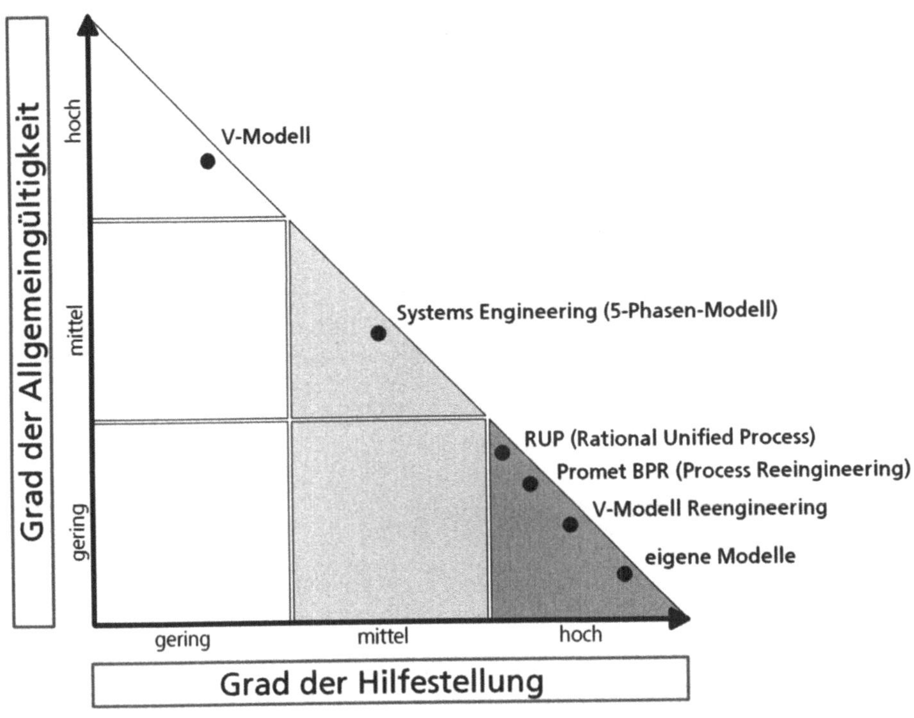

Abb. 134: Klassifizierung von Vorgehensmodellen

Das Ziel der nachfolgenden Ausführungen ist es, die notwendigen Grundlagen zu vermitteln, damit der Leser bei konkreten Vorhaben ein individuell passendes und schlüssiges Vorgehenskonzept erarbeiten kann. Dabei soll die Thematik der Vorgehensmodellierung auf einer pragmatischen und leicht umsetzbaren Ebene beschrieben und nicht wissenschaftlich thematisiert werden.

Zusätzlich soll anhand einer repräsentativen Auswahl von Vorgehensmodellen das Spektrum der „Vorgehensmodellierung" beispielhaft gezeigt werden. Es würde allerdings den Rahmen des Buches sprengen, wenn zu jedem Beispiel der entsprechende Ablauf vollständig erklärt würde. Deshalb beschränkt sich der Begleittext auf die jeweils wesentlichen Aspekte. Einige der im Folgenden vorgestellten Vorgehensmodelle können eventuell direkt als Grundlage für bestimmte Vorhabensarten übernommen oder als Anregung für die eigentliche gedankliche Auseinandersetzung bezüglich der Strukturierung einer Vorhabensabwicklung genutzt werden.

Insbesondere soll damit erreicht werden, dass die Vorhaben eine methodische Unterstützung erfahren, die bisher ohne die Anwendung von Vorgehensmodellen realisiert wurden.

Gründe für die Ignorierung von Vorgehensmodellen können vielschichtig sein:

- In den meisten Fällen wird der Umfang eines Vorhabens die Anwendung eines mächtigen Vorgehensmodells (wie z. B. dem V-Modell) nicht rechtfertigen.

- Weiterhin kann es sein, dass die existierenden Vorgehensmodelle als „nicht-passend" empfunden werden oder

- dass es für die spezifische Aufgabenstellung schlichtweg kein Vorgehensmodell gibt.

Vorgehensmodelle machen den Einsatz von technischen Werkzeugen (Software) zur Vorhabensabwicklung nicht überflüssig. Je nach Vorhabensart werden deshalb Tools, etwa für das Projektmanagement, das Konfigurationsmanagement oder die Qualitätssicherung, eingesetzt. Die folgenden Ausführungen konzentrieren sich allerdings nicht auf diese Themengebiete, da diese bereits zu Genüge und teilweise auch in eigenständiger Form in der Literatur abgehandelt werden. Wir konzentrieren uns im Folgenden auf die „Vorhabensmodellierung".

4.1.1 Vorgehensmodellierung und Projektplanung

Bei den Erläuterungen zum „methodischen ersten Schritt" wurde darauf hingewiesen, dass die Vorab-Definition der Bearbeitungsfolge eine wichtige Basis für eine ingenieurmäßige Projektabwicklung bildet. Man „modelliert" sozusagen den optimalen Prozess für die anstehende Aufgabe. Diese Vorhabensmodellierung stützt sich weniger auf die projektspezifischen Inhalte des Vorgehens. Vielmehr werden Überlegungen angestellt, die sich auf die Art des Vorhabens und seiner optimalen Umsetzung beziehen. Das Vorgehensmodell stellt eine Generalisierung der Aktivitäten dar. Die konkreten Inhalte werden aus einer allgemeinen Perspektive betrachtet, als ob man vorhat, das gleiche Projekt danach in einer anderen (vergleichbaren) Firma zu wiederholen. Das Vorgehen wird dann bis auf minimale Abweichungen gleich sein, die Inhalte jedoch vollkommen unterschiedlich. Dies bedeutet, dass ein Vorgehensmodell ein methodisches Grundgerüst für das Projekt darstellt, aber keine Details zu den augenblicklichen Inhalten und Zeiteinteilungen enthält.

Ein wichtiger Aspekt der methodischen Strukturierung komplexer Vorhaben äußert sich also in der Differenzierung zwischen einem Vorgehensmodell und einem Projektplan:

- Das **Vorgehensmodell** ist das Ergebnis einer fundierten methodischen Analyse der Aufgabenstellung, woraus ein sinnvolles Raster für die Bewältigung eines bestimmten Aufgabentyps hervorgeht.

- Der **Projektplan** hingegen zeigt die inhaltlichen Aspekte eines konkreten Projekts in einem zeitlichen Kontext.

Wird das Vorhaben ein weiteres Mal durchgeführt (um z. B. eine neue Version zu erstellen), so kann man erneut auf das Vorgehensmodell zurückgreifen, während die Projektplanung mit ihren konkreten zeitlichen Einteilungen neu erstellt werden muss. ▶Abb. 135 verdeutlicht die Unterschiede zwischen einem Vorgehensmodell und einem Projektplan.

Vorgehensmodell	Projektplan
Abstrakte Planung	Konkrete Planung
Projektneutrales, generalisiertes Rahmenkonzept	Projektspezifische Individualplanung
Methodischer Hintergrund (methodisches Durchdenken der Aufgabenstellung)	Zeitlicher Schwerpunkt (zeitliche Planung der Projektaktivitäten und der dadurch bearbeiteten Projektinhalte)
Relative Verkettung von Phasen und Aktivitäten	Absolute Zeiteinteilung der Aktivitäten und Inhalte
Bezieht sich auf die Phaseninhalte (Bearbeitungsschritte der einzelnen Phasen)	Bezieht sich auf die Projektinhalte (Bestandteile des zu realisierenden Systems)
Legt die verwendeten Phasen fest und die Reihenfolge und Abhängigkeiten, in welcher die Phaseninhalte durchgeführt werden.	Spezifiziert das Projekt im Sinne von: • Inhalte (Projektstrukturplan) • Zeit (Projektzeitplan) • Ressourcen (Projektorganisation) • Arbeitseinteilung (Arbeitspakete) • Zwischenergebnisse und Entscheidungszeitpunkte (Meilensteinplanung)
Kann bei der gleichen Projektart oder im Wiederholungsfalle (z. B. neue Version des Projektergebnisses) erneut verwendet werden.	Eine Projektplanung ist immer einmalig! Wird das gleiche Vorhaben nochmal durchgeführt, so muss eine neue Projektplanung erstellt werden.

Abb. 135: Unterschiede zwischen Vorgehensmodell und Projektplan

Das Vorgehensmodell bildet eine Grundlage für die Projektplanung. Dem Projektleiter dient das projektspezifische Vorgehensmodell zunächst als eine Art Checkliste für all die Dinge, die prinzipiell zu tun sind. Aus einem Aktivitätstyp leitet er eine oder mehrere konkrete Aktivitäten ab. Anschließend ordnet er den Aktivitäten Termine und Ressourcen zu. Es ist deshalb empfehlenswert, zuerst ein Vorgehensmodell und erst danach – falls erforderlich – eine Projektplanung zu erstellen. Man kann Vorgehensmodelle deshalb auch als „Meta-Pläne" bezeichnen – sie sind Pläne für die Pläne.

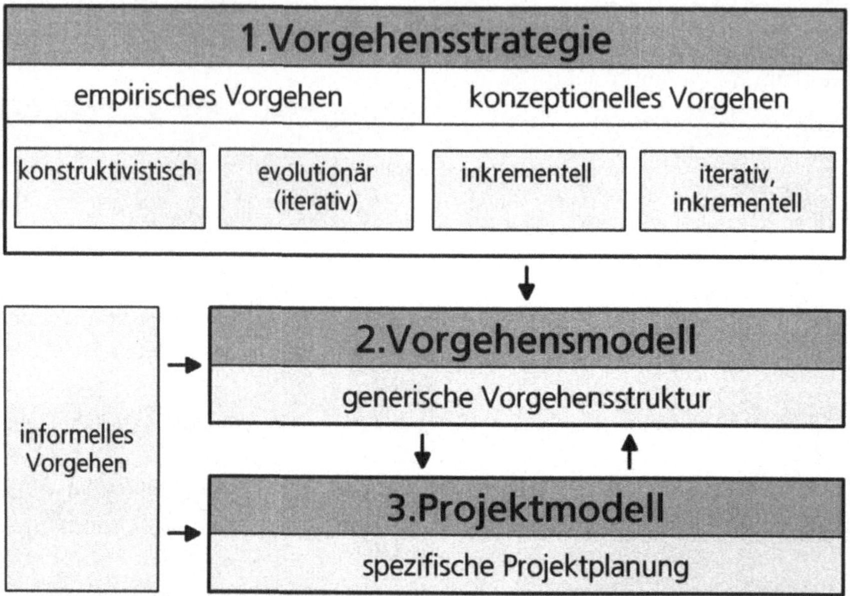

Abb. 136: Top-Down-und Bottom-Up-Vorgehen bei der „Vorgehensmodellierung"

In ▶Abb. 136 wird der Gesamtzusammenhang zwischen dem Vorgehensmodell und der Projektplanung ergänzt um weitere Aspekte gezeigt. Aus der Abbildung wird ersichtlich, dass die spezifische Projektplanung weitestgehend als „Top-Down"-Konkretisierung von der gewählten Vorgehensstrategie über das generische Vorgehensmodell entsteht. Neben diesem „Top-Down"-Ansatz wird das Vorgehensmodell im Speziellen auch durch eine „Bottom-Up"-Konkretisierung geprägt, und zwar in der Form, dass aufgrund projektspezifischer Planungsschritte Rückschlüsse auf die Bestandteile des Vorgehensmodells gezogen werden sollten. Das Vorgehensmodell entsteht also aus einer Mischstrategie von „Top-Down" und „Bottom-Up".

Für kleinere bis mittlere Projekte, die bisher eher unstrukturiert und ohne Projektplanung durchgeführt wurden, kann die Erstellung eines Vorgehensmodells eine sinnvolle Alternative zur Projektplanung sein. Für die Projektplanung gibt es eine Vielzahl von Literatur (Thema: Projektmanagement), weshalb dies im vorliegenden Buch nicht weiter thematisiert werden soll. Der Fokus dieses Buches liegt in der Vorgehensmodellierung.

Ein weiterer Unterschied zwischen Vorgehensmodellierung und Projektplanung ist, dass Vorgehensmodelle in der Regel keine Wertung der Bearbeitungsschritte hinsichtlich ihrer Kritikalität für das Projekt enthalten. Vorgehensmodelle unterscheiden nicht zwischen projektkritischen und nicht-kritischen Bearbeitungsschritten. Diese Unterscheidung muss im Rahmen der Projektplanung herausgearbeitet werden, da diese Differenzierung nur aus der Sicht eines spezifischen Projekts getroffen werden kann.

4.1.2 Ziele und Nutzen von Vorgehensmodellen

Im Zusammenhang mit Vorgehensmodellen ist eine präzisere Definition des Problembegriffs sinnvoll. Erst dadurch wird deutlich, das im Zuge von komplexen Problemlösungen zwei polare Komponenten zu berücksichtigen sind – die Ist-Komponente, die analytisch betrachtet werden muss und die Soll-Komponente, die planerisch geformt werden will. Ein Problem wird deshalb auch definiert als eine Diskrepanz zwischen einem momentanem „Ist" und einem anstrebenswertem „Soll". Die Problemlösung ist dann eine Transformation des Systems von einem Ist-Zustand in einen Soll-Zustand. ▶Abb. 137 stellt diesen Sachverhalt grafisch dar.

Das Ziel der Vorgehensmodelle ist es, diese Transformation geordnet und strukturiert „anzupacken" und sicherzustellen, dass sowohl der Ist-Zustand als auch die Soll-Zielformulierung ausreichend gewürdigt werden. Vorgehensmodelle gliedern den Transformationsvorgang in überschaubare Teilschritte und bieten somit ein methodisches Grundgerüst für eine sichere Ist-Soll-Umsetzung.

Die Beifügung „...modell" sagt aus, dass es sich bei den Vorgehensmodellen nicht um starre und strikt zu befolgende Regelwerke handelt, die zwingend den besten Weg zur Lösung darstellen. Vielmehr können die von den Modellen spezifizierten Vorgehensschritte als Orientierungshilfen und sichere Basis verstanden werden. Es kann durchaus sinnvoll sein, die spezifizierten Schritte von Fall zu Fall zu überdenken, um situative Interpretationen und Anpassungen an spezifische Gegebenheiten vorzunehmen. Dieser Sachverhalt äußert sich auch darin, dass es viele verschiedene Vorgehensmodelle gibt.

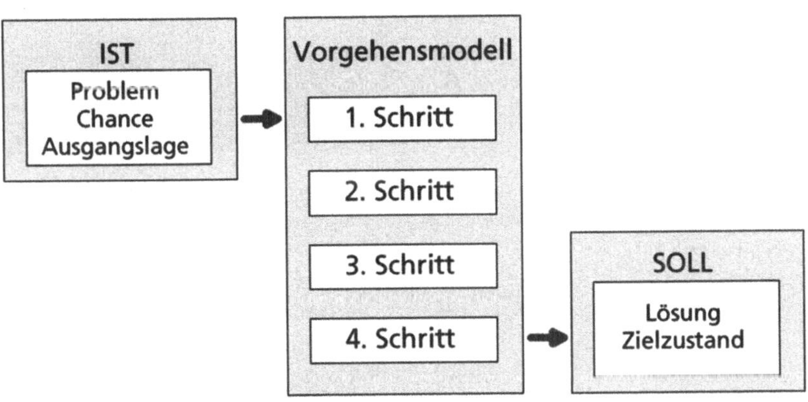

Abb. 137: Ein Vorgehensmodell strukturiert den Weg vom „Ist" zum „Soll"

Vorteil	Kommentar
Transparenz	Ein Vorgehensmodell macht den Gesamtablauf für alle Beteiligten transparent und führt zu einem gemeinsamen Verständnis über den gesamten Transformationsprozess vom „Ist" zum „Soll".
Strukturierung	Ein Vorgehensmodell hilft den Umsetzungsprozess von komplexen Vorhaben zu strukturieren und liefert sinnvolle Abschnitte für Meilensteine, Entscheidungszeitpunkte und Kontrollen.
Orientierung	Ein Vorgehensmodell liefert ein Raster, anhand dessen sich die direkt und indirekt Beteiligten jederzeit über den aktuellen Stand relativ zu allen durchzuführenden Aktivitäten orientieren können.
Abstimmung	Ein Vorgehensmodell erlaubt die Kommunikation und Abstimmung über den Gesamtprozess mit allen Beteiligten. Wenn alle Beteiligten das Vorgehensmodell kennen, ist es leichter für das Team, sich schnell und effektiv über das Projekt und seine Elemente zu unterhalten.
Dokumentation	Ein Vorgehensmodell schafft die Grundlagen für eine vollständige Dokumentation des Projekts.
Wiederverwendung	Ein Vorgehensmodell erleichtert die Wiederverwendung des Prozesses bei gleichartigen Projekten.
Optimierung	Ein Vorgehensmodell unterstützt die Evolution des Prozesses (kontinuierliche Prozessoptimierung)
Vergleichbarkeit	Ein Vorgehensmodell macht Projekte im gleichen Unternehmen oder auch unternehmens-übergreifend vergleichbar, wodurch Schwachstellen oder Verbesserungspotential erkennbar werden.
Aufwandschätzung	Ein Vorgehensmodell erlaubt eine transparente Abschätzung des gesamten Prozesses (Aufwand und Zeit)
Checkliste	Ein Vorgehensmodell kann als Checkliste verwendet werden. Man kann somit sicherstellen, dass kein Schritt ausgelassen wird.
Kreativität	Ein Vorgehensmodell vermittelt Sicherheit bei der Abwicklung von Vorhaben und schafft dadurch Freiräume für Kreativität.
Qualitätssicherung	Während des Vorhabens kann das Vorgehensmodell als Kontrollmechanismus verwendet werden. Ergebniskontrollen werden nicht übersehen.
Vertragsgrundlage	Ein Vorgehensmodell kann als Vertragsgrundlage für Auftraggeber und Auftragnehmer verwendet werden

Abb. 138: Vorteile von Vorgehensmodellen

Das Analysieren, Verstehen, Strukturieren und Dokumentieren eines systematischen Vorgehens führt zu einem generalisierten Rahmenkonzept für künftige Projekte. Durch die vorgenommene Abstraktion von projektspezifischen Inhalten kann das Vorgehensmodell in mehreren Vorhaben mit gemeinsamen Eigenschaften und Charakteristika verwendet werden, wobei sich durchaus die Notwendigkeit von gewissen Anpassungen und Spezialisierungen ergeben kann. Trotzdem bietet die „Modellierung" einer Vorhabensumsetzung und das Festhalten als Vorgehensmodell die Möglichkeit, das bisherige Vorgehen fortwährend zu hinterfragen und effizienter und effektiver als bisher zu gestalten.

In diesem Zusammenhang soll auch auf das **„Tailoring"** von Vorgehensmodellen hingewiesen werden. In den meisten Fällen wird man ein vorhandenes Vorgehensmodell nicht 1:1 für ein spezifisches Projekt übernehmen können. Der Kontext des Unternehmens, in dem das Projekt abgewickelt wird, macht meistens kleinere oder größere Anpassungen notwendig. Das Ergebnis des Tailoring ist ein projektspezifisches Vorgehensmodell. Dieses maßgeschneiderte Vorgehensmodell ist aber immer noch ein „Typenmodell". Das heißt, die Aktivitäten sind nicht projektspezifisch bezeichnet und auch die zu erstellenden Produkte sind nicht konkret mit ihrem Dateinamen aufgeführt, sondern immer noch generalisiert. Die Konkretisierung wird dann im Rahmen der Projektplanung durchgeführt.

Ein Arbeitsschritt in einem typisierten Vorgehensmodell könnte beispielsweise lauten:

- „Vorhandene Datenbanken anpassen".

Im Rahmen der spezifischen Projektplanung wird dieser Arbeitsschritt dann konkret ausformuliert.

Zum Beispiel:

- „1. In der Datenbank Odemis die Kundenfelder ergänzen",
- „2. In der Datenbank Osiris die neuen Produktverknüpfungen einpflegen".

4.1.3 Inhalte von Vorgehensmodellen

Der Aufbau eines Vorgehensmodells ist geprägt durch die Komplexität und den Anforderungsgrad einer angenommenen Problemstellung. So können z. B. bei einfacheren Aufgabenstellungen auch Vorgehensmodelle mit einer simplifizierten Struktur verwendet werden. Beispielsweise können die universellen Schritte Zielformulierung, Lösungsentwurf, Bewertung, Entscheidung und Umsetzung einmal und linear durchlaufen werden. Komplexere Situationen erfordern aber intensivere Strukturierungen – angefangen bei einer umfassenden Situationsanalyse und ggf. einer iterativen Wiederholung von bestimmten in sich abgeschlossenen Problemlösungszyklen innerhalb des Vorgehensmodells.

Mögliche Komponenten eines Vorgehensmodells

- Phasen / Arbeitsschritte / Tätigkeiten / Aktivitäten
- Methoden / Techniken / Hilfsmittel / Prinzipien
- Reviews / Tests / Kontrollen
- Meilensteine / Entscheidungszeitpunkte
- Darstellungstechniken / Notationen
- Produkte / Ergebnisse / Dokumente
- Rollen

Abb. 139: Mögliche Komponenten eines Vorgehensmodelles

Die sachlogische Strukturierung von Tätigkeiten ist nur ein Aspekt eines Vorgehensmodells. Ein Vorgehensmodell kann auch Angaben bezüglich des Einsatzes von Methoden, Techniken oder sonstigen Hilfsmitteln und allgemeinen Prinzipien machen. Ein Vorgehensmodell kann weiterhin Entscheidungszeitpunkte im Ablauf einplanen, die Verwendung von Darstellungstechniken festlegen oder Aktivitäten mit konkreten Ergebnisprodukten verknüpfen. Die möglichen Komponenten, die ein Vorgehensmodell zu einem schlüssigen Gesamtszenario integrieren kann, sind in ▶Abb. 139 dargestellt. Damit diese unterschiedlichen Komponenten in einem Vorgehensmodell grafisch differenziert werden können, verwendet man unterschiedliche Symbole. Es gibt diesbezüglich jedoch keinerlei Richtlinien.

In ▶Abb. 140 werden mögliche Symbole für die Verwendung in Vorgehensmodellen mit ihren jeweiligen Bedeutungen bzw. Inhalten gezeigt. Damit soll eine Grundlage geschaffen werden, die es dem Leser ermöglicht, anlässlich von projektspezifischen Situationen innerhalb kurzer Zeit das Vorgehen zu strukturieren und den Ablauf grafisch darzustellen. Im Sinne des bereits vorgestellten „methodischen ersten Schrittes" sollte man sich bereits vor dem Beginn der konkreten Projektarbeit Gedanken über das Vorgehen machen und dieses soweit zu „modellieren", wie es mit dem momentanen Wissensstand möglich ist. Im Laufe der Projektarbeit können dann Anpassungen vorgenommen werden.

Symbol	Bedeutung
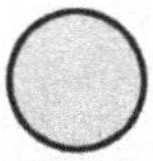 (Kreis)	Startereignis / Zielereignis
 (gefülltes Rechteck)	Phase / Arbeitsschritt / Tätigkeit
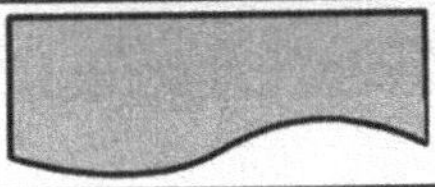 (Rechteck mit geschwungener Unterkante)	Ergebnistyp / Produkt (die konkreten Ergebnisse, die durch eine Aktivität erzeugt werden; z.B. Dokumente / Diagramme / Code)
 (Ellipse)	Review / Test / Kontrolle
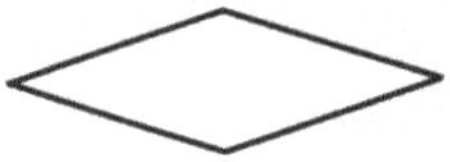 (Raute)	Meilenstein / Entscheidungszeitpunkt (findet meist nach einem Review oder nach einem Test statt)
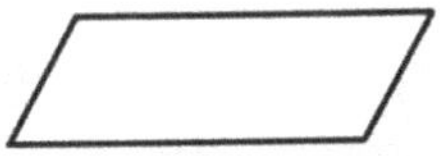 (Parallelogramm)	Bedingung (muss erfüllt sein, damit z.B. eine Aktivität durchgeführt werden kann)
 (Sechseck)	Methode / Technik / Hilfsmittel (beispielsweise eine bestimmte Methode oder Technik, die für einen Arbeitsabschnitt angewendet werden muss)
 (abgerundetes Rechteck)	Darstellungstechnik / Notation (bestimmte die Art und Weise wie das Ergebnis grafisch dargestellt werden soll)
 (Pfeil)	sachlogische Reihenfolge
 (Figur)	Rolle (Akteur der einen Bearbeitungsschritt durchführt; z.B. Entwickler, Anwender, Analytiker)
 (Konnektor-Symbole)	Konnektor (bei langen Vorgehensmodellen; z.B. für spaltenweise Abbildung auf einer Seite oder Seitenwechsel)

Abb. 140: Vorschlag für die Verwendung von Symbolen in Vorgehensmodellen

Der angegebene Symbolvorschlag ist in keiner Weise verbindlich und erhebt auch nicht den Anspruch, einen Standard deklarieren zu wollen. Das Ziel des Symbolvorschlags ist es vielmehr, dem Leser eine schlüssige und sinnvolle Notation an die Hand zu geben, die eine inhaltlich vollständige Vorgehensmodellierung in grafischer Form unterstützt. Der Leser ist weitgehend frei in der Art und Weise, mit welchen Inhalten er welche Symbole belegt. Entscheidend ist letztendlich, das alle Beteiligten ein gemeinsames Verständnis über die Symbolbedeutungen haben.

Der Symbolvorschlag sieht getrennte Symbole für Meilensteine (Entscheidungs-
oder Berichtszeitpunkte) und Kontrollzeitpunkte (Reviews oder Tests) vor. Diese Unterscheidung wird in der bisherigen Arbeitspraxis nicht immer gemacht.
Entscheidungen oder Berichte sind nahezu nach jeder Kontrolle vorgesehen, so
dass beide Ereigniszeitpunkte zumindest „theoretisch" sehr oft zusammenfallen.
Dies muss allerdings nicht zwangsweise so sein.

Mögliche Rollen in einem Vorhaben	
Auftraggeber	IT-Analyse
Projektleiter	IT-Architekt
Steuerungs-Ausschuss	Entwickler / Programmierer
Geschäftsleitung	Datenbank-Entwickler
Abteilungsleiter	Change-Management-Verantwortliche
Fachvertreter	Test-Verantwortliche
Business Analyst	Qualitätssicherungs-Verantwortliche

Abb. 141: Mögliche Rollen in einem Vorhaben

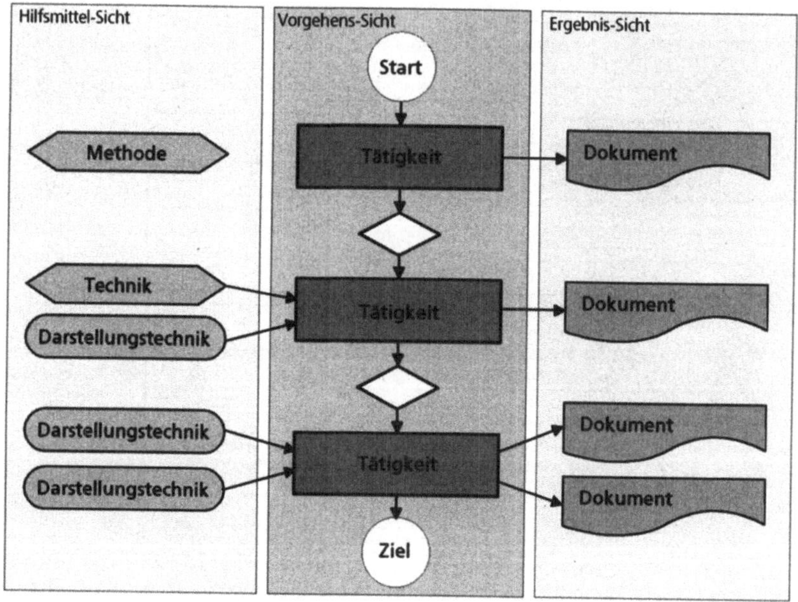

Abb. 142: Neutralbetrachtete Darstellungsmöglichkeit eines Vorgehensmodells

Die folgenden Ausführungen sollen dem Leser unter anderem auch das notwendige Fundament liefern, um eine aktive Rolle bei der situationsbezogenen
Gestaltung von Vorgehensmodellen einzunehmen. Diesbezüglich sei jedoch
noch mal darauf hingewiesen, dass es bei der Vorgehensmodellierung keinerlei
Normen und Standards gibt, weder was die Verwendung von Symbolen in Vor-

gehensmodellen betrifft noch was die Art und Weise, wie die grafische Darstellung eines Vorgehensmodells zu erfolgen hat, anbelangt. Die nachfolgend dargestellten Vorgehensmodelle verstoßen deshalb bewusst gegen das Gebot der Konsistenz. Sie werden absichtlich unterschiedlich dargestellt, um dem Leser mögliche Gestaltungsvarianten zu zeigen.

4.1.4 Hierarchische Gliederung eines Gesamtablaufs

Elemente für die hierarchische Strukturierung der Arbeitsinhalte in einem Vorgehensmodell sind Phasen, Arbeitsschritte und Tätigkeiten. Die Tätigkeiten selbst werden zwar entweder bei der konkreten Ausführung oder bei sehr umfangreichen Vorhaben noch weiter unterteilt in einzelne, von einer Person durchzuführende Aktivitäten. Es macht jedoch nur bei kleinen Projekten Sinn, eine derart atomare Strukturierung in einem Vorgehensmodell zu erfassen (z. B. bei Vorhaben, die aufgrund ihres geringen Umfangs ohne Projektplanung abgewickelt werden). Die detaillierte Einteilung von einzelnen Aktivitäten ist ansonsten eher ein Element der Projektplanung. Im Rahmen der Projektplanung werden Aktivitäten als „Arbeitspakete" definiert und individuellen Personen zugewiesen.

Vorgehensmodelle werden auch als „Phasenkonzepte" oder „Phasenmodelle" bezeichnet. Der Grund liegt unter anderem darin, dass die DIN-Norm den Phasenbegriff für seine Normierungen verwendet. Laut DIN 69901 ist eine **Projektphase**:

> „ein zeitlicher Abschnitt in einem Projektablauf, der sachlich von anderen Abschnitten getrennt abläuft. Die Projektphase wird durch eine Vernehmlassung offiziell abgeschlossen."

Man bringt damit zum Ausdruck, das die vom Vorgehensmodell genannten Bearbeitungsschritte als eigenständige Abschnitte zu sehen sind, die durch klare Aufträge eingeleitet werden bzw. durch definierte Meilensteine in Form von Entscheidungszeitpunkten oder Berichtzeitpunkten beendet werden.

Bei den **Meilensteinen** am Ende jeder Phase handelt es sich oftmals um so genannte Management-Reviews. Es wird festgestellt, ob das Projekt die vordefinierten Pläne und Standards erfüllt. Alle Abweichungen und die dazugehörigen Risikoeinschätzungen werden festgehalten und Maßnahmen zu deren Beseitigung werden beschlossen. Sobald alle Abweichungen ausreichend verbessert und alle das Projekt gefährdenden Risiken durch entsprechende Maßnahmen abgesichert worden sind, kann das Projekt in die nächste Phase übergehen. Durch Meilensteine kann also sichergestellt werden, dass die Entscheidungsträger ihre Kontrollaufgabe zu definierten Zeitpunkten wahrnehmen können.

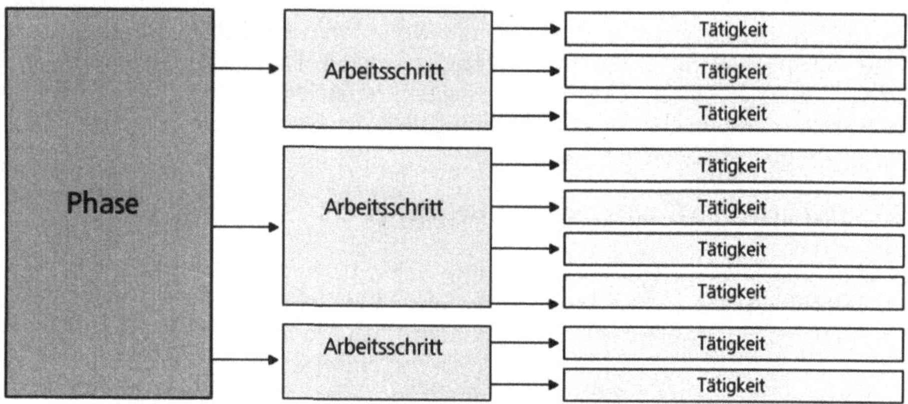

Abb. 143: Neutralbetrachtete Form einer hierarchischen Gliederung

Die Phaseneinteilung ist die höchstmögliche Gliederungsebene eines Vorgehensmodells. Eine Phase ist der Zeitraum zwischen zwei Meilensteinen des gesamten Prozesses, in dem eine wohldefinierte Menge von Zielen erreicht wird, Ergebnisse vervollständigt und Entscheidungen über den Eintritt in die nächste Phase getroffen werden. Ein weit verbreitetes Phasenmodell ist das so genannte 5-Phasenmodell, das auf folgender Phaseneinteilung basiert:

1. Vorstudie

2. Hauptstudie

3. Detailstudie

4. Realisierung

5. Einführung

Die nächst tiefere Gliederungsstufe in einem Vorgehensmodell sind die „**Arbeitsschritte**". Ein Arbeitsschritt fasst Tätigkeiten in einer Weise zusammen, dass durch die erzielten Produkte der Tätigkeiten ein in sich schlüssiges Teilergebnis für das Projekt entsteht. Ein Arbeitsschritt in einem Projekt kann die Situationsanalyse sein. **Tätigkeiten,** die im Rahmen einer Situationsanalyse durchgeführt werden, könnten beispielsweise sein:

- Informationsbeschaffung

- Informationsaufbereitung

- Informationsdarstellung

- Informationsbewertung

Damit befinden wir uns auf einer Gliederungsstufe, die oftmals als unterste Gliederungsstufe von Vorgehensmodellen angesehen wird. Aus der Durchführung von Tätigkeiten entstehen konkrete Produkte, z. B. die beschafften Informationen, die aufbereiteten Informationen, die dargestellten Informationen und die bewerteten Informationen.

Auf der untersten Stufe von Vorgehensmodell besteht die Möglichkeit, zwischen so genannten „elementaren Prozessschritten" und „geführten Prozessschritten" zu unterscheiden.

- Elementare Prozessschritte sind die Aktivitäten.

- Geführte (managed) Prozessschritte sind Aufgaben.

„Geführt" bedeutet in diesem Zusammenhang, dass konkrete Ressourcen vergeben werden, ein Zeitplan erstellt wird, die Aufgabe einem oder mehreren Auszuführenden zugewiesen wird und der Prozessschritt überwacht wird.

Element	Zeitdauer	Personen
Phase	Mehrere Wochen, einen Monat, mehrere Monate	3-9
Arbeitsschritt	eine Woche, mehrere Wochen	2-5
Tätigkeit	einen Tag, mehrere Tage, eine Woche	1-2
Aktivität	einige Stunden, einen Tag	1

Abb. 144: Gliederungselemente eines Gesamtablaufs

Die Einteilung der Phasen und Arbeitsschritte orientiert sich primär an den sachlichen Erfordernissen eines bestimmten Vorhabenstyps. Sie geschieht also losgelöst vom Umfang (Zeitdauer oder Teamgröße) eines bestimmten Projektes. Das bedeutet, dass Phasen und Arbeitsschritte eher als absolute Gliederungselemente anzusehen sind, im Gegensatz zu den tiefer liegenden Ebenen (Arbeitsschritte und Tätigkeiten), deren Strukturierung zwar auch in Abhängigkeit von der Sachlage geschieht.

Es sind aber auf diesen Ebenen noch andere Faktoren relevant. Insbesondere der spezifische Kontext, in dem das Projekt abgewickelt wird (Firmengröße, Branche, Anzahl beteiligter Partner), und der Umfang des Vorhabens (Zeitdauer, Teamgröße) bestimmen die Tätigkeiten und Aktivitäten.

Je nach Umfang und Komplexität des Vorhabens oder eines Projekts ist ein Vorgehensmodell also nicht als kleinste Gliederungsstufe anzusehen, sondern eher als „Meta-Vorgehensmodell". Die einzelnen Tätigkeiten des Vorgehensmodells können dann bezogen auf die konkrete Situation noch weiter in sinnvolle und einzeln durchzuführende Aktivitäten aufgeschlüsselt werden.

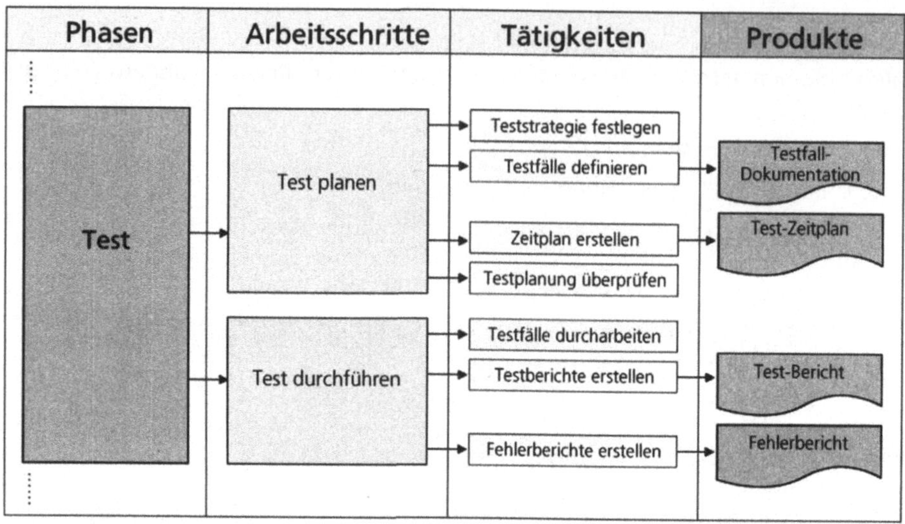

Abb. 145: Ausschnitt einer möglichen Darstellung eines Vorgehensmodelles

4.1.5 Phasenmodell gemäß Systems Engineering

Ein oft zitiertes Phasenmodell basiert auf dem „5-Phasenkonzept" und wird auch als „konstruktivistisches Phasenmodell" bezeichnet, womit auch auf die dem Phasenmodell zugrunde liegende Vorgehensart hingewiesen wird (im Unterschied zu einem evolutionärem und inkrementellen Vorgehen). Das 5-Phasenmodell wurde am Betriebswirtschaftlichen Institut (BWI) der ETH Zürich im Rahmen des „Systems Engineering" entwickelt.

Die Grundideen des 5-Phasenmodells sind:

- vom Groben zum Detail
- bessere Übersicht
- abgeschlossene Phasen
- gezieltes Vorankommen
- kleineres Risiko (Abbruchmöglichkeiten)
- bessere Kontrolle

Der Grundsatz „vom Groben zum Detail" sieht vor, zuerst generelle Ziele für das Gesamtsystem und ein Rahmenkonzept festzulegen, dessen Konkretisierungs- und Detaillierungsgrad aber erst im Verlauf der Ausgestaltung der Lösungskonzepte stufenweise erhöht wird. Das damit einhergehende Einengen des Betrachtungsfeldes wird insbesondere durch die Definition von Teilsystemen und den damit verbundenen Teilprojekten in der Hauptstudie konkretisiert.

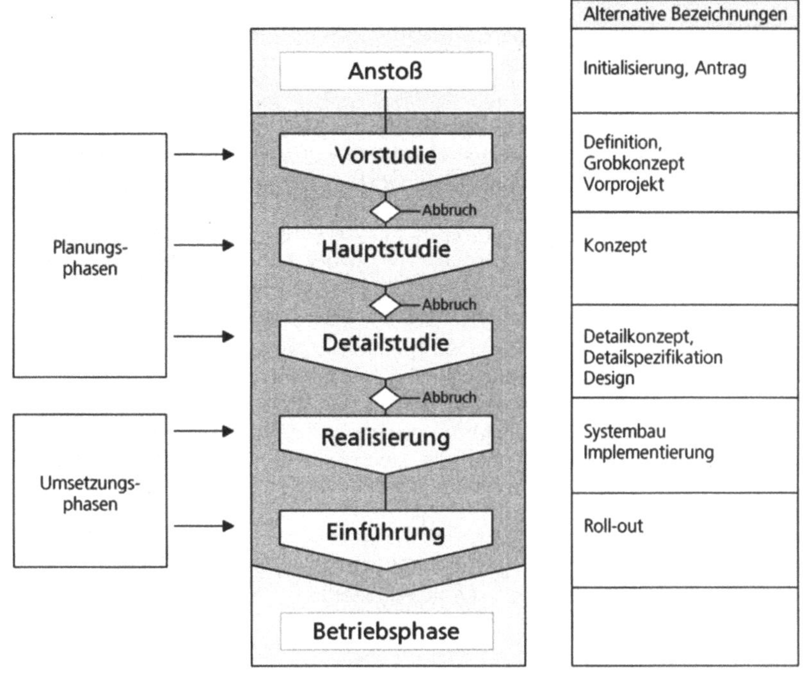

Abb. 146: konstruktivistisches 5-Phasenmodell

Die ersten drei Phasen des 5-Phasenmodells (Vorstudie, Hauptstudie und Detailstudie) sind **Planungsphasen**. Die Planungsphasen haben im Prinzip die gleiche Grundstruktur. Sie unterscheiden sich hauptsächlich in der Abgrenzung und im Detaillierungsgrad der jeweils bearbeiteten Problemfelder. Grundsätzlich lasst sich sagen, dass nach der Vorstudie über ein Rahmenkonzept entschieden wird, nach der Hauptstudie über ein Grobkonzept und nach der Detailstudie über ein Detailkonzept. Nach jeder dieser Planungsphasen ist eine Abbruchmöglichkeit vorgesehen.

Anstoß zur Vorstudie	
Sinn Zweck Inhalt	Die Vorgaben des Auftraggebers sind festzuhalten, und die Vorstudie ist im Hinblick auf Zeit und Mitarbeiter-Ressourcen zu planen.
Ziel	Abgestimmter, schriftlicher Auftrag für Vorstudie

Vorstudie	
Sinn Zweck Inhalt	In der Vorstudie geht es im Wesentlichen darum, die aus der Initialisierung bzw. dem Anstoß entstandenen Gedankengänge aufzugreifen und mit einem vertretbaren Aufwand in ein erstes und noch sehr grobes Konzept umzusetzen. Es ist zu klären, ob das richtige Problem angepackt wird, ob es vernünftig ist, eine Lösung für das Problem zu suchen, ob es Lösungen gibt, die in technischer, wirtschaftlicher und sozialer Hinsicht realisierbar erscheinen, ob deren Realisierung auf Grund von Kriterien, die im Rahmen der Vorstudie festzulegen sind, wünschbar ist (positive und negative Wirkungen), ob die Lösung in der Umgestaltung eines bestehenden Systems oder in einer vollkommenen Neugestaltung liegen soll. Es findet eine Informationsbeschaffung und Analyse der erhobenen Informationen statt. Mit Hilfe des Systemdenkens wird die Situation modelliert. Besonders wichtig ist dabei die Erarbeitung der Systemgrenzen (Gestaltungsbereich). Auf Basis einer Stärken/Schwächen- und Chancen/Risiken-Beurteilung sollten die Ziele und Rahmenbedingungen des Projekts ermittelt werden. Die wichtigsten Funktionen der Lösung werden erarbeitet (Was mus, was soll sie leisten können?). Prinzipielle Lösungsvarianten bzw. Lösungsrichtungen werden grob erarbeitet. Darstellungen können auf grobem Niveau angefertigt werden (z. B. Darstellungen des Systemdenkens, Prozesslandkarte, Aufgabenkettendiagramm). Die Vorstudie entfällt, wenn es sich um ein zwingendes Projekt handelt. Beispielsweise wenn durch eine Gesetzesänderung die Anpassung eines Programmes notwendig wird.
Ziel	Die Vorstudie soll eine Beurteilung des Projekts und des Grundgedankens der dadurch angestrebten Lösung im Hinblick auf die Realisierbarkeit, die Erfolgschancen, den Nutzen, die Wirtschaftlichkeit, die Ziele und die Rahmenbedingungen möglich machen. Es soll eine Entscheidungsgrundlage geschaffen werden, die es erlaubt, wenig erfolgversprechende Vorhaben zu erkennen und umzuformulieren oder ganz abzubrechen.
Hauptstudie	
Sinn Zweck Inhalt	In der Hauptstudie werden überschaubare Unter- und Teilsysteme abgegrenzt, für die aus der Sicht der Vorstudie detailliertere, aber immer noch grobe Lösungsvarianten entwickelt werden. Die Schnittstellen zwischen den Teilprojekten werden ermittelt. Ebenso werden die Prioritäten – die Bearbeitungsreihenfolge der Teilprojekte – festgelegt und Lösungskonzepte für die abgegrenzten Teilprojekte ermittelt. Die Anforderungen und die Ziele werden komplettiert. Dazu werden gegebenenfalls weitere Informationen erhoben und analysiert.
Ziel	Als Ergebnis der Hauptstudie liegen grobe Lösungskonzepte für alle Unter- und Teilsysteme vor, für die detaillierte Kosten-Nutzen-Schätzungen erarbeitet werden.

Detailstudie

Sinn Zweck Inhalt	In der Detailstudie werden die bisherigen Grobentwürfe für das Gesamtkonzept und für die einzelnen Teilbereiche soweit konkretisiert, dass sie entweder als Basis für konkrete Realisierungspläne verwendet werden können oder bereits ausführungsreif vorliegen, d.h. direkt für die Implementierung genutzt werden können. Je nach Bedarf werden weitere Informationen erhoben und analysiert.
Ziel	Als Ergebnis liegen die Detailpläne der zu realisierenden Lösung vor. Dadurch ist eine konkrete Entscheidungsgrundlage für die Projektfortführung oder den Projektabbruch gegeben.

Realisierung

Sinn Zweck Inhalt	Als konkrete Implementierungsvorgabe entsteht in dieser Phase eine möglichst vollständige Beschreibung der Struktur und des Ablaufs jedes Programmteils. Die Programme werden erstellt. Die Benutzerdokumentation wird abgeschlossen und ein Einführungsplan wird erarbeitet. Das Programm wird abschließend getestet und bei bestandenem Test „freigegeben".
Ziel	Ein funktionsfähiges, geprüftes, betriebsbereites und dokumentiertes System

Einführung

Sinn Zweck Inhalt	Vor der Einführung müssen Fall-Back-Szenarios geplant werden. Dies geschieht meist in Form eines Notfall-Konzeptes, in dem konkrete Maßnahmen beschrieben sind, falls das neue System nicht wie gewünscht funktioniert. Die Anwender werden auf dem neuen System geschult. Das System wird an den Fachbereich übergeben. Die reibungslose Ablösung des bestehenden Systems muss sichergestellt sein.
Ziel	Die Nutzungsfreigabe (= Projektende) des neuen Systems und das „De-aktivieren" des alten Systems.

Abb. 147: Inhalte und Ziele der einzelnen Phasen

4.1.6 Abgrenzung zwischen Planungszyklus und Vorgehensmodell

Bei dem zuvor angeführten 5-Phasen Vorgehensmodell haben die drei Planungsphasen Vorstudie, Hauptstudie und Detailstudie die gleiche Grundstruktur. Diese Grundstruktur lässt sich inhaltlich durch ein als „Planungszyklus" ausgelegtes Vorgehen konkretisieren. Ein Planungszyklus gibt eine systematische Bearbeitungsreihenfolge vor, mit der der Inhalt bzw. der Ablauf einer Projektphase strukturiert wird. Planungszyklen formulieren ein allgemein gültiges Raster, das im Zuge einer phasenweisen Projektbearbeitung mehrmals durchlaufen werden kann. Vorgehensmodelle sind hingegen prozessorientiert. Sie sind so ausgelegt, dass man in einem Durchlauf zur Lösung der Aufgabenstellung geleitet wird. Das heißt, wenn alle Schritte des Modells bearbeitet wurden, ist das Vorhaben vollständig durchgeführt. Je nach Vorgehensstrategie kann es jedoch sein, dass man bei einem Vorgehensmodell einen bestimmten Teilschritt „rekursiv" wiederholt, um in einer „iterativen Verfeinerung" das Ergebnis zu verfeinern.

Typische Bearbeitungsschritte eines allgemein gültigen Planungszyklus sind:

1. Auftrag für die Phase

2. Informationserhebung und -analyse

3. Wertung des Ist-Situation (Chancen/Risiken und Stärken/Schwächen)

4. Ursachenermittlung (insbesondere für Schwächen und Mängel der Ist-Situation)

5. Zielfestlegung bzw. Zielrevision

6. Entwurf von Lösungsvarianten für das Gesamtprojekt bzw. für Teilprojekte

7. Vergleich der Lösungsvarianten und Bewertung im Hinblick auf die Zielerreichung

8. Variantenauswahl und Entscheidung für weiteres Vorgehen

Im Buch „Methoden und Techniken der Organisation" von Götz Schmidt wird ein Planungszyklus definiert, der wiederholt in unterschiedlichen Phasen eines Projekts eingesetzt werden kann und sich auch für die Planungsphasen „Vorstudie", „Hauptstudie" und „Detailstudie" eignet.

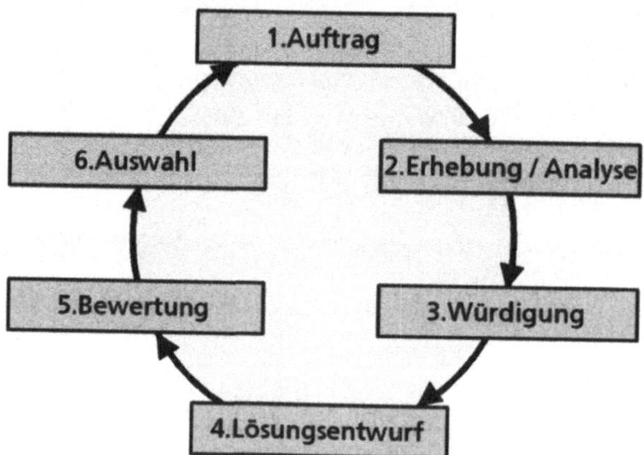

Abb. 148: Planungszyklus in sechs Schritten (gemäß Götz Schmidt)

Schritt 1 – Auftrag: Festlegen der Ziele (phasenbezogen) und Restriktionen, Projektorganisation für die Phase bestimmen, Termine bis zum Phasenende, Kosten (Budget).

Schritt 2 – Erhebung / Analyse: Sammeln von Informationen zum Ist-Zustand und über die zukünftige Entwicklung. Ordnen des erhobenen Materials.

Schritt 3 – Würdigung: Ermittlung von Stärken und Schwächen, Chancen und Risiken des Ist-Zustands. Überarbeitung des Zielkatalogs für das Projekt / Teilprojekt.

Schritt 4 – Lösungsentwurf: Ermitteln, sammeln und beschreiben von möglichen Lösungen.

Schritt 5 – Bewertung: Die ermittelten Varianten werden den zu erreichenden Zielen gegenübergestellt. Der Zielerreichungsgrad der Varianten wird ermittelt. Es wird eine Empfehlung für die Entscheider erarbeitet.

Schritt 6 – Auswahl: Die Entscheidungsberechtigten überprüfen den Vorschlag und legen verbindlich fest, wie weiter vorzugehen ist. Wenn das Projekt fortgeführt wird, erteilen sie einen Auftrag für das weitere Vorgehen.

Weiterhin besteht auch die Möglichkeit, im Rahmen der drei Planungsphasen auf die bereits beschriebenen Vorgehensmodelle der systematischen Problemlösung zurückzugreifen.

4.2 Problemlösungsprozesse für systematisches Problemlösen

Problemlösen ist zielorientiertes Denken und Handeln in Situationen, die einen gewissen Komplexitätsgrad haben oder für deren Bewältigung keine Routine verfügbar ist. Das Problemlösungsvorgehen ist stark kontextabhängig und kann nicht generalisiert werden. Man unterscheidet zwei Arten von Problemen: Bei „geschlossenen Problemen" sind der Anfangs- und der Zielzustand bekannt, nicht aber die richtigen Operationen zur Zielerreichung. Bei „offenen Problemen" ist dagegen lediglich der Anfangszustand bekannt. Der Problemlöser muss bei dieser Problemform sowohl die Ziele bestimmen, als auch die Transformationsschritte zur Problemlösung durchführen. Bei den Strategien zur Problemlösung kann man zwischen zwei übergeordneten Ausprägungen unterscheiden: Algorithmen sind logische und feststehende Lösungsstrategien für eine präzis spezifizierte Problemsituation, die sicher zum Ziel führen. Heuristiken sind dagegen Lösungsstrategien, die allgemein anwendbar sind, die aber einen Erfolg nicht garantieren können.

Da eine Problemstellung heute in den wenigsten Fällen in einem „Zug" gelöst werden kann, ist eine strukturierte Herangehensweise erforderlich. Eine einfache und grundlegende Strukturierung des Problemlösungsprozesses wird in ▶Abb. 149 gezeigt. Durch unterschiedliche Aktivitäten und Mitteleinsätze werden auf dem Weg zur Zielerreichung Zwischenstände geschaffen, Unterziele erreicht und erneute Mitte-Ziel-Analysen durchgeführt, so dass das Erreichen des Zielzustandes in mehreren Schritten und Teilprozessen verläuft. Es gibt diesbezüglich eine Vielzahl von allgemeingültigen Problemlösungsprozessen, die sich vor allem durch ihren Detaillierungsgrad unterscheiden.

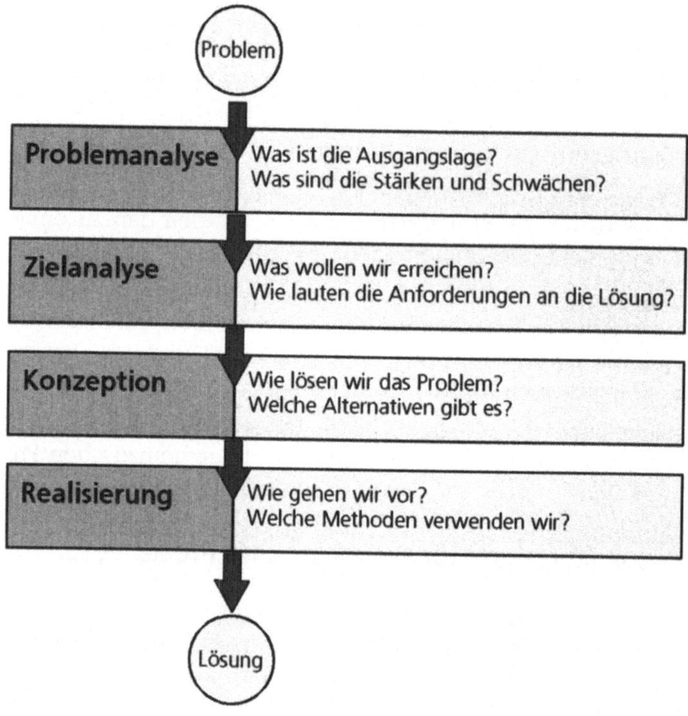

Abb. 149: Die grundsätzliche Strukturierung eines Problemlösungsprozesses

Ein Problemlösungsprozess dient als neutraler Leitfaden zur Lösung von fachlichen Problemen. Er beschreibt die systematische Bearbeitung eines Problems, um es zu einer Lösung zu überführen. Jeder einzelne Schritt ist in der Regel notwendig für eine gelungene Umsetzung und sollte deshalb nicht ausgelassen werden. Man muss diesen Prozessen jedoch mit einer gewissen Distanz begegnen. Es sind lediglich Modelle die ihre volle Kraft erst dann entfalten, wenn sie passend zur konkreten Situation ausgewählt werden. Im Folgenden soll deshalb unterschiedliche Problemlösungsprozesse dargestellt werden, damit entsprechende Auswahlmöglichkeiten zur Verfügung stehen. Je nach Ausgangslage kann es auch sinnvoll sein, Elemente von verschiedenen Prozessen individuell zusammenzusetzen und einen eigenen Problemlösungsprozess zu gestalten.

Aus einer planerischen Sicht werden Problemlösungsprozesse oder sonstige Vorhaben und Aufgaben oftmals in die vier grundsätzlichen und allgemeingültigen Schritte

- Planung,

- Vorbereitung,

- Durchführung und

- Kontrolle

unterteilt. Für einfach und unmittelbar erfassbare Problemkonstellationen mag dieses Vorgehen zum Ziel führen. Bei schwierigeren Ausgangslagen ist es jedoch etwas leicht gesagt, einfach „mal so" mit einer Planung zu beginnen. Eine gute Planung ist schließlich noch kein Garant für ein ursächliches Problemverständnis und eine sinnvolle und nachhaltige Lösung.

Es stellt sich die Frage nach den Inhalten der Planung: „Welches sind sinnvolle Problemlösungsschritte, die in einer Planung aufgeführt werden können?" und „Wie sollen diese Schritte zeitlich sinnvoll angeordnet werden?". Eine wichtige vorab durchzuführende Aktivität ist deshalb das Verstehen der Aufgabe bzw. des Problems.

Zudem benötigt man Anhaltspunkte und Kriterien, mit deren Hilfe man die Geeignetheit oder Ungeeignetheit von Maßnahmen oder Lösungsalternativen beurteilen kann. Dies erreicht man durch das Festlegen von Zielen. Allerdings können nicht bei jeder Aufgabenstellung die Ziele gleich zu Beginn unumstößlich und vollständig angegeben werden. Es ist deshalb in aller Regel notwendig, die Ziele anzupassen und zu konkretisieren, nachdem man ein vollständiges Verständnis der Ausgangslage erreicht hat. Aus all diesen Teilschritten entsteht ein Problemlösungsprozess mit sieben Bearbeitungsschritten, der in ▶Abb. 150 dargestellt ist.

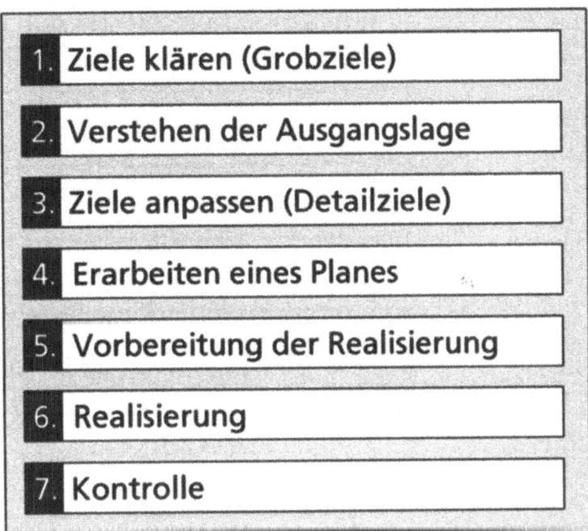

Abb. 150: Problemlösungsprozesses mit 7 Teilschritten

Die Kontrolle am Ende des Problemlösungsprozesses dient der Rückschau. Es handelt sich dabei zum einen um eine Kontrolle der Zielerreichung bzw. der Zielübereinstimmung (inwiefern stimmt die Lösung mit den zuvor gesetzten Zielen überein). Des Weiteren sollte man eine Analyse des Problemlösungsvorgehens im Hinblick auf „Verfahrensfehler" durchführen. Man versucht die Ursachen für Fehler zu finden und diese Ursachen zu korrigieren, so dass derartige Fehler zukünftig nicht mehr entstehen können. Diese Analyse führt also zu korrektiven Maßnahmen, also einer mittelbaren Korrektur (die unmittelbare Fehlerkorrektur geschieht bereits während dem Projektablauf).

Die im Folgenden vorgestellten Problemlösungsprozesse unterscheiden sich in zweierlei Hinsicht. Zum einen sind sie in Bezug auf die Anzahl von Teilschritten unterschiedlich stark strukturiert. Des Weiteren fokussieren sie oftmals einen ganz bestimmten Teilaspekt und formulieren dieses detaillierter aus. Beispielsweise besteht je nach Ausprägung der Ausgangslage die Möglichkeit, den Schwerpunkt auf die Analyse der Problemsituation zu legen oder auf die Lösungsbearbeitung. In schwierigen Konstellationen können beide Varianten zu einem vollumfassenden Problemlösungsprozess kombiniert werden.

4.2.1 Universeller Problemlösungsprozess

Komplexe Situationen erfordern eine gut ausgeprägte Analysearbeit. Ohne eine detaillierte Betrachtung der Ausgangslage lassen sich komplexe Probleme nicht lösen. Bei komplexen Aufgabenstellungen wird den Planungsschritten eine Analysephase vorgeschaltet, die aus den zwei Bearbeitungsschritten „Situationsanalyse" und „Problemformulierung" besteht. Es entsteht nun ein Vorgehensmodell mit acht Schritten (siehe ▶Abb. 151).

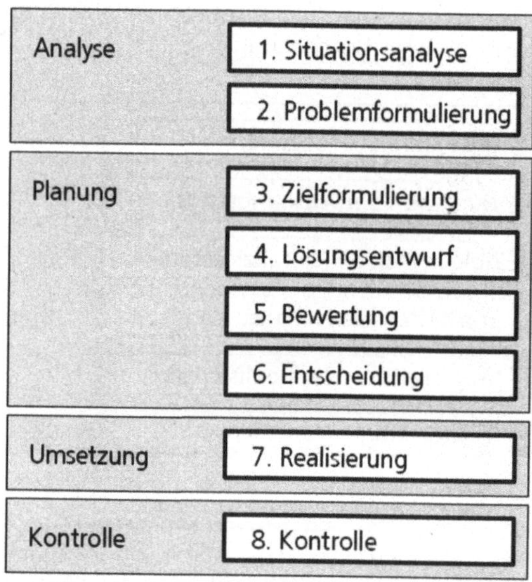

Abb. 151: Vorgehensmodell für komplexe Aufgabenstellungen

Der erste Teilschritt, die Situationsanalyse dient dazu, ein vollständiges Bild der Ausgangslage zu erhalten. Die detaillierten Inhalte der Situationsanalyse werden später noch ausführlich behandelt. Bezüglich der Problemformulierung ist zu erwähnen, dass eine für alle Beteiligten schlüssige Problemdefinition eine anspruchsvolle Aufgabe ist. Zum einen, weil man Ursachen von Wirkungen trennen muss, um nicht eine Symptombekämpfung vorzunehmen. Zum anderen, weil sich bei einer ganzheitlichen Betrachtung unterschiedliche Facetten einer als problematisch empfundenen Situation ergeben können, die auf einen gemeinsamen und für alle stimmigen Nenner gebracht werden müssen.

Diese Umstände rechtfertigen die Herauslösung der Problemformulierung als eigenen Schritt, bei dem im Wesentlichen die Erkenntnisse der Situationsanalyse zusammengefasst werden. Zu diesem Teilschritt der Analyse gehört auch die Problemabgrenzung. Anhand der Situationsanalyse sollte es möglich sein, das Problem gegenüber ähnlichen Problemen oder gegenüber Problemen, die getrennt betrachtet werden müssen, abzugrenzen. Eine schlüssige Problemdefinition bildet die Arbeitsgrundlage für den Eintritt in die nachfolgenden Bearbeitungsphasen. Weiterhin ist bei diesem Vorgehensmodell zu beachten, dass der Teilschritt „4. Lösungsentwurf" in zwei Unterschritte aufgeteilt werden kann – und zwar „Lösungs-Synthese" und „Lösungs-Analyse".

In den nachfolgenden Unterkapiteln wird der Lösungsentwurf noch detaillierter besprochen und in diesem Zusammenhang werden auch auf die verschiedenen Inhalte der Lösungsfindung und Lösungsumsetzung behandelt.

Phase	Mögliche Instrumente
1. Analyse der aktuellen Situation und zukünftiger Szenarien	• Systemanalyse • Korrelationsmatrix • Flussdiagramme, Modelle • Statistische Instrumente (Pareto-Analyse) • Simulationen • Schaffen von Szenarien • Techniken für das Einholen von Informationen • Analyse der Stärken und Schwächen sowie der Möglichkeiten und Risiken (SWOT-Analyse)
2. Definition der Ziele	• Zielbaum
3. Schaffung von Lösungsvarianten	• Kreativitätstechniken • Brainstorming • Parallel (lateral) Thinking
4. Wahl der optimalen Lösung	• Tabellen für die Berechnung des Nutzens • Analyse der Konsequenzen • Simulationen

Abb. 152: Phasen und mögliche Instrumente

Für jede Planungsphase gibt es verschiedene operative Mittel, die dem „Anwender" des Prozesses helfen sollen, die Bearbeitung eines Schrittes möglichst optimal und vollständig durchzuführen.

4.2.2 Problemlösung ohne Analyse der Ausgangslage

Bei Vorhaben, die auf der so genannten „grünen Wiese" aufsetzen, also ohne die Berücksichtigung einer vorhandenen Situation auskommen, erübrigt sich die

Analyse-Arbeit. Die Aufgabenstellung erfährt dadurch – zumindest am Beginn – eine gewisse Vereinfachung. Es ergibt sich dann ein Vorgehensmodell, dass sich aus sechs Bearbeitungsschritten zusammensetzt, in denen optimale Lösungen für komplexe Probleme gesucht werden (siehe ▶Abb. 153).

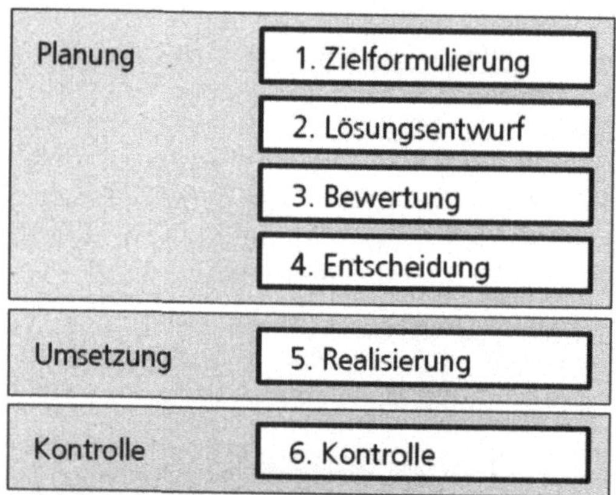

Abb. 153: Vorgehensmodell für einfache Aufgabenstellungen

Schritt 1 – Zielformulierung: Bei einem Vorhaben das „auf der grünen Wiese" begonnen wird, ist es von fundamentaler Bedeutung, sich als erstes über die Ziele klar zu werden. Die Ziele der Aufgabenstellung sind zu definieren. Zweck der Zielformulierung ist die systematische Zusammenfassung der Absichten (Ziele, Wünsche, Anforderungen), die der Lösungssuche zugrunde gelegt werden sollen. Die Ziele bilden die Orientierung für alle weiteren Schritte.

Schritt 2 – Lösungsentwurf: Zweck des Lösungsentwurfs ist es, verschiedene Lösungsvarianten (und damit Handlungsalternativen) zu erarbeiten, die mit den Zielen der Aufgabenstellung und den spezifizierten Anforderungen, Einflussgrößen und Erfolgsfaktoren konform sind.

Schritt 3 – Bewertung: Zweck der Bewertung ist, taugliche Lösungen einander systematisch gegenüber zu stellen, um die am besten geeignete herauszufinden. Dazu werden die erarbeiteten Lösungsvarianten anhand von den vorab definierten Kriterien verglichen und bewerten. Bei den Bewertungskriterien für den Lösungsvergleich handelt es sich in der Regel um die zu Projektbeginn spezifizierten Ziele, Anforderungen und Einflussgrößen und eventuell auch um weitere daraus abgeleitete Merkmale. Kann keine „beste Lösung" ermittelt werden, muss der Detaillierungsgrad der Lösungsbeschreibungen verfeinert werden.

Schritt 4 – Entscheidung: Zweck der Entscheidung ist es, jeder Lösung den Vorrang zu geben, welche aus unternehmerischer Sicht die beste Variante ist.

Diese vier grundlegenden Schritte können je nach Situation bzw. Projektfortschritt durch weitere Schritte ergänzt werden und so eine vollständige Vorhabensabwicklung abbilden. Eine typische Ergänzung stellen die Schritte „Umsetzung" und „Kontrolle der Zielerreichung" dar.

4.2.3 Problemlösung mit detaillierter Analyse der Ausgangslage

Nicht immer liegen Probleme „klar auf der Hand". Gerade bei komplexen Problemen sieht man auf den ersten Blick nur die Symptome, aber nicht dessen wahre Ursachen. Oft ist auch das in einem Auftrag geschilderte „Problem" bei näherem Hinsehen nur das Symptom für tiefer liegende Problemstellungen. Dies macht ein schrittweises und systematisches Einkreisen und Präzisieren des Problems, seiner strukturellen Merkmale, seiner funktionalen Aspekte und seiner zugrunde liegenden Ursachen erforderlich. Sonst geht die spätere Lösungssuche teilweise oder ganz am Problem vorbei. Mängel in der Problemanalyse „rächen" sich spätestens bei der Einführung ungeeigneter Lösungen.

Bei einer Ausformulierung eines Problemlösungsprozessen der eine Analyse der Ausgangslage beinhaltet, kann eine Einteilung in sechs Hauptschritte vorgenommen werden. Der erste Schritt besteht aus einer Analysephase, die in weitere Teilschritte unterteilt ist.

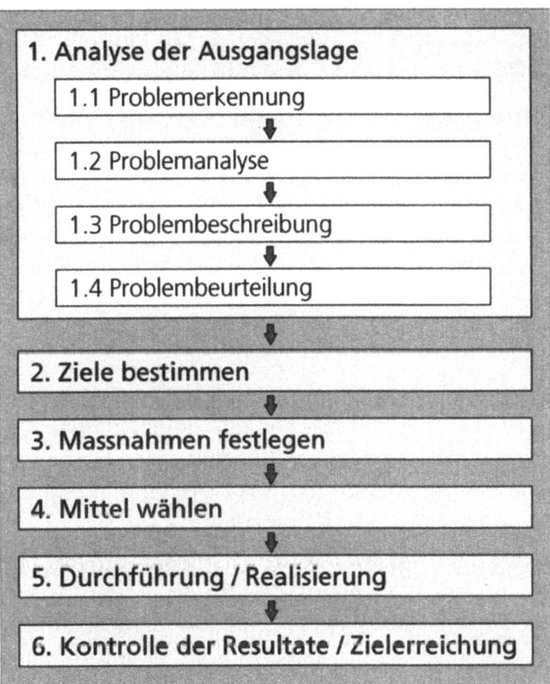

Abb. 154: Problemlösungsprozess in sechs Hauptschritten (Schwerpunkt: Analyse)

Schritt 1 - Analyse der Ausgangslage: Die Analyse der Ausgangslage bedingt objektive Informationen, die man meist erst zusammentragen muss. Deshalb geht es bei diesem ersten Teilschritt im Wesentlichen darum, die Grundlageninformationen für den eigentlichen Problemlösungsprozess zur Verfügung zu stellen und zu bewerten.

Eine Analyse der Ausgangslage kann aufgeteilt werden in:

- **Problemerkennung:** Zuerst muss das eigentliche Problem lokalisiert werden. Ein Problem ist immer dann gegeben, wenn eine Diskrepanz zwischen einem gegenwärtigen und einem gewünschten Zustand auftritt sowie das Bestreben besteht, den gewünschten, als höherwertig eingestuften Zustand zu erreichen.

- **Problemanalyse:** Die Symptome des Problems müssen untersucht werden. Zur Problemanalyse gehört immer auch eine Ursachensuche. Erst die Kenntnis der Ursache eines Problems ermöglicht es, ein wirkungsvolles Konzept für seine Lösung zu erarbeiten. Die Problemanalyse zeigt, wie die Ausgangslage beschaffen ist, aus welchen Faktoren sie besteht, ob es Teilprobleme gibt und wie diese zusammenhängen, ob man einzelne Teilprobleme isoliert behandeln kann oder ob sie alle eng miteinander verknüpft sind.

- **Problembeschreibung:** Das Problem muss genau umschrieben werden. Insbesondere müssen die Art des Problems, seine Symptome, dessen Ursachen sowie die verschiedenen Einflussfaktoren strukturiert erfasst werden. Die Ist-Situation sollte so wertungsfrei wie möglich beschrieben werden.

- **Problembeurteilung:** Es muss abgeklärt werden, ob die Diskrepanz zwischen aktuellem und gewünschtem Zustand als wesentlich erachtet wird, eine Lösung überhaupt möglich ist sowie der Aufwand zur Verbesserung der Situation den daraus entstehenden Nutzen rechtfertigt. Mit Hilfe einer Bewertung des Problems sollen Kernprobleme von Randproblemen herausgefiltert werden. Diese Filterung kann anhand von verschiedenen Kriterien, wie z.B. Dringlichkeit, Wichtigkeit, Zukünftige Entwicklung des Problems, verfügbare Ressourcen oder gegebenen Abhängigkeiten, durchgeführt werden.

Schritt 2 - Festlegen der Ziele: Es sind jene Ziele zu bestimmen, auf die sich das betriebliche Handeln auszurichten hat. In der Regel handelt es sich nicht um ein Bündel von Zielen. Ohne genauere Kenntnis über Ziele und der Ausgangslage („Ist") sind keine bewussten Entscheidungen möglich. Oft ist die Analyse und Zielformulierung schon die halbe Lösung.

Schritt 3 - Festlegen der Maßnahmen und Alternativen: Oft bestehen verschiedene Alternativen, um ein bestimmtes Ziel zu erreichen. Aus der Analyse lassen sich realistische Entscheidungsalternativen ableiten. Um jede in ihren Wirkungen beurteilen zu können, müssen meist weitere Informationen gesammelt werden. Erst wenn genügend Material beisammen ist, können die Alternativen beurteilt und diskutiert werden: welche Risiken und Chancen sind mit jeder einzelnen Möglichkeit verbunden, welche Gesichtspunkte sind dem Auftraggeber besonders wichtig, welche müssen abgedeckt sein und welche sind wünschenswert, aber nicht unbedingt notwendig? Schlussendlich sind dann jene Maßnahmen zu wählen, die den höchsten Nutzen bzw. Zielerfüllungsgrad versprechen.

Schritt 4 - Festlegen der Mittel: Um die Maßnahmen durchführen zu können, müssen die geeigneten technischen und personellen Ressourcen identifiziert und ihr Einsatz geplant werden. Wer tut was, wann, wo und mit welchen Mitteln.

Schritt 5 - Durchführung / Realisierung: In einer nächsten Phase müssen die Maßnahmen, die noch auf dem Papier stehen, in die Tat umgesetzt werden.

Schritt 6 - Kontrolle der Resultate: Am Schluss des Problemlösungsprozesses stehen die Resultate, die sich aus der Durchführung aller Maßnahmen und dem Einsatz der zur Verfügung stehenden Mittel ergeben haben. Die Resultate müssen einer Erfolgskontrolle unterzogen werden, damit festgestellt werden kann, wie hoch der Grad der Zielerreichung ist, was nachgebessert werden muss. Der Kontrollvorgang ist ein wichtiger Lernprozess, denn im Rahmen der Kontrolle wird erkennbar, was bei nachfolgenden Vorhaben besser gemacht werden kann.

4.2.4 Problemlösung mit Schwerpunkt Lösungsfindung und -analyse

Je nach Art der Problemstellung bzw. der Ausgangslage kann der Aufwand für die Lösungsfindung und Lösungsbeurteilung unterschiedlich ausfallen. Um diesem Aspekt Rechnung zu tragen, wird hier ein lösungsorientierter Ablauf in sechs Schritten vorgestellt. Dieser Ablauf verzichtet bewusst auf Detaillierungen von vorgeschalteten Planungsphasen und nachgeschalteten Realisierungsphasen. Stattdessen wird hier der eigentliche Prozess der Erstellung und Bearbeitung von Lösungsvarianten in den Vordergrund gestellt.

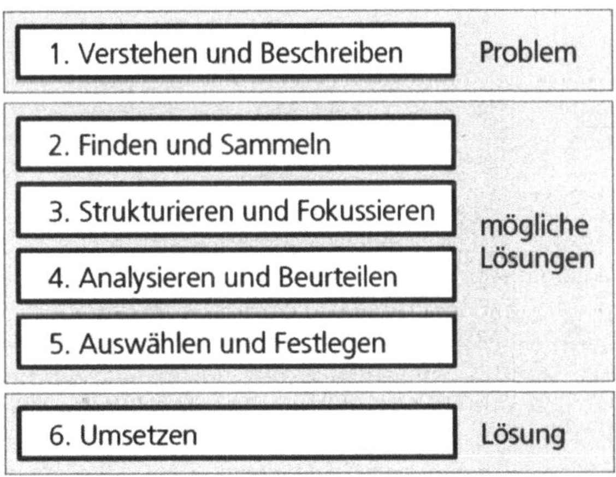

Abb. 155: Problemlösung in sechs Schritten (Schwerpunkt „Lösungsbearbeitung")

Beim ersten Schritt, der dem Verstehen des Problems dient, muss eine Informationserhebung und -analyse durchgeführt werden, wenn ein Informationsdefizit besteht. Zur Informationsanalyse gehört auch eine Ursachenanalyse.

Mögliche Vorgehensweisen bei der Problembeschreibung sind die in ▶Kapitel *„3.1.1Formalisierung der Problemlösung"* beschriebenen Techniken der „6-W-Methode" und des „Laborjournals". Die Bedeutung des ersten Schrittes im Problemlösungsprozess – nämlich das Problem zu „formulieren" darf nicht unterschätzt werden. Albert Einstein, ein vielbeschäftigter Problemlöser, sagte sinngemäß: „Die Formulierung eines Problems ist oft wichtiger als dessen Lösung, die bloß eine Angelegenheit der Mathematik oder des Laborversuches darstellt."

Die nächste Phase dieses Problemlösungsprozesses dient der Lösungsfindung und -auswahl. Das Finden und Sammeln von Lösungen kann gegebenenfalls durch Kreativitätstechniken unterstützt werden. Einer der wichtigsten Schritte bei komplexen Aufgabenstellungen ist das inhaltliche Strukturieren von Lösungsansätzen. Hierzu empfiehlt sich die Anwendung von Darstellungstechniken. Beispielsweise kann mit einem Baum-Diagramm eine Dekomposition der Aufgabenstellung bzw. der Lösung durchgeführt werden. In ▶Abb. 156 wird dies anhand eines vereinfachten Beispiels exemplarisch gezeigt.

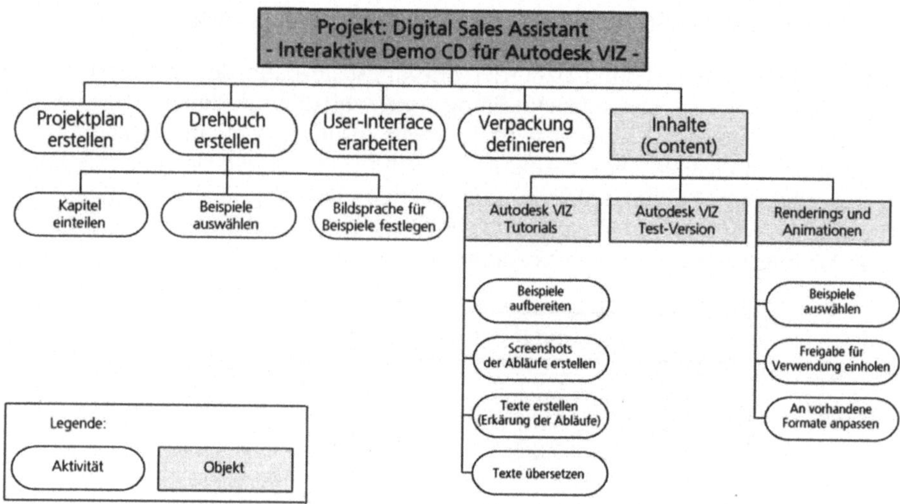

Abb. 156: Baum-Diagramm – Beispiel für die Dekomposition einer Aufgabenstellung

Die Dekomposition der Aufgabenstellung kann hinsichtlich der Komponenten bzw. Bestandteile einer Lösung erfolgen oder hinsichtlich der durchzuführenden Aktivitäten zur Umsetzung der Lösung. Es besteht auch die Möglichkeit, beide Aspekte in einer Darstellung zu mischen, falls dies für die Strukturierung von Vorteil ist. In ▶Abb. 156 wird eine gemischte Form gezeigt. Durch die gemischte Darstellung können allgemeine Projektaktivitäten von den inhaltsbezogenen Tätigkeiten abgegrenzt werden.

Die durch eine hierarchische Gliederung der Komponenten oder Aktivitäten der Aufgabenstellung vermittelt eine gute Gesamtübersicht und zeigt Abhängigkeiten zwischen den Elementen. Beim projektmäßigen Vorgehen bezeichnet man diese Art der Strukturierung als „Projektstrukturplan" oder als „Work Breakdown Structure" (abgekürzt als: WBS).

4.2.5 Varianten von Problemlösungsprozessen

Problemlösungsprozesse können je nach Anforderung individuell „zusammengesetzt" werden. Diesbezüglich liefern die bis anhin beschriebenen Vorgehensmodellen Anregungen für situationsspezifische Anpassungen. Dennoch sollen im Folgenden zwei angepasste Varianten von Problemlösungsprozessen für informationstechnologische Vorhaben gezeigt werden.

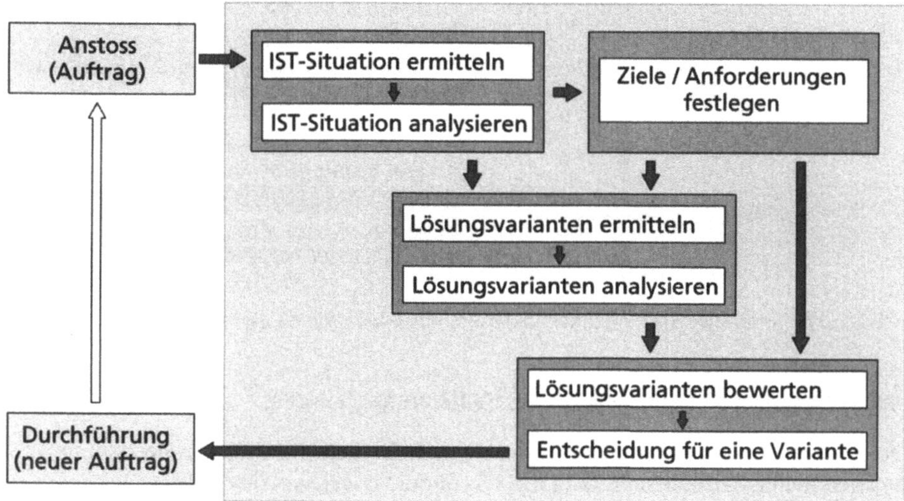

Abb. 157: Ist-orientierte Problemlösung (Verbesserung vorhandener Lösungen)

Zum einen wird ein Problemlösungsprozess skizziert, welcher für die Verbesserung von bestehenden Lösungen eingesetzt werden kann. Bei dieser Form der Ausgangslage ist die Analyse der Ist-Situation (z.B. die Vor- und Nachteile der vorhandenen Lösung) ein wichtiger Schritt. Die vorhandene Lösung muss zuerst genauer untersucht werden, damit man feststellen kann, wie und welche Verbesserungen möglich sind.

Die frühe Auseinandersetzung mit der Ist-Situation ist nicht in jedem Fall zweckmäßig. Ein Nachteil dieses Verfahrens ist, dass durch die frühe und starke Beschäftigung mit dem „Ist", Denkblockaden entstehen können, die den Blick auf neue, kreative Lösungen versperren. Dieser Problemlösungsweg ist deshalb nicht ideal, wenn es darum geht, ein neues System zu schaffen und sich von alten „Zöpfen" zu trennen.

Bei einer Neugestaltung empfiehlt es sich die zielorientiert Vorgehensweise. Zu Beginn der Aufgabenbearbeitung wird man sich an den heutigen bzw. zukünftigen Möglichkeiten und Anforderungen orientieren – und diese als Maßstab für die neue Lösung zu verwenden. Erst in einer zweiten Phase kann dann die Ist-Situation genauer aufgenommen und analysiert werden.

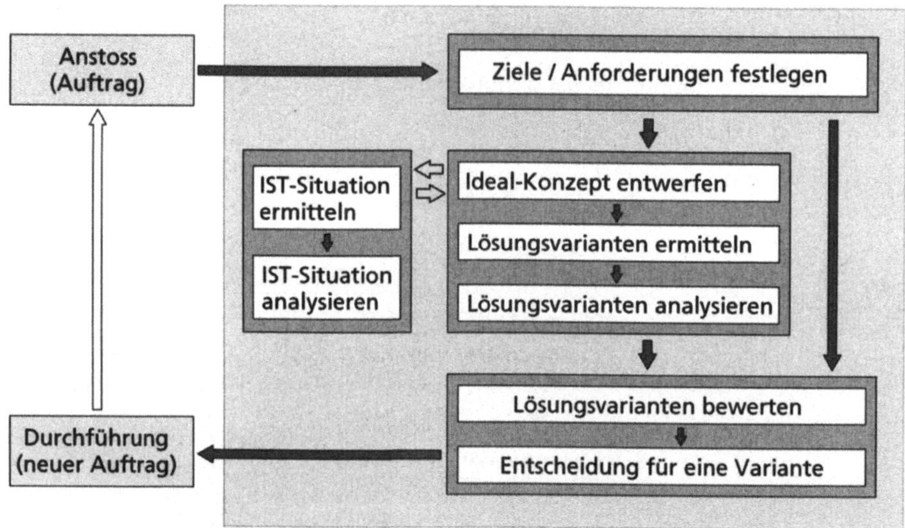

Abb. 158: Ziel-orientierter Problemlösungsprozess (Entwurf neuer Lösungen)

4.2.6 Problemlösungszyklus gemäß Systems Engineering

Zur Verbesserung von Planungsunsicherheiten wurde in den 1970er Jahren am Betriebswirtschaftlichen Institut (BWI) der ETH Zürich das klassische „Systems Engineering" entwickelt und auch heute noch verbessert. Dieser methodische Rahmen wird erfolgreich bei der Lösung von umfangreichen Aufgabenstellungen angewendet. In den verschiedenen Phasen eines Projekts wird dazu wiederholt ein **Problemlösungszyklus** angewendet, der in drei übergeordnete Vorgehensschritte unterteilt ist.

Dabei handelt es sich um die Schritte:

- Zielsuche

- Lösungssuche und

- Lösungsauswahl

Aus den übergeordneten Vorgehensschritten sind jeweils zwei Teilschritte abgeleitet, aus denen sich ein Basisraster für die Reihenfolge von konkret auszuführenden Aktivitäten ergibt.

Zweck der **Zielsuche** ist es, sich einen Überblick über die Ausgangslage zu verschaffen und dadurch in der Lage zu sein, sowohl Ziele, also auch Einflussgrößen und auch Anforderungen für die Lösung zu formulieren.

Im nächsten Schritt der **Lösungssuche** werden auf systematische Art alle prinzipiell möglichen Lösungsideen und Konzepte erarbeitet (Synthese) und auch auf ihre Tauglichkeit bzw. Zielverträglichkeit überprüft (Analyse). Die Phase Lösungssuche schließt die Bildung von Lösungsvarianten mit ein.

Darauf folgt die **Auswahl**. Die Lösungsvarianten werden hierbei einer Beurteilung unterzogen und es wird ein Entscheid für eine Variante gefällt.

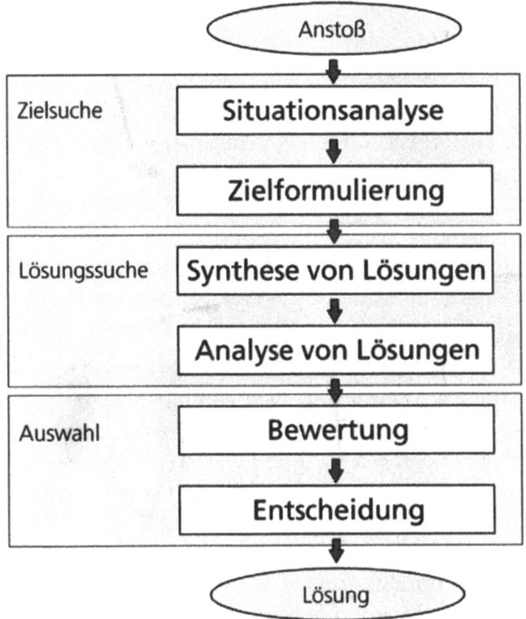

Abb. 159: Problemlösungszyklus in drei Hauptphasen (gemäß Systems Engineering)

Die Inhalte der einzelnen Teilschritte sind im Wesentlichen identisch mit den im vorhergehenden Unterkapitel beschriebenen Schritten. Lediglich bei der Lösungssuche ergibt sich eine im Vergleich zu den bisher vorgestellten Modellen erweiterte Strukturierung. Während bisher der Lösungsentwurf noch in einem Teilschritt abgehandelt wurde, sind hier die zwei Teilschritte „Lösungssynthese" und „Lösungsanalyse" definiert (Alternative Bezeichnungen für diese Teilschritte sind: „Konzeptsynthese" und „Konzeptanalyse").

Der **„Synthese-Schritt"** bezieht sich auf das Erarbeiten von möglichen Lösungen. Der **„Analyse-Schritt"** verfolgt das Ziel, zu prüfen, ob eine aus der Synthese resultierende Lösung, den gestellten Zielen, Einflussgrößen und Anforderungen entspricht. Dies schließt implizit mit ein, dass der Detaillierungsgrad etwaiger Lösungsvarianten ausreichend sein muss, um diese gegenüberzustellen und bewerten zu können. Es wird in der Regel sinnvoll sein, die Konzeptsynthese und die Konzeptanalyse zuerst grob durchzuführen und dann schrittweise zu verfeinern, wobei fortlaufend nicht-sinnvolle Varianten ausgeschieden werden können.

Insbesondere findet in der Konzeptanalyse eine Überprüfung der Varianten hinsichtlich ihrer Vollständigkeit (fehlen wesentliche Teile?) und Nachhaltigkeit (Eignung im Normalfall, Sonderfall und Störfall?) statt.

Weiterhin werden die direkten Systemleistungen und Wirkungen beurteilt:

- Sind die zwingend vorgegebenen Ziele eingehalten?

- Inwiefern wurden die weiteren Ziele, Erfolgsfaktoren, Einflussgrößen und Rahmenbedingungen beachtet?

- Entsprechen die Wirkungsweise und das Verhalten des Systems den Erwartungen und den an die Lösung gestellten Anforderungen?

- Wie ist die Integrationsfähigkeit in das Umfeld?

- Wie ist die Verträglichkeit mit dem Umfeld?

Das Ziel der Konzeptanalyse ist es, untaugliche Varianten möglichst früh auszuscheiden, so dass kein unnötiger Bearbeitungsaufwand für detaillierte Ausarbeitungen entsteht.

Die Auswahl ist der letzte Schritt im Problemlösungszyklus und besteht aus den Teilschritten „Beurteilung" und „Entscheidung". Aus den verbleibenden Varianten wird versucht, die „beste Lösung" zu ermitteln. Dazu kann man auf verschiedene Beurteilungsmethoden zugreifen. Beispielsweise können eindimensionale Kosten- und/oder Gewinnvergleiche durchgeführt werden oder mehrdimensionale Kosten-Nutzen-Analysen und/oder Kosten-Wirksamkeits-Analysen. Das Verfahren muss der Zielformulierung angepasst werden. Die Bewertungskriterien müssen einen Bezug zum Zielkatalog haben. Die Gewichtung der Kriterien ist zu Beginn festzulegen. Die Zuteilung der Gewichte kann in Stufen vorgenommen werden, wobei eine Grobverteilung der Gewichtung zunächst auf die Kriterien-Gruppen vorgenommen wird und anschließend innerhalb der Gruppe eine Feingewichtung stattfindet.

Es besteht auch die Möglichkeit, informale Vergleiche (d. h. anhand von natürlichsprachigen Ausführungen) durchzuführen. Beispielsweise können positive und negative Auswirkungen in verbaler Form zusammengestellt werden (Argumentenbilanz). Eine weitere Möglichkeit im Sinne der logischen Argumentation besteht in der Auflistung der Stärken und Schwächen und/oder der Chancen und Gefahren für die einzelnen Lösungsvarianten.

Phase	Teilschritt	Arbeitsinhalte
Zielsuche	Situationsanalyse	„Ist": Stärken-/Schwächen-Katalog „Ist": Ursachen-Wirkungen „Ist": Bubble Chart (grafische Systemüber-sicht)
	Zielformulierung	„Soll": Zielkatalog „Soll": Zielgewichtung (z. B. Präferenzmatrix) „Soll": Bewertungsmaßstäbe „Soll": Bubble Chart (grafische Systemüber-sicht)
Lösungs-suche	Synthese von Lösungen	Lösungsvarianten erarbeiten (bei Bedarf mit Kreativitätstechniken)
	Analyse von Lösungen	Analyse hinsichtlich: • Erfüllung Muss-Ziele? • Vollständig? • Verständlich? • Vergleichbar?
Auswahl	Bewertung	Kosten/Nutzen-Analyse Nutzwertanalyse
	Entscheidung	Dokumentation Präsentation Entscheidung

Abb. 160: Mögliche Arbeitsinhalte des Problemlösungszyklus

4.3 Vorgehensmodelle für die Situationsanalyse

Jeder umfassenden System-Zielformulierung geht eine Situationsanalyse voraus. Hierunter versteht man das systematische Durchleuchten einer Problemsituation bzw. einer Ausgangslage. Jede Situationsanalyse setzt sich grundsätzlich aus drei übergeordneten Bearbeitungsinhalten zusammen:

- Informationsbeschaffung

- Informationsaufbereitung

- Informationsdarstellung

Diese Bearbeitungsschritte ermöglichen eine optimale Verarbeitung der Informationen eines Problembereiches.

Unter Informationsbeschaffung wird die gezielte Erhebung von Daten, Fakten und Relationen aus der betrieblichen Umwelt verstanden, die von einem Problemlöser als nützlich für die Identifikation und Lösung der Aufgabenstellung angesehen werden. Mit einer reinen Sammlung von Informationen ist es aber noch nicht getan. Man muss darüber hinaus die Informationen möglichst so integrieren und zusammensetzen, dass sich ein schlüssiges Gesamtbild, ein

189

„Modell" der Realität, mit der man umgeht, ergibt. Eine ungegliederte Anhäufung von Informationen über diese oder jene Merkmale der Situation vermehrt allenfalls noch die Unübersichtlichkeit und ist keine Entscheidungshilfe. Es ist deshalb wichtig, durch die Anwendung des systemischen Denkens die Informationen aufzubereiten. Die dadurch sichtbar werdenden Strukturen und Zusammenhänge können mit den Darstellungstechniken des Systemdenkens visualisiert werden.

4.3.1 Situationsanalyse in vier Hauptabschnitten

Es besteht die Möglichkeit eine Situationsanalyse in vier wesentliche Abschnitte zu unterteilen. Die einzelnen Abschnitte sind: „Aufgabenanalyse", „Ist-Zustands- und Struktur-Analyse", „Zukunftsanalyse" und „Problemdefinition".

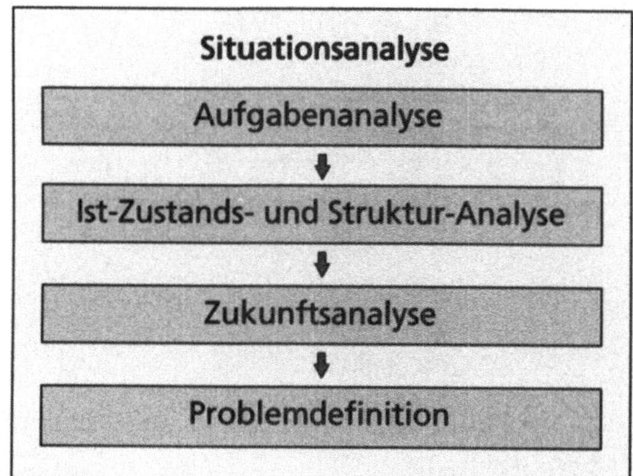

Abb. 161: Situationsanalyse in 4 Hauptabschnitten

Im Rahmen einer **Aufgabenanalyse** können folgende Bearbeitungsschritte durchgeführt werden:

- Aufgabenstellung analysieren und hinterfragen
- konkret festhalten, was gefordert ist und den Anstoß zur Aufgabe ergründen
- Wichtige Problemaspekte im bestehenden System herausschälen
- Ziele festlegen
- Kritische Erfolgsfaktoren festhalten
- Anforderungen formulieren
- Einflussgrößen ermitteln
  (Freiheitsgrade, Leitplanken, Restriktionen, Rahmenbedingungen)
- den erwarteten Nutzen beschreiben
- Art und Form der erwarteten Ergebnisse ermitteln
- Informationen über ähnliche, schon durchgeführte Vorhaben zusammentragen

Die **Ist-Zustands- und Struktur-Analyse** beinhaltet folgende Schritte:

- System und Umfeld abgrenzen
- Analyse des bestehenden Systems
- Analyse des Umfelds
- Stärken- und Schwächen-Analyse
- Ursachen- und Wirkungsanalyse
- Sichtenorientierte Beschreibung der wesentlichen Merkmale (Teilsysteme abgrenzen)

Für eine **Zukunftsanalyse** können folgende Teilschritte durchgeführt werden:

- Prognose über das Verhalten des Umfelds
- Prognosen über das Verhalten des unbeeinflussten Systems
- Zusammenfassung der Resultate in einer Chancen-Gefahren-Analyse

Durch die zuvor durchgeführten Bearbeitungsschritte ist man nun in der Lage eine Problemdefinition des Problems vorzunehmen. Die Problemdefinition enthält noch keine Lösungsansätze, sondern soll vor allen Dingen ein gemeinsames und mit dem Auftraggeber abgestimmtes Problemverständnis bewirken. Als wesentliche Ergebnisse der Problemdefinition liegen definierte und schriftliche fixierte Ziele vor und man hat eine allgemeine Vorstellung der Funktionalität der zukünftigen Lösung. Ein möglicher nächster Schritt kann dann eine ausführliche und tief greifende Anforderungsanalyse sein, bei der die vagen Lösungsvorstellungen in konkrete Anforderungen an die Lösung übersetzt werden.

4.3.2 Situationsanalyse in sechs Schritten

In [Sch 2000] wird das Vorgehen einer Situationsanalyse in sechs Schritten definiert. Dieses Vorgehen stammt aus der Organisationslehre und wurde vom Autor Götz Schmidt mit der Merkbrücke „SEUSAG" versehen.

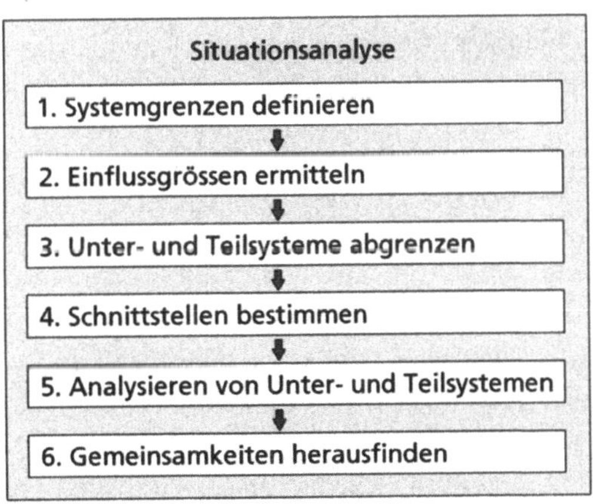

Abb. 162: Sechs Schritte einer Situationsanalyse gemäß Götz Schmidt [Sch 2000]

Schritt 1 – Systemgrenzen: Wie soll das System von der Umwelt abgegrenzt werden? Welche Sachverhalte dürfen / sollen im Rahmen der Lösungsfindung bearbeitet werden und welche nicht?

Schritt 2 – Einflussgrößen: Erkennen der nicht lenkbaren Faktoren in Form von Restriktionen und Rahmenbedingungen. Restriktionen können unternehmensintern gesetzte Vorgaben (Muss-Ziele) oder extern erzwungene Vorgaben (z.B. Gesetzte, Verträge) sein. Rahmenbindungen haben Einfluss auf die Problemsituation, können durch das Projekt jedoch nicht verändert werden. Beispielsweise Schlüsselgrößen wie Mittelverfügbarkeit, Mitarbeiterverfügbarkeit, Zeitplanung, etc.

Schritt 3 – Unter- und Teilsysteme: Zerlegen des Projekts in kleinere Einheiten. Welche Teilprojekte (Arbeitspakete) lassen sich durch die Unter- und Teilsystemabgrenzungen definieren?

Schritt 4 – Schnittstellen: Welche Schnittstellen gibt es zwischen den abgegrenzten Unter- und Teilsystemen sowie zwischen den Unter- und Teilsystemen und den Umsystemen? Integration der Unter- und Teilsystem von außen nach Innen (z.B. Schnittstellenmatrix). Integration der Teilsysteme durch iterative / schichtenweise Planung.

Schritt 5 – Analysieren: Erhebung und Ordnung der Elemente, Beziehungen und Dimensionen innerhalb der abgegrenzten Unter- und Teilsysteme (Prinzip: Von außen nach innen).

Schritt 6 – Gemeinsamkeiten: Ermittlung gemeinsamer Elemente und Beziehungen in den abgegrenzten Unter- und Teilsystemen.

4.3.3 Situationsanalyse in zwei Phasen

Für informationstechnologische Vorhaben soll hier eine spezifische Situationsanalyse vorgeschlagen werden, die ebenfalls auf den Prinzipien des Systemdenkens aufbaut. Die einzelnen Schritte sind diesmal nicht nummeriert, um der individuellen Prägung von IT-Projekten Rechnung tragen zu können. Aufgrund dieser Individualität erscheint es nicht in jedem Fall sinnvoll, das Analysevorgehen strikt vorherzubestimmen. Die hier vorgeschlagene Reihenfolge ist vielmehr als Vorschlag zu sehen. Es hat sich gezeigt, dass in der Praxis die Reihenfolge nahezu automatisch durch den Situationsbezug entsteht.

Insgesamt gesehen ist die Reihenfolge der Teilschritte weniger entscheidend, denn die Bearbeitung wird ohnehin in einem iterativen Prozess verfeinert. Viel wichtiger für den Projekterfolg ist die Vollständigkeit der Analyse – und genau dies soll mit der nachfolgenden Festlegung von Teilschritten erreicht werden.

Die Kernüberlegung hinter diesem Verfahren ist der Umstand, dass man bei einem Informationsvorhaben nicht auf Anhieb in der Lage ist, die Systemgrenze exakt und unumstößlich zu fixieren. Man benötigt vielmehr gewisse Vorarbeiten, die konkrete Entscheidungsgrundlagen für eine detaillierte Abgrenzung des Systems liefern. Dies geschieht in zwei Phasen:

- Die erste Phase der Situationsanalyse beschäftigt sich mit der Frage: „Wie erhält man ein detailliert abgegrenztes System?"

- Die zweite Phase befasst sich mit der Frage: „Wie wird das abgegrenzte System analysiert?"

Die erste Phase kann übersprungen werden, wenn sich das System ad-hoc bereits detailliert abgrenzen lässt (z.B. aufgrund einer einfachen Situation oder eines konkreten Auftrags).

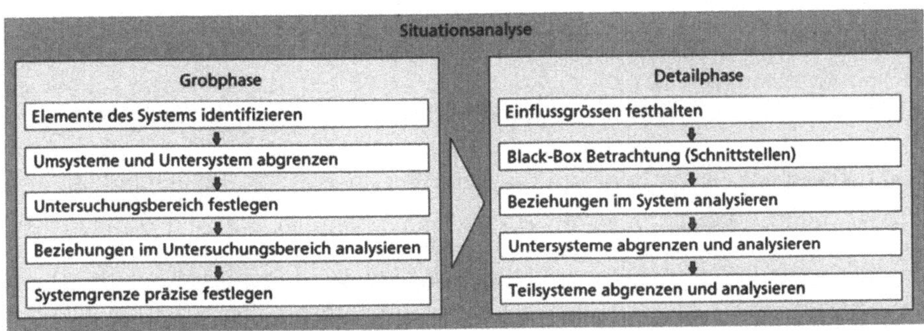

Abb. 163: Situationsanalyse für informationstechnologische Vorhaben

Schritte der Grobphase (Wie erhält man ein abgegrenztes System?):

1. Elemente des Systems identifizieren: Hier geht es darum, die Systembestandteile zusammenzustellen. Dies geschieht in der Regel in einer unstrukturierten Form mit Hilfe des Bubble-Charts. In dieser frühen Phase ist noch nicht bekannt, welche Elemente Gegenstand einer detaillierten Untersuchung sein sollen und welche Elemente Gegenstand einer späteren Lösung sind. Die nächsten Schritte dienen dazu, diesbezüglich Klarheit zu erhalten.

2. Umsystem und Untersystem abgrenzen: Die gefundenen Elemente werden entsprechend ihrer Zugehörigkeit entweder außerhalb des Systems aufgeführt (Umsysteme) oder, wenn sie sich nicht auf einer einheitlichen Auflösungsstufe befinden, in Untersysteme gegliedert.

3. Untersuchungsbereich festlegen: Hat man für die bisherigen Schritte ein Bubble-Chart verwendet, hat man nun einen groben Überblick über alle mit dem System in Verbindung stehenden Elemente. Anhand dieser Übersicht ist man nun in der Lage, abzuschätzen, welche der aufgeführten Elemente in den nachfolgenden Phasen genauer untersucht werden sollen und welche – zumindest vorerst – außen vor gelassen werden können. Im Bubble-Chart kann man nun den Bereich, der zwecks der Ist-Analyse näher untersucht werden soll, markieren.

4. Beziehungen im Untersuchungsbereich analysieren: Innerhalb des Untersuchungsbereichs können nun die Elemente und deren Zusammenhänge einer ersten groben Analyse unterzogen werden. Ziel dieser Grob-Analyse ist es, eine definitive Festlegung treffen zu können, welche Elemente des Systems im Zuge einer Lösungsumsetzung relevant sind.

5. Systemgrenze präzise festlegen: Man verfügt nun über genügend Informationen, um den Bereich, innerhalb dessen sich die spätere Lösung bewegen muss, explizit festlegen zu können. Im Bubble-Chart wird dazu eine Systemgrenze gezogen.

Damit ist die Grobphase abgeschlossen. Die nächsten Schritte befassen sich nun mit einer detaillierten Analyse der Elemente, die innerhalb der Systemgrenze aufgeführt sind.

Schritte der Detailphase (Wie analysiert man das abgegrenzte System?):

1. Einflussgrößen festhalten: Falls im Vorfeld bereits allgemeingültige Restriktionen und Rahmenbedingungen definiert wurden, können diese nun durch spezifische Restriktionen und Rahmenbedingungen ergänzt werden. Damit ist gemeint, dass bezogen auf die nun explizit festgelegte Systemgrenze und der in der Grobphase vorgenommenen Arbeitsschritte neue „nicht-lenkbare" Faktoren zum Vorschein kommen können. Bevor man die Analyse verfeinert, sollten diese festgehalten werden.

2. Black-Box Betrachtung (Schnittstellen nach außen): Das gesamte System wird als Black-Box betrachtet und es werden die Beziehungen des Systems mit den umgebenden Systemen bzw. der Systemumwelt festgehalten. Diese Beziehungen stellen die Schnittstellen nach außen dar.

3. Beziehungen im System analysieren (Schnittstellen nach innen): Die Black-Box wird nun geöffnet und die Beziehungen der Elemente innerhalb der Systemgrenze werden nun ermittelt und detailliert analysiert. In der Regel handelt es sich auch dabei um Schnittstellen zwischen den Elementen.

4. Untersysteme abgrenzen und analysieren: Innerhalb der Systemgrenze können nun die bereits spezifizierten Untersysteme falls notwendig nochmals angepasst oder überarbeitet werden, bevor auch sie einer Detailanalyse unterzogen werden. Aus den Untersystemen lassen sich Anhaltspunkte für definierbare Teilprojekte bzw. Arbeitspakete ableiten.

5. Teilsysteme abgrenzen und analysieren: Die aus den bisherigen Analysetätigkeiten gewonnen Erkenntnisse können nun bei Bedarf durch eine Teilsystembetrachtung vervollständigt werden. Bei der Teilsystembetrachtung konzentriert man sich auf einen ganz bestimmten Aspekt von Schnittstellenbeziehungen. Beispielsweise den Datenfluss, den Belegfluss oder den Materialfluss zwischen Elementen.

Eine genauere Beschreibung der Inhalte aller genannten Teilschritte findet sich in ►Kapitel „*1. Systematisieren des Projektinhalts*".

4.4 Vorgehensmodelle für fachliche Aufgabenstellungen

Neutralbetrachtet kann jede Aufgabe, jedes Vorhaben, jedes Projekt etc. in fünf elementare und allgemein gültige Teilstufen gegliedert werden. Es sind dies die Schritte:

1. Anstoß

2. Planung

3. Entscheidung

4. Durchführung

5. Kontrolle

Diese grundsätzliche Einteilung der Abwicklung hat in jeder Situation Bestand. Auslöser einer jeden Aktivität ist ein Anstoß, der aus einem Problem (Soll-Ist-Abweichung) oder einem konkreten Auftrag entstehen kann. Man begibt sich dann in eine Planungsphase, die unterschiedlich detailliert ausfällt. Die Planungsresultate bilden die Grundlage für eine Entscheidung. Im Falle eines positiven Entscheides geht man in die Realisierung bzw. die Umsetzung über. Nach der Durchführung – in der Regel mit etwas Zeitverzögerung – wird eine Kontrolle der Resultate und/oder der Zielerreichung (Zielerreichungsgrad) durchgeführt, wobei zugegebenermaßen der letzte Schritt nicht in jedem Fall zum Zug kommt.

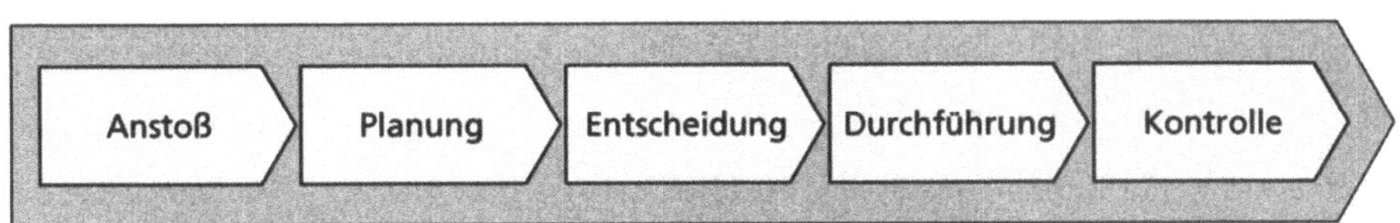

Abb. 164: Die fünf grundsätzlichen Stufen einer Vorhabensumsetzung

Die verschiedenen fachlichen Vorgehensmodelle setzen auf diesem elementaren Grundraster auf und unternehmen je nach Anwendungs- bzw. Einsatzgebiet eine feinere Unterteilung einzelner Stufen. Insbesondere komplexere Aufgabenstellungen lassen sich ohne eine detaillierte inhaltliche Aufteilung und Strukturierung des Vorgehens nicht bewältigen. Der Schwerpunkt liegt dabei auf den Stufen „Planung" und „Durchführung".

So kann zum Beispiel die Planung unterteilt werden in:

- Zielformulierung

- Lösungsentwurf

- Lösungsbeurteilung

Die bisher beschriebenen Vorgehensmodelle waren situationsneutral und grundsätzlicher Natur. Sie können universell für verschiedene Aufgabenstellungen eingesetzt werden (z. B. Prozessoptimierungen, Organisationsveränderungen etc.) oder bei beliebigen Problemlösungsprozessen angewendet werden –

unabhängig von einer bestimmten Fachrichtung. Im Folgenden sollen nun fachlich spezifischere Vorgehensmodelle besprochen werden, die sich konkret auf typische und oft vorkommende Projektarten beziehen.

Fachliche Vorgehensmodelle sind optimiert für einen bestimmten Vorhabenstyp und tragen den Anforderungen des jeweiligen Fachgebiets bzw. Einsatzgebiets Rechnung. Je idealtypischer ein Vorhaben ist, desto größer ist die Wahrscheinlichkeit, dass es für diesen Vorhabenstyp auch ein speziell zugeschnittenes Vorgehensmodell gibt. Idealtypisch bezieht sich in diesem Fall auf die Aspekte „Verbreitungsgrad", „Häufigkeit" und „Standardisierbarkeit". Demnach ist ein idealtypisches Vorhaben ein Projekt, das im Wirtschaftsalltag weit verbreitet ist, entsprechend oft zum Einsatz kommt und dabei immer die gleiche Grundstruktur aufweist.

Beispiele für idealtypische Vorhabensarten sind:

- die Evaluation einer IT-Lösung,

- die Einführung von Standardsoftware,

- die Entwicklung einer IT-Lösung,

- die Konzeption und Umsetzung einer Workflow-Anwendung,

- die Gestaltung und Optimierung von Geschäftsprozessen (BPR).

Man darf jedoch nicht darüber hinwegsehen, dass jedes Vorgehensmodell, auch wenn es auf eine bestimme Projektart zugeschnitten ist, immer eine individuelle Prägung aus der Sicht des Erstellers hat. Diese individuelle Note kann aus verschiedenen Gründen entstehen. Beispielsweise durch ein bestimmtes Software-Programm, welches als technische Unterstützung dem Vorgehen zugrunde liegt oder eine bestimmte Methode, die hinter dem Vorgehen steht. Bezogen auf die individuelle Situation, aus der heraus ein bestimmter Vorhabenstyp umgesetzt wird, sind die fachlichen Vorgehensmodelle also nicht in jedem Fall „universell" einsetzbar.

Es kann von Vorteil sein, wenn man den in einem Vorgehensmodell definierten Ablauf vor der Anwendung in einem konkreten Vorhaben kurz prüft. Gegebenenfalls können situationsbezogene oder unternehmensspezifische Modifikationen und Ergänzungen sinnvoll sein. In jedem Fall hat man eine durchdachte und in der Regel auch bewährte Grundstruktur als Ausgangslage.

4.4.1 Business Process Reengineering

Für BPR-Vorhaben gibt es eine Vielzahl von methodenspezifischen und deshalb auch stark individualisierten Vorgehensmodellen. Losgelöst von diesen fast schon „proprietären" Modellen lässt sich ein BPR-Vorhaben typischerweise in einen Ablauf mit sechs Teilschritten gliedern. Daraus ergibt sich ein mögliches und allgemein gültiges Meta-Vorgehensmodell für BPR-Projekte.

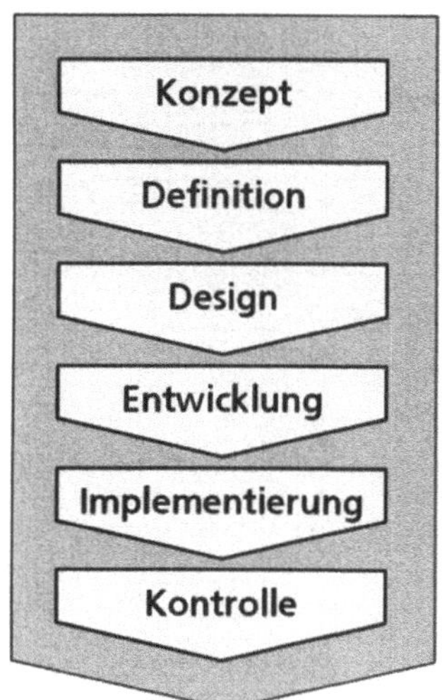

Abb. 165: Mögliches Vorgehensmodell für das BPR

Bei der PROMET©-BPR-Methode (IMG AG, St. Gallen, Schweiz) ist das Vorgehen in vier Phasen unterteilt, die als „Vorstudie", „Makroentwurf", „Mikroentwurf" und „Umsetzung" bezeichnet werden.

Die **Vorstudie** beantwortet die Frage: Welche Prozesse haben wir? Die im Unternehmen vorhandenen Prozesse werden identifiziert und abgegrenzt. Der hierarchische Aufbau der Prozesse (die Prozessarchitektur) wird festgelegt. Die kritischen Erfolgsfaktoren werden definiert und die Geschäftsstrategie wird überdacht und gegebenenfalls aktualisiert und/oder ergänzt.

Der **Makroentwurf** beantwortet die Frage: Welche Leistungen bieten wir an? Hierbei steht die Definition einer langfristigen Prozessvision im Vordergrund (Was). Die Leistungen der Prozesse werden überprüft, um darauf aufbauend den grundsätzlichen Ablauf festzulegen. Der „Ideal-Prozess" wird unter Berücksichtigung von Rahmenbedingungen beschrieben.

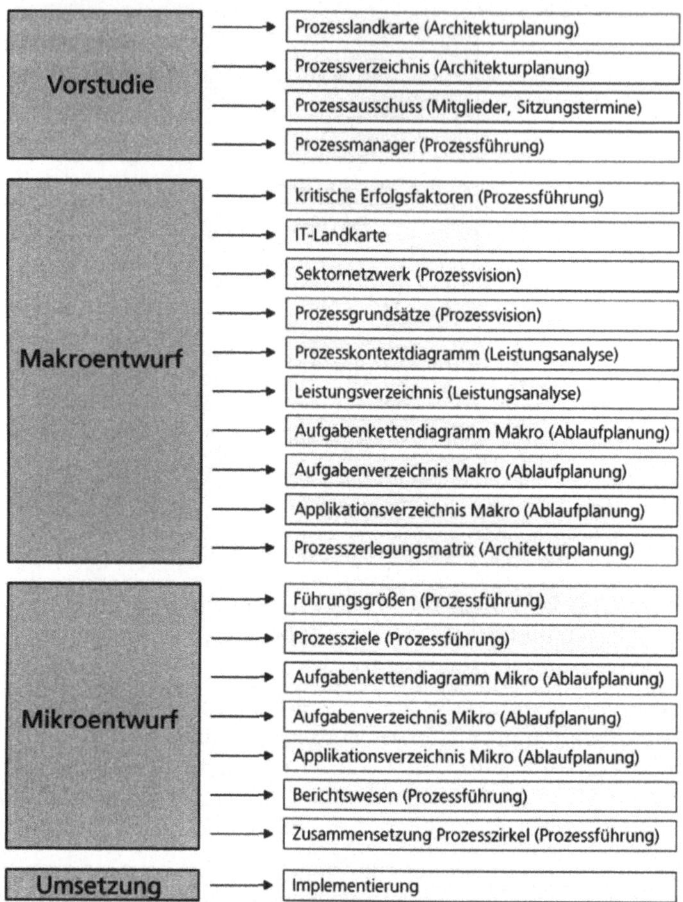

Abb. 166: Vorgehensmodell für BPR-Projekte (gemäß PROMET®-BPR, IMG AG)

Der **Mikroentwurf** beantwortet die Frage: Welche Aufgaben müssen wir ausführen? Hier steht die Definition des detaillierten Ablaufs jedes Prozesses im Vordergrund (Wie). Die Prozessführung wird durch die Einsetzung eines Prozesszirkels und den Aufbau eines Berichtswesens institutionalisiert und durch die Festlegung von Führungsgrößen und Prozesszielen instrumentalisiert. Die Phase „Makroentwurf" und „Mikroentwurf" werden für jeden Prozess einzeln durchlaufen.

Schließlich werden in der letzten Phase (**Umsetzung**) die Prozesse im Unternehmen implementiert und überwacht. Durch die Kontrolle der Führungsgrößen im Hinblick auf die Prozessziele können Plan-Abweichungen festgestellt und die Prozesse weiter optimiert werden.

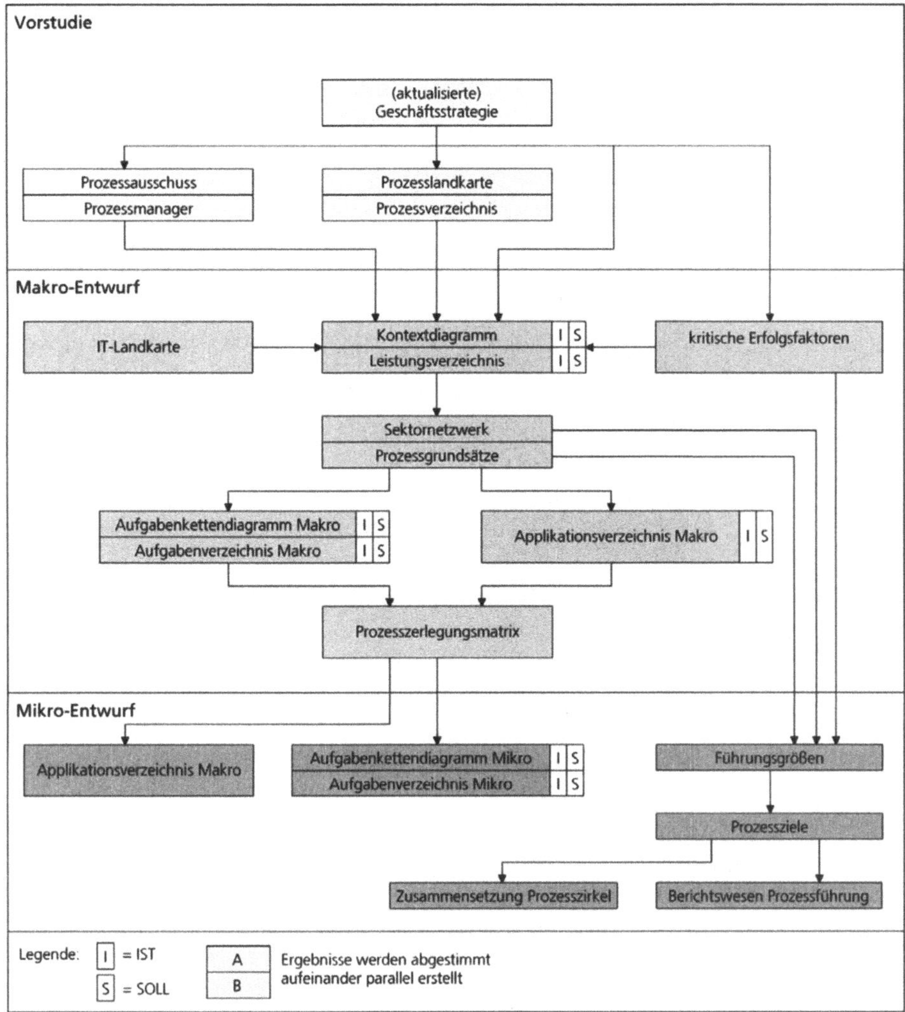

Abb. 167: Vorgehensmodell für BPR-Projekte (gemäß PROMET®-BPR, IMG AG)

Die Vernetzung und Abhängigkeiten dieser Tätigkeiten, vor allem in den Phasen Vorstudie, Makroentwurf und Mikroentwurf, werden transparent, wenn sie in Diagrammform gezeigt werden. Dies wird in ▶Abb. 167 dargestellt.

4.4.2 Softwareentwicklung

Für Softwareprojekte gibt es mehrere sehr umfangreiche und detailliert ausformulierte Vorgehensmodelle. Beispielsweise der „Unified Software Development Process" (USDP), der in Kurzform als „Unified Process" bezeichnet wird. Dabei handelt es sich um ein Vorgehensmodell, dass von den UML-Vätern Ivar Jacobson, Grady Booch und Jim Rumbaugh erarbeitet wurde. Diesem Vorgehensmodell liegt ein objektorientierter Ansatz zugrunde.

Ein weiterer Vertreter der objektorientierten Welt ist der „Rational Unified Process" (RUP) von der Rational Software Corporation (siehe auch „Der Rational Unified Process" von P. Kruchten). Weiterhin gibt es das so genannte „V-Modell", wobei das „V" das Vorgehen bildlich charakterisiert. Es stammt vom Bundesministerium des Innern (BMI) und ist in der detaillierten Form an Ausführlichkeit kaum zu überbieten. Es wird deshalb oftmals als „Meta-Vorgehensmodell" betrachtet und vor seiner Anwendung entsprechend auf den Projektinhalt spezialisiert.

Losgelöst von diesen mächtigen Vorgehensmodellen soll an dieser Stelle das prinzipielle Vorgehen bei einer Softwareentwicklung beschrieben werden. Dies erfolgt vor allem mit dem Hintergrund, dass auch für Vorhaben, bei denen die oben genannten Vorgehensmodelle nicht zum Einsatz kommen, eine methodisch sinnvolle Herangehensweise an den Entwicklungsprozess gewährleistet werden kann. Die hier vorgestellte Strukturierung ist generalistisch und deckt sich weitgehend mit dem Ablauf, wie er letztendlich auch von den großen Vorgehensmodellen propagiert wird.

In das Vorgehen bei einer Softwareentwicklung sind auch die bereits vorgestellten universellen Vorgehensmodelle des Systemdenkens und der Situationsanalyse mit einzubeziehen. Sie stellen eine mögliche Gliederung der ersten Phase eines Softwareentwicklungsprojektes dar, bilden also sozusagen eine Sub-Struktur für die erste planerische Phase der Softwareentwicklung. Mit welcher Detaillierung diese Sub-Struktur bearbeitet wird, hängt im Wesentlichen vom Projektumfang ab. Um Redundanzen zu vermeiden, wird diese Integration hier nicht bildlich gezeigt und besprochen.

Ein gängiges Raster für die Strukturierung eines Softwareentwicklungsprozess ist die Einteilung in die vier Phasen

- Definitionsphase,
- Entwurfsphase,
- Konstruktionsphase und
- Einführungsphase.

Definitionsphase (Konzeptphase): Hier geht es darum, das zu lösende Problem zu identifizieren und näher zu untersuchen, beispielsweise mit Hilfe des Systemdenkens und den entsprechenden Darstellungstechniken (Bubble Charts etc.) Es werden die Ziele und die grundsätzlichen Rahmenbedingungen und Anforderungen des Projektes festgelegt. Mögliche Realisierungsalternativen werden grob konzeptioniert und verglichen. Ziel dieser Phase ist es, eine Planungs- und Entscheidungsbasis für das weitere Vorgehen zu schaffen.

Entwurfsphase: Hier beginnt die eigentliche Problemlösungsarbeit. Zunächst werden die Anforderungen detailliert identifiziert, schriftlich konkretisiert und verabschiedet. Mit Hilfe von Anwendungsfalldiagrammen können die statischen

Aspekte erfasst werden, während für die dynamischen Aspekte Ereignisgesteuerte Prozessketten, Aktivitätsdiagramme, Zustandsdiagramme oder Sequenzdiagramme angefertigt werden können. Für die in der Definitionsphase vorselektierten Varianten können bei Bedarf in dieser Phase konkretere Ausführungsvarianten erarbeitet und verglichen werden. Ziel dieser Phase ist es, den grundsätzlichen Lösungsansatz, d. h. die fachliche Architektur (Komponentenmodell, Klassenmodell etc.) festzulegen und ausreichend zu spezifizieren.

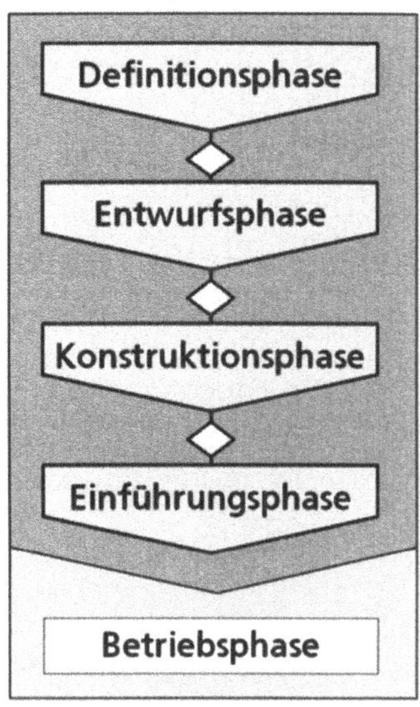

Abb. 168: Die typischen Phasen eines Softwareentwicklungsprojektes

Konstruktionsphase: Hier werden die Detailmodelle für die Programmierung erarbeitet, die Software wird entwickelt bzw. angepasst falls es sich um eine betriebswirtschaftliche Standardsoftware handelt und die Dokumentation wird erstellt. Während die Entwurfsphase noch weitgehend sequentiell verläuft, wird in der Konstruktion oftmals eine Aufteilung in mehrere parallel laufende Teilprojekte vorgenommen.

Einführungsphase: Hier wird die Software eingeführt. Umfangreiche Test eine Abnahme durch den Fachbereich und die Schulung der Anwender gehen der Installation und der konkreten Inbetriebnahme voraus. Danach beginnt die eigentlich wichtigste und längste Phase im Lebenszyklus einer Software – die Betriebsphase.

Die Betriebsphase ist das eigentliche Ziel eines Softwareentwicklungsprojektes. Während des Betriebs kann eine so genannte „Refaktorisierung" (Refactoring) durchgeführt werden. Mit Refaktorisierung bezeichnet man den Umbau eines Systems mit dem Ziel, das Design oder die Qualität der Implementierung zu verbessern bzw. zu vereinfachen, ohne dabei die Semantik – also die Funktionalität des Systems – zu erweitern. Größere Änderungen in den Anforderungen werden getrennt von dem Projekt aufgenommen, einer neuen Bewertung unterzogen und für ein Folgeprojekt gesammelt.

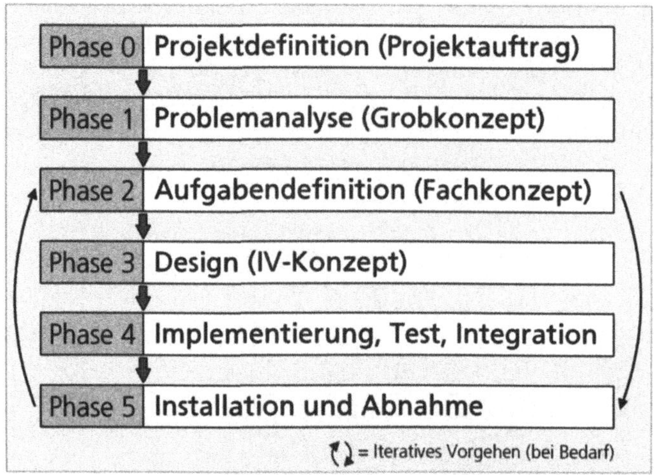

Abb. 169: Vorgehensmodell – Softwareentwicklung

Ein weiteres sehr typisches Vorgehensmodell für Softwareprojekte ist in ▶Abb. 169 dargestellt.

„Phase 0 – der Projektdefinition" ist der Auslöser eines Projektes und somit die Vorphase der eigentlichen Projektabwicklung. Hierbei wird der Rahmen für das Projekt festgelegt und vom Auftraggeber genehmigt. Der Projektauftrag soll den Entscheidungsträgern die Ziele verdeutlichen und eine schlüssige Projektbegründung aufzeigen. Es werden die Projektorganisation und die durchzuführenden Aktivitäten mit ihren Ergebnissen dargestellt.

In **„Phase 1 – die Problemanalyse"** wird ein Grobkonzept erarbeitet. Hier soll vor allem Klarheit über die betriebswirtschaftliche Absicht, vor allem auch im Kontext der unternehmensstrategischen Überlegungen, geschaffen werden. Es können in diesem Stadium auch schon grobe Lösungsalternativen erarbeitet und deren Machbarkeit untersucht werden. Danach erfolgt die Auswahl einer Lösungsalternative und die Genehmigung durch den Auftraggeber.

In **„Phase 2 – Aufgabendefinition"** werden die fachlichen Aufgaben und Abläufe detailliert erhoben und aus Anwendersicht beschrieben. IV-spezifische Gesichtspunkte und Betrachtungsweisen werden in den Hintergrund gestellt. Es wird ein Fachkonzept erstellt, welches die Ergebnisse der Anforderungsanalyse enthält und auf den Ergebnissen den Vorphasen aufbaut. Das Fachkonzept richtet sich vor allem an zwei Zielgruppen: die Anwender aus der Fachabteilung und die Entwickler der zukünftigen Lösung. Mit dem Fachkonzept wird grundsätzlich beabsichtigt, die gewonnenen fachlichen Erkenntnisse für beide Zielgruppen zu nutzen. Fachliche Aspekte können in die Benutzerdokumentation übernommen werden, sind aber auch gleichzeitig Basis für das IV-Konzept und die Implementierung.

In „**Phase 3 – Design**" wird das System entworfen. Ziel ist die Umsetzung des lösungsweg-neutralen Fachkonzepts in ein lösungsorientiertes IV-Konzept. Die Systemarchitektur wird entworfen. Prototypen für komplexe, kritische oder technisch neue Teile werden erstellt, um die technische Machbarkeit nachzuweisen.

In „**Phase 4 – Implementierung, Test und Integration**" erfolgt die Realisierung des durch das Fachkonzept und IV-Konzept spezifizierten Systems. Von der Programmierung und dem Test der einzelnen Module über die schrittweise Integration zu Subsystemen bis zu Integration und Test des gesamten Anwendungssystems. Ergebnis dieser Phase ist das getestete und voll funktionsfähige Anwendungssystem.

In „**Phase 5 – Installation und Abnahme**" wird das Anwendungssystem installiert und erprobt, mit dem Ziel, dass Zusammenspiel zwischen dem Geschäftsablauf, der Aufbauorganisation und dem Anwendungssystem unter realen Bedingungen für einen vordefinierten Zeitraum nachzuweisen. Das System wird durch die Fachabteilung abgenommen, womit die Erfüllung der gestellten Anforderungen bestätigt wird oder gegebenenfalls Nachbesserungen vereinbart werden. Ein Projektabschlussbericht wird erstellt und durch den Auftraggeber genehmigt.

4.4.3 Auswahl und Einführung von Software (Evaluation)

Der Prozesse der Auswahl und Einführung einer Standardsoftware kann in typische Einzelaktivitäten zerlegt werden. Bringt man diese Aktivitäten in die zeitlich richtige Reihenfolge, entsteht ein allgemein gültiges Vorgehensmodell. In der Regel wird nach jeder Phase ein Ergebnis präsentiert, um über die Art und Weise der weiteren Schritte zu entscheiden. Diese Aktivitätsübergänge werden auch als „Meilensteine" bezeichnet und geben dem Management die Möglichkeit, über die Fortführung des Projektes zu entscheiden.

Projektstart: Der Projektstart wird oftmals weiter unterteilt in die zwei Phasen „Initialisierung" und „Definition". Die Initialisierungsphase widmet sich im Wesentlichen der Erstellung des Projektantrags und der Klassifizierung des Projekts. In der Definitionsphase werden die Projektziele grob definiert, wobei zwischen den Systemzielen (Software-Ziele; beziehen sich auf einen Zustand, den man erreichen will) und den Abwicklungszielen (Projektmanagement-Ziele; beziehen sich auf Zeit, Kosten, Qualität des Projekts) unterschieden wird. Weiterhin wird die Projektorganisation festgelegt und eine Projektplanung (Zeit, Ressourcen, Meilensteine, Vorgehensmodell etc.) durchgeführt. Der Projektantrag wird um diese Informationen vervollständigt und einer Beurteilung der Geschäftsleitung unterzogen. Durch Genehmigung und Unterschrift wird der Projektantrag zum Projektauftrag. In einer projekteröffnenden Sitzung (Kick-off-Meeting) wird das Projekt und sein geplanter Verlauf den beteiligten Personen vorgestellt.

Ist-Analyse: Die Ist-Analyse dient der Bestandsaufnahme. Die Stärken und Schwächen der vorhandenen Situation / Lösung werden analysiert – und gegebenenfalls die Chancen und Risiken bezogen auf das Marktgeschehen. Stärken und Schwächen sind vornehmlich firmenintern zu sehen und gegenwartsbezogen. Chancen und Risiken sind überwiegend auf das Umfeld und den Markt bezogen und zukunftsorientiert. Je nach anzuschaffender Software werden zusätzlich Aufgaben, Informationsflüsse und Prozesse im Unternehmen und auch unternehmensextern erhoben. Durch die Ist-Analyse erhält man eine Basis, um konkrete Ziele und den genauen Umfang der anzuschaffenden Software zu definieren.

Konzept: Bei der Konzepterstellung unterscheidet man oftmals zwischen einem Zielkonzept (Was soll das neue System leisten?) und einem Anforderungskonzept (Wie sind die Ziele umzusetzen?). Die Unterscheidung zwischen Zielen und Anforderungen wurde zu Beginn dieses Kapitel bereits diskutiert. Anforderungen definieren das künftige System in Hinblick auf seine Eigenschaften und Qualitätsmerkmale. Bei den Anforderungen kann man zwischen **funktionalen** und **nicht-funktionalen** Anforderungen unterscheiden.

- Funktionale Anforderungen beziehen sich auf konkrete Geschäfts- oder Programmfunktionen; beispielsweise Kundenverwalten (erfassen, ändern, löschen, archivieren).

- Nicht-funktionale Anforderungen beziehen sich vor allem auf Qualitätsaspekte (man nennt sie deshalb auch „qualitative Anforderungen"); beispielsweise Benutzerfreundlichkeit, Stabilitätsanforderungen, Leistungsanforderungen (Performance), die Sicherheitsanforderungen, die Schnittstellen und die Service-Level.

Die Zusammenstellung der Anforderungen sollte mit großer Sorgfalt erfolgen, da fehlende oder vergessene Funktionalitäten in späteren Phasen nur mit großem (Zeit-)Aufwand ergänzt werden können.

Ein Konzept für ein Informationssystem umfasst weiterhin die zukünftigen Geschäftsprozesse, das neue Datenmodell, das Funktionenmodell, die Gegenüberstellung von technischen Alternativen und eventuell veränderte Organisationsstrukturen.

Anforderungsdefinition: Im Rahmen der Anforderungsdefinition wird nun das zuvor erstellte Grobkonzept verfeinert, vervollständigt und präzisiert. Das Grobkonzept wird also zu einem Detailkonzept – was man auch als „Pflichtenheft" bezeichnet. Die grob erhobenen Anforderungen werden nun in eine sinnvolle Struktur gebracht und detailliert ausformuliert. Typische Inhalte eines Pflichtenhefts sind ein Unternehmensporträt, eine Beschreibung der Ausgangssituation, die Ziele aus Anwendersicht, die Hardware-Anforderungen, die fachlichen Anforderungen, die nicht-fachlichen Anforderungen und die Rahmenbedingungen.

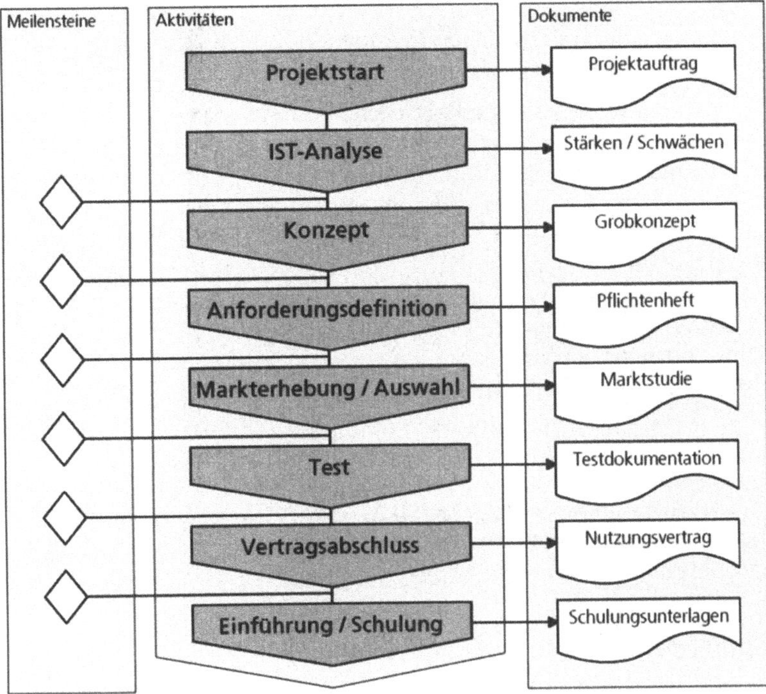

Abb. 170: Vorgehensmodell für Auswahl und Einführung von IT-Lösungen

Markterhebung/Auswahl: Auf Basis einer Marktanalyse müssen mögliche Anbieter und ihre jeweiligen Lösungen ermittelt und verglichen werden. Bewährt hat sich ein drei-stufiges Auswahlverfahren nach dem so genannten „Trichtermodell".

1. Die erste Stufe (Vorfilter) besteht darin, das das Pflichtenheft nur an bestimmte vorselektierte Anbieter geschickt wird.

2. Die von den Anbietern retournierten Pflichtenhefte werden in der zweiten Stufe (Grobfilter) auf Vollständigkeit geprüft und mit den KO-Kriterien verglichen. Dadurch ergibt sich in der Regel bereits eine weitere Reduktion.

3. Die verbleibenden Lösungen werden dann in der dritten Stufe (Feinfilter) detailliert verglichen. Hier werden oftmals auch Techniken, wie z. B. eine Nutzwertanalyse eingesetzt, um den Vergleich wenigstens ansatzweise zu ent-subjektivieren. Die theoretische Arbeit reicht hier in der Regel nicht aus. Viele Fragen lassen sich nur vor einem Demo-System klären oder im Gespräch mit Referenzkunden.

Test: Bevor der Kauf getätigt wird, wird die ausgewählte Software einem Test unterzogen. Dies geschieht meist in Form einer Testinstallation oder einem Pilotprojekt und unter der Beteiligung der späteren Anwender.

Vertragsabschluss: Nachdem man sich für eine Lösung entschieden hat, beginnen die Vertragsverhandlungen mit dem Anbieter. Gegenstand dieser Verhandlungen sind neben dem Kaufpreis, der Installations-Unterstützung, der Schulungs- und Beratungsleistungen auch die notwendige Software-Anpassung und die spätere Wartung.

Einführung/Schulung: Bei der Einführung unterscheidet man zwischen den drei Einführungsstrategien „schlagartige Einführung", "stufenweise Einführung" und „parallellaufende Einführung". Unabhängig von der Einführungsstrategie wird der konkrete Ablauf der Einführung oftmals in die Stufen „Vorarbeiten", „Probebetrieb" und „Übergabe" unterteilt. Zu den Vorarbeiten gehören die Schulung und Einweisung der Anwender. Für Notfälle wird ein Ausweichkonzept (Fallback) erstellt. Die neue Aufbau- oder Prozessorganisation wird eingesetzt und ein Probebetrieb wird vorbereitet. Nach Abschluss der Vorarbeiten wird ein Probebetrieb durchgeführt. Je nach Einführungsstragie wird der Probebetrieb unterschiedlich intensiv und lang ausfallen. Hat das System im Probebetrieb reibungslos funktioniert, ist es für die endgültige Übergabe bereit. Durch die Übergabe geht es in die Hände des Fachbereichs. Mit der Übergabe ist die Systemplanung und Realisierung abgeschlossen. Nach Ablauf einer definierten Zeitspanne können Controlling-Tätigkeiten folgen.

4.5 Begriffsübersicht und Assoziationsmodell

Es folgt eine Zusammenfassung aller wesentlichen Begriffsdefinitionen, die mit der Vorgehensmodellierung in Zusammenhang stehen.

Begriff	Beschreibung
Vorgehensmodell Synonym: Phasenmodell	Ein Vorgehensmodell unterteilt das Vorgehen in grundsätzliche, sinnvolle, überschaubare und kontrollierbare Etappen und legt die sachlogische Reihenfolge und Inhalte dieser Etappen fest. Es bestimmt, welche Methoden und Techniken wann zum Einsatz kommen.
Projektplan	Die Projektplanung entsteht als Konkretisierung der Vorgehensmodellierung. Im Projektplan werden die Arbeitsabschnitte und Arbeitsschritte mit einer absoluten Zeiteinteilung versehen und konkreten Mitarbeitern zur Durchführung zugewiesen.
Meilenstein	Zeitpunkte in einem Projekt, die sicherstellen sollen, dass Entscheidungsträger oder Gremien ihre Kontrollaufgaben wahrnehmen können. Meilensteine können definiert sein als „Entscheidungszeitpunkte", als „Kontrollzeitpunkte" oder als „Berichtszeitpunkte". Anlässlich von Meilensteinen werden also Entscheidungen getroffen, Berichte verfasst oder Kontrollen durchgeführt.

Begriff	Beschreibung
Phase	Eine Phase ist der Zeitraum zwischen zwei Meilensteinen des gesamten Prozesses, in dem eine wohldefinierte Menge von Zielen erreicht wird, Ergebnisse vervollständigt und Entscheidungen über den Eintritt in die nächste Phase getroffen werden.
Arbeitsschritte	Ein Arbeitsschritt fasst Tätigkeiten in einer Weise zusammen, das durch die erzielten Produkte der Tätigkeiten ein in sich schlüssiges Teilergebnis für das Projekt entsteht.
Tätigkeiten	Tätigkeiten sind Arbeitsabschnitte, die das Erbringen einer bestimmten Leistung zum Ziel haben oder bei deren Durchführung ein konkretes Produkt entsteht.
Aktivitäten	Aktivitäten sind konkrete und nur von einer einzelnen Person durchführbare Bearbeitungsschritte, die einen Beitrag zur Erreichung eines Tätigkeits-Produktes oder eines Tätigkeits-Ziels leisten.
Produkt / Ergebnistyp	Ergebnis, das aus einer Aktivität, einer Tätigkeit oder einem Arbeitsschritt hervorgeht. Produkte können in unterschiedlichen Formen erzeugt werden. Es kann sich um Dokumentationen, Darstellungen oder technische Systembestandteile handeln.

Abb. 171: Vorgehensbegriffe im Überblick

Zur Übersichtlichkeit und um den Gesamtinhalt des Themas „Vorgehenssystematisierung" zu festigen, werden im Folgenden die wesentlichen Begriffe als Assoziationsmodell dargestellt. Dieses Assoziationsmodell könnte man auch als „Meta-Vorgehensmodell" sehen. Es ist ein Modell, das die grundlegenden Konstrukte von Vorgehensmodellen und deren Zusammenwirken beschreibt.

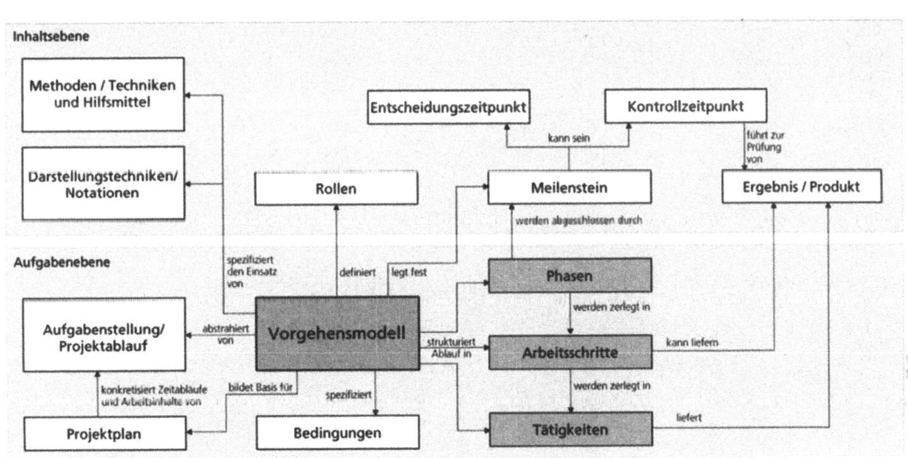

Abb. 172: Assoziationsmodell zur Vorgehensmodellierung

5 Visualisieren mit Darstellungstechniken

5.1 Grundlagen der Darstellungstechnik

Grafische Darstellungen von Systemen sind ein fester Bestandteil unseres täglichen Lebens. Wir begegnen ihnen sehr viel öfter, als man für gewöhnlich annehmen würde. Beispielsweise in Form von Straßenkarten, Stadtplänen, Straßenbahnplänen, Bauplänen, Konstruktionszeichnungen, Schaltplänen, Lageplänen, Leitungsplänen, Schnittmuster etc.

All dies sind grafische Darstellungen von realen Modellen. Diese visuellen Repräsentationen sind für uns so selbstverständlich geworden, das wir uns über ihren tieferen Sinn gar keine Gedanken mehr machen. Und das ist auch gut so, denn dies bedeutet, dass grafische Darstellungen uns einen einfachen und allgemein verständlichen Zugang zu komplexen Modellen liefern – oder könnten Sie sich eine Landkarte in Textform vorstellen?

Eine Darstellung ist immer ein Modell aus der Wirklichkeit – ein Abbild der Realität. Der entscheidende Schritt, um zu einem solchen Abbild zu gelangen, ist die Abstraktion von Eigenschaften der Realität und die Reduktion der Detaillierung. Eine Landkarte abstrahiert beispielsweise die Eigenschaften „Größe", „Erdkrümmung" und „Oberflächenerhebung" – und sie reduziert vor allem auch den Detaillierungsgrad. Den Vorgang der Erstellung einer solchen Abbildung nennt man deshalb auch „Modellieren". Man modelliert bestimmte Aspekte der Realität. Das daraus entstandene Modell ist eine Vereinfachung der Realität, die durch eine abstrahierte Sicht auf einen Betrachtungsgegenstand entsteht.

Wir erzeugen Modelle von komplexen Systemen, weil wir diese nicht mehr in ihrer Gesamtheit erfassen und verstehen können. Bei der Modellbildung durch Abstraktion und Reduktion sind nur bestimmte Teilaspekte der Realität relevant – man konzentriert sich auf das Wesentliche. Informationen, die im Rahmen der konkreten Aufgabenstellung unwichtig sind, werden bewusst weggelassen. Der Fokus liegt auf wichtigen Kernpunkten. Modelle können sowohl detaillierte Pläne umfassen als auch eher allgemeine Pläne, die einen Überblick über den Betrachtungsgegenstand vermitteln.

Die Erarbeitung von grafischen Darstellungen bringt weiterhin eine gewisse Systematik in das mehrdimensionale und breite Beziehungsgeflecht von komplexen Projektinhalten und bietet darüber hinaus auch eine größere Gewähr dafür, dass nichts vergessen wird und unterschiedliche Betrachtungsstandpunkte erkennbar werden. Zudem entsteht durch die Anwendung von grafischen Darstellungen erfahrungsgemäß ein besseres gemeinsames Problemverständnis. Alle diese Faktoren sind selbst wieder die besten Voraussetzungen für gute Lösungen.

Die Stärke von Modellen liegt darin, das sie von abstrakten Sachverhalten einen visuellen Eindruck erzeugen. Durch die modellhafte Abbildung können Systeme und komplexe Zusammenhänge veranschaulicht werden. Durch die Anwendung von Darstellungstechniken kann eine gemeinsame Sprachebene zwischen Entscheidungsträgern, Projektleitern, Analysten, Entwicklern und Anwendern aus dem Fachbereich hergestellt werden. Der Realitätsausschnitt wird durch die fokussierte, ballastfreie Repräsentation übersichtlich und transparent visualisiert, wodurch nicht nur das Verständnis gefördert wird, sondern auch eine wichtige Basis für die Kommunikation von abstrakten Sachverhalten entsteht.

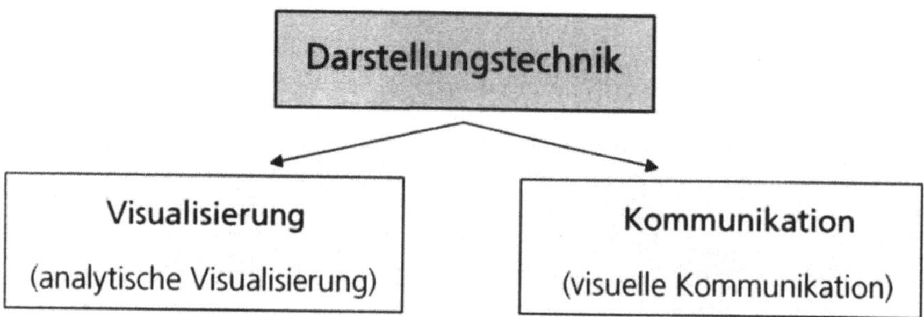

Abb. 173: Der doppelte Nutzen von Darstellungstechniken

Darstellungstechniken sind ein Paradebeispiel für Multifunktionalität. Es gibt keine vergleichbaren Techniken, die in ähnlich hohem Maße einen Mehrfachnutzen bieten. Neben dem Aspekt der Kommunikation sind sie gleichzeitig auch ein sicheres analytisches Instrument und machen dadurch Komplexität beherrschbar. Sie unterstützen die ganzheitliche Betrachtung und vermitteln die notwendige Übersicht, um nichts zu vergessen. Unabhängig davon, welche Motivation ursächlich den Ausschlag für die Verwendung einer Darstellungstechnik gegeben hat (z. B. zwecks Kommunikation, Analyse etc.), man bekommt immer gleichzeitig die anderen Nutzenvorteile als Beigabe „gratis" dazu.

Die Tabelle in ▶Abb. 174 fasst die wesentlichen Gründe für die Verwendung von Darstellungstechniken überblicksartig zusammen.

Vorteil	Kommentar
Visualisierung Komplexitätsbeherrschung	Komplexe Sachverhalte können visuell, übersichtlich und verständlich dargestellt werden. Durch die sichtenorientierte Beschreibung eines Systems (Daten- bzw. Objektsicht, Funktionssicht etc.) werden gezielt einzelne Aspekte eines Systems hervorgehoben.

Kommunikation **Verständlichkeit** **Diskussionsgrundlage**	Mit Hilfe von grafischen Darstellungen können Sachverhalte verständlich kommuniziert werden. Eine Darstellung kann im Team erörtert werden. Die Darstellung kann auf die Zielgruppe adaptiert werden, so dass sowohl mit Kunden, Auftraggebern, Anwendern und Geldgebern als auch mit Entwicklern und Experten über den Sachverhalt diskutiert werden kann.
Homogenität **Gleichschaltung**	Alle Beteiligten erhalten eine homogenes „Bild" des Sachverhalts. Texte können unterschiedlich interpretiert werden. Bei Darstellungstechniken wird der Interpretationsspielraum auf ein Minimum reduziert. Alle Team-Mitglieder erhalten dieselbe Vorstellung des Entwicklungsgegenstandes.
Systematik	Darstellungstechniken bringen eine ingenieurmäßige Systematik in den Entwicklungsprozess ein. Angefangen bei der Zielanalyse, der Problem- bzw. Ursachensuche, bis hin zum Entwurf (Design) und der Implementierung einer Lösung.
Wesentlichkeit	Darstellungstechniken stellen von einem bestimmten Sachverhalt das Wesentliche dar. Unnötige Ausschmückungen, die man bei textlichen Beschreibungen nur schwer von der Essenz trennen kann, bleiben bei grafischen Darstellungen außen vor.
Vollständigkeit	Durch die grafische Visualisierung werden Lücken im Konzept sichtbar. Man kann nur schwer über diese „Lücken" hinwegsehen, wie dies zum Beispiel bei textlichen Beschreibungen der Fall ist. Man muss die Lücken angehen.
Überwachung **(Traceability)** **Nachvollziehbarkeit**	Anforderungen und Entwurfsentscheidungen können besser bis zur Implementierung verfolgt werden. Entwurfsentscheidungen werden für alle Projektbeteiligten nachvollziehbar dokumentiert. Auch in den späteren Wartungsphasen kann man auf die Darstellungen zurückgreifen und sich dadurch schneller und sicherer in das System „eindenken".

Abb. 174: Gründe für die Verwendung von Darstellungstechniken

5.1.1 Form und Inhalt (Syntax und Semantik)

Aus einer übergeordneten Sicht betrachtet, entsteht eine Darstellungstechnik durch das Zusammenführen von zwei elementaren Bausteinen:

- Der eine Baustein verkörpert die Struktur bzw. das Aussehen der Darstellung – bezieht sich also auf die Form. Diesen Teil bezeichnet man auch als „formalen Aspekt" oder „formale Struktur".

- Der andere Baustein verkörpert den Mitteilungsgehalt bzw. Aussagegehalt der Darstellung – bezieht sich also auf den „inhaltlichen Aspekt".

211

Für diese beiden Bausteine gibt es in der Fachsprache zwei Ausdrücke – und zwar „**Syntax**" und „**Semantik**".

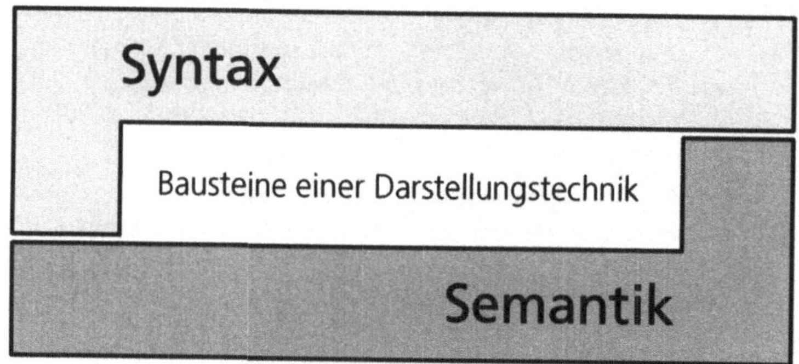

Abb. 175: Die beiden Bausteine einer Darstellungstechnik

Die Fähigkeit, formale Symbole (Buchstaben, Zahlen, Bilder) nach vorgeschriebenen Mustern korrekt umzusetzen, ist eine syntaktische Fähigkeit. In der Grammatik steht die Syntax für „die Beschreibung der Verwendung der Wörter in einem Satz". Bei der Syntax werden lediglich formale Aspekte betrachtet. Beispielsweise ist 12.345,67 eine syntaktisch korrekte Repräsentation einer Wertangabe während 12.34,567 nicht normgerecht ist – also nicht den definierten Syntaxregeln entspricht.

Der Bedeutungsgehalt von Symbolen ergibt sich durch die Semantik. Semantik ist die Lehre von der Bedeutung der Symbole. Die Syntax gilt also der Form, während die Semantik dem Inhalt gilt. Der Besitz einer syntaktischen Fähigkeit impliziert keineswegs auch eine semantische Fähigkeit. Taschenrechner zum Beispiel besitzen hervorragende syntaktische Fähigkeiten: Sie multiplizieren und addieren fehlerfrei Zahlen und Buchstaben, verstehen aber die reelle Bedeutung nicht. Auch ein Computer gehorcht komplizierten syntaktischen Regeln, deren semantischer Inhalt er aber nicht versteht. Man könnte sagen: „Sie handeln, doch sie verstehen nicht, was sie tun.". Das Wissen um die inhaltliche Bedeutung ist wesentlich. Beispielsweise hat „Gift" im englischen Sprachgebrauch eine völlig andere Bedeutung als im Deutschen. Auch weis ein Textverarbeitungsprogramm nichts über den Unterschied zwischen einem Bauer auf dem (Acker-)Feld und einem Bauer auf dem (Schach)-Feld.

Bei der Semantik kann man unterscheiden zwischen der

- statischen Semantik (z. B. Generalisierungen, Spezialisierungen, Assoziationen und Aggregationen) und der

- dynamischen Semantik (z. B. Nachrichtenfluss).

Diese Unterscheidung bezieht sich also auf mögliche Inhaltskategorien in einer Darstellung.

	Syntax	Semantik
Definiert als ...	die Grammatik bzw. das Regelwerk zur Fomulierung	die Bedeutung der Wörter und Sätze einer Sprache oder der Konstrukte eines Modells
Bezieht sich auf ...	die Form	den Inhalt
Verkörpert ...	den Aufbau bzw. die Struktur der Darstellung	den Mitteilungsgehalt bzw. Aussagegehalt der Darstellung

Abb. 176: Unterscheidung zwischen Syntax und Semantik

Im Zusammenhang mit Darstellungstechniken fasst die Syntax die „Erstellungsregeln" zusammen, die beim Erstellen einer Darstellung zu beachten sind. Sie beinhaltet damit sowohl Regeln zur Form von Symbolen, deren Beschriftung und der Art und Weise, wie sie zu Verbinden sind. Ferner auch alle weiteren Regeln, die zu beachten sind, um eine weitestgehend einheitliche Interpretation sicherzustellen.

5.1.2 Semantische und Syntaktische Repräsentation

Ein semantisches Modell ist ein abstraktes Modell, das befreit ist von allen syntaktischen Zwängen und implementierungsspezifischen Details der Ist-Situation, aber dessen wichtigste Eigenschaften abbildet. Semantische Modelle sind in der Regel konzeptionelle Modelle, das heißt, sie enthalten keine Hinweise auf die Art und Weise einer gegebenen oder einer geplanten „physischen" Implementierung. Es geht bei der semantischen Modellierung einzig und allein darum, die „Essenz" einer Situation herauszuarbeiten und übersichtlich und verständlich festzuhalten.

Eine wichtige Aufgabe der Analyse bei empirischen Softwareprojekten ist es, das semantische Modell des Problems solange mit dem Problem zu vergleichen und zu verbessern, bis es zufrieden stellend funktioniert. Dieses semantische Modell der Problemsituation dient dann als Basis für den Entwurf einer Lösung oder mehrerer Lösungsvarianten, die ebenfalls in Form eines oder mehrere semantischer Modelle (also syntax-unabhängig und mit einer „gesunden" Abstraktion) konzipiert werden. Aufbauend auf diesem Lösungsmodell wird dann der Zielzustand syntaktisch abgeleitet. ▶Abb. 177 zeigt die Abgrenzung zwischen der Syntax-Ebene und der Semantik-Ebene in grafischer Form.

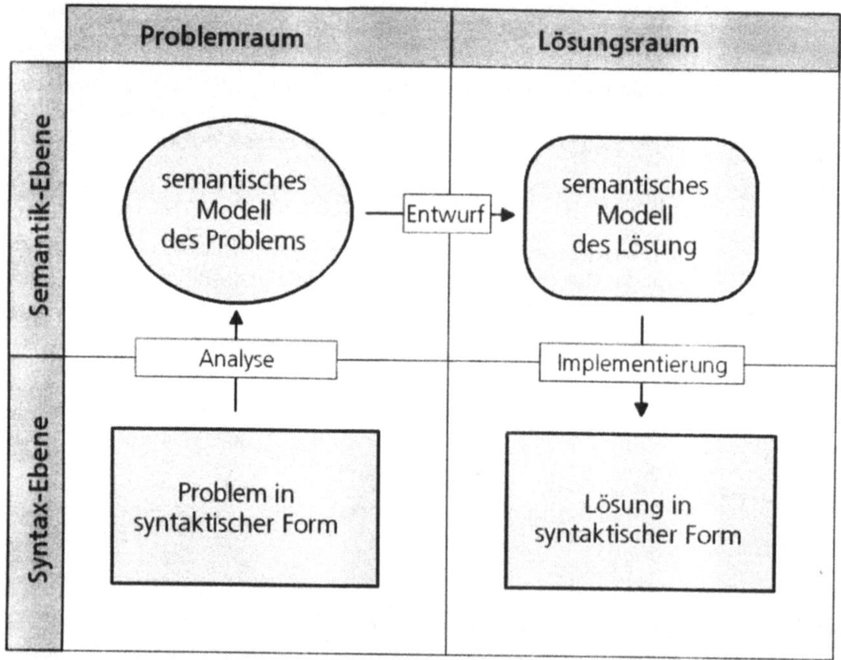

Abb. 177: Syntaktische und Semantische Modelle

Das wesentliche Ziel der semantischen Modelle ist es, in Erfahrung zu bringen, welche konzeptionell wesentlichen Anforderungen an ein neu zu gestaltendes System gestellt werden. Die kritischen Aspekte sollen erkannt und mit dem Anwender besprochen werden. Dies ist nur effektiv möglich, wenn die unwichtigen Details ignoriert und damit von den systemtechnischen Überlegungen abgetrennt werden. Änderungen und Korrekturen der Benutzeranforderungen sollen mit geringen Kosten und minimiertem Risiko diskutiert und planvoll in das Modell eingefügt werden. Die Semantik muss erfasst werden, dass ist das Hauptproblem und die entscheidende Voraussetzung für eine erfolgreiche Systemgestaltung. Die technische Umsetzung eines guten Konzepts ist dann häufig eine einfachere Aufgabe.

Die semantischen Modelle können in einer semiformalen Entwurfsnotation dargestellt werden (Darstellungstechniken der Prozessanalyse, der Anforderungsanalyse, des Entwurfs oder mit Bubble Charts). Wenn das semantische Lösungsmodell feststeht, wird es in entsprechende formalisierte Notationen überführt, wodurch unterschiedliche syntaktische Repräsentationen der Lösung entstehen. Wenn es sich bei der syntaktischen Notation um eine Programmiersprache handelt, entsteht daraus schlussendlich das „Lösungsprodukt".

5.1.3 Grundlegende Sprachkonventionen

Im Zusammenhang mit Darstellungstechniken hat sich ein individueller Sprachgebrauch gefestigt, der für einen Außenstehenden nicht ohne weiteres zu durchschauen ist. Zwei häufig verwendete Ausdrücke, nämlich Syntax und Semantik, haben wir bereits kennen gelernt. Es gibt aber noch weitere „Spezialausdrücke", die immer dann fallen, wenn Darstellungstechniken beschrieben werden.

Zum Beispiel spricht man von:

- Quellen und Senken,

- Knoten und Kanten,

- gerichteten Kanten und ungerichteten Kanten

- externen Agenten

Einige dieser Bezeichnungen wurden von der Mathematik (genauer den „mathematischen Beschreibungsverfahren") übernommen.

Was uns jedoch fehlt und was wir als erstes klären sollten, ist eine prägnante Anrede für die Person, die eine grafische Darstellung erstellt. Bei Personen die „textliche Beschreibungen" anfertigen, spricht man von „Autoren". Nach Meinung des „Buchautors" ist auch der Ersteller einer Grafik ein Autor. Er fertigt anstelle von textlichen Beschreibungen eben grafische Beschreibungen an. Nur müssen wir ihn vom „Textautoren" abgrenzen und verwenden deshalb die nahe liegende Bezeichnung **„Diagrammautor"**. Diese Bezeichnung scheint insofern passend, als dass es sich in der Informatik- und BWL-Literatur eingebürgert hat, nahezu alle Arten von grafischen Darstellungen als „Diagramme" zu bezeichnen.

Nun zu den **„externen Agenten"**. In der Informatik wird die Bezeichnung „externer Agent" als Universalbegriff für jede Art von Partnerbeziehung bzw. Austauschbeziehung verwendet. Man meint damit etwa eine Organisation, eine Benutzergemeinschaft, ein Informationssystem etc., dass außerhalb des Untersuchungsbereichs der gegenwärtigen Analyse steht, aber dennoch über Datenflüsse mit dem System, das analysiert und entworfen wird, interagiert. Die externen Agenten repräsentieren die Umwelt für den durch die Analyse untersuchten Teilausschnitt. Es mag vielleicht treffender sein, wenn man anstelle von externen Agenten von einem **„externen Partner"** spricht. Diese Bezeichnung kann dann als ein Universalbegriff für jede Art von Partnerschaftsverhältnis genutzt werden. Zum Beispiel Fachhandelspartner, Distributionspartner, Lieferant, Zulieferer, Geschäftspartner, Dienstleistungspartner, etc.

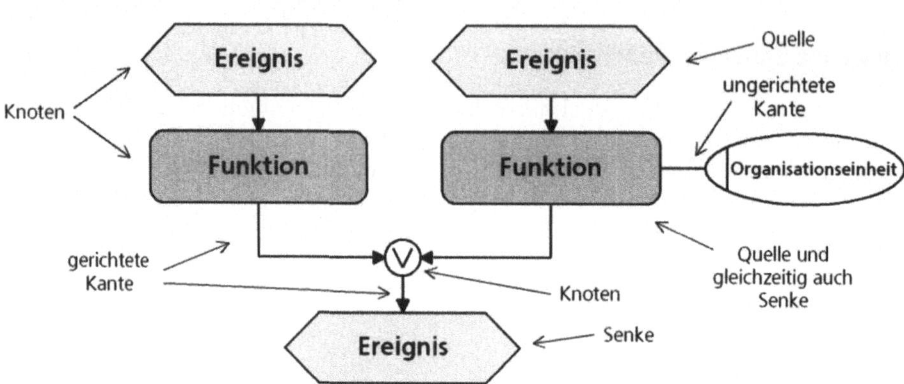

Abb. 178: Diagramminhalte und ihre „offiziellen" Bezeichnungen

Die Begriffe „Quelle", „Senke" und „Knoten" erklärt man am besten gemeinschaftlich. Ein **Knoten** ist ein inhaltlich bedeutendes (semantisches) Symbol in einem Diagramm. In der Regel werden in einem Diagramm verschiedene „Knotentypen" und durch unterschiedliche Symbole dargestellt. Das Beispiel in ►Abb. 178 zeigt am Beispiel einer Ereignisgesteuerten Prozesskette vier Knotentypen (Ereignis, Funktion, Organisationseinheit und Verknüpfungsoperator). Eine **Quelle** (Sender) ist ein Knoten in einem Diagramm, von dem aus eine Information oder eine Leistung zu einem anderen Knoten (Senke) „übertragen" wird. Eine **Senke** ist ein Knoten, der eine Information/Leistung empfängt (Empfänger). Quellen kann man auch als „Ausgangsknoten" und Senken als „Eingangsknoten" bezeichnen.

Knoten bzw. Quellen und Senken werden über so genannte „**Kanten**" miteinander verbunden. Eine Kante ist im Prinzip nichts Weiteres als eine Linie. Kanten repräsentieren im Normalfall die Anordnungsbeziehungen zwischen den Knoten. Man unterscheidet zwischen „gerichteten Kanten" und „ungerichteten Kanten". Auch dies ist einfach erklärt. Eine gerichtete Kante ist eine Verbindungslinie mit einem Pfeil und eine ungerichtete Kante ist eine Verbindungslinie ohne Pfeil. Sind Knoten mit einer ungerichteten Kante verbunden, so kann man syntaktisch gesehen nicht zwischen Quelle und Senke unterscheiden, denn die Richtung der Beziehung ist ja bei einer Linie ohne Pfeil nicht ersichtlich. Diese Unterscheidung ist dann auch nicht relevant für die Interpretation des Inhalts. In ►Abb. 178 sind die „Fachbegriffe" den Elementen eines Diagramms zugeordnet.

5.1.4 Grundlegende Diagrammtypen

Bei den grafischen Ausdrucksformen ist die Variantenvielfalt so groß, dass eine allumfassende Systematisierung und Typisierung nicht möglich und auch nicht sinnvoll ist. Dennoch lassen sich bei den Darstellungstechniken, die im Rahmen von betriebswirtschaftlichen und/oder informationstechnologischen Aufgabenstellungen eingesetzt werden, gewisse Häufigkeiten und Regelmäßigkeiten er-

216

kennen. In der Regel werden Diagramme eingesetzt, die aus einer Anordnung von rechteckigen oder runden Symbolen bestehen und die miteinander durch Linien verbunden sind. Die daraus resultierenden Diagrammformen kann man zusammenfassend als „geometrische Graphen" - im Folgenden verkürzt als **„Graphen"** – bezeichnen.

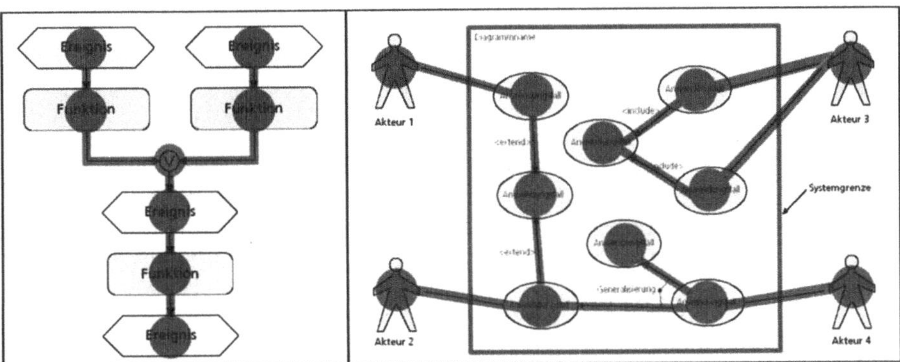

Abb. 179: Graphen – bestehen aus Knoten und Kanten (Verbindungslinien)

Fast alle der in diesem Buch beschriebenen Darstellungstechniken sind Graphen. Graphen sind die bekannteste Darstellungsform für Strukturvisualisierungen. Unter einem Graphen versteht man allgemein eine Menge von Knoten, die durch eine Menge von Kanten einander zugeordnet sind. Allgemein stellen Graphen abstrahierende, strukturelle Modelle dar, die den Aufbau vernetzter Sachverhalte oder zusammengesetzter Objekte bzw. Systeme durch ihre Einzelteile, welche in einer ganz bestimmten Beziehung zueinander stehen, beschreiben.

Die **Elemente** eines Graphen werden als Kreise oder Rechtecke (Knoten) dargestellt, die **Beziehungen** zwischen den Elementen werden durch Linien zum Ausdruck gebracht (Kanten). Zwischen zwei Knoten können mehrere Kanten existieren. Ebenfalls ist es möglich, dass ein Knoten mit sich selbst durch eine Kante verbunden ist (Schleife).

Man unterscheidet zwei Arten von Graphen:

- Wenn die Beziehungen zwischen den Elementen einen Richtungssinn haben, verwendet man gerichtete Kanten (Linien mit Pfeilen) – man spricht dann auch von einem „gerichteten Graphen".

- Wenn die Elementbeziehungen richtungsneutral sind, verwendet man ungerichtete Kanten (Linien ohne Pfeil) – in diesem Fall spricht man von einem „ungerichteten Graphen".

Systemische, d. h. hierarchieneutrale Darstellungen (z. B.: Bubble Chart, Assoziationsmodell, Datenflussdiagramm etc.) benötigen in der Regel gerichtete Kanten, um die Zusammenhänge eines Betrachtungsgegenstandes vollständig aufzeigen zu können. In den meisten Fällen, werden die Kanten zusätzlich beschriftet oder nummeriert, um den Beziehungszusammenhang zu erläutern. Hierarchische Darstellungen (z. B. Organigramm, Projektstrukturplan etc.) kommen in der Regel mit einfachen Verbindungslinien (Linien ohne Pfeile) und ohne Beschriftungen bzw. Nummerierungen aus, da Über- und Unterordnungsbeziehungen in der Regel in beide Richtungen „funktionieren" und meist auch nicht erklärungsbedürftig sind. Ein großer Teil der Semantik wird ja bereits durch die Hierarchie transportiert.

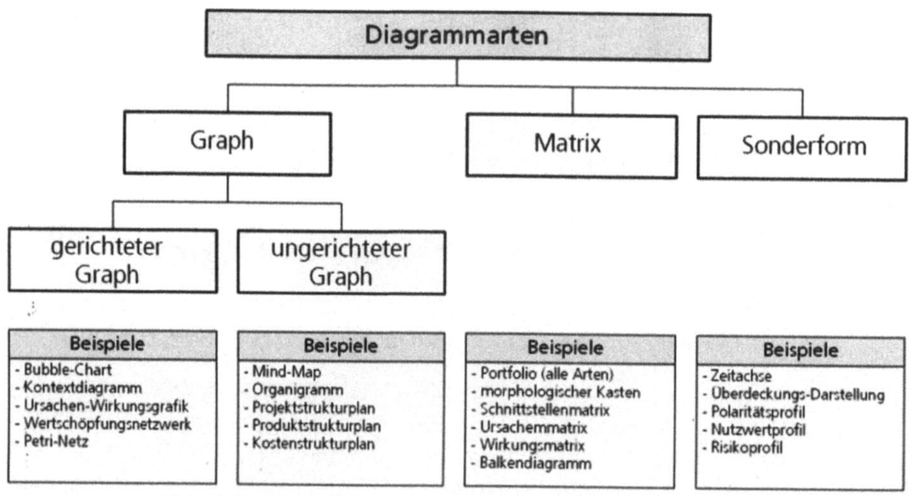

Abb. 180: Die wichtigsten Diagrammarten für IT-Projekte

Eine andere Form der strukturierten Darstellung ist die Matrix (Plural: Matrizen). Eine Matrix stellt ein Raster dar, welches durch Zeilen und Spalten gebildet wird – und damit einen tabellenförmigen Aufbau hat. Die Zellen der Matrix fassen die Strukturierungsinhalte eines bestimmten Betrachtungsgegenstandes. Beziehungen zwischen den Elementen in einer Matrix können auf verschiedene Arten hergestellt werden. Beispielsweise durch Markierungen an den Kreuzungspunkten, durch Angabe von numerischen Werten als Beziehungsintensitäten oder durch elementvernetzende Linienzüge.

Beispiele für Matrizen sind die Portfolios, der morphologische Kasten, die Ursachenmatrix, die Schnittstellenmatrix etc. ▶Abb. 180 zeigt eine Übersicht der in Informatik und Betriebswirtschaft genutzten Darstellungsformen.

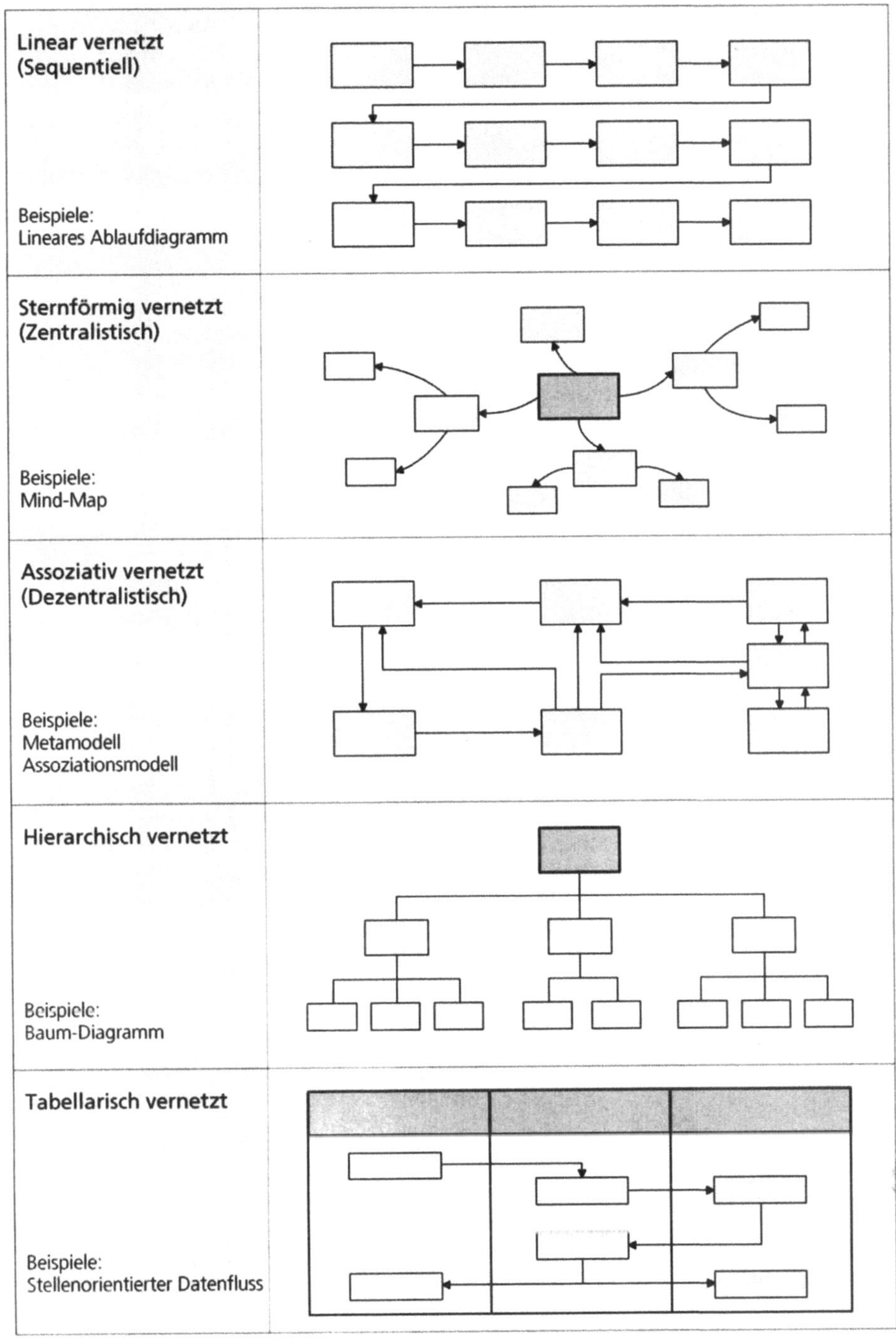

Abb. 181: Grundlegende Varianten von Graphen

Untersucht man nun die Art und Weise, wie die Grundelemente von Graphen untereinander verbunden werden können, so lassen sich fünf grundlegend verschiedene Darstellungsvarianten differenzieren. Man kann die Symbole linear, sternförmig oder hierarchisch vernetzen. Man kann die Symbole dezentral anordnen und beliebige Assoziationen bilden oder man kann sie spaltenweise in tabellarischer Form zusammenstellen. ▶Abb. 181 zeigt diese grundlegenden Diagrammtypen in einer Übersichtsdarstellung.

Vom strukturellen Aspekt her betrachtet besteht eine enge Verwandtschaft zwischen sternförmigen Diagrammen (z. B. Mind-Maps) und hierarchischen Diagrammen (Baum-Diagramm). Beide Diagramme gehen von einem zentralen bzw. ranghöchsten Element aus und lösen daraus in unterschiedlichen Verschachtelungstiefen Unterelemente heraus. Mit der Ausnahme, dass Mind-Maps vollkommen unstrukturiert sein können und keinen formalen Zwängen unterliegen, besteht der einzige Unterschied zwischen diesen Diagrammarten streng genommen nur in der optischen Wirkung.

Ein Mind-Map vermittelt einen anderen optischen Gesamteindruck als ein Baum-Diagramm. Diese unterschiedliche Optik scheint jedoch so entscheidend zu sein, dass beide Darstellungstechniken in vollkommen verschiedenen Anwendungen zum Einsatz kommen: das Mind-Map als freie, unstrukturierte, kreavititätsfördernde und spontane Gedankenschleuse und das Baum-Diagramm als hierarchisch ordnendes Strukturierungswerkzeug.

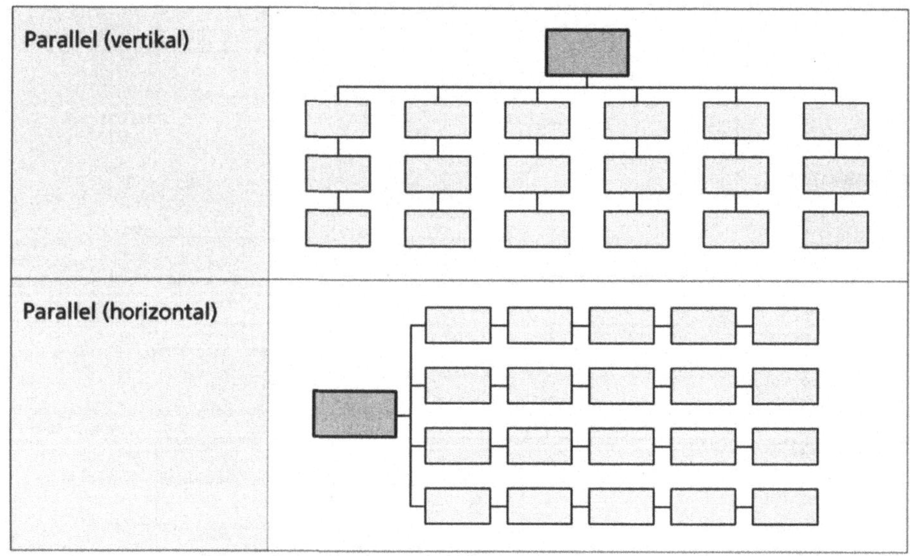

Abb. 182: Parallele Darstellungsformen

Eine Sonderform der hierarchischen Darstellung ist die „**parallele Anordnung**". Eine parallele Darstellung kann beispielsweise beim Aufbau von Webseiten oder Multimedia-Anwendungen verwendet werden. Sie dient der Strukturierung von Informationseinheiten, die zwar voneinander unabhängig sind, aber dennoch einen vergleichbaren Aufbau haben. Ein Beispiel wäre ein Online-Katalog mit verschiedenen Produkten. Für jedes Produkt werden nacheinander Abbildung, Datenblatt, Preis, Konditionen und so weiter angezeigt.

Die parallele Darstellung wird auch bei Projektstrukturdiagrammen (Work-Breakdown-Structures) häufig verwendet (siehe ▶Kapitel „*11 Darstellungen des Projektmanagements*").

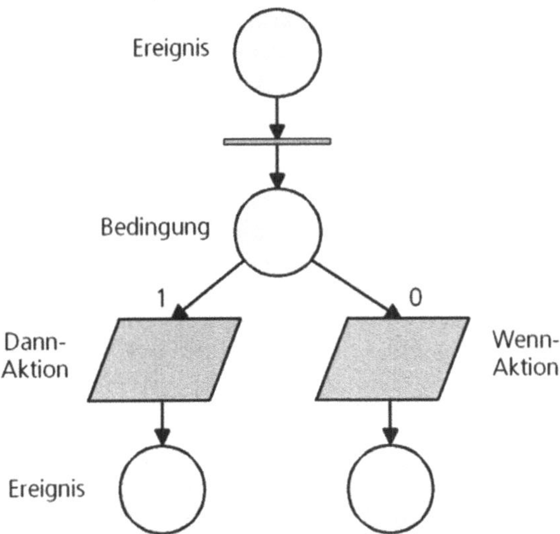

Abb. 183: Neutralbetrachtete Form eines gerichteten Graphen (ECA-Netz)

Von den bisher gezeigten Diagrammarten muss man eine weitere Spezialform der Graphendarstellung abgrenzen. Diese Sonderform ist eng angelehnt an die bereits erwähnte sequentielle Darstellungsstruktur. Es handelt sich dabei um die Darstellung von Abläufen, die sowohl sequentiell als auch verzweigend (nebenläufig, parallel) sein können. Dazu werden gerichtete Graphen mit einer genau festgelegten Notation verwendet. In ▶Abb. 183 wird ein neutralbetrachtetes Beispiel für eine Ablaufdarstellung mit einem gerichteten Graphen gezeigt.

Die gerichteten Graphen, die für die Darstellung von Abläufen verwendet werden, kann man auch als **„Ablaufnetze"** bezeichnen und sie dadurch von den **„Systemnetzen"** unterscheiden, zu denen eher die anfangs erwähnten Diagrammarten zählen. Ablaufnetze unterliegen dabei nicht unmittelbar einer graphentheoretischen Perspektive, da nur die Netztopologie, nicht jedoch die Regeln zur Prozessausführung unmittelbar als Graphen betrachtet werden. In ▶Kapitel „*7 Darstellungen der Geschäftsprozessanalyse*" werden mehrere Darstellungstechniken vorgestellt, die auf diesem Prinzip basieren.

Der Ablauf in diesen Graphen wird als so genannter **„Kontrollfluss"** bezeichnet. Der Kontrollfluss in einem gerichteten Graphen zeigt die kausalen Abhängigkeiten der Aktionen, wodurch die zeitliche Reihenfolge eines Gesamtablaufs sichtbar wird. Er zeigt jedoch nur, ob eine Aktion durchgeführt werden kann oder nicht und welche Abschlussaktionen sie auslöst. Er macht keine Aussagen zu den Datenbeziehungen.

Ist es möglich, in einem gerichteten Graphen einen Weg zu finden, in dem Ausgangs- und Endpunkt identisch sind, so heißt dieser Weg „**Zyklus**". Einige Graphen können neben dem Kontrollfluss auch den Datenfluss in eingeschränkter Form visualisieren. Der Datenfluss eines Prozesses zeigt die Informationsobjekte, welche für eine Aktion als Input nötig sind oder als ihr Output entstehen. Bei ereignisgesteuerten Prozessketten können beispielsweise für jeden Knoten die zugehörigen Input- und Output-Daten aufzeigt werden. Auch Vorgangskettendiagramm sind in dieser Hinsicht sehr flexible.

Es besteht aber auch die Möglichkeit, den Datenfluss auszulagern und in spezialisierten Diagrammen darzustellen. Beispielsweise in Datenflussdiagrammen.

5.1.5 Zentralistische Mind-Maps vs. dezentrale Bubble-Charts

Kreative und freie, von Hand umsetzbare, Visualisierungsformen sind wichtige Elemente in den frühen Phasen von Aufgabenstellungen. Sie helfen bei der gedanklichen Durchdringung einer Aufgabe und liefern die dafür notwendige Übersicht. Sie zeigen die zusammengetragenen Inhalte und Merkmale in einer geordneten und hierarchisch strukturierten Form und sie können bei Bedarf die Verbindungen zwischen den Elementen zeigen.

Das Mind-Mapping ist berechtigterweise eine sehr weit verbreitete und oft genutzte Darstellungsweise für das „kreative Denken in geordneten Bahnen". Insbesondere in den letzten Jahren hat die Technik des Mind-Mappings einen starken Zufluss erfahren. Vermutlich deshalb, weil Aufgaben- und Problemstellungen immer komplexer und intransparenter – also schwieriger zu erfassen – werden. Die heutigen und in Zukunft noch vermehrt auftretenden Aufgaben- und Problemstellungen sind jedoch nicht nur komplex und intransparent, sondern auch „systemisch" und „vernetzt". Eine Vielzahl von gleichberechtigten Elementen sind durch verschiedenste Wirkungsbeziehungen miteinander verbunden. Diesen neuen Merkmalen von betriebswirtschaftlichen und informationstechnologischen Aufgabenstellungen können die Mind-Maps nicht immer gerecht werden.

Im Hinblick auf systemische und vernetzte Aufgabenstellungen scheint es deshalb angebracht zu sein, die Bedeutung der Mind Maps als Darstellungs- und Kreativitätstechnik zu relativieren. Systemische und vernetzte Aufgabenstellungen erfordern eine spezielle, dezentralistische „Sicht der Dinge". Mind-Maps sind jedoch zentralistisch. Mind-Maps stellen einen Sachverhalt, ein Merkmal oder einen Gedanken in den Mittelpunkt der Betrachtung und fördern durch das freie anfügen von Assoziationen die kreative Auseinandersetzung mit diesem zentralen Aspekt. Und genau dieser Sachverhalt ist es auch, der die Bedeutung von Mind-Maps für die in diesem Buch thematisierten Aufgabenstellungen einschränkt.

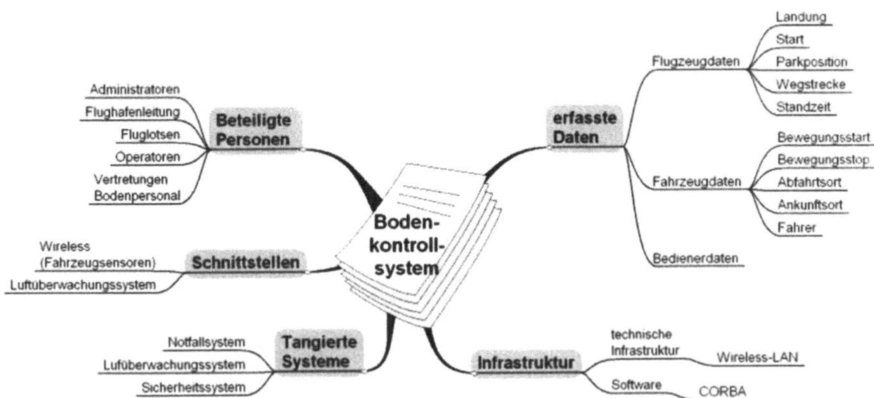

Abb. 184: vereinfachtes Mind-Map Beispiel – Bodenkontrollsystem

Systeme zeichnen sich dadurch aus, dass sie nicht zentralistisch sind. Der Ansatz des systemischen Denkens ist polar zum Prinzip des Mind-Mappings. Die systemische Sichtweise beruht auf einer dezentralen „Sicht der Dinge". Es wird ganz bewusst von einer zentralistischen Beschreibungsweise Abstand genommen. Nicht zuletzt deshalb empfiehlt sich bei systemischen Aufgabenstellungen, die typisch für IT-Projekte sind, der Gebrauch von so genannten „Bubble-Charts".

Mind-Maps und Bubble-Charts stehen sich konträr gegenüber. Was aber nicht bedeutet, dass sie sich gegenseitig ausschließen. Sie entfalten jedoch nur dann ihre volle „Kraft", wenn sie konform zu ihrem eigentlichen Entstehungshintergrund eingesetzt werden.

Mind-Maps und Bubble-Charts können koexistieren und sich sehr gut ergänzen, wenn man sie für ihre jeweils vorgesehenen Zwecke nutzt. Stellt man bei einem Mind-Map die anstehende Aufgabenstellung in die Mitte, kann man in einem „Brainstorming" alle allgemeinen Aspekte, die mit der Aufgabenstellung in irgendeiner Weise in Verbindung stehen, zusammentragen. Beispielsweise die Ziele, die beteiligten Personen oder Firmen, die Schnittstellen oder die Ursachen eines Problems.

Will man jedoch die Struktur einer Situation oder die Merkmale eines Systems, sein Innenleben, seine Funktionsweise, die Elemente aus denen es besteht und die Beziehungen zwischen den Elementen in einem „Brainstorming" erfassen, so sind die dezentralen Bubble-Charts die Technik der Wahl. Bubble-Charts sind die ideale Darstellungs- und Kreativitätstechnik für die Erkundung von Strukturen und Wirkungszusammenhängen.

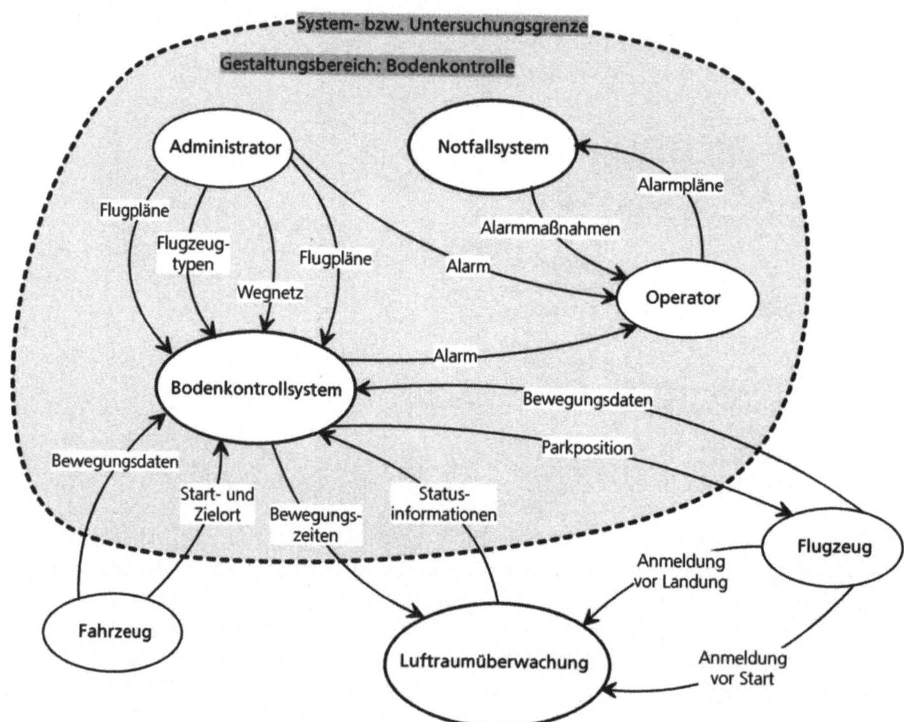

Abb. 185: Bubble-Chart – Bodenkontrollsystem (vereinfacht)

Der sinngemäße Einsatz von Mind-Maps und Bubble-Charts wird in ▶Abb. 184 und ▶Abb. 185 anhand eines vereinfachten Beispiels gezeigt. Es handelt sich dabei um ein neu zu erstellendes Bodenkontrollsystem für einen Flughafen. Das Mind-Map zeigt die verschiedenen Aspekte der Aufgabenstellung. Das Bubble-Chart die Elemente des Gestaltungsbereichs, die Umsysteme und die Wirkungsbeziehungen zwischen allen Komponenten. Aus dem definierten Gestaltungsbereich geht beispielsweise hervor, dass im Zuge der Neuentwicklung des Bodenkontrollsystems auch die Tätigkeit der Administratoren, der Operatoren und die Verbindung mit dem Notfallsystem optimiert werden soll. Keine Änderungen ergeben sich bei den Flugzeugen, den Fahrzeugen und der Luftraumüberwachung. Bei diesen Elementen bleiben die bestehenden Schnittstellen also unverändert.

Mehr über Bubble-Charts und der Art und Weise wie sie zur Strukturierung von Problembereichen eingesetzt werden können, erfahren Sie in ▶Kapitel „10. Darstellungen systemischer Sachverhalte".

5.1.6 Multi-Skalen-Analyse – Variation im Detaillierungsgrad

Darstellungstechniken sind ein unentbehrliches Werkzeug für die Beschreibung einer Software. Sie richten sich an drei grundlegend unterschiedliche Empfängergruppen.

- Einen ersten Leserkreis stellen die Anwender und Entscheider dar. Diese Gruppe beurteilt das Entwicklungsvorhaben aus einer betriebswirtschaftlichen Optik.

- Einen weiteren Leserkreis bilden die Business-Analysten, Wirtschaftsinformatiker und Webmaster. Diese Gruppe stellt die Schnittstelle zwischen dem Fachbereich und der Entwicklungsmannschaft dar und betrachtet das Problem sowohl aus einer betriebswirtschaftlichen als auch einer technischen Sicht.

- Die dritte Gruppe sind die Programmierer, Datenbank-Designer und Web-Designer. Sie müssen die geforderte Funktionalität umsetzen und richten ihre Augenmerk auf die mit der Realisierung verbundenen technischen Aspekte.

Eine Darstellung so zu erstellen, dass sie den polaren Interessen und Know-how-Schwerpunkten sowohl der Anwenderseite als auch der Entwicklerseite gerecht wird, ist nahezu unmöglich. Einen Ausweg aus diesem Dilemma stellt die Multi-Skalen-Analyse dar, die bei der Erstellung des Fachkonzepts angewendet werden kann. Darunter versteht man eine Vorgehensweise, bei welcher der Entwicklungsgegenstand mehrfach analysiert und mit jeweils einem anderen Detaillierungsgrad wiedergegeben wird.

Man bildet sozusagen zwei Beschreibungsebenen und fertigt bestimmte Darstellungen spezifisch für die jeweilige Ebene an. Die eine Beschreibungsebene spiegelt das Fachkonzept (die betriebswirtschaftliche Sicht der Aufgabenstellung), die andere das DV-Konzept (die implementierungsorientierte Sicht der Aufgabenstellung). Die verschiedenen Ebenen kann man als „**Makro-Ebene**" (geringere Auflösung bzw. Detaillierungsgrad) und „**Mikro-Ebene**" (hohe Auflösung bzw. Detaillierungsgrad) bezeichnen.

Die Darstellungen in den verschiedenen Ebenen stehen zueinander im Verhältnis von Spezifikation und Konstruktion. In der ersten Beschreibungsebene, die sich an die Anwender und Entscheidungsträger richtet, weisen die Darstellungen einen gröberen Inhalt – eine geringere Auflösung – auf. In der zweiten Beschreibungsebene, die sich an die Entwickler richtet, sind die Darstellungen wesentlich detaillierter, weisen also eine hohe Auflösung auf. Ein Beispiel für die Einteilung von Darstellungstechniken in die beiden Beschreibungsebenen wird in Abb. 186 gezeigt.

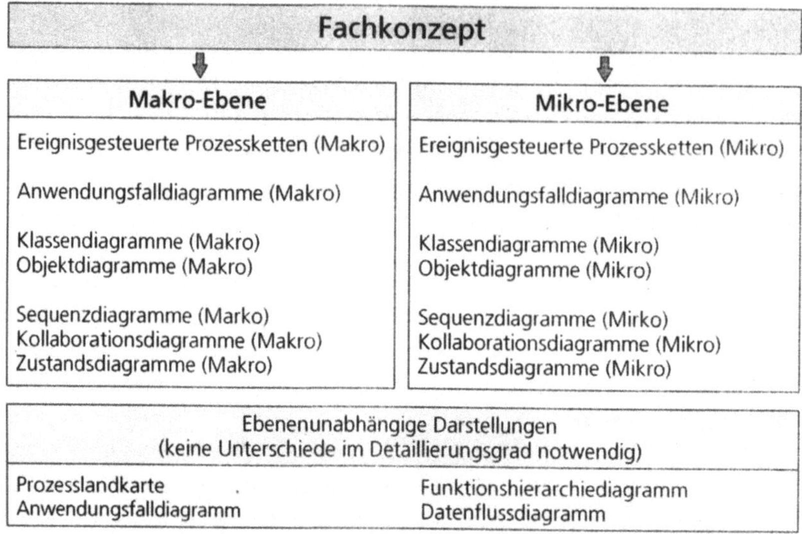

Abb. 186: Beschreibungsebenen des Fachkonzepts

Eine weitere oft zitierte Strukturierung bezüglich der Detaillierung von Darstellungstechniken ist die Dreiteilung in

- Konzeptionelle Sicht,

- Spezifikations-Sicht und

- Implementierungs-Sicht,

die in ▶Abb. 187 gezeigt wird. Auch hier ist es durchaus legitim, dass eine einzelne Darstellungstechnik in zwei oder sogar allen drei Sichten zum Einsatz kommt. Die Darstellung in den jeweiligen Sichten unterscheidet sich dann hinsichtlich ihrer inhaltlichen Detaillierung.

Abb. 187: Einteilung hinsichtlich Detaillierung und Abstraktion

Die **konzeptionelle Sicht** soll der Perspektive von Anwendern, Business-Analysten und dem Management gerecht werden. Die in dieser Sicht enthaltenen Diagramme versuchen die Essenz der Ausgangslage oder des Zielzustands herauszuarbeiten, die Anforderungen überblicksartig festzuhalten und die Geschäftsobjekte, ihre Beziehungen und Verantwortungsbereiche grob zu ordnen. Während eine Darstellung in der konzeptionellen Sicht allgemein verständlich sein muss und deshalb nicht zu stark in Details geht, wird sie in der **Spezifikations-Sicht** bis zu einem konkreten, lösungsbezogenen Entwurf ausformuliert. Im Falle einer objektorientierten Entwicklung werden hier die Klassendefinitionen präzisiert und ihre Schnittstellen spezifiziert. Damit wird losgelöst von Implementierungsdetails beschrieben, wie die Objekte untereinander kommunizieren. In der **Implementierungs-Sicht** enthalten die Darstellungen dann genaue Programmier-Vorgaben wie z. B. Datentypen, Parameterfestlegungen für Operationen etc.

Ein Beispiel für eine Darstellung, die in allen drei Sichten verwendet wird, ist das Klassendiagramm. Während es für die Anforderungsermittlung im Rahmen der Analyse-Phase (Konzeptionelle Sicht) nur einen sehr groben, übersichtsartigen Eindruck verschaffen soll (Makro), wird es in der nächsten Sicht, der Spezifikations-Sicht, entwurfsgerecht ausformuliert (Mikro), um schließlich in der letzten Sicht, der Implementierungs-Sicht, ein 1:1-Abbild des zu realisierenden Systems darzustellen (Nano). Zusammenfassend lässt sich also festhalten, dass sich der Detaillierungsgrad auf die „phasengerechte Detaillierung" einer bestimmten Darstellungstechnik bezieht.

5.1.7 Modelle und Diagramme – der Unterschied

Auf den ersten Blick scheint es sich bei beiden Begriffen um Synonyme zu handeln. Dies mag daran liegen, dass man im Alltagsgebrauch sprachlich in den meisten Fällen nicht differenziert. Wenn man von einem Diagramm spricht, fällt oftmals auch das Wort „Modell". Bei Klassendiagrammen ist dann vom Klassenmodell die Rede, bei Datenflussdiagrammen vom Datenflussmodell etc. Bei genauerer Betrachtung dieser beiden Begriffe muss man allerdings auf einen Unterschied aufmerksam machen. Ein Modell ist eine vollständige Beschreibung einer bestimmten Sichtweise auf den Entwicklungsgegenstand. Der Modellbegriff wird somit zu einem Oberbegriff. Ein Modell kann aus einem oder mehreren Diagrammen bestehen. Neben den Diagrammen enthält das Modell aber auch noch die dazugehörigen textlichen Beschreibungen.

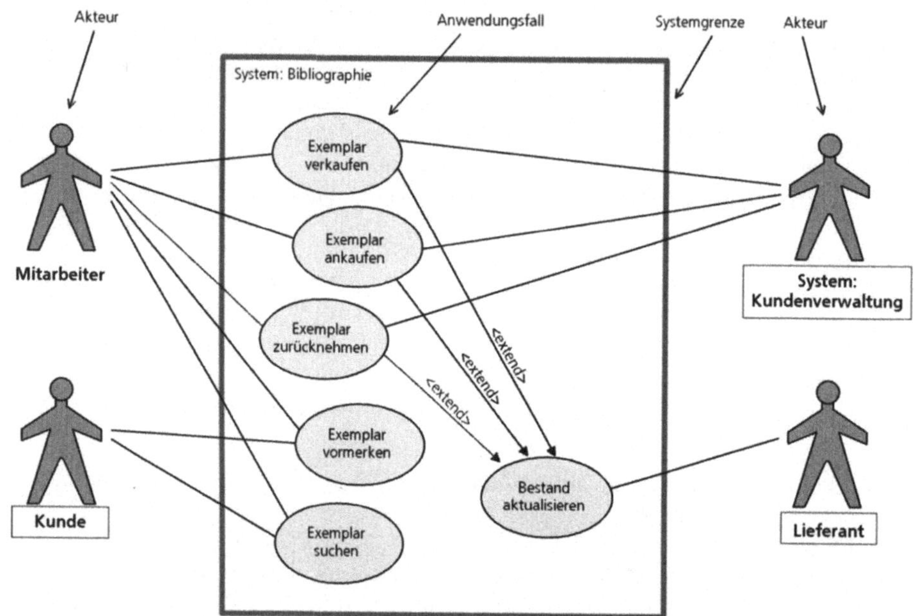

Abb. 188: Ein Anwendungsfalldiagramm und seine Elemente

Betrachten wir dies genauer am Beispiel der in ▶Kapitel „*8 Darstellungen der Anforderungsanalyse*" beschriebenen Anwendungsfalldiagramme. Anwendungsfalldiagramme werden verwendet, um die Erwartungen des zukünftigen Anwenders an die Funktionalität des Projektgegenstandes festzuschreiben. Sie bestehen aus Akteuren, Anwendungsfällen und Verknüpfungen zwischen diesen beiden Elementen. Bei den Akteuren handelt es sich nicht um individuelle Personen, sondern allgemein um „Rollen", die mit dem zu entwickelnden System interagieren. Die Rollen können durch firmeninterne Mitarbeiter, externe Mitarbeiter oder Umsysteme repräsentiert werden.

Das in ▶Abb. 188 dargestellte Anwendungsfalldiagramm ist ein Teil eines Anwendungsfallmodells. Das Diagramm muss ergänzt werden durch eine textliche Beschreibung der darin enthaltenen Akteure und Anwendungsfälle. Nehmen wir als Beispiel den Anwendungsfall „Exemplar suchen". Dieser Anwendungsfall ist im Diagramm nur bezeichnet. Zusätzliche Angaben, wie z. B. nach welchen Kriterien eine Suche möglich ist etc. werden in der begleitenden Textbeschreibung gemacht. Ähnlich verhält sich dies mit einer Beschreibung der Akteure. Die Rolle der Akteure wird textlich genauer beschrieben. Die Inhalte eines Anwendungsfallmodells werden in ▶Abb. 189 zusammengefasst.

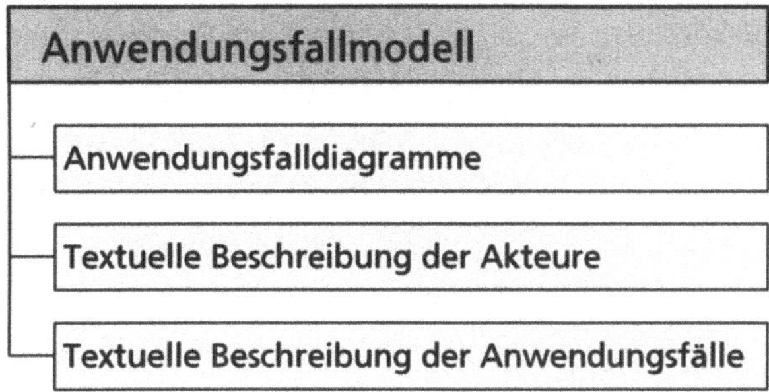

Abb. 189: Bestandteile eines Anwendungsfallmodells

Alle anderen Modellbegriffe haben einen vergleichbaren Beschreibungsumfang, zu dem jeweils oder mehrere Instanzen eines bestimmten Diagrammtyps und die textlichen Beschreibungen der Elemente eines jeden Diagramms gehören. Zu einem Klassenmodell gehören beispielsweise ein oder mehrere Klassendiagramme und eine kurze textliche Beschreibung der Klassen und deren Beziehungen untereinander.

Eine Sonderstellung nimmt das „Analysemodell" ein. Als Analysemodell bezeichnet man die Summe aller Diagramme und aller textlichen Beschreibungen, die im Rahmen der Anforderungsanalyse erstellt werden.

5.2 Differenzierung von Darstellungstechniken

Darstellungstechniken kann man anhand von bestimmten Merkmalen in Gruppen einteilen. Je nach Unterscheidungskriterium entstehen verschiedene Gruppierungen. Das offensichtlichste Kriterium für eine Differenzierung ist der spezifische fachliche Bezug – also der Einsatzzweck einer Darstellung (Beispielsweise für die Datenmodellierung, die Funktionsmodellierung oder die Prozessmodellierung). Ein Beispiel für eine derartige Einordnung der Darstellungstechniken erfolgt in einer tabellarischen Übersicht am Schluss dieses Kapitels.

Hier wollen wir uns zunächst auf die anderen Vergleichsmerkmale beziehen, um ein tieferes Verständnis für den grundlegenden Aufbau und die Anwendung von Darstellungstechniken zu erhalten. In engem Zusammenhang stehen die Unterscheidungskriterien „**Abstraktionsgrad**" bzw. „**Konkretisierungsgrad**", „**Detaillierungsgrad**" und „**Formalisierungsgrad**". Stärkere Differenzierungen ergeben sich im Hinblick auf den Betrachtungsaspekt einer Darstellung und die Möglichkeit, mehrere Sichten in einer Darstellung zu integrieren. Die Tabelle in ►Abb. 190 fasst die Unterscheidungsmerkmale mit ihren jeweils möglichen Ausprägungen zusammen.

Unterscheidungsmerkmal	mögliche Ausprägungen
Verwendungszweck	Fachlich oder nicht-fachlich
Abstraktionsgrad / Konkretisierungsgrad	abstrakt (konzeptionell) oder konkret
Formalisierungsgrad	informal, semiformal oder formal
Betrachtungsaspekt	statisch, dynamisch oder hybrid
Sichtenintegrationsfähigkeit	eindimensional oder mehrdimensional

Abb. 190: Unterscheidungsmerkmale von Darstellungstechniken

Es gibt noch einige weitere Unterscheidungsmerkmale, die jedoch nicht speziell erklärungsbedürftig sind. Zum Beispiel: Verständlichkeit, Erstellungsfreundlichkeit, Änderungsfreundlichkeit und Dekompositionsfähigkeit. In Bezug auf die Verständlichkeit sind manche Darstellungen auch ohne Erklärungen für nahezu jeden Betrachter interpretierbar (z. B. Bubble Chart), während andere mehr oder weniger erklärungsbedürftig sind (z. B. Petri-Netz).

In Bezug auf die Erstellungsfreundlichkeit stellt sich die Frage, wie einfach eine Darstellung von Hand oder mit einem beliebigen Grafikprogramm angefertigt werden kann. Prinzipiell können alle in diesem Buch besprochenen Darstellungstechniken ohne spezielle Tools angefertigt werden. Während Bubble Charts und Anwendungsfalldiagramme auch von Hand sehr einfach gezeichnet werden können, empfiehlt sich beispielsweise für komplexere Datenflussdiagramme oder Vorgangskettendiagramme die Nutzung eines Grafikprogramms. Die Erstellungsfreundlichkeit steht in direktem Zusammenhang mit der Änderungsfreundlichkeit. Darstellungen, die einfacher zu erstellen sind, sind auch einfacher „wartbar", wenn sich Änderungen ergeben.

Mit **Dekompositionsfähigkeit** ist die Möglichkeit gemeint, Diagramminhalte zu verfeinern bzw. zu vergröbern und die daraus entstehenden Einzeldiagramme in einem hierarchischen Kontext zu sehen. Diese Möglichkeit besteht bei vielen Darstellungstechniken (z. B. Bubble Charts, Datenflussdiagramme).

5.2.1 Abstraktionsgrad – High-Level und Low-Level

Ein wichtiges Merkmal für die Unterscheidung von Darstellungstechniken ist der Abstraktionsgrad bzw. der Konkretisierungsgrad. Der Unterschied tritt am stärksten zum Vorschein, wenn man eine Darstellung mit dem Projektfortschritt in Verbindung bringt. Zu Beginn eines Projekts, wenn man nur sehr vage Vorstellungen bezüglich der späteren Lösung hat, ist auch die Darstellung entsprechend abstrakt – es gibt ja noch nichts „Konkretes". Je skizzenhafter eine Darstellung ist, desto abstrakter ist sie. Diese Art von Darstellungen bezeichnet man auch als „**High-Level**"-Darstellungen oder als konzeptionelle Darstellungen.

Mit zunehmendem Projektfortschritt wird dann der Abstraktionsgrad geringer bzw. der Konkretisierungsgrad nimmt zu, denn es müssen konkrete Vorgaben für die Entwickler erarbeitet werden. Diese Darstellungen gehen in die Tiefen eines Systems und werden deshalb auch als **„Low-Level"**-Darstellungen bezeichnet.

	Abstrakt	Konkret
Synonym	High-Level (= auf hohem Abstraktionsniveau)	Low-Level (= auf tiefer Systemebene)
Zielgruppenbezug	Logisches Design (Fachkonzept)	Physisches Design (DV-Konzept oder IV-Design)
Inhalt	Lösungsneutral (konzeptionell)	Systemnah / Implementierungsnah
Wirkung	Minimale Präjudizierung, d. h. Spielraum für die Wahl der Mittel und des Weges zur Umsetzung	Konkrete Lösungsvorgabe und Wegleitung zur Lösungsumsetzung
Einsatzzeitpunkt (Phasen)	in den frühen und mittleren Projektphasen (Systemanalyse und Grobentwurf)	in den mittleren und späteren Projektphasen (Detailentwürfe und Realisierung)

Abb. 191: Unterscheidungsmerkmale abstrakter und konkreter Darstellungen

Der Unterschied im Abstraktionsgrad ist also primär darin zu sehen, dass konkrete Beschreibungen sehr viel systemnaher sind, während abstrakte Darstellungen in vielen Fällen eine gewisse Lösungsneutralität aufweisen und nach dem Prinzip der minimalen Präjudizierung angefertigt werden. Minimale Präjudizierung bedeutet, dass wenig bis keine Vorgaben und Voraussetzungen an die spätere Lösung geknüpft werden. Damit hält man sich möglichst viele Wege bzw. Varianten für die Realisierung offen und schränkt sich nicht in einem frühen Stadium schon zu sehr ein. Bei konzeptionellen Darstellungen geht es eher um das „Was", während bei detaillierten Darstellungen das „Wie" ein zentrales Anliegen ist.

Fachkonzept	DV-Konzept (IV-Design)
Anforderungsanalyse	Entwurf
• Anwendungsfalldiagramm	• Blockdiagramm
• Sequenzdiagramm	• Sequenzdiagramm
• Klassendiagramm	• Zustandsdiagramm
• Objektdiagramm	• Strukturdiagramm
• Kollaborationsdiagramm	• Komponentendiagramm
• Aktivitätsdiagramm	• Verteilungsdiagramm
• Zustandsdiagramm	
• Datenflussdiagramm	
• Funktionshierarchiediagramm	

Abb. 192: Darstellungen für Anforderungsanalyse und Entwurf

Beispiele für abstrakte Beschreibungen sind die Darstellungen des Systemdenkens, die Darstellung von Geschäftsprozessen etc. Beispiele für konkrete technische Beschreibungen sind die Klassenbeschreibungen in einer geeigneten Programmiersprache, Datenbank-Schemata und wiederverwendbare Softwarekomponenten.

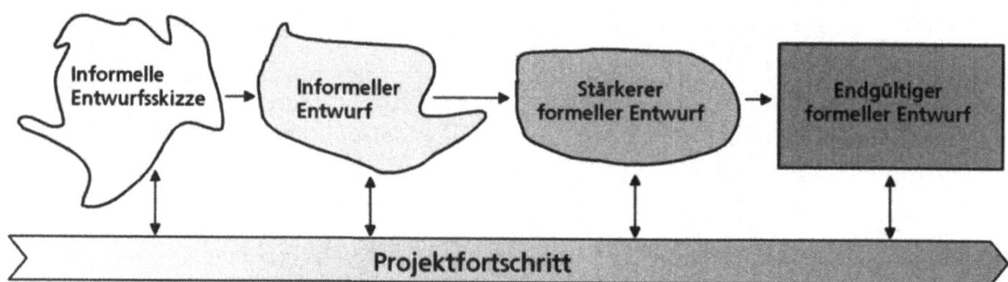

Abb. 193: Mit dem Projektfortschritt wird der Entwurf „formeller" (verbindlicher)

Die Unterscheidung zwischen konzeptionellen und detaillierten Modellen ist in engem Zusammenhang mit der formellen Wirkung von Darstellungen bzw. Entwürfen zu verstehen. Die ersten konzeptionellen Darstellungen sind in aller Regel informell, d. h. weniger verbindlich. Mit zunehmender Detaillierung und Konkretisierung des Entwurfs nimmt auch der formelle Anspruch (die Verbindlichkeit) der Darstellung zu. Der abschließende Entwurf stellt dann eine verbindliche und offiziell gültige Arbeitsgrundlage dar. ▶Abb. 193 verdeutlicht diesen Sachverhalt.

5.2.2 Formalisierungsgrad – Informal, semiformal und formal

Grundsätzlich kann jede Art von Beschreibung in drei Kategorien eingeteilt werden: informal, semiformal und formal. Textliche Beschreibungen sind deskriptiv und informal. Eine formale Beschreibung stellt zum Beispiel die Prädikatenlogik dar. Darstellungstechniken sind üblicherweise in dem Spektrum, dass sich zwischen diesen beiden Polen auftut, angesiedelt. Sie lassen sich in den meisten Fällen weder dem einen Pol noch dem anderen Pol zuordnen, sondern bewegen sich irgendwo im Mittelfeld mit einem Pendelausschlag entweder zur informalen oder zur formalen Seite.

Bei **informalen Darstellungen** handelt es sich um freie grafische Skizzen. Ihnen liegen (streng gesehen) keinerlei Standards zugrunde, d. h. man ist vollkommen frei, was die Art und Weise der Darstellung betrifft. Durch ihre freie Definition sind sie ungeeignet für präzis und eindeutig zu interpretierende Definitionen. Sie können unvollständig, mehrdeutig, inkonsistent und diskussionsbedürftig sein. In der freien und unbeschränkten grafischen Ausdrucksweise liegt jedoch auch ein großer Vorteil der informalen Darstellungstechniken. Sie können sehr stark auf die Darstellungsinhalte zugeschnitten werden und auch an den Anforderungen der Zielgruppe ausgerichtet werden, so dass sie die Darstellungsabsicht in idealer Weise „verbildlichen". Sie sind damit ein ideales

Werkzeug für die Kommunikation zwischen Menschen. Mit ihnen lassen sich Brücken bilden zwischen verschiedenen Fachspezialisierungen und Know-how-Stufen (z. B. Entscheidungsträger, Anwender, Gremien).

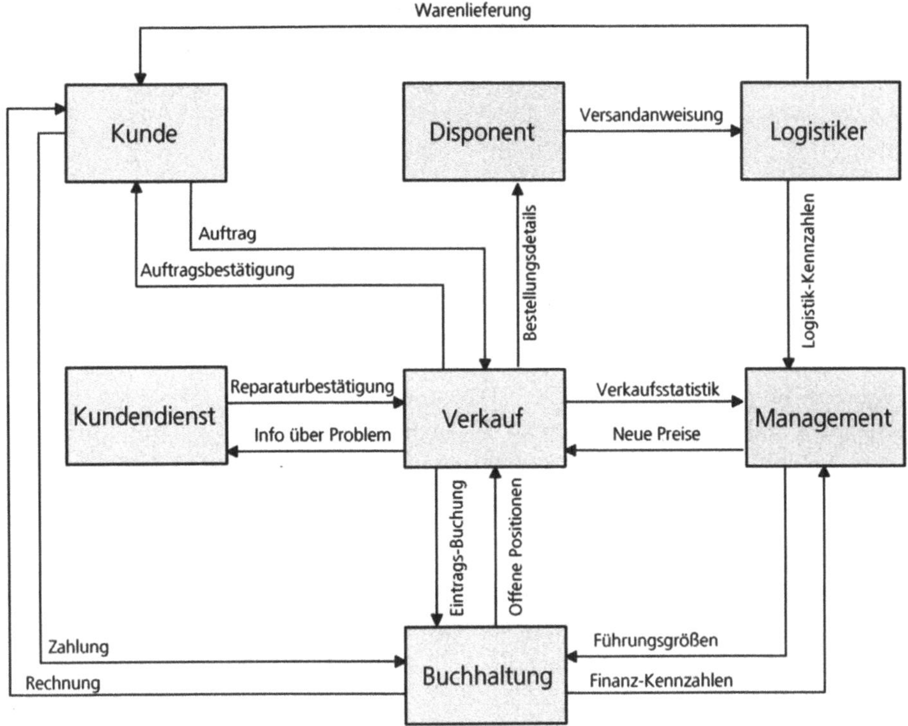

Abb. 194: Beispiel für eine semiformale Darstellung – Assoziationsdiagramm

Ein weiterer Vorteil von informalen Darstellungen besteht darin, das sich ihre Verständlichkeit und Aussagekraft an die Anforderungen der Zielgruppe adaptieren lässt. Dies geschieht in der Regel durch Ergänzungen in natürlichsprachigem Text. Letztendlich sind es die informalen Darstellungen, die durch schrittweise Verfeinerung die Basis für formale Beschreibungen bilden.

Der Formalisierungsgrad einer Darstellung ist auch immer im Zusammenhang mit Syntax und Semantik zu sehen. Als **formale Darstellung** versteht man (streng gesehen) Beschreibungen in Sprachen mit mathematisch präziser Syntax und Semantik, was einen Verzicht auf natürlichsprachige Formulierungen bedeutet. Solche Darstellungen sind kaum intuitiv zu verstehen und deshalb ungeeignet für die Kommunikation auf breiter Basis. Formale Darstellungen bzw. Beschreibungen sind jedoch eine entscheidende Voraussetzung für den Einsatz mathematisch-logischer Hilfsmittel und für eine sichere Werkzeugunterstützung mit Validierungsfunktionen. Damit ist gemeint, dass man anhand von diesen Darstellungen mit den entsprechenden Programmen Simulationen durchführen kann. Dies lässt sich mit der Prädikatenlogik vergleichen, einer streng formalen Methode, die nur eindeutige und widerspruchsfreie Aussagen macht und deshalb digital simuliert werden kann. Der entscheidende Vorteil von formalen Darstellungsmethoden ist darin zu sehen, dass sie helfen, korrekte und fehlerfreie Software zu entwickeln.

Semiformale Darstellungen stellen einen Kompromiss zwischen Formalität und Verständlichkeit dar. Semiformale Beschreibungen haben grundsätzlich eine vorgegebene Struktur bzw. eine präzise definierte Syntax, werden aber oft auch durch zusätzliche informale Informationen ergänzt. Semiformale Darstellungen sind meist grafisch orientiert (z. B. Matrizen oder Diagramme). Die Semantik semiformaler Beschreibungen ist üblicherweise abhängig von natürlichsprachigen Namen oder Zusatzerklärungen. Bei der „Unified Modeling Language" (UML) spricht man beispielsweise von einer semiformalen Darstellungstechnik, da sie sowohl grafische Elemente als auch natürliche Sprache zur Beschreibung des modellierten Sachverhalts einsetzt. Statt von „semiformal" wird manchmal auch die Bezeichnung „teilformal" verwendet.

Man darf jedoch nicht alle semiformalen Darstellungen in einen Topf werfen. Es gibt semiformale Darstellungen, die sich auf einer niedrigen Stufe befinden und in Richtung „informal" tendieren, während es am oberen Ende der Skala Darstellungstechniken gibt, die zwar immer noch semiformal sind, aber sich schon sehr stark den formalen Darstellungen nähern.

Informale Darstellungen	Semiformale Darstellungen	Formale Darstellungen
Bubble Chart	Prozesslandkarte	Entity-Relationship-
Ursache-Wirkungsgrafik	(dynamisch)	Diagramm
Ishikawa-Diagramm	Datenflussdiagramm	(spezieller Dialekt)
Prozesslandkarte (statisch)	Use-Case-Darstellung	Petri-Netz
Applikationslandschaft	Kontext-Diagramm	(spezieller Dialekt)
	Verbale Rasterdarstellung	Metamodelle
	Structure Charts	(spezieller Dialekt)
	Geschäftsfunktions-Hierarchie-Diagramm (GFHD)	
	Ereignisgesteuerte Prozessketten	

Abb. 195: Darstellungstechniken und ihr „Formalisierungsgrad"

In der Tabelle in ▶Abb. 195 sind die Darstellungstechniken entsprechend ihrer Zugehörigkeit zu dem jeweiligen Formalisierungsgrad gruppiert. Damit eine Darstellung als formal eingeordnet werden kann, muss sie eine absolut widerspruchsfreie Syntax und Semantik aufweisen, so dass sie von einem Computer interpretiert und als Simulation „durchgespielt" werden (z. B. Petri-Netze) oder in eine entsprechende Struktur konvertiert werden können (z. B. Entity-Relationship-Modelle). In vielen Fällen erfüllen nur spezialisierte Dialekte von Darstellungstechniken diese Forderung. So gibt es einige wenige Dialekte der Petri-Netze und der Metamodelle, die als formal einzustufen sind.

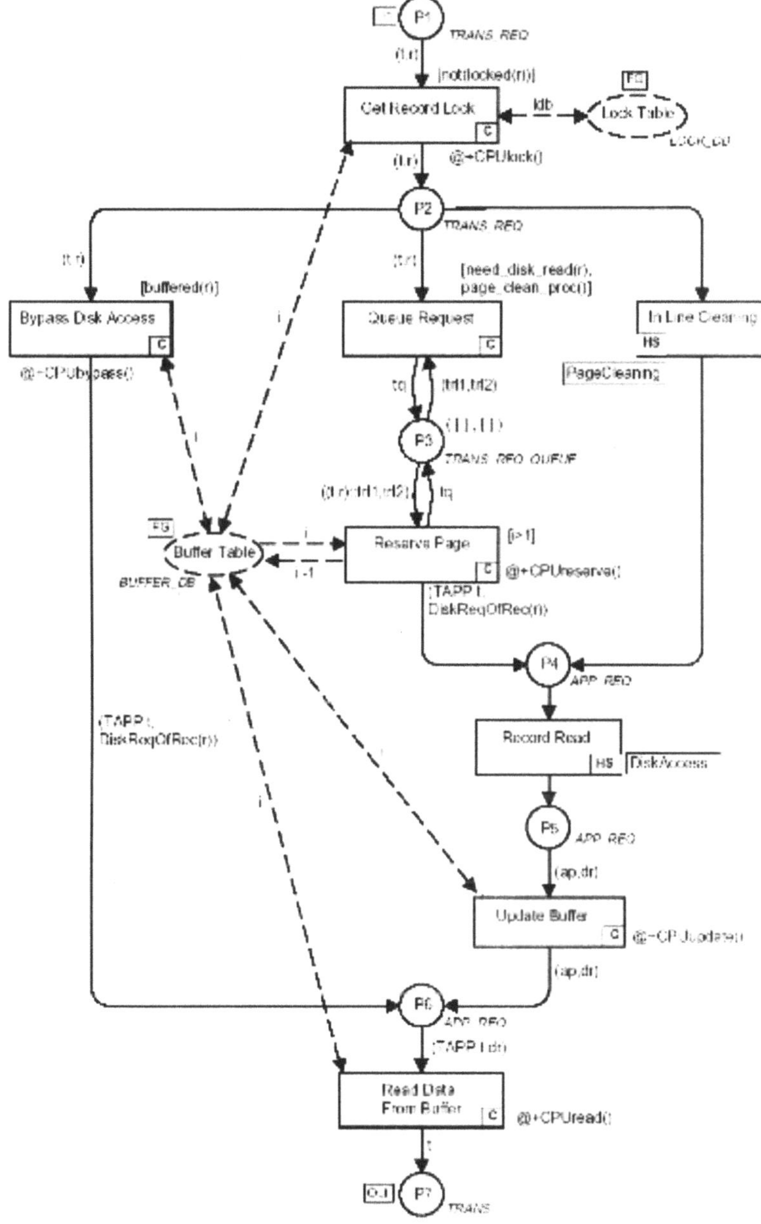

Abb. 196: Beispiel für eine formale Darstellung (Petri-Netz)

Formalisierung	Phase	Beurteilung
Informale Darstellung	Vorprojektphase, Projektbeginn, frühe Projektphasen, Kreativphasen	Informale Darstellungen haben den Vorteil, dass sie leicht erstellbar sind und ein für alle Beteiligten anschauliches Modell der Problemstellung liefern.
Semiformale Darstellung	Mittlere und späte Projektphasen	Semiformale Darstellungen können in einem vernünftigen Aufwand erstellt werden und sind nach einer kurzen Erklärung ebenfalls für jeden Projektbeteiligten verständlich. Es sind detailliertere und somit präzisere Aussagen als bei den informalen Darstellungen möglich. Bei vielen semiformalen Darstellungen ist es möglich, die inhaltliche Ausführlichkeit und Vollständigkeit dem Projektfortschritt anzupassen.
Formale Darstellung	Späte Projektphase	Formale Darstellungen haben den Vorteil, dass sie eindeutig sind und dass die Widerspruchsfreiheit formal prüfbar ist. Sie sind jedoch nur für Experten verständlich. Ihre Erstellung ist mit einem derart hohen Aufwand verbunden, dass ihr wirtschaftlicher Einsatz stark eingeschränkt ist.

Abb. 197: Vergleich von Darstellungen unterschiedlicher Formalisierung

Abschließend soll noch auf die Unterscheidung zwischen **„formal"** und **„formell"** hingewiesen werden, da in einem der vorhergehenden Kapitel eine Abstufung zwischen „formell" und „informell" vorgenommen wurde. Leider kommt es in Bezug auf formal und formell auch in der einschlägigen Fachliteratur regelmäßig zu Verwechslungen, so dass eine Klarstellung der Begriffe angebracht scheint.

- Formal bezieht sich auf die Form („Die Darstellung ist formal fehlerhaft oder formal richtig!").

- Formell ist hingegen im Sinne von offiziell, den Vorschriften angemessen und amtlich zu sehen (z. B.: ist die Rede von der „informellen Organisation" und dem „informellen Beziehungsgeflecht" oder auch der „informellen Kommunikation"). Formell ist also eher ein Gradmesser für die Verbindlichkeit einer Darstellung.

Die Unterscheidung zwischen formal und formell wird mit dem Hinweis relevant, dass es keinen Zusammenhang zwischen dem Formalisierungsgrad und der formellen Wirkung einer Darstellung gibt. Das heißt, dass auch von Darstellungen, die in keiner Weise formal spezifiziert sind, eine hohe Verbindlichkeit ausgehen kann (sozusagen eine „formelle informale Darstellung"). Beispielsweise kann dies bei den „Applikationslandschaften" der Fall sein, die in ▶Kapitel

236

„6 Darstellungen der Projektabklärung" behandelt werden. Wenn die Soll-Darstellung einer Applikationslandschaft von der Geschäftsleitung verabschiedet wird, wird die Darstellung zu einem „formellen Dokument".

Streng formale Darstellungstechniken zeigen sich durch eine äußerst präzis definierte Syntax und Semantik mit wenig bzw. keinem Interpretationsspielraum aus. Je informaler die Darstellungstechnik wird, desto geringer sind Syntax und Semantik spezifiziert und desto größer wird der Interpretationsspielraum. Es gibt auch Mischformen. Für UML existiert beispielsweise zurzeit eine präzise Festlegung der Syntax und eine teilweise informelle, an einigen Stellen noch unpräzise und missverständliche Semantik.

5.2.3 Immer ein Paar – Formalisierungsgrad und Projektfortschritt

Das Vorgehen im Projekt ist geprägt durch eine Mehrzahl von sequentiell, parallel und iterativ ablaufenden Bearbeitungsschritten. Am Anfang eines Projekts ist der Einsatz von streng formalen Darstellungstechniken nur schwer möglich und auch nicht wünschenswert. Sie würden die Kreativität in den frühen Phasen des Lösungsentwurfs unterdrücken. Für die ersten Entwurfsgedanken sind informelle Darstellungen wesentlich besser geeignet und flexibler handhabbar. Erst wenn man die Marschrichtung konkretisiert hat, kann man sich je nach Projektgröße den formalen Beschreibungen nähern oder auf semiformale Darstellungen umsteigen.

Darstellungsform	Beispiel Architektur	Beispiel Informationssystem	Projektfortschritt
informal	Entwurfsskizze	Bubble Chart Applikationslandschaft	Lösungsenwurf grobe Konzeptvarianten (Vorstudie)
semiformal	Baueingabeplan für Bauantrag	Use-Case-Diagramm Datenfluss-Diagramm EPK (Ereig. Prozessk.)	Konkretisierung der Lösung (Hauptstudie)
formal	Werkplan und Detailpläne für die Ausführenden	Entity-Relationship Diagramm	Lösungsbeschreibung präzise Vorgaben für die Umsetzung (Detailstudie, Realisierung)

Abb. 198: Beispiele für die Einteilung von Darstellungsarten nach Formalisierung

Dies ist vergleichbar mit der Architektur, bei der die Entwurfsphase auch heute noch mit Bleistift und Papier beginnt. Erst nachdem dieser „freie" (informale) Arbeitsgang abgeschlossen ist und der Entwurf ausreichend konkretisiert ist, beginnt die formale Beschreibung am CAD-System, wobei diese sich wiederum unterteilen lässt in eine semiformale Darstellung (Baueingabeplan für den Bauantrag) und eine formale Darstellung (Werkpläne für die Ausführenden auf der Baustelle und Detailpläne für die einzelnen Gewerke). Es ist also festzuhalten, dass je nach Projektphase immer eine sinnvolle und auf den Projektfortschritt abgestimmte Darstellungstechnik zum Einsatz kommen sollte.

Bei einem Entwicklungsvorhaben müssen die zu Beginn vorliegendenen informalen Ideen und Vorstellungen in eine vollständige formale Notation – der Programmiersprache – überführt werden. Die Verfahren, die im Rahmen der Problemanalyse und der Lösungsgestaltung angewendet werden, unterscheiden sich wesentlich in der Frage, wie weit die Formalisierung der Analyse- und Lösungsspezifikation erfolgen soll. Man spricht in diesem Zusammenhang von

- informaler Spezifikation
- semiformaler Spezifikation
- formaler Spezifikation.

Bei der **informalen Spezifikation** erfolgt in den frühen Projektphasen die Beschreibung der Analyseergebnisse und der Lösung überwiegend deskriptiv mit natürlicher Sprache. Bei der semiformalen Spezifikation werden anschauliche, konzeptionelle Modelle verwendet, deren Konstruktionsregeln mit ihren Bedeutungen teilweise formalisiert sind, die aber auch nicht formale Elemente und Inhalte verwenden. Eine „formale Spezifikation" ist im Rahmen der betriebswirtschaftlichen Systementwicklung nicht relevant.

Je nach Projektart, kann man sich auf unterschiedlichen Wegen der endgültigen, in hohem Maße formalen Lösungsbeschreibung nähern. ▶Abb. 199 verdeutlicht diese möglichen Vorgehensweisen:

- Bei der **informellen Spezifikation** verwendet man im Vergleich zur gesamten Projektdauer einen wesentlich größeren Zeitanteil für deskriptive Texte und konzeptionelle Entwürfe mit einem entsprechend geringeren Detaillierungsgrad als für semiformale oder formale Spezifikationen.

- Bei der **semiformalen Spezifikation** liegt der Beschreibungsschwerpunkt von Anfang an auf den konzeptionellen Modellen, die im Rahmen der Projektarbeit Stück für Stück bis zur Implementierungsreife verfeinert werden.

- Bei der **formalen Spezifikation** konkretisiert man den Entwurf mit formalen Beschreibungen und verwendet dann mehr Zeit für detaillierte Ausarbeitung der formalen Modelle (z. B. bei mathematischen Aufgabenstellungen).

Unabhängig davon, welchen Weg man einschlägt, am Ende der Spezifikationsphase von betriebswirtschaftlichen Aufgabenstellungen liegen in der Regel implementierungsreife Modelle semiformaler Natur vor.

238

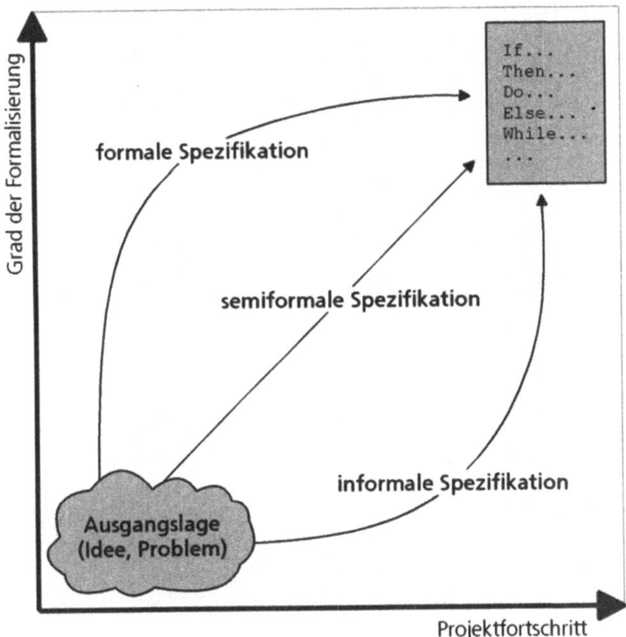

Abb. 199: Zusammenhang zwischen Projektfortschritt und Formalisierungsgrad

5.2.4 Sichtenintegrationsfähigkeit

Dieses Differenzierungsmerkmal von Darstellungstechniken steht in direktem Zusammenhang mit der bereits erwähnten „sichtenorientierten Beschreibung". Systeme sind komplexe, mehrdimensionale Gebilde. Zwecks Reduzierung der Komplexität sind Darstellungstechniken so konzipiert, dass sich mit Ihrer Hilfe die Verflechtung von mehreren Systemaspekten gezielt auflösen lässt. Mit Darstellungstechniken können einzelne Systemmerkmale in den Vordergrund einer Betrachtung gestellt werden. Es entstehen isolierte Teilsystembetrachtungen, deren formale Struktur auf den Einzelaspekt ausgerichtet ist und deshalb die systemischen Zusammenhänge dieses Merkmals in einer idealen Art und Weise grafisch repräsentieren.

Beispielsweise können Informationssysteme aus

- Prozesssicht,

- Funktionssicht,

- Datensicht oder

- Objektsicht

betrachtet werden. Für den Wechsel der Sicht auf Objekte sieht die UML Strukturdiagramme, Interaktionsdiagramme und Ablaufdiagramme vor. Dadurch kann ein Programm aus verschiedenen Perspektiven bewertet werden.

Die meisten Darstellungstechniken sind allerdings nicht nur auf eine Sicht begrenzt (eindimensional), sondern bieten die Möglichkeit, zwei oder mehrere Betrachtungsaspekte in einer Darstellung zu integrieren (mehrdimensional). In den allermeisten Fällen steht dabei jedoch stets ein bestimmter Informationsaspekt im Vordergrund (Primärsicht). Diese Primärsicht wird dann ergänzt durch ein oder mehrere Sekundärsichten, beispielsweise bei Ereignisgesteuerten Prozessketten, bei denen der statische Prozessablauf die Primärsicht darstellt. Optional können an jedes Funktionssymbol die beteiligten Organisationseinheiten und Daten angehängt werden.

Mehrere Darstellungstechniken verfolgen auch ganz gezielt den Zweck, die Informationen von isolierten Sichten mit möglichst vielen weiteren Systemaspekten zu vernetzen, um dadurch eine umfassendere Betrachtung zu erhalten (z. B. Vorgangskettendiagramm). Denn in einem System gibt es immer Wechselwirkungen zwischen den verschiedenen Systemaspekten, deren Kenntnis und Beachtung von Vorteil ist.

Objekte haben Beziehungen zu Aufgaben, Prozesse haben Beziehungen zu Funktionen, Funktionen haben Beziehungen zu Daten etc. Erst die Analyse und Spezifikation dieser vielfältigen Beziehungen ermöglicht eine klare Charakterisierung einer bestimmten Geschäftslösung. Wieder andere Darstellungstechniken können bei Bedarf mehrere Systemdimensionen gleichzeitig abbilden. Es obliegt dem Ersteller, ob und inwiefern er von diesen Möglichkeiten Gebrauch macht.

Eher „Eindimensionale Darstellungstechniken"

- Organigramm
- Geschäftsfunktions-Hierarchie-Diagramm (GFHD)
- Prozesslandkarte
- Sequenzdiagramm

Per Definition „mehrdimensionale Darstellungstechniken"

- Use Cases (Akteure und Funktionen)
- Ereignisgesteuerte Prozesskette (Funktion, Ereignisse)
- Stellenorientierte Ablaufdiagramme (Funktion / Objekt)
- Verbale Rasterdarstellung (Funktion / Aufgabe)
- Flussdiagramme (Prozess / Funktion)
- Vorgangskettendiagramm

Optional „mehrdimensionale Darstellungstechniken"

- Bubble Chart
- Ereignisgesteuerte Prozesskette

Abb. 200: Sichtenintegrationsfähigkeit von Darstellungstechniken

5.2.5 Statisch oder Dynamisch (Struktur oder Verhalten)

Ein System kann man aus zwei übergeordneten Perspektiven betrachten. Man kann die Organisation (den Aufbau) des Systems in den Vordergrund stellen oder die Dynamik des Systems hervorheben. Im Kontext der Systemmodellierung spricht man in diesem Zusammenhang von den zwei übergeordneten Modelltypen:

- das Strukturmodell, welches die Bauteile des Systems visualisiert und ihre Zusammenhänge und statischen Beziehungen spezifiziert, und

- das Verhaltensmodell, welches die zeitabhängigen Aspekte und Abläufe visualisiert.

Was ist nun statisch und was dynamisch? Auf die Organisationsstruktur eines Unternehmens übertragen referenziert „**statisch**" den aufbauorganisatorischen Aspekte eines Unternehmens und „**dynamisch**" den ablauforientierten (prozessorientierten) Aspekt der Abläufe und Prozesse (die Prozesssicht).

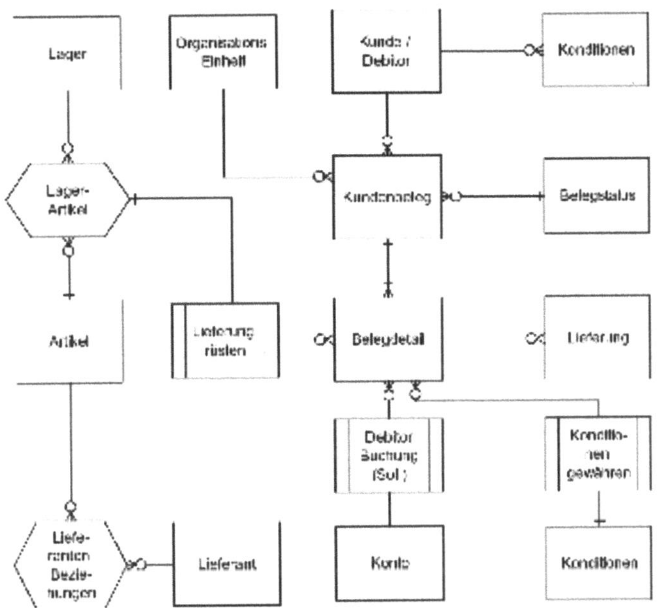

Abb. 201: Statisches Modell einer Vertriebsabwicklung (Entity-Relationship-Modell)

Auf der Softwaresystem-Ebene bezieht sich die Ausprägung „statisch" oder „dynamisch" in erster Linie auf die Software-Architektur. Unter Software-Architektur versteht man die Struktur eines Softwaresystems, bestehend aus einer Menge von Teil-Komponenten und ihren Beziehungen zueinander. Diese Beziehungen können sowohl statischer als auch dynamischer Natur sein; die Festlegung eines Datenbankschemas ist zum Beispiel ein statischer Aspekt, während die Aufrufbeziehungen zwischen verteilten Objekten während der Ausführung des Systems wechseln können und somit einen dynamischen Aspekt der Software-Architektur darstellen.

Auf diesem Sachverhalt aufbauend, kann man die Darstellungstechniken zur Beschreibung von System-Architekturen in statische und dynamische Techniken unterteilen. Es gibt Techniken, die speziell für die Darstellung von statischen Strukturen konzipiert wurden und solche, die speziell für das Visualisieren von dynamischen Abläufen geeignet sind. Geschäftsfunktions-Hierarchiediagramme (auch: Hierarchiediagramm; Funktionsbäume, GFHD) sind beispielsweise statisch, denn die Reihenfolge, in der die Teilfunktionen abgewickelt werden, ist nicht ersichtlich. Mit bestimmten Darstellungsarten lassen sich sogar beide Aspekte erläutern.

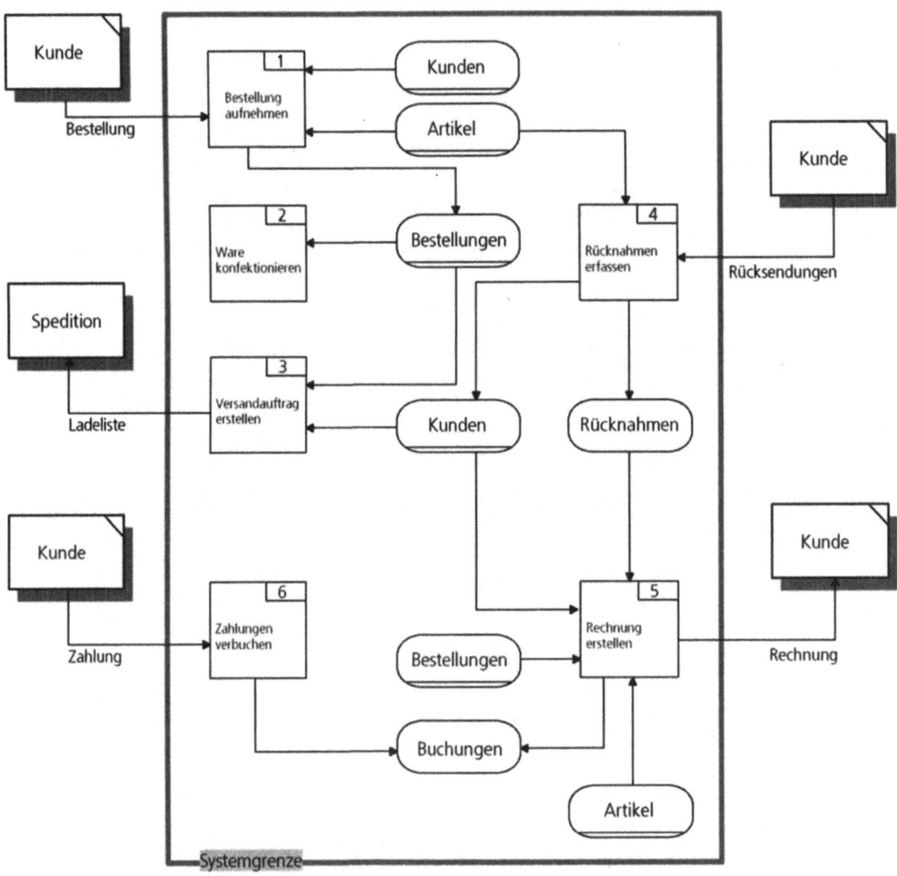

Abb. 202: Dynamisches Modell einer Vertriebsabwicklung (Datenflussdiagramm)

Strukturmodelle (statische Diagramme)	Verhaltensmodelle (dynamische Diagramme)
• Bubble Charts	• Datenflussdiagramm
• Prozesslandkarte	• Aufgabenkettendiagramm
• Kontextdiagramm	• Verbale Rasterdarstellung
• Anwendungsfalldiagramm (Use Case)	• Präzedenz-Diagramm
• Applikationslandschaft	• Aktivitätsdiagramme
• Structure-Chart	• Zustandsdiagramme
• Organigramm	• Sequenzdiagramme
• Funktionshierarchiediagramm	• Ereignisgesteuerte Prozessketten

Abb. 203: Einteilung der Darstellungstechniken in statisch, dynamisch und hybrid

5.3 Kriterien für die Überprüfung von Darstellungen

Je nach Art und Umfang der Darstellung kann eine kurze Prüfung nach deren Ausarbeitung sinnvoll sein. Dies gilt vor allem für Darstellungen, die einen hohen Konkretisierungsgrad aufweisen. Darstellungen also, die in den mittleren bis späten Projektphasen erstellt werden und sehr systemnah sind. Die konzeptionellen, eher kreativen Darstellungen der frühen Projektphasen sollten zwar ebenfalls geprüft werden, da aber bei diesen Techniken meist nur einige wenige formale Regeln zu beachten sind, konzentriert sich die Prüfung im Wesentlichen auf die zwei Aspekte „Richtigkeit" und „Vollständigkeit". Im Weiteren könnte noch geprüft werden, ob die Inhalte der Darstellung konsistent sind oder ob Widersprüche vorliegen.

Etwas umfassender wird die Prüfung ausfallen, wenn die Darstellung sehr detailliert ist und einen hohen Formalisierungsgrad aufweist. Solche Darstellungen sind in der Regel bereits „formelle Dokumente" und dienen als konkrete Arbeitsgrundlage für die nachfolgenden Tätigkeiten in der Realisierungsphase, beispielsweise Darstellungen, die Implementierungsvorgaben für den Funktionsaspekt, den Datenaspekt oder den Prozessaspekt von Informationssystemen beinhalten.

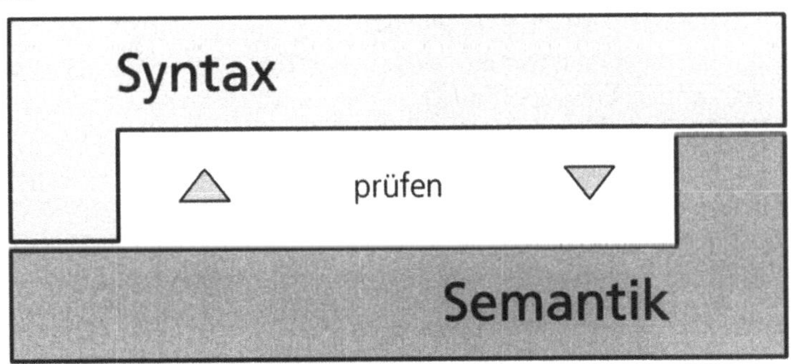

Abb. 204: Die zu prüfenden Aspekte einer Darstellungstechnik

243

Prüfungen können sich sowohl auf die **Syntax** (also formale Aspekte) als auch auf die **Semantik** (also inhaltliche Aspekte) beziehen.

Bei der **syntaktischen Prüfung** betrachtet man im Wesentlichen den korrekten Aufbau und Zusammenschluss der verwendeten Konstrukte einer Darstellungstechnik. Das Augenmerk bei der syntaktischen Prüfung gilt also zum größten Teil der Konsistenz (Übereinstimmung) mit der durch die Darstellungstechnik vorgegebenen Notation. Die Konsistenz ergibt sich durch die Einhaltung von zwei Kriterien – die „formale Korrektheit" und die „formale Vollständigkeit". Je nach Art der Darstellung kann es sich dabei um die Quelle und Senke von Pfeilen handeln, die Benennung von Pfeilen und Rechtecken/Kreisen, die Nummerierung von Komponenten, die Anzahl der Rechtecke/Kreise (falls eine Technik eine Maximalanzahl vorsieht).

Die **semantische Überprüfung** einer Darstellung bezieht sich auf inhaltliche Aspekte und umfasst im Wesentlichen fünf Punkte:

1. Inhaltliche Korrektheit: Dieser Punkt ist der subjektivste der semantischen Charakteristika, da die Korrektheit von Experten festgelegt wird, die mit dem modellierten System bestens vertraut sind. Unter diesem Punkt überprüft man nun, ob die Information in einem Diagramm oder Modell das betrachtete System genau darstellt und ob die modellierten Beziehungen gültig sind. Sind alle in der Darstellung angeführten Informationen richtig? Stimmen die Informationen mit der Realität überein?

2. Inhaltliche Vollständigkeit: Unter diesem Punkt untersucht man den Informationsgehalt einer Darstellung im Hinblick auf den Abbildungsgegenstand. Der Informationsgehalt der Darstellung soll so detailliert werden, dass es den Abbildungsgegenstand hinreichend beschreibt, ohne jedoch die Darstellung unverständlich zu machen.

3. Verständlichkeit: Verständlichkeit ist ein wichtiges, aber schwieriges Kriterium zur Bewertung der Qualität. Syntax und Semantik haben einen großen Einfluss auf dieses Kriterium, welches ein Maß dafür ist, inwieweit der Inhalt (Semantik) eines Modells durch die Syntax abgebildet wird und inwieweit der Zweck der Darstellung dem Leser zugänglich ist. Eng angelehnt an die Verständlichkeit ist die Komplexität der Darstellung. Ein hochkomplexes Modell wird schwieriger zu verstehen sein als ein einfaches Modell.

4. Konsistenz: Während die syntaktische Überprüfung die Konsistenz der „eindeutig vorgegebenen" grafischen Notation betrachtet, ist die inhaltliche (semantische) Konsistenzprüfung eher dem Urteilsvermögen des Erstellers unterworfen. Sind alle inhaltlichen Aussagen in einer Darstellung konsistent zueinander oder gibt es Widersprüche? Der Konsistenz-Aspekt ist vor allem dann sehr wichtig, wenn sich mehrere Darstellungen gegenseitig ergänzen sollen. Man muss dann überprüfen, ob zwischen diesen Darstellungen Konsistenz herrscht.

5. Prägnanz: Der Informationswert der in einer Darstellung verwendeten Bezeichnungen und sonstiger Textinhalte entscheidend letztendlich über die Relevanz der Darstellung für den Leser. Daher sollte man statt unpräzisen und umständlichen Begriffen lieber prägnante Bezeichnungen aus der Terminologie des jeweiligen Fachgebiets verwenden. Des Weiteren sollte man Redundanzen vermeiden, indem wirklich nur identische Bezeichnungen für dieselben Sachverhalte verwendet werden. Es besteht auch die Möglichkeit, zugunsten von kurzen und schnell erfassbaren Begriffen in der Darstellung ein Glossar mit Begriffserklärungen beizufügen.

Neben diesen allgemein gehaltenen Prinzipien, die für nahezu jede Darstellung Gültigkeit haben, verfügt jede Darstellung über spezifische Eigenheiten und Formalismen, die individuell berücksichtigt und geprüft werden müssen.

5.4 Modellierungsreihenfolge und Gesamtübersicht

IT-Projekte sind sehr diversifiziert und werden in einem individuellen Unternehmenskontext realisiert. Es ist deshalb nicht möglich und auch nicht sinnvoll, eine detaillierte Methode zu definieren, die versucht, allen möglichen Facetten gerecht zu werden. Um dennoch dem Leser eine Orientierung bezüglich einer sinnvollen chronologischen Reihenfolge der Anwendung von Darstellungstechniken zu bieten, werden an dieser Stelle einige grundlegende Anhaltspunkte gegeben.

- Die erste Frage, die in diesem Zusammenhang zu beantworten ist, ist die Frage nach dem Gegenstand der Modellierung: „Was ist Gegenstand der Modellierung?"

- Die zweite zu beantwortende Frage bezieht sich auf die Beschreibungsaspekte – die möglichen Sichten – des jeweiligen Gegenstandes: „Welche Sichtweisen (Modellierungsaspekte) des Gegenstandes können für eine Modellierung herangezogen werden?"

- Und die dritte Frage beschäftigt sich schließlich mit den Inhalten der jeweiligen Modellierungsaspekte: „Wie können die Inhalte der einzelnen Modellierungsaspekte dargestellt werden?"

Sinn und Zweck der nun folgenden Beschreibung ist die Beantwortung der ersten beiden Fragen. Die nachfolgenden Kapitel dienen dann der Beantwortung der dritten Frage.

Für die Beantwortung der ersten Frage, hinsichtlich des Modellierungsgegenstandes, kann man in IT-Projekten zwei übergeordnete Projektinhalte differenzieren:

- Geschäftssystem

- IT-System

Das **Geschäftssystem** umfasst die statischen und dynamischen Aspekte des unternehmerischen Kontexts. Hierzu gehört beispielsweise die Organisationsstruktur, also der personelle Aufbau und die Funktionseinheiten eines Unternehmens. Das Geschäftssystem erfasst aber auch die Geschäftsprozesse, die im Rahmen der betrieblichen Leistungserbringung erfüllt werden. Die Organisationsstruktur verkörpert die statische Komponente des Geschäftssystems (Aufbauorganisation), während die Prozesse die dynamischen Aspekte (Ablauforganisation bzw. Prozessorganisation) repräsentieren.

Das **IT-System** umfasst die Soft- und Hardwarekomponenten, welche die Abwicklung der Geschäftsprozesse – und somit das unternehmerische Handeln – unterstützen. In erster Linie werden im Rahmen von IT-Projekten die Anwendungssysteme betrachtet. Sie sind der primäre Inhalt einer Evaluation oder einer Entwicklung.

Projektabschnitt	Modellierungsgegenstand	Modellierungsaspekt
Geschäftsprozessanalyse	Geschäftssystem	Geschäftsprozesse - Gesamtübersicht
		Geschäftsprozesse - Detailabläufe
Anforderungsanalyse	IT-System	Systembeziehungen
		Funktionen
		Objekte
Entwurf	IT-System	Architekturbeschreibung
		Funktionsbeschreibung

Abb. 205: Modellierungsgegenstände und ihre Beschreibungsaspekte

Da wir nun die Modellierungsgegenstände eines IT-Projekts differenziert und abgegrenzt haben, können im Folgenden die Modellierungsaspekte (Sichten) der jeweiligen Modellierungsgegenstände detaillierter betrachtet werden. Eine Übersicht der Modellierungsgegenstände mit ihren jeweiligen Modellierungsaspekten ist in ▶Abb. 205 dargestellt.

Aus dieser Abbildung geht hervor, dass das Geschäftssystem im Wesentlichen durch zwei Sichtweisen beschrieben werden kann:

- zum einen die Gesamtübersicht der tangierten Geschäftsprozesse.

- zum anderen die detaillierten Abläufe der Geschäftsprozesse.

Eine dritte Sicht auf Geschäftssysteme stellt die Organisationsstruktur (Aufbauorganisation) dar. Diese Sicht ist jedoch nicht Gegenstand der Betrachtungen im vorliegenden Buch. Auch bedarf die wichtigste Darstellung dieser Sicht (Organigramm) keiner speziellen Erklärung.

Aus ▶Abb. 205 geht weiterhin hervor, dass im Rahmen der Anforderungsanalyse das IT-System aus drei Perspektiven betrachtet werden kann:

- einer Beziehungssicht, in welcher die gesamten Umfeldbeziehungen des Systems erfasst werden,

- einer Funktionssicht, in welcher das System hinsichtlich seiner Funktionalität betrachtet wird und

- einer Objektsicht, welche die Bearbeitungselemente eines Systems zusammenfasst. Diese Sichtweise ist äquivalent zur Datenmodellierung in nicht-objektorientierten Anwendungen.

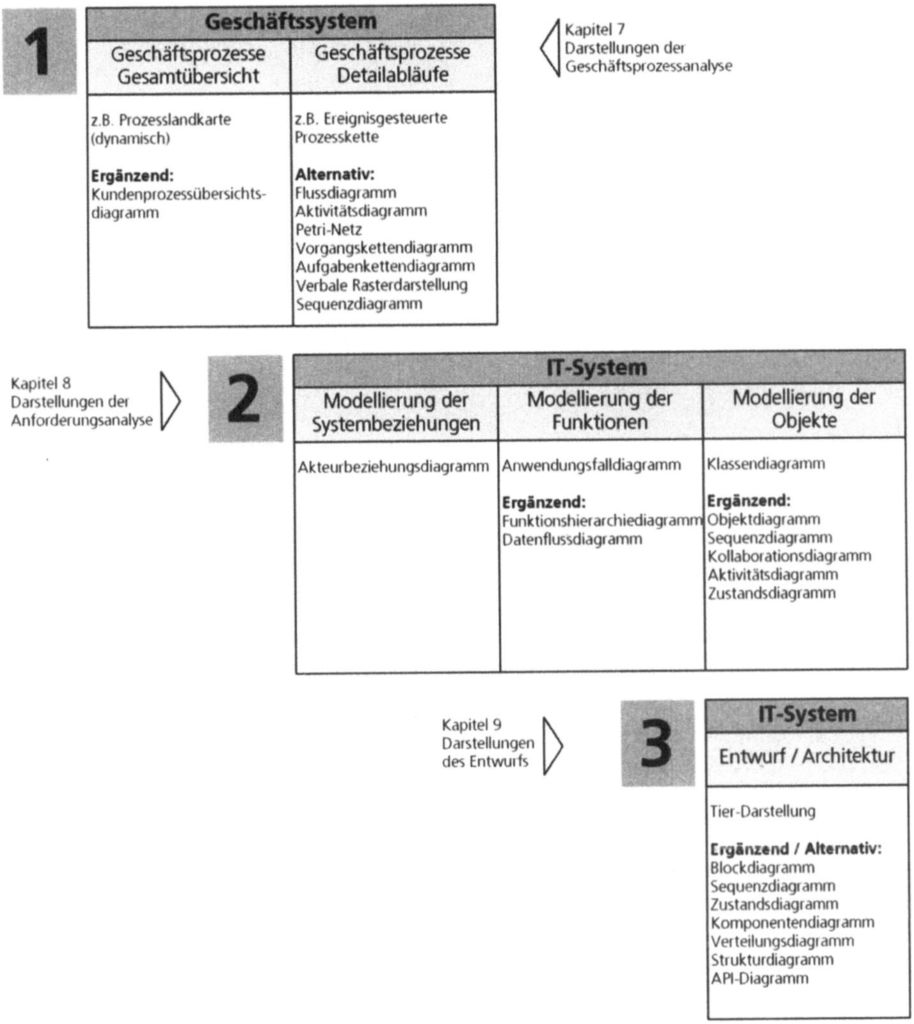

Abb. 206: Anwendungsreihenfolge der Darstellungstechniken

Anzumerken bleibt hierbei, dass die objektorientierten Darstellungstechniken, die funktionsorientierten Techniken bis zum heutigen Zeitpunkt nicht ersetzt haben bzw. diese sogar erweitert haben (z. B. die Anwendungsfalldiagramme der UML, die eine funktionale Sicht auf das IT-System visualisieren).

Es bleibt auch festzuhalten, dass die meisten Lasten- bzw. Pflichtenhefte immer noch funktional aufgebaut sind und die geforderte Systemfunktionalität primär aus einer „funktionalen Optik" spezifizieren.

Zudem entspricht auch die heutige Standard-Darstellungstechnik für Geschäfts- prozesse (Ereignisgesteuerte Prozessketten) einer datenorientierten und nicht einer objektorientierten Betrachtungsweise. Es gibt zwar eine Notation für „Objektorientierte Ereignisgesteuerte Prozessketten", diese hat sich jedoch bislang in der Praxis nicht durchgesetzt und wird kaum verwendet.

Ein letzter Schritt in der Modellierung von Anwendungssystemen im Rahmen von IT-Projekten ist der Entwurf. Hier geht es im Wesentlichen um eine Beschreibung der Architektur und der Funktionsweise des neu konzipierten Systems.

In ▶Abb. 206 ist der Modellierungsablauf in IT-Projekten in Form einer Gesamtübersicht dargestellt. Hervorgehoben sind dabei die drei wesentlichen Modellierungsabschnitte

- Geschäftsprozessanalyse
- Anforderungsanalyse und
- Entwurf

Innerhalb eines Modellierungsabschnitts gibt es keine feste Bearbeitungsreihenfolge. Die einzelnen Teilaspekte in einem Abschnitt werden auch nicht vollständig abgeschlossen, bevor zum nächsten Teilaspekt gewechselt wird. Vielmehr wird jeder Teilaspekt durch intensive Wechselwirkungen mit den anderen Teilaspekten kontinuierlich ausgebaut und perfektioniert. So können sich während der Objektmodellierung Hinweise für benötigte Funktionen des Systems ergeben, und umgekehrt ergeben sich aus der Funktionsmodellierung wichtige Anhaltspunkte für die Bearbeitungsweise der Objekte.

Zwischen den drei zuvor genannten Modellierungsabschnitten finden wichtige Wechselwirkungen statt. Beispielsweise kann die Modellierung der Funktionen gewisse Sachverhalte zu Tage fördern, die sich auf einzelne Geschäftsprozesse auswirken. Oder ein erster und sehr grober Lösungsentwurf vor dem unmittelbaren Abschluss der Anforderungsanalyse kann auf die Analysearbeit rückwirken und Korrekturen oder Anpassung notwendig machen.

Es erscheint an dieser Stelle sinnvoll, eine Gesamtübersicht über alle in diesem Buch beschriebenen Darstellungstechniken zu geben. In der nachfolgenden Tabelle sind für jedes Kapitel die darin enthaltenen Darstellungstechniken in einer sinnvollen Gruppierung zusammengefasst.

Hauptaspekt	Unteraspekt	Darstellungstechnik
Projektabklärung (►Kapitel 6 Darstellungen der Projektabklärung)	Geschäftsstrategie	• Wirkungsnetzwerk
	Geschäftsnetzwerk	• Wertschöpfungsnetzwerk
	Unternehmensarchitektur	• Unternehmensstrukturdiagramm
	Geschäftsabläufe	• Assoziationsdiagramm
	IT-Gesamtsicht / Applikationsarchitektur	• Applikationslandschaft • Applikationsschnittstellen-Diagramm
Geschäftsprozessanalyse (►Kapitel 7 Darstellungen der Ge- schäftsprozessanalyse)	Prozesse – Übersichtsdarstellungen	• Prozesslandkarte (statisch) • Prozesslandkarte (dynamisch) • Kundenprozessübersichtsdiagramm
	Prozesse – Ablaufdarstellungen	• Flussdiagramm • Ereignisgesteuerte Prozessketten • Vorgangskettendiagramm • Aufgabenkettendiagramm • Petri-Netze • Sequenzdiagramm • Aktivitätsdiagramm • Verbale Rasterdarstellung
Anforderungsanalyse (►Kapitel 8 Darstellungen der Anforderungsanalyse)	Anforderungsmodellierung	• Akteurbeziehungsdiagramm • Anwendungsfalldiagramm • Sequenzdiagramm
	Objektorientierte Strukturdiagramme	• Klassendiagramm • Objektdiagramm
	Objektorientierte Interaktionsdiagramme	• Sequenzdiagramm • Kollaborationsdiagramm
	Objektorientierte Ablaufdiagramme	• Aktivitätsdiagramm • Zustandsdiagramm
	Funktionsmodellierung	• Funktionshierarchiediagramm
	Datenflussmodellierung	• Datenflussdiagramm
Entwurf (►Kapitel 9 Darstellungen des Entwurfs)	Architektur und Workflow	• Blockdiagramme • Tier-Darstellungen • Sequenzdiagramme • Zustandsdiagramme • Komponentendiagramm • Verteilungsdiagramm • Strukturdiagramm
	Programmierschnittstellen (APIs)	• API Diagramm

Hauptaspekt	Unteraspekt	Darstellungstechnik
Systemische Sachverhalte (▶ Kapitel 10 Darstellungen systemischer Sachverhalte)	Systemanalyse und konzeptionelle Systemgestaltung	▪ Bubble Chart ▪ Kontextdiagramm ▪ Schnittstellendiagramm ▪ Schnittstellenmatrix ▪ Gemeinsamkeiten-Matrix
	Problemanalyse und Vernetztes Denken	▪ Ursache-Wirkung-Grafik ▪ Ishikawa-Diagramm ▪ Ursachenmatrix ▪ Wirkungsnetzwerk ▪ Wirkungsmatrix
Projektmanagement (▶ Kapitel 11 Darstellungen des Projektmanagements)	Strukturdarstellungen	▪ Content-Breakdown-Structure ▪ Work-Breakdown-Structure ▪ Organisation-Breakdown-Structure ▪ Cost-Breakdown-Structure
	Zeit- und Aufgabenplanung	▪ Projektfortschrittsdiagramm ▪ Balkendiagramm ▪ Zeitachse ▪ Termin-Trend-Diagramm
Universelle Darstellungen (▶ Kapitel 12 Universelle Darstellungen)	Metamodelle und Assozia-tionsmodelle	▪ Metamodell ▪ Assoziationsmodell
	Vergleichs- und Bewertungsdarstellungen	▪ Kiviatdiagramm ▪ Nutzwertprofil / Polaritätsprofil ▪ Kosten-/Nutzwertprofil ▪ Risikoprofil ▪ Überdeckungs-Darstellung
	Verschiedene	▪ Ist-Soll-Vergleichsdarstellung ▪ Ist-Soll-Abhängigkeitsdarstellung ▪ Koomunikationsbeziehungsdiagramm ▪ Produktübersichtsdiagramm ▪ Morphologischer Kasten ▪ Problemlösungsbaum

6 Darstellungen der Projektabklärung

6.1 Geschäfts- und Unternehmenssituation

Bei den Darstellungen zur Geschäftssituation bzw. Unternehmenssituation handelt es sich um Visualisierungen, die das Unternehmen in seiner Gesamtheit oder in wesentlichen Teilen betreffen. Die auf der Ebene der Gesamtunternehmung angestellten Überlegungen haben einen richtungsweisenden Charakter. Entscheidungen, die auf der Führungsebene (strategische Ebene) getroffen werden, wirken sich über die dispositive Ebene bis zur operativen Ebene aus. Sie müssen entsprechend fundiert angegangen und diskutiert werden. Eine Visualisierung der zugrunde liegenden Sachverhalte kann die Entscheidungssituation transparent machen und die Entscheidungsqualität erhöhen.

Darstellungen der Geschäfts- und Unternehmenssituation zeigen zwei grundsätzlich verschiedene Sichten eines Unternehmens und seiner Partnerbeziehungen:

- zum einen die strukturorientierte Sicht (Geschäftsarchitektur), ausgehend von bestimmten Merkmalskategorien, und

- zum anderen eine ablauforientierte Sicht (Geschäftsabläufe), auf Basis eines internen oder externen Beziehungsnetzwerks.

Während die erstgenannten Darstellungen die Struktur in der Vordergrund stellen, stellen zweitgenannten Darstellungen die Beziehungsinhalte zwischen einzelnen Strukturelementen in den Vordergrund.

6.1.1 Geschäftsstrategie (Wirkungsnetzwerk)

Im Rahmen der Strategieentwicklung muss vor dem Einstieg in die Detailplanung die Logik der Geschäftssituation analysiert werden. Darstellungen, die im Rahmen von strategischen Überlegungen relevant sein können, sind die Wirkungsnetzwerke. Ein Wirkungsnetzwerk ist ein einfaches Hilfsmittel, um die Mechanismen des Marktes verstehen zu lernen. Aus Wirkungsnetzwerken ergeben sich grundlegende Ansatzpunkte für Szenarien und Geschäftsstrategien. Das Autorenpaar Peter Gomez und Gilbert Probst von der Universität St. Gallen und der Universität Genf, beschreibt diesen Denkansatz sehr ausführlich in ihrem Buch „Die Praxis des ganzheitlichen Problemlösens", dem auch die folgenden Darstellungen zugrunde liegen.

Gomez und Probst schlagen bei der Erstellung eines Wirkungsnetzwerkes vor, bei einem zentralen Kreislauf zu beginnen. Sie bezeichnen diesen Kreislauf als

„zentraler Wirkungskreislauf". Zwei Vorgaben dienen dabei maßgeblich als Orientierung: einerseits die in den Mittelpunkt gestellte Darstellungsperspektive; mögliche Perspektiven können beispielsweise eine wirtschaftliche oder eine ökologische Betrachtung sein. Andererseits geben vorab ermittelte Handlungsziele und Schlüsselfaktoren wichtige Orientierungshilfen.

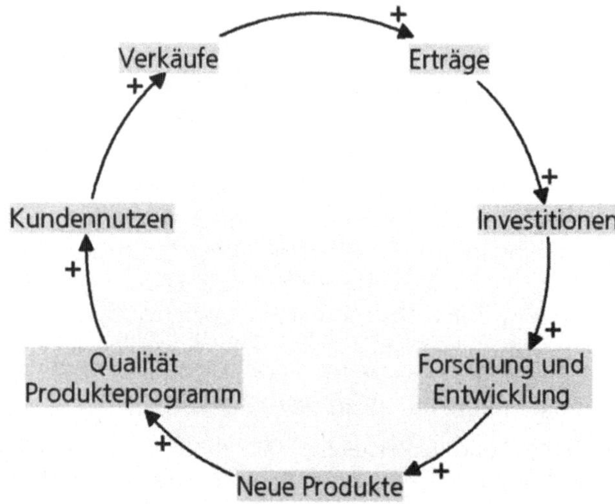

Abb. 207: Beispiel für einen zentralen Wirkungskreislauf

In ▶Abb. 207 wird ein Beispiel für einen zentralen Wirkungskreislauf gezeigt. Um die Art der Vernetzung zwischen den Faktoren zu beschreiben, wird auf die von Prof. Vester definierte „Plus-Minus"-Syntax zurückgegriffen. Sie basiert auf einer Unterscheidung zwischen „gleichgerichteten" und „entgegengerichteten" Wirkungen.

- Um eine **gleichgerichtete Beziehung** handelt es sich dann, wenn die Aussagen „Je mehr, desto mehr" bzw. „Je weniger, desto weniger" zutreffen. Zur formalen Darstellung dieses Sachverhalts im Wirkungsdiagramm wird ein „+" Symbol verwendet.

- Eine **entgegengerichtete Beziehung** liegt dann vor, wenn die Aussagen „Je mehr, desto weniger" bzw. „Je weniger, desto mehr" zutreffen. Dieser Sachverhalt wird mit einem „-" Symbol im Wirkungsdiagramm dargestellt.

Mit Hilfe dieser formalen Ergänzung des Wirkungsnetzwerks wird bereits aus der Darstellung erkennbar, welche Veränderungen sich wie auswirken und letztendlich zu einer Verbesserung des Endzustands beitragen. Es lässt sich auch bereits grob abschätzen, mit welcher Intensität eine Optimierung zur Verbesserung des Endzustands beiträgt.

Wenn an den zentralen Wirkungskreis weitere Faktoren angehängt werden, sollte man darauf achten, dass sich die Faktoren in etwa auf dem gleichen Auflösungsniveau bzw. Abstraktionsniveau befinden. Es würde wenig Sinn machen,

Faktoren miteinander in Beziehung zu setzen, die sich bei genauer Betrachtung auf unterschiedlichen Hierarchiestufen befinden. Wenn beispielsweise ein Netzwerk aus Unternehmenssicht aufgebaut wird, kann mit dem Faktor „Informationssysteme" die gesamte Applikationslandschaft zusammengefasst werden. Es macht dann wenig Sinn, einzelne Systeme (z. B. Customer Relationship System oder PPS-System) aufzuführen. Wird jedoch ein Netzwerk aus einer informationstechnologischen Perspektive erstellt, können einzelne wesentliche Systeme separat aufgeführt werden.

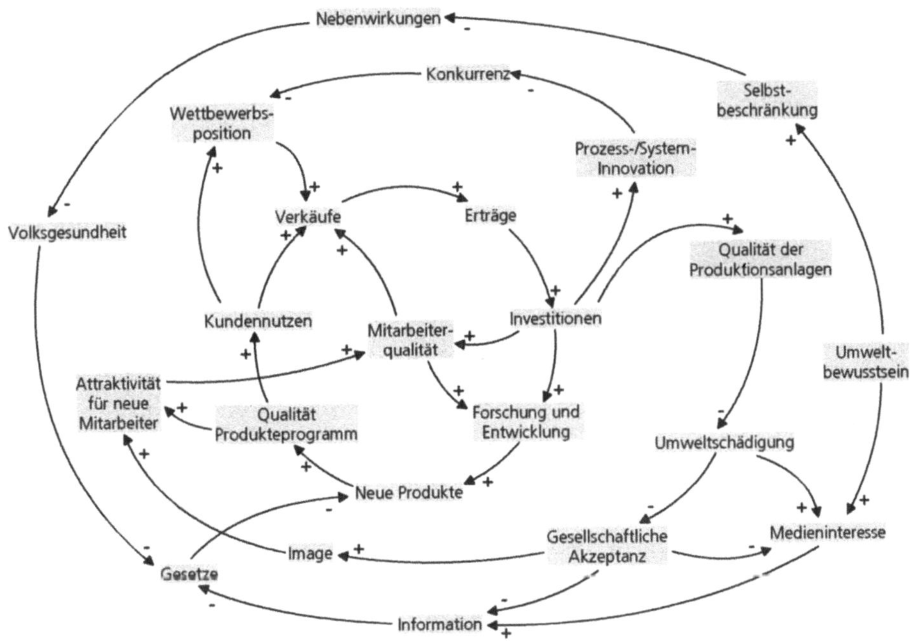

Abb. 208: Beispiel eines Netzwerks (in Anlehnung an [Gom Pro 1999])

Neben dem Differenzieren der Beziehungen in Form von gleichgerichtet (+) und entgegengerichtet (-) besteht die Möglichkeit, die „Beziehungspfeile" selbst mit unterschiedlichen Bedeutungen zu belegen und damit weitere Differenzierungen einzuführen. Beispielsweise kann in einem Wirkungsnetzwerk auch das Zeitverhalten der Beziehungen festgehalten werden. In diesem Zusammenhang bietet sich eine Unterscheidung der Beziehungen in kurz-, mittel- und langfristigen Beziehungen an. Diese Unterscheidung kann durch verschiedene Pfeilfarben, Strichstärken oder Pfeilarten (durchgezogen, gestrichelt, gepunktet) vorgenommen werden.

Wenn durch das Wirkungsnetzwerk konkrete Handlungspotentiale sichtbar gemacht werden, müssen auch die Elemente des Netzwerks differenziert betrachtet werden. Von besonderem Interesse ist, welche Größen beeinflussbar sind und welche außerhalb unseres Einflussbereiches liegen bzw. auf die wir nur einen sehr geringen Einfluss nehmen können. Gomez und Probst bezeichnen diese Größen als „lenkbare Elemente" und „nicht-lenkbare Elemente". Bei den nicht-lenkbaren Größen handelt es sich meist um unternehmensexterne Faktoren, die in einen gesamtwirtschaftlichen Kontext eingebettet sind oder vom Gesetzgeber oder anderen Institutionen beeinflusst werden.

Differenzierung der Beziehungen	Differenzierung der Elemente
Kurzfristig	lenkbare Größe
Mittelfristig	nicht-lenkbare Größe
Langfristig	Indikator

Abb. 209: Mögliche Differenzierungen in Wirkungsnetzwerken

Weiterhin schlagen Gomez und Probst vor, die Elemente hervorzuheben, mit denen man die Zielerreichung von Maßnahmen beurteilen kann. Diese Größen werden als „Indikator-Elemente" bezeichnet. Durch die Erfassung der Indikatoren kann klar festgehalten werden, auf welche Größen bei der Erfolgsmessung zu achten ist. Sie zeigen an, ob man mit Eingriffen die gewünschten Wirkungen erzielt hat und stellen demzufolge Ziel- und Überwachungsgrößen dar.

6.1.2 Geschäftsnetzwerk (Wertschöpfungsnetzwerk)

Das Geschäftsnetzwerk verschafft einen Überblick über die Marktteilnehmer und ihren Leistungen zur Befriedigung des Kundenbedürfnisses. Sie ist hilfreich, um die Position eines Unternehmens im Markt zu verdeutlichen und mögliche Partner zu identifizieren. Mit dem Geschäftsnetzwerk kann man aber auch potentielle neue Konkurrenten, die durch Vorwärts- oder Rückwärtsintegration in den eigenen Geschäftsbereich eindringen können, ausmachen

Das Wertschöpfungsnetzwerk kann, ergänzt um eine Kundenprozessanalyse und weiterer strategischer Überlegungen, wichtige Anhaltspunkte liefern, um die derzeitigen Marktleistungen (Ist) eines Unternehmens festzuhalten und zukünftigen Marktleistungen („Soll") eines Unternehmens zu definieren. Marktleistungen stellen wiederum die Basis für Geschäftsfelder dar. H. Österle definiert in seinem Buch „Business Engineering" ein Geschäftsfeld als eine Kombination von Marktleistungen, Kundensegmenten und Vertriebskanälen, das homogen geführt werden kann, für das gemeinsame Marketingaktionen, dieselben Produktmanager, die gleiche Abwicklung, die gleiche Erfolgsmessung usw. möglich sind..

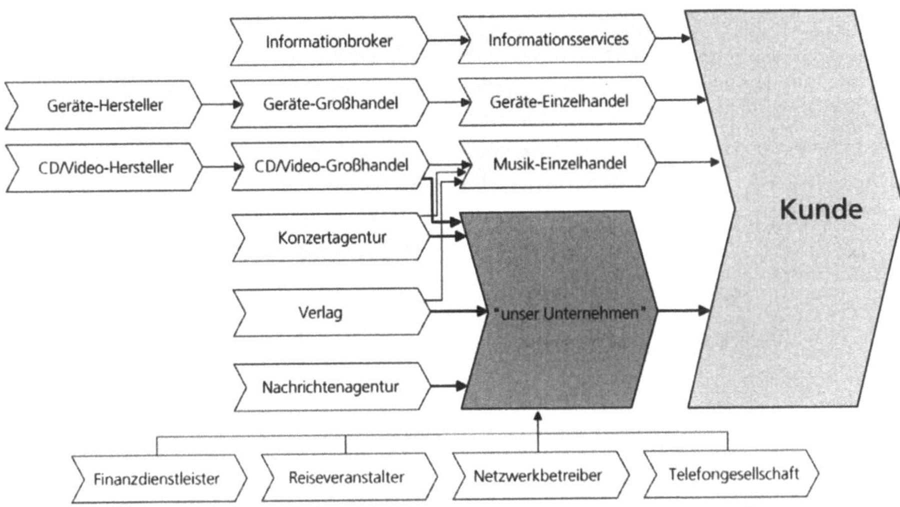

Abb. 210: Beispiel eines Wertschöpfungsnetzwerks (in Anlehnung an [Öst 2000])

6.1.3 Unternehmensarchitektur (Unternehmensstrukturdiagramm)

Durch die Darstellung der Unternehmensarchitektur entstehen Modelle von Unternehmen, die den strukturellen Aufbau anhand betriebswirtschaftlicher Elemente visualisieren. Derartige Darstellungen sollen im Folgenden als „Unternehmensstrukturdiagramm" bezeichnet werden. Die Unternehmensarchitektur beinhaltet indirekt auch die Organisationsstruktur. Für die Darstellung der Organisationsstruktur verwendet man ein Organigramm. Im Vergleich zum Organigramm ist das Unternehmensstrukturdiagramm nicht zwingenderweise hierarchisch aufgebaut. Anstelle einer hierarchischen Gliederung visualisiert es vielmehr den strukturellen Kontext der betriebswirtschaftlichen Unternehmenskomponenten.

Der strukturelle Aufbau eines Unternehmens kann anhand einiger Gliederungsmerkmale zusätzlich in unterschiedliche Ebenen eingeteilt werden. Dadurch entsteht ein Gesamtüberblick, der als Diskussionsgrundlage dienen kann und auf Basis dessen sich erste Anhaltspunkte für informationstechnologische Bedürfnisse oder deren zukünftigen Ausrichtungen ergeben können.

Beispielsweise kann die Struktur dargestellt werden in Form von

- Unternehmensbereichen (Divisionen),

- Kern-Elementen eines Geschäftsmodells,

- Vertriebswegen,

- Produktgruppen,

- Abnehmergruppen und

- letztendlich auch Partnerbeziehungen und deren Integration.

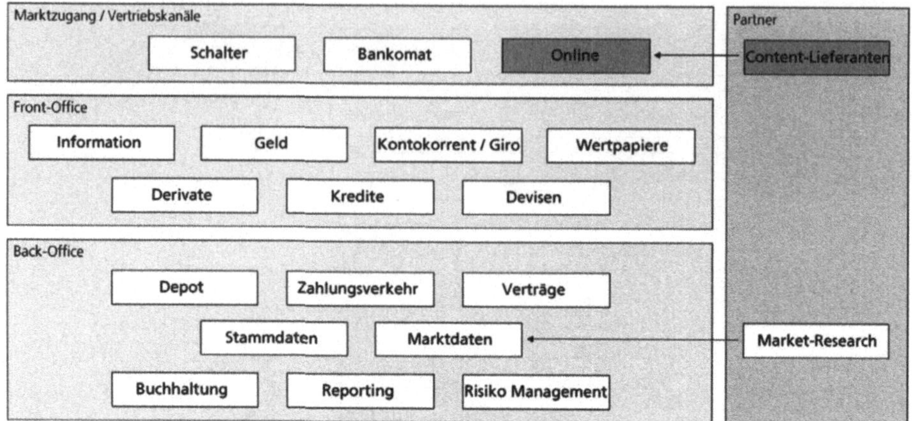

Abb. 211: Geschäftsarchitekturdiagramm (Beispiel Bank)

Um eine sinnvolle und aussagekräftige Darstellung zu erhalten, ist es empfehlenswert, anhand eines Gliederungsschemas ein Raster zu definieren, in dem die betriebswirtschaftlichen Unternehmenselemente entsprechend gruppiert werden können. Es entstehen dadurch übergeordnete Gliederungsebenen, die Elemente in einem sachlichen Zusammenhang zeigen. In ▶Abb. 211 wird anhand eines Dienstleistungsunternehmens eine mögliche Konstellation von Elementen und deren Einteilung in Gliederungsebenen gezeigt. Als Strukturierungsmerkmale wurden die vier Kategorien „Marktzugang", „Front-Office", „Back-Office" und „Partner" verwendet.

Das Unternehmensstrukturdiagramm kann mit unterschiedlichen Informationen verknüpft werden. Naheliegend ist es, die Elemente in unterschiedlichen Schattierungen oder Farben einzuzeichnen. Man kann dadurch auf bestimmte Beziehungen oder Konstellationen aufmerksam machen oder zusätzliche Aussagen transportieren, zum Beispiel, wie stark oder vollständig ein bestimmtes Element bereits durch IT-Funktionalität unterstützt wird oder in welchen Bereichen die vorhandene IT-Lösung mit einer oder mehreren neuen IT-Lösungen abgelöst werden.

6.1.4 Geschäftsabläufe

Für die Darstellung von Geschäftsabläufen und den Ereignissen, durch die sie integriert werden, können einfache Assoziationsdiagramme verwendet werden. Diese Diagramme können umfassende textliche Erklärungen ergänzen. Die zentralen Elemente der Assoziationsdiagramme sind die Geschäftsprozesse (z. B. Marketing, Einkauf, Bestellung, Auftragserfüllung und Kundendienst). Zwischen diesen Elemente werden Beziehungen hergestellt.

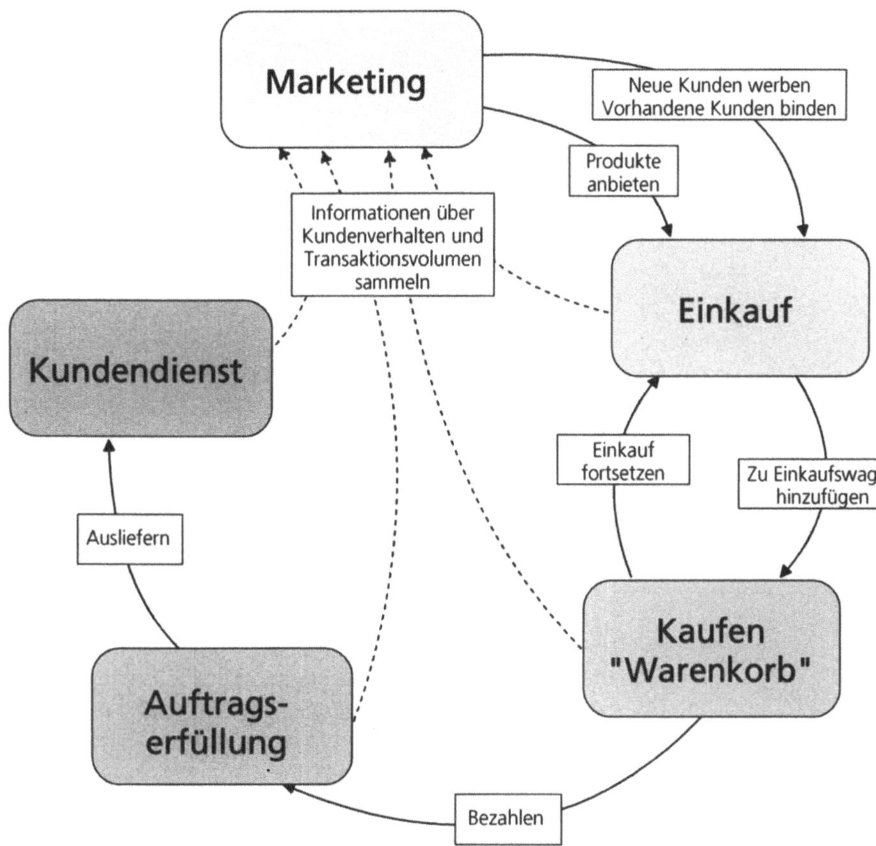

Abb. 212: Beispiel eines Assoziationsdiagramms E-Commerce-Geschäftsabläufe

In einem Assoziationsdiagramm kann auch der Austausch von Leistungen (Leistungsflüsse) und der Fluss von Informationen (Datenflüsse) zwischen Unternehmenseinheiten für die Steuerung von Geschäftsabläufen dargestellt werden. Dadurch entsteht bereits ein recht detailliertes Modell einer Unternehmenssituation, das es möglich macht, betriebliche Abläufe, Funktionen oder Funktionsbereiche und die Wechselwirkungen zwischen Organisationseinheiten genauer zu untersuchen.

Ein Beispiel für eine derartige Darstellung wird in ▶Abb. 213 gezeigt. In dieser Darstellung wird zwischen zwei Objekttypen unterschieden. Den internen Objekten (Abteilungen und Systeme) und firmenexternen Objekten (Partner und Kunden). Zusätzlich wird zwischen Leistungsflüssen und Steuerungsflüssen unterschieden. Als Leistungsflüsse werden Güterflüsse, Dienstleistungsflüsse und Zahlungsflüsse bezeichnet. Steuerflüsse sind Nachrichten zwischen Objekten und Informationsflüsse, die z. B. Leistungsflüsse auslösen und begleiten.

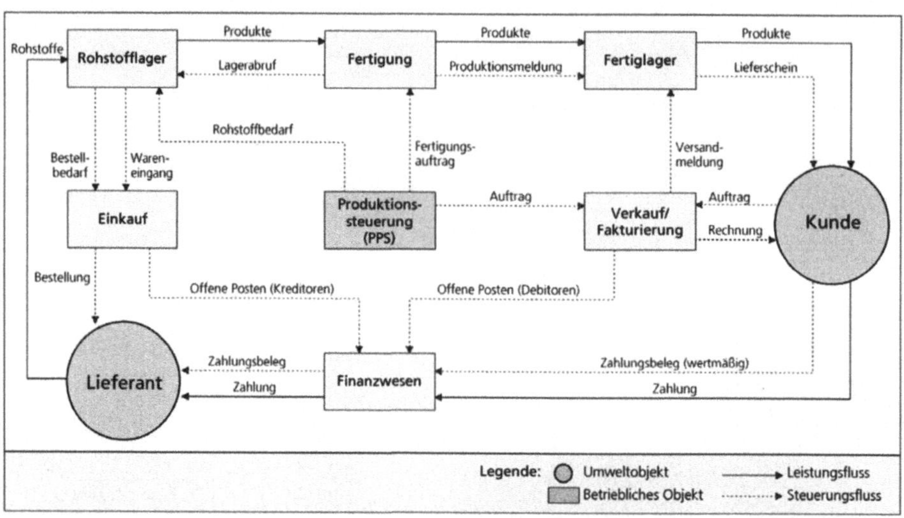

Abb. 213: Leistungs- und Steuerungsflüsse (in Anlehnung an [Fer Sinz 1998])

Diese Darstellungsweise kann auch genutzt werden, um die Informationsaustauschbeziehungen und den Warenfluss zwischen zwei Unternehmen zu dokumentieren. Damit erhält man eine Grundlage für eine Analyse der Partnerbeziehungen, um diese beispielsweise in der Zukunft im Rahmen einer Optimierung von Planungsprozessen über ein Online-Informationssystem zu verbinden.

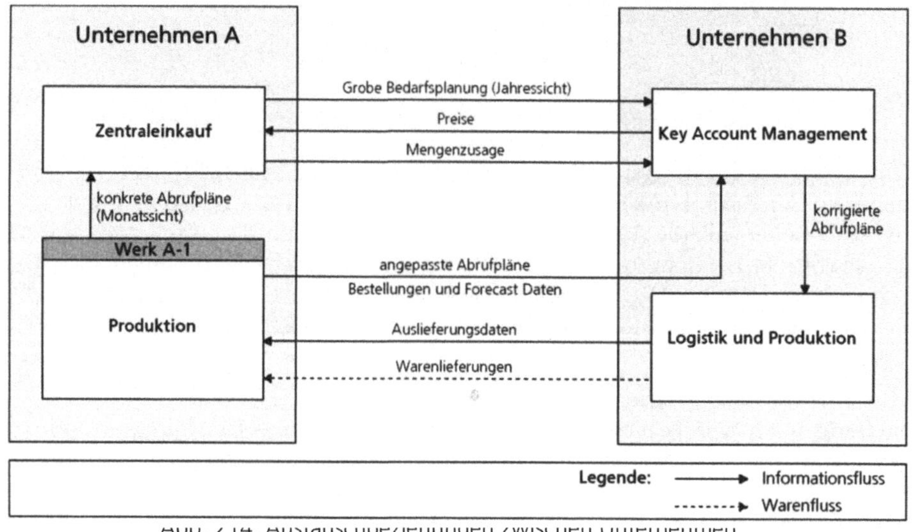

Abb. 214: Austauschbeziehungen zwischen Unternehmen

6.2 Portfolio-Darstellungen

Bevor ein Geschäftsmodell und daraus abgeleitet eine geeignete Geschäftsarchitektur definiert werden kann, müssen im Vorfeld zahlreiche Überlegungen angestellt werden. Derartige Überlegungen haben strategischen Character und betreffen sowohl betriebswirtschaftliche Aspekte als auch informationstechnologische Absichten. Da eine Abstimmung zwischen vielen verschiedenen Personengruppen notwendig ist, ist die Kommunikation in diesem Stadium ein wichtiges Anliegen. Die im Zusammenhang mit den richtungsweisenden Überlegungen stehenden Möglichkeiten müssen kommuniziert und erläutert werden.

Ein wichtige Darstellungstechnik für die Kommunikation von derartigen Aussagen sind die so genannten „Portfolios", von denen im Folgenden viele verschiedene Ausprägungen vorgestellt werden, wobei der Schwerpunkt auf Portfolios mit informationstechnologischem Hintergrund liegt. Die in der Literatur oft erwähnten Marketing-Portfolios, wie zum Beispiel das „Produkt/Markt-Politik-Portfolio" von ANSOFF, das „Wettbewerbsvorteile/Wettbewerbsfeld Portfolio" nach PORTER und das klassische Produkt-Portfolio werden an dieser Stelle ausgeklammert, da sie durch die Marketing-Literatur bereits ausgiebig abgedeckt sind.

Bei einem Portfolio handelt es sich um eine Mischform zwischen einer Matrix-Darstellung und einer Diagramm-Darstellung. Eine Portfolio-Darstellung wird durch zwei Achsen gebildet, die unterschiedliche Dimensionen verkörpern. Die Achsenverläufe sind aber nicht wie bei einem Diagramm fließend definiert (wie dies z. B. bei einer Zeitachse der Fall ist), sondern sind in zwei oder drei Abstufungen unterteilt. Durch diese Abstufungen entsteht ein Raster, dessen einzelne Felder als „Bewertungsklassen" bezeichnet werden. ▶Abb. 215 zeigt diese beiden möglichen Portfolio-Arten.

Das Vier-Feld-Portfolio hat gegenüber dem Neun-Feld-Portfolio den Vorteil, dass es kein „mittleres Feld" gibt und deshalb keine Zuordnungen in „neutrale Felder" möglich sind. Man muss vielmehr Farbe bekennen. Dies ist vergleichbar mit Bewertungsskalen in Fragebogen. Geht die Skala von 1 - 3, so kann man 2 als neutralen bzw. durchschnittlichen Wert verwenden. Geht die Skala hingegen von 1 – 4, ist man gezwungen, eindeutiger Stellung zu nehmen (denn einen Mittelwert gibt es nicht). Bei den Portfolios ist diese Unterscheidung jedoch weniger relevant, da letztendlich der optische Eindruck bezüglich der positionierten Einträge derselbe ist. Egal ob vier oder neun Felder, die „optische Mitte" steht immer zur Verfügung.

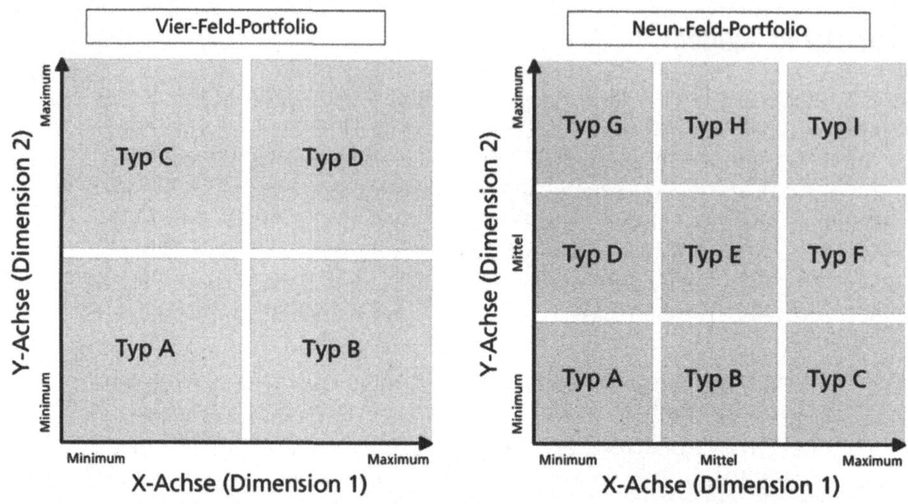

Abb. 215: Die gängigsten Portfolio-Varianten im Hinblick auf die Feldeinteilung

Die in ▶Abb. 215 vorgestellten Portfolio-Varianten sind grundsätzlich zweidimensional; das heißt, sie können zwei Informationsaspekte darstellen. Wenn die Felder der Portfolios mit Inhalt gefüllt werden, besteht die Möglichkeit, der Darstellung eine dritte Dimension hinzuzufügen. Dies geschieht meistens durch die Verwendung von unterschiedlich großen Symbolen für die Einträge. Die Symbolgröße drückt dann einen dritten Informationsaspekt aus – und man erhält ein „dreidimensionales Portfolio" (drei Informations-Dimensionen). Gängige Informationsinhalte die in der dritten Dimension eines Portfolios transportiert werden, sind zum Beispiel Kosten, Zeitaufwand, Realisierbarkeit (leicht, mittel, schwer).

Wird von der Möglichkeit einer dritten Dimension gebrauch gemacht, so sollte in einer Legende die Bedeutung der Symbol-Größenabstufungen angegeben werden. In der Regel genügt hierzu eine grobe Einordnung (z. B. anhand von Minimal-, Mittel- und Maximalgröße). Eine genaue Angabe der Größe kann bei Bedarf direkt der Bezeichnung des Symbols in den Feldern des Portfolios angefügt werden. Wenn keine Legende angegeben ist, muss der Betrachter davon ausgehen, dass unterschiedlich große Symbole in den Portfolio-Feldern keine Bedeutung haben. Sie können dann zum Beispiel aus der Notwendigkeit entstanden sein, eine Kurzbezeichnung in Textform innerhalb des Symbols aufzunehmen. In ▶Abb. 216 sind die dimensionalen Varianten von Portfolios exemplarisch gegenübergestellt.

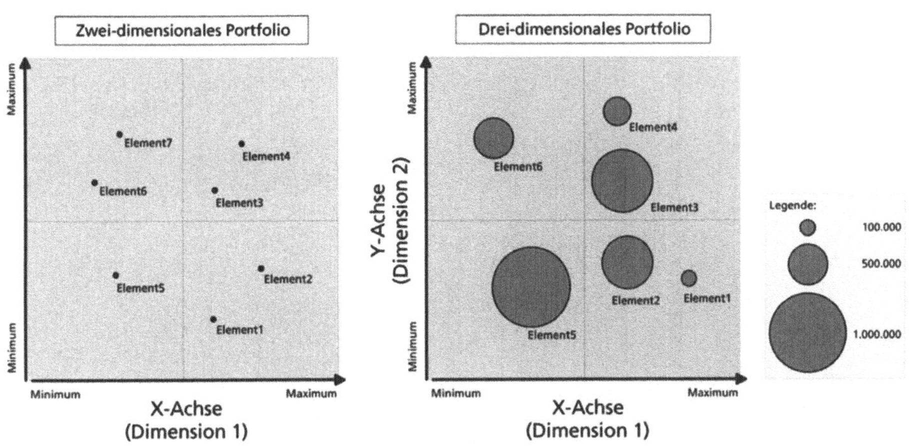

Abb. 216: Die gängisten Portfolio-Varianten im Hinblick auf die Dimensionalität

Wie bei vielen Darstellungsformen gilt auch bei der Mehrzahl der Portfolio-Darstellungen, das sie nur ein Mittel zum Zweck sind. Damit soll darauf hingewiesen werden, dass das Hauptaugenmerk auf den im Vorfeld stattfindenden Überlegungen oder einer vorausgehenden detaillierten Analysearbeit liegt. Die Portfolio-Darstellung kann allenfalls ein Hilfsmittel sein, um die Überlegungen durch die Einordnung in die Portfolio-Bewertungsklassen zu perfektionieren. Sehr oft entstehen die Portfolio-Darstellungen jedoch reine Ableitung der vorab durchgeführten Analysen und stellen somit eine Visualisierung der Analyseergebnisse dar.

Ein Beispiel für die Unabhängigkeit des Portfolios mit den ursächlichen Überlegungen stellt das in ▶Abb. 217 gezeigte „Dringlichkeits-/Wichtigkeits-Portfolio" dar, das Dwight D. Eisenhower zugeschrieben wird. Eisenhower entwickelte dieses Portfolio ursprünglich für die Klassifizierung von Aufgaben. In der Informatik können mit diesem Portfolio auch Ziele und Anforderungen von Informationssystemen bewertet werden. Das Portfolio zeigt den Bewertungsspielraum, der sich aus vier Bewertungsmöglichkeiten zusammensetzt. Die Bewertung selbst ist aber unabhängig vom Portfolio, sondern geschieht anhand von definierten Kriterien, aus denen hervorgeht, wann ein Ziel oder eine Anforderung als dringend bzw. wichtig anzusehen ist. Die Ergebnisse der Bewertung können dann im Portfolio visualisiert werden.

Portfolios gehören heute zu den Standardtechniken der strategischen Führung. Der Erfolg der Portfolios ist primär auf die Management-gerechte Verdichtung und die aussagekräftige Präsentation der darin enthaltenen Informationen zurückzuführen. Sowohl im betriebswirtschaftlichen als auch im informationstechnologischen Umfeld sind deshalb eine Vielzahl von Portfolio-Varianten entstanden, von denen die wichtigsten in den nachfolgenden Abschnitten gezeigt werden. Sie sollen dem Leser auch als Anregung dienen, um eigene Portfolios auf Basis von individuellen Problem- oder Aufgabenstellungen definieren zu können.

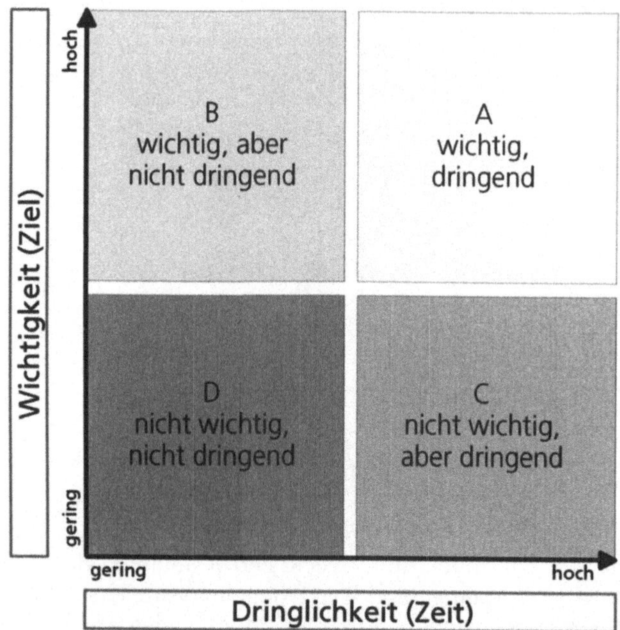

Abb. 217: Portfolio zur Bewertung von Aufgaben und Zielen (Eisenhower-Prinzip)

6.2.1 Kundensegment-Portfolio

Das hier gezeigte Kundensegment-Portfolio basiert auf den Arbeiten des Autorengespanns Wayland und Cole, die im Buch „Customer Connections" festgehalten sind. Hinter diesem Portfolio steht die Grundüberlegung, dass ein Unternehmen dann erfolgreich und wirtschaftlich im Markt agieren kann, wenn die Vertriebskanäle bzw. Marktzugänge auf das Potential der Kundensegmente abgestimmt sind – und dementsprechend auch die Systemunterstützung darauf abgestimmt wird. Die Kundensegmente werden dazu nach den zwei Dimensionen „aktuelle Rentabilität" und „Wachstumspotential" klassifiziert. Es entsteht daraus ein Portfolio mit vier Zuordnungsmöglichkeiten.

Es gilt nun, für jedes Feld den passenden Marktzugang auszuwählen bzw. den sinnvollen Vertriebskanal festzulegen. Ein wichtiges Kriterium für die Zuordnung ist der Aufwand (personell, finanziell, Infrastruktur), der durch einen bestimmten Markzugang bzw. Vertriebskanal entsteht. Ein hoher Aufwand rechtfertigt sich bei hohem Wachstumspotential und/oder bei hoher Rentabilität. Dem entgegengesetzt bedürfen Kundensegmente mit geringer Rentabilität und geringerem Wachstumspotential auch effizienter Bearbeitungslösungen.

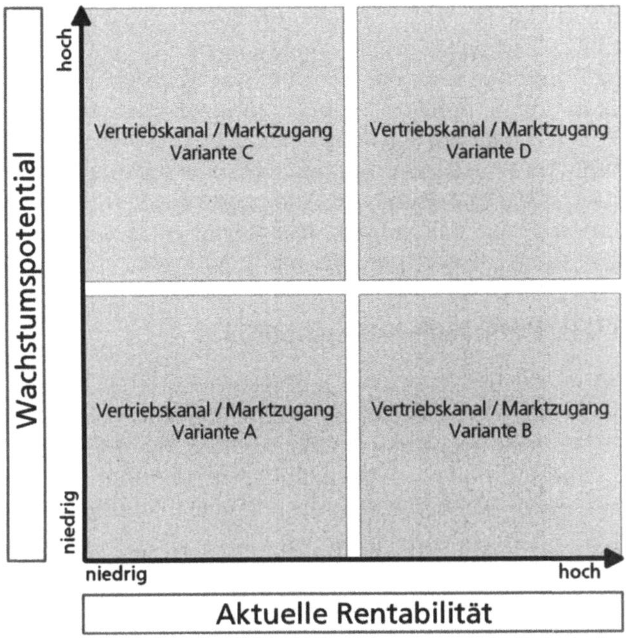

Abb. 218: Kundensegment-Portfolio (nach Wayland/Cole)

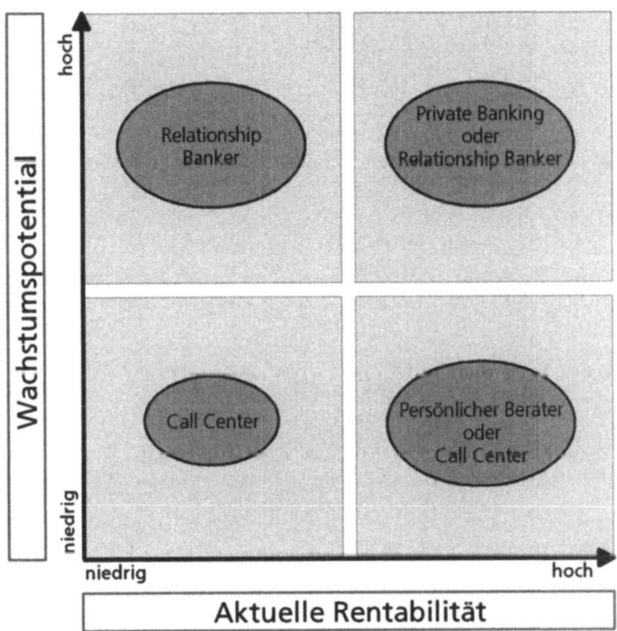

Abb. 219: Beispiel einer Zuordnung von Marktzugängen auf Kundensegmente

In ▶Abb. 219 wird anhand eines Beispiels aus dem Bankenbereich gezeigt, wie bestimmte Vertriebskanäle den Kundensegmenten zugeordnet sind. Man hat sich in diesem Beispiel entschieden, die rentabelsten Kunden mit hohem Wachstumspotential durch Private Banker und Relationship Banker zu betreuen. Potentiell hoch profitable Kunden werden von einem persönlichen Kundenberater oder Call-Center-Mitarbeitern betreut. Kunden, die momentan wenig rentabel sind, denen aber hohe Wachstumserwartungen zugetraut werden, werden durch nur durch Relationship Banker betreut. Die wenig profitablen Kunden werden primär durch Call Center Mitarbeiter bedient.

6.2.2 Wirksamkeits-/Wirtschaftlichkeitsportfolio

Das Wirksamkeits-/Wirtschaftlichkeitsporfolio wurde von Lutz J. Heinrich in seinem Buch „Informationsmanagement" formuliert und basiert auf der Überlegung, dass der Unternehmenserfolg neben vielen anderen Faktoren vor allem von der Wirksamkeit und der Wirtschaftlichkeit der Informationsinfrastruktur abhängt. Diese beiden Faktoren bilden deshalb die Dimensionen des Portfolios.

Wirksamkeit ist die Verfügbarkeit von Funktionen und Leistungen der Informatik zur Unterstützung der Management- und Geschäftsprozesse, unabhängig vom dafür erforderlichen Mitteleinsatz, seinen Kosten und dem erzielten Nutzen. Wirksamkeit meint auch, in welchem Ausmaß die Informatik die Abwicklung der Management- und Geschäftsprozesse unterstützt, wie groß also ihr Erfolgspotential ist. Funktionen und Leistungen, die erforderlich, aber nicht vorhanden sind, reduzieren die Wirksamkeit. Maximale Wirksamkeit ist dann gegeben, wenn die von den Management- und Geschäftsprozessen geforderten Funktionen und Leistungen den von der Informatik angebotenen Funktionen und Leistungen entsprechen („balanced system").

Wirtschaftlichkeit ist das Verhältnis der Kosten zu einer Bezugsgröße (z. B. der günstigsten Kostensituation) oder des Nutzens zu einer Bezugsgröße (z. B. den Kosten). Vorhandene Funktionen und Leistungen, die nicht erforderlich sind, reduzieren die Wirtschaftlichkeit. Wirtschaftlichkeit setzt das Vorhandensein eines Mindestmaßes an Wirksamkeit voraus; was nicht wirksam ist, kann nicht nach Wirtschaftlichkeit beurteilt werden.

Maßstäbe für die Wirksamkeit:

- Übereinstimmung geplanter / verfügbarer Funktionen

- Übereinstimmung geplanter / erbrachter Leistungen

- Funktionen und Leistungen werden von Benutzern in Anspruch genommen (Akzeptanz)

Maßstäbe für die Wirtschaftlichkeit:

- Übereinstimmung geplanter / tatsächlicher Kosten

- Verhältnis Nutzen / Kosten (= Leistung)

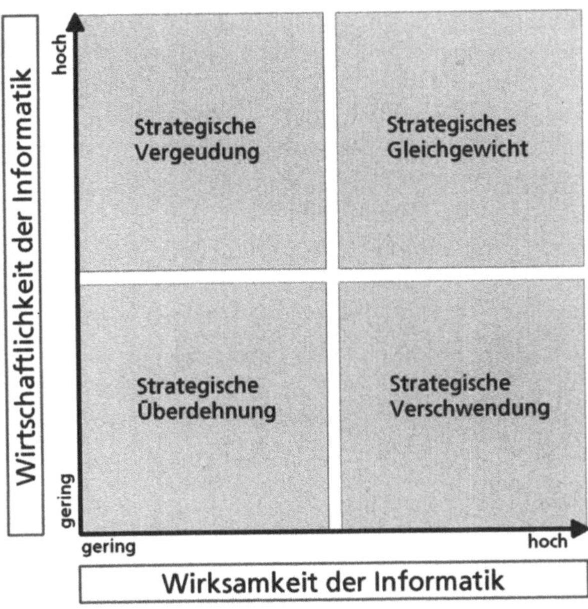

Abb. 220: Wirtschaftlichkeits-/Wirksamkeitsportfolio (nach Lutz J. Heinrich)

Gemäß Lutz J. Heinrich sind die einzelnen Bewertungsklassen wie folgt definiert:

- **Strategische Verschwendung:** Diese ist dadurch zu erkennen, dass bei gegebener Wirksamkeit die Wirtschaftlichkeit nicht erreicht wird. Das Leistungspotential wird zwar ausgeschöpft, aber eben nicht so wirtschaftlich wie möglich.

- **Strategische Vergeudung:** Hierbei ist es wiederum umgekehrt, d. h. wenn Wirtschaftlichkeit gegeben ist, kann die Wirksamkeit nicht erreicht werden. Somit wird ein möglicher Erfolg nicht vollständig realisiert, und wenn das Leistungspotential ausgeschöpft wird, geschieht dies wirtschaftlich.

- **Strategische Überdehnung:** Wirksamkeit und Wirtschaftlichkeit können nicht erreicht werden. Weder das Leistungspotential wird ausgeschöpft noch erfolgt die Ausschöpfung wirtschaftlich. In diesem Fall befindet sich das Informationsmanagement in einem strategischen Dilemma, da das Leistungspotential sozusagen vergeudet wird und die Ausschöpfung, soweit sie erfolgt, unwirtschaflich ist.

- **Strategisches Gleichgewicht:** Wirksamkeit und Wirtschaftlichkeit sind gegeben. Das Leistungspotential wird voll ausgeschöpft und das so wirtschaftlich wie nur möglich.

Daneben gibt es noch zwei andere Klassen, die aber nicht eigenständig dargestellt werden, sie sind vielmehr in die oben genannten, intergriert.

Strategische Schlagkraft wäre die Klasse, welche den Zustand beschreibt, so viel Wirksamkeit wie nötig und so viel Wirtschaftlichkeit wie möglich zu realisieren. Dies hängt natürlich von Einflussgrößen wie vorhandenen Budgets für den Technologieeinsatz ab, insbesondere von verfügbaren Technologien und Verhalten der Mitbewerber beim Technologieeinsatz.

Strategische Lücke besteht, wenn strategische Schlagkraft kleiner als die der Mitbewerber ist, somit ist nicht nur das Schaffen neuer Wettbewerbsvorteile unmöglich, sondern auch das Erhalten bestehender Wettbewerbe wird gefährdet.

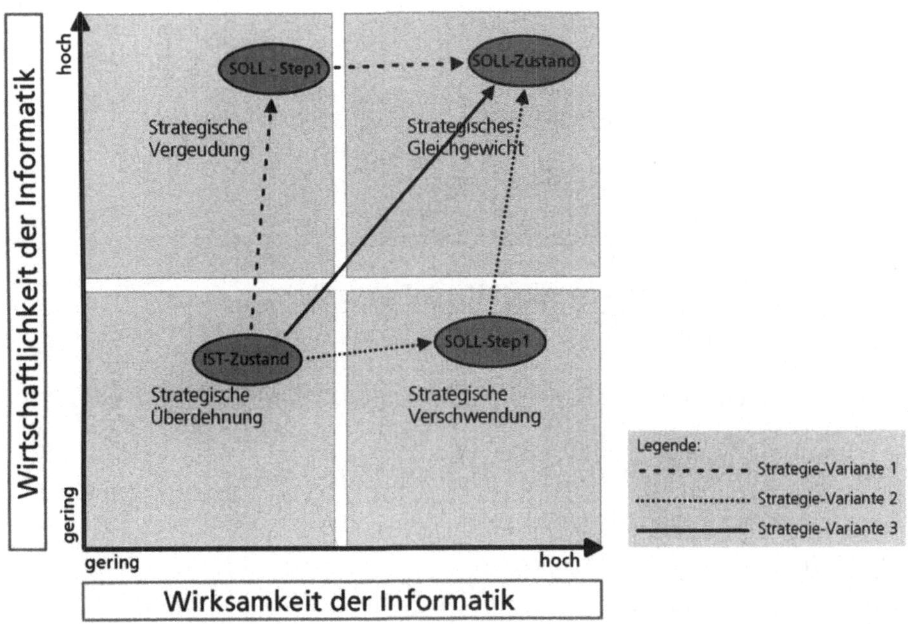

Abb. 221: Wege zum Ziel (vom Ist zum „Soll")

Je nachdem, wie die Ausgangslage gestaltet ist, gibt es verschiedene Strategien, um von einem „Ist" zu einem „Soll" zu gelangen. In ▶Abb. 221 sind drei mögliche Vorgehensvarianten dargestellt.

Strategie-Variante 1: Ausgehend von dem dort spezifizierten Ist-Zustand würde die Möglichkeit bestehen, dass man zunächst die Wirtschaftlichkeit der vorhandenen Informatik-Systeme erhöht. Das Unternehmen hält dann dieses Niveau und verbessert auf dieser wirtschaftlichen Basis die Breitenwirkung der Informatik, indem man die Informationstechnologie sukzessive auf alle noch nicht erschlossenen Untermehnenfunktionen ausdehnt.

Dieser Weg wäre zum Beispiel interessant für ein Unternehmen, das derzeit nur über ein eingeschränktes Mittelpotential verfügt und dessen System momentan unwirtschaftlich ist. Denn wenn die Wirtschaftlichkeit den vorhandenen IT-unterstützten-Funktionen schnell erhöht wird, besteht eher die Möglichkeit, auf

Basis der höheren Wirtschaftlichkeit Mittel für eine möglichst breite Funktionsabdeckung der IT zu gewinnen. Kurz formuliert lautet dieses Strategie: „Erst die Wirtschaftlichkeit der vorhandenen Informationssysteme erhöhen und dann eine möglichst breite Abdeckung der Unternehmensfunktionen anstreben."

Strategie-Variante 2: Bei dieser Variante wird zunächst die Breitenwirkung der Informatik erhöht, das heißt, es wird eine möglichst hohe Funktionsabdeckung angestrebt. Dann wird in einem zweiten Schritt die Wirtschaftlichkeit der IT-Systeme erhöht. Dieser Weg ist für Unternehmen interessant, die eine hohe Mittelverfügbarkeit haben und deshalb möglichst schnell alle Unternehmensfunktionen abdecken möchten. Danach können Projekte initiiert werden, die die erreichte Wirksamkeit kostengünstiger – also wirtschaftlicher – umsetzen können.

Strategie-Variante 3: Dies ist – zumindest geometrisch gesehen – der kürzeste und direkteste Weg zum Ziel. Daraus den Rückschluss zu ziehen, dass dieser Weg auch in der praktischen Umsetzung am schnellsten – und auch am sichersten – zum Ziel führt, wäre aber trügerisch. Letztendlich entscheidend für die Wegwahl ist deshalb einzig und allein die konkrete Unternehmenssituation.

6.2.3 Portfolio der IT-Innovationsunterstützung

Im Zuge einer Positionierung der Informatik stellt sich oftmals die Frage, mit welcher strategischen Stoßrichtung sich ein Unternehmen durch die Informatik Innovationspotential erschließen will. Mit Hilfe der Informationstechnologie lassen sich Innovationen in verschiedenen Bereichen erzielen.

In dem Buch „Innovationsmangement" von F. Pleschak und H. Sabisch ist dazu ein Strategie-Portfolio aufgeführt, das die zentralen strategischen Ausrichtungen eines Unternehmens als Dimensionen gegenüberstellt und vier Strategieeinstufungen vornimmt. Das Portfolio basiert auf dem Gedanken, dass die beiden wesentlichsten Innovationspotentiale eines Unternehmens in der Produktinnovation und der Prozessinnovation liegen. Die Produktinnovation bezieht sich dabei nicht nur auf produzierende Unternehmen, sondern auch auf Dienstleistungsfirmen, denn auch sie bieten letztendlich „Produkte" – wenn auch in einer ganz anderen Form – an. Bei der Prozessinnovation ist zu beachten, dass sie nicht an den Unternehmensgrenzen halt macht, sondern sowohl „vorgeschaltete" (z. B. Lieferanten) und „nachgeschaltete" (z. B. Distributionspartner) Partnerbeziehungen einschließt.

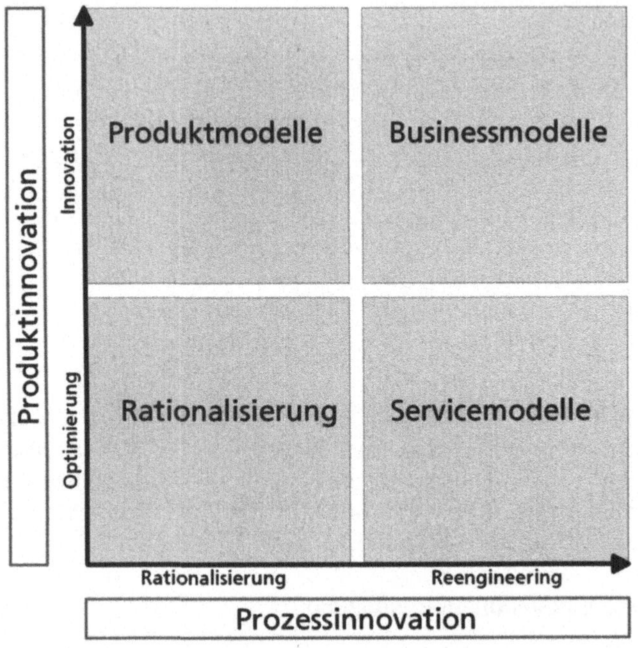

Abb. 222: Strategische Ausrichtung der Informatik

In der Bewertungsklasse „**Rationalisierung**" geht man im Wesentlichen davon aus, dass entweder die vorhandenen Prozesse oder die vorhandenen Produkte optimiert werden. Alle anderen Bewertungsklassen gehen von Erneuerungen oder wesentlichen Veränderungen. Es besteht demnach einerseits die Möglichkeit, das Produktportfolio neu zu gestalten ohne wesentliche Veränderung der Geschäftsprozesse (Produktinnovation – Bewertungsklasse „**Produktmodelle**"). Oder man könnte auf Basis des vorhandenen Produktprogramms eine stärkere IT-Unterstützung der Prozesse anstreben (Prozessinnovation – Bewertungsklasse „Servicemodelle").

Ein Beispiel für „**Servicemodelle**" wäre, wenn die Geschäftsprozesse neu via Internet und Extranet-Technologien gestaltet werden würden. Dies Stratgie fördert den Servicegrad eines Unternehmens durch mehr Geschwindigkeit und höhere Transparenz. Der anstrebenswerte Zustand in diesem Portfolio wird durch die Bewertungsklasse „**Businessmodelle**" definiert. Damit ist gemeint, dass längerfristige und nachhaltigere Wettbewerbsvorteile dann entstehen, wenn Prozess- und Produktinnovationen kombiniert vorangetrieben werden.

In ▶Abb. 223 werden die möglichen Strategie-Varianten gezeigt, mit denen man sich von einem Ist-Zustand zum Ziel-Zustand bewegen kann. Man kann das Ziel entweder direkt in einem Schritt erreichen oder Teilschritte bilden. Die Teilschritte können sich über die Ebene „Produktmodelle" oder über „Servicemodelle" erstrecken. In ▶Abb. 224 wird ein Beispiel für die Einordnung von anstehenden Informatik-Projekten in das Strategie-Portfolio gezeigt.

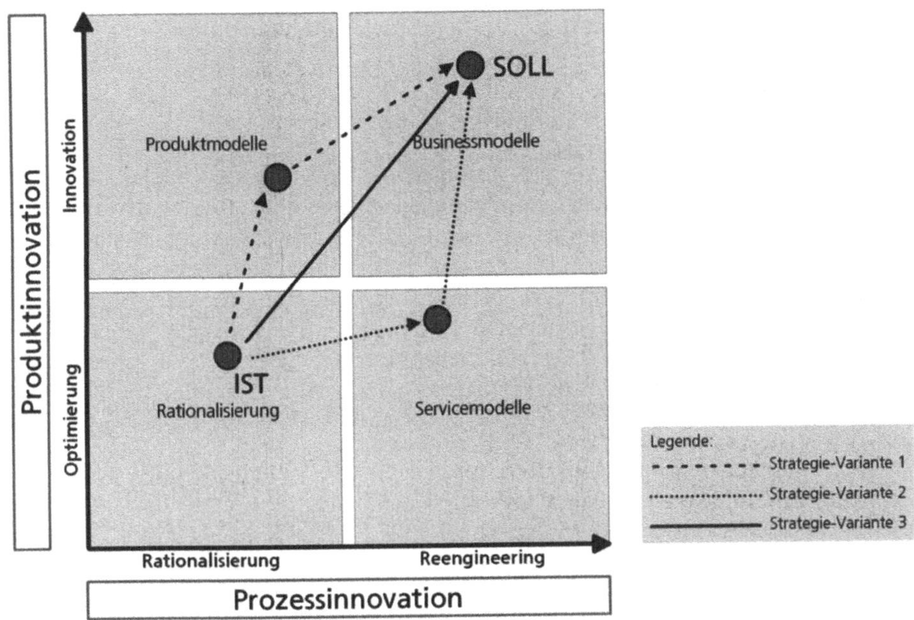

Abb. 223: IT-Innovationsstrategien vom Ist zum „Soll"

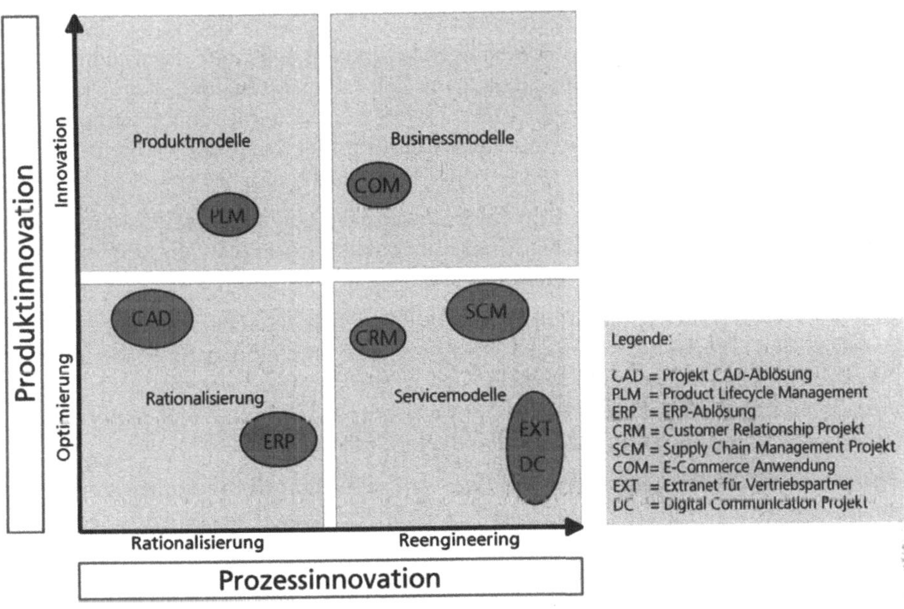

Abb. 224: IT-Innovationsportfolio mit geplanten Projekten und Anwendungen

Je nach Unternehmenssituation besteht selbstverständlich die Möglichkeit, andere Dimensionen zur strategischen Positionierung der Unternehmens-IT in einem

269

Portfolio gegenüberzustellen und in diesem Zusammenhang auch die Bewertungsklassen neu zu definieren.

6.2.4 Portfolio der strategischen Rolle

Das Portfolio zur Bestimmung der strategischen Rolle wurde von Lutz J. Heinrich in seinem Buch „Informationsmanagement" formuliert. Bei diesem Portfolio geht es um die Einschätzung des Informatik-Leistungspotentials in einem Unternehmen. Unter Leistungspotential versteht man den möglichen Beitrag, den die Informationstechnologie zum Unternehmenserfolg beisteuern kann. Um dieses Leistungspotential zu analysieren, wird das gegenwärtige Leistungspotential dem zukünftigen Leistungspotential gegenübergestellt. Jede Achse ist in zwei Stufen unterteilt, anhand derer die Unterscheidung zwischen geringem und großem Leistungspotential vorgenommen wird. Es entsteht daraus ein Portfolio mit vier Bewertungsklassen.

Anhand der Bewertungsklassen können Unternehmen in verschiedene grundlegende Typen eingeordnet werden. Jeder Typ impliziert eine bestimmte Rolle der Informationstechnologie in einem Unternehmen. Es lässt sich also die strategische Rolle der Informatik in einem Unternehmen bestimmen und darauf aufbauend können Anhaltspunkte für strategische Überlegungen abgeleitet werden.

Die Unternehmenstypen sind im Einzelnen:

- **Typ 1 – Unterstützung:** In solchen Unternehmen spielt die gegenwärtige und zukünftige Informationsfunktion für die Erreichung der Unternehmensziele eine sehr kleine Rolle. Der Stellenwert des Informationsmanagements umfasst nur operative Aufgaben bei der Nutzung vorhandener Informationssysteme.

- **Typ 2 – Fabrik:** Hier hat die Informationsfunktion gegenwärtig eine große Bedeutung, die aber in der Zukunft abnimmt, somit konzentriert man sich vor allem auf administrative Aufgaben.

- **Typ 3 – Durchbruch:** Bei Unternehmen diesen Typs hat die Informationsfunktion, umgekehrt zu Typ 2, gegenwärtig nur eine geringe Bedeutung, die aber in der Zukunft wieder stark zunimmt. Daraus ergibt sich ein zunehmender Stellenwert des Informationsmanagements, welches sich mit strategischen und administrativen Aufgaben befasst.

- **Typ 4 – Waffe:** Und schließlich ein Typ, bei dem die Informationsfunktion gegenwärtig und zukünftig eine große Bedeutung für die Erreichung der Unternehmensziele spielt. Die Erreichung der Ziele ist ohne eine richtig entwickelte Informationsstruktur nicht möglich.

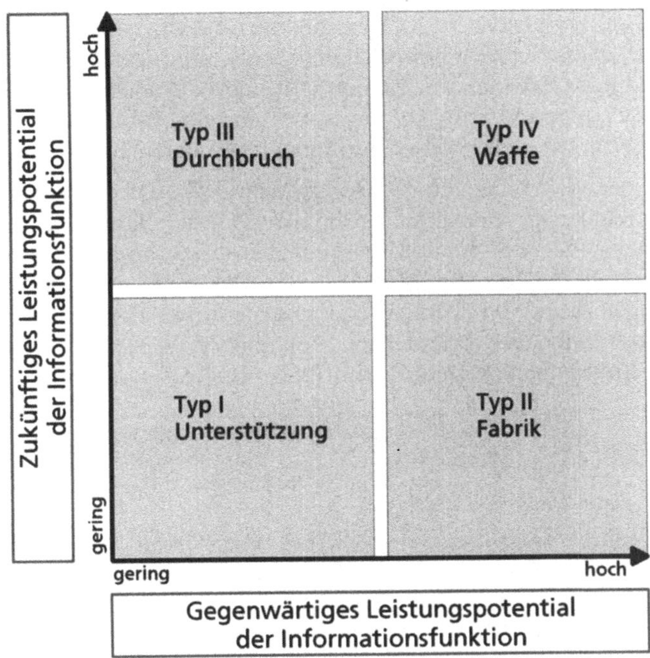

Abb. 225: Portfolio zur Bestimmung der strategischen Rolle der Informatik

Beispiele für Überlegungen, die man auf Basis dieser Portfolio-Einstufung vornehmen kann, sind „Make- or Buy-Entscheidungen". Also eine Abwägung zwischen Standardsoftware bzw. Software-Kauf und Individualsoftware bzw. Eigenentwicklung von Software. Tendenziell kommen bei Unternehmen von Typ I bzw. Typ II eher Standardsoftware – also Software-Kauf – in Frage, während bei Typ III und Typ IV Unternehmen tendenziell die Überlegung in Richtung Individualsoftware bzw. Eigenentwicklung oder starker Anpassung von Standardsoftware angestellt wird.

Festhalten lässt sich auch, dass bei Typ III und Typ IV strategische Überlegungen im Hinblick auf die IT eine sehr große Bedeutung haben, während bei Typ I und Typ II tendenziell der permanenten Optimierung der vorhandenen IT-Infrastruktur eine große Bedeutung beigemessen wird. Diese Aussagen können jedoch nur grobe Anhaltspunkte für Überlegungen sein. Unter Berücksichtigung des unternehmensspezifischen Kontexts sind sie in jedem Fall zu hinterfragen und zu präzisieren.

6.2.5 Informationsgehalt-Portfolio

Das Informationsgehalt-Portfolio (Information Intensity Matrix) stammt von M. Porter und V. Millar. Die Autoren stellen darin die Informationsintensität der Wertschöpfungskette (Prozess-Dimension) dem Informationsumfang der Produkte bzw. Dienstleistungen (Produkt-Dimension) gegenüber. Mit Informationsintensität auf der Prozessebene ist die Informationsmenge und die Intensität des Informationsaustausches gemeint, die notwendig sind, um Produkte herzustellen und erfolgreich am Markt anbieten zu können. Mit dem Informationsgehalt-Portfolio ist es möglich, das Leistungspotential der Informationsfunktion zur Schaffung von Wettbewerbsvorteilen in einer bestimmten Branche einzustufen.

Das Portfolio setzt sich aus einer Vier-Feld-Matrix zusammen, in welcher einzelne Unternehmen oder Branchen positioniert werden können. Beispielsweise weisen bei vielen Unternehmen aus dem Dienstleistungssektor und dem Verlagswesen sowohl die Geschäftsprozesse als auch die Endprodukte einen hohen Informationsgehalt auf. Die Kunden haben hier oftmals direkten Kontakt zu den Informationssystemen des Anbieters, beispielsweise in Form von Kundenterminals, Online-Brokering-Anwendungen oder Nachrichten-Portalen.

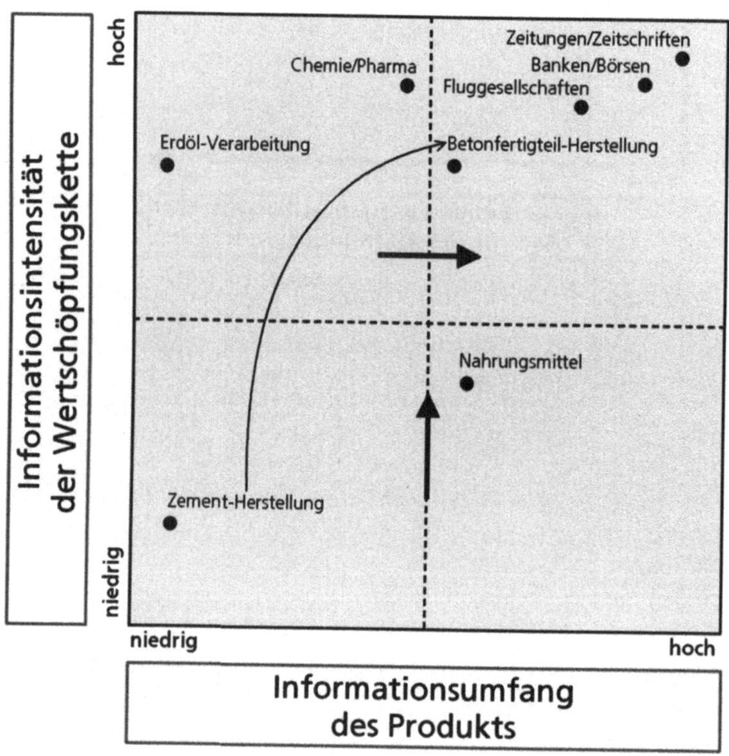

Abb. 226: Informationsintensität-Portfolio

Im Bereich der Erdöl-Rafinierung haben die Gesellschaften einen relativ hohen Informationsanteil in den Geschäftsprozessen, aber sehr wenig Informationsgehalt in der Produkt-Dimension. Im Quadranten mit geringer Informationsintensität auf Prozessebene und geringem Informationsumfang auf Produktebene befinden sich Unternehmen aus dem primären Produktionsbereich, wie z. B. die Zement- oder Poroton-Hersteller. Dass hier der Informationsgehalt als niedrige eingestuft wird, bedeutet nicht, dass kein Potential für Informationssysteme vorhanden ist. Es ist jedoch im Vergleich zu Unternehmen aus dem Dienstleistungssektor wesentlich weniger Information notwendig, um Produkte herzustellen und auf dem Markt anbieten zu können.

Durch die ständig wachsende Bedeutung der Informationstechnologie bewegen sich die Industrien zu einem höheren Informationsgehalt sowohl in den Geschäftsprozessen als auch in den Endprodukten. Eine wichtige Aussage, die sich daraus ableiten lässt, ist angelehnt an das zuvor erwähnte Portfolio der strategischen Rolle. Je höher der Informationsgehalt der Prozesse und der Produkte ist, desto wichtiger ist die Informationstechnologie für die Branche bzw. für das Unternehmen.

Auf der Endprodukt-Seite wird dies beispielsweise in der Automobil-Industrie deutlich, wo derzeit die Bordcomputer ersetzt werden durch zentrale rechnergestützte Informations- und Steuerungssysteme. Die höhere Informationsdichte in der Produkt-Dimension muss jedoch nicht zwangsweise direkt im Endprodukt verankert sein. Der Wandel der Zement-Industrie macht dies deutlich. Viele Firmen in diesem Industriesegment haben sich von Rohmaterial-Lieferanten zu Zwischenprodukt-Lieferanten und nun auch zu Planungspartnern gewandelt. Sie stellen den planenden Instanzen (Architekten und Bauingenieuren) Software zur Verfügung, die Produkt- und Planungslogik enthält, um die Anwendung von Betonfertigteilen situationsbezogen planen zu können. Die daraus resultierenden Planungsdaten können mit sehr geringem Nachbearbeitungsaufwand direkt an den computergestützten Herstellungsprozess übergeben werden.

Das Produkt des Betonfertigteilherstellers besteht damit schlussendlich aus einer Symbiose zwischen Information und Fabrikat, wobei das Verkaufsargument in Zukunft weniger auf der materiellen Seite begründet sein wird, sondern auf der informationellen Ebene liegen wird. Die strategische Rolle der Informationstechnologie unterliegt also auch in diesem handwerklichen Industriezweig einem grundlegenden Wandel.

6.2.6 Kooperationsstrategie-Portfolio

Im Rahmen strategischer Überlegungen wird auch oftmals über Kooperationsstrategien nachgedacht. H. Österle stellt in seinem Buch „Business Networking" einen Portfolio-Ansatz zur Klassifizierung von Kooperationsstrategien vor. Es wird davon ausgegangen, dass jede Kooperationsmöglichkeit daraufhin untersucht wird, ob sie das Geschäft in einem bestehenden oder einem neuen Geschäftsfeld unterstützt. Diese strategische Entscheidung hängt weitgehend davon ab, welche (bestehenden) Kernkompetenzen eine Unternehmung als wettbewerbsentscheidend erachtet. Für Kernkompetenzen gilt, dass sie potentiellen Zugang zu einer Vielfalt von Märkten bieten, einen wesentlichen Beitrag zum erkannten Kundenwert leisten und für die Konkurrenz schwer zu imitieren sein sollten.

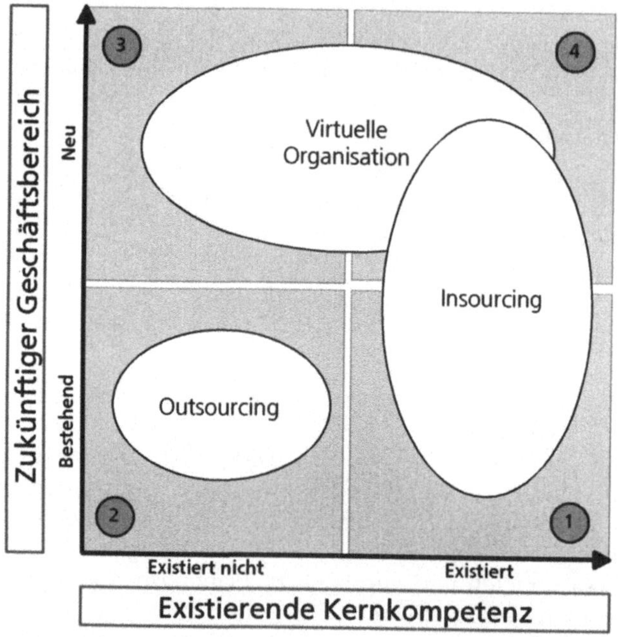

Abb. 227: Kooperationsstrategie-Portfolio [Öst 2002]

Das Portfolio in ▶Abb. 227 definiert vier Quadranten, die wie folgt definiert sind:

- **Quadrant 1** beschreibt den Aufbau neuer Ressourcen mit einer bestehenden Kernkompetenz in einem neuen Geschäftsfeld.

- **Quadrant 2** die Auslagerung von Ressourcen, wenn es sich um eine Nicht-Kernkompetenz in einem alten Geschäftsfeld handelt.

- **Quadrant 3** das Zusammenfassen von Ressourcen unterschiedlicher Partner, wenn es sich um den Einstieg in ein neues Geschäftsfeld handelt, ohne selbst über alle wettbewerbsnotwendigen Kernkompetenzen auf diesem Gebiet zu verfügen.

- **Quadrant 4** den Ausbau der Ressourcen einer bestehenden Kernkompetenz mit Ressourcen anderer Partner in einem alten Geschäftsfeld.

In das Portfolio sind drei Handlungsoptionen eingezeichnet: Beim Outsourcing handelt es sich um die Auslagerung von Aufgaben, die nicht zur Kernkompetenz einer Unternehmung gehören. Beim Insourcing geht es um den Zukauf von Kompetenzen, mit denen sich bestehenden Kernkompetenzen stärken lassen. Bei der virtuellen Organisation handelt es sich um eine Strategie, bei der ein Netzwerk von Unternehmen als eine gemeinsame Wirtschaftseinheit auftritt. Ein entscheidendes Merkmal einer virtuellen Organisation besteht darin, dass keiner der Beteiligten allein in der Lage wäre, die gleiche Dienstleistung anzubieten und dass virtuelle Netzwerke nicht auf Dauer angelegt sind.

6.2.7 Portfolio Eigenentwicklung versus Fremdbezug

Bereits bei dem zuvor angeführten Portfolio der strategischen Rolle ergaben sich Hinweise für die Entscheidungsfindung im Hinblick auf die Anschaffung von Standardsoftware oder die Eigenentwicklung von Software. Die in den letzten Jahren erreichte hohe Vollständigkeit und Anpassbarkeit von betrieblicher Standardsoftware hat diese Fragestellung etwas verändert. Man unterscheidet deshalb heute oftmals zwischen Anschaffung von Standardsoftware mit sehr hohem Anpassungsaufwand (vergleichbar mit „Make") und Anschaffung von Standardsoftware ohne Anpassungsaufwand bzw. mit minimalem Anpassungsaufwand (vergleichbar mit „Buy").

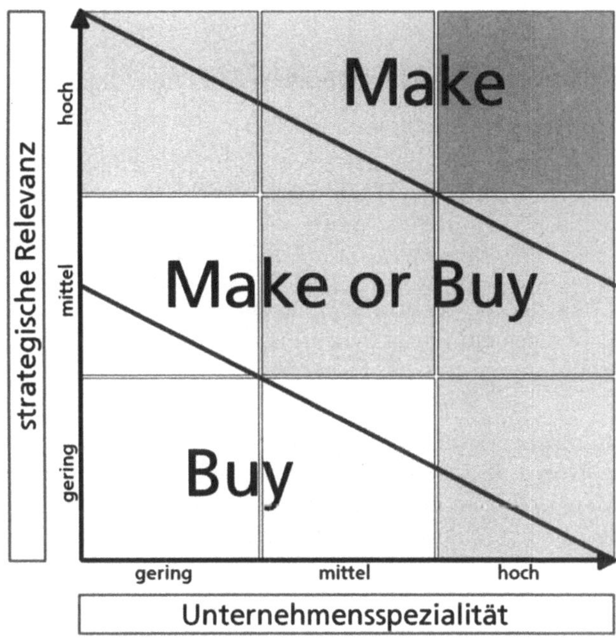

Abb. 228: Portfolio für die Abwägung von „Make or Buy"-Entscheidungen

Um derartige Entscheidungen fundiert anzugehen, kann man auf ein Portfolio zurückgreifen, welches das Projekt im Hinblick auf die Unternehmensspezialität und strategische Relevanz positioniert.

- Die **Unternehmensspezialität** bezieht sich auf die Kernkompetenzen bzw. die Alleinstellungsmerkmale eines Unternehmens (gegenwartsbezogen).

- Die **strategische Relevanz** bezieht sich auf die geplante Ausrichtung des Unternehmens (zukunftsbezogen).

Für jede Dimension werden drei Bewertungsabstufungen festgelegt (gering, mittel und hoch). Es entstehen dadurch neuen Bewertungsfelder, die jedoch von einer dreiteiligen Entscheidungsabstufung zwischen „Buy", „Make or Buy" und „Make" überlagert werden, wobei „Make" heute gleichzusetzen ist mit „Anschaffung einer betrieblichen Standardsoftware mit sehr hohem Anpassungsgrad". Diese hohe Anpassung kann sogar soweit gehen, dass für Teilbereiche der betrieblichen Standardsoftware eigene Module entwickelt werden, vor allem dann, wenn die Standardsoftware als Alternative zur Eigenentwicklung ausgewählt wurde.

Alternativ kann man mit diesem Portfolio auch Outsourcing-Entscheidungen vorbereiten. Die Abwägungs-Überlegungen beim Outsourcing sind ähnlich wie die Überlegungen zwischen „Make" or „Buy". Eine Kernkompetenz des Unternehmens, die eine hohe strategische Relevanz besitzt, wird eher nicht an einen Outsourcing-Partner übergeben.

6.2.8 Portfolios für Workgroup- und Workflow-Entscheidungen

Eine wichtige Fragestellung in Unternehmen bezieht sich auf die Art und Weise der Prozessunterstützung durch die Informatik. Das Unternehmen kann zwischen drei Alternativen wählen: Keine Informatik-Unterstützung, Unterstützung durch Workgroup-Computing oder Unterstützung durch Workflow-Management-Systeme. Groupware-Lösungen unterstützen die Teamarbeit mit E-Mail, Kalender, Adressbuch, White-Boards und Dokumenten-Pools. Groupware-Lösungen sind passiv. Sie greifen nicht in den Ablauf ein, sondern versuchen den Prozess durch die Bereitstellung und Synchronisierung von Daten zu unterstützen. Werden Entscheidungen notwendig, so müssen diese situativ eingefordert werden.

Beim Workflow-Management findet eine aktive Prozessunterstützung und -steuerung statt. Der Prozessablauf wird durch ein Workflow-Management-System automatisiert (z. B. Weiterleitung, Information über Bearbeitung bzw. Erledigung). Entscheidungszeitpunkte sind definiert und werden automatisiert und systemgestützt angefordert (z. B. durch ein vom System generiertes E-Mail). Es entsteht ein Workflow, der durch eine endliche Folge von Aktivitäten definiert ist und durch Ereignisse ausgelöst und beendet wird.

Wichtige Kriterien für die Entscheidungsfindung sind die **Prozessstrukturierung** und die **Wiederholungshäufigkeit**. Werden Tätigkeiten in einem Unternehmen erhoben, so können diese in einem Portfolio gegenübergestellt werden, dass aus diesen beiden Dimensionen besteht und in vier Bewertungsfelder aufgeteilt ist (siehe ▶Abb. 229).

Workgroup-Computing kommt primär dann zum Einsatz, wenn Gruppen Aufgaben zu erfüllen haben, welche einen geringen bis mittleren Strukturierungsgrad aufweisen und durch eine niedrige Wiederholungsfrequenz gekennzeichnet sind. Sie sind ideal für Aufgaben, die stark situativ bearbeitet werden und/oder ständig wechselnde Inhalte aufweisen und daher eher schlecht zu automatisieren sind, beispielsweise kreative Aufgaben oder Aufgaben in denen es um Vergleichen, Beurteilen, Entscheiden und Beraten geht.

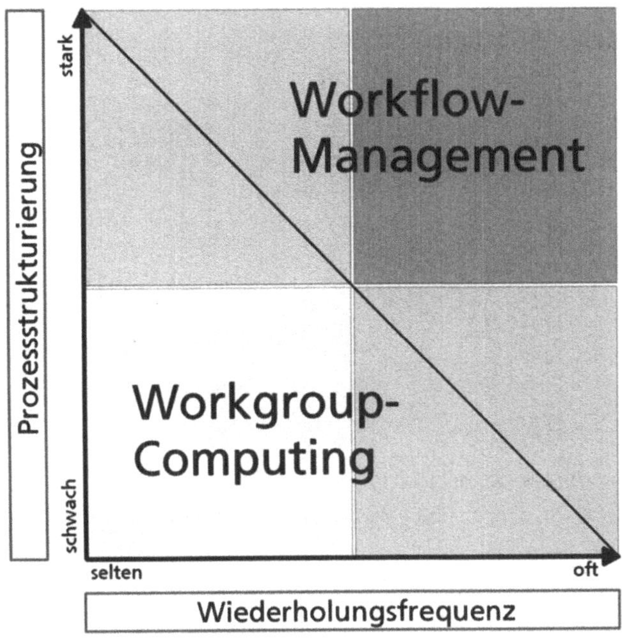

Abb. 229: Portfolio zur Abwägung zwischen Workgroup und Workflow

Die wichtigste Voraussetzung für den Einsatz von Workflow-Management ist die Wiederholungshäufigkeit eines Ablaufs. Nur dann können sich der Projektaufwand und der Mitteleinsatz für eine Workflow-Einführung in einer sinnvollen Zeit amortisieren. Workflow-Management-Systeme sind dann ideal, wenn in einem Prozess Aufgaben zu bearbeiten sind, die bekannt sind, in ihrer Abfolge eindeutig beschrieben werden können und konstant nach dem gleichen Schema ablaufen.

Beispiele für Abläufe, die von einer Workflow-Unterstützung profitieren, sind Tätigkeiten wie Berechnen, Ablegen, Suchen/Finden, Verteilen, Abholen, Genehmigen, Abstimmen. Diese Tätigkeiten finden sich:

- im Vertrieb (Angebotserstellung, Bestellungsannahme, Preisänderung),

- im Kundendienst (Versand, Retoureneingang, Beschwerdemanagement),

- im Einkauf (Auftragsbearbeitung),

- im Lager (Ersatzteilbezug, Meldung an Produktion und Einkauf),

- in der Buchhaltung

- und im Personalwesen (Spesenabrechnung, Urlaubsantrag, Investitionsantrag, Mitarbeitereinstellung).

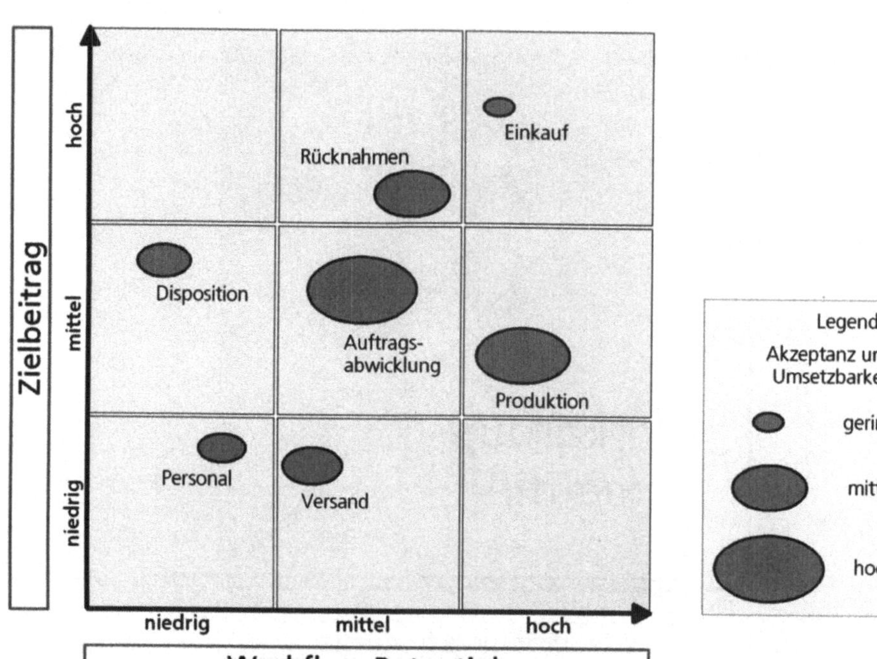

Abb. 230: Portfolio zur Beurteilung von Workflow-Projekten

Hat man aufgrund einer Analyse mehrere Kandidaten für eine Workflow-Lösung identifiziert, so müssen diese Kandidaten hinsichtlich ihrer unternehmerischen Relevanz und hinsichtlich ihrer Priorität beurteilt werden. Wenn mehrere Workflow-Vorhaben umgesetzt werden, muss eine sinnvolle Implementierungsreihenfolge festgelegt werden. In ▶Abb. 230 wird ein Portfolio gezeigt, mit dem die Realisierbarkeit von Workflow-Anwendungen beurteilt und verglichen werden kann. Die Einordnung der einzelnen Workflow-Projekte erfolgt anhand dem **Zielbeitrag** (Grad der Zielerreichung) und dem **Workflow-Potential**. Die Größe der Ellipsen ergibt sich aus den Chancen der Workflow-Anwendung. Hierzu wurden zwei Größen erhoben (Umsetzbarkeit und Akzeptanz) und im Sinne einer Gesamtbeurteilung zu einem Mittelwert verdichtet. Möchte man zwischen diesen beiden Aussagen stärker differenzieren, so können diese auch separat in zwei verschiedenen Portfolios dargestellt werden.

Mit Hilfe der Portfolio-Darstellung erhält man eine Grundlage, um entscheiden zu können, welche Vorhaben umgesetzt werden und in welcher Reihenfolge diese am sinnvollsten realisiert werden können. So könnte es gemäß dem Portfolio sinnvoll sein, zunächst die Auftragsabwicklung anstelle der Produktion zu realisieren, obwohl letztere ein höheres Workflow-Potential hat. Da die Auftragsabwicklung aber einfacher in der Umsetzung ist, können die dort gewonnenen Erfahrungen bei der Realisierung von komplizierteren Workflows eingebracht werden.

6.2.9 Portfolio für Benchmarkingvergleiche und Prozessverbesserungen

Beim Benchmarking werden bestimmte Merkmale des eigenen Unternehmens mit Wettbewerbspartnern oder vergleichbar strukturierten Unternehmen aus anderen Branchen durchgeführt. Die Aspekte, die einem Vergleich unterzogen werden, können beliebig sein. In der hier beschriebenen Situation wird von einem Vergleich auf Prozessebene ausgegangen. Die nachfolgenden Beschreibungen basieren auf einen Beitrag von Andreas Hierholzer, der in dem Buch „IV-Controlling: Konzepte-Umsetzungen-Erfahrungen die Kundenorientierung von IV-Prozessen thematisiert. Diese wurden hier auf die allgemeine Prozesswelt übertragen.

Als Ausgangslage dient ein durchgeführter Benchmark, bei dem selektierte Prozesse mit einem oder mehreren Benchmarkpartnern verglichen werden. Zusätzlich werden die Prozesse hinsichtlich ihrer Bedeutung für das Unternehmen und hinsichtlich der Kundenzufriedenheit bewertet. Zur Visualisierung der Ergebnisse eines solchen Vergleiches kann das Bedeutung/Zufriedenheits-Portfolio verwendet werden. Dazu wird eine Auswahl der Prozesse vorgenommen, bei denen signifikante Lückenabweichungen zum Benchmarkpartnern festgestellt wurden.

Neben den Prozessen des eigenen Unternehmens werden auch die des Benchmarkpartners entsprechend ihrer Ausprägungen und Intensitäten in das Portfolio eingetragen und ihre Abstände voneinander betrachtet. Je weiter ein „Prozess-Paar" auseinander liegt, desto größer ist die Abweichung zwischen dem eigenen Unternehmen und dem Benchmarkpartner. Der Abstand der Prozess-Paare wird jedoch erst im Zusammenhang mit einer bestimmten Positionskonstellation im Portfolio relevant.

Das Beispiel in ▶Abb. 231 zeigt, dass sich unser Unternehmen besonders auf die dem Prozess vier zugrunde liegende Lücke und die sie verursachenden Teilprozesse konzentrieren sollte. Diesem Bewertungsmerkmal wird aus Kundensicht eine hohe Bedeutung beigemessen, gleichzeitig wird eine hohe Unzufriedenheit artikuliert. Der Benchmarkpartner weist hinsichtlich des Prozesses vier einen deutlich besseren Wert auf, so das diesbezüglich Handlungsbedarf besteht. Dies gilt auch für den Prozess fünf, nur ist hier die Bedeutung aus Kundensicht geringer.

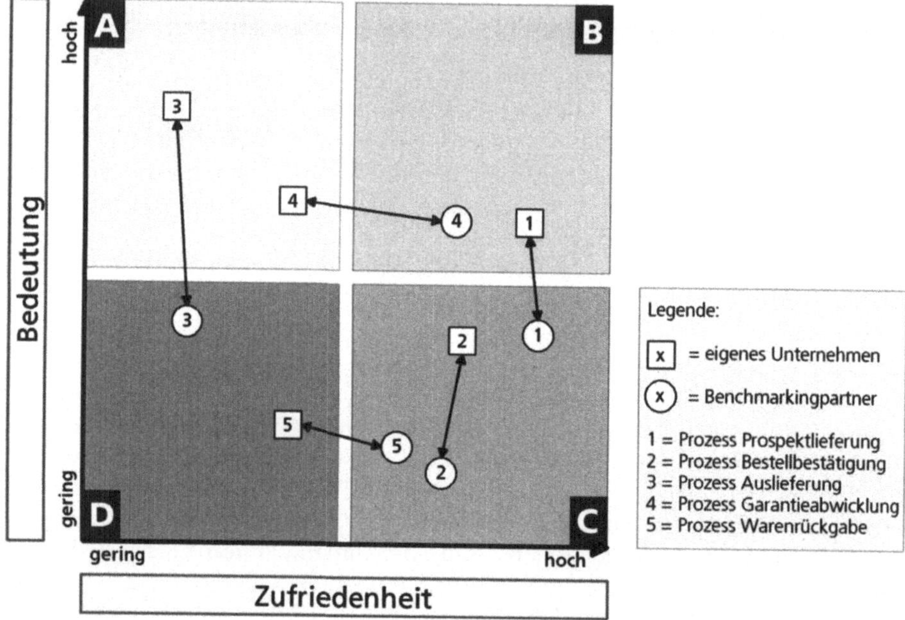

Abb. 231: Bedeutung/Zufriedenheits-Portfolio (in Anlehnung an [Hier 2000])

Prozesse die in den **Quadrant A** fallen, sind mit hoher Priorität zu behandeln. Sie besitzen für die Kunden eine relativ hohe Bedeutung, weisen aber nur eine niedrige Zufriedenheit auf. Die ihnen zugrunde liegenden Teilprozesse sollten als erstes untersucht und verbessert werden.

Prozesse die in den **Quadrant B** fallen, weisen eine hohe Kundenzufriedenheit auf und haben eine relativ große Bedeutung für die Kunden. Die ihnen zugrunde liegenden Teilprozesse sollten so verbessert werden, dass sie das hohe Kundenzufriedenheitsniveau halten können.

Prozesse die in den **Quadrant C** fallen, haben eine hohe Kundenzufriedenheit, sind aber für den Kunden von relativ geringer Bedeutung. Die ihnen zugrunde liegenden Prozesse sollten daher erst nach den in den Bereich A und D zugrunde gelegten Prozessen verbessert werden.

Prozesse die sich in dem **Quadrant D** befinden, weisen zwar eine niedrige Kundenzufriedenheit auf, sind aber für die Kunden auch nur von geringer Bedeutung. Daher sollten die sie verursachenden Prozesse nur dann verbessert werden, wenn bereits alle betroffenen Prozesse in Bereich A verbessert wurden.

Es besteht die Möglichkeit, die Ergebnisse eines dritten Benchmarkpartners in das Portfolio aufzunehmen. Zur Identifizierung dieses weiteren Partners kann ein neues Symbol im Portfolio verwendet werden (beispielsweise ein Dreieck oder ein rautenförmiges Symbol).

6.2.10 Projektportfolio / Anwendungsportfolio

Die Bewertung von Projektideen kann anhand eines Projektportfolios durchgeführt werden. Hierbei muss allerdings angemerkt werden, dass das Projektportfolio nicht die einzige Basis für eine Beurteilung der Projekte bildet, sondern dass ein Unternehmen zusätzlich zum Portfolio weitere Kriterien, Aspekte und Auswahlverfahren als Maßstab für eine Gesamtbeurteilung anlegt.

Die Dimensionen, die bei einem Projektportfolio zur Anwendung kommen, sind nicht fix vorgegeben. Zum Zweck der Analyse und Darstellung besteht vielmehr die Möglichkeit, aus mehreren möglichen Bewertungskriterien gezielt diejenigen auszuwählen, die für ein Unternehmen die höchste Priorität haben, und diese als Achsen in einem Portfolio gegenüberzustellen.

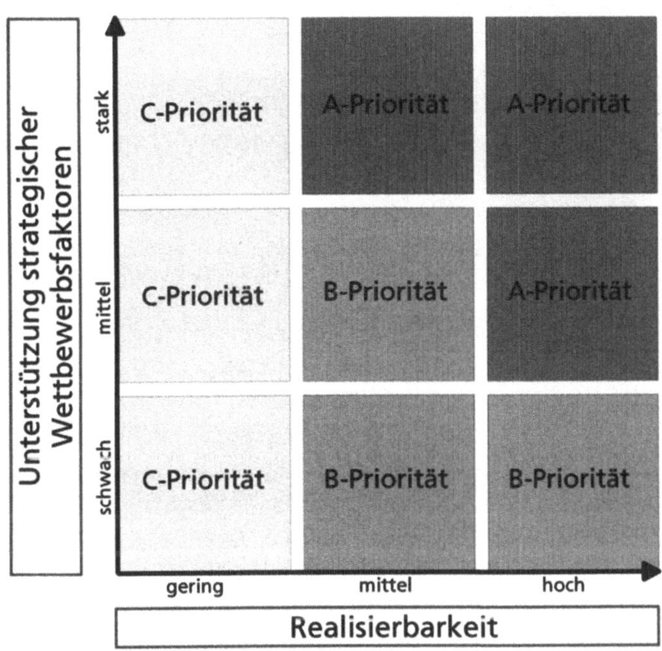

Abb. 232: Priorisierung von Projekten anhand eines Projekt-Portfolios

In ▶ Abb. 232 wird ein Projektportfolio gezeigt, dass aus den Dimensionen „Realisierbarkeit" und „Unterstützung strategischer Wettbewerbsfaktoren" gebildet wurde. Man spricht in diesem Zusammenhang auch von „KEF" (kritischen Erfolgsfaktoren). Aus den möglichen Ausprägungen dieser Dimensionen (gering, mittel, hoch bzw. schwach, mittel, stark) werden die Bewertungsklassen gebildet. Die Prioritätenklassifizierung, d.h. die Einteilung der Bewertungsfelder des Portfolios in A-Priorität, B-Priorität und C-Priorität erfolgt ebenfalls wieder unternehmensspezifisch. Sinnvoll sind drei bis vier Prioritätsabstufungen.

Projektklassen	Beschreibung
Klasse A / Priorität A	Projekte, die durchgeführt werden müssen.
Klasse B / Priorität B	Projekte, deren Zweckmäßigkeit genauer untersucht werden muss.
Klasse C / Priorität C	Projekte, die bis zur Verbesserung der Realisierbarkeit aufgeschoben werden sollten.

Abb. 233: Beschreibung der Projektprioritäten des abgebildeten Beispiel-Porfolios

Es gibt eine Vielzahl von weiteren möglichen Bewertungskriterien, die in einem Portfolio gegenüber gestellt werden können. Die Tabelle in ▶Abb. 234 zeigt entsprechende Beispiele. Bei den Einträgen in den Tabellen gibt es teilweise sehr starke Verwandtschaften zwischen einzelnen Bewertungskriterien, bei denen der Eindruck von Redundanz aufkommt.

Bewertungskriterium	Beschreibung
Strategische Bedeutung	Beitrag des Projekts zur Erreichung der strategischen Unternehmensziele.
Realisierbarkeit	Grad der Realisierbarkeit der Projektidee.
Wirtschaftlichkeit	geschätzte Wirtschaftlichkeit bzw. Return on Investment der Projektidee (Anmerkung: Die Wirtschaftlichkeit ist meist eine Verhältniszahl, gebildet aus einer Gegenüberstellung von Kosten und Nutzen).
Wirksamkeit	Breitenwirkung der Projektidee im Hinblick auf die Abdeckung von Unternehmensfunktionen
Kosten	Wie hoch sind die absoluten Kosten der Anschaffung?
Wettbewerbsvorteil	Beitrag der Projektidee zur Wettbewerbsstrategie bzw. zur Differenzierung mit dem Mitbewerb
Wettbewerbsschaden	Welcher Schaden entsteht, wenn Mitbewerber Projekt realisiert und unser Unternehmen nicht?
Führungsinformation	Beitrag zur Unterstützung der Unternehmensführung.
Projektdauer	Zeit für die Umsetzung des Projekts.
Integrationsmöglichkeit	Grad der Konformität mit der vorhandenen IT. Wie weit lässt sich die Projektidee in bestehende oder geplante IT-Landschaft integrieren?
Bedeutung	Relevanz für das Gesamtinformationssystem.
Inhouse Know-how	Inwieweit kann das Projekt mit den eigenen internen Ressourcen umgesetzt werden?
Projektrisiko	Organisationsbedingtes Fehlschlagrisiko.
Informationsinfrastruktur-Risiko	Wie groß ist das Risiko bei projektbedingten Änderungen der Informationsinfrastruktur (ggf. auch als Investitionsrisiko)?

Bewertungskriterium	Beschreibung
Wartungsfreundlichkeit	Grad der Wartungsfreundlichkeit der Projektidee; bzw. wie hoch ist der Wartungsaufwand der Projektidee?
Produktinnovation	Inwiefern unterstützt die Projektidee die Produktinnovation? Mögliche Abstufungen bzw. Ausprägungen wären „Keine", „Optimierung" und „Innovation".
Prozessinnovation	Wie stark greift die Projektidee in die Prozesse ein? Mögliche Ausprägungen sind „Kein Einfluss", „Rationalisierung" und „Reengineering".
Rationalisierungspotential	Wie groß ist das Rationalisierungspotential der Projektidee?
Veränderungspotential	Wie stark unterstütz das Projekt den Veränderungsprozess des Unternehmens?
Entwicklungsstadium / Technologieart	Auf welchem Entwicklungsstadium befindet sich die der Projektidee zugrunde liegende Technologie? Mögliche Abstufungen sind „Basistechnologie", „Schlüsseltechnologie", „Schrittmachertechnologie" und „Zukunftstechnologie".
Technologielebenszyklen	Man geht davon aus, dass eine Technologie während ihrem Lebenszyklus die drei Phasen „Entstehung", „Wachstum" und „Reife" durchlebt. Oftmals ist auch von einer vierten Phase die Rede; diese kann als „Niedergang" bezeichnet werden.

Abb. 234: Beispiele Bewertungskriterien für die Festlegung von Projekt-Prioritäten

In ▶Abb. 235 wird gezeigt, wie ein Kontingent von Projekten in einem Projektportfolio aufgeführt werden kann. In der Praxis hat es sich bewährt, die Projekte nicht zu nummerieren, sondern stattdessen jedem Projekt ein Kürzel zu vergeben. Im Projektportfolio werden dann aus Platzgründen nur die Kürzel eingetragen. Eine genauere Projektbezeichnung wird in einer Legende angegeben.

Dieses Vorgehen hat mehrere Vorteile. Zum einen bleibt die Projektportfolio-Darstellung überschaubar. Zwar hätte man dies auch durch Zahlen (1., 2., 3.) oder Buchstaben (a., b., c.) erreichen können, jedoch sind Kürzel wesentlich aussagekräftiger und einprägsamer als Zahlen oder Buchstaben. Weiterhin wird durch eine Nummerierung mit Zahlen oder Buchstaben eine gewisse Reihenfolge impliziert, was in diesem Stadium jedoch noch nicht erwünscht ist. Schließlich soll das Projektportfolio ein Hilfsmittel zur Festlegung einer Rangfolge sein.

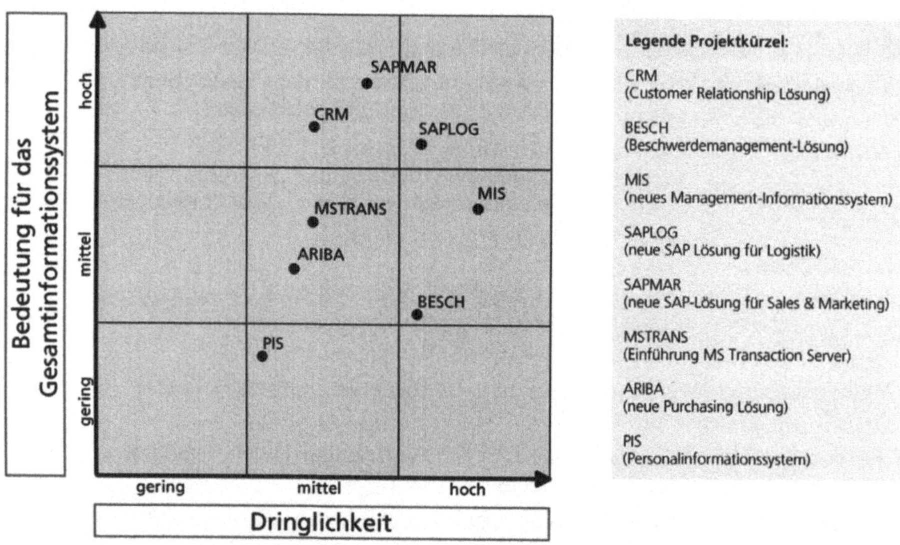

Abb. 235: Beispiel eines Projektportfolios

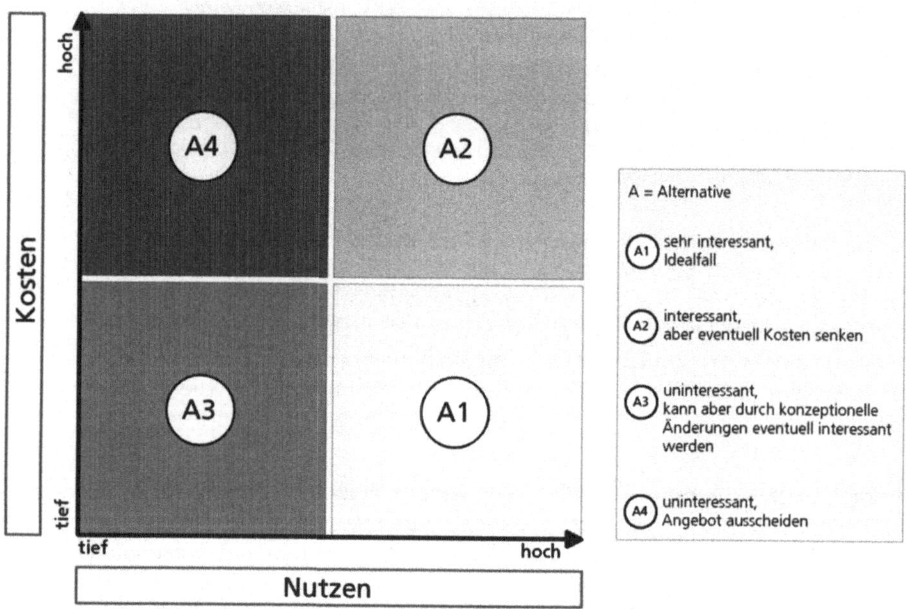

Abb. 236: Projektportfolio – Nutzen und Kosten

Werden im Rahmen einer Anschaffung unterschiedliche Lösungsvarianten verglichen, so entsteht durch den Vergleich von Kosten und Nutzen der jeweiligen Lösungen eine wichtige Entscheidungsgrundlage für das Management. Während die Kosten verhältnismäßig leicht zu ermitteln sind, ist die Feststellung des konkreten Nutzens eher schwieriger. Die Schwierigkeit besteht zu einem großen Teil in der nur schwer objektivierbaren Einschätzung von Nutzenpotentialen bzw. Nutzenvorteilen. Durch die Anwendungen von Bewertungstechniken kann man zwar versuchen, die Einschätzung zu ent-subjektivieren und auf eine objektivere Basis zu stellen. Beispielsweise durch eine Kosten-/Nutzenanalyse (auch als Kosten/Wirksamkeits-Analyse bezeichnet). In ▶Abb. 236 wird ein Portfolio gezeigt, das als Visualisierung bzw. Ergebnisbeurteilung einer solchen Analyse verwendet werden kann.

Ein oft verwendetes Portfolio für Positionierung von Anwendungen hinsichtlich ihrer Potentiale ist das „Wettbewerbs- und Rationalisierungspotential Portfolio". Die für dieses Portfolio verwendeten Dimensionen (Wettbewerbspotential und Rationalisierungspotential) sind ein wichtiger Gradmesser für den wirtschaftlichen Erfolg eines Unternehmens.

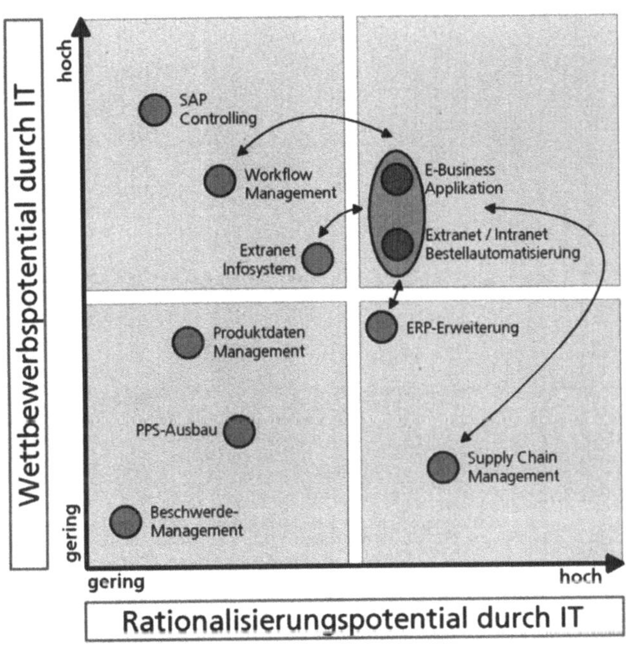

Abb. 237: IT-Potential Portfolio

In der horizontalen Achse werden die Anwendungen entsprechend den von ihnen ausgehenden Rationalisierungsmöglichkeiten angeordnet. Die vertikale Achse spezifiziert, wie stark Anwendungen die Wettbewerbsfähigkeit eines Unternehmens beeinflussen. Je nach Unternehmen erfahren bestimmte Anwendungen unterschiedliche Einordnungen in diesem Portfolio. In einem lange etablierten und gesättigten Markt sind zum Beispiel Kostenvorteile wichtige Erfolgsfaktoren – eine hohe Transparenz der Kostenstruktur eines Unternehmens ist deshalb entscheidend.

Das Beispielportfolio in ▶Abb. 237 zeigt, dass das Beschwerdemanagement nach den in diesem Portfolio verwendeten Dimensionen am schlechtesten abschneidet. Trotzdem nimmt diese Anwendung in der Produktentwicklung und auch für die Produktinnovation eine immer wichtigere Rolle ein. Damit kommt zum Ausdruck, dass ein Portfolio alleine nicht ausreichend ist, um die Priorität von Vorhaben bestimmen zu können. Es empfiehlt sich vielmehr, anhand von Positionierungen in unterschiedlich gestalteten Portfolios, einen Abgleich durchzuführen.

Projekt müssen auf verschiedenen Ebenen beurteilt werden. Beispielsweise beim Bottom-Up-Vorgehen zuerst auf

- Fachbereichs-Ebene,

- dann evtl. aus IT-Gesamtsicht durch die zentrale Informatik,

- danach auf unternehmerischer Ebene (Management).

Auf den verschiedenen Ebenen sind jeweils unterschiedliche Kriterien für einen Vergleich relevant, weshalb auch unterschiedliche Portfolios eingesetzt werden. Die Bestimmung der unternehmerischen Rangfolge geschieht oftmals im Hinblick auf die wichtigsten Unternehmensziele, die Unterstützung der strategischen Erfolgspositionen und die Wirtschaftlichkeit von Projekten. Die Wirtschaftlichkeit ist eine Verhältniszahl, die durch die Gegenüberstellung von Kosten (Aufwand) und Nutzen (Ertrag) gemessen wird.

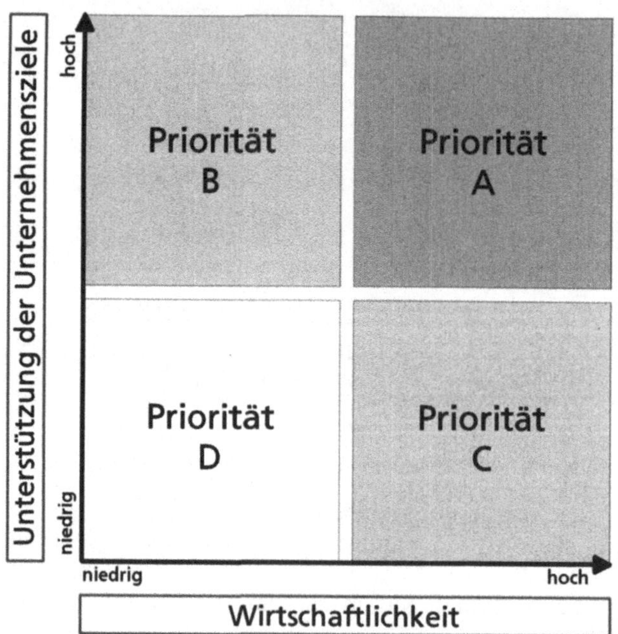

Abb. 238: Bestimmung der unternehmerischen Rangfolge von Projekten

In ▶Abb. 238 wird ein Portfolio gezeigt, in dem Vorhaben in vier mögliche Bewertungsklassen eingeteilt werden können, wobei auch eine Unterteilung in neun Bewertungsfelder möglich ist, man erhält dann eine mittlere Kategorie, die jedoch nicht unbedingt aussagekräftig ist. Die Kernaussagen dieses Portfolios sind:

- Diejenigen Projekte, welche die Unternehmensziele am besten berücksichtigen und/oder die größte Wirtschaftlichkeit aufweisen, werden zuerst entwickelt.

- Die Projekte mit dem „geringsten" Nutzen werden am Schluss entwickelt.

Am schwierigsten zu beurteilen ist die Rangfolge von Projekten, die in den mit „Priorität B" und „Priorität C" bezeichneten Bewertungsfeldern angesiedelt sind. Hier können die zuvor angeführten Portfolios ergänzende Anhaltspunkte liefern. Grundsätzlich sollte es jedoch so sein, dass die Zielerreichung im Vordergrund steht. Wenn man Ziele erreichen will, muss man manchmal „in den sauren Apfel beißen". Sonst wird die Formulierung von Zielen überflüssig. Es ist einem Unternehmen auch nicht unbedingt geholfen, wenn es zwar sehr wirtschaftliche Projekte realisiert, diese aber nur einen geringen Beitrag zur Sicherstellung der zukünftigen Überlebensfähigkeit des Unternehmens leisten.

6.2.11 Projektstatus-Portfolio

Projekte werden anhand der Zielgrößen Termine, Kosten und Qualität gemessen und geplant. Bei der Überwachung von Projekten werden daher in vielen Fällen diese Zielgrößen als Maßstab angelegt. Während die Messung und der Vergleich von Kosten und Terminen relativ einfach möglich ist, ist dies für die Qualität ungleich schwieriger. Die Ergebnisse von Qualitätsprüfungen können nicht ohne weiteres zu projektübergreifend vergleichbaren Werten verdichtet werden.

In einem Projektstatus-Portfolio kann der zeitliche und finanzielle „Zustand" von mehreren Projekten verfolgt und übersichtlich gegenübergestellt werden. Als Basis müssen für jedes Projekt die Daten der momentanen Kosten- und Terminsituation zusammengestellt werden. Die Projekte werden dann an der entsprechenden Position im Portfolio eingetragen.

Zu beachten ist, dass mit Kosten nicht nur das tatsächlich ausgegebene Geld gemeint ist, sondern auch die (in Kosten ausgedrückte) aufgewendete Zeit und alle anderen monetären Werte, die als Teil des Projekts ausgegeben oder erzeugt werden. Eventuell können auch Opportunitätskosten in Betracht gezogen werden. Gleichfalls ist mit Zeit nicht zwangsläufig die Zahl der Tage zwischen Start- und Endpunkt gemeint, sondern eventuell die Summe der Mann-Tage, die für das Projekt aufgewendet werden. Es ist wichtig, dass man bei allen Projekten die gleichen Maßstäbe für den Vergleich zugrunde legt.

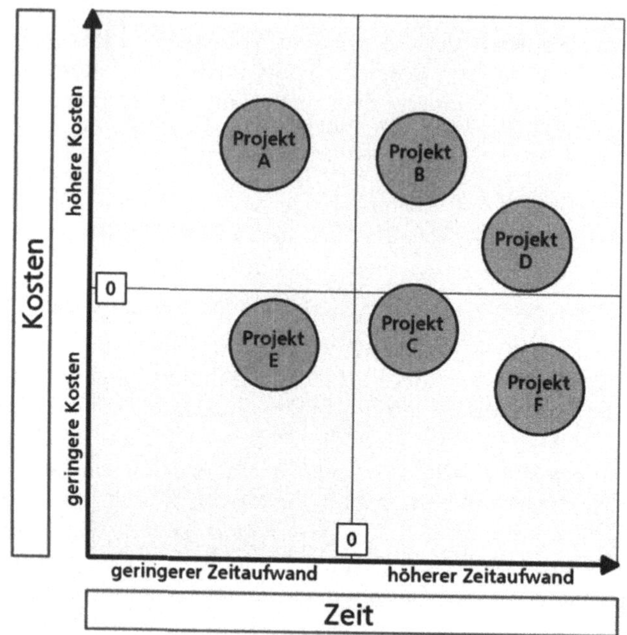

Abb. 239: Projektstatus-Portfolio

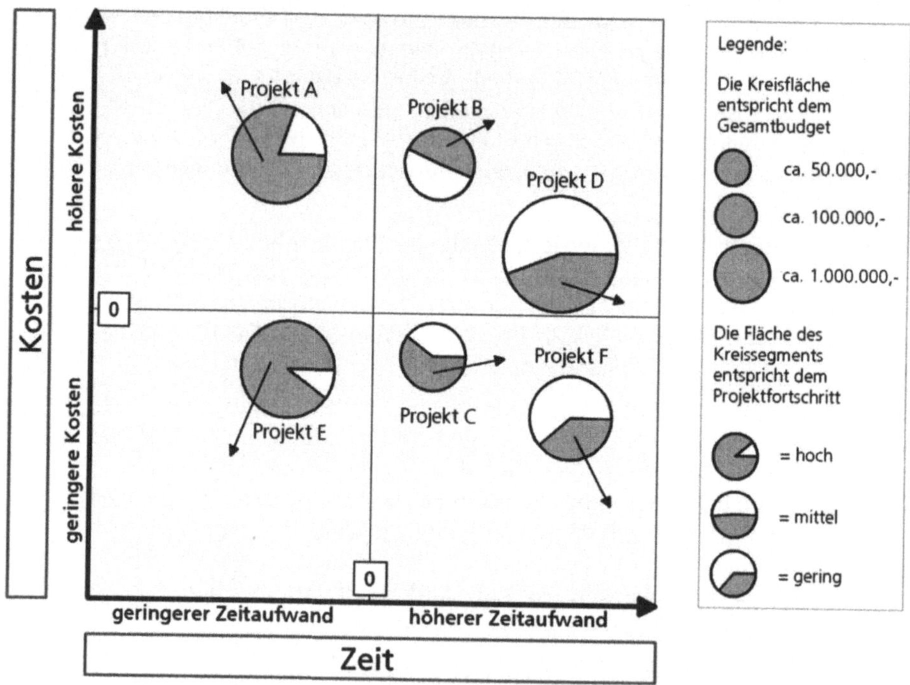

Abb. 240: Projektstatus-Portfolio mit Fertigstellungsgrad und Tendenzen

Für eine umfassendere Projektstatuskontrolle kann als weiteres Kriterium der Fertigstellungsgrad als zusätzliche Dimension in das Portfolio eingezeichnet werden. Dazu wird die Fläche eines jeden Projektkreis ein Kreissegment eingezeichnet. Die Größe des Kreissegments korreliert mit dem Projektfortschritt. Das neu eingezeichnete Kreissegment ist umso größer, je weiter das Projekt von seiner Fertigstellung entfernt ist, und umso kleiner, je näher das Projekt vor seiner Fertigstellung steht. Zusätzlich besteht die Möglichkeit, durch unterschiedlich große Kreissymbole das finanzielle Projektvolumen zu verdeutlichen. Dies kann insofern sinnvoll sein, als dass Kosten- oder Zeitabweichungen bei Projekten mit großem Budget höhere Auswirkungen haben als bei Projekten mit einem kleineren Budget. Weiterhin können Tendenzen durch Linien mit Pfeilen sichtbar gemacht werden.

6.2.12 Technologiearten-Portfolio

Eine sehr wichtige Rolle für die Beurteilung der IT-Infrastruktur eines Unternehmens nimmt das Konzept der „Technologiearten" ein. Unter Verwendung der Dimensionen Veränderungspotential und Zeitbezug differenziert man zwischen vier Technologiearten:

- **Basistechnologie:** Eine vorhandene Technologie, deren Veränderungspotential weitgehend ausgeschöpft ist. Man kann davon ausgehen, dass alle Mitbewerber die Basistechnologie beherrschen, so dass mit ihrer Hilfe keine nennenswerten Marktvorteile erzielbar sind.

- **Schlüsseltechnologie:** Eine vorhandene Technologie, die über ein erhebliches Veränderungspotential verfügt. Schlüsseltechnologien stehen an der Pforte zur Basistechnologie. Sie haben einen starken Einfluss auf die Wettbewerbsfähigkeit eines Unternehmens und sind mit einem geringen Risiko verbunden.

- **Schrittmachertechnologie:** Eine Technologie, die sich im Entwicklungsstadium befindet; von ihr wird ein erhebliches Veränderungspotential erwartet. Es zeichnen sich bereits konkrete Einsatzgebiete ab. Die Potentiale zur Differenzierung mit dem Mitbewerb sind hier sehr groß, allerdings auch mit einem hohen Risiko (Fehlschlagsrisiko) behaftet, da noch nicht alle Unsicherheiten vorab geklärt werden können.

- **Zukunftstechnologie:** Eine sich erst abzeichnende Technologie, von der ein erhebliches Veränderungspotential erwartet wird. Zukunftstechnologien befinden sich in der Regel noch im Forschungsstadium; z. B. an Universitäten.

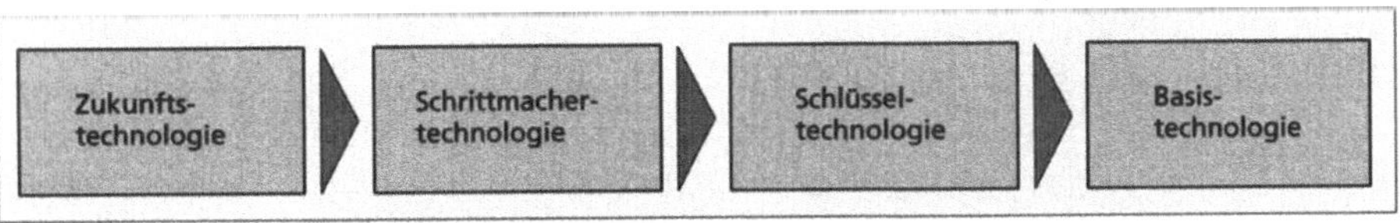

Abb. 241: Lebenszyklus der Technologiearten

Idealtypisch gesehen haben die Technologien einen **Lebenszyklus**. Zukunftstechnologien werden zu Schrittmachertechnologien, diese zu Schlüsseltechnologien und diese zu Basistechnologien. Was heute Basistechnologie ist (z. B. Client/Server), war einmal Schlüsseltechnologie, was heute Schlüsseltechnologie ist (z. B. Web-Connectivity), wird morgen Basistechnologie sein, usw. Es kann nun sehr aufschlussreich sein, diese Technologiearten in einem Portfolio einer anderen Größe (z. B. Kosten, Wettbewerbspotential oder Risiko) gegenüberzustellen. Denn ein gelungener Mix zwischen diesen Technologiearten kann für ein Unternehmen sehr vorteilhaft sein.

Es gilt jedoch allgemein der Grundsatz, dass das Risiko der Projekte von der Basistechnologie hin zu Zukunftstechnologien fortlaufend steigt. Eine große Unsicherheit geht von Schrittmachertechnologien aus. Sie sind im Hinblick auf Kosten, Realisierbarkeit, Nutzen, Zeitplanung etc. nur schwer abzuschätzen. Die erhöhte Technologieunsicherheit steht aber einem sehr großen Chancenpotential gegenüber.

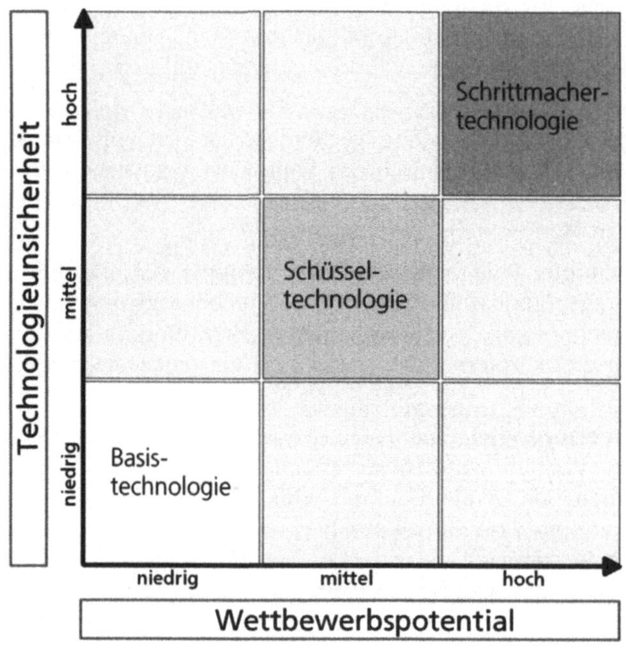

Abb. 242: Unternehmerische Einordnung der Technologiearten

In ▶Abb. 242 wird ein mögliches Portfolio zur Beurteilung von IT-Anwendungen hinsichtlich ihrer Technologieart gezeigt. Zukunftstechnologien wurden hier außen vor gelassen, da sie unternehmerisch nicht sinnvoll genutzt werden können, was auch aus ihrem Namen („Zukunfts"-technologien) hervorgeht. Die Technologiearten könnten auch als dritte Dimension in jedem beliebigen Portfolio eingezeichnet werden. Dazu könnten die im Portfolio aufgeführten IT-Anwendungen mit unterschiedlichen Farben, Größen oder Symbolen eingezeichnet werden. Beispielsweise kann man für jede Technologieart ein Symbol mit einer bestimmten Größe oder Form (Kreis, Pyramide, Quadrat) verwenden. Die verwendeten Symbole können in einer Legende eindeutig einer Technologieart zugeordnet werden.

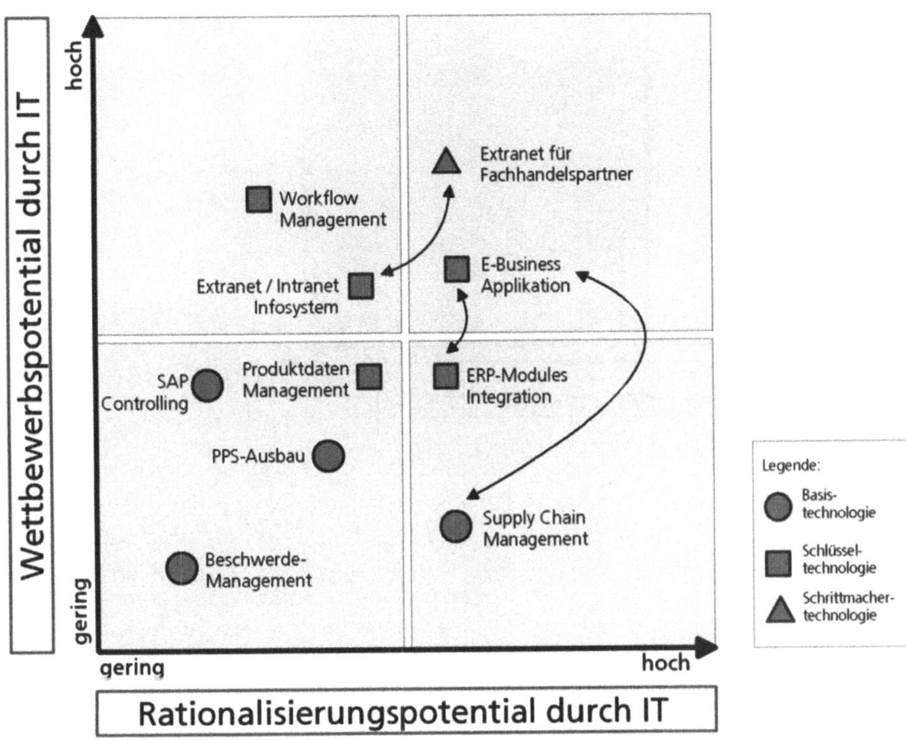

Abb. 243: Technologiearten dargestellt durch unterschiedliche Symbole

6.2.13 Portfolios für Projektrisiken und Sicherheitsanalysen/Risikoanalysen

Je nach Umfang eines durchzuführenden Vorhabens ist es üblich, mögliche negative Einflüsse, die eine Gefahr für die Erreichung des Projektziels darstellen, systematisch zu erfassen. Diese Faktoren bezeichnet mal als „Projektrisiken". Sie können sich beziehen auf die Termine, die Kosten oder die Sachziele des Projekts und das Erreichen der Soll-Vorgaben dieser drei Kategorien gefährden. Mögliche Risiken können aus dem Umfeld des Projekts entstehen, sie können sich aus der Aufgabenstellung ergeben, sie können aus dem Projekt heraus oder durch die eingesetzte Technologie verursacht werden.

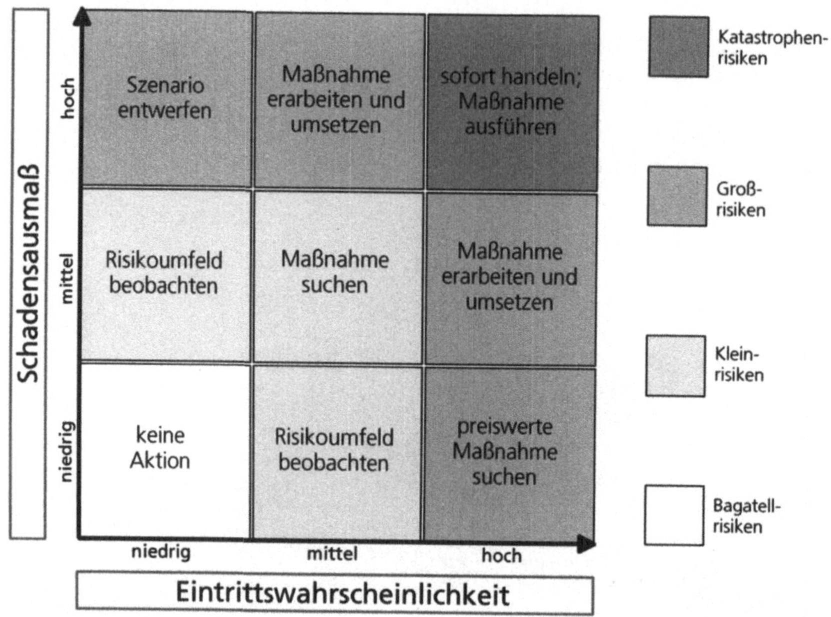

Abb. 244: Handlungsempfehlungen dargestellt in einem Portfolio

Nachdem eine Risikoanalyse (Erhebung der Risiken) stattgefunden hat, besteht die Möglichkeit, die Bewertung der Risiken anhand eines Portfolios vorzunehmen. Geeignet dafür ist beispielsweise ein Portfolio, bei dem die Folgen des Eintreffens (meist aus finanzieller Sicht betrachtet) der Eintrittswahrscheinlichkeit gegenübergestellt werden. Jede dieser Größen ist in drei Bewertungskategorien eingeteilt, so dass ein Portfolio mit neun Bewertungsklassen entsteht. In dieses Portfolio können dann die Risiken eingetragen werden.

Nachdem die Risiken einer Bewertung unterzogen wurden, müssen je nach Gewichtung geeignete Maßnahmen getroffen werden. Die jeweils sinnvollen oder empfehlenswerten Maßnahmen können als allgemeine Handlungsvorschläge oder konkrete Handlungsanweisungen ebenfalls in einem Portfolio spezifiziert werden. In ▶Abb. 244 wird ein Beispiel-Portfolio gezeigt, dass bezogen auf Risikokategorien aufzeigt, wie reagiert werden soll.

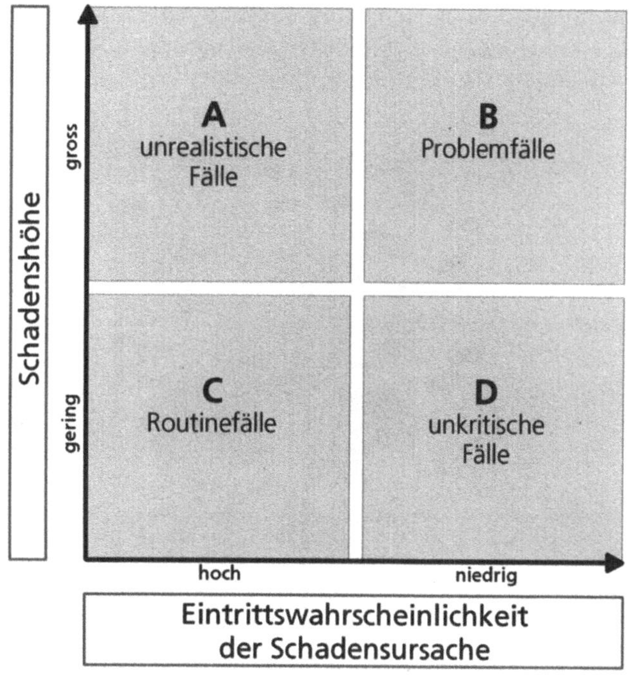

Abb. 245: Risikoklassen-Portfolio (nach [Kral 1989])

Eine vergleichbare Nutzungsmöglichkeit für Portfolios ergibt sich aus dem Sicherheitsmanagment, das in den letzten Jahren an Bedeutung zugenommen hat. Portfolios können verwendet werden, um die Ergebnisse von Risikoanalysen zu dokumentieren und zu kommunizieren. Zweck der Risikoanalyse ist es, Aussagen über die Sicherheit der Informationsinfrastruktur zu machen, sie mit den Sicherheitszielen zu vergleichen und aus Abweichungen Konsequenzen zu ziehen. Das so genannte Risikoklassen-Portfolio von H. Krallmann aus dem Buch „EDV-Sicherungsmanagement" ist eine gute Ausgangslage für die Kommunikation der Arbeitsergebnisse einer Risikoanalyse.

Das Portfolio sieht eine Einteilung in vier Bewertungsfelder vor, die als „Risikoklassen" bezeichnet werden. Sie bedeuten:

- **Risikoklasse A:** Sicherheit kann mit wirtschaftlich vertretbarem Aufwand nicht gewährleistet werden; eine geordnete Informationsverarbeitung ist nicht möglich.

- **Risikoklasse B:** Sicherheit kann mit Sicherungsmaßnahmen nicht erreicht werden; die Risikoklasse ist Gegenstand des Katastrophenmanagements.

- **Risikoklasse C:** Sicherheit kann mit Sicherungsmaßnahmen erreicht werden; die Risikoklasse ist Gegenstand des Sicherheitsmanagements.

- **Risikoklasse D:** Sicherheit wird nicht wesentlich beeinträchtigt; besondere Sicherungsmaßnahmen sind nicht erforderlich.

Als Beispiel für weitere Möglichkeiten in Verbindung mit dem Sicherheitsmanagement sollen hier Portfolios gezeigt werden, die von der „Swiss Re" im Rahmen von Überlegungen zur „Information Security" angewendet werden.

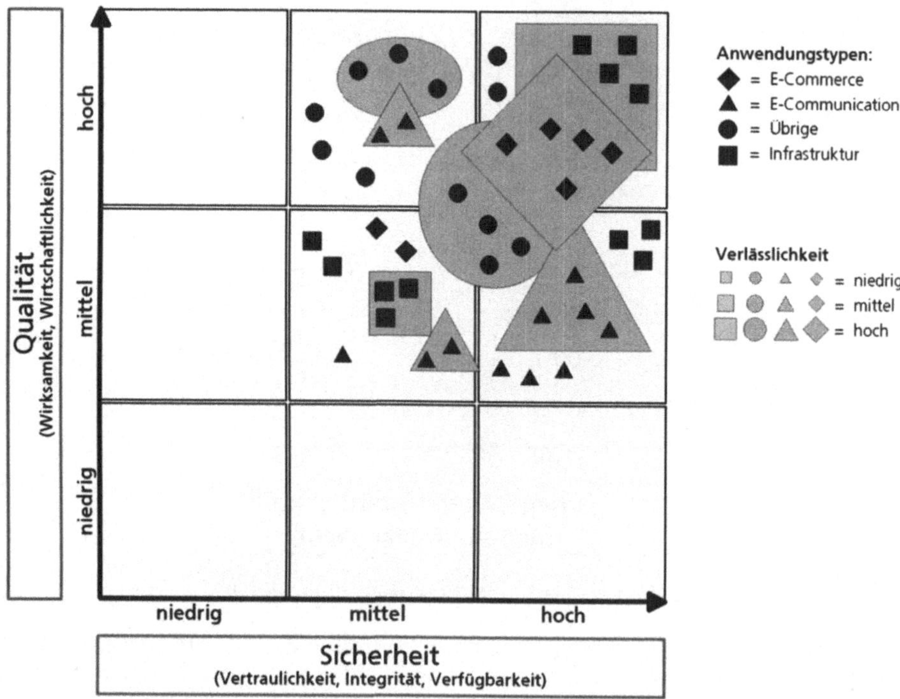

Abb. 246: Sicherheitsanforderungen neuer Anwendungen

In ▶Abb. 246 wird ein Portfolio gezeigt, in dem die Wichtigkeit von Anwendungstypen den Sicherheitsanforderungen gegenübergestellt ist. Jede Dimension hat drei Ausprägungen, wodurch neun Bewertungsklassen entstehen. In dem Portfolio sind verschiedenen Anwendungstypen eingetragen, die durch Farben unterschieden werden. Es handelt sich dabei um E-Business-Anwendungen, die das Dienstleistungsgeschäft unterstützen, um Anwendungen, die die IT-Infrastruktur betreffen und weitere nicht unterscheidungsrelevante Informationsanwendungen.

Interessant ist beispielsweise, dass von den Infrastrukturanwendungen die höchste Wirksamkeit ausgeht und diese gleichzeitig auch den höchsten Sicherheitsbedarf haben. Dies wird dann verständlich, wenn man bedenkt, dass heute zur IT-Infrastruktur Technologien wie das „Single Sign-On" gehören (ein Passwort für alle Zugriffe), von denen bei Missbrauch ein enormes Schadenspotential ausgeht und denen deshalb die höchsten Sicherheitsvorkehrungen gelten müssen.

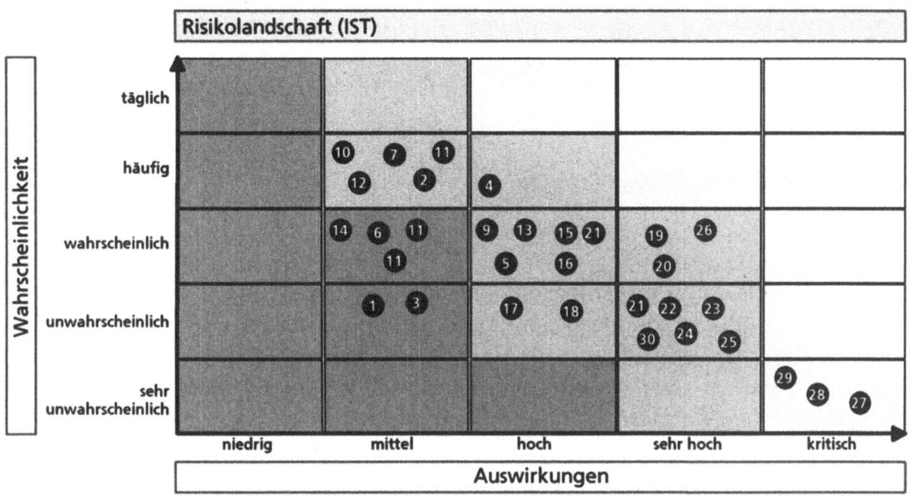

Abb. 247: Ausgangslage einer Risikoeinstufung von Anwendungen (ohne Legende)

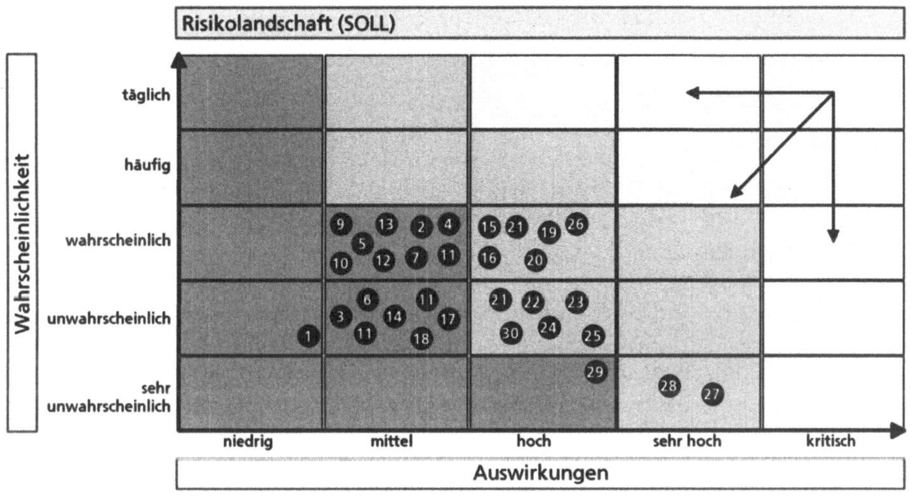

Abb. 248: Endzustand nach durchgeführten Sicherheitsarbeiten (ohne Legende)

In ▶Abb. 247 und ▶Abb. 248 wird eine Portfolio-Darstellung gezeigt, bei dem die Eintrittswahrscheinlichkeit eines Sicherheitsrisikos den möglichen Auswirkungen gegenübergestellt wird. Die in den Portfolios eingezeichneten nummerierten Kreise entsprechen jeweils konkreten IT-Anwendungen. Basierend auf der Ausgangslage sollen durch entsprechende Maßnahmen sowohl die Eintrittswahrscheinlichkeit reduziert als auch das mögliche Schadensausmaß stärker eingegrenzt werden.

Aus dem Portfolio, welches den Endzustand zeigt, ist ersichtlich, dass es Anwendungen gibt, deren mögliches Schadensausmaß auch nach der Durchführung von Sicherheitsarbeiten nicht auf ein ungefährliches Maß reduziert werden kann (11,26 und 27). Die Darstellung zeigt sehr deutlich, dass bei diesen Anwendungen das Ziel darin liegt, die Eintrittswahrscheinlichkeit auf ein äusserstes Minimum zu reduzieren.

6.2.14 Freie Portfolio Darstellungen

Unter einem Portfolio versteht man streng genommen eine Darstellung, bei der typischerweise zwei Dimensionen derart gegenübergestellt werden, dass eine Matrix-Darstellung entsteht. Ein dritte Dimension kann durch unterschiedliche Kennzeichnungen der Portfolio-Einträge transportiert werden (z. B. unterschiedliche Größen, unterschiedliche Farben). Diese dritte Dimension verkörpert jedoch stets eine ergänzende Information, die keine direkte Beziehung bzw. keinen Vergleich zu den Haupt-Dimensionen des Portfolios darstellt. Will man drei Größen gegenüberstellen, so eignet sich dafür das „**Portfolio-Dreieck**".

In dem Buch „Computerunterstützung für die Gruppenarbeit" von S. Teufel wurde eine solche Darstellung verwendet, um ein Klassifikationsschema für computerunterstützte Gruppenarbeit aufzustellen.

Das Autorengespann ging von den drei Größen

- Kommunikationsunterstützung

- Koordinationsunterstützung

- Kooperationsunterstützung

aus und hat einzelne Software-Typen entsprechend im Dreieck positioniert. Gleichzeitig wurde durch ellipsenförmige Umfassungen eine Einteilung in Systemklassen vorgenommen.

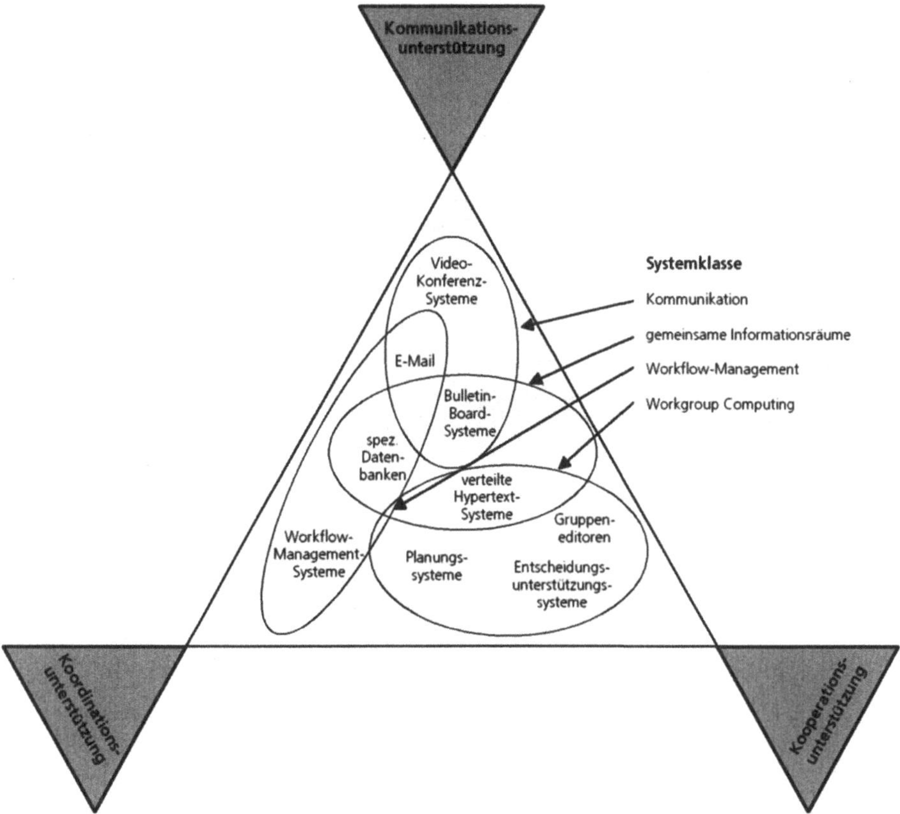

Abb. 249: Portfolio-Dreieck mit drei Dimensionen (in Anlehnung an [Teu 1995])

Im Kontext von Portfolio-Überlegungen können auch freie Diagrammtypen erstellt werden, die vergleichbare und/oder komplementäre Aussagen transportieren. Als Beispiel wird im Folgenden eine Darstellung beschrieben, bei der die Anzahl der IT-Mitarbeiter eines Unternehmens (Y-Achse) einem bestimmten Zeithorizont (X-Achse) gegenübergestellt werden. Dadurch entsteht ein Kurven verlauf, der die Anzahl der Informatik-Mitarbeiter zeigt, die zu einem bestimmten Zeitpunkt mit der Wartung von IT-Systemen beschäftigt sind. Durch den Kurvenverlauf werden Tendenzen erkennbar.

Der Grundgedanke, der mit diesem Diagramm verknüpft ist, ist die Feststellung, dass je mehr IT-Mitarbeiter mit Wartungsaufgaben für die vorhandene IT-Infrastruktur beschäftigt sind, desto weniger kann Innovation im IT-Umfeld begünstigt werden. Der ungünstigste Zeitpunkt tritt dann ein, wenn alle Mitarbeiter mit Wartungsfunktionen ausgefüllt sind und jegliche Innovation im Keim erstickt wird.

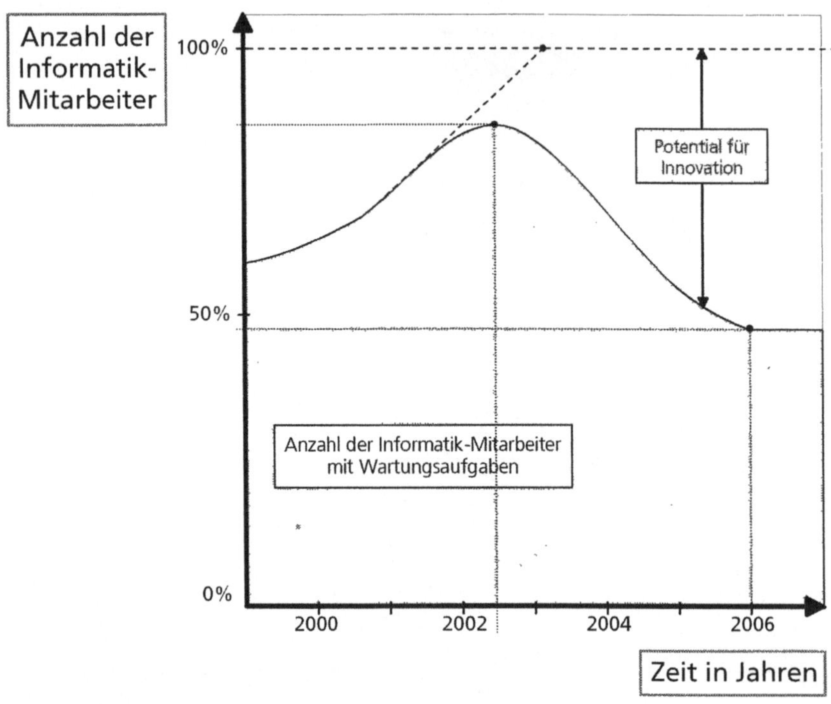

Abb. 250: Darstellung einer Analyse von IT-Mitarbeitern mit Wartungsfunktionen

In ▶Abb. 250 wird anhand eines Beispiel-Diagramms gezeigt, wie in einem Unternehmen der Dienstleistungsbranche die Tendenz festgestellt wurde, dass immer mehr Mitarbeiter mit Wartungsaktivitäten beschäftigt werden. Hätte das Unternehmen dem Trend nicht entgegengewirkt und eine strategische Neuausrichtung der Informationstechnologie eingeleitet, mit dem Ziel, die Wartungsfreundlichkeit signifikant zu erhöhen, wäre die Innovationsfähigkeit des Unternehmens zunehmend geringer geworden.

Als weiteres interessantes Beispiel besteht die Möglichkeit, unterschiedliche Einführungsstrategien in einem Portfolio darzustellen. In ▶Abb. 251 werden anhand der zwei Dimensionen „prozessorientierter Ansatz" und „informationssystemorientierter Ansatz" mögliche Vorgehensstrategien für die Einführung eines IT-Systems gezeigt. Die im Portfolio gezeigten Varianten sollen im Folgenden kurz erläutert werden:

- Als erstes gibt es die rein prozessorientierte Variante, bei der vor der Systemeinführung die Geschäftsprozesse neu definiert werden und erst dann die Software, abgestimmt auf die neuen Prozesse, implementiert wird. Ziel ist eine unabhängige und individuelle Geschäftsprozessgestaltung, die sehr effiziente und effektive Prozesse mit sich bringt – mit dem Nachteil einer längeren Projektlaufzeit.

- Bei der zweiten Variante wird dem Informationssystem der Vorrang gegeben. Auf Basis der Ist-Prozesse wird eine schnelle Informatisierung der Geschäftsprozesse angestrebt und damit auf wesentliche Verbesserungen verzichtet. Es steht eine kurze Projektlaufzeit im Vordergrund, was jedoch mit dem Preis von suboptimal verbesserten Prozessen erkauft wird. Um trotzdem das Ziel einer hohen Prozessoptimierung zu erreichen, folgt der Einführungsphase ein Process-Reengineering im Rahmen der kontinuierlichen Verbesserung.

- Die dritte Variante versucht, die Vorteile beider Verfahren aufzugreifen und deren Nachteile zu kompensieren. Es wird auf die vom Software-Hersteller definierten „Best Business Practices" zurückgegriffen. Die Standardprozesse werden dann vor allem in der zweiten Phase angepasst und verbessert. Es wird also bereits während der Einführung der Software ein Process-Reengineering durchgeführt.

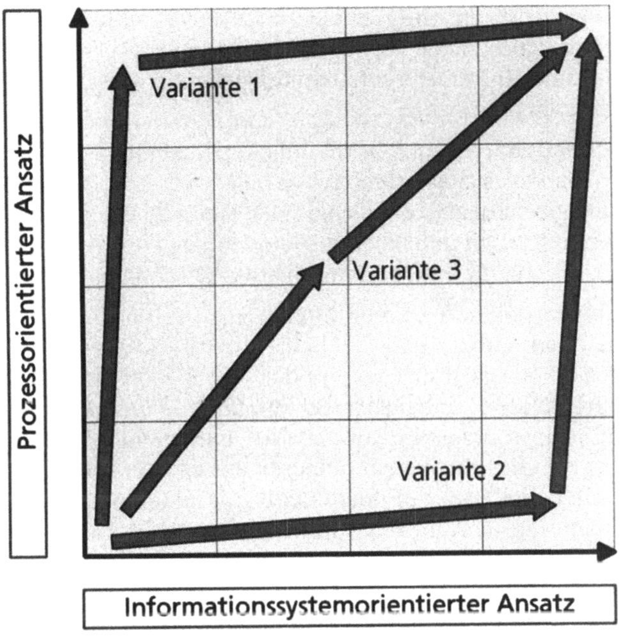

Abb. 251: Verschiedene Ansätze zur Einführung eines IT-Systems

Die in ▶Abb. 251 gegenübergestellten Dimensionen sind als Differenzierungsmerkmale für Systeme geeignet, die starken Einfluss auf die betrieblichen Abläufe haben (z. B. ERP-Systeme). Bei anderen Systemen müssen gegebenenfalls andere Dimensionen gegenübergestellt werden. Bei einem CAD-System könnte man zum Beispiel die Dimensionen „systemorientierter Ansatz" und „bibliotheksorientierter Ansatz" gegenüberstellen, wobei bibliotheksorientierter Ansatz bedeutet, dass man zuerst die vorhandenen Geometriebibliotheken für das neue System umsetzt und dann erst das System einführt; oder eben den anderen Weg einschlägt und zuerst das System einführt und dann nach und nach die Bibliotheken umsetzt. Auch zu diesen beiden gegensätzlichen Strategien gibt es unterschiedliche Mischformen, die in einer Portfolio-Darstellung visualisiert werden können.

6.3 Darstellungen der IT-Gesamtsicht

Bei den Darstellungen zur IT-Gesamtsicht geht es im Wesentlichen um die Visualisierung der informationstechnologischen Architektur eines Unternehmens. Diese Architektur soll im Folgenden als **„Enterprise-Architektur"** bezeichnet werden (wobei die folgenden Ausführungen dieses noch junge Themengebiet, zu dem es eigenständige Literatur gibt, nicht erschöpfend erklären können). Die Enterprise-Architektur macht Aussagen zur Gesamtheit der in einem Unternehmen oder Unternehmensbereich eingesetzten Applikationen (Synonym für Anwendungen) und ihren Schnittstellen und Abhängigkeiten untereinander. Es geht also weniger um das Design einer konkreten Anwendung, als vielmehr darum, einen übergeordneten Standpunkt einzunehmen und aus strategischen Gesichtspunkten die Informatik-Infrastruktur bzw. das Netzwerk der Unternehmensanwendungen zu gestalten.

Gemäß dem Design-Grundsatz „form follows function", gilt hier das Prinzip „Enterprise-Architektur follows Geschäftsarchitektur". Das Design einer Enterprise-Architektur entsteht als Ableitung aus der Geschäftsarchitektur. Die Planung der Enterprise-Architektur erhält einen immer größeren Stellenwert im Unternehmensalltag, da von ihr eine hohe normative Wirkung ausgeht.

Gerade wegen der immer stärkeren Durchdringung von Informationstechnologien in einem Unternehmen darf der Blick auf das Gesamtszenario nicht verloren gehen. Der durch die Visualisierung der Applikationsarchitektur gewonnene Gesamtüberblick liefert wichtige Anhaltspunkte für Optimierungsmaßnahmen, sei es im Hinblick auf die strategische Marschrichtung der Unternehmens-IT oder in Bezug auf die (noch ungenutzten) Potentiale von Applikationsvernetzungen. Besonders der letztere Punkt dürfte zukünftig an Bedeutung gewinnen. Denn wenn man es mit Hilfe der Informatik geschafft hat, die Medienbrüche (digital-analog-Kommunikation) zu beseitigen, dann verlagert sich die Aufmerksamkeit hin zu den „Informationsbrüchen", womit der Verfasser die ungenutzten Stellen des digitalen Informationsaustausches zwischen Applikationen meint.

6.3.1 Applikationslandschaften

Eine Applikationslandschaft macht eine Aussage über die in einem Unternehmen bzw. einem Unternehmensteilbereich verwendeten Anwendungssysteme und der Art und Weise, wie sie im Unternehmen „positioniert" sind, d. h. welche Geschäftsaspekte sie abdecken.

Sie sind ein wichtiges Werkzeug für die Unternehmensanalyse im Hinblick auf die IT-Unterstützung. Applikationslandschaften können die Vorbereitung von richtungsweisenden Entscheidungen unterstützen und als Entscheidungsgrundlage herangezogen werden. Sie werden in der Regel nach bestimmten Merkmalen strukturiert und vermitteln dadurch ein übersichtliches Bild der Informationssysteme in einem Unternehmen. Sie helfen weiterhin, Lücken in der Applikationslandschaft aufzudecken und Optimierungs- oder Erneuerungspotential sichtbar zu machen.

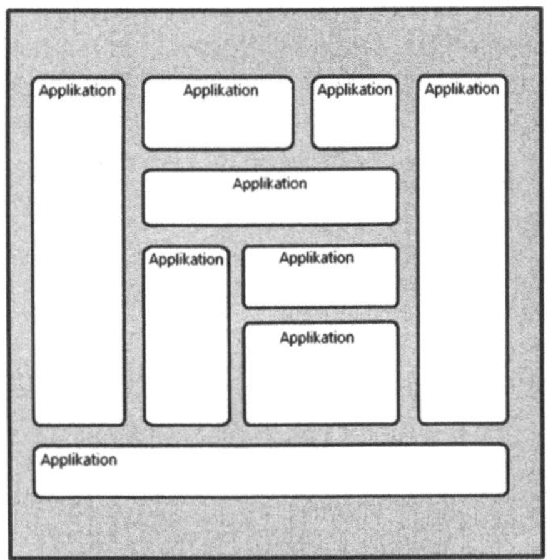

freie Applikationslandschaft

ein-dimensionale Applikationslandschaft

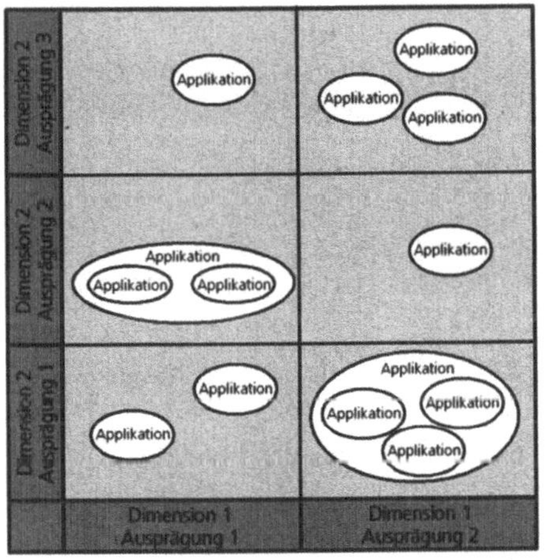

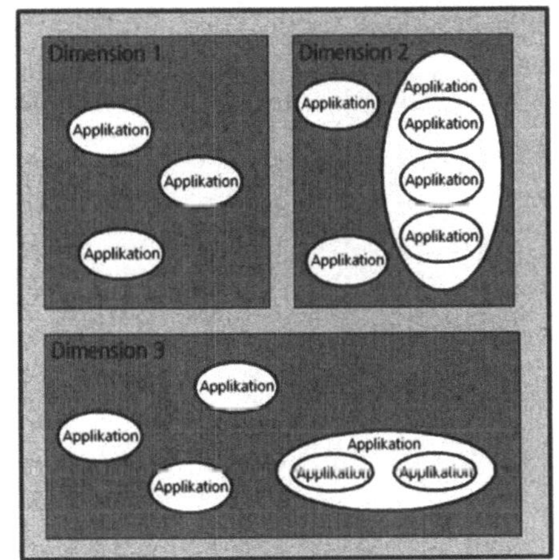

zwei-dimensionale Applikationslandschaft

multi-dimensionale Applikationslandschaft

Abb. 252: Strukturierungsmöglichkeiten von Applikationslandschaften

Bewährt haben sich Applikationslandschaften beispielsweise, um im Rahmen von angestrebten Veränderungen den Ist-Zustand zu erfassen und zu analysieren, darauf aufbauend mögliche Soll-Zustände zu skizzieren und anhand der Ist- und Soll-Darstellungen die jeweiligen Unterschiede transparent zu machen.

Typischerweise unterscheidet man bei der Applikationslandschaft zwischen vier hauptsächlichen Darstellungsvarianten. In der einfachsten Form, werden die Applikationen ohne ein festgelegtes Gliederungsmerkmal in einer Darstellung aufgeführt. Die Anordnung der Applikationen geschieht zwar nach einem bestimmten Muster bzw. einer bestimmten Aussageabsicht, aber es gibt kein übergeordnetes Aufteilungsschema.

Bei den anderen Darstellungsformen werden vorab ein oder mehrere Kriterien für eine Gliederung der Applikationen festgelegt. Diese Kriterien kann man auch als „Dimensionen" bezeichnen. Es entsteht dadurch eine Darstellung mit einer entsprechenden Feldeinteilung, in die die Applikationen eingezeichnet werden können. Ein mögliches Kriterium wäre zum Beispiel die Unternehmensebene oder die Betriebssystemumgebung. Durch übergeordnete Ausprägungen der Kriterien kann sich eine weitere Unterteilung ergeben.

Im Falle von „Betriebssystem" könnte dies die Einteilung in

* Mainframe,

* Unix

* und Windows sein.

Je nach Anzahl der in einer Darstellung verwendeten Dimensionen entsteht entweder eine tabellenförmige Darstellung mit einer einzigen Spalte (bei einer Dimension) oder eine Matrix-Darstellung (bei zwei Dimensionen). In ▶Abb. 252 sind die möglichen Darstellungsvarianten von Applikationslandschaften in einer Übersicht dargestellt.

Kriterium / Dimension	Mögliche Ausprägungen
Unternehmensebene	Strategische Ebene, Dispositive Ebene (auch Taktische Ebene), Operative Ebene (auch: Operationelle Ebene)
Betriebssystemumgebung	Mainframe, Unix, Windows
Firmenzugehörigkeit	Externe Service-Provider, Stammsitz, Niederlassungen, Rechenzentrum, Lieferanten, Kunden, Partner
Unternehmensfunktionen	Einkauf, Verkauf, Marketing, Logistik, Buchhaltung, Controlling
Software-Art	Systemsoftware, Middleware, Standardsoftware, Eigenentwicklungen
Kundenkontakt	Front-Office, Back-Office

Abb. 253: Strukturierungsmöglichkeiten für Applikationslandschaften

Die Tabelle in ▶Abb. 253 zeigt einige Beispiele für Kriterien bzw. Dimensionen, die als Strukturierungsmöglichkeit für Applikationslandschaften verwendet werden können. Pro Kriterium sind die möglichen Ausprägungen ebenfalls angeführt. Ein gerne verwendetes Kriterium für eine Applikationslandschaft ist die Unternehmensebene, wobei zwischen drei verschiedenen Ebenen unterschieden wird:

- Auf der obersten Stufe ist die strategische Ebene. Sie beinhaltet die Management-Funktionen für das Unternehmen.

- Die nächste Stufe ist die taktische Ebene, auf der Planungs- und Steuerungstätigkeiten angesiedelt sind.

- Darauf folgt die operationelle Ebene, auf der die Abwicklung der Geschäftstätigkeit stattfindet.

Je nachdem wie die Informatik-Anwendungen eines Unternehmens die entsprechenden Ebenen unterstützen, werden sie in die Applikationslandschaft eingetragen.

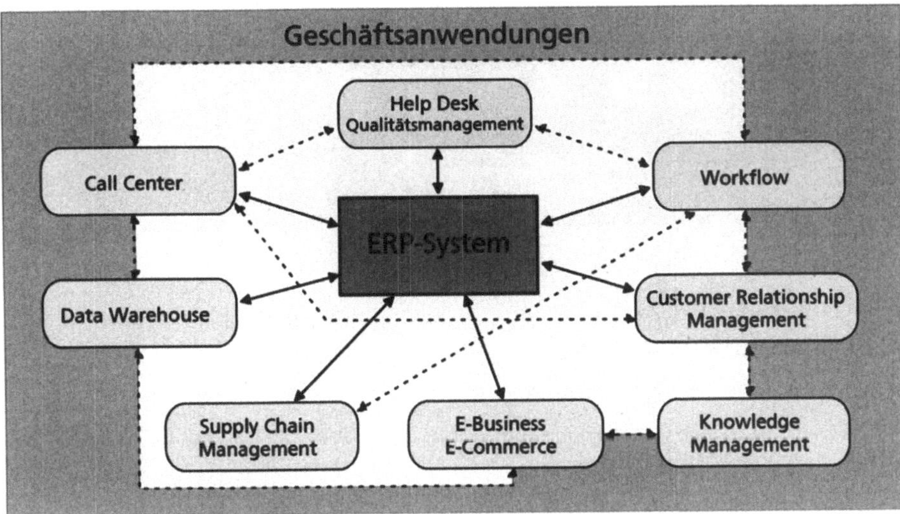

Abb. 254: Applikationslandschaft – Zusammenwirken von Geschäftsanwendungen

Zwischen den Anwendungen in einer Applikationslandschaft können bei Bedarf Verbindungen hergestellt werden. Diese Verbindungen können sich auf verschiedene Aspekte beziehen. Es können Schnittstellen bzw. Datenaustauschbeziehungen zwischen den Applikationen sein (wie kommunizieren die Applikationen logisch miteinander?). Sie können aber auch auf hierarchische Applikations-Verbindungen hinweisen, die zu einem Gesamtinformationssystem führen. Letzteres wird beispielsweise in ▶Abb. 255 gezeigt.

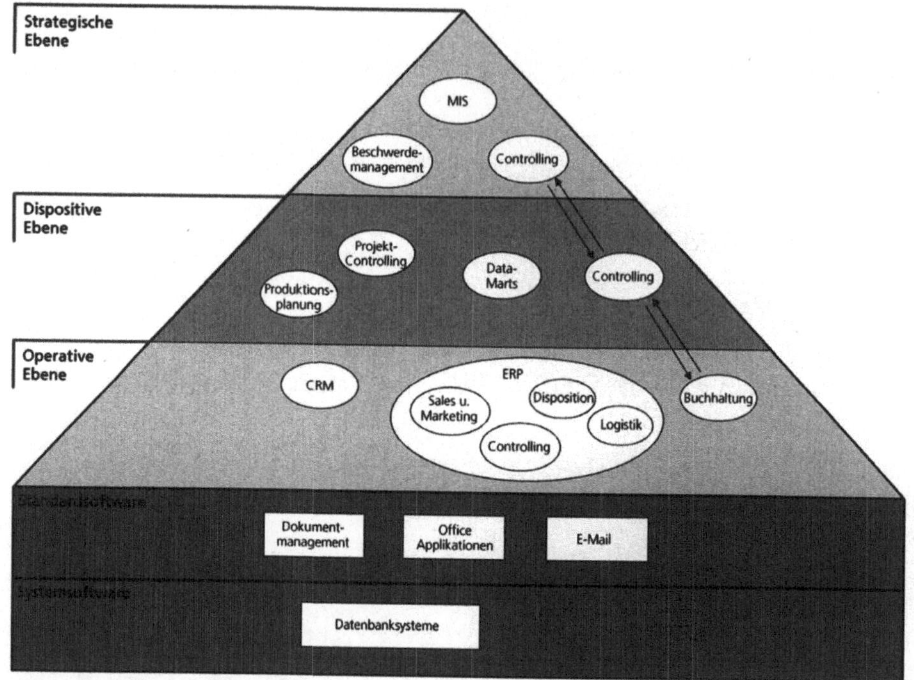

Abb. 255: Ein-dimensionale Applikationslandschaft – nach Unternehmensebenen

Bei der Einteilung von Applikationen nach Unternehmensebenen gibt es mehrere mögliche Differenzierungsansätze.

Möglich ist eine Unterscheidung in

- Administrationssysteme,

- Dispositionssysteme,

- Planungssysteme

- und Kontrollsysteme.

Administrationssysteme werden auch als „operative Systeme" bezeichnet. Der Großteil ihrer Aufgaben ist die Erfassung von mengen- und wertmäßigen Veränderungen im Rahmen der betrieblichen Leistungserstellung und die Aufbereitung dieser Informationen. **Dispositionssysteme** helfen, Entscheidungen vorzubereiten oder sie sogar zu automatisieren. Beispielsweise die automatische Teilebestellung beim Einkauf. **Planungssysteme** unterstützen langfristige, schlecht strukturierbare Planungsprobleme. **Kontrollsysteme** dienen der Überwachung von Entscheidungen oder Plänen und liefern Hinweise auf korrigierende Maßnahmen.

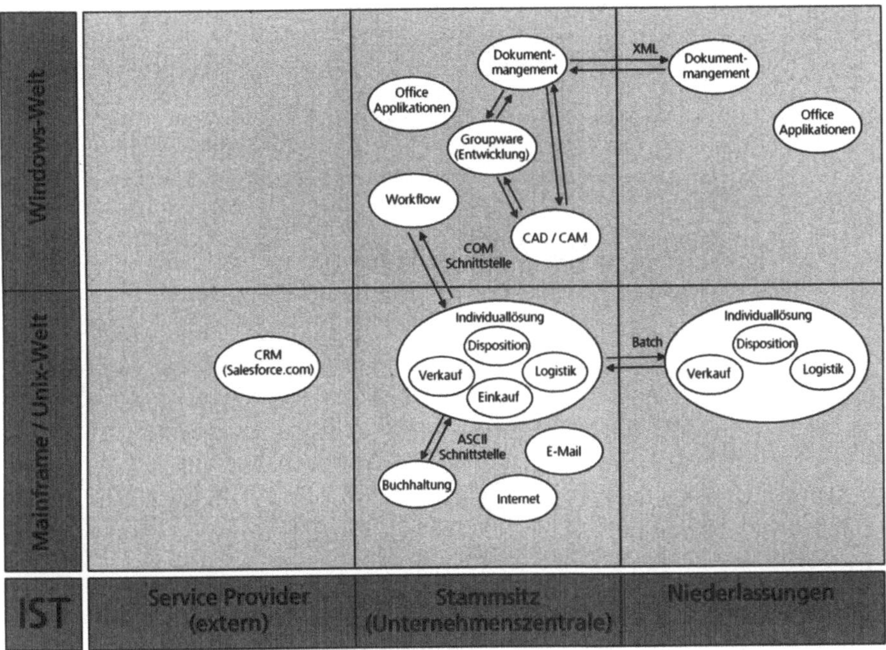

Abb. 256: Zwei-dimensionale Applikationslandschaft – als Ist-Darstellung

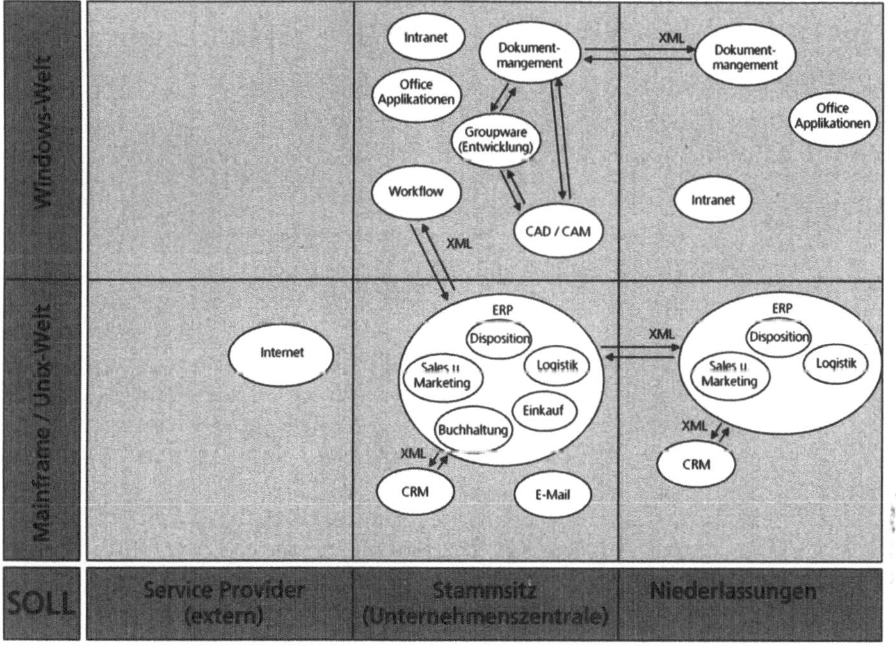

Abb. 257: Zwei-dimensionale Applikationslandschaft – als Soll-Darstellung

In ▶Abb. 258 ist eine multi-dimensionale Applikationslandschaft dargestellt. Bei derartigen Applikationslandschaften steht oftmals die Strukturierung der Applikationen basierend auf der Funktionsweise des Unternehmens im Vordergrund. Die Applikationslandschaft stellt in einem solchen Fall eine mehr oder weniger starke Anlehnung an die Geschäftsarchitektur bzw. Geschäftssituation dar und will in der Regel auch Aussagen in diesem Kontext verdeutlichen

In dieser Darstellung lassen sich drei Kern-Schichten abgrenzen:

- Die Front-Applikationen dienen der unmittelbaren Endkunden-Geschäftsabwicklung (auch Kundenberatung und -betreuung).

- Die Applikationen im mittleren Feld (Stammdaten, Basis-Applikationen, allgemeine Funktionen etc.) dienen ebenfalls der Geschäftsabwicklung, haben aber keine direkte Berührung mit dem Endkunden – sind also eher Back-Office orientiert.

- Die unterste Schicht (Data Warehouse und SAP mit Finanzbuchhaltung) dienen im Wesentlichen der Führungsinformation. Die Applikationen der untersten Schicht greifen auf Ergebnisse bzw. Daten der Anwendungen aus den höheren Schichten zu.

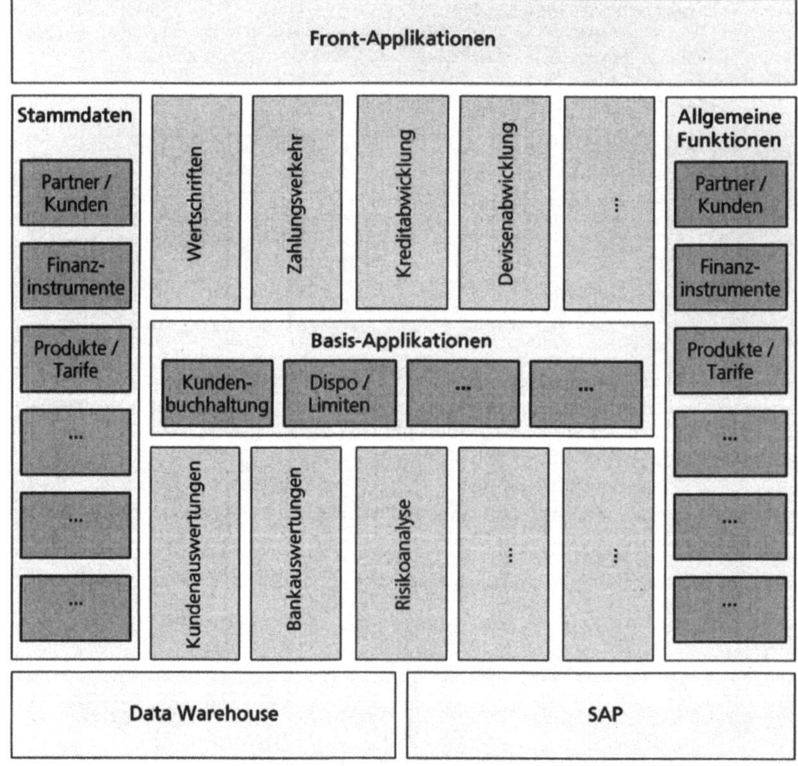

Abb. 258: Applikationslandschaft einer Bank (in Anlehnung an [Leist Winter 1998])

Beim Anfertigen einer Applikationslandschaft ist die Versuchung groß, auch Hardware-Systeme mit in die Darstellung aufzunehmen. Diesbezüglich sollte man jedoch zurückhaltend sein und ggf. auf die im ▶Kapitel „*9.2 Architektur- und Funktionsbeschreibung*" gezeigten Darstellungen ausweichen.

6.3.2 Applikationsschnittstellen

Der Zweck von Applikationslandschaften ist es, eine nach einem bestimmten Gliederungsmerkmal strukturierte Übersicht der Applikationen in einem Unternehmen oder ein einem Unternehmensteilbereich zu vermitteln und damit Strategieentscheidungen vorzubereiten oder zu unterstützen. Die Kommunikationsbeziehungen zwischen den Applikationen stehen dabei nicht im Vordergrund und werden auch nicht dargestellt. Will man Applikationen eines Unternehmensteilbereiches mit ihren Schnittstellen zeigen, kann man dazu ein Assoziationsdiagramm verwenden. Zur besseren Übersicht können auch in diesem Diagramm die Applikationen strukturiert angeordnet werden. Man kann beispielsweise unternehmensinterne Applikationen und Applikationen von Partnern oder Kunden in abgegrenzten Feldern einzeichnen.

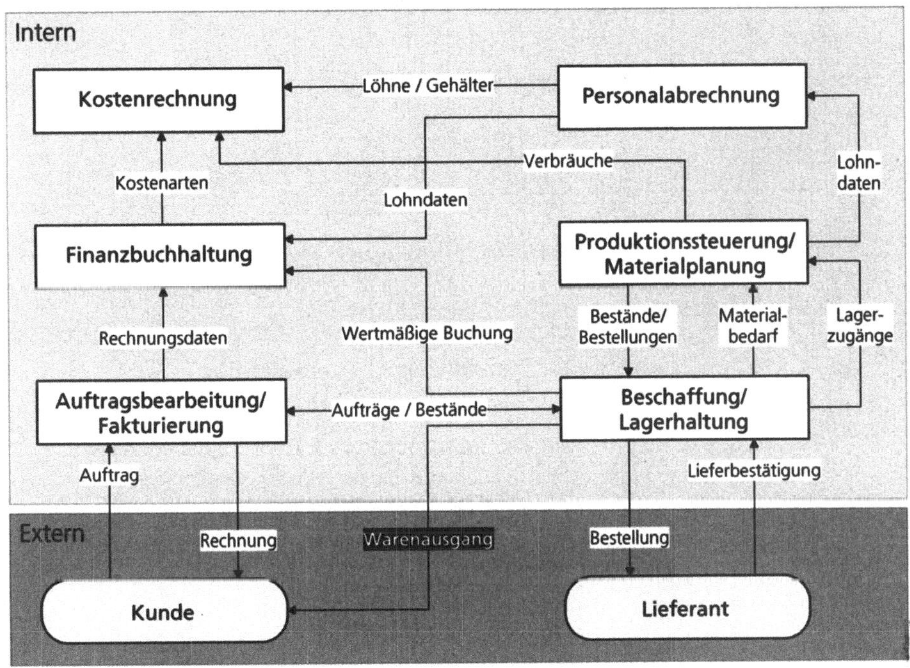

Abb. 259: Grafische Darstellung der Applikationsschnittstellen

Bei unternehmensexternen Kommunikationsbeziehungen muss es sich bei dem „externen Agenten" (Partner oder Kunde) nicht zwangsweise um eine Applikation handeln, der externe Agent kann als neutrales Objekt dargestellt werden.

Die Schnittstellenbeziehung macht dennoch Sinn, denn beispielsweise kann systemgesteuert eine Auftragsbestätigung oder eine Rechnung erstellt werden, die dem Kunden per E-Mail oder auf dem Postweg übermittelt wird.

Eine detaillierte Auflistung der im Zuge von Schnittstellen übergebenen Daten ist in grafischer Form oftmals nicht möglich. Für diesen Zweck kann man sich einer so genannten „Schnittstellenmatrix" in Tabellenform bedienen. Die Schnittstellenmatrix wurde im Rahmen des Systemdenkens bereits behandelt.

(Empfänger) an von (Lieferant)	Finanz-buchhaltung	Auftrags-bearbeitung	Beschaffung / Lager	EXTERN Kunde	EXTERN Lieferant
Finanz-buchhaltung		Schnittstellen	Schnittstellen	Schnittstellen	Schnittstellen
Auftrags-bearbeitung	Schnittstellen		Schnittstellen	Schnittstellen	Schnittstellen
Beschaffung / Lager	Schnittstellen	Schnittstellen		Schnittstellen	Schnittstellen
EXTERN: Kunde	Schnittstellen	Schnittstellen	Schnittstellen		Schnittstellen
EXTERN: Lieferant	Schnittstellen	Schnittstellen	Schnittstellen	Schnittstellen	

Abb. 260: Muster einer „Schnittstellenmatrix" für Applikationsschnittstellen

7 Darstellungen der Geschäftsprozessanalyse

7.1 Prozessmodellierung

Die Weichen für den Erfolg eines Projekts werden bei der Analyse der Aufgabenstellung gestellt. Entscheidende Analyseschritte sind dabei die in diesem Kapitel besprochene Geschäftsprozessanalyse und die im nächsten Kapitel behandelte Anforderungsanalyse. In den letzten Jahren haben prozessorientierte Ansätze kontinuierlich an Bedeutung gewonnen.

Dies hat zu einer Erweiterung der bisher stark datenorientierten (objektorientierten) und funktionalen Ansätze geführt. In den meisten Fällen der Informationssystementwicklung muss erst Klarheit über die zukünftigen oder geplanten Prozesse geschaffen werden, bevor in die Daten- bzw. Objektmodellierung und die Modellierung der Funktionen eingestiegen wird.

Es scheint deshalb konsequent, dem Prozessgedanken den Vorrang zu geben und zunächst die Möglichkeiten der Prozessmodellierung zu besprechen, bevor die datenorientierte und funktionale Modellierung von Informationssystemen im folgenden Kapitel erläutert wird. Dies soll aber nicht bedeuten, dass in der Praxis diese drei Ansätze (Prozesse, Daten bzw. Objekte, Funktionen) einer strikten Trennung unterzogen sind. Obwohl Prozesse eine sinnvolle Basis für Daten und Funktionen darstellen, wirken alle Ansätze sehr stark zusammen.

Um die Geschäftsprozesse eines Unternehmens verstehen und analysieren zu können, müssen diese als Übersicht oder im Detail abgebildet – modelliert – werden. Die Prozessmodellierung kann sowohl Top-Down, als auch Bottom-Up betrieben werden.

Top-Down vorzugehen bedeutet, die Wertschöpfungskette des Unternehmens aus einer übergeordneten Sicht zu betrachten und daraus die für die Aufgabenerfüllung notwendigen und sinnvollen Prozesse zu definieren. Für jeden definierten Prozess können dann die gewünschten Soll-Abläufe in den jeweils erforderlichen Detaillierungsgraden festgelegt und gestützt durch Software-Funktionen im Unternehmensalltag verankert werden. Die Top-Down-Modellierung wird bei einer konzeptionellen Vorgehensweise angewendet. Bei einer empirischen Vorgehensweise wird die Geschäftsprozessmodellierung zunächst ebenfalls Top-Down vorgenommen, um eine Bestandsaufnahme der vorhandenen Prozesse durchzuführen. Je nach Notwendigkeit kann es sich dann ergeben, dass man im Gespräch mit den Anwendern die genauen Abläufe eines Prozesses in einem Bottom-Up-Vorgehen erhebt.

Geschäftsprozessmodellierung			
Prozessanalyse (IST)		**Prozessgestaltung (SOLL)**	
Welche Prozesse haben wir?	Wie laufen diese im Detail ab?	Welche Prozesse wollen wir?	Wie sollen diese im Detail ablaufen?
Prozesslandkarte - statisch Prozesslandkarte - dynamisch Kundenprozess	ereignisgesteuerte Prozesskette Aktivitätsdiagramm Sequenzdiagramm …	Prozesslandkarte - statisch Prozesslandkarte - dynamisch	ereignisgesteuerte Prozesskette Aktivitätsdiagramm Sequenzdiagramm …
Übersichtsdarstellungen	Ablaufdarstellungen	Übersichtsdarstellungen	Ablaufdarstellungen
Darstellungstechniken			

Abb. 261: Inhalte der Prozessmodellierung und ihre jeweiligen Darstellungstechniken

Zusammenfassend kann man festhalten, dass die Geschäftsprozessmodellierung zwei wesentliche Ziele verfolgt. Zum einen werden die bestehenden Geschäftsprozesse hinsichtlich Struktur, Zeit und Qualitätsaspekten analysiert, um eventuelle Anforderungen an Entwicklungsvorhaben stellen zu können (Prozessanalyse). Zum anderen werden mögliche Handlungsalternativen untersucht und optimale Soll-Prozesse definiert (Prozessgestaltung).

►Abb. 261 zeigt diese Tätigkeitsschwerpunkte mit den jeweiligen Darstellungstechniken. Die Ist-Analyse der Unternehmensprozesse kann von Bedeutung sein, um die derzeitigen Prozesse mit den vorgedachten Geschäftsprozessen einer anzuschaffenden betriebswirtschaftlichen Standardsoftware zu vergleichen. Neben der Prozessanalyse hat die Geschäftsprozessmodellierung vor allem für die Prozessgestaltung eine große Bedeutung, ermöglicht sie doch die Spezifikation der Soll-Prozesse in nahezu jedem geforderten und/oder notwendigen Detaillierungsgrad. Sie liefert somit eine wichtige Orientierung für die Analyse und das Design von Informationssystemen.

7.1 Grundbegriffe der Prozesstechnik

Geschäftsprozesse dienen der Bearbeitung von Geschäftsobjekten im Hinblick auf die Geschäftsziele. Ein Geschäftsprozess umfasst eine bestimmte Menge von Tätigkeiten, die zur Erfüllung einer betrieblichen Aufgabe notwendig und in einer vorgegebenen Ablauffolge zu erledigen sind. Der Prozess dient also der Realisierung eines betrieblichen Leistungsziels und ist auf konkrete, marktrelevante Ergebnisse der Geschäftstätigkeit ausgerichtet. Ein Geschäftsprozess kennt keine Grenzen (im Sinne von Unternehmensgrenzen). Er kann sich vielmehr über die gesamte Wertschöpfungskette erstrecken.

Beispielsweise beginnt der „Reklamationsprozess" zu dem Zeitpunkt, an dem ein Kunde die Abklärungen zur Reklamationsmeldung vornimmt. Anschließend kann er sie, beispielsweise über ein Web-basierendes Formular, dem Unternehmen mitteilen. Wenn die Nachricht im Kundenzentrum eintrifft, wird sie bearbeitet. Sie wird eventuell weitergeleitet, ein Termin wird mit dem Kunden vereinbart, die Partnerfirma, die für die Störungsbehebung zuständig ist, behebt die Störung vor Ort, sie benötigt dazu eventuell Informationen von Lieferanten. Zu guter letzt meldet die Servicefirma die Behebung der Störung an das Kundenzentrum. Dieser Prozess fasst die Leistungen von vier rechtlich eigenständigen Parteien zusammen: Kunde, Unternehmen, Servicepartner und Lieferant.

Ein wichtiger Aspekt des Prozessgedankens ist die Vollständigkeit der Bearbeitung. Bei einem Prozess muss es sich immer um eine abgeschlossene Folge von Tätigkeiten handeln – also nicht „Ware einpacken", sondern der Warenversand als Ganzes ist Gegenstand eines Prozesses. Und dieser Prozess („Warenversand") ist wiederum Teil des Prozesses „Auftragsabwicklung".

In ▶Abb. 262 sind die Komponenten eines Prozesses illustriert. Prozesse beginnen und enden bei einem Kunden. Ein Prozess besitzt sowohl einen Input als auch einen Output (Leistung). Seine Wertschöpfung entsteht durch Leistungen an andere, interne bzw. externe Prozesse. Am Prozessbeginn steht oftmals ein Leistungsbezug von einem Zulieferer. Am Prozessende steht die Übergabe der Leistung an den Kunden. Das Ziel der Prozessorientierung ist es, die Zerstückelung des Prozessablaufs durch Funktionseinheiten (resultierend aus der Aufbauorganisation) zu überwinden. Geschäftsprozesse erstrecken sich deshalb in aller Regel über mehrere Organisationseinheiten eines Unternehmens. Prozesse enden oftmals nicht an den Unternehmensgrenzen, sondern beziehen Lieferanten und Kunden mit ein.

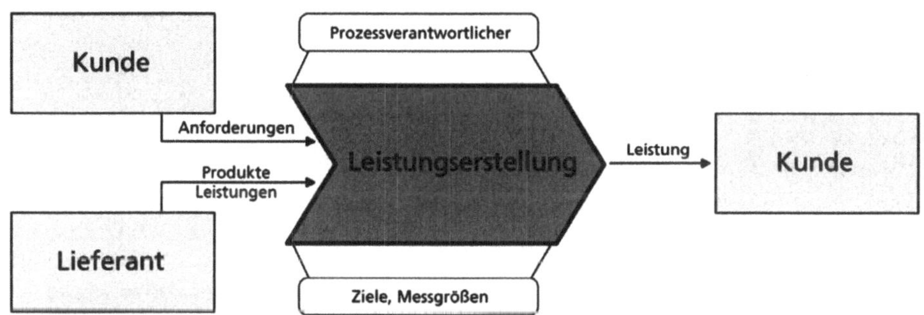

Abb. 262: Die Komponenten eines Prozesses

Eine **Leistung** ist das Ergebnis eines Prozesses bzw. einer Geschäftsfunktion. Beispielsweise stellt die Leistung „Kundenangebot" den Output der Funktion „Angebotsbearbeitung" dar. Empfänger (Prozesskunde) einer Leistung ist meistens ein anderer Prozess, bei dem die Leistung als Input verwendet wird. Prozesse werden in **Teilprozesse** gegliedert, die wiederum **Teilleistungen** erstellen. Die Summe aller Teilleistungen ergibt die Leistung des Prozesses.

> **Beispiele für Geschäftsprozesse sind:**
>
> Einkaufsprozess, Distributionsprozess, Fertigungsprozess, Auslieferungsprozess, Auftragsabwicklung, Mahnwesen, Angebotserstellung, Verrechnungsprozess (Fakturierung)

Ein **Geschäftsereignis** löst bestimmte Geschäftsfunktionen aus. Beispielsweise aktiviert das Ereignis „Angebot ist eingegangen" die Geschäftsfunktion „Angebot bewerten". Im Gegensatz zur Geschäftsfunktion tritt ein Geschäftsereignis ein, d. h. es wird nicht ausgeführt, dauert nicht und konsumiert keine Ressourcen. Geschäftsereignisse können in Sub-Geschäftsereignisse unterteilt werden. Geschäftsereignisse werden oftmals auch als „Geschäftsvorfälle" bezeichnet.

> **Beispiele für Geschäftsereignisse sind:**
>
> „Kunde sendet Ware zurück", „Zinstermin wird fällig", „Mietvertrag ist abgelaufen" „Ware ist versendet" (Auslöser für den Verrechnungsprozess)

Bei einem **Geschäftsvorfall** handelt es sich um eine konkrete Ausprägung eines Geschäftsprozesses.

> **Beispiele für Geschäftsvorfälle sind:**
>
> „Kunde XY fordert am 04. Juli ein Angebot an."

Eine **Geschäftsfunktion** ist eine Verarbeitungsfunktion. Geschäftsfunktionen umfassen (aus der Sicht der Informationssystem-Entwicklung) eine Teilmenge der Aufgaben, die Daten speichern, verändern, löschen, weitergeben etc. Bei der Geschäftsfunktion ist in der Analysephase noch nicht bestimmt, ob und wie sie von der EDV unterstützt wird. Sie kann manuell, halbautomatisch oder vollautomatisch durchgeführt werden. Geschäftsfunktionen werden hierarchisch strukturiert und münden immer in ein oder mehrere Ereignisse. Beispielsweise kann die Funktion „Angebot bewerten" das Ereignis „Angebot ist akzeptabel" auslösen.

> **Beispiele für Geschäftsfunktionen sind:**
>
> Kreditantrag bearbeiten, Bestellung erfassen, Ware verpacken, Rechnung erstellen

Geschäftsfunktionen können hierarchisch unterteilt werden. Die kleinste Unterteilungsstufe bezeichnet man als **„Elementar-Funktion"**. Eine Elementar-Funktion ist eine Verarbeitungseinheit, die nicht mehr weiter unterteilt werden kann.

Beispiele für elementare Geschäftsfunktionen sind:

Bestellung ausdrucken, Neukunde speichern, Angebot senden

7.1.1 Prozesshierarchien und Prozesskategorien

Ausgangslage für die Gestaltung von Prozessen ist in der Regel eine Geschäftsprozessanalyse. Bei der Geschäftsprozessanalyse werden einerseits in einer Ist-Analyse die gelebten Abläufe aufgenommen, aufgearbeitet, strukturiert und im Detail analysiert. Bei der Geschäftsprozessanalyse kann man entweder Top-Down oder Bottom-Up vorgehen (siehe auch ▶Kapitel *„2 Komplexe Projektaufgaben systematisch lösen"*).

Man geht davon aus, dass ein Unternehmen auf der höchsten Abstraktionsebene maximal zwischen fünf bis zehn Hauptprozesse hat. Die gesamte Wertschöpfungskette für einen Logistik-Dienstleister kann beispielsweise aus den drei Hauptprozessen

- Transportleistung

- Auftragsabwicklung

- und „Kundenberatung" bestehen.

Betrachtet und analysiert man Geschäftsprozesse auf dem höchsten Abstraktionsniveau, so lassen diese sich in Sub-Prozesse unterteilen. Auch die Sub-Prozesse können in der Regel wieder unterteilt werden – so lange, bis man konkrete Abläufe, Vorgänge, Teilvorgänge oder nicht weiter unterteilbare Einzeltätigkeiten erhält. Die Länge eines Prozesses und der Detaillierungsgrad sind also abhängig von der Ebene, auf der der Prozess angesiedelt ist.

In ▶Abb. 263 wird der hierarchische Prozessaufbau am Beispiel des Prozesses „Auftragsabwicklung" gezeigt. Die Abstufungen einer hierarchischen Strukturierung erstrecken sich über die Stufen

- Makroprozess

- Mikroprozess

- Prozessschritt

- und Aktivität.

Die einzelnen Subprozesse können sich über mehrere Funktionen der Wertschöpfungskette eines Unternehmens erstrecken. Ebenfalls können einzelne Subprozesse Schnittstellen zu anderen Prozessen, wie zum Beispiel Finanzierung oder Beschaffung aufweisen. Auf der untersten Stufe der Prozesshierarchie befinden sich die Aktivitäten. Unter Aktivitäten versteht man in diesem Zusammenhang Arbeiten, die in einem Schritt und ohne sinnvolle Unterbrechung ausgeführt werden.

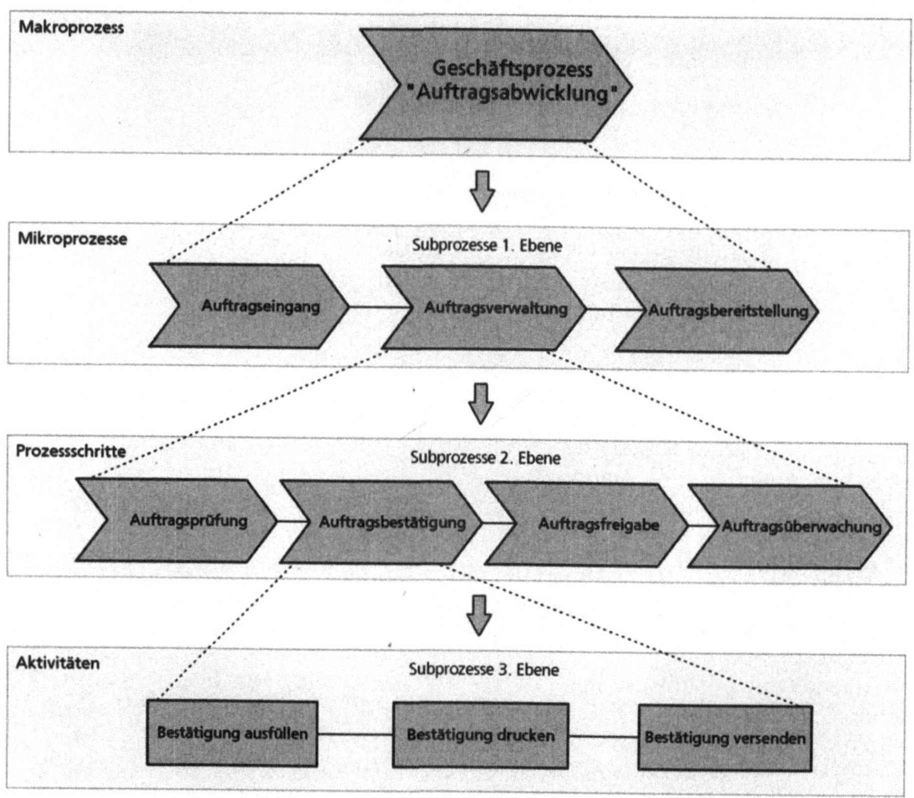

Abb. 263: Beispiel einer hierarchischen Prozessstrukturierung

Alle in einem Unternehmen stattfindenden Prozesse lassen sich in so genannte Prozesskategorien einteilen. Eine wichtige Grundlage für die Kategorisierung von Prozessen hat Porter mit seinem „**Wertkettenmodell**" gelegt. Ausgehend von der Segmentierung der Unternehmensaktivitäten in primäre, direkt wertschöpfende und sekundäre, unterstützende Aktivitäten, sondierte er in der von ihm definierten Wertschöpfungskette „Kernprozesse" und „unterstützende Prozesse".

- Ein **Kernprozess** ist demnach ein Prozess, der direkt zur Wertschöpfung des Unternehmens beiträgt.

- **Unterstütztende Prozesse** dagegen sind nicht wertschöpfend, aber notwendig, um die Kernprozesse ausführen zu können.

Verschiedene Autoren haben im Laufe der Zeit zusätzliche Segmentierungsmöglichkeiten eingeführt. Beispielsweise die weitere Unterteilung in „Steuerungsprozesse" und „Planungsprozesse". Die Art und Weise wie Prozesse gegliedert werden ist sehr stark von den individuellen Anforderungen eines Unternehmens abhängig.

Prozesskategorie	Beschreibung
Steuerungsprozesse **Synonyme:** **Strategische Prozesse** **Management-Prozesse**	Steuerungsprozesse sind häufig in der Unternehmensführung oder Führungsfunktionen gebündelt. Sie wirken auf mehrere Hauptprozesse und steuern sowohl Hauptprozesse als auch die unterstütztenden Prozesse. **Beispiele:** Firmenpolititk, Organisation, Zielsetzungen, Information
Planungsprozesse	Werden nicht immer als eigene Kategorie geführt, sondern oftmals zwischen den anderen Prozesskategorien aufgeteilt. **Beispiele:** Absatzplanung, Produktionsplanung, Bedarfsplanung, Personalplanung
Hauptprozesse **Synonyme:** **Kernprozesse** **Wertschöpfungsprozesse** **Leistungsprozesse**	Sie beschreiben die Kernkompetenzen beziehungsweise den Hauptgeschäftszweig eines Unternehmens. Hauptprozesse repräsentieren die Wertschöpfungskette und schaffen einen Mehrwert für den Kunden. **Beispiele:** Marketing, Entwicklung, Produktion, Service
Unterstützende Prozesse **Synonym:** **Support-Prozesse** **Allgemeine Prozesse**	Sie bereichern und sichern die Hauptprozesse. Oftmals handelt es sich dabei um Service-Funktionen für die Hauptprozesse. **Beispiele:** Materialwesen, Finanz-Buchhaltung, Betriebs-Buchhaltung, Wartung, Lohn- und Gehaltsabrechnung

Abb. 264: Prozesskategorien und ihre Beschreibung

Vollständige Geschäftsprozesse in einem Unternehmen werden auch als Wertschöpfungskette bezeichnet. Es ist dann die Rede vom „Wertschöpfungsprozess". Wertschöpfungsprozesse beginnen bei einem Kunden und enden bei einem Kunden. Für die Darstellung von Wertschöpfungsketten werden so genannte „Chevron"-Symbole verwendet. ▶Abb. 265 zeigt eine Wertschöpfungskette von der Anfrage eines Kunden bis zur Rechnungsstellung an den Kunden.

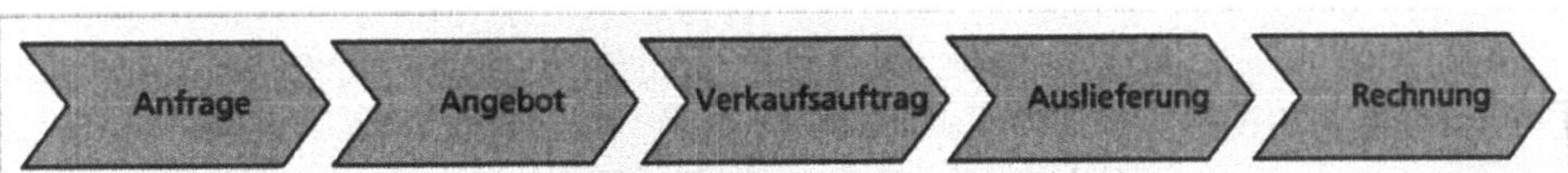

Abb. 265: Wertschöpfungskette „Verkauf"

7.1.2 Prozessarchitektur

Die Architektur eines Unternehmens kann man aus verschiedenen Sichten darstellen. Betrachtet man das Unternehmen mit einer funktionalen Optik, so führt diese zur Darstellung der Organisationsarchitektur eines Unternehmens. Betrachtet man das Unternehmen aus einer Informationssystem-Sicht, so wird es in Form einer Applikationsarchitektur dargestellt. An Bedeutung gewonnen hat in den letzten Jahren die prozessorientierte Sichtweise. Wird ein Unternehmen aus diesem Blickwinkel dargestellt, so führt dies zur „Prozessarchitektur". Für die Abbildung einer Prozessarchitektur gibt es keine normierte Darstellungsweise.

Wir orientieren uns an dieser Stelle an einer Darstellungskonvention der Universität St. Gallen, die dort im Rahmen des „Business Engineering" und des „Business Networking" genutzt wird. Dieser Ansatz erscheint sehr zeitgemäß, weil er die zunehmende Vernetzung von Informationssystemen über Unternehmensgrenzen hinweg berücksichtigt. Formal unterscheidet dieser Ansatz zwischen vier wesentlichen Elementen einer Prozessarchitektur.

Dabei handelt es sich um:

- die eigentlichen Unternehmensprozesse,

- das Unternehmensportal

- die so genannten „eServices"

- den „Business Bus"

Die Bedeutung des **Unternehmensportals** ergibt sich auch der Tatsache, dass sich im Zeitalter des Business Networking die Unternehmen zunehmend zu Leistungsintegratoren wandeln. Man ist bestrebt, dem Kunden möglichst sämtliche für einen bestimmten Kundenprozess benötigte Informationen, Dienstleistungen und Produkte aus einer Hand und aufeinander abgestimmt anzubieten. Das Unternehmensportal bildet dabei – zunächst noch neben anderen Kanälen – die wesentliche Schnittstelle zwischen dem Unternehmen und dessen Abnehmern. Es fasst alle Leistungen des Unternehmens an den Kunden für einen spezifischen Kundenprozess zusammen. Der Kunde erhält hierdurch eine einzige Anlaufstelle, auch wenn viele der Services weiterhin nicht rein elektronisch, sondern physikalisch erbracht werden.

Der „**Business Bus**" symbolisiert die Infrastruktur für Geschäftsnetzwerke, die durch eine Vielzahl von Vernetzungen und Standards auf Geschäfts-, Prozess- und Applikationsebene sowie entsprechenden Softwareprogrammen zustande kommt. Der Business Bus wird durch so genannte eServices ergänzt, die unabhängig von bestimmten Branchen oder Kundenprozessen sind.

Die **eServices** lassen sich klassifizieren in Basisdienste (liefern die technische Infrastruktur, auf der alle anderen Dienste aufsetzen), Integrationsdienste (Services, die die Koordination zwischen Prozessen verschiedener Unternehmen unterstützen), Business Networking Services (Dienste, die jedes Unternehmen in der Zusammenarbeit mit anderen Unternehmen benötigt), Information Services

(z. B. Bonitätsprüfdienste, Nachrichtendienste) und Business-Support-Services (Prozesse, wie etwa das Reisemanagement oder Übersetzungsdienste, die ein Unternehmen auslagern und in weitgehend elektronischer Form zukaufen kann).

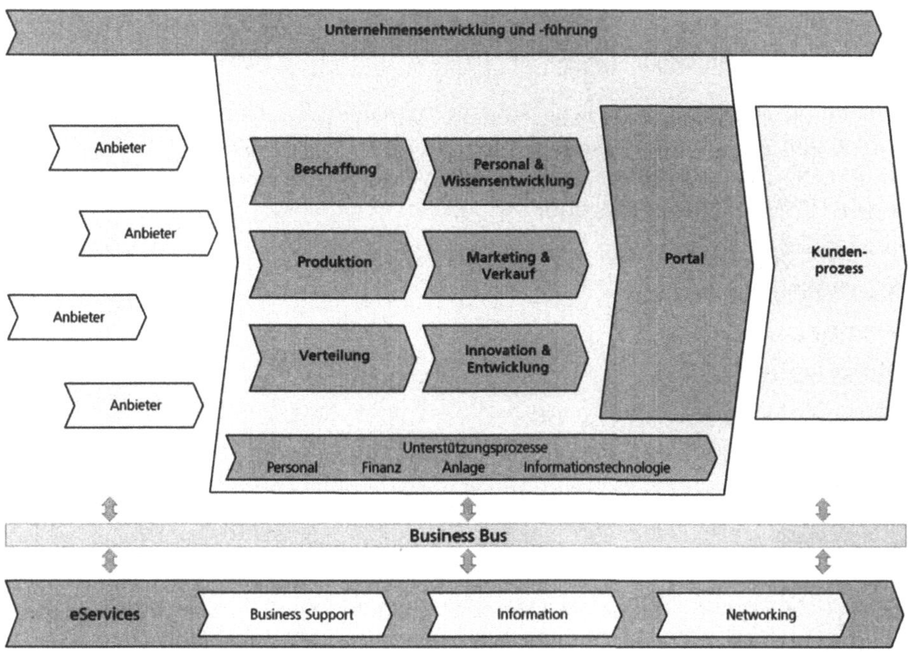

Abb. 266: Darstellung einer Prozessarchitektur [Öst 2000]

▶Abb. 266 zeigt ein Beispiel einer solchen Prorzessarchitekturdarstellung. In den darin enthaltenen Feldern „Portal" und „Kundenprozess" können weitere Prozesse angegeben werden und zusätzliche Verbindungen zwischen den Unternehmensprozessen und den Kundenprozessen gezeigt werden.

7.2 Prozesse – Übersichtsdarstellungen

Bei der Darstellung von Prozessen muss man zwischen Prozessübersicht und Prozessabläufen unterscheiden. Prozessübersichten haben das Ziel, das Zusammenwirken von Geschäftsprozessen in bestimmten Situationen zu zeigen. Diese Darstellungen betrachten Prozesse mit einem groben Korn. Die Detailabläufe, die innerhalb der Prozesse stattfinden, bleiben dabei außen vor. Demgegenüber stehen bei Ablaufdarstellungen die Tätigkeiten oder sogar einzelne Aktivitäten im Vordergrund, die für die Bearbeitung eines Prozesses durchgeführt werden.

Es lässt sich jedoch keine absolute Grenze ziehen, ab welchem Detaillierungsgrad eine Prozessübersicht oder ein Prozessablauf vorliegt. Theoretisch ist es möglich, die Darstellungstechniken, die für Übersichtsdarstellungen genutzt werden, so detailliert mit Inhalten zu füllen, dass bis zur Aktivitätsebene alle Bearbeitungsschritte abgebildet sind. Tendenziell wird der Grenzverlauf so sein, dass in Übersichtdarstellungen die Prozesse auf Makro- bis maximal Mikroebene dargestellt sind (Makroprozesse und Mikroprozesse). Bei den Ablaufdarstellungen werden dann die Prozessschritte und die Aktivitäten abgebildet.

7.2.1 Prozesslandkarte – statisch

Es gibt zwei grundsätzlich verschiedene Varianten von Prozesslandkarten. In einer einfachen Form versteht man unter dem Begriff Prozesslandkarte eine strukturelle Übersichtsdarstellung von allen Prozessen einer Firma. Die Prozesse werden dabei in Prozesskategorien eingeteilt.

Mögliche Kategorien sind:

- Strategische Prozesse,

- Planungsprozesse,

- Kernprozesse

- und unterstützende Prozesse.

Primäres Ziel dieser Darstellung ist es, ein Fundament für eine vollständige Erfassung bzw. die Basis für eine Auflistung aller Unternehmensprozesse zu bilden. Diese Darstellung kann als Form der prozessorientierten Organisation neben dem Organigramm stehen. In einigen hochgradig prozessorientierten Unternehmen (z. B. Software-Dienstleister, die ausschließlich projektorientiert arbeiten) genießt sie bereits den Vorrang vor dem Organigramm. Gleichwohl ist man sich in der Fachwelt (zumindest bis anhin) größtenteils einig, dass sie ein Organigramm nie vollständig ersetzen wird.

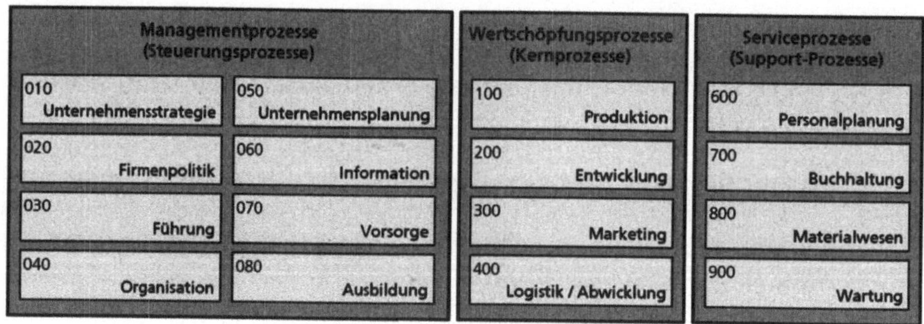

Abb. 267: Prozesslandkarte – als Ergänzung zum Organigramm

Diese einfache Form der Prozesslandkarte dient also letztendlich lediglich der Übersichtsgewinnung. Die folgenden Darstellungen zeigen mögliche Prozess-Kategorien mit den zugehörigen Prozessen. Die in der Prozesslandkarte aufgeführten Prozesse sind in der Regel Makroprozesse, die in unterschiedliche Mikroprozesse zerlegt werden. Aus Platzgründen werden die Mirkoprozesse nicht in der Prozesslandkarte, sondern als Textergänzung (z. B. in Tabellenform) aufgeführt. Die Prozesslandkarte wird dann zu Beginn der Prozess-Detailaufstellung angeführt, und die dort enthaltene Nummerierung bildet die Basis für die Gliederungshierarchie.

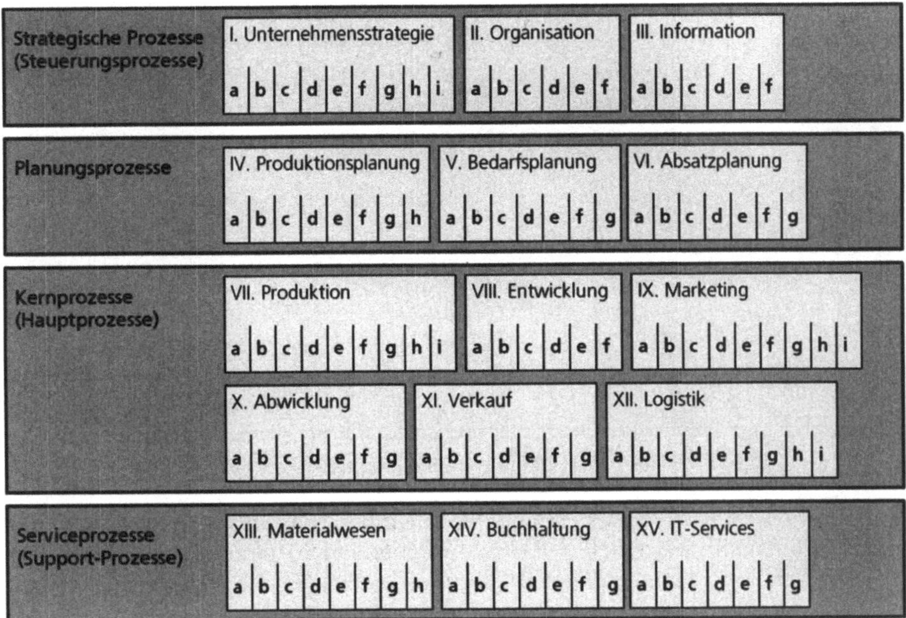

Abb. 268: Prozesslandkarte – als Ergänzung zum Organigramm

7.2.2 Prozesslandkarte – dynamisch

Im Gegensatz zu den statischen Prozesslandkarten, die den strukturellen Aufbau der Unternehmensprozesse zeigen, werden mit Hilfe einer dynamischen Prozesslandkarte auch die Beziehungen der Prozesse aufgezeigt. Mit den Beziehungen wird der Leistungsaustausch dargestellt, der zwischen den Prozessen stattfindet. Es spielt dabei keine Rolle, ob es sich um physische (Daten bzw. Informationen, Finanztransaktionen) oder physikalische (Waren, Belege) Leistungsaustauschbeziehungen handelt.

Ein Prozesslandkarte in dynamischer Form wird meistens im Rahmen einer frühen Projektphase (z. B. Vorstudie) der Prozess- bzw. Systemanalyse erstellt. Sie kann verwendet werden, um zum einen den Ist-Zustand darzustellen und zu analysieren (empirisches Vorgehen). Man kann sie aber auch verwenden, um als Ableitung von der Geschäftsstrategie direkt den gewünschten Soll-Zustand zu modellieren (konzeptionelles Vorgehen). In dieser Phase werden die Geschäftspartner mit ihren Makroprozessen spezifiziert. Leistungsflüsse zeigen die Beziehungen der jeweiligen Makroprozesse. Im Vordergrund stehen also die

Leistungen, die zwischen den Geschäftspartnern und den jeweiligen Makroprozessen ausgetauscht werden.

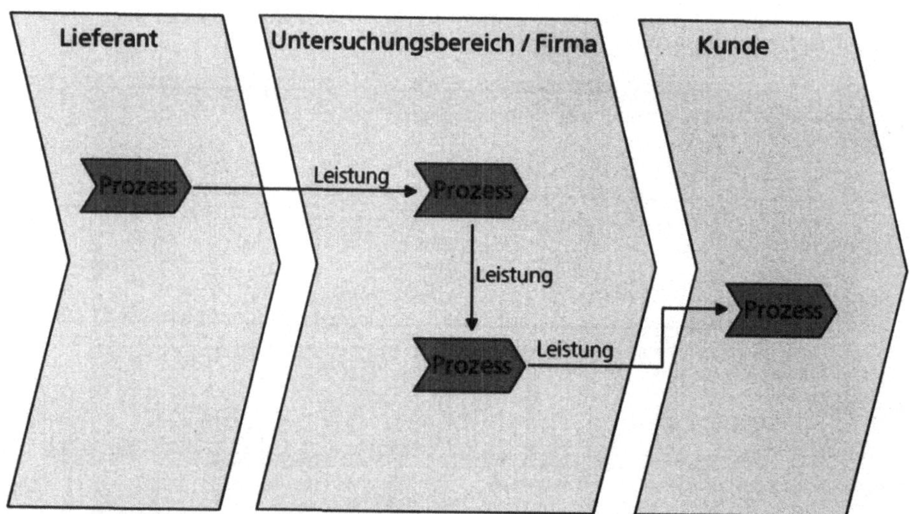

Abb. 269: Neutralbetrachtete Darstellung einer Prozesslandkarte

Während die statischen Prozesslandkarten lediglich die Prozesse des Unternehmens beinhalten, werden die Prozessbeziehungen in einer dynamischen Prozesslandkarte in einem umfassenderen Kontext dargestellt. Es werden sowohl die vorgeschalteten Prozesse (Lieferantenprozesse) und die nachgeschalteten Prozesse (Abnehmerprozesse) mit einbezogen. Dadurch entsteht ein vollständiges Abbild eines Wertschöpfungsvorgangs. Es wird transparent, wie in einer bestimmten Situation die Prozesse der Zulieferer mit denen des eigenen Unternehmens agieren und diese wiederum mit den Kundenprozessen verknüpft sind. In ▶Abb. 269 ist dies in einer neutralbetrachteten Form dargestellt.

Somit wird eine Analyse über die gesamte Wertschöpfungskette im Hinblick auf Optimierungspotential möglich. Man kann Überlegungen anstellen, wie die Leistungen effektiver erzielt werden können, wie Lieferanten stärker eingebunden werden können, wie Kunden besser unterstützt werden können und die eventuelle Partnerbeziehungen die eigenen Prozesse abrunden.

Um die Prozesse des eigenen Unternehmens besser differenzieren zu können, ist es möglich, für die vorhandenen Prozesskategorien (z. B. Managementprozesse, Leistungsprozesse und Support-Prozesse) jeweils eigene Felder auszuweisen, in denen die Prozesse entsprechend ihrer Zugehörigkeit eingezeichnet werden. Dies wird in ▶Abb. 270 gezeigt.

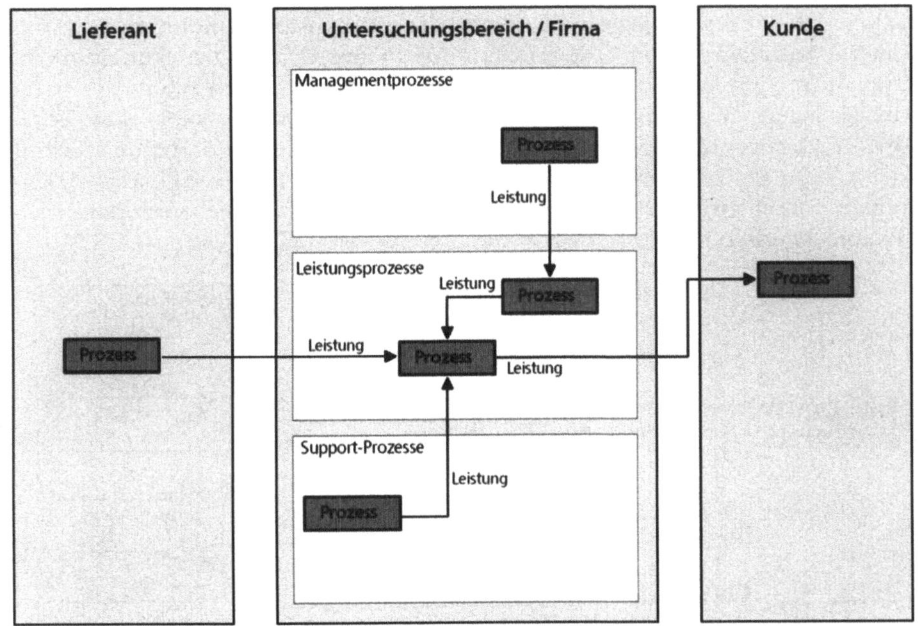

Abb. 270: Neutralbetrachtete Prozesslandkarte mit ausgewiesenen Prozesskategorien

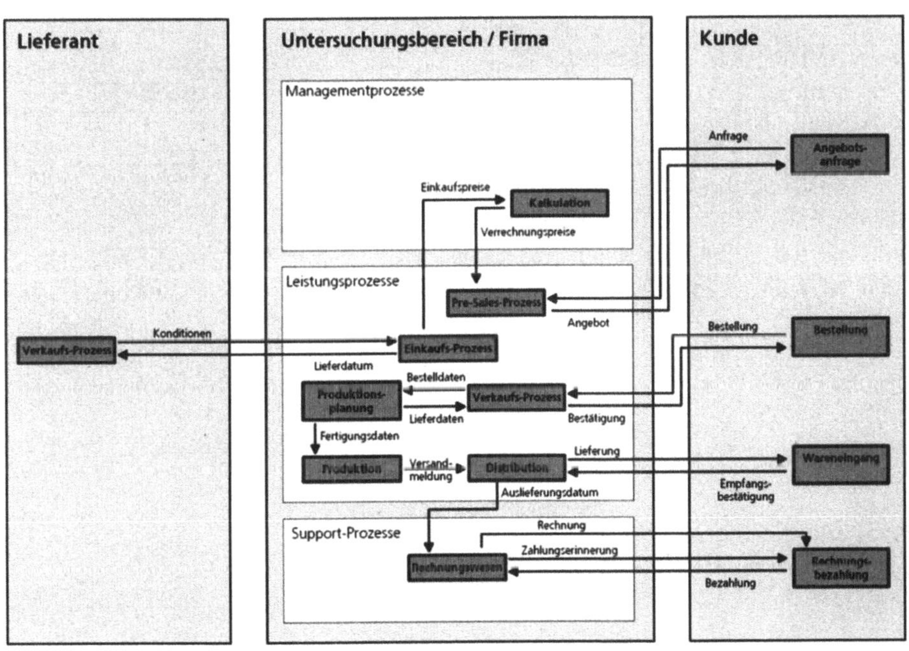

Abb. 271: Beispiel einer Prozesslandkarte – Prozessablauf „Bestellung"

Da es sich bei der Prozesslandkarte um eine sehr abstrakte und stark konzeptionelle Darstellung handelt, kann der Diagrammautor die Darstellungsform im Prinzip frei wählen. Er muss keine Syntaxvorgaben oder Inhaltsvorgaben berücksichtigen. Statt der richtungsweisenden „Chevron-Symbole", wie sie in ▶Abb. 269 gezeigt werden, können auch einfache Rechteck-Konturen verwendet werden. Auch die Wahl und Einteilung der Felder für beispielsweise „Lieferanten", „Kunden" und „Partner" kann nach Belieben vorgenommen werden. Entsprechende Beispiele sind in ▶Abb. 272 und ▶Abb. 273 dargestellt.

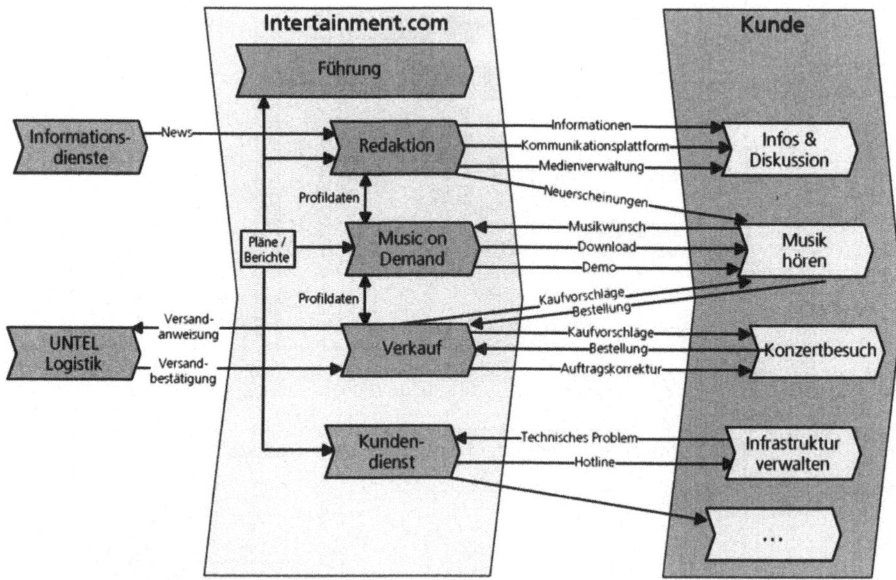

Abb. 272: Beispiel einer Prozesslandkarte (© IMG AG; St. Gallen)

Bei der Abbildung von Prozessen in der Prozesslandkarte werden nur diejenigen Prozesse berücksichtigt, die aus fachlicher Sicht zur Erzielung einer angestrebten Leistung erforderlich sind. Nicht abgebildet werden dagegen Prozesse, die nur deswegen ausgeführt werden, weil gewisse Rahmenbedingungen es erfordern (z. B. bedingt durch Hilfsmittel oder organisatorische Aspekte).

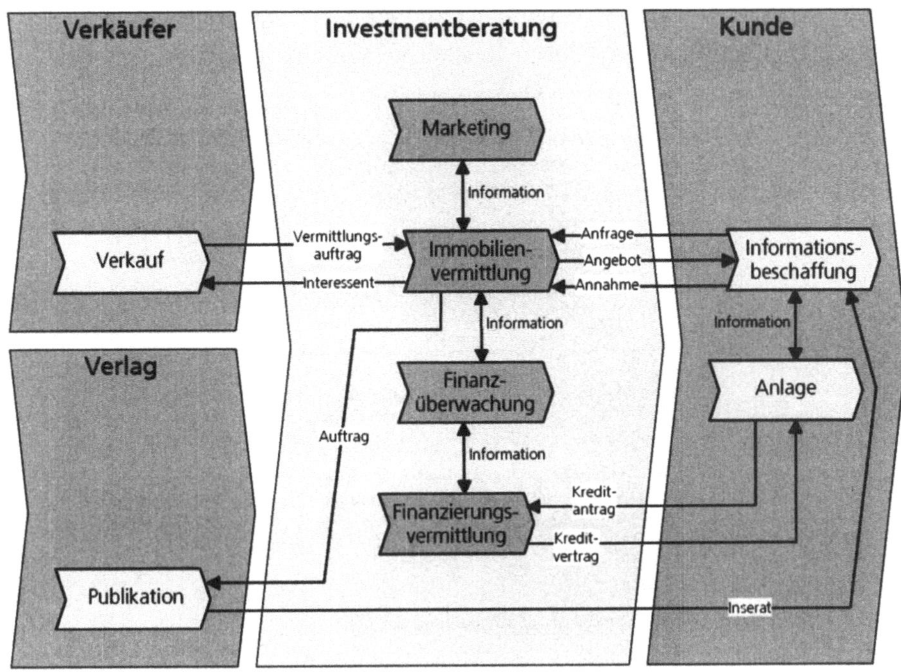

Abb. 273: Prozesslandkarte – Immobilienvermittlung

7.2.3 Kundenprozessübersicht

Der Kundenprozess ist der Prozess, der bei einem Kunden abläuft, wenn er ein originäres Bedürfnis (z. B. Freizeit, Mobilität, Wohneigentum) befriedigen möchte. Er umfasst alle Schritte, die bei einem Kunden auf dem Weg zur Bedürfnisbefriedigung anfallen. Der Kundenprozess steht im Zentrum der digitalen Wirtschaft. Angestrebt wird die möglichst vollständige Abdeckung der Kundenbedürfnisse. Von der Auswahl über den Kauf, den Betrieb, bis hin zur Entsorgung eines Produktes. Dies wird auch als „Customer Ressource Life Cycle" bezeichnet. Das Verstehen der Kundenprozesse ist eine wichtige Voraussetzung für das Erkennen von dessen Wünschen und Anliegen, seinen Problemen und seiner Vorstellung von Qualität.

Da Kundenprozesse auf Anhieb nicht in allen Details bekannt sind, kann die grafische Zerlegung eines Prozesses ein wichtiges Hilfsmittel sein, um die genauen Abläufe vorstellbar und kommunizierbar zu machen. In ▶Abb. 274 wird eine solche Darstellung gezeigt. Die Visualisierung hilft, ein tieferes Verständnis für die Kundenbedürfnisse zu entwickeln. Aufgrund einer Analyse der Kundenprozesse kann man festgelegen, welche Bestandteile eines bestimmten Kundenprozesses bedient werden sollen oder ob gegebenenfalls der Kundenprozess vollständig abgedeckt werden kann. Auch wird transparent, welche

Leistungen ein Unternehmen anbieten muss, alle im Rahmen eines Kundenprozesses auftretende Kundenbedürfnisse abdecken zu können.

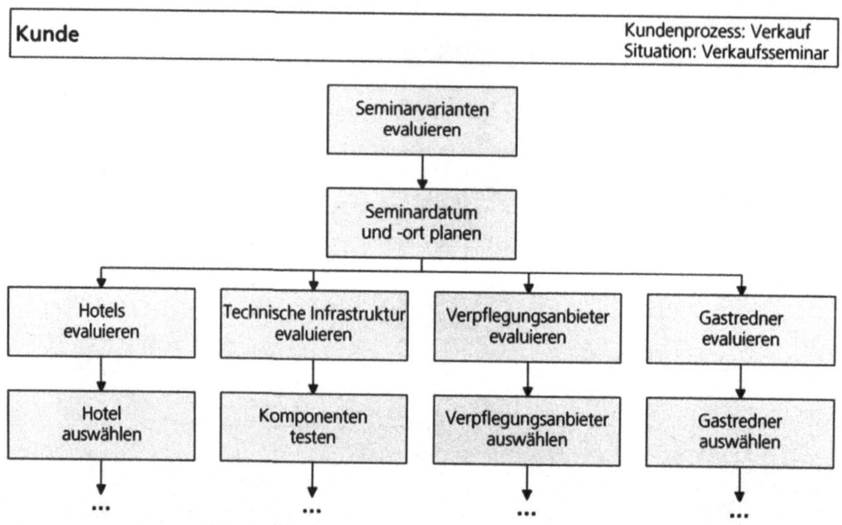

Abb. 274: Kundenprozesse – stark parallel

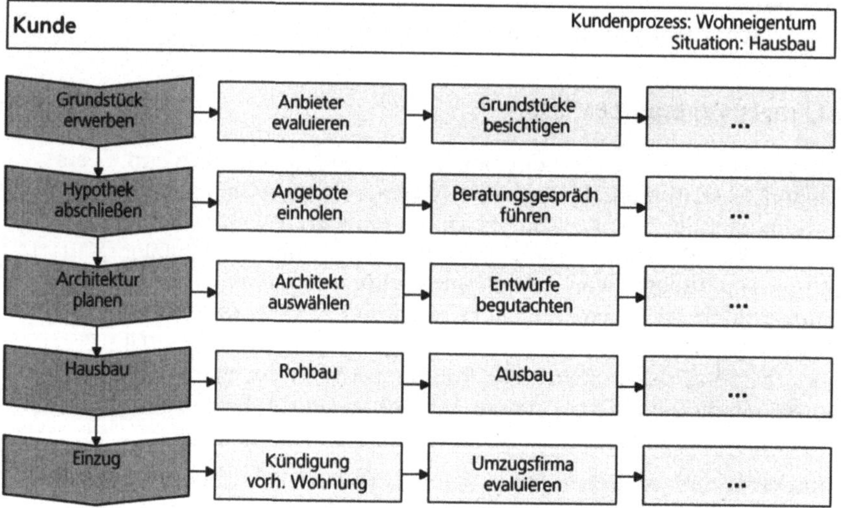

Abb. 275: Kundenprozesse – stark sequentiell

7.3 Prozesse – Ablaufdarstellungen

Die detaillierte Erfassung der Geschäftsabläufe ist eine wichtige Voraussetzung für die zielgerichtete Entwicklung von Software und auch für eine erfolgreiche

Einführung von betriebswirtschaftlicher Standardsoftware. Schließlich soll die Software die Prozesse in einer optimalen Form unterstützen und nicht umgekehrt. Grafische Darstellungen können die Ablauffolge sichtbar machen. Sie können das Zusammenwirken der einzelnen Tätigkeiten mit allen Abhängigkeiten beschreiben.

Die Ablauffolge lässt sich insofern differenzieren,

- als dass eine Aufgabe nach einer anderen Aufgabe (Präzedenz),
- gleichzeitig mit ihr (Parallelität)
- oder unabhängig von ihr (Nebenläufigkeit)

ablaufen kann.

Nebenläufige Aktivitäten können sowohl parallel als auch sequentiell bearbeitet werden.

Was ist bei einem Prozessablauf zu beschreiben? Welche Beschreibungsinhalte sind für eine möglichst vollständige Prozessbeschreibung notwendig?

Im Wesentlichen kann man zwischen fünf hauptsächlichen Beschreibungsinhalten differenzieren:

- Aktivitäten (Funktionen)
- Ereignisse (betriebswirtschaftliche relevante Ereignisse, die gewisse Aktivitäten auslösen)
- Zustände (die sich jeweils nach dem Abschluss einer Aktivität ergeben)
- Bearbeiter und/oder deren Organisationseinheit
- Informationssystem-Ressourcen (Software-Funktionen, Software-Daten)

Es gibt allerdings ein paar weitere Feinheiten, die jedoch in ihrer Gesamtheit von keiner einzigen Darstellungstechnik berücksichtigt werden können. So gehören zur einer vollständigen Prozessbeschreibung auch

- Bearbeitungsvorschriften,
- Geschäftsregeln,
- Rollen,
- Schnittstellen,
- Zeitvorgaben
- und zeitliche Gültigkeitsbereiche.

Auch ist anzumerken, dass sich die Beschreibung eines Geschäftsprozesses nicht nur auf den Ablauf, das heißt den Fluss von Aktivitäten und Entscheidungen, bezieht, sondern auch die Transformation von Material und Informationen mit einschließt, wobei diesbezüglich zwischen Datenflüssen und Materialflüssen differenzieren ist, da sowohl Daten- als auch Materialfluss nicht notwendigerweise der logischen Folge von Aktivitäten entsprechen müssen. Es kann daher notwendig werden, auch den Weg zu modellieren, den Daten und Material zurücklegen. Dies ist jedoch kein einfaches Unterfangen.

Ablaufdarstellungen können sowohl für die Ist-Analyse als auch für die Soll-Gestaltung von Geschäftsprozessen verwendet werden. Auch innerhalb der Darstellung von Prozessabläufen gibt es Schwankungen, was den Grad der Detaillierung anbelangt. Anhaltspunkte für die Detaillierung können sich beispielsweise aus dem erwarteten Optimierungspotential ergeben. Ist dieses hoch, wird man den Prozessablauf detaillierter modellieren. Geht es nur um die Erkennung von bestimmten Zusammenhängen, wird man mit einem gröberen „Korn" ans Werk gehen. Man muss sich auch bewusst sein, dass je höher der Detaillierungsgrad ist, desto aufwendiger wird die Aktualisierung des Ablaufs.

Der Einsatz von grafischen Techniken zur Beschreibung von Abläufen hat aber auch gewisse Grenzen. Da man sich bei grafischen Darstellungen einer Syntax unterwerfen muss, also auf eine bestimmte formale „Disziplin" zu achten hat, können stark kreative und/oder sehr komplexe Abläufe nicht abgebildet werden. Derartige Vorgänge zeichnen sich durch eine hohe Zahl von Handlungsalternativen und Abhängigkeiten aus, die in kein „Schema" gepresst werden können. Sie sind in hohem Maße unbestimmt und lassen zu viele Weg offen, als dass man sie in einer übersichtlichen Form präsentieren kann.

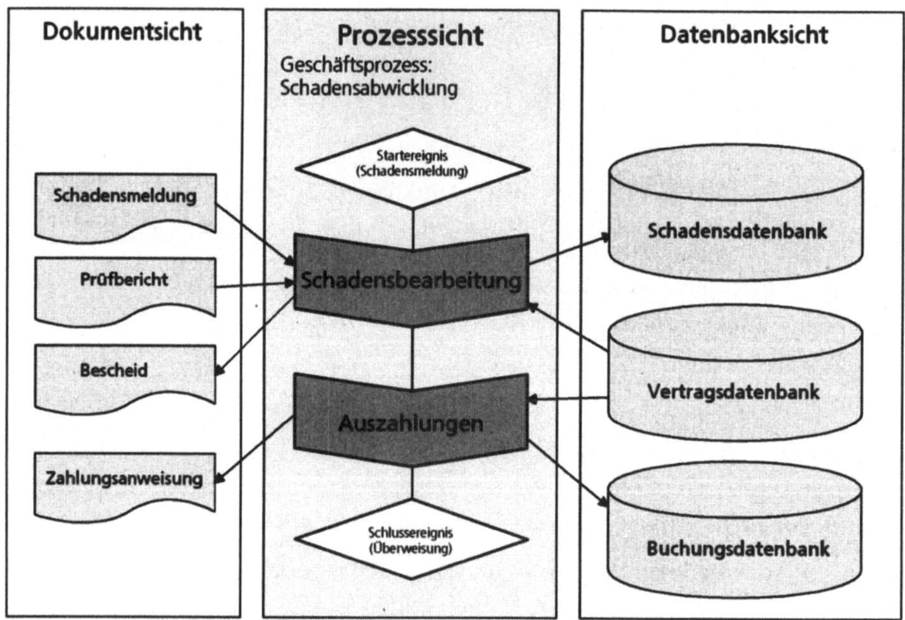

Abb. 276: Prozesssicht – vereint mit Daten- und Dokumentsicht

Im Bereich der Prozessvisualisierung gibt es viele nicht formalisierte und nicht benannte Darstellungsvarianten. Dies gilt insbesondere für die Fälle, in denen es nicht nur um die Darstellung des Ablaufs, sondern um die Vernetzung von Prozesssicht mit anderen Sichten (Datensicht, Dokumentsicht, Organisationssicht etc.) geht. Diese Vernetzungen zu zeigen ist nicht unbedeutend, denn durch die Prozessbeschreibung wird eine große Zahl von betriebswirtschaftlichen Einzelfaktoren zu einem unternehmerischen Handlungskonzept verbunden. Von besonderer Bedeutung sind dabei die Verbindungen zur Informationstechnologie. Neben einer reinen Darstellung des Ablaufs ist es sehr aufschlussreich, wenn zumindest partiell die Verbindungen der Prozessaktivitäten mit den Daten oder Funktionen der Software grafisch festgehalten werden. Ein Beispiel für eine nicht-formalisierte Darstellung wird in ►Abb. 276 gezeigt, in der eine Verbindung von Prozesssicht zu der Datenbanksicht und der Dokumentsicht dargestellt ist.

Die in ►Abb. 276 gezeigte Prozessbeschreibung zeigt die Prozesse auf einem hohen Aggregationsniveau. Löst man einen Prozess detaillierter in seine Aktivitäten auf, so besteht die Möglichkeit, auch die Abhängigkeiten detaillierter zu beschreiben. So kann man für eine Aktivität nicht nur festhalten, welche Datenbanken genutzt werden, sondern auch, welche Operationen mit dem Datenbestand durchgeführt werden bzw. welche Objekte des Datenbestandes konkret verarbeitet werden. Ein Beispiel für eine derartige Zuordnung ist das in ►Abb. 277 gezeigte „Prozess-Objekt-Mapping".

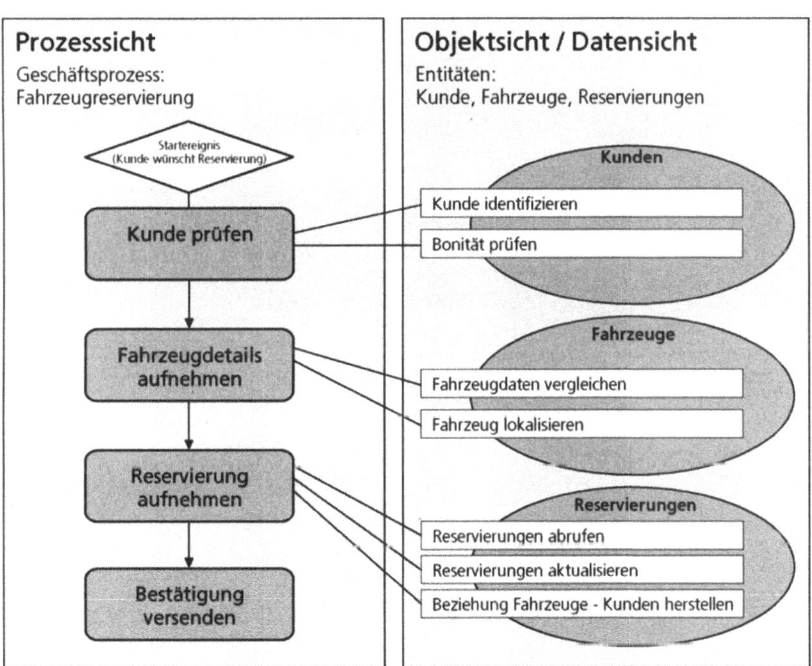

Abb. 277: Prozess-Objekt-Mapping

Auch die meisten der nachfolgend beschriebenen Darstellungstechniken sehen Verbindungen von Prozesssicht und anderen Sichten mehr oder weniger stark ausgeprägt, vor.

Synonyme

- Ablaufdiagramm
- Flussplan
- Flow Chart
- Folgeplan (Spezialform mit eigener Notation)

Flussdiagramme haben eine lange Tradition. Sie wurden in den 60er und 70er Jahren für die Programmierung eingesetzt. Es gibt viele verschiedene Ausprägungen von Flussdiagrammen. Auch liegen mit DIN 660001 und ANSI zwei normierte Fassungen vor. Flussdiagramme haben heute nur noch eine untergeordnete Bedeutung. Sie werden nur noch vereinzelt für die Beschreibung von einfach strukturierten Abläufen verwendet.

Eine für die heutige Verwendung zeitgemäße Symbolnotation für Flussdiagramme ist in ▶Abb. 278 dargestellt. Für Entscheidungen, die während dem Prozess anfallen, wird ein Rhombus- bzw. Rauten-Symbol verwendet. In den meisten Fällen handelt es sich dabei um einfache JA/NEIN-Abfragen, aber wenn man die Ausgänge des Entscheidungssymbols entsprechend kommentiert, sind auch andere Aussagen möglich. Das Konnektor-Symbol wird verwendet, um Beziehungen zu anderen Prozessbeschreibungen herzustellen.

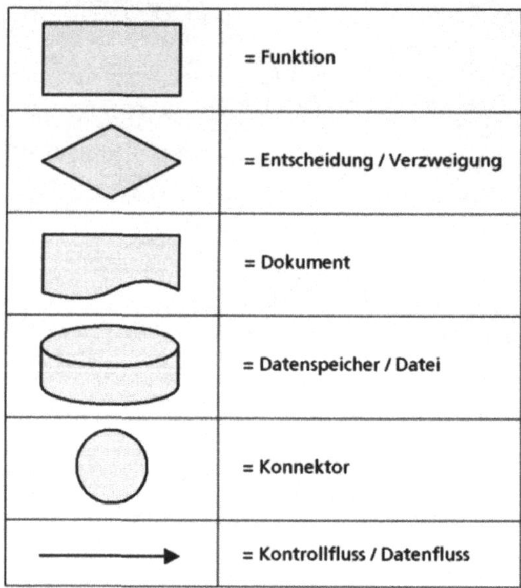

Abb. 278: Mögliche Symbole für Flussdiagramme

Ein wesentlicher Nachteil der Flussdiagramme ist, dass komplexe Bedingungen im Ablauf nur auf Umwegen modelliert werden können. Genau genommen müssen derartige Bedingungen in mehrere sequentielle Abfragen aufgeteilt werden. Wenn beispielsweise bei der Funktion „Kreditantrag prüfen" mehrere Ergebnisse möglich sind („Antrag abgelehnt", „Antrag genehmigt", „Antrag ist von vorgesetzter Stelle zu Genehmigen" und „Antrag unvollständig"), so müssen einige dieser Ereignisse in Form von serialisierten Verzweigungen modelliert werden. Bei den später besprochenen Ereignisgesteuerten Prozessketten kann diese Situation ohne „Umwege" modelliert werden.

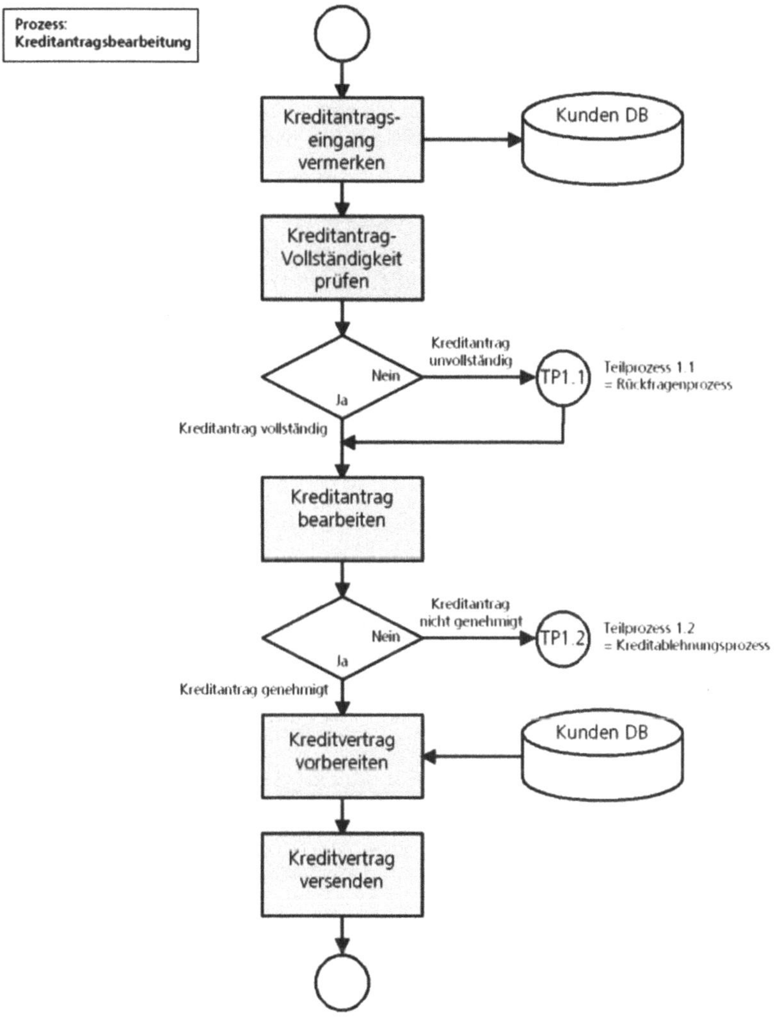

Abb. 279: Flussdiagramm – Beispiel „Kreditantragsbearbeitung"

In ▶Abb. 279 ist ein Beispiel für die Modellierung des Kreditantragsprozesses dargestellt. Bei der Modellierung von Flussdiagrammen besteht die Möglichkeit, die Rhomben-Symbole für die Ja/Nein-Verzweigungen direkt hintereinander aufzuführen (d. h. sie müssen nicht durch ein Funktionssymbol getrennt sein). Man hätte also auch ein Funktion „Kreditantrag bearbeiten" spezifizieren können, die sowohl die Prüfung der Vollständigkeit als auch die Genehmigungsprüfung beinhaltet. Dieser Funktion hätte man dann zwei direkt aufeinander folgende Verzweigungssymbole angehängt, wobei die erste Verzweigung die Vollständigkeit mit Ja/Nein behandelt hätte und die folgende Verzweigung die Genehmigung mit Ja oder Nein.

Flussdiagramme lassen sich in ihrer Aussagekraft erweitern, indem man einen tabellenförmigen Aufbau wählt. Diese Darstellungen bezeichnet man als „stellenorientierte Flussdiagramme". Damit bringt man neben der Prozesssicht (Funktionssicht) eine zusätzliche Informationsdimension in das Diagramm ein – und zwar die der Aufgabensicht (Organisationseinheit bzw. Stellen).

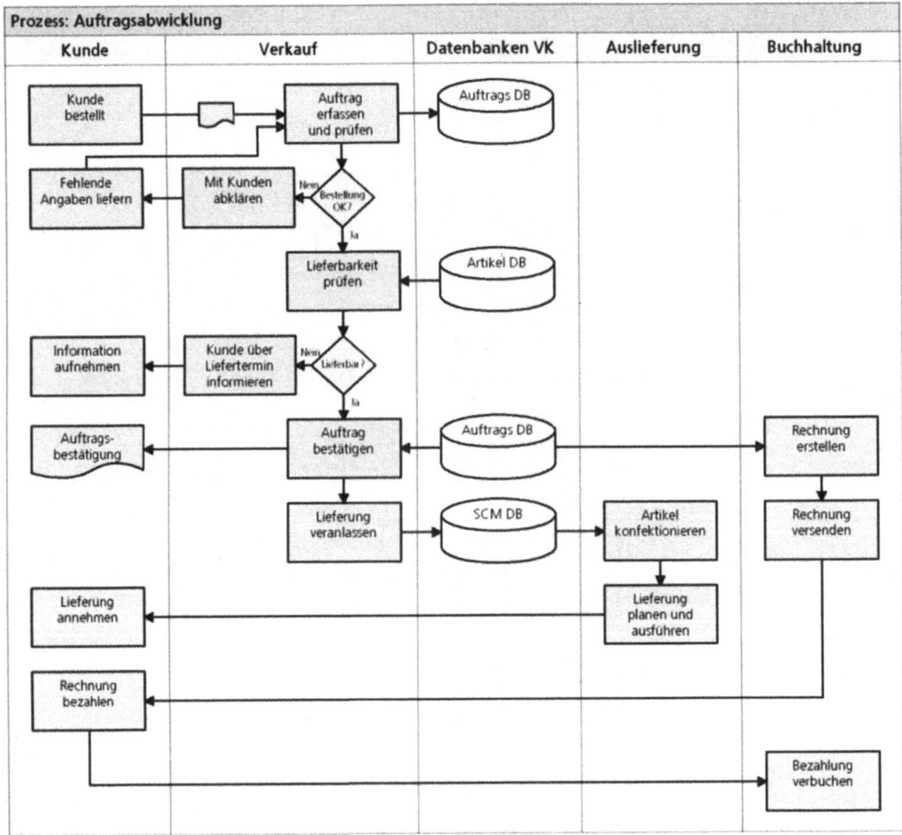

Abb. 280: Stellenorientiertes Flussdiagramm

Ein entsprechendes Beispiel ist in ▶Abb. 280 dargestellt. Es handelt sich dabei um einen Auftragsabwicklungsprozess, der mit gewissen Vereinfachungen modelliert wurde. Entlang der vertikalen Achse ist das Diagramm in Spalten eingeteilt, die man in der Fachsprache auch als „Swim Lanes" oder „Schwimmbahnen" bezeichnet. Eine Bahn stellt in der Regel eine Organisationseinheit dar. Es spricht aber aus heutiger Sicht nichts dagegen, eine oder mehrere Spalten für Informationssysteme bzw. Datenbanken zu gebrauchen.

Eine aus heutiger Sicht interessante Anwendungsmöglichkeit für Flussdiagramme kann die Grobmodellierung von Prozessen sein. Eine vorab durchgeführte Grobmodellierung kann verschiedene Vorteile mit sich bringen.

- Erstens gewinnt man mit wenig Aufwand eine Übersicht über den Prozessumfang.

- Zweitens können Grenzen des Prozesses festgelegt werden (Wann beginnt der Prozess? Wann endet er? Welche anderen Prozesse werden aufgerufen? Welche anderen Prozesse liefern Inputs?).

- Drittens wird bereits ein erster Abklärungsbedarf erkennbar, woraus sich wichtige Anhaltspunkte und auch bereits erste Konkretisierungen für die nachfolgende Detailmodellierung ergeben können. Die in der Regel etwas aufwendigere Detailmodellierung kann dann effizienter angegangen werden.

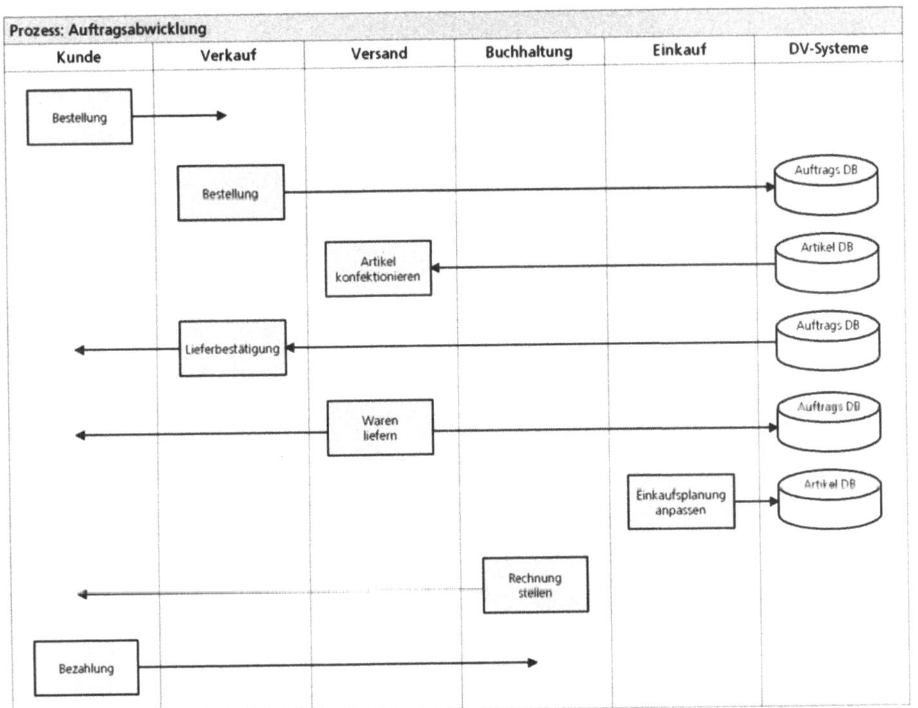

Abb. 281: Grobmodellierung von Prozessen mit vereinfachten Flussdiagrammen

Um die Anforderungen dieser Grobmodellierung erfüllen zu können (schnell, übersichtlich, einfach zu erstellen), wird in der Darstellung nur ein Knotentyp (Funktionssymbol) verwendet. In ▶Abb. 281 wird das Beispiel der Auftragsabwicklung in grober Modellierung gezeigt. Aus dieser Darstellung geht hervor, dass bei der Grobmodellierung nur noch vertikal verlaufende Kanten verwendet werden. Die Funktionen sind untereinander nicht verbunden. Die Kanten drücken lediglich Beziehungen nach dem „Absender-Empfänger-Prinzip" aus.

7.3.2 Ereignisgesteuerte Prozessketten (EPK)

Ereignisgesteuerte Prozessketten wurden speziell für die Analyse und Modellierung von Geschäftsprozessen konzipiert. Es handelt sich um eine grafische Beschreibungstechnik (Notation), die vom Institut für Wirtschaftsinformatik der Universität des Saarlands im Rahmen des ARIS-Konzeptes unter der Federführung von Prof. Scheer entwickelt wurde. Aufgrund der hohen Akzeptanz und der wachsenden Bedeutung prozessorientierter Organisationsstrukturen dient sie zunehmend als Grundlage für ein integriertes Geschäftsprozessmanagement. Die weite Verbreitung dieser Methode und Technik ist unter anderem auch darauf zurückzuführen, dass SAP die Darstellungstechnik für ihr gesamtes Produktportfolio übernommen hat und demzufolge alle R/3-Prozesse mit Ereignisgesteuerten Prozessketten beschrieben werden.

Da die ausgeschriebene Bezeichnung relativ lange ist, wird häufig die Abkürzung „EPK" bzw. „EPKs" verwendet. EPKs sind eine semi-formale Darstellungstechnik, sind aber sehr nah an den formalen Techniken angesiedelt. Es gibt Bestrebungen, die EPKs stärker zu formalisieren (zum Beispiel durch F. Rump im Buch „Geschäftsprozessmanagement auf der Basis ereignisgesteuerter Prozessketten"). Ereignisgesteuerte Prozessketten enthalten nur wenig strukturelle Elemente und Symbole, aber trotzdem können mit dieser Technik auch komplexe Geschäftsprozesse übersichtlich dargestellt werden. Die vier wesentlichen Elemente von Ereignisgesteuerten Prozessketten sind: Funktionen (Aufgaben), Ereignisse, Organisationseinheiten und Informationsobjekte.

Diese vier zentralen Elemente sollen im Folgenden kurz beschrieben werden:

- **Funktion:** Eine Funktion ist eine konkrete Aufgabe, die als Teil eines Geschäftsprozesses zu bearbeiten ist. Funktionen beschreiben Teilprozesse (Vorgänge), die Zeit verbrauchen; sie sind zeitraumbezogen. Funktionen werden oftmals auch als betriebswirtschaftliche Vorgänge bezeichnet. Funktionen sind aktive Komponenten, die beschreiben, was gemacht werden soll. Bei Mitarbeitern handelt es sich um operative Tätigkeiten, bei Informationssystemen handelt es sich um informationelle (informationsverarbeitende) Tätigkeiten. Eine Funktion wird durch ein oder mehrere Ereignisse angestoßen. Beispiele für Funktionen sind: „Lieferbarkeit prüfen", „Kreditantrag beurteilen", „Bestellung bestätigen".

- **Ereignis:** Bei einem Ereignis handelt es sich um einen eingetretenen Zustand, der gleichzeitig Auslöser für eine Funktion ist und Ergebnis einer vorangegangenen Funktion. Ereignisse sind zeitpunktbezogen. Gemeint sind nicht beliebige Ereignisse, sondern betriebswirtschaftlich relevante Ereignisse wie zum Beispiel „Rechnung ist eingetroffen", „Überweisung ist vorbereitet", „Angebot ist versendet" oder „Auftrag wurde angenommen". Ereignisse sind passive Komponenten (sie treten ein). Dem Beginn einer Funktion geht immer ein Ereignis voraus, genauso, wie eine Funktion immer durch ein Ereignis abgeschlossen wird. Beispiele für Ereignisse sind: „Bestellung ist eingegangen", „Kreditantrag ist genehmigt", „Rechnung ist bezahlt".

- **Organisationseinheit:** Eine Organisationseinheit kann ein Aufgabenträger (eine Person) sein, eine Abteilung oder ein Unternehmensbereich sein, der direkt oder indirekt Funktionen bearbeitet. In EPKs werden Organisationseinheiten verwendet, um festzuhalten, wo bzw. von wem die in einer Funktion erfasste Aufgabe getätigt wird. Einer Funktion können auch mehrere Organisationseinheiten zugeordnet werden. Beispiele für Organisationseinheiten sind: Vertrieb, Produktion, Personalwesen, Supply Chain-Management (SCM).

- **Informationsobjekte:** Hierbei handelt es sich um betriebswirtschaftlich relevante Informationen, die zur Bearbeitung einer Funktion benötigt werden oder die von einer Funktion erzeugt werden. Eine Funktion „Angebot erstellen" benötigt zum Beispiel Daten über den Kunden und den Angebotsinhalt. Informationsobjekte sind in den EPKs richtungsgebunden und werden deshalb durch Pfeilsymbole mit Funktionen verbunden. Sie können entweder zu der Funktion fließen, wenn die Funktion diese benötigt, oder von der Funktion weggehen, wenn die Funktion die Information erzeugt.

Damit strebt die Darstellungstechnik der ereignisgesteuerten Prozessketten eine möglichst vollständige Modellierung von Geschäftsprozessen an, was bedeutet, dass auch Datenflussbeziehungen (mit Quellen und Senken) und organisatorische Zuständigkeiten im Kontext des Ablaufs modelliert werden können.

Element	Frage	Beispiel
Ereignis	Wann soll etwas getan werden?	Bewerbung eingetroffen
Funktion	Was soll getan werden?	Bewerber erfassen
Organisationseinheit	Wer soll etwas tun?	Personalabteilung
Informationsobjekt	Welche Informationen werden benötigt?	Bewerbungsunterlagen, bereits erfasste Bewerber

Abb. 282: Die vier Kernelemente der EPK

In der Tabelle in ▶ Abb. 282 sind die vier Beschreibungselemente mit jeweils einem Beispiel aus dem Prozess „Stellenbewerbung" aufgeführt. Bei den Funktionen ist zu beachten, dass diese zerlegt und auch wieder aggregiert werden können. Eine Zerlegung von Funktionen ist erst dann nicht mehr möglich, wenn ein „atomarer" Ablauf erreicht ist (z. B. „Bestätigung absenden").

Es ist empfehlenswert, sich im Vorfeld darüber Gedanken zu machen, ob man einen Geschäftsprozess auf Basis der atomaren Funktionen modellieren will – was nur in wenigen Fällen notwendig sein wird – oder ob man mit aggregierten Funktionen arbeitet. So kann sich zum Beispiel die aggregierte Funktion „Bestätigung versenden" aus den Teilfunktionen „Bestätigung verfassen" und „Bestätigung absenden" zusammensetzen.

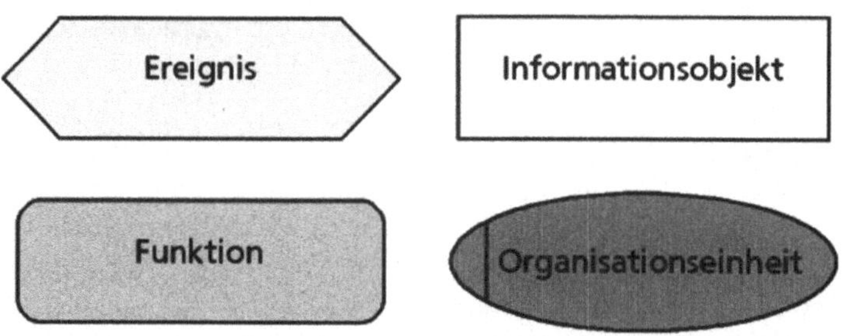

Abb. 283: Die Symbole der vier EPK-Kernelemente und ihre Bedeutung

In ▶Abb. 283 sind die für die jeweiligen Prozessbeschreibungselemente verwendeten Symbole grafisch dargestellt. Neben diesen inhaltlichen Beschreibungselementen benötigt man noch Operatoren, die aufgrund von unterschiedlichen Bedingungen Verzweigungen erlauben. Prozesse laufen nur in den seltensten Fällen rein sequentiell ab. Vielmehr kommt es in Prozessabläufen zu Parallelitäten und Nebenläufigkeiten. EPKs sehen für deren Modellierung drei Verknüpfungsoperatoren vor, die die logische Verknüpfung von Ereignissen und Funktionen beschreiben. Sie sind in ▶Abb. 284 dargestellt.

Standard	Alternative	Bezeichnung	Beschreibung
$\wedge$	AND	Konjunktion	"logisches UND" (sowohl A als auch B)
$\vee$	OR	Adjunktion	"inklusives ODER" (entweder: A oder B; oder: A und B)
$\underline{\vee}$	XOR	Disjunktion	"exklusives ODER" (entweder A oder B)

Abb. 284: Mögliche Verknüpfungsoperatoren

In Bezug auf Funktionen haben die Operatoren folgende Bedeutung: Bei einer UND-Verknüpfung müssen alle Funktionen getätigt sein, bevor der Prozessfluss fortgeführt wird. Bei einer ODER-Verknüpfung muss mindestens eine der Funktionen getätigt werden, damit der Prozessfluss fortgeführt wird. Bei einer Exklusiv-ODER-Verknüpfung muss genau eine Funktion getätigt werden, damit der Prozessfluss fortgeführt werden kann.

In Bezug auf Ereignisse haben die Operatoren folgende Bedeutung:

- Bei einer UND-Verknüpfung müssen alle Ereignisse eintreten, erst dann geht der Prozessfluss weiter.

- Bei einer ODER-Verknüpfung muss mindestens eines der Ereignisse eintreten, bevor der Prozessfluss weitergeht.

- Bei einer Exklusiv-ODER-Verknüpfung muss genau eines der Ereignisse eintreten, erst dann wird der Prozessfluss fortgesetzt.

Verknüpfungsoperatoren beschreiben die logischen Beziehungen zwischen Ereignissen und Funktion. Verknüpfungen dürfen nur homogen sein. Das heißt, die Operatoren dürfen nur Ereignisse mit Ereignissen oder Funktionen mit Funktionen verknüpfen. Dies geht auch aus ▶Abb. 285 hervor, in der eine ODER-Verknüpfung dargestellt ist. Es muss demnach eine der vor dem Verknüpfungssymbol dargestellten Funktionen ausgeführt worden sein (Verknüpfung zwischen den beiden Funktionen), damit das nach dem Verknüpfungssymbol dargestellte Ereignis eintritt.

Der logische Ablauf einer Verknüpfung sieht immer so aus, dass vor der Verknüpfung Ereignisse stehen und nach der Verknüpfung Funktionen oder umgekehrt. Es ergibt keinen Sinn, wenn zwei Funktionen oder zwei Ereignisse zwischen einem Verknüpfungsoperator stehen. Die nachfolgenden Beispiele werden dies noch deutlich machen.

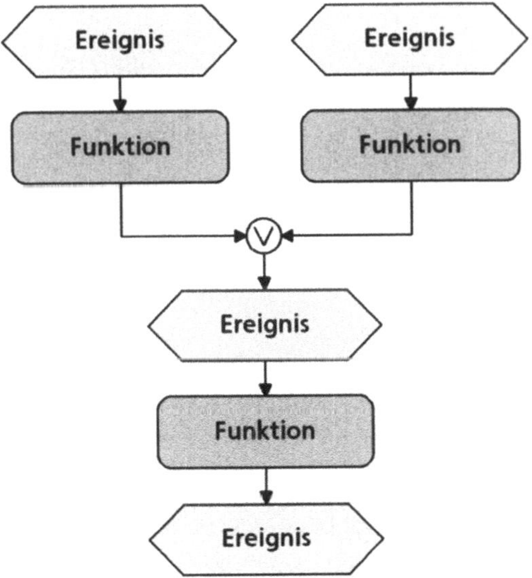

Abb. 285. Neutralbetrachtete Form von Ereignis-Funktions Verbindungen

Mit dem folgenden (vereinfachten) Fallbeispiel sollen zunächst die wesentlichen Modellierungsregeln für EPKs erläutert werden, bevor in Detailaspekte eingestiegen wird. Es handelt sich dabei um den exemplarischen Prozess einer Kreditantragsbearbeitung. Die dazugehörige Ereignisgesteuerte Prozesskette ist in ▶Abb. 286 abgebildet.

Die Regeln im Einzelnen:

- Ein Prozess beginnt und endet mit Ereignissen. Man spricht in diesem Zusammenhang auch von „Anfangsereignis" und „Endereignis". Das Anfangsereignis „Kreditantrag eingegangen") stößt den Prozess an und führt zur Prüfung des Antrags, die von der Abteilung „Kreditsachbearbeitung" vorgenommen wurde. Der Prozess wird durch die drei Endereignisse „Ablehnung ist versendet", „Kreditvertrag ist versendet" und „Antragsteller ist benachrichtig" terminiert.

- Ereignisse und Funktionen wechseln sich ab. Auf ein Ereignis folgt eine Funktion und einer Funktion folgt ein Ereignis. Diese Vorgabe muss immer eingehalten werden.

- Die Ereignisse und Funktionen werden durch Linien mit Pfeilen verbunden. In der Informatik bezeichnet man diese auch als „gerichtete Kanten".

- Die Richtung von Informations- bzw. Datenflüssen wird mit Pfeilen angegeben. Die Angabe von Informationsobjekten ist optional. Eine Funktion kann sowohl Informationen abrufen als auch Daten generieren. Die Funktion „Antrag prüfen" benötigt zum Beispiel die Daten des Kunden und allgemeine statistische Informationen zur Bonitätsbeurteilung. Die Funktion erzeugt Daten in Form eines Prüfergebnisses, das im Informationssystem festgehalten wird.

- Organisationseinheiten werden durch eine Linie mit der entsprechenden Funktion verknüpft. Die Angabe einer Organisationseinheit ist optional. Im vorliegenden Fall wird die Funktion „Antrag prüfen" von der Kreditsachbearbeitung durchgeführt.

- Verzweigungen im Prozess können nur durch Konnektoren entstehen und auch nur durch sie zusammengeführt werden. Im Fallbeispiel sind zwei unterschiedliche Konnektoren enthalten. Der Funktion „Antrag prüfen" folgt ein Exklusiv-ODER-Konnektor mit drei Ereignissen. Damit wird ausgesagt, dass eines dieser drei Ereignisse eintreten kann – aber nicht mehrere gleichzeitig (ODER) und auch nicht alle gleichzeitig (UND). Dem Ereignis „Antrag ist genehmigt" folgt ein UND-Konnektor mit zwei Funktionen. Damit wird ausgesagt, dass beide Funktionen durchgeführt werden müssen. Da sie parallel verlaufen, spielt es keine Rolle, in welcher Reihenfolge sie bearbeitet werden. Die beiden Funktionen werden durch einen UND-Konnektor zusammengeführt, was bedeutet, dass beide Funktionen ausgeführt sein müssen, damit das Ereignis „Vertrag ist versandbereit" eintritt.

Durch die Verbindung von Knoten mit Kanten entsteht ein so genannter „**Kontrollfluss**". Bei den EPKs wird angenommen, dass der Kontrollfluss immer von oben nach unten verläuft. Seitwärts gerichtete Kontrollflüsse entsprechen nicht der Konvention.

Bei der in ▶Abb. 286 gezeigten Ereignisgesteuerten Prozesskette handelt es sich um eine „erweiterte Ereignisgesteuerte Prozesskette" (verkürzt auch als eEPK bezeichnet). Erweitert deshalb, weil in der Darstellung neben Funktionen und Ereignissen auch Informationsobjekte und Organisationseinheiten enthalten sind. Werden in einer Ablaufdarstellung nur Funktionen und Ereignisse gezeigt, spricht man von einer „einfachen Ereignisgesteuerten Prozesskette. Wir machen auf diese Differenzierung aufmerksam, damit die Bezeichnungen richtig zugeordnet werden können. Im Folgenden verwenden wir die Bezeichnung EPK als Oberbegriff, der sowohl erweiterte als auch einfache EPKs einschließt.

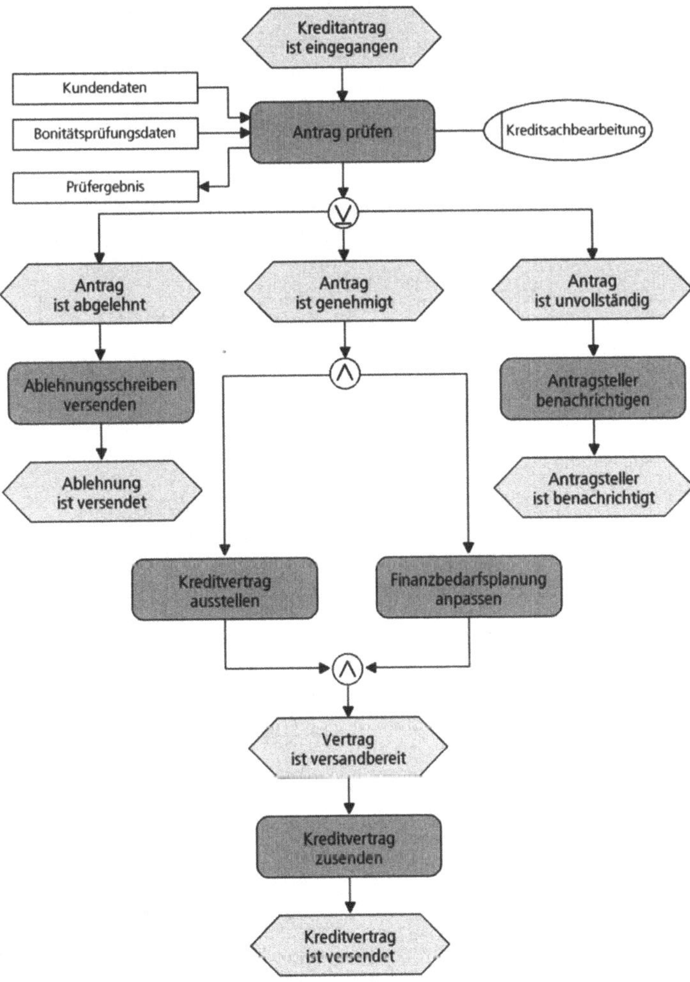

Abb. 286: Fallbeispiel – Bearbeitung eines Kreditantrags (vereinfacht)

Nachdem wir die grundlegenden Aspekte der EPKs erkundet haben, können wir einige wichtige Details behandeln. Abklärungsbedarf besteht beispielsweise noch hinsichtlich der Operatoren, da es hier noch zu Widersprüchen in der Darstellung kommen kann. Wenn wie in ▶Abb. 287 gezeigt, die Operatorverknüpfung immer mit einem Element beginnt oder mit einem Element endet, ist offensichtlich, auf was sich der Operator bezieht – immer auf die Elemente, die mehrfach aufgeführt sind (zwei oder mehrere).

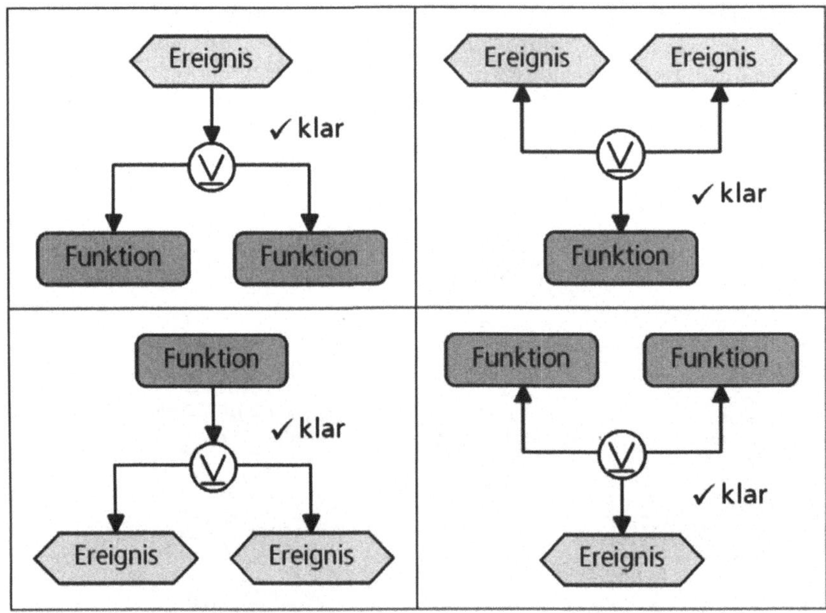

Abb. 287: Widerspruchsfreie Operatorenverknüpfungen

Wie verhält sich dies, wenn mehrere Symbole in einen Operator münden und auch mehrere Symbole einem Operator folgen. Auf was bezieht sich dann der Operator? Dies wird neutralbetrachtet in ▶Abb. 288 gezeigt.

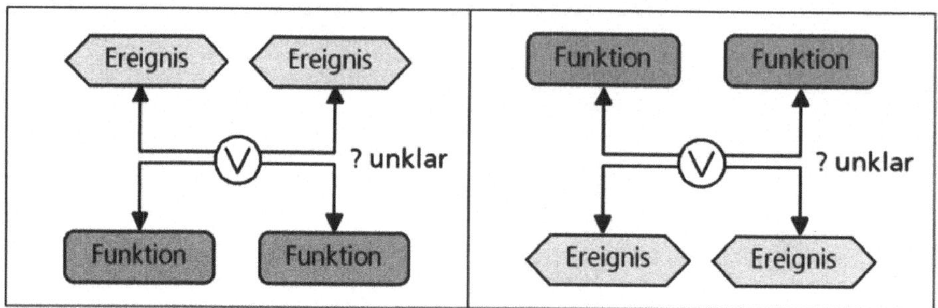

Abb. 288: Widersprüchliche Operatorverknüpfungen

Es ist nicht ersichtlich, ob sich der Operator auf die beiden Symbole bezieht, die vor ihm dargestellt sind, oder auf die Symbole, die ihm folgen. Des Weiteren ist es auch nicht möglich, unterschiedliche Bedingungen anzugeben für die Verknüpfung von Ereignissen oder Funktion, die vor dem Operatorsymbol liegen, und für diejenigen Ereignisse oder Funktionen, die dem Operatorsymbol folgen.

Es gibt nun zwei Arten, wie dieser Widerspruch gelöst werden kann. Beide Lösungsvarianten sind in ▶Abb. 289 dargestellt.

- Die erste Variante sieht vor, dass man zwei Operatoren hintereinander verbindet. Der erste Operator bezieht sich auf die ankommenden Kontrollflüsse der vorgeschalteten Ereignisse oder Funktionen. Der zweite Operator bezieht sich auf die ausgehenden Kontrollflüsse der nachfolgenden Ereignisse oder Symbole.

- Die nun beschriebene zweite Variante entspricht der offiziellen EPK-Notation. Bei ihr wird der Operatorkreis zweigeteilt. Es entsteht ein so genannter „**Doppeloperator**". Die obere Hälfte gibt an, wie die durch die ankommenden Kontrollflüsse repräsentierten Ereignisse oder Funktionen verknüpft sind. Die untere Hälfte beschreibt, wie die Kontrollflüsse für die nachfolgenden Ereignisse oder Funktionen zu verstehen sind.

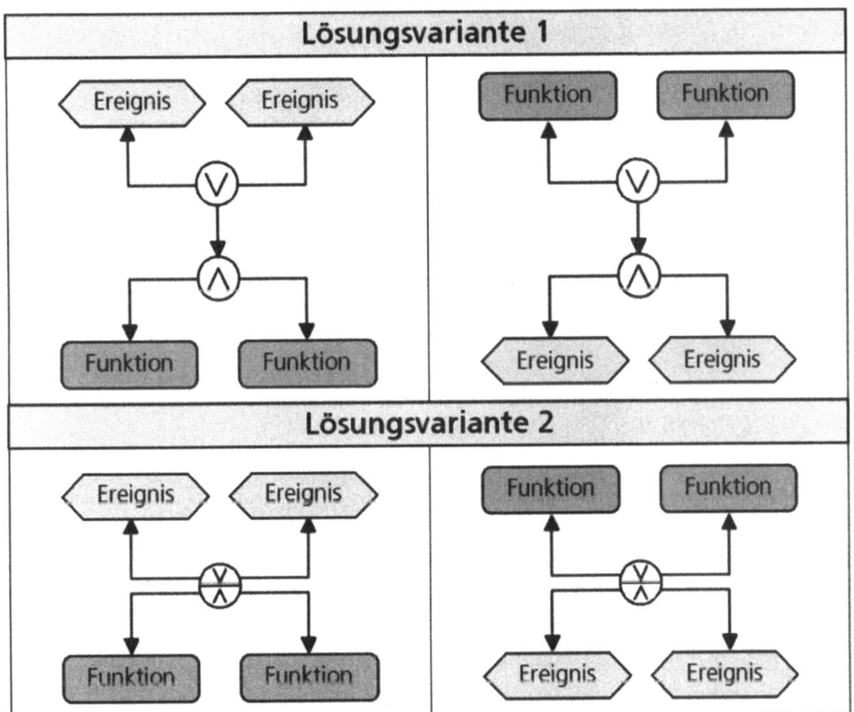

Abb. 289: Lösungsvarianten für widerspruchsfreie Mehrfachverknüpfungen

Die erste Variante (zwei miteinander verbundene Einfachoperatoren) hat den Vorteil, dass man sie gezielt in den sehr seltenen Fällen anwenden kann, in denen diese Verknüpfung notwendig ist und in allen anderen Fällen die Einfachoperatoren wie gewohnt verwenden kann.

Die zweite Variante (Doppeloperatoren) kann man nicht mehr situativ anwenden. Es gibt hier nur ein Entweder-oder. Entweder man zeichnet alle Verknüpfungen in einer Ereignisgesteuerten Prozesskette nach dem zweiten Schema (als mit Doppeloperatoren) oder man verzichtet vollständig auf die Verwendung dieser Syntaxform.

Eine Mischung von Einfachoperatoren und Doppeloperatoren in einer Prozesskette stellt einen Strukturbruch dar und ist deshalb nicht sinnvoll.

Ein weiteres beachtenswertes Detail bei EPKs ergibt sich aus **Rücksprüngen**. Es ist durchaus nicht ungewöhnlich, dass ein Prozess oder ein Teil eines Prozesses in Abhängigkeit von einem bestimmten Ereignis wiederholt werden muss. Um dies zu erläutern, haben wir das bereits verwendete Fallbeispiel einer Kreditantragsbearbeitung im Folgenden etwas umgestellt.

Bisher sind wir davon ausgegangen, dass bei einem unvollständigen Kreditantrag der Antragsteller lediglich benachrichtigt wird. Es ist offen geblieben, was danach passiert. Wir ändern nun den Sachverhalt soweit ab, dass der Antragsteller von der Abteilung Kundenservice kontaktiert wird, um die fehlenden Angaben nachzuführen (etwaige rechtliche Aspekte, zum Beispiel neue Unterschrift, lassen wir hier außen vor). Danach wird der Antrag erneut von der Kreditsachbearbeitung geprüft.

Die entsprechend angepasste Ereignisgesteuerte Prozesskette ist in ▶Abb. 290 dargestellt. Es findet sich darin eine neue Funktion „fehlende Angaben einholen" und das darauf folgende Ereignis „Antrag vollständig". Dieses Ereignis bezieht sich auf die Sicht der Serviceabteilung. Es kann also durchaus sein, dass die Kreditsachbearbeitung bei den nachträglich erhobenen Informationen lücken feststellt.

Anhand dieses Fallbeispiels können die drei wesentlichen Regeln erläutert werden, die bei der Modellierung von Rücksprüngen zu beachten sind:

- Ein Rücksprung geht immer von einem Ereignis weg und zwar dem Ereignis, aus dem sich die Notwendigkeit für den Rücksprung ergibt. Im Fallbeispiel ist dies das Ereignis „Antrag ist vollständig", da dieses Ereignis bewirkt, dass der Antrag nochmals von der Kreditsachbearbeitung geprüft wird.

- Ein Rücksprung mündet immer in einen Operator. Wenn an der „Einmündungsstelle" kein Operator vorhanden ist, muss ein neuer Operator eingefügt werden. Im Fallbeispiel wurde vor der Funktion „Antrag prüfen" ein neuer Exklusiv-ODER-Operator eingefügt. Dies ist notwendig, da bei einem Rücksprung zwei Ereignisse oder zwei Funktionen zusammentreffen. Im Fallbeispiel fallen durch den Rücksprung die Ereignisse „Kreditantrag ist eingegangen" und „Antrag ist vollständig" zusammen. Der Exklusiv-ODER-Operator gibt an, dass wenn eines dieser beiden Ereignisse eintritt, die Funktion „Antrag prüfen" ausgeführt wird.

- Auch bei Rücksprüngen ist die Regel einzuhalten, nach der auf eine Funktion ein Ereignis folgt und auf ein Ereignis eine Funktion folgt. Da ein Rücksprung nur von einem Ereignis ausgehen kann, muss der Rücksprung unmittelbar vor einer Funktion einmünden. Im Fallbeispiel wird der Rücksprung durch das Ereignis „Antrag ist vollständig" ausgelöst. Die Einmündungsstelle des Rücksprungs muss deshalb unmittelbar vor der entsprechend sinnvollen Funktion liegen – im vorliegenden Fall ist dies die Funktion „Antrag prüfen".

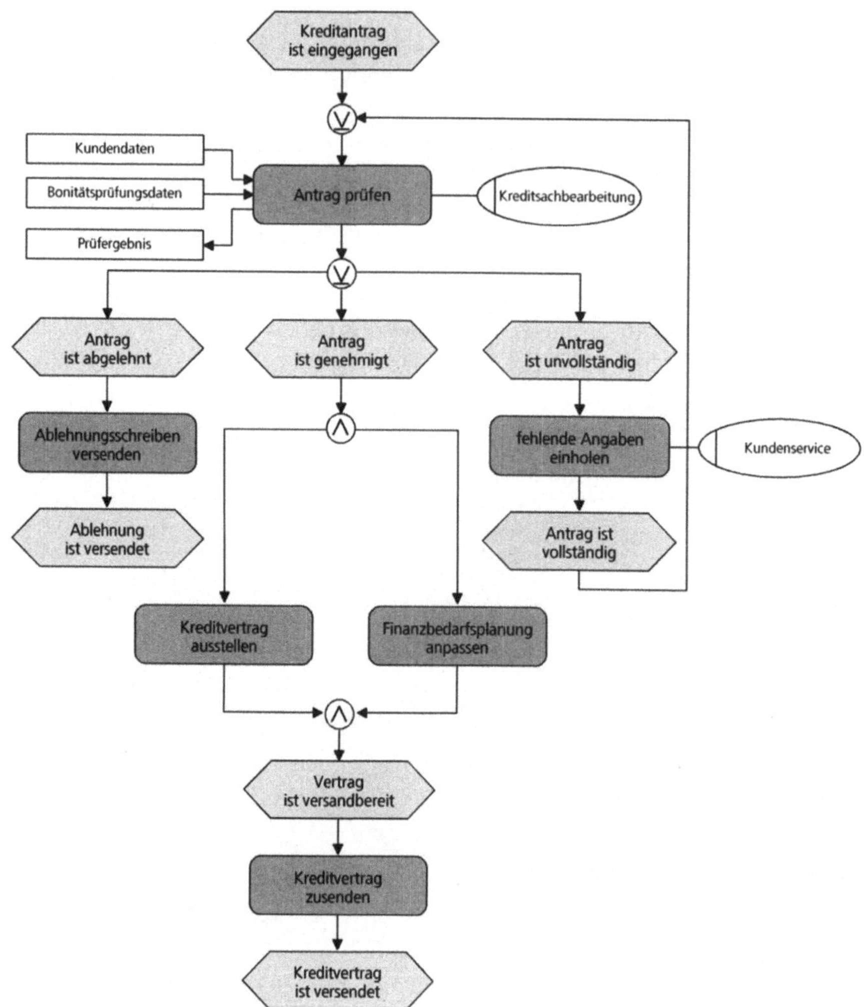

Abb. 290: Kreditantragsbearbeitung mit Rücksprung bei unvollständigem Antrag

Die Notation der Ereignisgesteuerten Prozessketten spezifiziert kein Beschreibungselement, aus dem hervorgeht, wie oft ein Rücksprung maximal durchzuführen ist. Dies ist auch nicht weiter kritisch, solange EPKs nicht als Grundlage für konkrete Workflow-Beschreibungen verwendet werden. Es ist auch bei einer semi-formalen Darstellungstechnik wie den EPKs nicht möglich, alle Eventualitäten mit einer gezielten Syntax abzufangen.

Dennoch ist es möglich, quantitative Abfragen in EPKs zu modellieren. Man benötigt dazu eine Funktion – beispielsweise „Feststellen wie oft Antrag überarbeitet wurde" und zwei Ereignisse „weniger als zweimal" und „zweimal", die der Funktion folgen und über einen Exklusiv-ODER-Operator verknüpft sind.

Wenn der Antrag bereits zweimal überarbeitet wurde, nimmt er einen anderen Weg als in den ersten beiden Überarbeitungsvorgängen.

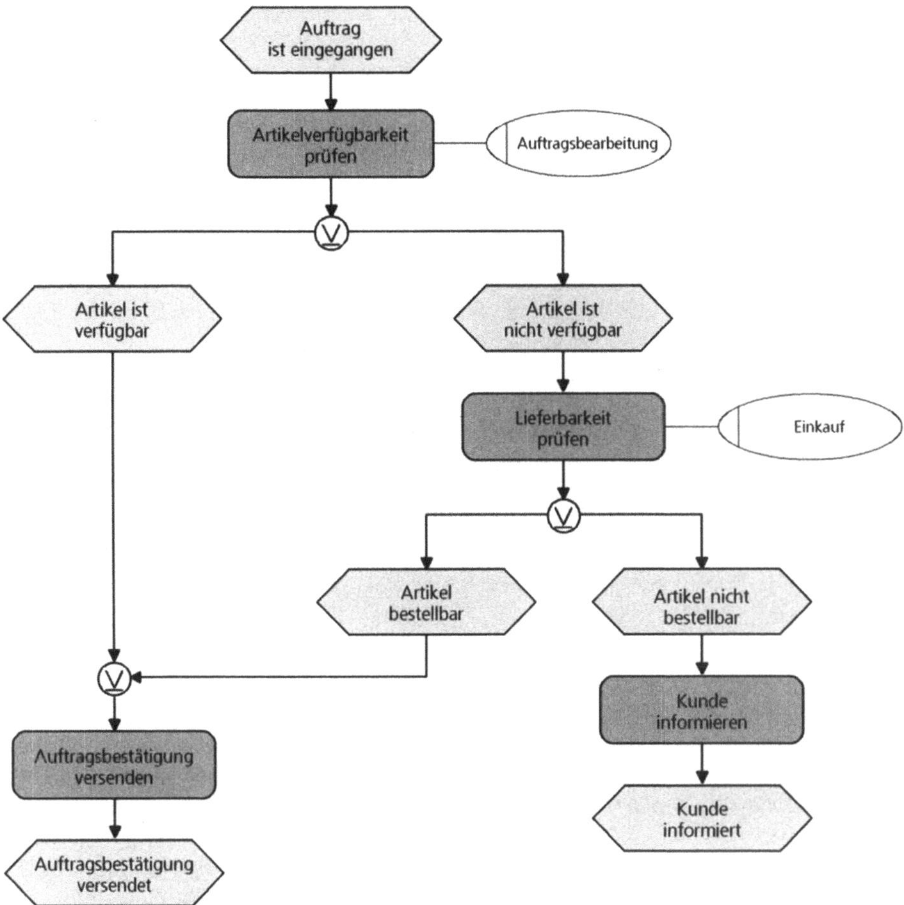

Abb. 291: Vereinfachtes Beispiel für die Verbindung von Bearbeitungssträngen

Die Regeln für Rücksprünge sind auch in ähnlichen Situationen gültig. Beispielsweise wenn zwei unabhängige Bearbeitungsstränge zusammengeführt werden. Auch dann ist an der Verbindungsstelle ein Verknüpfungsoperator einzufügen, und es muss weiterhin darauf geachtet werden, dass ein Ereignis das Ende des einen Bearbeitungsstrangs darstellt und dieses Ereignis oberhalb einer Funktion in den anderen Strang mündet. Dieser Sachverhalt wird beispielhaft in ►Abb. 291 gezeigt.

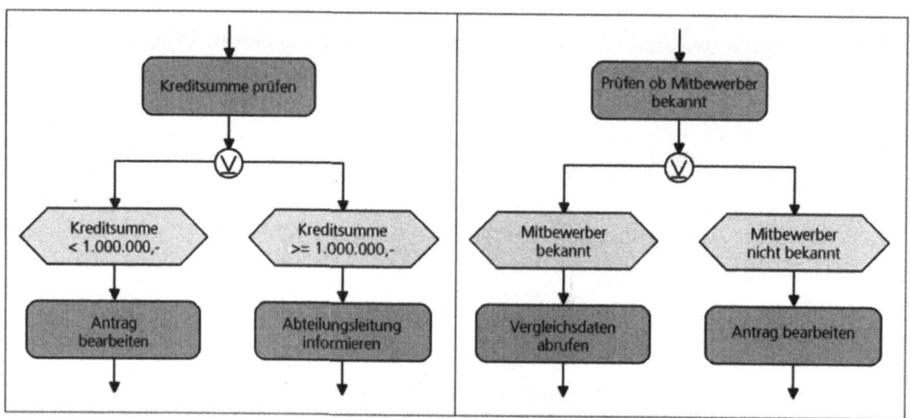

Abb. 292: Modellierung von nicht-formalisierbaren Bedingungen

Unklar ist häufig auch die Art und Weise, wie mit nicht formalisierbaren Bedingungen zu verfahren ist. Beispielsweise wenn unterschiedliche Aktionen bei einer Kreditsumme unter 1.000.000,- und über 1.000.000,- notwendig werden oder bei Bedingungen, die mit „Ja" und „Nein" zu beantworten sind. Derartige Bedingungen müssen zunächst durch Funktionen geprüft werden (z. B. „Kreditsumme prüfen"). Anschließend müssen die möglichen Aktionen als Ereignisse modelliert werden. ▶Abb. 292 zeigt zwei Beispiele für derartige Konstellationen.

Als letztes soll noch ein Hinweis auf ein Bedingungssituation gegeben werden, die mittels der Verknüpfungsoperatoren nicht modelliert werden kann. Es handelt sich um den Fall, wenn mehrere Aktionen zur Verfügung stehen, aber keine dieser Aktionen notwendig ist. Die beiden ODER-Operatoren sehen vor, dass es mindestens zur Ausführung einer Aktion kommt. Der UND-Operator ist in diesem Fall ohnehin nicht relevant. Gelöst wird dies, indem ein weiteres Ereignis, beispielsweise „Keine Aktion notwendig", hinzugefügt wird. Dies wird anhand eines vereinfachten Beispiels in ▶Abb. 293 gezeigt. Das Ereignis „Keine Aktion notwendig" muss an der richtigen Stelle mit den anderen Kontrollflüssen zusammengefügt werden (vor einer Funktion).

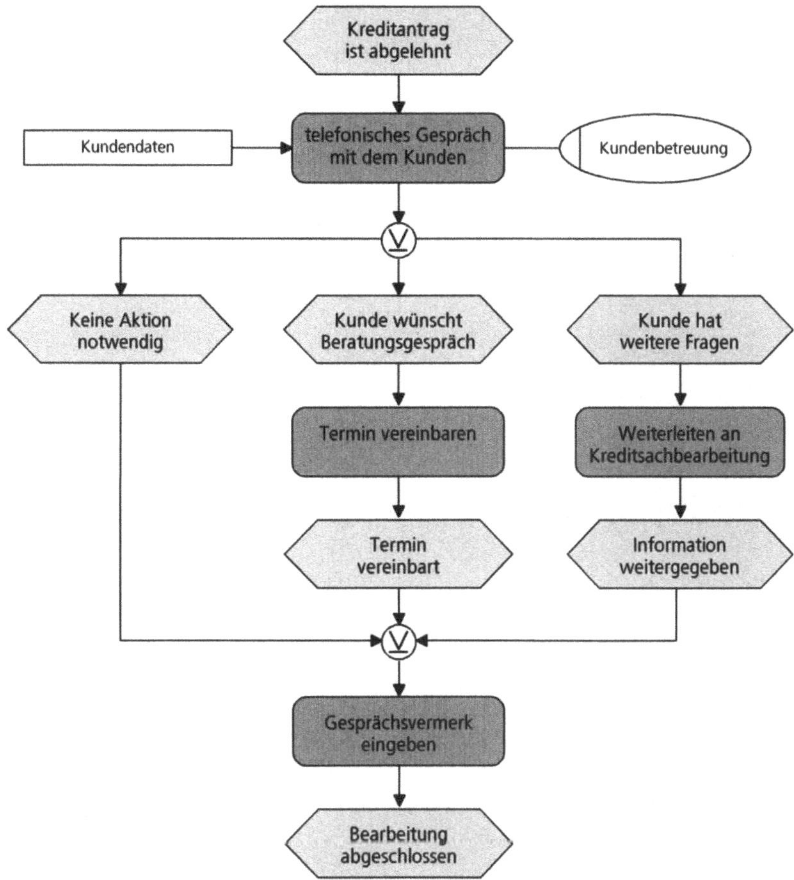

Abb. 293: Modellierung wenn keine Aktion notwendig ist

7.3.3 Vorgangskettendiagramm

Das Vorgangskettendiagramm (abgekürzt: VKD) verfolgt das Ziel, nicht nur einen Prozessablauf zu beschreiben, sondern gleichzeitig auch eine Betrachtung der Organisation, der verwendeten Daten, der Informationssysteme (Funktionen) und der Verarbeitungsform (Dialog/Batch/Manuell) durchzuführen. Um dieses Ziel zu erreichen, wird das Vorgangskettendiagramm in einer tabellarischen Form dargestellt. Das Vorgangskettendiagramm strebt also eine umfassendere Geschäftsprozessmodellierung an, als beispielsweise die Freignisgesteuerten Prozessketten. Die in einem Vorgangskettendiagramm dargestellten Inhaltskategorien (z. B. Ereignisse, Funktionen, Daten, Verarbeitungsart, Anwendungssystem, Organisationseinheit) sind im Prinzip frei wählbar.

Die ursprüngliche Motivation des Vorgangskettendiagramms war es, die Teilsichten eines Informationssystems, die getrennt erhoben und modelliert wurden, zusammenzuführen und sie in ihrem Gesamtzusammenhang darzustellen. Zu diesen Teilsichten gehören neben dem Prozessablauf (Funktionssicht) die Datensicht und die Organisationssicht. Da mit den erweiterten Ereignisgesteuerten Prozessketten eine Notation vorliegt, die die Integration von Funktionen mit Daten und Organisationseinheiten ermöglicht, macht dies in vielen Situationen den Gebrauch eines Vorgangskettendiagramms überflüssig.

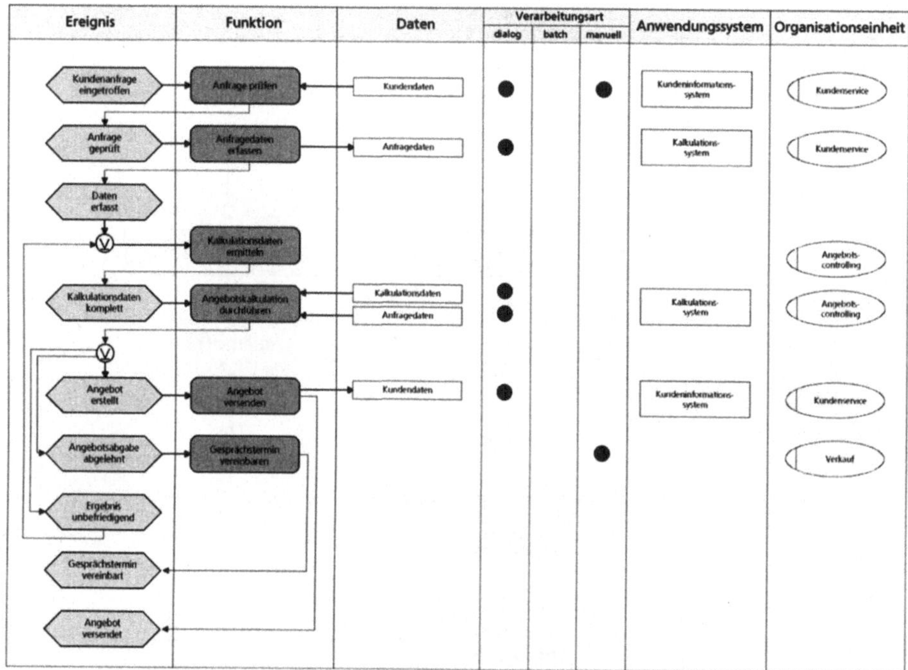

Abb. 294: Vorgangskettendiagramm – Angebotskalkulation

In ▶Abb. 294 wird ein Beispiel für ein Vorgangskettendiagramm gezeigt. Die Symbole in diesem Beispiel orientieren sich an den der Ereignisgesteuerten Prozessketten. Dies ist dann sinnvoll, wenn beispielsweise beide Diagrammarten in einem Unternehmen gleichzeitig genutzt werden. Wie aus der Abbildung hervorgeht, können selbst die Verknüpfungsoperatoren genutzt werden. Ein Vorteil dieser Diagrammart ist, dies auf einen Blick erkennbar ist, welche Tätigkeiten manuell oder nur teilweise systemunterstützt ausgeführt werden.

7.3.4 Aufgabenkettendiagramm

Beim Aufgabenkettendiagramm handelt es sich um eine Flussdiagramm-Variante (stellenorientierter Flussplan). Der Fokus liegt auf den in einem Prozesses durchzuführenden Aufgaben. Ereignisse bzw. Zustandsübergänge werden ignoriert. Die Notwendigkeit, den Prozessablauf durch die alternierende Verbindung von Ereignis – Aktivität – Ereignis darzustellen, wie dies beispielsweise bei Ereignisgesteuerten Prozessketten, Vorgangskettendiagrammen oder Petri-Netzen modelliert werden muss, entfällt damit.

Die Ignorierung der Ereignisse greift einen Kritikpunkt auf, der von mehreren Seiten an die zuvor genannten Ablaufdarstellungen gerichtet wird. Bei nicht verzweigenden Strukturen stellen Ereignisse in den meisten Fällen nur triviale Beschreibungen dar, die darauf hinweisen, dass die vorausgegangene Aktivität beendet ist. Dies führt jedoch nicht zu mehr Informationen, sondern lediglich zu einer unnötigen Vergrößerung des Modells. Die Ausweisung eines eigenen Knotens (Ereignisse) in einer linear verlaufenden Sequenz ist deshalb meistens unnötig (Ausnahme: Wenn sich Ressourcen ändern; Ressourcen werden jedoch bei den meisten Ablaufdarstellung ohnehin nicht beachtet).

Durch die Reduktion auf Aktivitäten und einen tabellarischen (stellenorientierten) Aufbau werden mit einem Aufgabenkettendiagramm drei Kernaussagen visualisiert. Zum einen die Aufgaben, die notwendig sind, um definierte Leistungen zu erbringen und wie sich deren zeitliche Ablauffolge gestaltet. Zum zweiten die Organisationseinheit und ggf. auch das Anwendungssystem, welches die einzelnen Ausgaben ausführt. Und als Drittes der Ablauf beim Kunden des Prozesses, womit dargestellt wird, wie die eigenen Leistungen synchron zum Kundenprozess verlaufen.

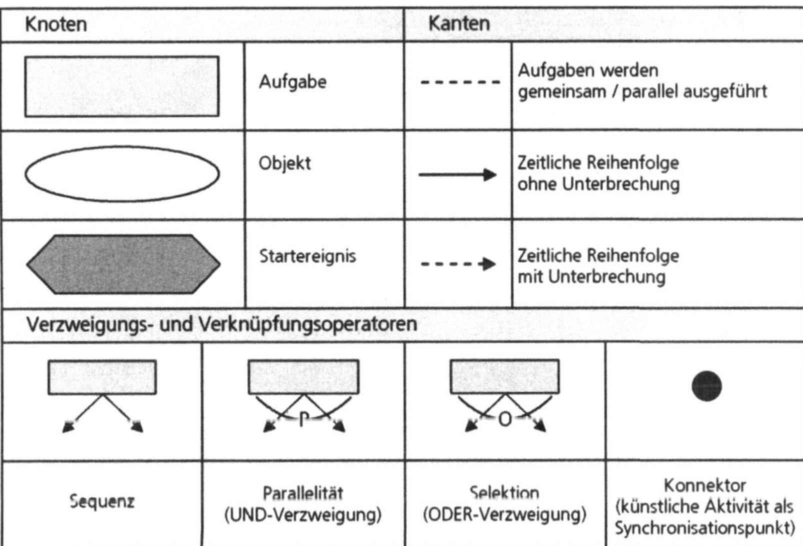

Abb. 295: Mögliche Syntax-Elemente für ein Aufgabenkettendiagramm

Die Syntax-Elemente für ein Aufgabenkettendiagramm sind in ▶Abb. 295 dargestellt. Es besteht allerdings kein Zwang, alle Syntax-Elemente auch tatsächlich in einem Aufgabenkettendiagramm zu verwenden. Die Knoten für „Objekt" und „Startereignis" werden beispielsweise nur dann in einem Diagramm gebraucht, wenn entsprechende Aussagen vordergründig sind. Aus der angegeben Notation für die Kanten geht hervor, dass sowohl gerichtete Kanten als auch ungerichtete Kanten vorgesehen sind. Die ungerichteten Kanten verlaufen in der Regel horizontal und deuten an, dass die Aktivitäten von zwei beteiligten Akteuren gemeinsam bzw. parallel ausgeführt werden.

Gerichtete Kanten drücken die sachlogische Reihenfolge von Aktivitäten aus, wobei dieser zeitliche Ablauf meistens entlang der vertikalen Diagrammebene verläuft. Bei den gerichteten Kanten besteht optional die Möglichkeit, zwei unterschiedliche Formen im Diagramm zu verwenden – durchgezogene Linien und gestrichelte Linien:

- Sind zwei Aufgaben mit einer durchgezogenen Pfeillinie verbunden, wird ausgesagt, dass diese Aufgaben direkt nacheinander und ohne nennenswerte zeitliche Verzögerung stattfinden.

- Sind zwei Aufgaben mit gestrichelten Pfeillinien verbunden, wird ausgesagt, dass sich eine Verzögerung ergibt.

Mit gestrichelten Pfeillinien können demnach unterschiedliche zeitliche Entkoppelungen dargestellt werden, beispielsweise bei einem Kundenprozess die Zeit zwischen der Abgabe eines Schadensantrags, bis die erste Information bezüglich der Schadensbearbeitung beim Kunden eintrifft.

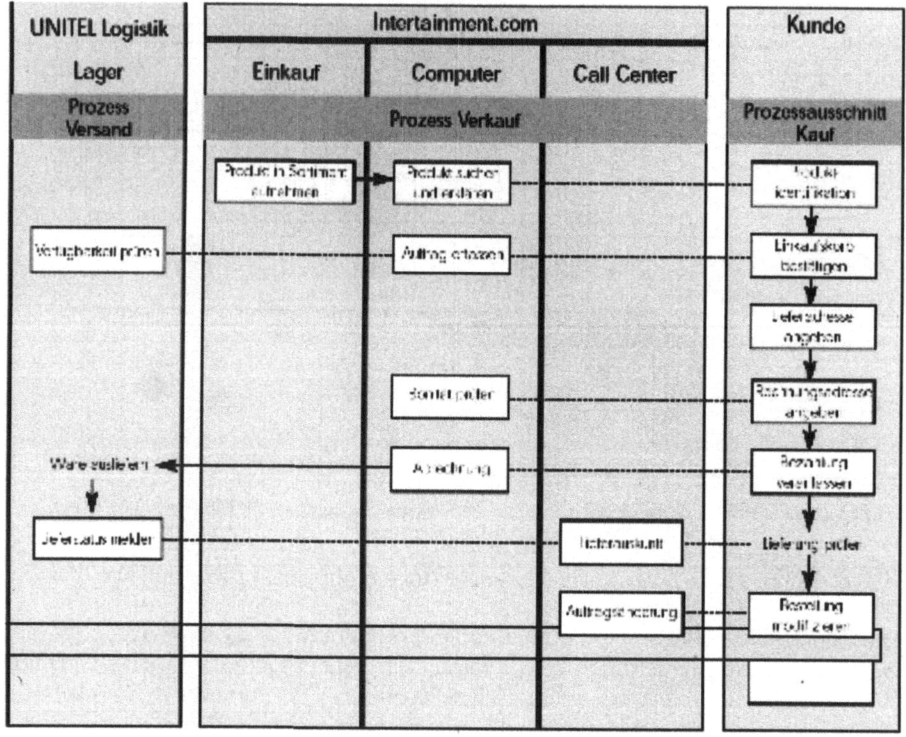

Abb. 296: Aufgabenkettendiagramm [Öst 2000]

Der Aufbau eines Aufgabenkettendiagramms ist denkbar einfach. Entlang der horizontalen Ebene erfolgt eine Einteilung in Bahnen („swim lanes"). Die Bahnen sind an der Oberkante bezeichnet und können unterschiedliche Akteurtypen enthalten, beispielsweise Organisationseinheiten, Aufgabenträger, Unternehmenspartner, Kunden und Informationssysteme.

In ▶Abb. 296 wird ein Aufgabenkettendiagramm gezeigt, bei welchem die Akteure des eigenen Unternehmens in der Mitte platziert wurden und eingefasst sind vom Logistikpartner auf der linken Seite und dem Kunden auf der rechten Seite. Diese Darstellungsweise führt dazu, dass drei unterschiedliche Prozessbetrachtungen integriert werden. Auf der Seite des Logistikpartners handelt es sich um den Versandprozess, aus Unternehmensseite um den Verkaufsprozess und aus Kundenseite um den Einkaufsprozess.

Notation - für die Differenzierung von Aufgaben	
1. Antrag ausfüllen	Computergestützte Aufgabe
2. Antrag versenden	Nicht computergestützte Aufgabe

Abb. 297: Differenzierung von Aufgaben nach Grad der Computerunterstützung

Eine aufschlussreiche Darstellungsalternative in Aufgabenkettendiagrammen ist die Differenzierung von Aufgaben nach dem Grad der Computerunterstützung. Die dafür vorgesehene Notation ist in ▶Abb. 297 dargestellt. Wird eine Aufgabe in einem Diagramm ohne Symbol dargestellt, so handelt es sich um eine nicht computergestützte Aufgabe. Ein entsprechendes Beispiel wird in ▶Abb. 298 und ▶Abb. 299 im Rahmen eines Ist-Soll-Vergleichs gezeigt. Aufgaben, die ohne nennenswerte Computerautomatisierung abgewickelt werden, sind in diesen Darstellungen ohne Rechteck-Symbol aufgeführt. Aufgaben, die durch Systemunterstützung automatisiert werden können oder vollständig autonom ablaufen (z. B. die Teilnahmebestätigung), sind in Rechtecken dargestellt.

In ▶Abb. 298 wird der Ist-Zustand dargestellt. Hier geben die Call-Center- Mitarbeiter die Kursanmeldungen manuell in das System ein. Auch das Feedback der Kursteilnehmer nach einem Kursbesuch wird manuell erfasst. Periodische Nachfassaktionen werden ohne Computerunterstützung von den Call-Center- Mitarbeitern durchgeführt. Vollkommen automatisiert ist hingegen die Generierung und der Versand der Kursbestätigungen über das Buchungssystem.

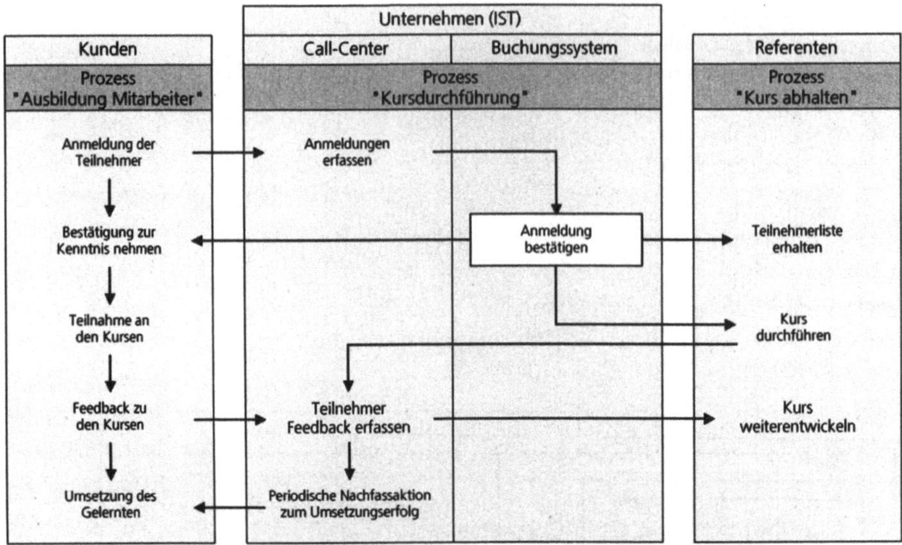

Abb. 298: Ist-Kursverwaltung (in Anlehnung an [Bö Fu 2002])

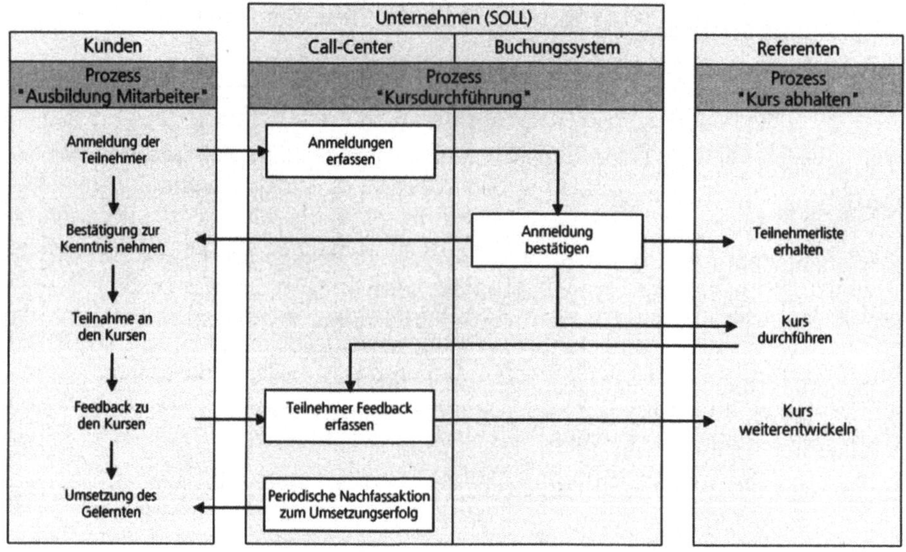

Abb. 299: Soll- Kursverwaltung (in Anlehnung an [Bö Fu 2002])

Der beabsichtigte Soll-Zustand dieses Ablaufs ist in ▶Abb. 299 dargestellt. Es ist vorgesehen, die Erfassung der Kursanmeldungen vollständig zu automatisieren. Den Kunden wird dazu über ein Web-basierendes Frontend die Möglichkeit gegeben, ihre Anmeldungen auf einem elektronischen Formular zu erfassen. Derart erfasste Anmeldungen werden automatisch an das Buchungssystem ü-bergeben. Weiterhin soll neu auch die Erfassung des Kursfeedbacks über ein elektronisches Formular erfolgen und somit automatisiert ablaufen können. Die Referenten erhalten das Kursfeedback direkt in elektronischer Form. Nachfassaktionen können systemunterstützt abgewickelt werden, indem von einem Anwendungssystem E-Mails generiert und direkt an die Kunden versendet werden.

Die gezeigten Beispiele weisen auf einen Umstand hin, der in der Praxis immer wieder zu uneinheitlichen Diagrammdarstellungen führt. Dies begründet sich in der Tatsache, dass nicht definiert ist, was unter einer computerunterstützten Aufgabe und unter einer nicht computerunterstützten Aufgabe zu verstehen ist. Es besteht hier durchaus Abklärungsbedarf, der individuell zu klären ist. Ab welchem Grad der Computerunterstützung wird die Grenze gezogen zwischen „nicht-computerunterstützt" und „computerunterstützt".

Beispielsweise wenn ein Aufgabenträger eine schriftlich vorliegende Anmeldung im System erfasst. Ist dies nun eine computerunterstützte Tätigkeit oder nicht? Es ist beispielsweise schwer vorstellbar, dass in der Ist-Darstellung in ▶ Abb. 298 die Anmeldungen von Hand auf Karteikarten geschrieben werden (ohne Computerunterstützung) – was aber der Fall wäre, wenn man sich bei der Interpretation streng an die vorgeschlagene Notation hält.

Vorschlag - für die Differenzierung von Aufgaben	
1. Antrag ausfüllen	Aufgabe die vom System vollständig autonom durchgeführt wird. - Computerautomatisierte Aufgabe -
2. Antrag versenden	Aufgabe die vom Aufgabenträger mit Systembeteiligung durchgeführt wird - Computergestützte Aufgabe -
2. Antrag versenden	Aufgabe die vom Aufgabenträger manuell (ohne Systembeteiligung) abgewickelt wird. - Nicht computergestützte Aufgabe -

Abb. 300: Aufgabendifferenzierung hinsichtlich Computerunterstützung

Wenn man also beabsichtigt, in einem Diagramm diese Differenzierung aufzugreifen, muss vorher genau spezifiziert werden, was als computerunterstützte Tätigkeit anzusehen ist und was nicht. Um diesbezüglich konkretere Anhaltspunkte für Abgrenzungen zu liefern und damit auch eine einheitliche Darstellungsweise und semantische Interpretation zu erreichen, schlägt der Autor vor, anstelle der Zweiteilung eine Dreiteilung zu verwenden (nach dem Prinzip: vollautomatisiert, teilautomatisiert, nicht-automatisiert). Eine genauere begriffliche Beschreibung dieser Dreiteilung, die angelehnt ist an betriebswirtschaftliche Aufgabenstellungen, ist in ▶ Abb. 300 spezifiziert.

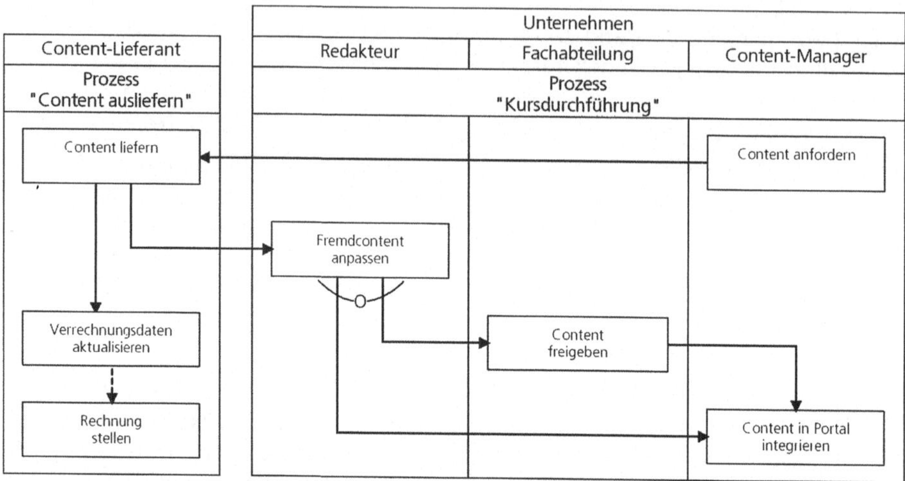

Abb. 301: Aufgabenkettendiagramm – mit UND- und ODER-Verzweigungen

Die Modellierung von Verzweigungen ist in spaltenorientierten Flussplänen ist naturgemäß weniger flexibel wie in einfachen Graphen. Zudem verkehrt sich in diesem Fall ein Vorteil des Aufgabenkettendiagramms (der Verzicht auf Ereignisse bzw. Zustände) in einen Nachteil. Die Modellierung von Verzweigungen kann in vielen Fällen präziser erfolgen, wenn beispielsweise Ereignisse für das Abfragen der Bedingungen modelliert werden können.

In ▶Abb. 301 wird ein Modellierungsbeispiel für eine Sequenz und eine ODER-Verzweigung gezeigt. Die Sequenz entsteht nach der Aufgabe „Content liefern", die sowohl den Content-Versand als auch die Content-Verrechnung zur Folge hat. Eine ODER-Verzweigung entsteht nach der Aufgabe „Fremdcontent anpassen". Wenn der Content genehmigungspflichtig ist, muss er an die Fachabteilung weitergegeben werden, um die Freigabe einzuholen. Erst danach kann er vom Content-Manager auf dem Portal publiziert werden. Ist der Content nicht genehmigungspflichtig, kann er direkt an den Content-Manager zur Veröffentlichung weitergeleitet werden.

7.3.5 Petri-Netz

Petri-Netze sind gerichtete Graphen, die für die Modellierung von beliebigen Prozessen verwendet werden können. Sehr verbreitet ist ihr Einsatz für die Simulation von Produktionsprozessen. Sie können aber auch für Geschäftsprozesse sinnvoll eingesetzt werden. Als „Erfinder" der Petri-Netze gilt Carl Adam Petri, der diese Darstellungstechnik erstmals 1962 in seiner Dissertation „Kommunikation mit Automaten" vorgestellt hat.

Die langjährige und intensive Nutzung der Petri-Netze in der Informatik und in der Produktionstechnik hat zu unzähligen Ausprägungen geführt. Petri-Netze haben zahlreiche andere Darstellungstechniken nachhaltig geprägt. Auch die bereits besprochenen Ereignisgesteuerten Prozessketten basieren auf den Petri-Netzen. Im Unterschied zu allen anderen in diesem Buch besprochenen Darstellungstechniken ist die Petri-Netz-Theorie stark mathematisch fundiert und ist damit eine geeignete Ausgangsbasis für formale Beschreibungen.

Die Verwendung von Petri-Netzen für die Geschäftsprozessmodellierung ist eine relative junge „Petri-Netz-Disziplin". Die Dominanz von Ereignisgesteuerten Prozessketten in diesem Bereich ist auf die hohe Anschaulichkeit und Sichtenintegrationsfähigkeit – speziell im Vergleich zu Petri-Netzen – zurückzuführen. Dennoch haben Petri-Netze gewisse Vorteile gegenüber Ereignisgesteuerten Prozessketten. Insbesondere handelt es sich dabei um die Ausführbarkeit des Prozessstrukturmodells.

In diesem Zusammenhang muss zunächst eine Differenzierung zwischen **Prozessstrukturen** und **Prozessinstanzen** vorgenommen werden. Bei den bisher besprochenen Techniken zur Prozessmodellierung handelt es sich um statische Betrachtungen von Prozessstrukturen. Es wird nicht die Dynamik eines Prozesses modelliert, sondern lediglich die statische Sicht auf eine Prozessstruktur dargestellt. Wird ein solcher Prozess ausgeführt, spricht man von Prozessinstanz.

Prozessinstanzen sind dynamische Beschreibungen von Prozessen. Voraussetzung für eine dynamische Beschreibung ist die Ausführbarkeit des Prozessstrukturmodells. Und eben diese Ausführbarkeit ist es, die Petri-Netze von EPKs unterscheidet. Die Ausführung von Prozessinstanzen wird in der Regel am Computer mit entsprechenden Simulationsprogrammen durchgeführt.

Petri-Netze verfügen über ein Markierungskonzept und über einfache Schaltregeln, die eine direkte Sicht auf Prozessinstanzen ermöglichen. EPKs liegen zwar mittlerweile auch in einer ausführbaren Form vor. Diese basiert auf identifizierbaren, jedoch nicht attributierbaren Prozessmarken, die an die Petri-Netz-Konvention angelehnt sind. Eine methodische Fundierung eines Markierungskonzeptes wie bei den Petri-Netzen existiert hingegen nicht, so dass die Leistungsfähigkeit der Ausführung nicht mit der von Petri-Netzen vergleichbar ist.

Bei den EPKs lassen sich die Regeln, nach denen die Prozessmarken durch die Prozessstrukturen fließen, nur durch empirisches Testen des Simulationsmodells vollständig ermitteln. Bei Petri-Netzen hingegen ist ein stärkere a-priori Formalisierung möglich. Die Ausführbarkeit von Petri-Netzen ist auch ein Grund, weshalb in einzelnen Workflow-Management-Systemen Petri-Netze für die Erfassung der Geschäftsprozesse verwendet werden. Auch die Workflow-Management-Coalition propagiert die Verwendung einer Petri-Netz-ähnlichen Notation.

Aktiver Knoten		Bezeichnung: Transition (oder Instanz) für mögliche lokale Aktionen des Prozesses
Passiver Knoten		Bezeichnung: Stelle (oder Kanal) für mögliche lokale Zustände des Prozesses
Gerichtete Kante	⟶	für die Verbindung von Transitionen und Stellen

Abb. 302: Die zentralen Syntax-Elemente von Petri-Netzen

Doch nun zur Syntax von Petri-Netzen, wobei wir auf die Prozesssimulation nicht weiter eingehen, da diese zum einen Tool-spezifisch ist und zum anderen den Rahmen dieses Buches sprengen würde. Wir betrachten also im Folgenden nur die statische Ausprägung eines Petri-Netzes. Ein Petri-Netz ist, wie auch eine ereignisgesteuerte Prozesskette, ein gerichteter Graph.

Während Ereignisgesteuerte Prozessketten jedoch drei Knotentypen aufweisen (Funktion, Ereignis und Verknüpfungsoperatoren), sieht das Petri-Netz in der ursprünglichen Notation nur zwei Knotentypen vor:

- Einen aktiven Knoten bezeichnet als „Transition" oder „Instanz", welcher mögliche Aktionen repräsentiert

- Einen passiven Knoten bezeichnet als „Stelle" oder „Kanal", der objektbezogene Zustände repräsentiert.

Die Bezeichnung „Transition" begründet sich aus dem Sachverhalt, dass dieses Knotenelement die dynamischen Zustandsübergänge beschreibt und somit die konkreten Bearbeitungsschritte eines Teilprozesses ausdrückt. Die durch Stellen verkörperten statischen Zustände entstehen zwangsläufig durch die Aufgliederung des Gesamtablaufs in einzelne Arbeitsschritte, welche zu unterschiedlichen Zeiten oder von unterschiedlichen Bearbeitern erledigt werden können. Sie entsprechen somit einer Zwischenablage von Informationen, während die Transitionen die Verarbeitung von Informationen beschreiben.

Die Syntaxelemente sind in ▶Abb. 302 dargestellt. Die wichtigste Syntaxregel ist, dass Kanten jeweils nur von einem Knotentyp zum anderen Knotentyp führen dürfen. Stellen und Transitionen müssen sich also abwechseln. Stellen, von denen Kanten zu einer Transition laufen, heißen Eingabestellen. Stellen, zu denen – von einer Transition aus – Kanten führen, heißen Ausgabestellen. Aus einer vereinfachten Optik kann man sagen, dass im Rahmen der Geschäftsprozessmodellierung die Stellen mit den Ereignissen der EPKs vergleichbar sind. Diese Aussage stimmt im Detail zwar nicht, soll aber vorerst als Vereinfachung bestehen bleiben.

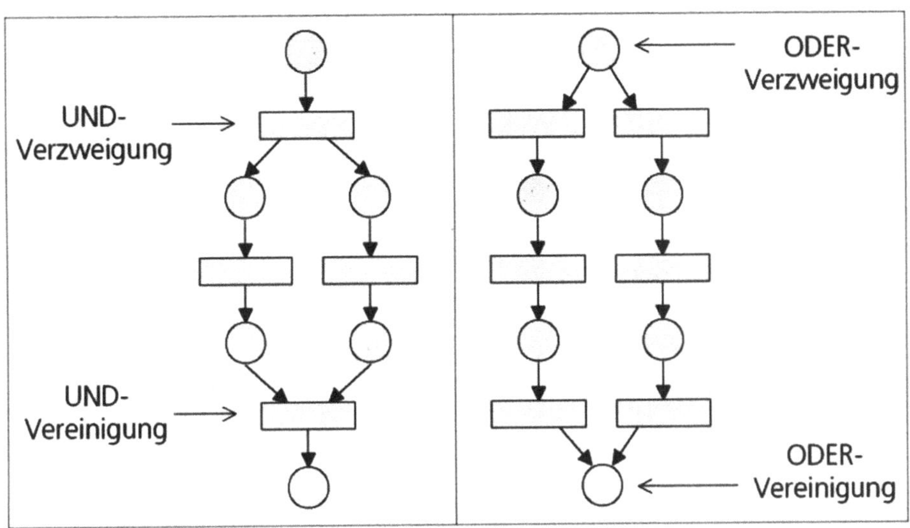

Abb. 303: Syntax für UND- und ODER-Verzweigungen und -Verbindungen

Die Petri-Netz-Syntax für Verzweigungen und Vereinigungen ist in ▶Abb. 303 dargestellt. Es ist unschwer zu erkennen, dass die Verzweigungs- und Vereinigungsnotation in Petri-Netzen etwas gewöhnungsbedürftig ist. Es gibt jedoch mehrere Vorschläge für die Vereinfachung dieser Syntax, deren Behandlung allerdings den Rahmen dieses Buches sprengen würde. Aus der Abbildung ist erkennbar, dass sowohl von Stellen, wie auch Transitionen, Verzweigungen ausgehen können.

- Eine Transition mit mehreren Ausgangsknoten beschreibt eine parallele Verzweigung (UND).

- Eine Transition mit mehreren Eingangskanten eine Vereinigung (Synchronisation).

- Eine Stelle mit mehreren Ausgangsketten beschreibt eine Alternative (ODER) zwischen Aktionen,

- eine Stelle mit mehreren Eingangsknoten bedeutet, dass verschiedene Aktionen dasselbe Ergebnis liefern können.

Anhand eines praktischen Beispiels soll nun eine Anwendungsmöglichkeit der Petri-Netze für die Geschäftsprozessmodellierung gezeigt werden. In ▶Abb. 305 ist das entsprechende Petri-Netz dargestellt. Es handelt sich dabei um einen Projektabrechnungsprozess, der initiiert wird, sobald mit der Arbeit an einem Projekt begonnen wird.

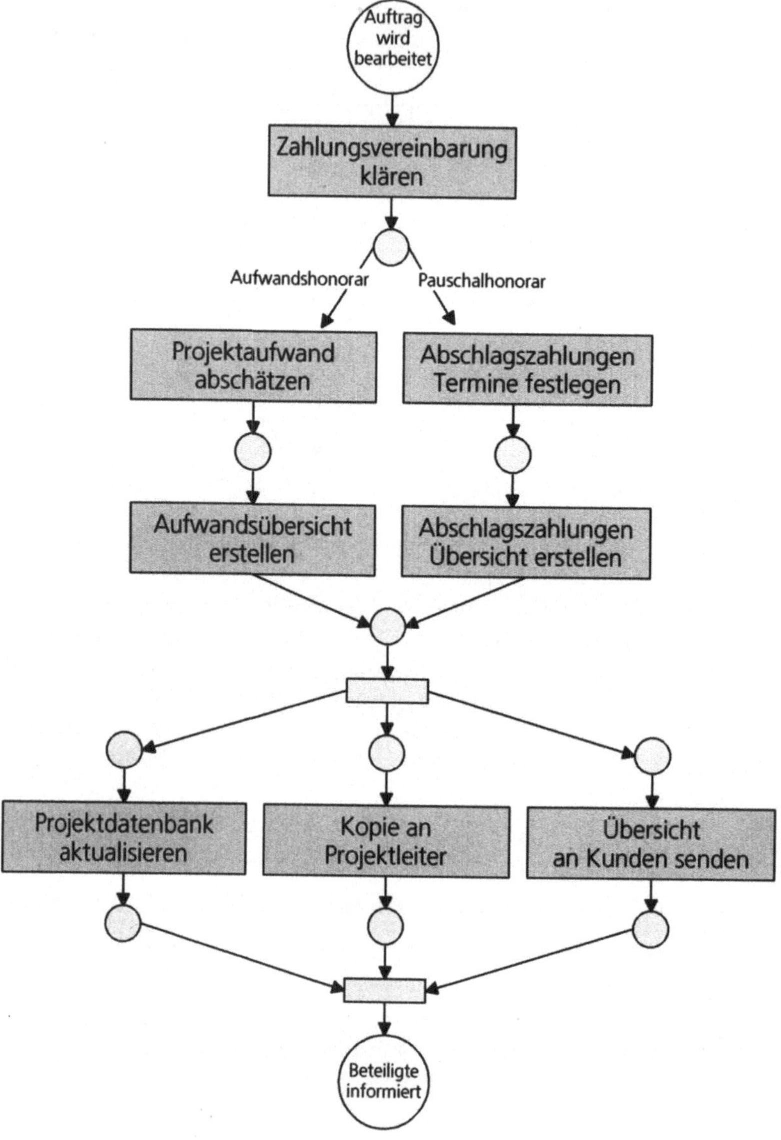

Abb. 304: Mögliche Petri-Netz-Strukturen

Als erstes muss anhand der Vertragsunterlagen die Zahlungsvereinbarung geklärt werden. Auf diese Funktion folgt eine ODER-Verzweigung, denen zwei
Möglichkeiten zugrunde liegen. Wurde ein Aufwandhonorar vereinbart, muss
der Projektaufwand geschätzt und die Schätzung in einer Aufwandsübersicht
zusammengefasst werden. Wurde ein Pauschalhonorar vereinbart, müssen die

Termine für die Abschlagszahlungen festgelegt und eine Zahlungsübersicht erstellt werden.

Die beiden getrennten Vorgänge werden anschließend durch eine ODER-Vereinigung zusammengeführt. Auf diese ODER-Vereinigung folgt eine UND-Verzweigung, was bedeutet, dass alle drei folgenden Funktionen ausgeführt werden müssen. Durch eine UND-Vereinigung werden die freien Funktionen am Prozessende wieder zusammengeführt.

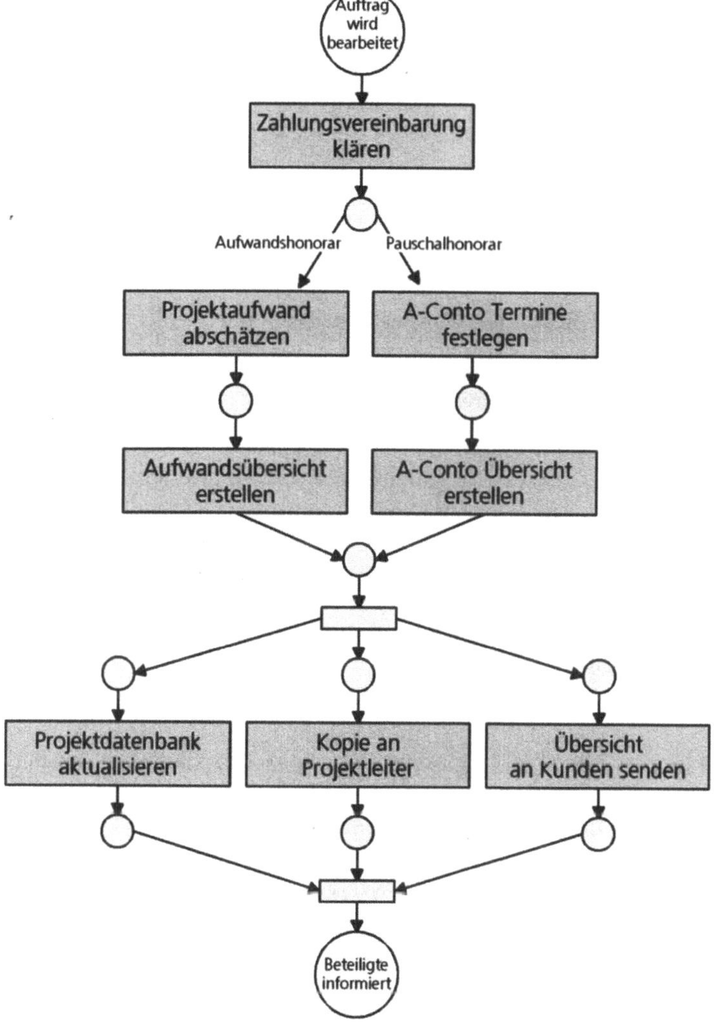

Abb. 305: Petri-Netz – Projektkosten-Abrechnung (vereinfacht)

Wie bei nahezu jedem gerichteten Graphen ist auch bei den Petri-Netzen eine Dekomposition möglich. Bei der Dekomposition werden einzelne, abstrakte Aktivitäten in mehrere Sub-Aktivitäten zerlegt. Beispielsweise kann die Aktivität „Projektaufwand abschätzen" in ein eigenes Petri-Netz ausgegliedert werden und dort detailliert „modelliert" werden. Den Dekompositionsvorgang kann man auch als eine „Spezialisierung durch Verfeinerung" bezeichnen. Der umgekehrte Weg – eine Vergröberung – ist natürlich genauso möglich. So kann beispielsweise das in ▶Abb. 305 dargestellte Petri-Netz einer „Projektkosten-Abrechnung" ein Teilschritt des Prozesses „Projektadministration" sein.

Nachteile von Petri-Netzen, speziell gegenüber Ereignisgesteuerten Prozessketten, sind, dass die an einem Prozess beteiligten Organisationseinheiten bzw. Aufgabenträger und auch die Beziehungen zu den Daten von Informationssystemen nicht dargestellt werden können. Bei den hier gezeigten semiformalen Petri-Netzen könnte man sich allerdings der Notation der Ereignisgesteuerten Prozessketten bedienen, um diese Informationsaspekte in einer Petri-Netz-Darstellung mit einzubeziehen.

7.3.6 Sequenzdiagramm

Synonyme

- Interaktionsdiagramm
- Object Interaction Diagramm

Sequenzdiagramme wurden lange Zeit vernachlässigt und haben erst in den letzten Jahren, im Zuge der Verbreitung objektorientierter Entwicklung an Bedeutung gewonnen. Leider werden sie in diesem Zusammenhang nur sehr einseitig gehandhabt und zu unrecht in den meisten Fällen nur für die objektorientierte Spezifikation verwendet. Es ist weitgehend unbekannt, dass Sequenzdiagramme auch bereits in den frühen Phasen, im Rahmen der Geschäftsprozessanalyse, sinnvoll genutzt werden können. Aufgrund der Vielseitigkeit dieser Diagrammform werden Sequenzdiagramme in diesem Buch an mehreren Stellen mit unterschiedlichen Schwerpunkten und Inhalten besprochen.

Im nachfolgenden ▶Kapitel *„8 Darstellungen der Anforderungsanalyse"* werden sie als Teil der eher softwareorientierten Anforderungsanalyse behandelt. Sie stellen dort einen Teil der Unified Modeling Language (UML) dar. Die UML spezifiziert den Einsatz von Sequenzdiagrammen für die Interaktionsmodellierung, bei der sie die zeitliche Abfolge des Nachrichtenaustausches zwischen Objekten visualisieren. Die nun folgende Beschreibung des Sequenzdiagramms bezieht sich auf die prozessorientierte Spezifikation von Informationssystemen.

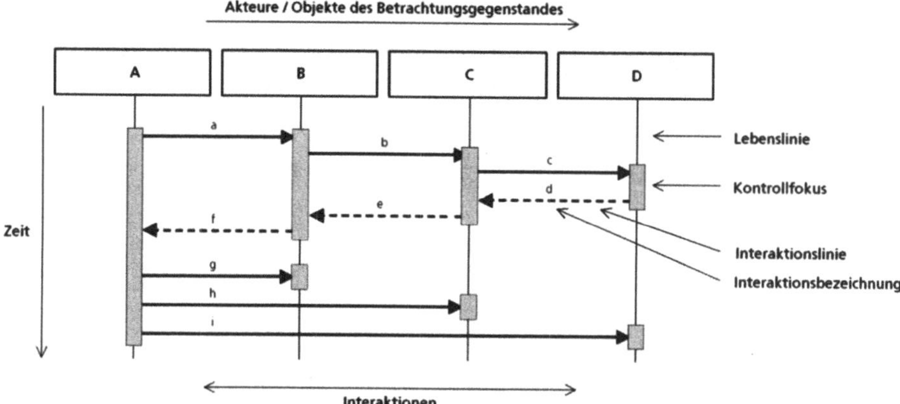

Abb. 306: Syntaxelemente und Formaler Aufbau eines Sequenzdiagramms

Sequenzdiagramme haben einen einfach strukturierten Aufbau. Entlang der horizontalen Ebene sind Knoten aufgeführt, die im Rahmen der Prozessvisualisierung unterschiedliche Akteure eines Prozesses verkörpern können.

Der Akteurbegriff ist dabei sehr weit gefasst. Akteure können zum Beispiel sein

- Anwendungssysteme,

- Informationssystemobjekte (Artikel, Auftrag, Antrag etc.),

- Aufgabenträger (konkrete Sachbearbeiter)

- oder Organisationseinheiten (z. B. Lager, Einkauf etc.) sein.

Jeder Akteur erhält eine vertikale Linie – die so genannte Lebenslinien –, die den Zeitverlauf ausdrückt. Der weitere Aufbau des Sequenzdiagramms ist nun abhängig von der Darstellungsabsicht. In ►Abb. 306 sind die Syntaxelemente und der Aufbau eines Sequenzdiagramms grafisch dargestellt.

►Abb. 307 zeigt ein Beispiel dafür, wie ein sequentieller Prozessdurchlauf von der ersten bis zur letzten Funktion vollständig mit einem Sequenzdiagramm dargestellt werden kann. Die Knoten enthalten sowohl Informationsobjekte (Aufträge, Artikel, etc.) als auch Organisationseinheiten (Lager). Die Aktivitäten des Prozesses werden mit einem einheitlichen Symbol unterhalb des jeweiligen Akteurs eingetragen. Der zeitliche Ablauf wird durch die Verbindung der Aktivitätssymbole dargestellt. Die horizontale Richtung, in welcher der Ablauf dargestellt wird, wechselt von Reihe zu Reihe, beginnend mit der ersten Reihe von links nach rechts und der nächsten Reihe von rechts nach links. Diese Art des Sequenzdiagramms hat eine gewisse Ähnlichkeit mit einem „stellenorientierten Ablaufdiagramm"

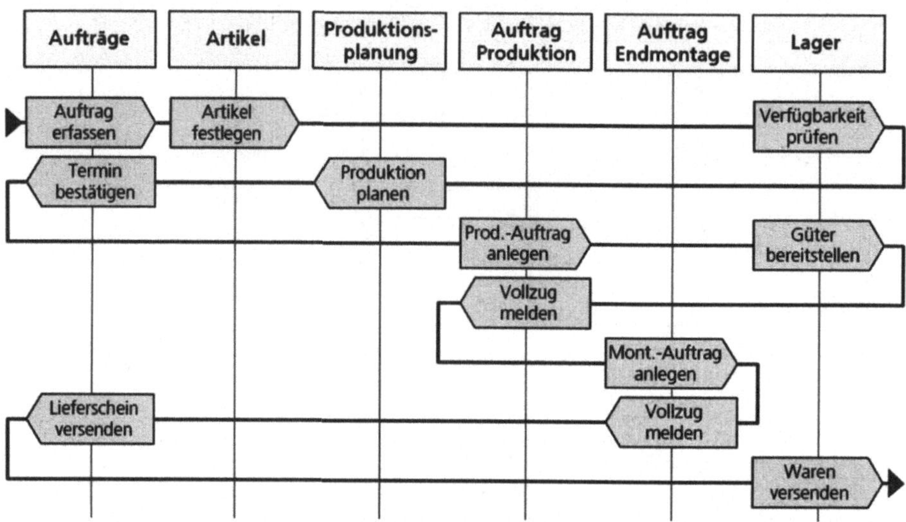

Abb. 307: Sequenzdiagramm – Vom Vertrieb bis zur Auslieferung (vereinfacht)

Eine andere Darstellungsform eines Sequenzdiagramms wird in ▶Abb. 308 gezeigt. Entlang der horizontalen Ebene sind als Knoten der Kunde und auf Unternehmensseite Organisationseinheiten und Datenbanken des betreffenden Prozesses aufgeführt. Jeder Knoten enthält eine vertikale Linie. Für die Darstellung der Funktions- und Datenaustauschbeziehungen werden gerichtete Kanten verwendet. Für jede Funktion wird sowohl der Initiator als auch der Empfänger angezeigt.

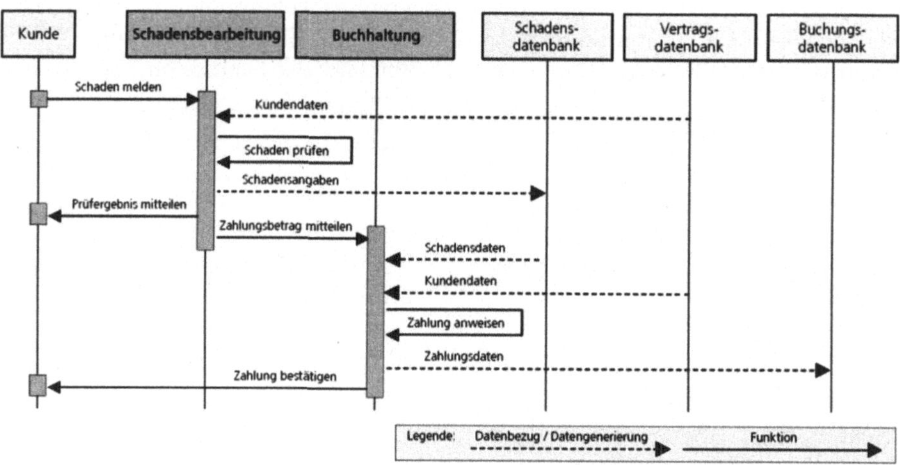

Abb. 308: Sequenzdiagramm – Funktionen und Daten

Beispielsweise geht die Funktion „Schaden melden" vom Kunden aus zur Schadensbearbeitung. Der Zeitraum, in dem ein Akteur aktiv ist, wird durch einen

„Aktivierungsbalken" angezeigt, der auf der vertikalen Linie positioniert ist. Im vorliegenden Fall der Prozessvisualisierung werden die Aktivierungsbalken nur für funktionsausführende Stellen und nicht für Anwendungssysteme verwendet.

Wenn eine Funktion keine Beziehung zu einem anderen Akteur hat, wird dies mit einer Linie dargestellt, die aus dem Akteur heraus und in einem Bogen wieder hineingeht, ohne einen anderen Knoten zu berühren. In der Abbildung ist dies zum Beispiel aus der Funktion „Schaden prüfen" des Akteurs „Schadensbearbeitung" ersichtlich. Derartige Funktionen können im vorliegenden Kontext auch als „interne Funktionen" bezeichnet werden. Bei den gerichteten Kanten wird unterschieden zwischen Funktionen und Datenflüssen. Letztere werden durch gestrichelte Linien dargestellt. Diese Art von Sequenzdiagramm hat eine gewisse Ähnlichkeit zum Vorgangskettendiagramm.

2.3.7 Aktivitätsdiagramm (UML)

Das Aktivitätsdiagramm ist ein Diagramm aus der Unified Modeling Language (UML), die zu den Techniken der objektorientierten Analyse zählt. Es handelt sich dabei im Wesentlichen um ein Flussdiagramm, dass einzelne Aktivitäten in einer sinnvollen Reihenfolge zeigt. Aktivitäten sind auch hier einzelne Bearbeitungsschritte eines Gesamtablaufs. Bei den Aktivitäten muss es sich allerdings nicht um atomare – also nicht mehr weiter zerlegbare Aktionen (z. B. Angebot drucken) – handeln. Vielmehr können die Aktivitäten beliebig grob definiert sein (z. B. Angebot abgeben) bzw. auf unterschiedlichen Stufen einer Prozessverfeinerung angesiedelt sein.

Das Aktivitätsdiagramm wurde nicht für einen bestimmten Prozesstyp konzipiert. Es deshalb genauso geeignet für die Darstellung von Geschäftsprozessen oder Produktionsprozessen, wie auch von Softwareprozessen. Aufgrund dieser Prozessneutralität konkurrieren Aktivitätsdiagramme mit den anderen Darstellungstechniken für die Geschäftsprozessanalyse. Im Gegensatz zu Ereignisgesteuerten Prozessketten, ist bei den Aktivitätsdiagrammen die Modellierung der Ereignisse nicht zwingend. Aktivitätsdiagramme sind deshalb etwas Platz sparender und stellen die Funktionen deutlicher in den Vordergrund.

Dargestellt wird eine Aktivität durch ein Pastillen-Symbol, in welchem eine Aktionsbeschreibung eingetragen ist. Die Aktionsbeschreibung kann frei gewählt werden. Im Rahmen der Anforderungsanalyse kann es empfehlenswert sein, sich bei der Bezeichnung von Aktivitäten weitgehend an die „Objekt-Verb"-Syntax zu halten (z. B. „Bestellung entgegennehmen", „Kundenbonität prüfen")

Für die Modellierung des Ablaufs gibt es drei wesentliche Syntax-Elemente:

- Verbindungspfeil,

- Bedingungen

- und Splitting- bzw. Synchronisationsbalken.

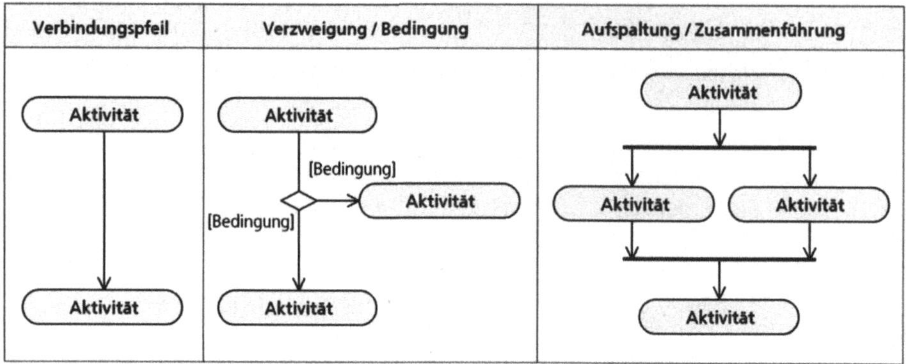

Abb. 309: Syntaxelemente der Aktivitätsdiagramme

Mit dem Verbindungspfeil können einfache, sequentielle Abläufe konstruiert werden. Die Pfeile beschreiben den Kontrollfluss von Aktivitäten. Verzweigungen kann man verwenden, um alternative Pfade in Abhängigkeit von einer Bedingung darzustellen. Das Verzweigungssymbol wird als Raute dargestellt. Eine Verzweigung kann damit maximal drei Ausgänge haben. An jedem Ausgang schreibt man in eckigen Klammern die Bedingung notieren, die erfüllt sein muss, damit der jeweilige Weg eingeschlagen wird. Gegebenenfalls kann auch eine Sammelbedingung wie „else" oder „other" für unspezifizierte Bedingungen verwendet werden.

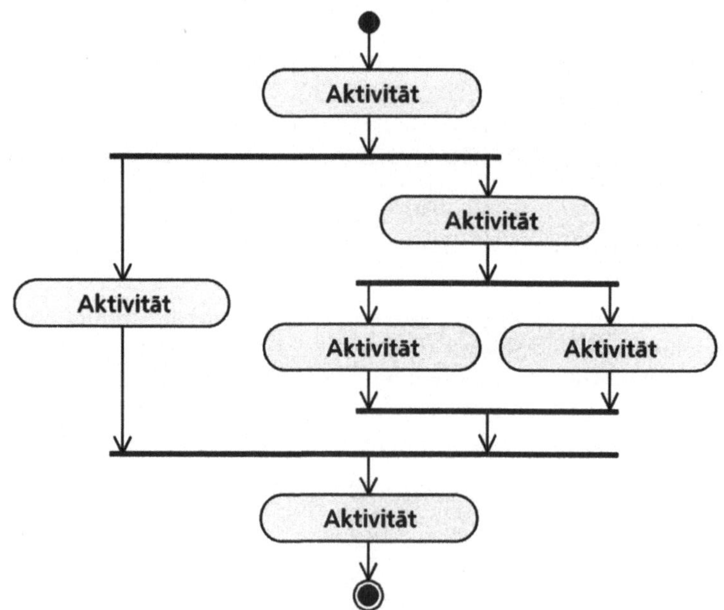

Abb. 310: Neutralbetrachtetes Beispiel für Ablaufparallelitäten

Aufspaltungen und Zusammenführungen können beliebig verschachtelt werden. Dies ist insbesondere für die Modellierung von Workflows bzw. Geschäftsprozessen wichtig, bei denen parallele bzw. nebenläufige Aktivitäten ein wichtiges Gestaltungselement sind. Vor der Zusammenführung verlaufen die zu jedem Pfad gehörenden Aktivitäten parallel. An der Zusammenführung werden die Abläufe synchronisiert, d. h. jeder wartet, bis alle eingehenden Abläufe den Punkt der Zusammenführung erreicht haben. In ▶Abb. 310 wird ein neutralbetrachtetes Beispiel für den Aufbau einer Verschachtelung gezeigt.

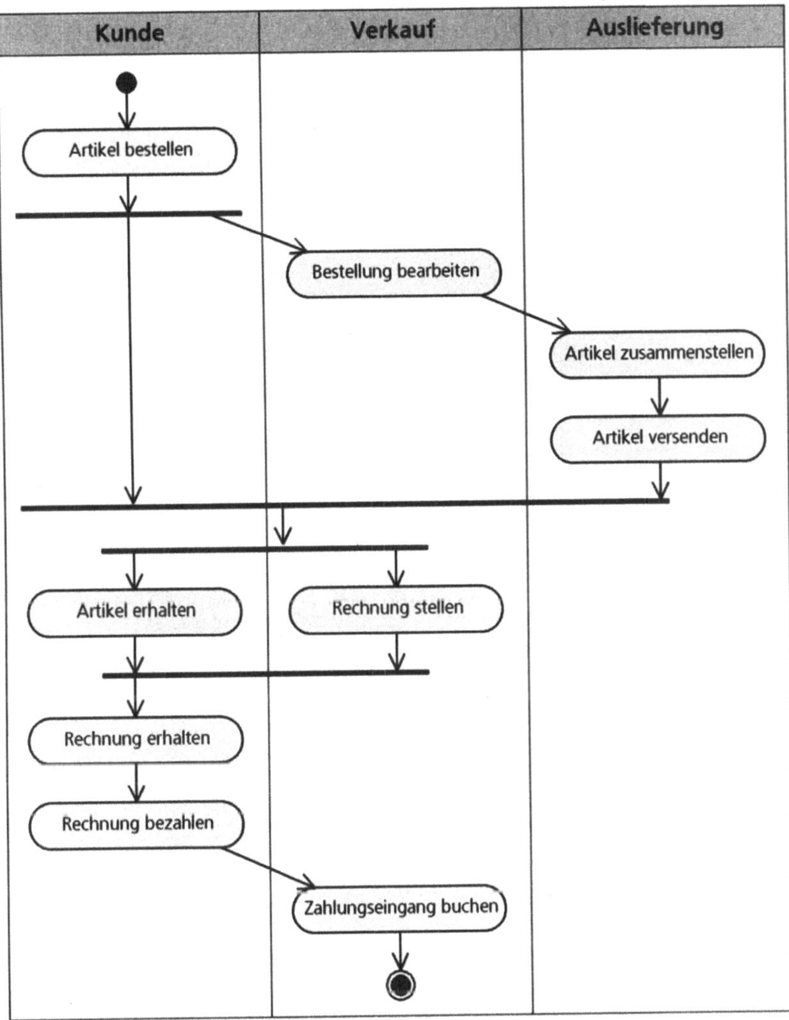

Abb. 311: Stellenorientiertes Aktivitätsdiagramm

Zusätzlich zu den bereits beschriebenen Syntaxelementen sieht die Notation der Aktivitätsdiagramme vor, den Startpunkt eines Ablaufs und das Ende jeweils mit einem schwarz ausgefüllten Kreis zu versehen. Dies mag zwar auf den ersten Blick wenig sinnvoll erscheinen, kann aber durchaus hilfreich sein – und zwar deshalb, weil es nicht nur ein Ende bei einem Ablauf geben kann, sondern mehrere Enden (entstanden durch Verzweigungen). Diese Enden können sich an einer beliebigen Position im Aktivitätsdiagramm befinden und sind deshalb, vor allem bei einem komplexen Ablauf, nicht immer einfach zu lokalisieren. Der schwarz ausgefüllte Kreis hebt diese Enden jedoch optisch hervor.

Es besteht die Möglichkeit, Aktivitäten in einem Aktivitätsdiagramm entsprechend einem sachlichen Zusammenhang zu strukturieren. Hiermit wird ein Konzept aufgegriffen, welches sich bereits bei der Strukturierten Analyse und dem Strukturierten Design (SA/SD bzw. SSAD) und vor allem auch in der Organisationslehre bewährt hat. Dort findet man dieses Darstellungsprinzip unter dem Namen „Stellenorientierter Flussplan" bzw. „Stellenorientierter Datenflussplan"). In ▶Abb. 311 wird ein Beispiel für eine derartige Darstellung gezeigt.

Aktivitäten führen in vielen Fällen zu Änderungen von Objektzuständen. Diese Veränderungen können in einem Aktivitätsdiagramm ebenfalls festgehalten werden. Dazu werden die Objektnamen mit ihren jeweiligen Zuständen in ein Rechteck eingezeichnet. Der Zustand wird in eckigen Klammern vermerkt. Das Rechtecksymbol wird dann durch einen gestrichelten Pfeil sowohl mit der Aktivität verbunden, die die Zustandsänderung ausgelöst hat, als auch mit der Aktivität, die der Zustandsänderung folgt. Siehe auch ▶Abb. 312.

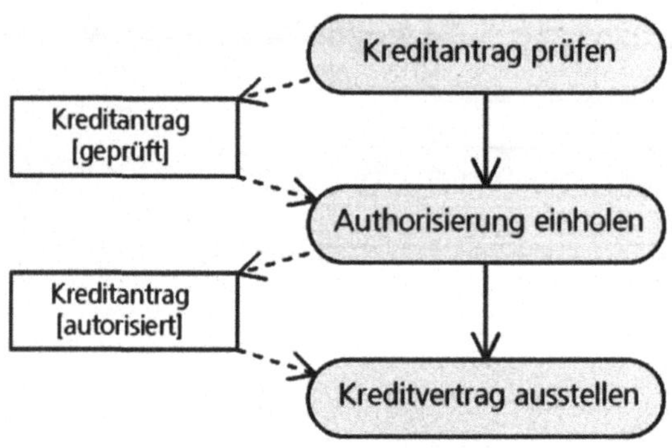

Abb. 312: Objektzustände

Wenn man in einem Aktivitätsdiagramm Verzweigungen verwendet, können an den Verzweigungsausgängen Bedingungen in rechteckigen Klammern angehängt werden. Die Bedingungen müssen alle Möglichkeiten umfassen. Ansonsten bleibt der Kontrollfluss stehen. Wenn nicht alle Bedingungen explizit und vollständig angegeben werden können, empfiehlt sich die Verwendung einer „else"-Bedingung. Somit können alle Alternativen abgefangen werden. Um den Kontrollfluss nach Verzweigungen wieder zusammenzuführen, wird ein Synchronisationsbalken verwendet. ▶Abb. 313 zeigt dies anhand eines Beispiels.

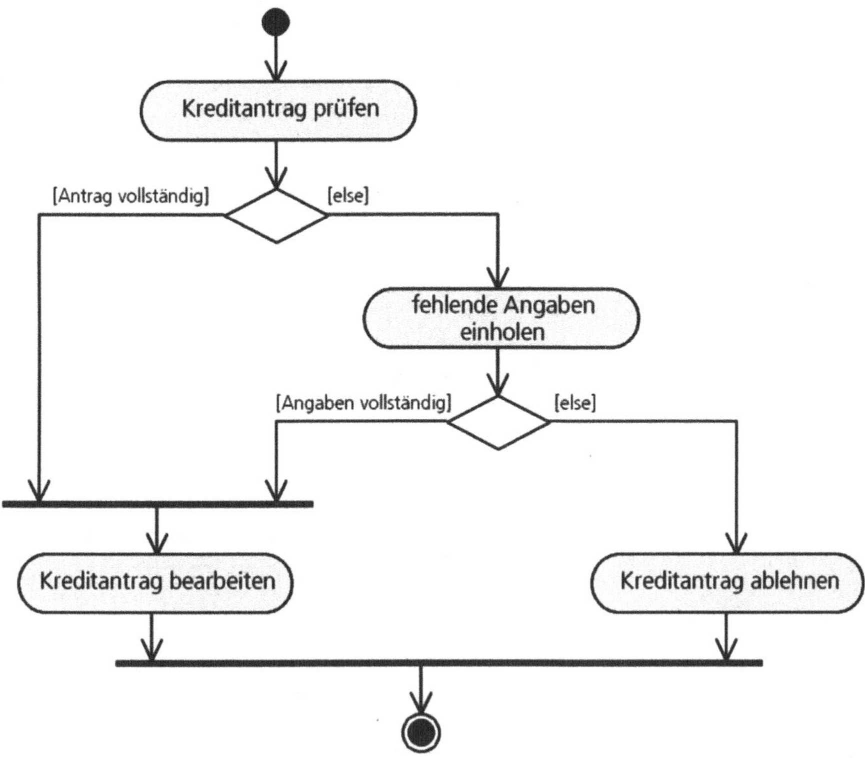

Abb. 313: Aktivitätsdiagramm – Eingangsbearbeitung eines Kreditantrags

Die Nutzung des Verzweigungs- bzw. Bedingungssymbols (Raute) in einem Aktivitätsdiagramm wird in der Praxis unterschiedlich gehandhabt. Manche Diagrammautoren verzichten vollständig auf dieses Symbol und hängen die Bedingung direkt an einen Verbindungspfeil, der ein Aktivitätssymbol verlässt.

In ▶Abb. 314 wird dies anhand eines Beispiels gezeigt. Hierbei handelt es sich um eine Kreditantragsbearbeitung. Nachdem die Angaben des Antragsformulars im System erfasst wurden, führt ein Anwendungssystem eine erste Prüfung auf Vollständigkeit durch. Der weitere Kontrollfluss nach dieser Vollständigkeitsprüfung hängt von zwei Bedingungen ab. Die Funktion wurde deshalb mit zwei Ausgängen versehen. Jeder Ausgang ist mit einem Bedingungsanzeiger versehen.

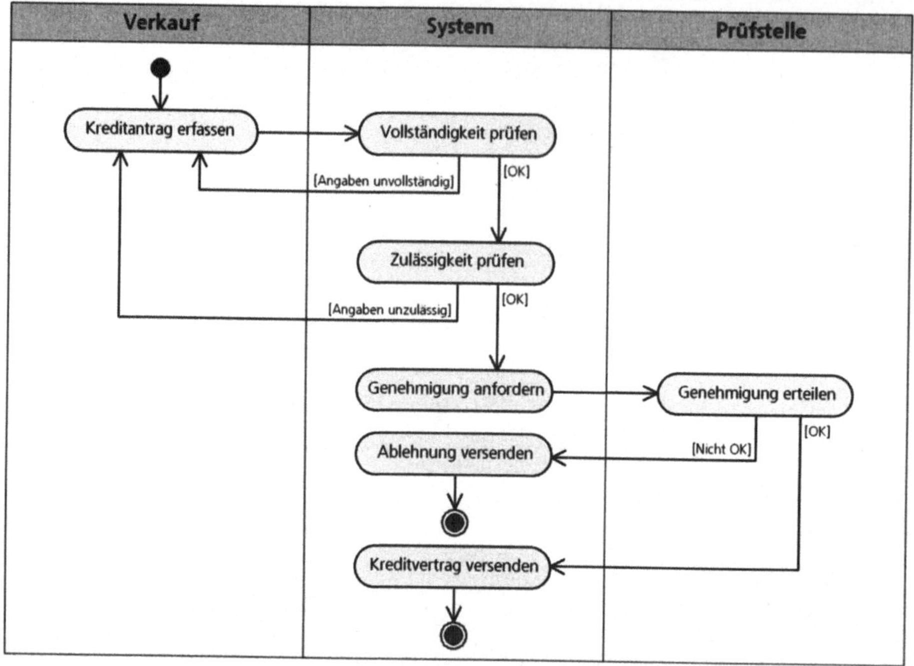

Abb. 314: Aktivitätsdiagramm – ohne Bedingungssymbole

Das in ▶Abb. 314 gezeigte Aktivitätsdiagramm ist stellenorientiert aufgebaut und zeigt, wie Funktionen eines Anwendungssystems die manuellen Prozessbearbeitungsschritte unterstützten. Diese Darstellungsweise kann sehr aufschlussreich sein, weil man schnell erkennen kann, welche Teilschritte in einem Prozess manuell abgewickelt werden. Kandidaten für eine intensivere Systemunterstützung werden dadurch sichtbar.

Stellenorientierte Aktivitätsdiagramme müssen nicht unbedingt in Spalten aufgebaut sein. Eine einfache Trennlinie erfüllt den gleichen Zweck. Dies wird in ▶Abb. 315 an einem Beispiel gezeigt, bei der die Systemfunktionen bei der Geschäftsprozessbearbeitung synchron zu den Tätigkeiten eines Sachbearbeiters gezeigt werden.

Diese Abbildung macht auch auf ein Detail aufmerksam, welches wir bisher vernachlässigt haben. Es handelt sich dabei um die Zusammenführung von Aufspaltungen. Beispielsweise gibt es bei den Aktivitäten „Vertragsdaten erfassen" und „Kundentyp festlegen" keine Handlungspriorität. Deshalb werden im Diagramm beide Funktionen parallel dargestellt. Der Synchronisationsbalken führt parallele Aktivitäten wieder zusammen. Er drückt jedoch nicht aus, wie die Funktionen logisch zusammengeführt werden. Beispielsweise ist es für den „Diagrammleser" nicht erkennbar, ob alle Funktionen oder nur eine Funktion ausgeführt sein muss, damit der Kontrollfluss weitergeht. Dieses Interpretationsvakuum ist ein Grund für die semantischen Unklarheiten, die der UML oftmals zugeschrieben werden.

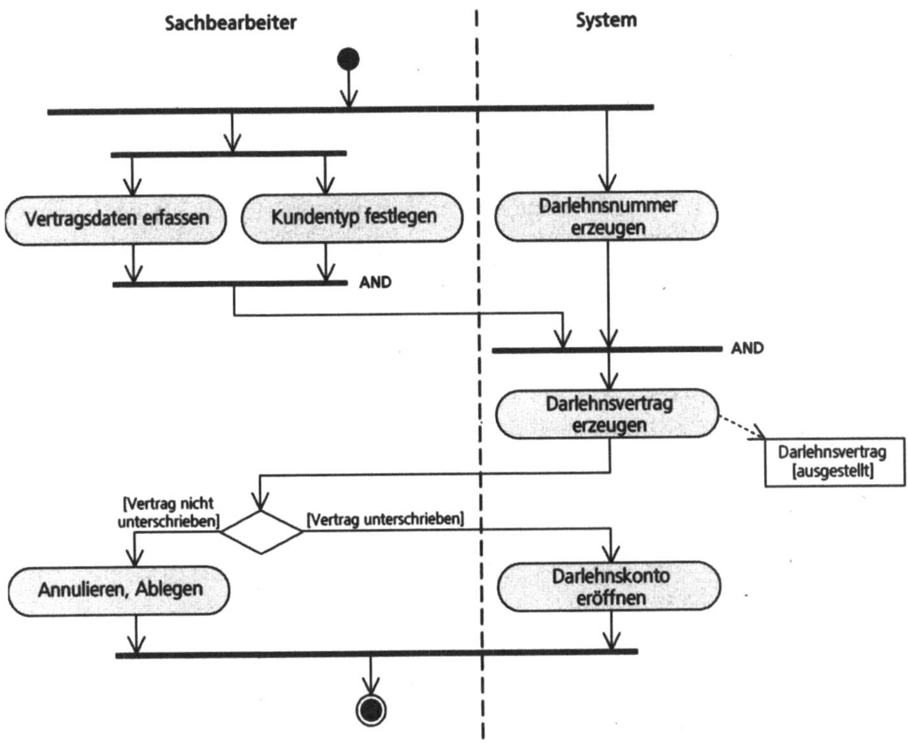

Abb. 315: Aktivitätsdiagramm – Trennung zwischen Sachbearbeiter und System

Um bezüglich der Fortführung des Kontrollflusses bei Synchronisationen Klarheit zu verschaffen, kann man auf gleicher Höhe des Synchronisationsbalkens einen der in ▶Abb. 316 aufgeführten Operatoren angeben.

Alternative	Bezeichnung	Beschreibung
AND	Konjunktion	"logisches UND" (sowohl A als auch B)
OR	Adjunktion	"inklusives ODER" (entweder: A oder B; oder: A und B)
XOR	Disjunktion	"exklusives ODER" (entweder A oder B)

Abb. 316: Operatoren

Die Verwendung dieser Operatoren wird beispielhaft in dem Aktivitätsdiagramm in ▶Abb. 315 gezeigt. Die Operatoren haben folgende Bedeutung: Bei einer

UND-Synchronisation müssen alle Funktionen getätigt sein, bevor der Prozessfluss fortgeführt wird. Bei einer ODER-Synchronisation muss mindestens eine der Funktionen getätigt werden, damit der Prozessfluss fortgeführt wird. Bei einer Exklusiv-ODER-Sychronisation muss genau eine Funktion getätigt werden, damit der Prozessfluss fortgeführt werden kann.

7.3.8 Verbale Rasterdarstellung

Die verbale Rasterdarstellung ist ein Vorläufer der modernen Darstellungen für Prozessabläufe. Bei wenig komplexen Abläufen kann sie jedoch noch immer sinnvoll eingesetzt werden. Denn gerade dann spielt sie ihren Vorteil, nämlich die einfache Lesbarkeit und die für Laien hohe Verständlichkeit voll aus. Wie der Name schon ausdrückt, ist diese Darstellungstechnik eine Zwischenlösung zwischen verbaler Beschreibung und tabellarischer Darstellung. Sie zeigt die sachlogische Reihenfolge von Prozessschritten mit Nennung der im Rahmen des Ablaufs zuständigen Stellen in einer Matrix-Darstellung.

In jeder Zeile darf nur eine Funktion aufgeführt werden. Es besteht dabei oftmals die Notwendigkeit, Ereignisse und Funktionen in einer Beschreibung zu mischen „z. B. lieferfähig: Versandauftrag erstellen". ▶Abb. 317 zeigt eine mögliche Prozessbeschreibung in Form einer verbalen Rasterdarstellung.

Nr. / Organisationseinheit	Verkauf	Auftrags-abwicklung	Einkauf	Lager	Disposition	Versand	Buchhaltung
1	Auftrag annehmen						
2		Verfügbarkeit prüfen					
3		nicht lieferfähig: Information Einkauf					
4			Artikel bestellen				
5		lieferfähig: Versandauftrag erstellen					
6				Artikel konfektionieren			
7					Routenplan erstellen		
8						Lieferung spedieren	
9							Rechnung stellen
10		Lieferschein versenden					

Abb. 317: Verbale Rasterdarstellung (vereinfachtes Beispiel)

Aufgrund der tabellarischen Form mit Zeilen und Spalten können nicht alle Ablaufformen optimal modelliert werden. Im Vergleich zu den modernen Techniken muss die verbale Rasterdarstellung mit vielen Einschränkungen auskommen. Beispielsweise können Verzweigungen (z. B. ODER, UND) nur nacheinander dargestellt werden.

Auch sind Parallelitäten nur schwer abbildbar und müssen nacheinander aufgeführt werden. Schleifen können ebenfalls nur schwer dargestellt werden. Weiterhin wird oft bemängelt, dass der Platz in den Rastern (Tabellenfelder) nicht ausreichend ist, um sinnvolle Beschreibungen unterbringen zu können. Da es keine Syntax gibt, müssen Operationen verbal ausgedrückt werden.

Darstellungen der Anforderungsanalyse

8.1 Anforderungsmodellierung

Die Anforderungsmodellierung kommt bei der Erhebung von Benutzeranforderungen zum Einsatz. Diesen Erhebungsvorgang bezeichnet man auch als „Requirement Engineering" oder „Anforderungsanalyse". Die Anforderungsanalyse dient dazu, bereits ermittelte Anforderungen inhaltlich und formal zu strukturieren, zu konsolidieren und Konsistenz herbeizuführen. Neu erkannte Anforderungen werden in die Anforderungsdokumentation eingepflegt. Weiterhin werden im Zusammenhang mit der Anforderungsanalyse die vorhandenen Beschreibungen so weit ergänzt und aufbereitet, dass sie eindeutig und korrekt sind.

Die grafischen Darstellungen, die in diesem Rahmen angefertigt werden, sind nicht direkt der Software-Architektur zuzurechnen, zumindest nicht in dem Sinne, dass sie konkret eine bestimmte Architektur vorgeben. Man kann diese Darstellungen als eine sehr abstrakte und anwenderbezogene Sicht der Software-Architektur verstehen im Unterschied zu den konkreten und spezialisierten Sichten, die von den Programmierern für die Entwicklung verwendet werden. Eine wichtige Aufgabe in den frühen Analyseschritten ist die Beschreibung des extern wahrnehmbaren Systemverhaltens. Das System selbst wird also als Black-Box betrachtet. Die Interaktionsbeziehungen mit den Benutzern werden grafisch in erster Linie durch die Anwendungsfälle (Use Cases) beschrieben.

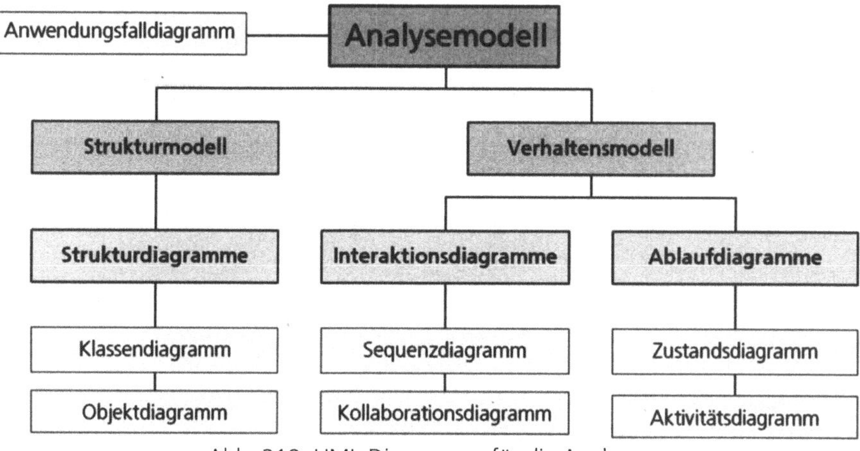

Abb. 318: UML-Diagramme für die Analyse

Durch die Analyse der Anforderungen ergeben sich erste Anhaltspunkte für die Architektur des zu realisierenden Systems. Sie bilden somit eine Grundlage für den „Architektur-Entwurf". Die Unified Modeling Language (UML) definiert eine Reihe von Diagrammen, die für die Anforderungsanalyse verwendet werden können. Während einige UML-Diagramm eine stark konzeptionelle Sicht des Systems repräsentieren (z. B. Anwendungsfalldiagramme), können andere sowohl unscharf, also konzeptionell verwendet werden, als auch sehr detailliert mit direktem Bezug zur Implementierung (z. B. Aktivitätsdiagramme). In ▶Abb. 318 werden die Diagramme der UML gegliedert nach ihrem Verwendungszweck gezeigt. Eine Sonderrolle nehmen die Anwendungsfalldiagramme ein. Sie können sehr universell verwendet und auch in frühen Projektphasen (beispielsweise zur Zielpräzisierung) genutzt werden. Anwendungsfalldiagramme werden deshalb im Folgenden als erstes beschrieben.

Die grundlegendsten Modellierungsaspekte im Rahmen der Anforderungsanalyse sind, neben den bereits besprochenen Prozessen, die Daten (Objekte) und die Funktionen des Anwendungsbereichs. Die zwei elementaren Diagramme, welche die UML für die Datenmodellierung (Objektmodellierung) und die Funktionsmodellierung vorsieht, sind das Klassendiagramm und das Anwendungsfalldiagramm. Das Klassendiagramm entspricht dem Entity-Relationship-Diagramm, das durch die strukturierte Analyse und vor allem durch die Datenbankmodellierung bekannt geworden ist. Die Modellierung der Daten und Funktionen des zu entwickelnden Systems (Anwendungsbereich) geschieht nicht isoliert voneinander. Vielmehr findet eine Verfeinerung dieser Modellierungsinhalte unter ständigen gegenseitigen Wechselwirkungen statt. ▶Abb. 319 verdeutlicht diesen Sachverhalt.

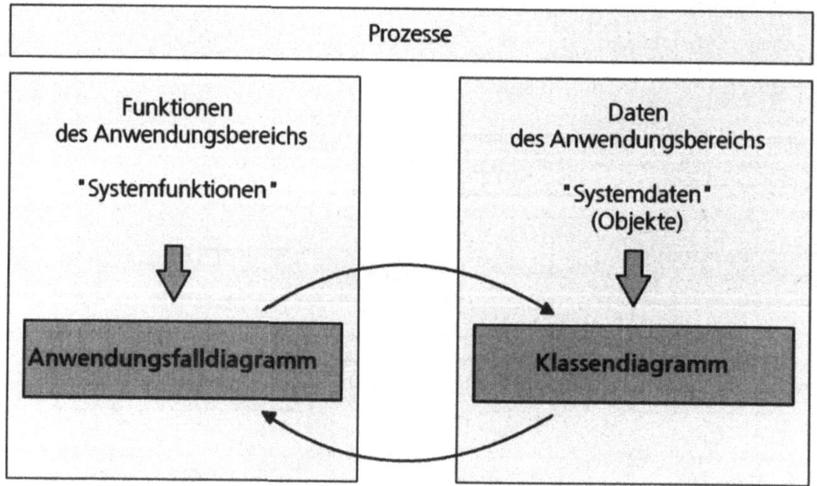

Abb. 319: Wechselwirkungen zwischen den zentralen UML-Diagrammen

8.1.1 Akteurbeziehungsdiagramm

Nach der Erfahrung des Autors hat es sich bewährt, vor dem Einstieg in die Anwendungsfallanalyse eine Analyse der Akteursbeziehungen (Systembeziehungsanalyse) durchzuführen. Der Autor verwendet hierfür eine eigene Darstellung, die als „Akteurbeziehungsdiagramm" bezeichnet werden kann. Hintergrund dieser Darstellung ist, dass ein System viele verschiedene Beziehungen mit seiner Umwelt aufweist und dass es sinnvoll ist, diese Beziehungen zu kategorisieren. Außerdem sind nicht alle dieser Beziehungen im Rahmen der Anwendungsfallanalyse detaillierter zu untersuchen, so dass man mit diesem Diagramm auch eine Übersicht über die Akteursbeziehungen erhält, für die in einem nächsten Schritt Anwendungsfälle erstellt werden können.

Beim Akteursbeziehungsdiagramm wird davon ausgegangen, dass man vier grundlegende Kategorien von Akteurbeziehungen differenzieren kann. Diese sind im Rahmen der Systemkonzeption unterschiedlich zu behandeln.

Es sind dies:

- reale Anwendersitzungen,

- entfernte Systeme,

- Dateneingänge und

- Datenausgänge .

Reale Anwendersitzungen werden von den Bedienern des Systems, die Daten ein- oder ausgeben, ausgeführt. Bei den entfernten Systemen handelt es sich um elementare Systemanbindungen zu den Informationssystemen von Geschäftspartnern, bei denen Daten bi-direktional fließen. Weitere Kategorien sind die Datenausgänge und Dateneingänge, wobei zum jetzigen Zeitpunkt noch nicht unterschieden wird, in welcher Form der Datenaustausch abgewickelt wird (z. B. dynamische Anbindung, Batch, Austausch von Datenträgern).

▶Abb. 320 zeigt als Beispiel ein Akteurbeziehungsdiagramm für eine E-Commerce-Anwendung. Beim Akteurbeziehungsdiagramm wird das System als Black-Box betrachtet. Die Kategorien sind so angeordnet, dass in der oberen Hälfte die Akteursbeziehungen aufgeführt sind, die im Rahmen der nachfolgend besprochenen Anwendungsfallanalyse konkreter auszugestalten sind. Die in der unteren Hälfte angegebenen Datenausgabebeziehungen sind für die Anwendungsfallanalyse nicht relevant. Teilt man alle Akteursbeziehungen in die entsprechenden Kategorien ein, erhält man einen Überblick über das weitere Vorgehen.

Für die externen Systembeziehungen müssen im Rahmen der Anforderungsanalyse neben den Datenausgangs-Funktionen auch Klassen für den Empfang von Nachrichten und Daten bereitgestellt werden, wie dies auch für die realen Anwendersitzungen notwendig ist.

Bei den Dateneingängen müssen je nach Art der Anbindung Klassen für den Empfang von Nachrichten und Daten konzipiert werden, aber nicht für den Datenausgang.

Bei den Datenausgängen ist die Situation noch etwas einfacher. Da hier nur Daten nach außen fließen und somit keine Daten vom System entgegengenommen werden, bedarf es auch keiner hierfür bereitgestellten Datenobjekte. Diese Verbindungen stellen lediglich eine Informationsweiterleitung an außenstehende Akteure dar. Da sie nur Datenausgangsfunktionen benötigen, müssen sie auch nicht explizit für die Ermittlung von Anwendungsfällen herangezogen werden.

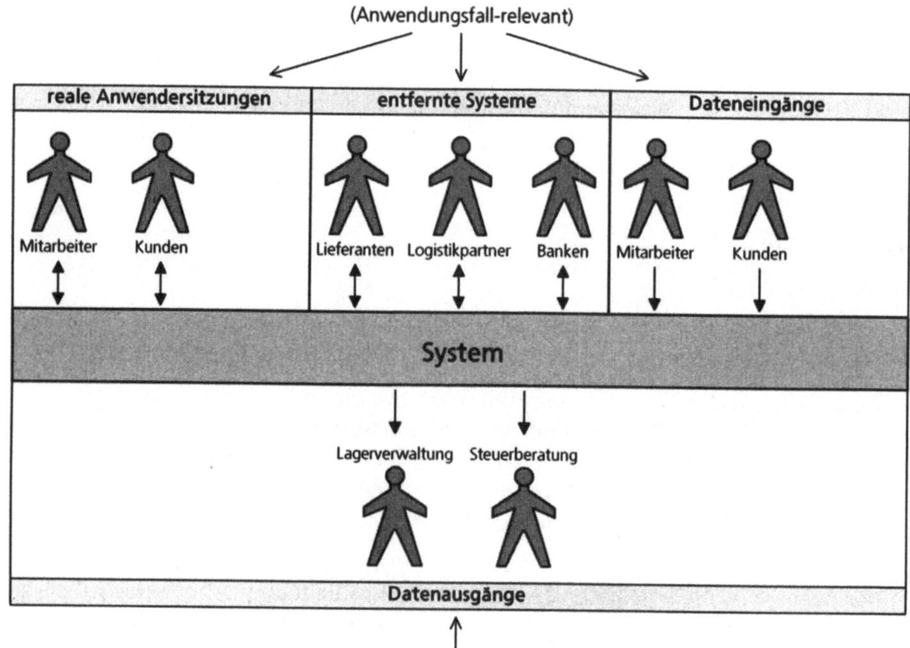

Abb. 320: Akteurbeziehungsdiagramm

8.1.2 Anwendungsfalldiagramm (UML)

Anwendungsfälle (engl.: Use Cases) und Anwendungsfalldiagramme (engl.: Use Case Diagramms) sind ein ideales Werkzeug, um die funktionalen Anforderungen an ein System zu erheben. Man spricht in diesem Zusammenhang auch von der Anwendungsfallanalyse und meint damit die Untersuchung, welche Dienste bzw. Funktionen das System den verschiedenen Akteuren außerhalb des Systems bereitstellen muss. Die vollständige Dokumentation dieser Analyseergebnisse bezeichnet man als „Anwendungsfallmodell". Jede in sich abgeschlossene

Funktion wird als Anwendungsfall modelliert. Anwendungsfalldiagramme werden für die Spezifikation der Funktionen eines Systems verwendet. Sie sind zwar kein objektorientiertes Konzept, aber sie bieten die seit langem vermisste Möglichkeit zur Benutzerbeteiligung bei der Softwareentwicklung.

Ein großer Vorteil der Anwendungsfalldiagramme ist, dass sie sehr intuitiv und ohne großen Schulungsaufwand auch für Laien verständlich sind. Sie können deshalb direkt mit den zukünftigen Endanwendern besprochen und im Dialog mit diesen erarbeitet werden. Im Rahmen der Anwendungsfallmodellierung werden oft Abhängigkeiten zwischen Anwendungsfällen erkannt und neue Anforderungen entdeckt. Außerdem verleitet dieser Diagrammtyp nicht zu einem typischen Fehler der Anforderungsanalyse, nämlich verfrüht Aussagen hinsichtlich der internen Architektur einer Lösung zu formulieren. Denn nur das von außen sichtbare Systemverhalten wird modelliert.

Ein Anwendungsfall spezifiziert das Verhalten eines Systems oder eines Systemteils. Er stellt für gewöhnlich eine Interaktionsmöglichkeit dar, die der Anwender mit dem Computersystem durchführen kann. Anwendungsfälle sind damit ein wichtiger Teil der Was-Sepzifikation, denn sie beschreiben, was ein System leisten muss, aber nicht, wie es dies tun soll. Meistens werden Anwendungsfälle in Form von Aufgaben spezifiziert. Unter einer Aufgabe versteht man in diesem Kontext eine Verrichtung am Objekt.

Zur vollständigen Beschreibung einer Aufgabe gehören demnach immer ein **Objekt** und ein **Verb**.

Zum Beispiel:

- Auftrag prüfen

- Bestellung bestätigen

- Neuen Kunden anlegen

In den meisten Fällen wird diese Bezeichungskonvention für die Benennung von Anwendungsfällen in einem Anwendungsfalldiagramm verwendet. Ein Anwendungsfalldiagramm ist eine Darstellung, die eine Menge von Anwendungsfällen enthält und Beziehungen zwischen Anwendungsfällen und möglichen Akteuren zeigt. Damit wird auch der wesentliche Vorteil von Anwendungsfalldiagrammen deutlich. Es entsteht ein direkter Bezug von den Aufgaben der Anwender zu den Funktionen des Systems. Die Aufgabensicht wird sozusagen mit der Funktionssicht verbunden.

Anwendungsfälle beschreiben das externe Systemverhalten aus der Sicht des Anwenders. Sie stellen funktionale Anforderungen dar, die das System erfüllen muss. Die internen Systemabläufe (das: „behind the scenes") werden nicht abgebildet. Dies ist eine wichtige Vereinfachung, die dazu beitragt, nur die Essenz des Systems aus Anwendersicht darzustellen.

Anwendungsfälle sollten so definiert werden, dass sie einen Vorgang bzw. Ablauf möglichst vollständig repräsentieren. Sie werden also mit einem groben Korn spezifiziert.

Es geht also weniger um Einzelaktivitäten wie

- Bestellformular ausfüllen,

- Bestellformular ausdrucken,

- Bestellung prüfen",

sondern eher um den Gesamtablauf „**Bestellung aufnehmen**".

Es gibt aber Situationen, in denen es Sinn macht, einen Anwendungsfall aufzu-teilen. Dies ist beispielsweise dann der Fall, wenn ein bestimmter Bearbeitungs-schritt in mehreren Anwendungsfällen auftritt. Zur Vermeidung von Redundan-zen in der späteren Systementwicklung wird dieser Teil dann als eigener Anwendungsfall ausgegliedert und mit den anderen Anwendungsfällen in Bezug gesetzt. Beispielsweise kann „Kundenbonität prüfen" Teil des Anwendungsfalls „Bestellung aufnehmen" sein.

Wenn dieser Teil eines Anwendungsfalls aber auch bei der Änderung der Zah-lungsart, vor der Auslieferung einer großen Bestellung und beim Aufnehmen eines neuen Kunden benötigt wird, kann diese Funktion als eigener Anwen-dungsfall ausgelagert werden. Der nun eigenständige Anwendungsfall kann mit anderen Anwendungsfällen in Beziehung gesetzt werden.

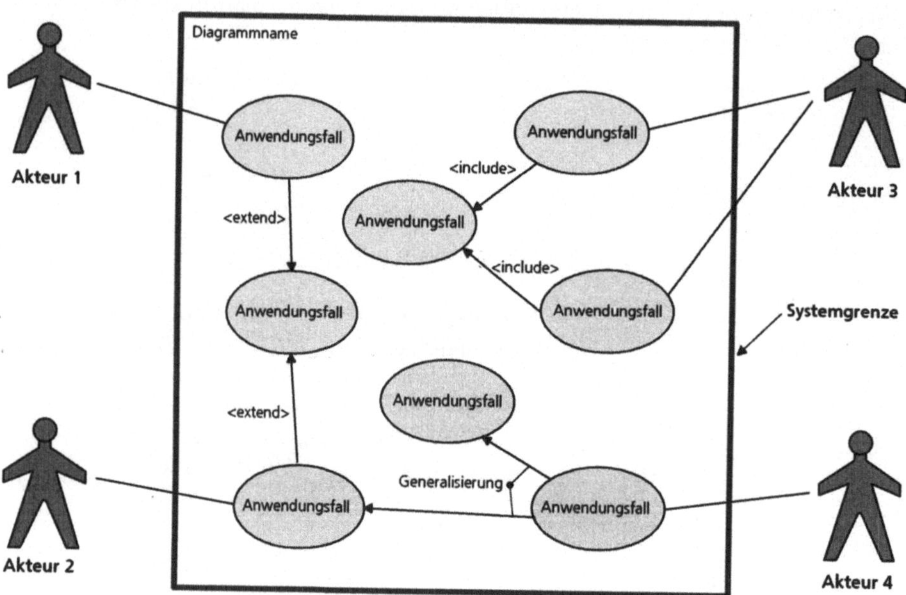

Abb. 321: Neutralbetrachtete Form eines Anwendungsfalldiagramms

In der UML sind dazu drei mögliche Arten von Anwendungsfall-Beziehungen definiert:

- **Include-Beziehung (Enthält-Beziehung):** Eine Include-Beziehung zwi-schen Anwendungsfällen bedeutet, dass der Basisanwendungsfall an einer von ihm spezifizierten Stelle explizit das Verhalten des anderen Anwendungsfall einbezieht. Der einbezogene Anwendungsfall steht niemals alleine, sondern tritt nur als Teil von Basisanwendungsfällen auf, die ihn referenzieren.

- **Extend-Beziehung (Erweitert-Beziehung):** Eine Extend-Beziehung zwischen Anwendungsfällen bedeutet, dass der Basisanwendungsfall implizit das Verhalten eines anderen Anwendungsfalls an einer Stelle enthält, die direkt vom erweiterten Anwendungsfall spezifiziert wird. Der Basisanwendungsfall kann alleine stehen, aber unter bestimmten Bedingungen, die durch so genannte „Extension-Points" (Erweiterungspunkte) spezifiziert sind, wird sein Verhalten durch das Verhalten eines anderen Anwendungsfalls erweitert.

- **Generalisierungsbeziehung:** Mit dieser Beziehungsart können Spezialisierungen ausgedrückt werden. Ein spezialisierter Anwendungsfall erbt das Verhalten und die Bedeutung des allgemeineren. Der spezialisierte Anwendungsfall kann das Verhalten des allgemeineren ergänzen oder überschreiben.

Es besteht allerdings keinen Zwang, diese Beziehungskonstrukte zu verwenden. Viele Software-Designer verzichten auf diese Detaillierungen in einem Anwendungsfalldiagramm zugunsten einer einfacheren Verständlichkeit bei Gesprächen mit den Anwendern oder dem Auftraggeber. Aus dieser Motivation sind die Anwendungsfälle ursprünglich entstanden. Es ist nicht das Ziel der Anwendungsfalldiagramme, Designentscheidungen vorwegzunehmen.

Elemente für die inhaltliche Vollständigkeit	Elemente für die formale Vollständigkeit
- Anwendungsfälle - Akteure - Beziehungen	- Systemgrenze (Begrenzungsrahmen) - Diagrammname

Abb. 322: Inhaltliche und formale Bestandteile eines Anwendungsfalldiagramms

Ein Anwendungsfalldiagramm ist ähnlich einfach zu zeichnen wie Bubble Charts. Es kann ebenfalls von Hand – also ohne Tool-Unterstützung – angefertigt werden. Es besteht aus nur drei wesentlichen inhaltlichen Elementen und aus nur zwei, als formal notwendig anzusehenden Elementen. In ▶Abb. 322 sind die Elemente tabellarisch zusammengestellt. Anwendungsfalldiagramme können hierarchisch strukturiert werden. Ein Anwendungsfall in einem Anwendungsfalldiagramm kann durch ein weiteres Anwendungsfalldiagramm detailliert werden.

Um die Erstellung von Anwendungsfalldiagrammen zu trainieren, ist in ▶Abb. 323 ein Fallbeispiel beschrieben, welches Sie selbständig bearbeiten können. Sie können aber auch direkt die schrittweise Lösungsbeschreibung lesen, die im nächsten Absatz folgt und parallel dazu die Lösung erarbeiten.

Fallbeispiel „Content-Management-System" (CMS)

Ausgangslage: Ein Unternehmen plant die Entwicklung eines Content Management Systems. Man befindet sich in einer frühen Phase des Projekts, bei der die Anforderungen mit den beteiligten Anwendergruppen diskutiert werden. Eine konsolidierte Beschreibung der Gesamtfunktionalität wurde im Rahmen einer ersten Befragung der Anwendergruppen erstellt.

Grundlagen: Content-Management-Systeme (im Folgenden abgekürzt als CMS) unterstützen den Unterhalt von umfangreichen Webseiten. Der Begriff „Content" steht für alle Arten von Inhalten, die in digitaler Form (meist als Dateien) vorliegen und irgendwie ausgegeben oder weiterverarbeitet werden (z. B. Text-Dokumente, PDF-Dokumente, Programmdateien, Flash-Animationen, etc.).

Ihr Auftrag: Bei dem nachfolgend beschriebenen Sachverhalt sollen die aus der Beschreibung hervorgehenden Anwendungsfälle in einem Anwendungsfalldiagramm dargestellt werden.

Fallbeschreibung: Die Inhaltslieferanten (Autoren) sollen die bisherige Art der Web-Seiten-Generierung mittels eines Web-Editors nur noch in Ausnahmefällen verwenden. Mit dem Content-Management-System soll sich die Arbeit die Arbeit der Autoren dadurch vereinfachen, dass diese die Inhalte in unformatierter Form an das Content-Management-System übergeben. Das Content-Management-System unterscheidet dabei zwischen Inhalten in Textform und Multimedia-Inhalten. Anhand von Layout-Vorlagen, die dem Content-Management-System von den Grafikern übergeben wurden, baut das Content-Management-System die Webinhalte selbständig zusammen und überträgt sie an den Web-Server.

Für die Automatisierung der Abläufe legt ein Administratoren-Team die einzelnen Workflows mit einem speziellen Editor des Content-Management-Systems fest. Wenn im Rahmen der Workflow-Spezifikation die Angabe von Geschäftsregeln notwendig ist, geschieht dies über einen speziellen Regel-Editor. Die Workflows sind Passwort-geschützt, so dass sie nur von den berechtigten Personen verändert werden können. Ein Übersetzungs-Team zeichnet sich für die Internationalisierung der Inhalte verantwortlich. Zur Qualitätssicherung der Übersetzung kann das Übersetzungs-Team Übersetzungstabellen anfertigen. Damit wird auch eine Homogenität der Wortwahl sichergestellt, wenn unterschiedliche Autoren in die gleiche Sprache übersetzen. Bei schwierigen Wortkombinationen oder Begriffspaaren können für Einträge in den Übersetzungstabellen zusätzlich noch Übersetzungsregeln spezifiziert werden. Der dazu verwendete Regel-Editor ist identisch mit dem Regel-Editor für die Workflow-Spezifikation (Anm.: Hinweis auf „extend"-Beziehung). Auch die Übersetzungstabellen sind mit einem Passwortschutz versehen, damit sie nur von berechtigten Personen verändert werden können.

Die Layout-Vorlagen für das Content-Management-System werden von einem Grafik-Team erarbeitet. Sie können ebenfalls mit einem individuellen Passwort versehen werden. Administratoren haben ebenfalls die Möglichkeit, für die technischen und weniger grafiklastigen Bereiche der Webseite Layout-Vorlagen zu erstellen.

Abb. 323: Fallbeispiel „Content-Management-System"

Lösungsbeschreibung: Anhand der Fallbeschreibung kann man in einem ersten Schritt die in Frage kommenden Akteure und die Anwendungsfälle herausarbeiten. Es ist empfehlenswert, diese Details zunächst in einer Tabelle festzuhalten. In der ▶Abb. 324 sind die Akteure und Anwendungsfälle mit eventuellen Bemerkungen tabellarisch zusammengefasst. Die Liste der Akteure bedarf keiner weiteren Kommentare, sie ist der unproblematischste Teil eines Anwendungsfalldiagramms. Man kann die Akteure entlang der äußeren Begrenzungslinie des Anwendungsfalldiagramms einzeichnen.

Akteure	Anwendungsfälle und Bemerkungen
Autoren (Inhaltslieferanten) Grafiker Übersetzer	Content publizieren (oder: Inhalte eingeben) Spezialisierungen: Text-Inhalte und Multimedia-Inhalte
Administrator	Layoutvorlage erstellen (mit Passwortschutz) Workflows erstellen (mit Passwortschutz) Übersetzungstabelle erstellen (mit Passwortschutz) Regeln definieren (sowohl für Workflows als auch für Übersetzungstabellen)

Abb. 324: Akteure und Anwendungsfälle

Bei den Anwendungsfällen gibt es ein paar Besonderheiten. Es ist empfehlenswert, alle notierten Anwendungsfälle hinsichtlich möglicher Beziehungen zu prüfen. Mögliche Beziehungen sind: „include", „extend" und die Generalisierungsbeziehung. Der Datenverkehr, der zwischen dem Content-Management-System und dem Web-Server stattfindet, wird nicht durch Anwendungsfälle abgebildet, denn dabei handelt es sich um systeminterne Vorgänge. Anwendungsfälle werden nur für das extern wahrnehmbare Systemverhalten definiert.

Bei dem Anwendungsfall „Content publizieren" handelt es sich um eine Generalisierung. Die dazugehörigen Spezialisierungen sind „Text-Inhalte publizieren" und „Multimedia-Inhalte publizieren". Des Weiteren gibt es in dem neuen System mindestens drei Anwendungsfälle, die über einen Berechtigungszugriff verfügen. Es ist deshalb sinnvoll, den Berechtigungsmechanismus des Systems als eigenen Anwendungsfall zu spezifizieren („Berechtigungen prüfen" oder „Berechtigungen verwalten") und diesen Anwendungsfall mit einer „include"-Beziehung immer dann zu referenzieren, wenn ein Passwortschutz gebraucht wird.

Im Anwendungsfalldiagramm müssen dann nicht nur die Anwendungsfälle mit ihren Beziehungen eingetragen werden, sondern es müssen auch Beziehungen zwischen den Akteuren und den Anwendungsfällen hergestellt werden. Hierbei ist zu beachten, dass der Akteur „Administrator" zu zwei Anwendungsfällen Beziehungen unterhält – und zwar zu „Workflow-Spezifizieren" und „Layout-Vorlage erstellen".

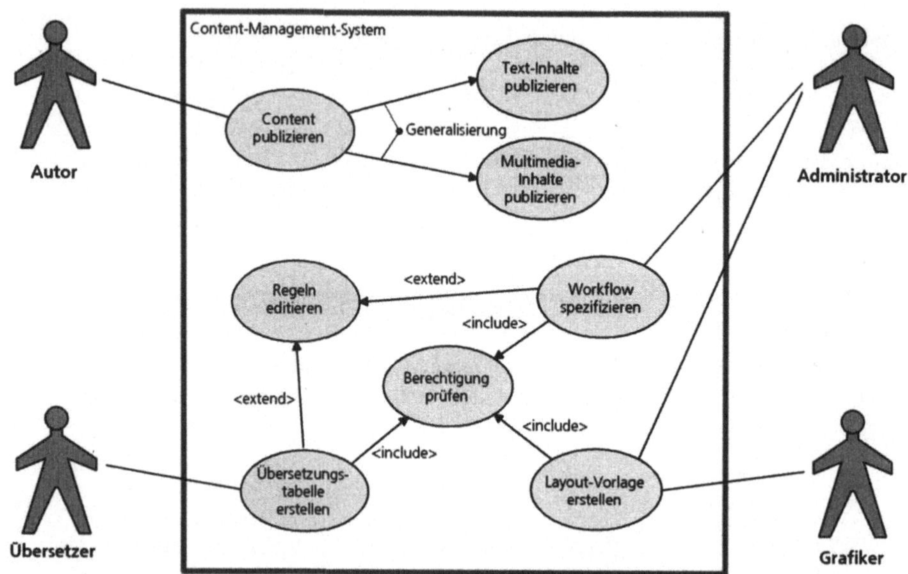

Abb. 325: Anwendungsfalldiagramm – Fallbeispiel „Content-Management-System"

Auch bezüglich der Akteure gibt es einige Besonderheiten. Zum einen können Akteure nicht nur Mitarbeiter bzw. Mitarbeitergruppen oder Organisationseinheiten des eigenen Unternehmens sein, sondern auch Geschäftspartner, Kunden oder andere Systeme, die für die Verarbeitung eines Anwendungsfalls Informationen zur Verfügung stellen. Es gibt allerdings keine geregelte Konvention, um diese unterschiedlichen „Akteursgruppen" symbolmäßig zu unterscheiden. Anhand eines vereinfachten Beispiels sollen verschiedene Möglichkeiten gezeigt werden. Es handelt sich dabei um ein Antiquariat-Informationssystem mit dem Phantasienamen „Bibliographie", dessen Anwendungsfalldiagramm in ▶Abb. 326 dargestellt ist.

Aus dem Anwendungsfalldiagramm geht hervor, dass die Mitarbeiter des Antiquariats nahezu alle Anwendungsfälle ausführen (entweder direkt oder indirekt, wie beispielsweise die Bestandsaktualisierung) können. Die Kunden des Antiquariats haben die Möglichkeit, selbst nach Büchern zu suchen oder Bücher vorzumerken. Diese Funktionalität könnte möglicherweise auch über eine Webseite oder ein Terminal in den Verkaufsräumen realisiert werden.

Aus dem Diagramm geht weiterhin hervor, dass einzelne Funktionen des Bibliographie-Systems auch vom Kundenverwaltungssystem genutzt werden. Dabei handelt es sich um Funktionen, welche die Verkaufs- und Ankaufsprozesse begleiten. Außerdem führen diese Anwendungsfälle zu einer Bestandsaktualisierung, die im Diagramm durch die <extend>-Beziehung dargestellt ist. die Aktualisierung des Bestands kann aber auch von außerhalb durch den Lieferanten durchgeführt werden.

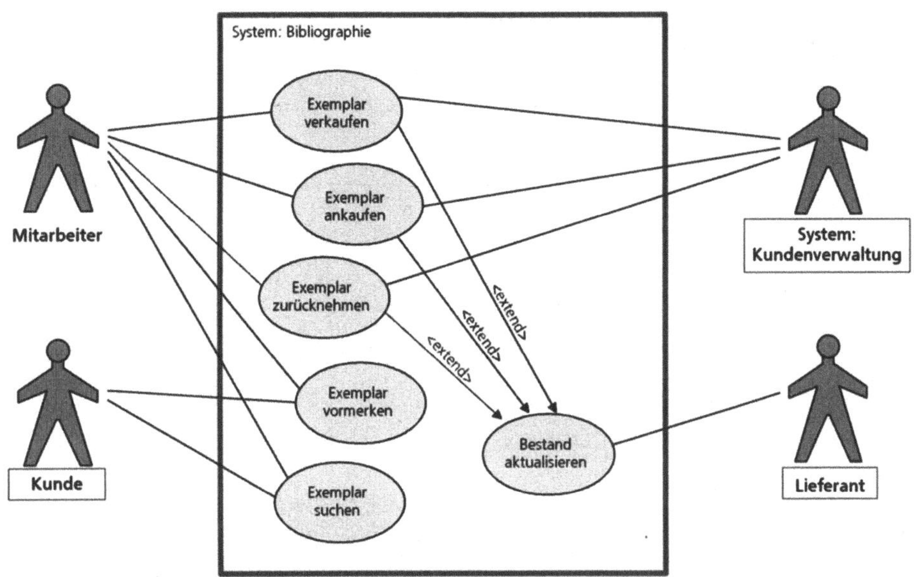

Abb. 326: Anwendungsfalldiagramm – System „Bibliographie" (vereinfacht)

Die Systeme der Bibliographie und des Lieferanten sind also teilweise integriert und Lieferungen des Lieferanten können auf elektronischem Wege direkt in die Bestandsdatenbank der Bibliographie (der Lieferungseingang muss dann auf Seiten der Bibliographie nur noch auf Vollständigkeit und Korrektheit geprüft werden). Wie der Datenaustausch geschieht, wird im Anwendungsfalldiagramm nicht spezifiziert. Möglicherweise geschieht dies in Form eines „XML-Streams", der über eine sichere Internet-Verbindung ausgetauscht wird.

8.1.3 Sequenzdiagramm

Das Sequenzdiagramm ist eine vielseitige Darstellungstechnik, die wegen ihrer inhaltlichen Flexibilität im Rahmen der Anforderungsanalyse mehrmals für unterschiedliche Aufgaben eingesetzt werden kann. In ►Kapitel „7 Darstellungen der Geschäftsprozessanalyse" wurde das Sequenzdiagramm verwendet, um Zusammenhänge zwischen dem Prozessablauf und Informationssystemobjekten aufzuzeigen. An dieser Stelle soll aufgezeigt werden, wie im Rahmen der Anforderungsanalyse Anwendungsvernetzungen und Kommunikationsbeziehungen zwischen Kunden bzw. Partnern und den firmeneigenen Informationssystemen konzeptionell dargestellt werden können. An einer späteren Stelle in diesem Kapitel wird die Verwendung des Sequenzdiagramms im Rahmen der objektorientierten Analyse als Teil der UML gezeigt. Dort werden sie für die Darstellung des Nachrichtenaustausches zwischen Objekten verwendet.

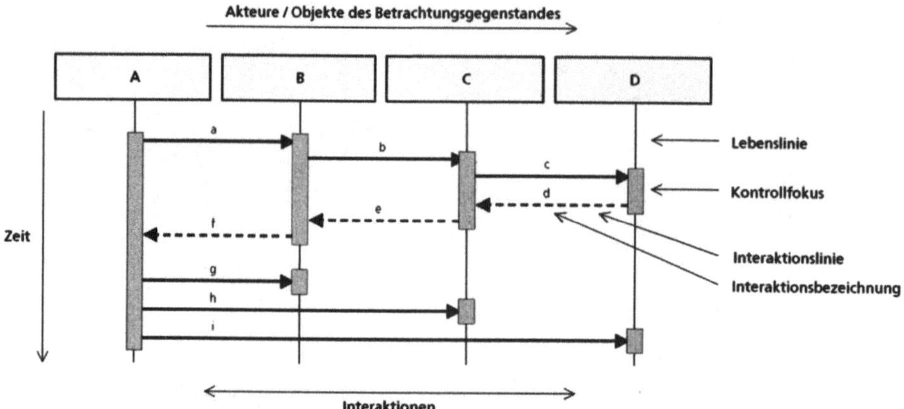

Abb. 327: Syntaxelemente und formaler Aufbau eines Sequenzdiagramms

Ein Sequenzdiagramm hat einen sehr einfachen Aufbau. Entlang der horizontalen Ebene sind die Betrachtungsgegenstände, die wir im Folgenden als Objekte bezeichnen, angeordnet. Mögliche Objekte für den hier besprochenen Anwendungsfall sind zum Beispiel Informationssysteme, Akteure wie z. B. Kunden, Geschäftspartner und Aufgabenträger im Unternehmen oder Organisationseinheiten.

Die Reihenfolge der Anordnung kann beliebig sein, wobei es Sinn macht, Objekte mit hoher funktionaler Bindung nah beieinander zu platzieren. Jedes Objekt wird dann mit einer vertikalen Linie versehen (einschließlich des gedachten Kunden). Diese Linien drücken den Zeitverlauf aus, und zwischen ihnen werden später die einzelnen Aktionen eingetragen. In ▶Abb. 327 sind die Syntaxelemente und der formale Aufbau eines Sequenzdiagramms grafisch dargestellt.

Durch das Sequenzdiagramm kann beispielsweise visualisiert werden, welches System zu welchem Zeitpunkt im Ablauf welche Aktion ausführt. Als Beispiel betrachten wir eine E-Commerce Anwendung, bei der Kunden Artikel über einen Web-Shop bestellen können. Siehe ▶Abb. 328. Die Kommunikation zwischen Kunden und Unternehmen wird auf der Kundenseite durch den Web-Browser und auf der Unternehmensseite durch den Web-Server abgewickelt. Im vorliegenden Beispiel wurde der Web-Server nicht in die Darstellung aufgenommen, da er für den gezeigten Sachverhalt, aus konzeptioneller Sicht, nicht wesentlich ist.

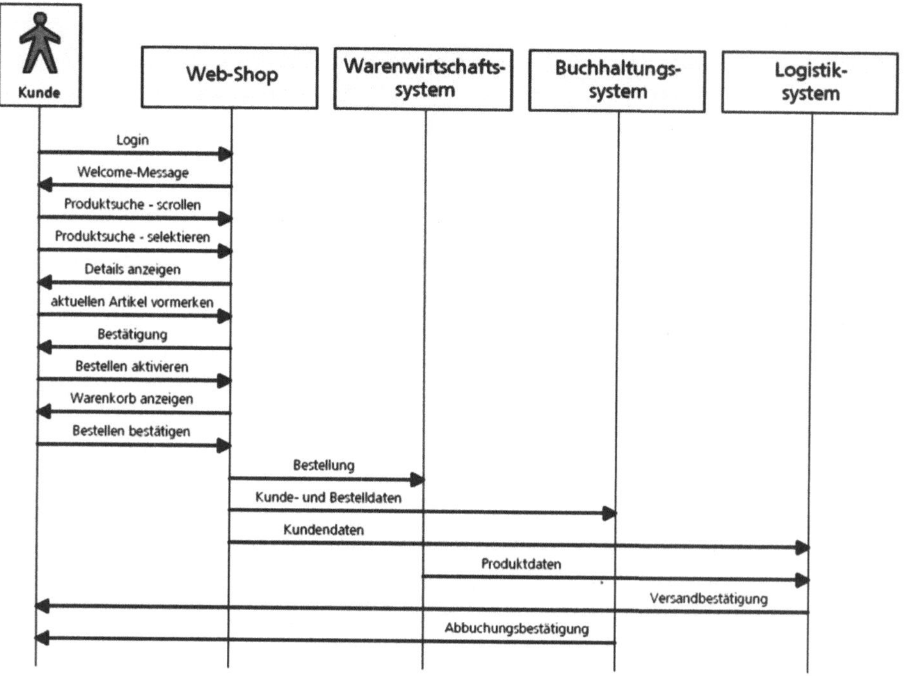

Abb. 328: Sequenzdiagramm – Online-Bestellung (vereinfacht)

Auf der Unternehmensseite sind für den Betrieb des Web-Shops und die Auftragsabwicklung mehrere Anwendungssysteme aktiv. Diese sind an der Oberseite des Diagramms als Knoten nebeneinander eingezeichnet. Mit gerichteten Kanten (Linien mit Pfeilen) werden dann die dynamischen Ablaufbeziehungen, die bei einem Prozess zwischen dem Kunden und den Anwendungssystemen entstehen, festgehalten. Die Kanten werden entsprechend dem Richtungsverlauf eingezeichnet und sinngemäß beschriftet. Im gezeigten Beispiel wird nicht unterschieden, ob es sich bei den Kanten um Datenaustauschbeziehungen (z. B. Produktdaten) oder um einfache Aktionen (z. B. Bestellen bestätigen) handelt. Diese Unterscheidung kann bei Bedarf getroffen werden, indem unterschiedliche Linientypen verwendet werden (zum Beispiel durchgezogene Linie und gestrichelte Linie).

Es besteht auch die Möglichkeit, Organisationseinheiten oder Aufgabenträger auf Unternehmensseite in die Darstellung aufzunehmen. In ▶Abb. 329 wird dies beispielhaft anhand einer vereinfachten „Business Communication"-Situation gezeigt, bei der ein Mitarbeiter des Unternehmens Bedarfsanfragen prüfen und bestätigen muss, wenn diese eine gewisse Summe übersteigen.

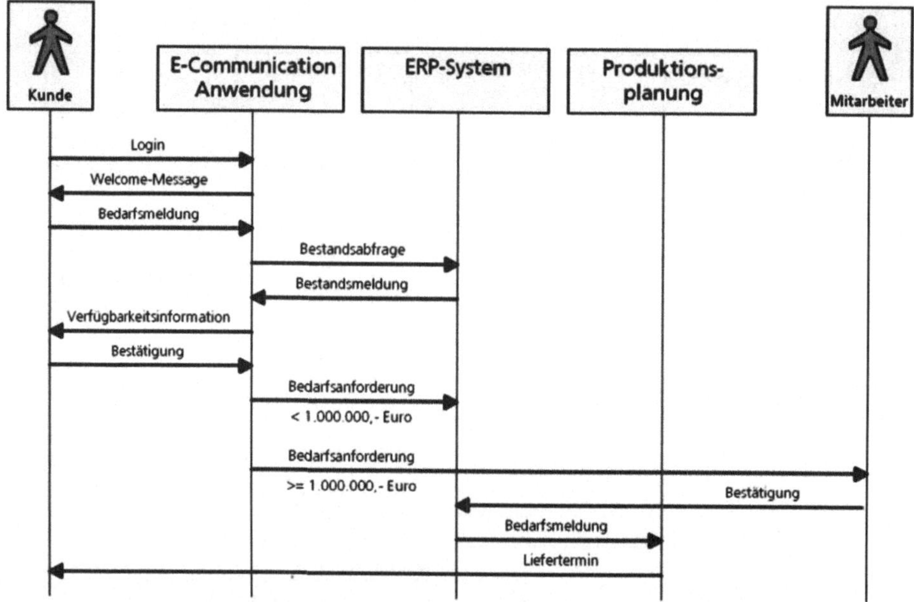

Abb. 329: Sequenzdiagramm – Business-Communication (vereinfacht)

Bei der hier gezeigten Anwendung der Sequenzdiagramme gibt es wenig syntaktische Regeln zu beachten. Grundsätzlich sollte jede Linie in einer eigenen Zeile aufgeführt sein. Es ist weiterhin empfehlenswert, alle Bezeichnungen nach einem einheitlichen Schema auf den Linien zu platzieren. In den gezeigten Beispielen sind die Bezeichnungen immer im Abschnitt des Ursprungsknotens positioniert.

Ein Nachteil von Sequenzdiagrammen ist, dass sie offiziell keine Nebenläufigkeiten (Parallelitäten) und Alternativen darstellen können. Die in ▶Abb. 318 modellierte Abfrage der Bedarfshöhe wurde bewusst aufgenommen, um eine „konstruierte" Alternativbedingung zu zeigen. Sie führt allerdings nicht zwangsläufig zu einer schlüssigen Interpretation. Ein anderer Weg wäre, immer nur einen einzigen Ablauf in einem Diagramm zu zeigen und für Alternativen mehrere Diagramme anzufertigen. Noch schwieriger ist die Situation bei Nebenläufigkeiten. Sie müssen künstlich serialisiert werden.

8.2 Objektorientierte Strukturmodellierung – Strukturdiagramme

Die UML stellt für die Strukturmodellierung zwei Diagrammtypen zur Verfügung, die sich im Wesentlichen durch den Grad ihrer Detaillierung unterscheiden. Die Inhalte der beiden Diagramme sind – abgesehen vom Detaillierungsgrad – identisch. Als Basis für die Strukturmodellierung können die Anwendungsfälle verwendet werden. Aus den spezifizierten Anwendungsfällen werden die Klassen bzw. Objekte für das Strukturmodell herausgearbeitet. Anschließend wird das Strukturmodell um Assoziationen zwischen den Klassen bzw. zwischen Objekten erweitert. In einem weiteren Bearbeitungsschritt werden den Klassen bzw. Objekten Attribute hinzugefügt und auch die Beziehungen durch Attribute präzisiert. Damit schlussendlich die Struktur im Hinblick auf die Implementierung analysiert werden kann, werden die Klassen in konzeptionell und semantisch zusammenhängenden „Paketen" gebündelt und hierarchisch strukturiert, wobei sowohl die Klassen in den Paketen als auch die Pakete zu Hierarchien geformt werden können.

Im Rahmen dieser hierarchischen Ordnung tritt auch das Potential für Generalisierungen deutlicher zum Vorschein als bei einer unstrukturierten Sammlung von Klassen; dieses Potential sollte, soweit sinnvoll, auch genutzt werden. Die Bearbeitungsschritte dieser Vorgehensweise laufen nicht streng sequentiell ab, sondern greifen ineinander über, so dass die Inhalte des Strukturmodells durch stetige Wechselwirkungen Stück für Stück perfektioniert werden, bis eine implementierungsreife Struktur vorliegt.

8.2.1 Klassendiagramm (UML)

Eine der wichtigsten Tätigkeiten beim Modellieren eines objektorientierten Systems ist das Identifizieren der Gegenstände, die für die abzubildende Situation bedeutend sind. Bei der Anwendungsfallmodellierung haben wir uns auf die funktionalen Aspekte des zukünftigen Systems konzentriert. Neben den Funktionen müssen aber auch die Geschäftsobjekte, die im Rahmen von Funktionen verarbeitet werden, konzeptionell beschrieben werden. In der UML werden diese „Dinge" als Klassen modelliert. Klassen sind der wichtigste Bestandteil eines objektorientierten Systems. Eine Klasse ist eine Abstraktion der Dinge, die Teile eines Betrachtungsbereiches darstellen. Sie beschreibt eine Menge von Objekten, die sich dieselben Attribute, Operationen, Beziehungen und Semantik teilen und implementiert eine oder mehrere Schnittstellen.

Eine Klasse repräsentiert nicht ein einzelnes Objekt, sondern eine Gruppe von gleichen Objekten. Letztendlich ist sie lediglich eine Beschreibung der Eigenschaften und der Verhaltensmöglichkeiten eines bestimmten Objekttyps. Beispielsweise enthält die Klasse „Buch" eine Beschreibung der Merkmale, aus denen sich ein Buch zusammensetzt (Seiten, Einband, Titel, Autor, ISBN-Nummer etc.). Ein konkretes Objekt stellt dann eine spezifische Ausprägung einer solchen Klasse dar. Beispielsweise ist dieses Buch ein Objekt der Klasse „Buch".

Ein Klassendiagramm zeigt die Klassen eines Systems und ihre strukturellen Beziehungen. Die Klassendiagramme der objektorientierten Modellierung sind vergleichbar mit den Entity-Relationship-Diagrammen der strukturierten Methoden bzw. der relationalen Datenbanken. Der einzige Unterschied ist, dass im Klassendiagramm anstelle der „Entitäten" Klassen dargestellt werden.

Grafisch wird eine Klasse als Rechteck dargestellt. Im Rechteck kann entweder nur der Name der Klasse eingetragen sein oder weitere Attribute und Operationen. Ein „Klassenrechteck" besteht als maximal aus drei Bereichen (Name, Attribute, Operationen), die durch horizontale Linien voneinander getrennt sind. Da dieses Buch nicht das Ziel verfolgt, die objektorientierte Entwicklung im Detail zu beschreiben, verzichten wir bei den folgenden Erläuterungen auf Attribute und Operationen und überlassen dieses Feld der „objektorientierten Literatur".

Wir konzentrieren uns im Folgenden auf die zwei wesentlichen Beschreibungselemente eines Klassendiagramms: **Klassen** und ihre **Beziehungen**. Klassen sind in der Regel nicht isoliert, sondern arbeiten auf vielfältigste Weise mit anderen Klassen zusammen. Beim objektorientierten Modellieren gibt es verschiedene Arten von Beziehungen, die in ▶Abb. 330 dargestellt sind. Nachfolgend wird jede Beziehungsart erklärt; der Leser sollte dazu die Abbildung referenzieren.

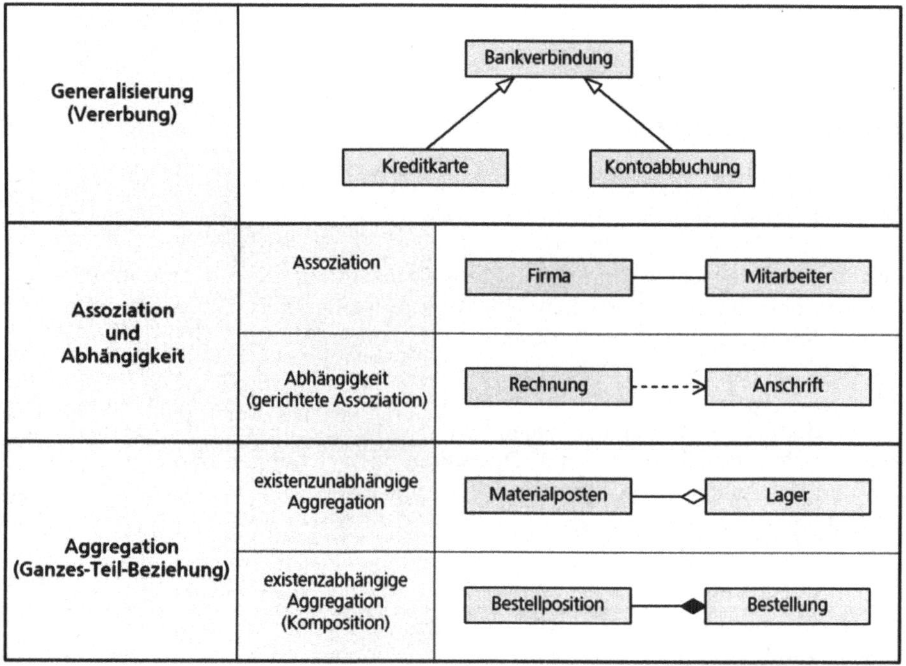

Abb. 330: Mögliche Beziehungsarten und ihre Symbole

Eine Generalisierung ist eine Beziehung zwischen einer allgemeinen, abstrakteren Art von Ding (Oberklasse) und einer spezielleren Art dieses Dings (Unterklasse). Generalisierungsbeziehungen in einem Klassendiagramm verknüpfen Klassen mit ihren Spezialisierungen. Ein Taschenbuch ist beispielsweise eine Spezialisierung von der Klasse „Buch". Man kann diese Beziehungen auch als „Eine-Art-von"-Beziehung bezeichnen. Generalisierung heißt, dass sich überall, wo die Oberklasse auftreten kann, auch eine Unterklasse verwenden lässt, aber nicht umgekehrt. Eine Unterklasse erbt die Eigenschaften ihrer Oberklasse und enthält eventuell weitere zusätzliche Eigenschaften.

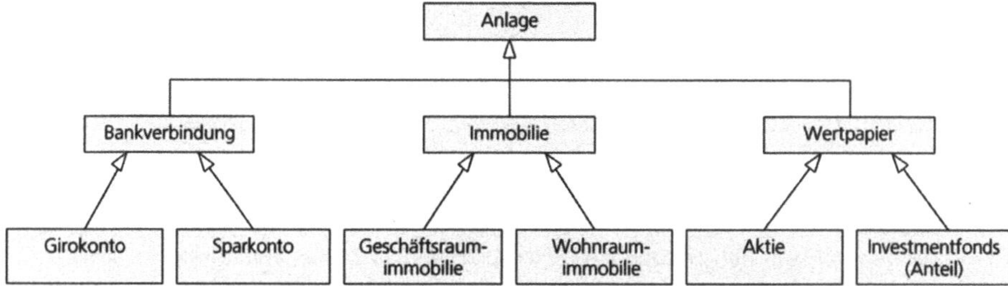

Abb. 331: Beispiel für eine mehrstufige Generalisierung

Eine Assoziation ist eine strukturelle Beziehung, die spezifiziert, dass eine Klasse mit einer oder mehreren anderen Klassen in einem Kommunikationsverhältnis steht. Assoziationen stellen elementare Kommunikationsbeziehungen zwischen Klassen her, so dass man von einem Objekt der einen Klasse zu einem Objekt der anderen Klasse navigieren kann. Spezielle Assoziationsbeziehungen sind die Abhängigkeit (gerichtete Assoziation) und die Aggregationen.

Abhängigkeiten sind „Benutzt"-Beziehungen zwischen Klassen. Mit ihr wird ausgesagt, dass eine Änderung der Spezifikation einer Klasse eine Änderung in der anderen (abhängigen) Klasse nach sich zieht. Abhängigkeiten können aus verschiedenen Motivationen notwendig werden, beispielsweise wenn eine Klasse eine Schnittstelle verwendet, die in einer anderen Klasse spezifiziert ist. Abhängigkeiten sind eine Sonderform der Assoziation.

Aggregationen sind Zusammensetzungen von Objekten aus einer Menge von bestimmten Einzelteilen. Eine Aggregation drückt somit eine „Teil von" Beziehung aus. Sie zeigt auf, aus welchen Teilen sich ein Ganzes zusammensetzt und wird deshalb auch als „Ganzes/Teil"-Beziehung bezeichnet. Die Aggregation ist eine Sonderform der Assoziation. Man unterscheidet zwei Varianten der Aggregation. Bei der einen Variante kann das „Ganze" auch unabhängig von seinen Teilen bestehen (ein Lager besteht auch dann, wenn es keine Materialposten mehr enthält). Bei der anderen Variante ist das „Ganze" nur existenzberechtigt, wenn es mindestens einen Teil gibt (eine Bestellung macht nur dann Sinn, wenn es mindestens einen Posten in der Bestellung gibt).

Aufgrund der großen Menge von Klassen in einer Anwendung, wird ein Klassendiagramm nie in einem Zug erstellt. Ein strukturiertes Vorgehen ist bei diesem Diagrammtyp besonders wichtig. Der Vorgang der Klassenbildung ist vergleichbar mit der Datenmodellierung, die ebenfalls eine sehr komplexe Angelegenheit darstellt und viele Arbeitsschritte benötigt. In Bezug auf die Klassenmodellierung ist es empfehlenswert, die Klassen in Kategorien einzuteilen.

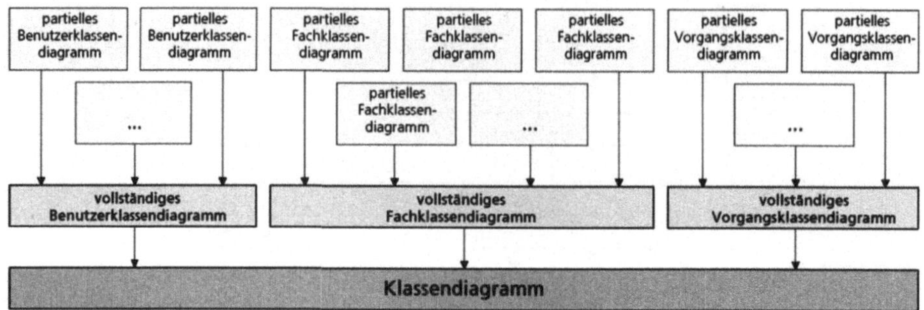

Abb. 332: Schrittweise Zusammenführung von Einzelaspekten zum Klassendiagramm

Eine mögliche Kategorisierung (dargestellt in ▶Abb. 332) ist die Einteilung der Klassen in:

- Fachklassen
- Vorgangsklassen
- Nutzerklassen

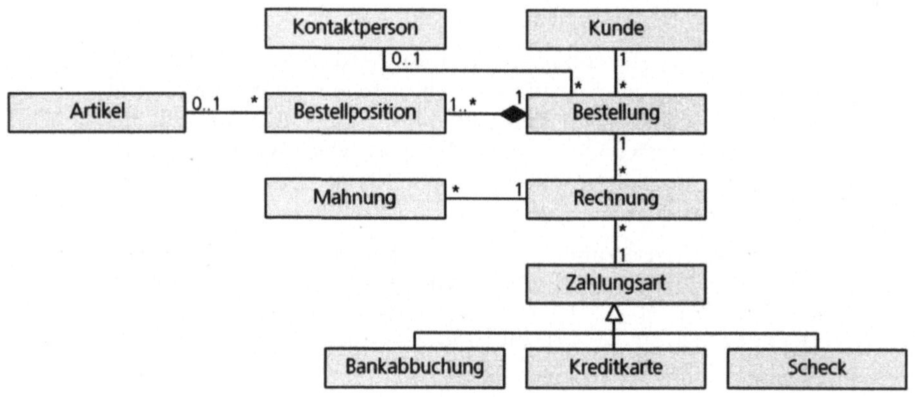

Abb. 333: Fachklassendiagramm – Bestellung

Kern einer jeden Anwendung sind die **Fachklassen**. Sie werden als erstes erstellt und können direkt aus den Anwendungsdaten abgeleitet werden.

Bei einer E-Commerce-Anwendung gib es zum Beispiel folgende Fachklassen:

- Kunden,
- Bestellungen/Rechnung,
- Warenkorb,
- Warenkatalog,
- Einkauf/Vertrieb,
- Logistikpartner etc.

Eine weitere Klassenkategorie stellen die **Vorgangsklassen** dar. Es handelt sich dabei um Klassen, die speziell zur Steuerung von Anwendungsfällen eingefügt werden. Die Methoden dieser Klassen steuern dann den Vorgangsablauf. Eine letzte wichtige Kategorie sind die Nutzerklassen. Sie werden für die Verwaltung der Systembediener benötigt.

Notationsbeispiel	Beschreibung
1 3	exakte Angaben
0..1 0..4 0..* 1..*	Intervalle
0,4..5,8..*	kombinierte Angaben

Abb. 334: Notation der UML-Kardinalitäten

An den Kanten-Enden von Klassendiagrammen können zusätzliche Informationen angegeben werden. Dazu gehören insbesondere die so genannten „Kardinalitäten". Diese geben Auskunft darüber, mit wie vielen Objekten einer Seite ein Objekt der anderen Seite verbunden ist. Die möglichen Kardinalitäten sind in ▶Abb. 334 dargestellt. Der Stern steht für beliebig viele Objekte.

8.2.2 Objektdiagramm (UML)

Objektdiagramme zeigen konkrete Ausprägungen (Objekte) der Klassen eines Klassendiagramms mit ihren Beziehungen. Wie auch die Klassendiagramme werden auch sie verwendet, um die statische Entwurfssicht oder die statische Prozesssicht eines Systems zu modellieren. Sie stellen eine Momentaufnahme eines Systems zu einem bestimmten Zeitpunkt dar. Ein Objektdiagramm deckt eine Menge von Objekten der Klassen ab, die man in einem Klassendiagramm findet. Es kann deshalb auch als eine ausschnitthafte Instanz eines Klassendiagramms gesehen werden. Im Unterschied zum Klassendiagramm stellt das Objektdiagramm jedoch konkrete oder prototypische Instanzen in den Vordergrund. Sie werden für die Modellierung von Objektstrukturen verwendet. Objektstrukturen zu modellieren bedeutet, zu einem bestimmten Zeitpunkt eine Momentaufnahme der Objekte im System zu machen. Man kann so die Existenz bestimmter Instanzen im System und deren Beziehungen untereinander visualisieren, spezifizieren und dokumentieren.

Objektdiagramme haben für die Anforderungsanalyse eine sehr viel geringere Bedeutung als die Klassendiagramme, weshalb wir an dieser Stelle nicht konkreter auf diesen Diagrammtyp eingehen.

8.3 Objektorientierte Verhaltensmodellierung – Interaktionsdiagramme

Mit den Klassendiagrammen und Objektdiagrammen wurden Diagrammtypen für die Modellierung der statischen Aspekte eines Systems besprochen. Diese strukturorientierte Modellierung muss für eine vollständige Systemspezifikation noch ergänzt werden durch eine verhaltensorientierte Modellierung. Die UML spezifiziert dazu fünf Diagrammtypen, mit denen die dynamischen Aspekte eines Systems dargestellt werden können. Ein Verhaltensdiagramm (das Anwendungsfalldiagramm) wurde bereits besprochen. Nun folgen die Diagramme für die Interaktionsmodellierung (Sequenzdiagramm und Kollaborationsdiagramm) und für die Ablaufmodellierung (Zustandsdiagramm und Aktivitätsdiagramm).

Die Interaktionsmodellierung dient im Wesentlichen dazu, das in den Anwendungsfalldiagrammen geforderte Systemverhalten als Zusammenarbeit zwischen Objekten darzustellen. Dazu spezifiziert die UML zwei Diagrammarten. Diese stellen grundsätzlich die gleichen Informationen dar, jedoch werden verschiedene Aspekte in den Vordergrund gestellt. Ein Sequenzdiagramm betont die zeitliche Reihenfolge der Nachrichten. Ein Kollaborationsdiagramm betont die strukturellen Beziehungen der Objekte während dem Nachrichtenaustausch. Beide Modelle sind semantisch äquivalent; man kann das eine Diagramm in das andere ohne Informationsverlust überführen.

Die Verhaltensmodellierung unterscheidet sich vom formalen Standpunkt her betrachtet nicht allzu sehr von der Modellierung der Geschäftsprozesse. Wenn man die Inhalte austauscht (Prozesse anstatt von Objekten und Nachrichten), können zwei Darstellungstechniken, die die UML für die Verhaltensmodellierung vorsieht, auch für die Geschäftsprozessmodellierung genutzt werden. Es handelt sich dabei zum einen um das direkt im Anschluss besprochene Sequenzdiagramm, welches in einer leicht abgewandelten Form auch in der Prozessmodellierung angewendet werden kann. Des Weiteren kann das Aktivitätsdiagramm, welches später bei den Ablaufdiagrammen besprochen wird, für die Prozessmodellierung genutzt werden. Beide Darstellungstechniken werden deshalb auch in ▶Kapitel *„7 Darstellungen der Geschäftsprozessanalyse“* mit anderen Inhalten besprochen.

8.3.1 Sequenzdiagramm (UML)

Synonyme

* Interaktionsdiagramm
* Object Interaction Diagramm

Bisher wurde besprochen, wie Anwendungsfälle und Strukturmodelle (Klassendiagramme) erstellt werden. Was jetzt noch fehlt, ist der dynamische Zusammenhang zwischen diesen beiden eher statisch orientierten Sichten. Wenn das System „läuft“, kommt es bei der Ausführung der Anwendungsfälle zu Interaktionen zwischen den Objekten. Ein Sequenzdiagramm zeigt, wie die Objekte im

System zusammenarbeiten um einen Anwendungsfall bzw. Geschäftsfall abzuwickeln.

Das Sequenzdiagramm hat eine einfache Struktur. In der horizontalen Ebene werden die Objekte in beliebiger und änderbarer Reihenfolge angeordnet, in der vertikalen Ebene wird der Zeitverlauf gezeigt. Dadurch kann die zeitliche Abfolge von Nachrichten, die eine ausgewählte Menge von Objekten in einer bestimmten Situation austauschen, beschrieben werden. Die Beziehungen, die zwischen den Objekten bestehen, werden nicht gezeigt.

Sequenzdiagramme haben zwei Merkmale, die sie von den nachfolgend beschriebenen Kollaborationsdiagrammen unterscheidet:

- erstens die Objektlebenslinie

- zweitens den Kontrollfokus (Aktivierungsbalken).

Die **Objektlebenslinie** ist eine senkrechte gestrichelte Linie, die die Existenz eines Objektes während eines Zeitraums darstellt. Das zweite wichtige Syntaxelement in einem Sequenzdiagramm ist der **Aktivierungsbalken**. Dieser nach unten, entlang der Lebenslinie verlaufende Balken zeigt den Zeitraum an, in dem ein Objekt eine Aktion ausführt. Die Oberkante des Balkens kennzeichnet den Beginn der Aktion (Operationsaufruf), die Unterkante das Ende der Aktion (Resultatrückgabe).

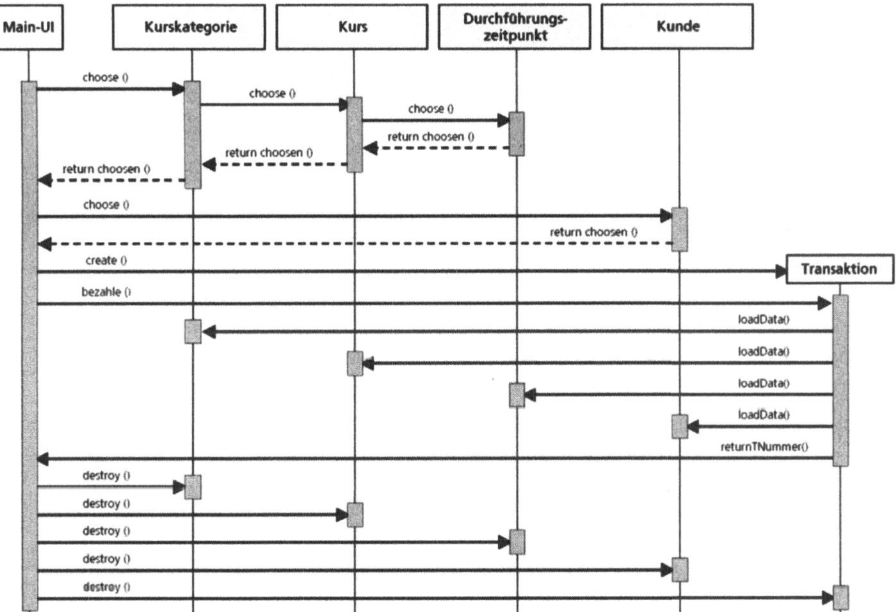

Abb. 335: Sequenzdiagramm – Kursadministrationssystem (Anmelden und Bezahlen)

Objekte werden als Instanz einer Klasse dargestellt, wobei die Angabe des Klassennamens optional ist. Die meisten Objekte in einem Interaktionsdiagramm existieren während der gesamten Dauer der dargestellten Interaktionen. Prinzipiell können Objekte aber auch im Laufe von Interaktionen durch die „create"-Nachricht erzeugt werden und mit der Nachricht „destroy" wieder gelöscht werden.

Das Beispiel in ▶Abb. 335 betrachtet einen Verkaufsprozess (Anmelden für einen Kurs und Bezahlen des Kurses). Der Dialog mit dem System wird aus der Sicht eines Mitarbeiters/einer Mitarbeiterinnen aus dem Anmeldebüro beschrieben, die entweder persönlich oder telefonisch mit dem Kunden in Kontakt steht. Das „Main-UI" verkörpert die Schnittstelle zwischen dem Anwender und dem Anwendungssystem.

Aus dem Hauptmenü der Anwendung kann man eine Liste der Kurskategorien anzeigen lassen. Wählt man eine Kategorie aus, wird die Liste der Kurse angezeigt, die für diese Kategorie angeboten werden. Wählt man einen Kurs aus, werden die Durchführungszeiten für diesen Kurs ausgewählt. Will sich der Kunde für einen Kurs anmelden, muss der Kunde in der Kundendatenbank gesucht und ausgewählt werden. Für den Anmeldevorgang erzeugt das System ein neues Transaktions-Objekt. Dieses setzt sich zusammen aus den Daten des gewählten Kurses (Kurskategorie, Kurs, Kurszeitpunkt) und die Kundendaten und einer Transaktionsnummer, die im User-Interface als Bestätigung angezeigt wird. Wenn sich der Anwender aus dem System ausloggt, werden alle Objekt zerstört.

8.3.2 Kollaborationsdiagramm (UML)

Kollaborationsdiagramme ermöglichen es, das Modellieren der strukturellen Beziehungen, die zwischen den Objekten während der Ausführung eines Anwendungsfalls herrschen, zu visualisieren. Während Sequenzdiagramme die zwischen den Objekten existierenden Beziehungen nicht aufzeigen, greifen Kollaborationsdiagramme diesen Inhaltsaspekt auf. Sie zeigen die Objekte, die zur Realisierung einer bestimmten Aufgabenerfüllung notwendig sind, die zwischen ihnen bestehenden Beziehungen und die Nachrichten, die entlang der Objektverbindungen ausgetauscht werden. Dadurch erhält man eine klare Vorstellung des Kontrollflusses im Kontext der strukturellen Organisation der „kollaborierenden" Objekte (daher der Name).

Ein Kollaborationsdiagramm besteht aus:

- einem Knotentyp (rechteckiges Symbol, welches ein Objekt verkörpert),

- ungerichteten Kanten, welche die Objektbeziehungen darstellen, und

- gerichteten Kanten, die den Objektbeziehungen zugeordnet sind und die Nachrichten visualisieren, die die Objekte senden und empfangen.

Daneben gibt es eine bestimmte Zahl von Stereotypen, mit denen man die Ursache von Beziehungen kennzeichnen kann und verschiedene Ausprägungen der gerichteten Kanten, um Synchronisationsbeziehungen darstellen zu können.

Auf diese beiden Notationselemente werden wir aber im Folgenden nicht eingehen.

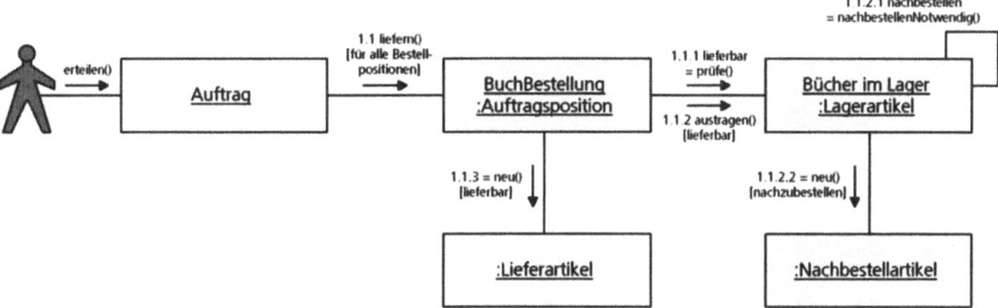

Abb. 336: Kollaborationsdiagramm - Auftragsabwicklung

Kollaborationsdiagramme haben zwei Merkmale, die sie von den Sequenzdiagrammen unterscheiden:

- erstens die Beziehungslinien zwischen den Objekten und

- zweitens die Nachrichtennummern.

Die Notwendigkeit des zweiten Syntaxelements (Nachrichtennummer) ergibt sich, weil ansonsten die Nachrichten nicht zeitlich eingeordnet werden können (denn die Struktur steht beim Kollaborationsdiagramm im Vordergrund). Durch die Nachrichtennummer wird jedoch ersichtlich, in welcher zeitlichen Reihenfolge der Nachrichtenaustausch stattfindet. Um Schachtelungen in der Zeitabfolge darstellen zu können, verwendet man eine Dezimalnotation (1 ist die erste Nachricht; 1.1 ist die erste Nachricht, die mit Nachricht 1 verschachtelt ist). Es ist erlaubt, entlang einer Objektbeziehung mehrere Nachrichten darzustellen, die auch in unterschiedliche Richtungen verlaufen können. Wichtig ist, das jeder Nachricht und auch jeder Sub-Nachricht eine eindeutige Nummer, entsprechend dem zeitlichen Ablauf, zugeordnet wird.

⟶ (ausgefüllter Pfeil)	prozeduraler Kontrollfluss
⟶ (offener Pfeil)	sequentieller Kontrollfluss
⟶ (halbseitig offener Pfeil)	asynchroner Kontrollfluss

Abb. 337: Mögliche Kantentypen in einem Kollaborationsdiagramm

Es existieren drei verschiedene Pfeilarten, um die Art der Nachricht festzulegen. Ein ausgefüllter Pfeil wird benutzt, um prozedurale Aufrufe darzustellen. Ein offener Pfeil steht für einen sequentiellen Kontrollfluss (der auch asynchron sein kann). Ein halbseitig offener Pfeil stellt einen explizit asynchronen Kontrollfluss dar. Weitere Pfeilarten zur Modellierung von zeitabhängigen Nachrichten können im Rahmen von Erweiterungen der UML genutzt werden, gehören aber nicht zum Sprachkern.

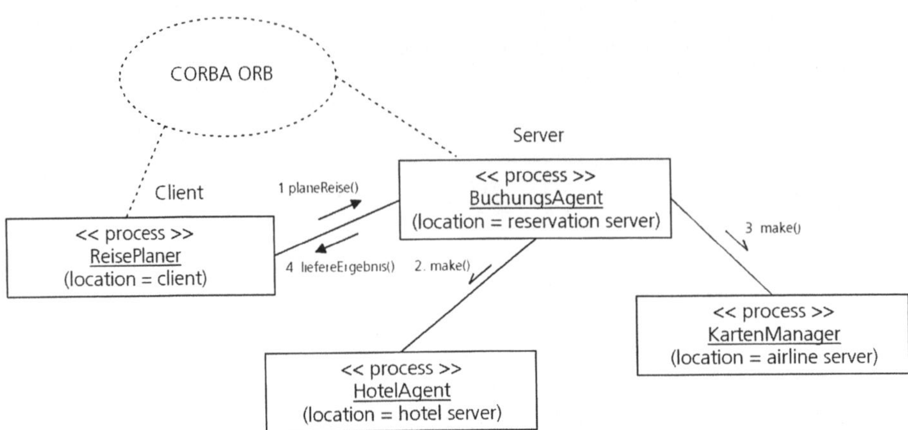

Abb. 338: Kollaborationsdiagramm - Reisebuchungssystem

In ▶Abb. 338 zeigt den Nachrichtenfluss eines verteilten Systems anhand eines Kollaborationsdiagramms. Es handelt sich um ein Reisebuchungssystem, dessen Prozesse über vier Knoten verteilt sind. Jedes Objekt ist mit dem Stereotyp **„process"** gekennzeichnet. Ferner ist für jedes Objekt die Position im System angegeben (**„location"**).

Die Kommunikation zwischen „BuchungsAgent", „KartenManager" und „HotelAgent" erfolgt asynchron. Die Kommunikation zwischen „ReisePlaner" und „Buchungsagent" ist synchron.

Die Semantik dieser Kommunikation ist nicht im Detail angegeben, sondern wird durch die Kollaboration „CORBA ORB" angedeutet. Der Reiseplaner fungiert als „client" und der BuchungsAgent als „server". Zoomt man in die Kollaboration „CORBA ORB" hinein, so werden dort in einem eigenen Diagramm die Details der Zusammenarbeit zwischen ReisePlaner und BuchungsAgent dargestellt.

8.4 Objektorientierte Verhaltensmodellierung – Ablaufdiagramme

Während Interaktionsdiagramme den Kontrollfluss visualisieren, der zwischen den Objekten stattfindet, stellen Ablaufdiagramme die Objekte in den Hintergrund und stattdessen den Verarbeitungsablauf in den Vordergrund. Auf die Darstellung jeglicher Art der Objektstruktur wird bei der Ablaufmodellierung vollständig verzichtet. Stattdessen werden konkrete Abläufe oder Objektzustände während der Abläufe visualisiert.

In diesem Zusammenhang spricht man auch vom „Lebenszyklus" eines Objekts. Der Lebenszyklus beschreibt die möglichen Zustände und Zustandsübergänge aller Objekte einer bestimmten Klasse. Es besteht ein enger Zusammenhang zwischen dem Lebenszyklus und den Operationen (Aktivitäten) einer Klasse. Zustände des Lebenszyklus sind die Vor- und Nachbedingungen von Aktivitäten, die Zustandsübergänge bewirken können. Allerdings führt nicht jede Aktivität zu einer Änderung des Zustands. Bei Leseoperationen und Berechnungen bleibt der Zustand unverändert.

Ein Aktivitätsdiagramm betont den Ablauf von Operationen, d. h. den Auftruf von Methoden, einer Klasse, während ein Zustandsdiagramm zeigt, wie sich Objekte in einem bestimmten Kontext entwickeln können.

8.4.1 Aktivitätsdiagramm (UML)

Aktivitäten sind einzelne Bearbeitungsschritte eines Gesamtablaufs. Es spielt dabei keine Rolle, ob der Ablauf durch Softwarefunktionen oder manuell durch einen Aufgabenträger bearbeitet wird. Beide sind im vorliegenden Sinne als gleichberechtigte Aktivitäten anzusehen. Dieser Sachverhalt ist es auch, der Aktivitätsdiagramme für Prozessbeschreibungen nutzbar macht – womit sie, mit den Techniken der Prozessmodellierung wie zum Beispiel den Ereignisgesteuerten Prozessketten konkurrieren.

Aktivitätsdiagramme sind deshalb auch in ▶Kapitel „*7 Darstellungen der Geschäftsprozessanalyse*" beschrieben. Um Redundanzen zu vermeiden, werden hier die grundlegenden Beschreibungen und die im Kapitel der Geschäftsprozessanalyse verwendeten Beispiele nicht wiederholt.

In der Praxis werden Aktivitätsdiagramme, mit Ausnahme von Echtzeitsystemen, in den wenigsten Fällen für die Modellierung von „Softwareprozessen" verwendet, sondern vielmehr zur Beschreibung von Geschäftsabläufen. Die Modellierung eines Echtzeitsystems mit einem Aktivitätsdiagramm wird in ▶Abb. 339 beispielhaft gezeigt. Aktivitätsdiagramme haben keinen unmittelbaren Zusammenhang mit der Objektorientierung, sondern ermöglichen die Modellierung aus einer funktionalen Perspektive. Dies ist insbesondere deshalb von Vorteil, weil damit die Vertreter der objektorientierten Methoden und die Anwender, die eher eine funktionale Sicht einnehmen, eine gemeinsame Sprache finden.

Die weiteren Erklärungen zum Aktivitätsdiagramm decken sich mit der detaillierten Beschreibung und den Beispielen in ▶Kapitel „*7 Darstellungen der Geschäftsprozessanalyse*".

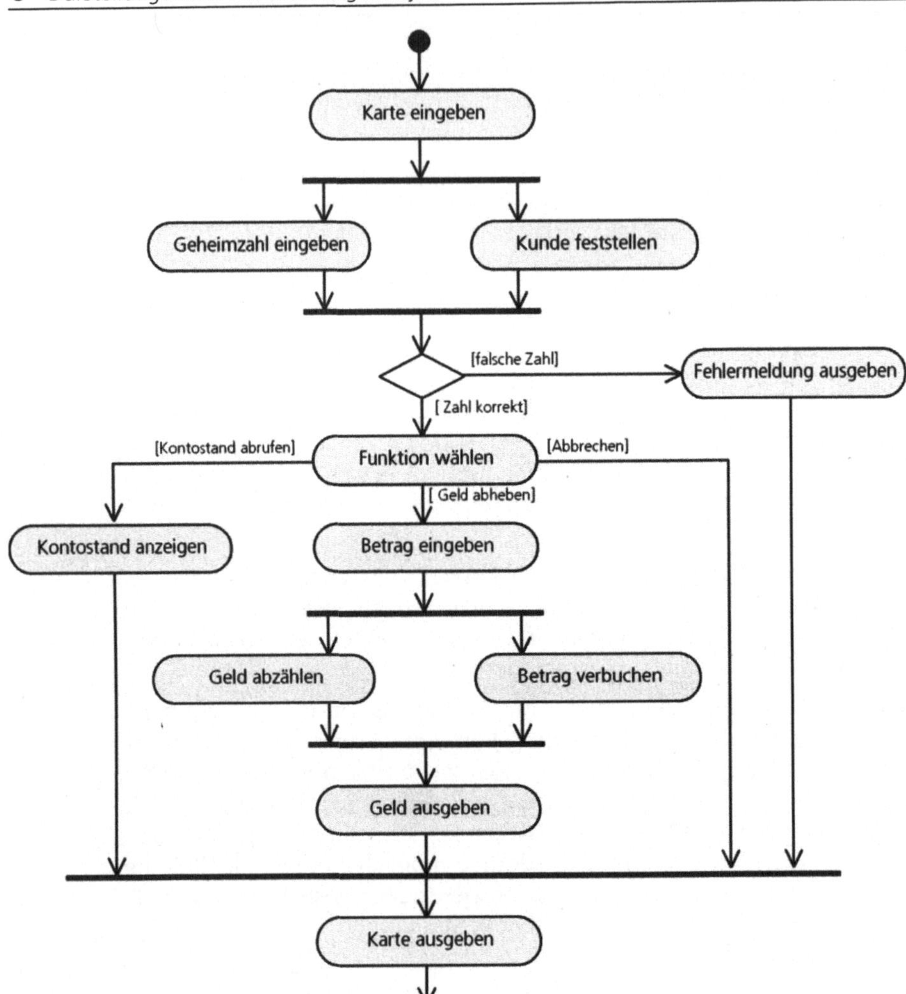

Abb. 339: Aktivitätsdiagramm eines Echtzeitsystems (Bankautomat)

8.4.2 Zustandsdiagramm (UML)

Synonyme

- Statechart

Zustandsdiagramme werden verwendet, um den Lebenslauf von Objekten einer bestimmten Klasse näher zu untersuchen. Während ein Aktivitätsdiagramm den Fluss von Aktivität zu Aktivität darstellt, stellt ein Zustandsdiagramm für ein konkretes Objekt die Übergänge von einem Zustand in den nächsten Zustand dar. Diese Übergänge nennt man „Zustandsübergänge". Ein Zustandübergang ist eine Beziehung zwischen zwei Objekten, die angibt, dass ein Objekt vom ersten Zustand in den Folgezustand übertritt, wenn ein spezifiziertes Ereignis auftritt und eventuell spezifizierte Bedingungen erfüllt sind. Ein Zustand kann deshalb auch als Zeitspanne zwischen zwei Ereignissen definiert werden. Systemtechnisch gesehen kommt ein Zustand dadurch zustande, dass ein oder mehrere Attribute eines Objektes bestimmte Werte einnehmen.

Objekte von verschiedenen Klassen haben immer auch eine stark unterschiedliche Anzahl von möglichen Zuständen. Beispielsweise können Objekte einer Klasse „Artikel" bei einem Warenhaus folgende Zustände aufweisen:

- angelegt

- freigegeben

- gestrichen

Diese Zustände sind das Ergebnis von folgenden Operationen (Methodenaufrufen), die für dieses Objekt vorgesehen sind: „Artikel.anlegen", „Artikel.freigeben", „Artikel.streichen".

Ein Zustandsdiagramm visualisiert die vollständige Sequenz von Zuständen, die ein Objekt während seines Lebenszyklus einnehmen kann. Es wird erkennbar, wann ein Objekt auf ein Ereignis reagiert und in welche nachfolgenden Zustände es in Folge der Ereignisbehandlung übergeht. Das Zustandsdiagramm visualisiert, welche Ereignisse welche Aktionen auslösen und unter welchen Bedingungen diese gegebenenfalls zulässig sind. Damit wird erkennbar, wie ein eingetretenes Ereignis abhängig vom Zustand des Objekts verarbeitet wird. Die Syntax von Zustandsdiagrammen ist angelehnt an eine bereits seit längerem genutzte Darstellungstechnik für Echtzeitsysteme und Automatensteuerung – die so genannten „State Charts" (Zustand = state).

Ob und wie detailliert während der Anforderungsanalyse Zustände modelliert werden hängt im Wesentlichen vom Interpretationsspielraum ab, den die Objektdefinitionen offen lassen. Bei Objekten, die nur wenige Zustände (2-3) einnehmen können und die Verhaltensmöglichkeiten der Objekte nur gering beeinflussen, ergeben sich durch eine Modellierung der Zustandsänderungen nur wenige bis keine, für die Anforderungsspezifikation relevante und neue Details. Es sei denn, es handelt sich bei dem Entwicklungsgegenstand um ein Echtzeitsystem, zum Beispiel ein System für die Produktionsüberwachung in einer Fabrik. Das Verhalten eines derartigen Systems wird wesentlich durch externe Ereignisse und Zustandsübergänge gesteuert und weniger durch absehbare Interaktionsmuster mit den Anwendern.

Eine Modellierung von Zuständen ist auch dann nicht notwendig, wenn alle Operationen eines Objektes unabhängig von seinem inneren Zustand in einer beliebigen Reihenfolge aufgerufen werden können, es also keine fest vorgegebenen Übergangsregeln gibt. Ein Zustandsdiagramm zeigt immer nur Methoden einer einzigen Klasse. Wechselbeziehungen zu Objekten anderer Klassen sind nicht vorgesehen.

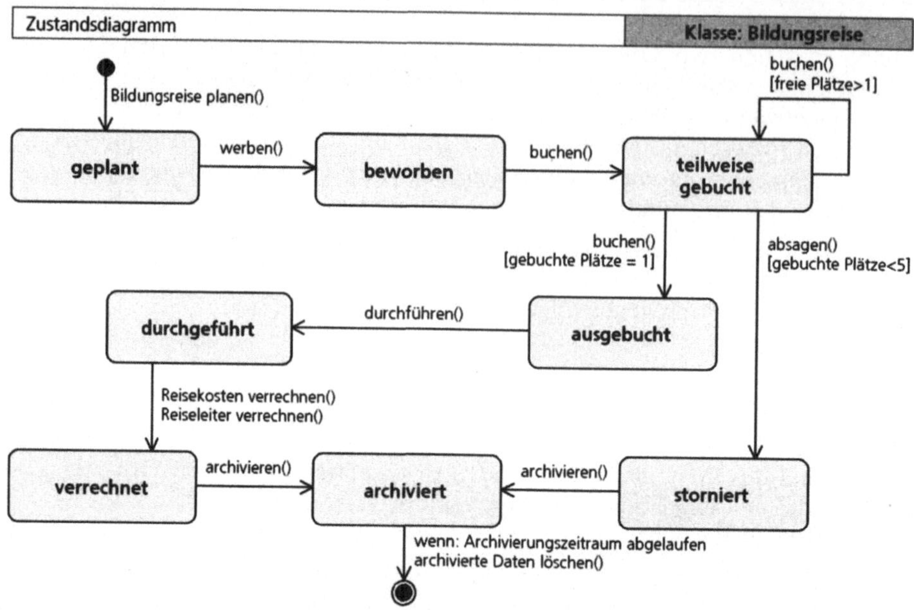

Abb. 340: Zustandsdiagramm – Bildungsreise

In ▶Abb. 340 werden Zustandsübergänge für eine Klasse „Bildungsreise" gezeigt. Zur Vereinfachung des Sachverhalts wurden Ereignisse und durchzuführende Aktionen in einer Bezeichnung zusammengeführt (z. B. „werben"). Der Startzustand „Bildungsreise planen" führt in den Zustand „geplant". Bei Eintritt in diesen Zustand wird die Reise im Markt beworben. Wenn alle durchzuführenden Werbemaßnahmen definiert sind, wechselt das Objekt in den Zustand „teilweise gebucht" und der interne Buchungszähler wird aktiviert. Jede Buchung führt zur selben Aktion, solange noch Plätze frei sind. Der Zustand wechselt dabei nicht.

Wenn nur noch ein Platz frei ist, wird in den Zustand „ausgebucht" gewechselt. Wenn weniger als vier Plätze für eine Reise gebucht wurden, wechselt das Objekt in den Zustand „storniert". Eine ausgebuchte Reise löst das Ereignis „durchführen" aus und die Reise wechselt in den Zustand „durchgeführt". Auf die Modellierung des Zustands „Reise in Durchführung" wurde in diesem Beispiel verzichtet. Die dem Reiseunternehmen entstandenen Kosten werden nun verrechnet, wenn das Reiseunternehmen alle Kosten bezahlt hat, wechselt die Reise in den Zustand „verrechnet". Sowohl eine verrechnete Reise als auch eine stornierte Reise werden für einen bestimmten Zeitraum aktiviert. Nach Ablauf der Reservierungsfrist wird das Ereignis „archivierte Daten löschen" ausgelöst, was zur Auflösung des Objekts führt.

8.5 Funktionsmodellierung

Das Hauptziel der Funktionsmodellierung ist, die für eine Anwendung notwendigen Geschäftsfunktionen vollständig zu identifizieren und sie in einer geeigneten Art und Weise darzustellen. Die „logische"-Strukturierung der Geschäftsfunktionen soll ein übersichtliches und ganzheitliches Bild der Systemfunktionalität wiedergeben, um ein nachhaltiges Verständnis des Entwicklungsgegenstandes zu erreichen. Den höchsten Detaillierungsgrad stellen dabei die so genannten „elementaren Geschäftsfunktionen" dar, die auch als „Elementarfunktionen" bezeichnet werden.

Das Erkennen von Funktionen ist eine wichtige Aufgabe der Funktionsmodellierung. Grundsätzlich kann man davon ausgehen, dass eine Funktion dann vorliegt, wenn Geschäftsaktivitäten

- Ausgaben erzeugen,

- der Entscheidungsfindung dienen,

- das Geschäft steuern,

- neue Informationen für das Geschäft generieren

- oder neue Informationen zusammenführen.

Um die Funktionen einer Anwendung zu identifizieren kann man Top-Down oder Bottom-Up vorgehen. Beim Top-Down-Vorgehen wird ausgehend von den Kernfunktionen einer Anwendung (bei einer Auftragsverwaltung können dies beispielsweise sein „Angebot bearbeiten", „Angebot verfolgen" und „Auftrag bearbeiten") eine schrittweise Verfeinerung vorgenommen, bis elementare Funktionen erreicht sind. Beim Bottom-Up-Vorgehen werden als erstes die elementaren Funktionen einer Anwendung gesucht, die dann durch Oberbegriffsbildung zu sinnvollen Gruppen geordnet werden, bis man bei den Kernfunktionen angelangt ist. ▶Abb. 341 zeigt Beispiele für diese Vorgehensweisen.

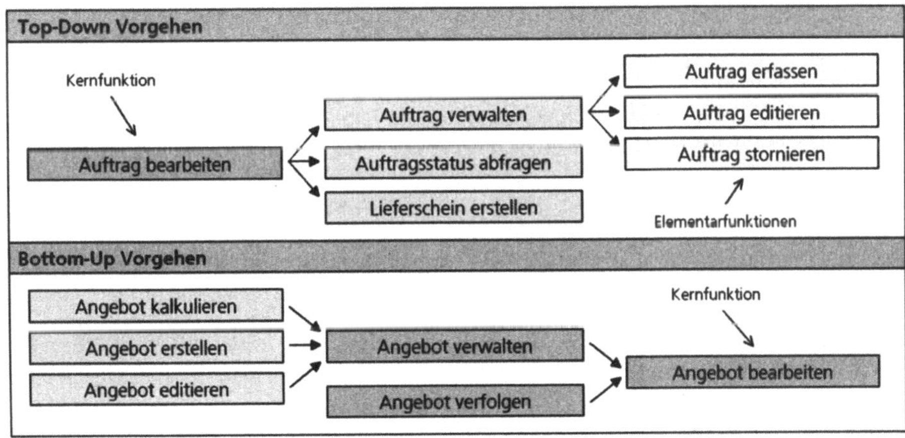

Abb. 341: Vorgehensweisen bei der Funktionsermittlung

Die Zerlegung von Funktionen kann entweder nach objektorientierten oder nach verrichtungsorientierten Gesichtspunkten erfolgen. Bei der objektorientierten Zerlegung werden die in einer Funktion bearbeiteten Objekte zerlegt. Die durch die Oberfunktion vorgegebene Tätigkeit verändert sich nicht. Bei der verrichtungsorientierten Zerlegung wird die Aktivität der Oberfunktion in mehrere Teilaktivitäten zerlegt. Die zu bearbeitenden Objekte bleiben identisch.

Diese beiden Zerlegungsvarianten sollten nicht gemischt werden. Das heißt, man sollte eine Funktion entweder aus Objektperspektive oder aus Verrichtungsperspektive zerlegen. Jedoch besteht die Möglichkeit, unterschiedliche Hierarchiestufen nach verschiedenen Varianten zu Zerlegen. Die oberste Hierarchiestufe eines Diagramms kann beispielsweise aus einer objektorientierten Zerlegung resultieren und die Folgeebene kann verrichtungsorientiert zerlegt sein. ►Abb. 342 zeigt Beispiele für die Varianten der Funktionszerlegung.

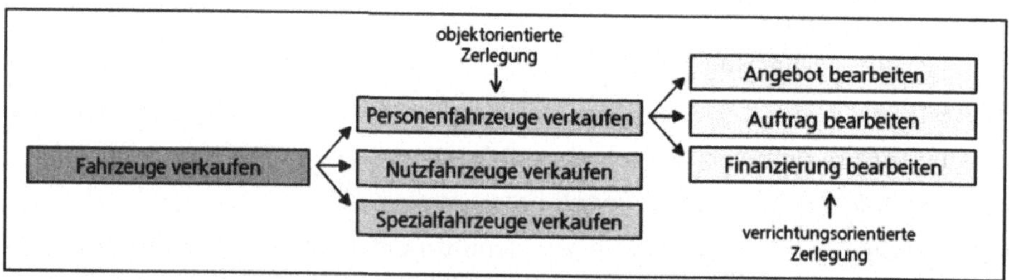

Abb. 342: Varianten der Funktionszerlegung

Wie kann man feststellen, ob eine bestimmte Funktion als Elementarfunktion anzusehen ist oder ob sie noch weiter zerlegt werden muss? Ein möglicher Indikator für eine nicht elementare Funktion ist die Unterbrechungsmöglichkeit. Wenn eine Funktion unterbrochen und zu einem anderen Zeitpunkt fortgeführt werden kann, so handelt es sich in der Regel nicht um eine elementare Funktion. Dies ist beispielsweise auch dann der Fall, wenn eine Funktion nicht von einer Person an einem Ort durchgeführt werden kann.

Gleichfalls ist eine Funktion, die zwei oder mehr Ausgaben erzeugt, ein Kandidat für eine nicht elementare Funktion. Denn es herrscht die grundsätzliche Ansicht, dass eine essentielle Geschäftsfunktion nur einen Output erzeugt. Wenn eine Funktion auf mehrere Ereignisse (Datenflüsse) reagiert, ist ebenfalls zu prüfen, ob die Funktion elementar ist. Man kann auch anhand einer Analyse der Dateioperationen die Zerlegbarkeit einer Funktion prüfen. Eine Funktion kann maximal vier Dateioperationen durchführen (Lesen, Schreiben, Aktualisieren und Löschen). Wenn alle diese Dateioperationen in einer Funktion vorkommen, handelt es sich definitiv nicht um eine Elementarfunktion.

Zusammenfassend können die wesentlichen Merkmale einer elementaren Geschäftsfunktion wie folgt spezifiziert werden:

- Die Geschäftsdaten sind nach der Ausführung der Funktion in einem konsistenten Zustand.

- Jede Ausführung der Funktion liefert ein vollständiges und ein bedeutendes Ergebnis.

- Die Funktion wird von Anfang bis Ende ohne Unterbruch durchgeführt.

- Die Funktion wird von Anfang bis Ende an einem einzigen Ort durchgeführt.

- Die Ausführung der Funktion ist unabhängig von anderen Geschäftsfunktionen.

Die Zerlegung von Funktionen endet also an dem Punkt, bei dem Funktionen erreicht werden, die in einem Arbeitsablauf bearbeitet werden. Es ist durchaus möglich, dass man bei der Zerlegung „zu weit geht" und so genannte „Sub-Elementarfunktionen" spezifiziert. Für das Design einer Anwendung ist eine zu feine Zerlegung genauso ungünstig, wie eine zu grobe Zerlegung.

Wie lässt sich nun feststellen, ob eine Funktion zu stark zerlegt ist?

Erkennbar ist diese beispielsweise, wenn sich eine „harte Sequenz" ergibt, wenn also zwei Funktionen in jedem Fall hintereinander ausgeführt werden müssen.

Ein weiterer Indikator für eine zu starke Zerlegung stellt das Ergebnis der Funktion dar. Wenn eine Funktion nur einen nicht sinnvollen Teil eines Ergebnisses erzeugt, liegt in der Regel eine zu tiefe Zerlegung vor, beispielsweise wenn bei einem Auftrag eine Funktion nur den Bestellkopf erzeugt anstelle eines vollständigen Bestellformulars.

8.5.1 Ereignisorientierte Funktionsmodellierung

Bereits bei der Erstellung der Anwendungsfalldiagramme hat man indirekt Ereignisse modelliert, denn wenn die Akteure Anwendungsfälle auslösen, stellt dies ein Ereignis dar. Mit den Anwendungsfalldiagrammen wurden deshalb im plizit die wesentlichen externen Ereignisse (Ereignisse die von außerhalb des Sytems ausgelöst werden) beschrieben. Innerhalb eines objektorientierten Systems verkörpern die Nachrichten, die zwischen den Objekten versendet werden, die Ereignisse. Die externen Ereignisse werden damit um die wesentlichen systeminternen Ereignisse ergänzt. Ereignisse sind auch ein wesentlicher Darstellungsinhalt der Zustandsdiagramme, eine separate ereignisorientierte Betrachtung ist deshalb bei rein objektorientierten Systemen zumindest für die systeminternen Abläufe in der Regel nicht mehr notwendig.

Dennoch kann es sinnvoll sein, sich aus einer rein funktionalen Perspektive über die möglichen Ereignisse einer Geschäftsanwendung Gedanken zu machen. Die ereignisorientierte Funktionsmodellierung entspricht einem Bottom-Up-Vorgehen. Anwendungssysteme zeichnen sich dadurch aus, dass sie mehr oder weniger intensive Wechselwirkungen mit der Umwelt aufweisen (insbesondere bei Business-Communication-Systemen). Reaktionen eines Systems auf die Umwelt werden immer durch Ereignisse initiiert. Auftretende Ereignisse sind der eigentliche Anlass für das Aktivwerden eines Systems. Bei der ereignisorientierten Funktionsmodellierung bestimmt man zunächst, welche Ereignisse in einem System überhaupt auftreten. Es gibt verschiedene Schemas, um die gefundenen Ereignisse zu strukturieren. Zum einen besteht die Möglichkeit, Ereignisse in die zwei Kategorien

- Abfrageereignisse und

- Mutationsereignisse

einzuteilen.

Abfrageereignisse sind Ereignisse, die Informationen abrufen und bei Bedarf unterschiedliche Verknüpfungen zwischen den angezeigten Informationen herstellen. Sie lösen jedoch keine Veränderung der gespeicherten Daten aus.

Demgegenüber führen **Mutationsereignisse** zu Veränderungen des Datenbestands bzw. zu neuen Daten oder zur Lösung von Daten.

Eine weitere Strukturierungsvariante besteht darin, zwischen den folgenden vier Ereignistypen zu unterscheiden:

- externe Ereignisse

- interne Ereignisse,

- zeitlich definierte Ereignisse

- Kontroll-Ereignisse

Externe Ereignisse werden von der Umgebung des Systems angestoßen und aktivieren sozusagen das System von außen. **Interne Ereignisse** entstehen immer dann, wenn Systemfunktionen ausgeführt worden sind. **Zeitliche Ereignisse** sind durch absolute Zeitpunkte (Datum, Uhrzeit) oder relative Zeitangaben definiert. **Kontroll-Ereignisse** werden als Ergebnis von systeminternen Kontrollabfragen ausgelöst (z. B. wenn das Zahlungsziel überzogen wurde, muss das Erinnerungs- bzw. Mahnverfahren eingeleitet werden).

Ereignis	Auslöser	Antwort des Systems
Kunde erteilt Auftrag	Kundenauftrag	Auftragsbestätigung
Zeit für Monatsbericht	(zeitl. Ereignis)	Monatsbericht
Kunde ändert Anschrift	Änderungsmitteilung	(-/-)
Zahlungsziel überschritten	(zeitl. Ereignis)	Zahlungserinnerung
Kunde zahlt Rechnung	Zahlungseingang	(-/-)

Abb. 343: Ereignisliste

Alle für ein System relevanten Ereignisse können in einer so genannten „Ereignisliste" bzw. einem „Ereigniskatalog" aufgeführt werden (engl.: „event-list"). Die Ereignisliste ist ein wichtiges Analyseinstrument. Zum einen begünstigt ein derart strukturiertes Vorgehen das Auffinden von allen für ein System relevanten Ereignissen. Zum anderen kann können anhand der Ereignisliste sowohl die

Funktionshierarchiediagramme als auch die Datenflussdiagramme auf Vollständigkeit überprüft werden.

In ▶Abb. 343 wird ein Beispiel für eine Ereignisliste gezeigt. In der letzten Tabellenspalte sind einige Einträge mit (-/-) markiert. Dabei handelt es sich um Ereignisse, die zu so genannten Verwaltungsaktivitäten führen. Verwaltungsaktivitäten reagieren auf externe Ereignisse, ihre Reaktion ist aber nicht die Ausgabe eines Ergebnisses an die Umgebung, sondern die Aktualisierung von Datenbanken.

Anhaltspunkte für Ereignisse ergeben sich beispielsweise aus einer Kontext-Betrachtung (Kontextdiagramm). Mögliche Fragen sind:

- Auf welche Ereignisse muss das System reagieren?
- Welche Ereignisse können von externen Agenten (Partner, Organisationseinheiten, Kunden, etc.) ausgelöst werden?

Bei der Suche nach Ereignissen muss man nach möglichen Aktionen von anderen suchen, nicht nach Aktionen des Systems. Es ist empfehlenswert, bei der Ereignisanalyse die wahren Quellen der Auslöser zu finden, nicht die äußere physikalische Erscheinungsform.

Zum Beispiel ist in einer Arztpraxis das Ereignis „Patient tritt ein" nur die äußere Erscheinungsform des wirklichen Ereignisses „Patient ist krank" oder „Patient such Rat". Ein Kunde kann sich gegenüber dem Verkauf eines Unternehmens per Anruf, Fax oder E-Mail melden. Für die Ereignisbetrachtung ist der Inhalt der Kommunikation wesentlich, nicht die Verpackung der Information.

Interne Ereignisse ergeben sich bei den nicht objektorientierten Systemen aus den systeminternen Input-Datenflüssen. Welche Ereignisse haben diese Datenflüsse ausgelöst? Ferner kann man sich an Zustandsübergängen orientieren. Immer dann, wenn sich der Zustand eines Objekts oder einer Entität verändert, steht ein entsprechendes auslösendes Ereignis dahinter.

Nach dem Erstellen der Ereignisliste kann eine Funktionszuordnung durchgeführt werden. Die zentrale Frage lautet: „Welche Funktion ist für ein Ereignis zuständig?" Dadurch ergibt sich eine Synchronisation der ereignisorientierten Betrachtung und der funktionsorientierten Betrachtung. Jedem Ereignis wird eine Funktion zugeordnet, die genau die Aktivitäten ausführt, die das System als Reaktion auf das Ereignis ausführen muss und die ein vollständiges Ergebnis liefert.

Die Zuordnung kann über ein Ereignis-Funktionsdiagramm visualisiert werden. Dadurch werden Lücken sowohl auf der Ereignisseite (für ein Ereignis gibt es keine Funktion) als auch auf der Funktionsseite (für eine Funktion gibt es kein entsprechendes Ereignis) sichtbar.

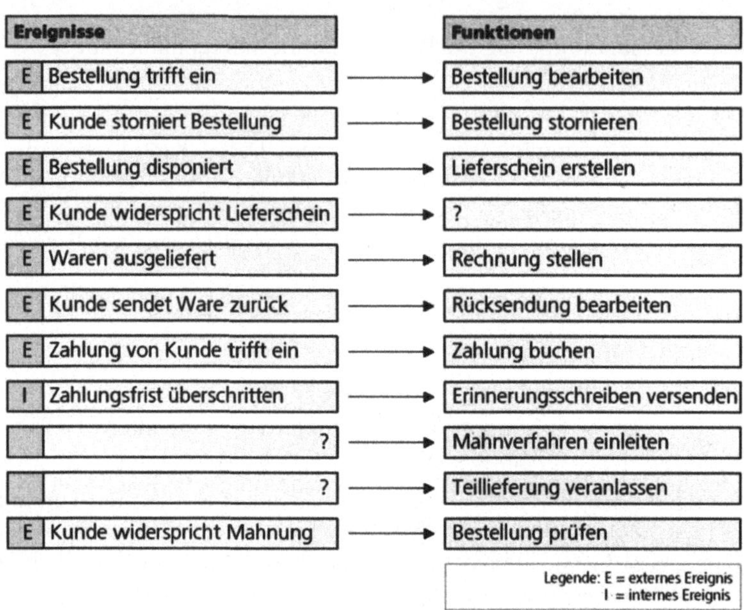

Abb. 344: Ereignis-Funktionsdiagramm

In ▶Abb. 344 wird ein Beispiel für die Zuordnung von Ereignissen und Funktionen gezeigt. Aus dieser Darstellung geht hervor, dass nicht für alle Ereignisse entsprechende Funktionen gefunden werden konnten. So ist beispielsweise unklar, wie der Widerspruch eines Lieferscheins durch den Kunden applikatorisch behandelt bzw. erfasst wird.

Eine eigenständige Betrachtung der Ereignisse kann nicht nur in Verbindung mit der Funktionsmodellierung sinnvoll sein. Auch in anderen Fällen, beispielsweise um sowohl die Ergebnisse der Anforderungsanalyse, aber auch die der Geschäftsprozessanalyse zu überprüfen und zu vervollständigen, kann die Ereignisanalyse wichtige Anhaltspunkte liefern.

8.5.2 Funktionshierarchiediagramm

- Geschäftsfunktionshierarchiediagramme (GFHD)
- Funktionsbäume
- Hierarchiediagramme

Die Ergebnisse der Funktionsmodellierung werden dargestellt in einem Funktionshierarchiediagramm. Ein Funktionshierarchiediagramm zeigt die Zerlegung der Geschäftsfunktionen eines Informationssystems in hierarchischer Form. Es werden nur die konzeptionell wesentlichen (die fachlichen) Funktionen aufgeführt. Funktionen wie zum Beispiel „Backup durchführen" gehören nicht zu den fachlichen Funktionen eines Informationssystems. Funktionsbäume sind statisch, dass heißt die Reihenfolge, in der die Teilfunktionen abgewickelt werden, ist nicht ersichtlich. Es können deshalb keine Rückschlüsse zum Aufrufverhalten von Funktionen in Form von Sequenz, Selektion und Iteration aus einem Funktionshierarchiediagramm gezogen werden.

Da für die Darstellung eines Funktionshierarchiediagramms ein einfaches Baumdiagramm verwendet wird, gibt es keine nennenswerten syntaktischen Regeln. Der Aufbau der Hierarchie ist recht einfach. Die Funktionen werden in Rechtecken eingezeichnet und entsprechend verbunden. Aufgrund der Vielzahl von Funktionen sollte die Hierarchie von oben nach unten und von links nach rechts aufgebaut werden.

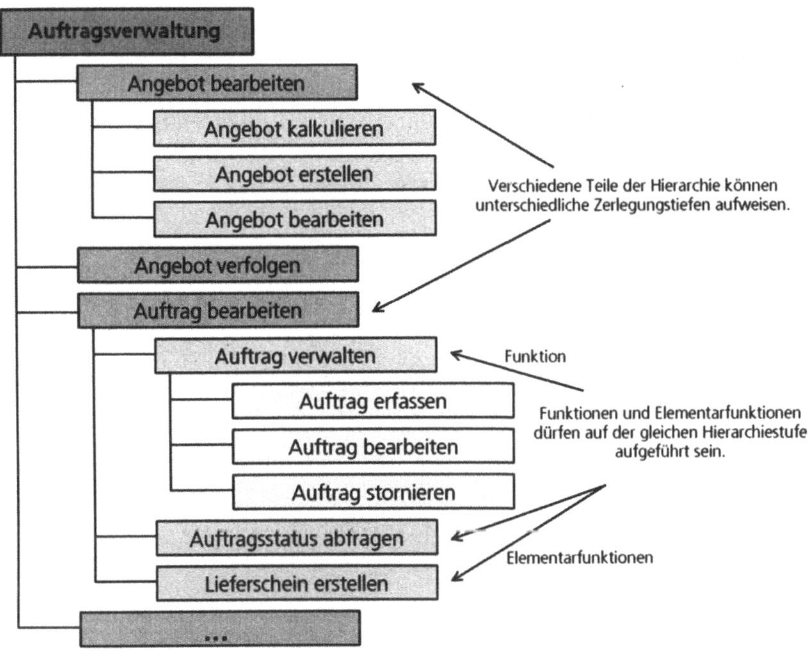

Abb. 345: Funktionshierarchiediagramm „Auftragsverwaltung"

Für ein Funktionshierarchiediagramm gelten die folgenden semantischen Regeln, die sich überwiegend auf die Zerlegung von Funktionen beziehen und deshalb auch als „Zerlegungsregeln" bezeichnet werden können:

- Eine Funktion darf nicht nur eine Unterfunktion haben. Wird eine Funktion zerlegt, so ergeben sich daraus immer mindestens zwei Unterfunktionen.

- Aus dieser Regel lässt sich eine weitere Regel schlussfolgern, und zwar dass die untergeordneten Funktionen alle Aspekte der übergeordneten Funktionen abdecken müssen. Die übergeordnete Funktion darf keine Aktivitäten enthalten, die nicht durch die direkten Unterfunktionen abgedeckt sind.

- Die gleiche Funktion darf nicht mehrmals hintereinander aufgelistet sein.

- Die gleiche Funktion darf mehrmals im Hierarchie-Diagramm erscheinen, solange sie einer anderen Überfunktion zugeordnet ist.

- Auf einer Hierarchiestufe sollten nur solche Funktionen angeordnet sein, die eine hohe funktionale Bindung besitzen, die also Tätigkeiten beschreiben, die fachlich eng zusammengehören.

- Funktionen einer Hierarchiestufe sollten einen vergleichbaren fachlichen Umfang aufweisen. Die Funktionen „Bestellung bearbeiten" und „Lieferdatum erfassen" haben beispielsweise wenig gemeinsam und sollten nicht in der gleichen Hierarchiestufe aufgeführt sein.

Die Unterfunktionen können sequentielle, parallele, obligatorische, optionale oder exklusive Eigenschaften aufweisen. Auf der gleichen Hierarchiestufe dürfen sowohl Funktionen als auch Elementar-Funktionen auftauchen.

Die Funktionen sollten aussagekräftig bezeichnet sein. Es ist empfehlenswert, eine Funktionsbezeichnung aus einem Geschäftsobjekt und einem Verb zusammenzusetzen – entsprechend der „**Objekt+Verrichtung-Notation**". Verrichtung ist die Tätigkeit, die an einem bestimmten Bearbeitungsgegenstand (dem Objekt) ausgeführt wird. Die Verrichtung wird ausgedrückt durch ein Aktions-Verb.

So ergeben sich zum Beispiel folgende Bezeichnungen:

- Auftrag erfassen

- Bestellung bestätigen

- erstelle Angebot

- prüfe Antrag

Seichte Bezeichnungen wie „verarbeite", „bediene" etc. sind zu vermeiden.

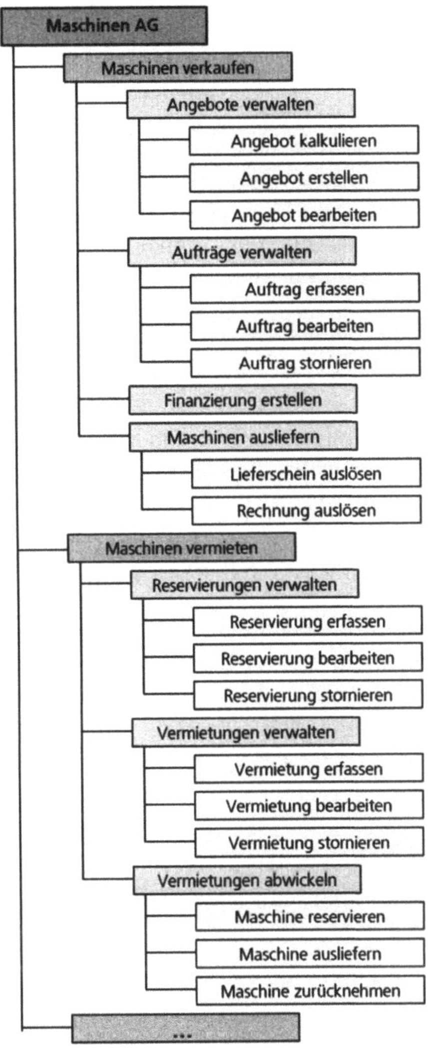

Abb. 346: Funktionshierarchiediagramm – Maschinen verkaufen und vermieten

8.6 Datenflussmodellierung

Die Datenflussmodellierung hat eine sehr lange Tradition. Sie war eines der zentralen Beschreibungselemente der „Strukturierten Methoden", die in ihrer ersten Formulierung 1978 veröffentlicht wurden (Strukturierte Analyse / Strukturiertes Design). Trotzdem scheint es, als ob man bei diesem Modellierungsaspekt in den letzten Jahren die geringsten Fortschritte erzielt hat. Selbst heute wird im Bereich des System Engineering bei diesem Thema mit sehr unterschiedlichen und relativ unpräzisen semantischen Vorstellungen gearbeitet. Wir

407

beschränken uns hier auf die Vorstellung eines zeitgemäßen Ansatzes für die Datenflussmodellierung, der von dem Autorengespann Böhm/Fuchs/Pacher geprägt wurde.

Datenflussdarstellungen sind semiformale Darstellungstechniken, die sehr leicht erstellbar und gut lesbar sind. Sie werden vornehmlich in der Anforderungsanalyse und der Ist-System-Analyse verwendet. Das Ziel der Datenflussmodellierung ist es, die in einem System herrschenden Datenflussbeziehungen zu visualisieren, wobei es sich stets um eine konzeptionelle Sicht handelt. Dadurch entsteht eine wichtige Kommunikationsbasis für alle Projektbeteiligten. Die datenflussorientierte Darstellungsweise ist außerdem sehr gut vermittelbar, da sie den natürlichen Beziehungen des Arbeitsablaufs entspricht.

Wenn bei der Erarbeitung einer Lösung ein konzeptionelles Vorgehen gefordert wird (z. B. Refactoring) so geht man bei der Datenflussmodellierung in der Regel Top-Down vor. Das heißt, es wird in einem ersten Schritt im Rahmen einer Ist-Analyse ein möglichst realitätsnahes Datenflussmodell erstellt (physikalisches Datenflussmodell), wozu in der Regel mehrere hierarchisch strukturierte Einzeldiagramme notwendig sind.

Dieses physikalische Datenflussmodell wird dann in einem zweiten Bearbeitungsschritt in ein logisches Datenflussmodell überführt. Dabei werden alle nicht wesentlichen Datenflussbeziehungen reduziert, so dass nur noch die essentiellen, fachlich relevanten Datenflüsse vorhanden sind. Dieses logische Datenflussmodell dient als Basis für die weitere Arbeit und als Diskussionsgrundlage für die Erarbeitung der Lösung im Team. Im Rahmen des Transformationsprozesses (vom „Ist" zum „Soll") wird dann das logische Ist-Datenflussmodell zu einem logischen Soll-Datenflussmodell überführt.

8.6.1 Datenflussdiagramm

Synonyme

- **Data Flow-Diagram**

Datenflussdiagramme beschreiben die Funktionalität eines Systems, indem sie den Weg von Daten bzw. Informationen zwischen verschiedenen Funktionen, Speichern und externen Objekten dargestellten. Damit fügt das Datenflussdiagramm einige wichtige Informationsaspekte zu einer Art Gesamtsicht zusammen. Es erfolgt eine integrierte Darstellung von funktionalen, organisatorischen und datenorientierten Aspekten auf einer konzeptionellen Ebene. Im Vordergrund stehen allerdings die Beziehungen von Daten und Funktionen, denn der Datenfluss alleine liefert grundsätzlich keine Aussage über die Reihenfolge des Aufrufs der Einzelfunktionen (Ablaufstruktur).

Dadurch ergibt sich auch der Unterschied zwischen Datenfluss und Kontrollfluss bzw. Steuerfluss (Entscheidungen, Schleifen etc.). Der Kontrollfluss ist implizit und wird in einem Datenflussdiagramm nicht modelliert. Für die Darstellungen von Kontrollflüssen können so genannte „Kontrollflussdiagramme" wie z. B. Aktivitätsdiagramme und Ereignisgesteuerte Prozessketten verwendet werden.

Datenflussdiagramme basieren auf dem Konzept der „datengesteuerten Verarbeitung". Jede Funktion arbeitet dann, wenn die von ihr benötigten Datenflüsse eintreffen. Sie erzeugt bei ihrer Arbeit neue Datenflüsse. Diese steuern entweder andere Aktivitäten oder verlassen das System als Ergebnis.

Datenflussdiagramme enthalten vier wesentliche Elemente:

- Funktionen,

- Datenspeicher,

- Datenflüsse und

- externe Agenten.

Für jedes Element sieht die Notation der Datenflussdiagramme, die in ▶Abb. 347 dargestellt ist, unterschiedliche Symbole vor. Jede Funktion erhält neben einer Bezeichnung auch eine eindeutige Nummer, wobei die Nummerierung der Funktionen keine Bearbeitungsreihenfolge, Priorität etc. verkörpert, sondern lediglich der Identifikation dient – insbesondere bei der hierarchischen Strukturierung von Datenflussdiagrammen.

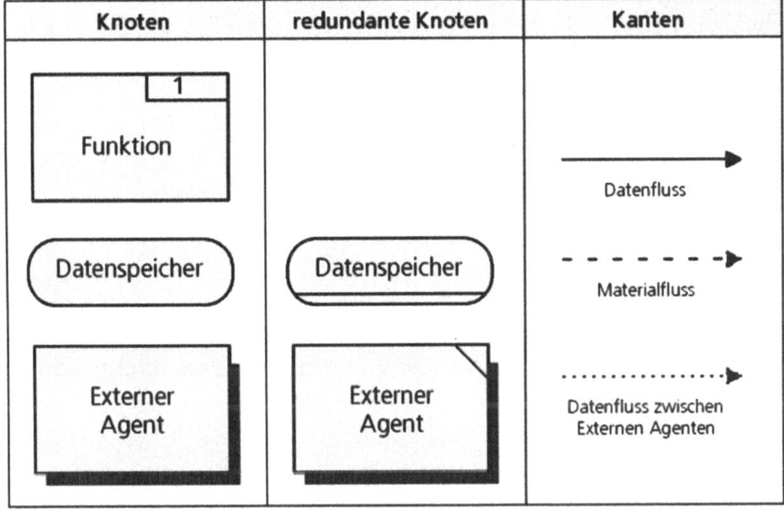

Abb. 347: Symbolnotation in Datenflussdiagrammen (nach Böhm/Fuchs/Pacher)

Hervorzuheben ist die Möglichkeit, bestimmte Symbole mehrmals in einem Diagramm aufzuführen. Diese Möglichkeit besteht bei Datenspeichern und externen Agenten. Wird eine konkrete Ausprägung eines Datenspeicher oder eines externen Agenten mehrmals in einem Diagramm verwendet, so muss für alle Ausprägungen das Redundanz-Symbol verwendet werden. Gegebenenfalls muss das bei der erstmaligen Verwendung gebrauchte „Nicht-Redundanz-Symbol" korrigiert werden.

Bei den **Funktionen** (auch als „Aktivitäten" bezeichnet) handelt es sich um Geschäftsfunktionen (Verarbeitungsfunktionen), die sich auf einem beliebigen Aggregationsniveau befinden können. Die Verwendung von Elementarfunktionen (z. B. „Angebot weitergeben", „Bestellung drucken" oder „Formular ausfüllen") ist jedoch nur in wenigen Fällen sinnvoll. Die Aggregation sollte dem Zweck angemessen sein. Man sollte auch darauf achten, dass alle in einem Datenflussdiagramm dargestellten Funktionen sich auf einem vergleichbaren Aggregationsniveau befinden – die Funktionen sollten also einen vergleichbaren Detaillierungsgrad aufweisen. Im Rahmen der Datenflussmodellierung ist bei den Geschäftsfunktionen oftmals noch nicht bestimmt, ob und wie sie durch die EDV unterstützt werden. Derartige Festlegungen fundiert zu treffen ist ein Ziel der Anforderungsanalyse und wird durch die Datenflussmodellierung entsprechend unterstützt.

Datenspeicher beziehen sich in der Regel auf Datenbanken oder Anwendungssystem, wobei nicht zwischen einer Zwischenspeicherung und einer permanenten Speicherung unterschieden wird. Grundsätzlich ist ohnehin davon auszugehen, dass Zwischenspeicher nicht modelliert werden, da Datenflussdiagramme konzeptionelle Darstellungen sind. Bei den Datenspeichern kann es sich aber auch um analoge Medien halten, denn der Dokumentaustausch hat auch im Zeitalter des Business Communication noch Bestand (z. B. Frachtbriefe, Steuerbescheide, Bußgeldbescheide etc.).

Es stellt sich jedoch in diesem Zusammenhang die Frage, warum in einem Datenflussdiagramm der Dokumentaustausch in Form von Datenflüssen modelliert wird oder ob man den Fluss von Dokumenten vom Datenfluss optisch separieren sollte (z. B. indem für den Datenfluss eine durchgezogene Linie und für den Dokumentfluss eine gestrichelte Linie verwendet wird). Diese Möglichkeit besteht zwar, jedoch ist zu bedenken, dass Informationsgehalt (der Datengehalt) eines gedruckten Dokuments für den Geschäftsablauf wichtiger ist als das Schriftstück. Das Papier verkörpert lediglich das Transportmedium (bzw. das „offizielle Schriftstück") für die Informationen. Es ist deshalb aus informationstechnologischer Sicht legitim, von einem „Datenfluss" zu sprechen.

Externe Agenten sind Objekte der Systemumwelt (Lieferanten, Abnehmer, Logistikpartner, andere Anwendungssysteme, Personen etc.), die entweder Quelle oder Senke von Informationen sein können. Sie verkörpern die Schnittstellen des Systems mit seiner Umgebung. Aus der Perspektive eines Datenflussdiagramms kann es sich bei einem externen Agenten auch um ein anderes Anwendungssystem oder um andere Organisationseinheiten im Unternehmen handeln (sozusagen interne „externe Agenten").

Datenflüsse beschreiben die Wege von Informationen zwischen Funktionen, Datenspeichern und externen Agenten. Durch Datenflüsse können zwei Funktionen, eine Funktion und ein Datenspeicher oder eine Funktion und ein Externer Agent verbunden werden.

Für Datenflussdiagramme gelten die folgenden syntaktischen Regeln:

- Ein Datenflussdiagramm muss mindestens einen externen Agenten haben (ansonsten wäre es ein geschlossenes System).

- Jeder Datenfluss hat einen Namen (Ausnahme: Datenflüsse zwischen Funktionen und Speichern können auch ohne Bezeichnung aufgeführt sein).

- Zwei Datenspeicher können nicht direkt mit einem Datenfluss verbunden werden.

- Zwei Funktionen dürfen nur dann direkt miteinander verbunden werden, wenn in Echtzeit (ohne jegliche zeitliche Verzögerung) von einer Funktion in die andere übergegangen wird.

Ursprünglich galt für Datenflussdiagramme auch die Regel, dass zwischen externen Agenten und Speichern keine direkten Datenflüsse eingezeichnet werden dürfen. Im Zeitalter des „Business Networking" ist diese Konvention jedoch als überholt anzusehen. Dennoch führt gerade dieser Sachverhalt zu Fehlern in der Modellierung, wie wir später noch sehen werden.

Bei bi-direktionalen Datenflüssen ist es erlaubt, anstatt zwei Linien mit jeweils einem Pfeilende, eine Linie mit zwei Pfeilenden zu verwenden. Dies ist jedoch insofern nicht unproblematisch, als dass in einer tieferen Diagrammebene der Datenfluss dadurch aufgeteilt werden kann, weil aus einer Funktion mehrere Unterfunktionen entstanden sind. Die dadurch notwendige Trennung wird gerne übersehen, und es ist allgemein schwieriger, die Konsistenz zwischen verschiedenen Hierarchien zu prüfen. Denn ein einfaches Mittel dies zu tun ist, die Datenflussbeziehungen einer Funktion auf einem Level zu zählen und mit der Anzahl von Datenflüssen auf dem anderen Level zu vergleichen. Bei zusammengesetzten (Doppelpfeil-Linien) Datenflüssen kann es dann passieren, dass die „Rechnung nicht aufgeht", obwohl alles in Ordnung ist – oder auch umgekehrt.

In Bezug auf die Bezeichnung von Funktionen gelten die gleichen Regeln wie für die zuvor besprochenen Funktionshierarchiediagramme. Funktionsnamen repräsentieren Aktionen. Seichte Bezeichnungen wie „verarbeite", „bediene" etc. sind zu vermeiden. Stattdessen sollte man die „Objekt+Verrichtung-Notation" bzw. „Verrichtung+Objekt-Notation" verwenden.

Verrichtung ist die Tätigkeit, die an einem bestimmten Bearbeitungsgegenstand (dem Objekt) ausgeführt wird. Die Verrichtung wird ausgedrückt durch ein Aktions-Verb. So ergeben sich zum Beispiel folgende Bezeichnungen: „Auftrag erfassen", „Bestellung bestätigen" oder „erstelle Angebot", „prüfe Antrag". Datenflüsse sollten entweder mit einem Substantiv oder einem Adjektiv und einem Substantiv bezeichnet werden. In keinem Fall mit Verben. Die Datenflüsse sollten so bezeichnet sein, dass ein konkreter Bezug zum Inhalt der Daten hergestellt werden kann. Seichte Namen wie „Daten" oder „Informationen" sind zu vermeiden.

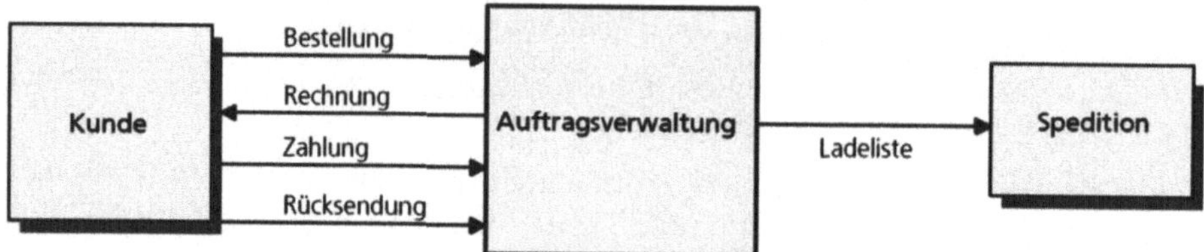

Abb. 348: Kontextdiagramm (Datenflussdiagramm – Level 0)

Bei der Datenflussmodellierung geht man in der Regel Top-Down vor. Als erstes wird ein Kontextdiagramm gezeichnet, das den Anwendungsbereich des zu modellierenden Systems zeigt. Im Kontextdiagramm werden die Schnittstellen des zu modellierenden Systems mit seiner Umwelt aufgeführt. Das System wird als Black-Box betrachtet, und um das System werden die externen Agenten positioniert. Schließlich werden die Datenflussbeziehungen zwischen dem System und den externen Agenten eingezeichnet.

Jeder externe Agent sollte im Kontextdiagramm grundsätzlich nur einmal aufgeführt sein. Wird durch diese Regel das Kontextdiagramm unübersichtlich, kann ein externer Agent auch mehrmals aufgeführt werden – oder, was oftmals die bessere Alternative ist, die Symbolgröße in der Horizontalen oder Vertikalen skaliert werden. In ▶Abb. 348 wird ein vereinfachtes Beispiel eines Kontextdiagramms gezeigt.

Bevor nun in die Datenflussmodellierung durch die Datenflussdiagramme verfeinert wird, kann es unter Umständen sinnvoll sein, die Ereignisse zu erheben und in einer Ereignisliste zusammenzustellen. Dabei betrachtet man zum jetzigen Zeitpunkt nur die extern angestoßenen Ereignisse, so dass wir in diesem Fall den Begriff „Ereignis" wie folgt definieren können: Ein Ereignis ist ein Anstoß aus der Außenwelt, der eine Reaktion des Systems erfordert.

Für jedes Ereignis muss in den nachfolgenden Datenflussdiagrammen eine Funktion bereitgestellt sein, die das Ereignis verarbeitet und die erwarteten Reaktionen erzeugt. Beispiele für Ereignisse sind in der Tabelle in ▶Abb. 349 angegeben.

Ereignis	Systemreaktion
„Bestellung von Kunde trifft ein."	Bestellung prüfen und ausführen
„Zahlung von Kunde trifft ein."	Betrag prüfen und Bezahlung vermerken
„Rücksendung von Kunde trifft ein."	Rücksendung zuordnen und Prüfung anstoßen

Abb. 349: Ereignisse und Systemreaktionen

Ausgehend vom Kontextdiagramm und einer eventuell erstellten Ereignisliste kann man nun eine Verfeinerung der Datenflüsse vornehmen und das System „schrittweise öffnen". Dazu wird in einem Level-1-Datenflussdiagramm die Funktion des Systems in seine Kernfunktionen (Hauptgeschäftsfunktionen) zerlegt, und die Datenspeicher des Anwendungssystems werden spezifiziert. Durch einen Begrenzungsrahmen (Systemgrenze) werden die Systembestandteile von der Umwelt abgegrenzt. Danach werden die Datenflüsse zwischen den Funktionen und Datenspeichern mit gerichteten Kanten eingezeichnet. Anschließend sollte eine Konsistenzprüfung zum übergeordneten Diagramm durchgeführt werden. Sind beispielsweise in einem Kontextdiagramm zwei Datenausgänge und drei Dateneingänge aufgeführt, müssen in einem Level-1-Diagramm die gleiche Zahl von Dateneingängen und -ausgängen vorhanden sein.

Das Level-1-Diagramm ist das Basis-Diagramm der Datenflussmodellierung. Es visualisiert die Kernfunktionen eines Systems mit ihren Datenflüssen, Datenspeichern und externen Agenten. Ausgehend von diesem Diagramm werden die weiteren Verfeinerungen vorgenommen Die Kernfunktionen können in weiteren Diagrammhierarchien stufenweise verfeinert werden, wobei darauf zu achten ist, dass die Informationen der verschiedenen Hierarchiestufen konsistent sind.

Datenspeicher dürfen untereinander nicht durch Kanten verbunden werden. Zwischen zwei Funktionen darf nur dann eine Verbindung eingezeichnet werden, wenn die Funktionen in Realtime nacheinander ablaufen. Sobald die Möglichkeit einer Zeitverzögerung besteht, müssen die Daten gespeichert werden und von der nachfolgenden Funktion abgerufen werden.

In ▶Abb. 350 wird anhand einer Auftragsverwaltung ein verbesserungsfähiges Beispiel eines Datenflussdiagramms gezeigt. Darin sind im Wesentlichen die folgenden Mängel erkennbar:

1. Die Datenflussbezeichnungen zu externen Agenten sind innerhalb des Systems aufgeführt. Dies erschwert die Zuordnung, womit auch die Übersichtlichkeit verloren geht.

   Lösung: Die Datenflussbeziehungen zu externen Agenten sollten außerhalb der Systemgrenze aufgeführt sein.

2. Eine Bezeichnung der Datenflüsse fehlt vollständig. Dies verringert die Verständlichkeit des Diagramms.

   Lösung: Datenflüsse von und zu externen Agenten immer bezeichnen.

3. Zu viele Kreuzungen. Es wird dadurch schwierig, dem Linienverlauf zu folgen. Das Diagramm wird unnötig komplex und schwer verständlich.

   Lösung: Die Datenspeicher mehrmals im Diagramm aufführen (mit Redundanz-Symbol).

4. Bei dieser Funktion handelt es sich um eine reine Auswertungs-Funktion. Derartige Funktionen sind für ein Datenflussdiagramm in der Regel nicht essentiell, es sei denn, bei dem dargestellten System handelt es sich z. B. um ein Management-Informationssystem.

   Lösung: Nur essentielle bzw. konzeptionell wesentliche Funktionen aufführen.

5. Unnötig langer Datenfluss, was zu weiteren unnötigen Kreuzungspunkten führt und die Zuordnung erschwert.

Lösung: Den externen Agenten mehrmals im Diagramm aufführen (mit Redundanz-Symbol).

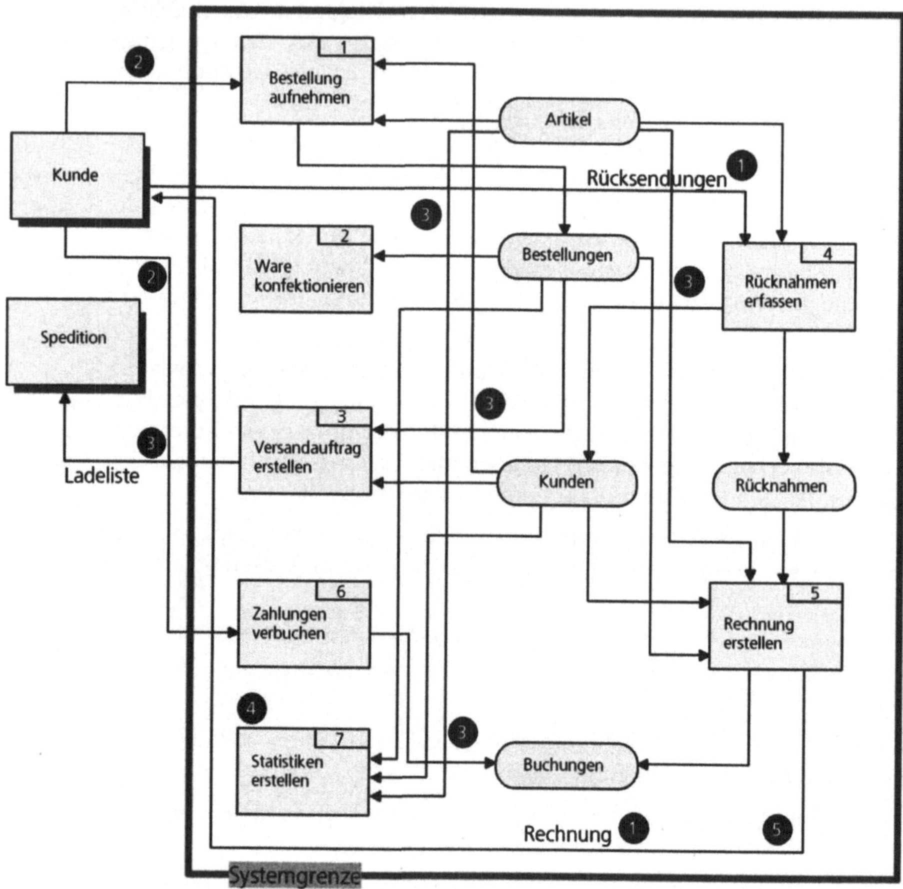

Abb. 350: Datenflussdiagramm – Auftragsverwaltung (schlechtes Beispiel)

So wie man sich bei der Darstellung von Funktionen auf die konzeptionell wesentlichen beschränken sollte, sollten auch nur die essentiellen Datenflüsse angegeben werden. Systeminterne Steuerungs- und Kontrollflüsse sind zum Zeitpunkt der Erstellung eines Datenflussdiagramms in der Regel nicht relevant.

Davon ausgenommen sind die physischen Ist-Datenflussdiagramme, die im Rahmen eines konzeptionellen Vorgehens (z. B. Refactoring) notwendig sind. Bei dieser Diagramm-Ausprägung werden die Aspekte der momentanen Implementierung zunächst sehr detailliert wiedergegeben und erst im anschließenden

414

logischen Ist-Datenflussdiagramm auf die konzeptionell wesentlichen Inhalte reduziert.

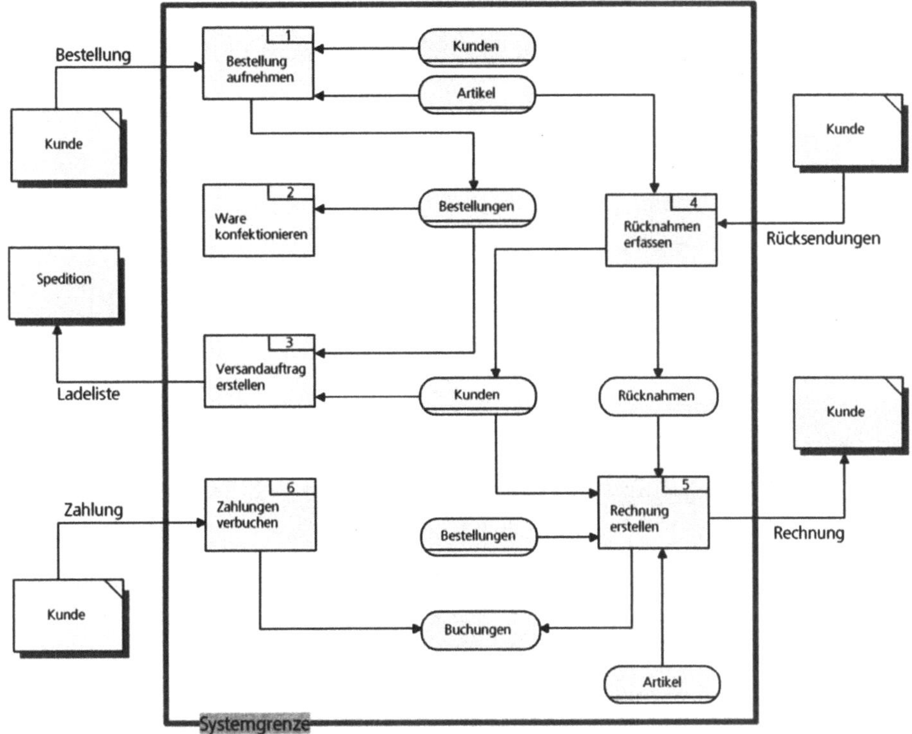

Abb. 351: Datenflussdiagramm – Auftragsverwaltung (verbessertes Beispiel)

Der gleiche Sachverhalt wird in ▶Abb. 351 in einer korrigierten Form gezeigt. Hier wird ein großer Vorteil dieser speziellen Darstellungstechnik für Datenflussdiagramme erkennbar – die redundante Aufführung von Inhalten (in Bezug auf externe Agenten und Datenspeicher). Wenn man beide Beispiele vergleicht wird deutlich, wie dadurch das Diagramm an Übersicht und damit auch an Aussagekraft gewinnt.

Ein häufiger Aspekt, der bei der Modellierung von Datenflussdiagrammen nur unzureichend beachtet wird, ist die Verbindung von externen Agenten mit internen Datenspeichern. Im Zeitalter des Business Communication stellt eine derartige Verbindung eine durchaus übliche Situation dar, beispielsweise wenn ein Unternehmen mit seinen Logistikpartnern ein E-Communication Portal unterhält und für das Supply Chain Management ein gemeinsames Informationssystem genutzt wird.

Aber in vielen Fällen werden auch unüberlegt direkte Verbindungen zwischen den externen Agenten und internen Datenspeichern hergestellt. In ▶Abb. 352 wird dies anhand eines ausschnitthaft gezeigten Datenflussdiagramms beispielhaft gezeigt. Bei der Modellierungsweise in der oberen Hälfte der Abbildung wird ausgesagt, dass ein Kunde direkt in unser Bestellsystem schreibt und die Bestellung ohne Prüfung ausgeführt wird. Es ist nicht ersichtlich, ob softwareseitig Konsistenzmechanismen zur Prüfung der Bestellung angewendet werden. Eine derartige Modellierung erfordert eine hohe Vertrauensbasis zwischen Kunde und Unternehmen.

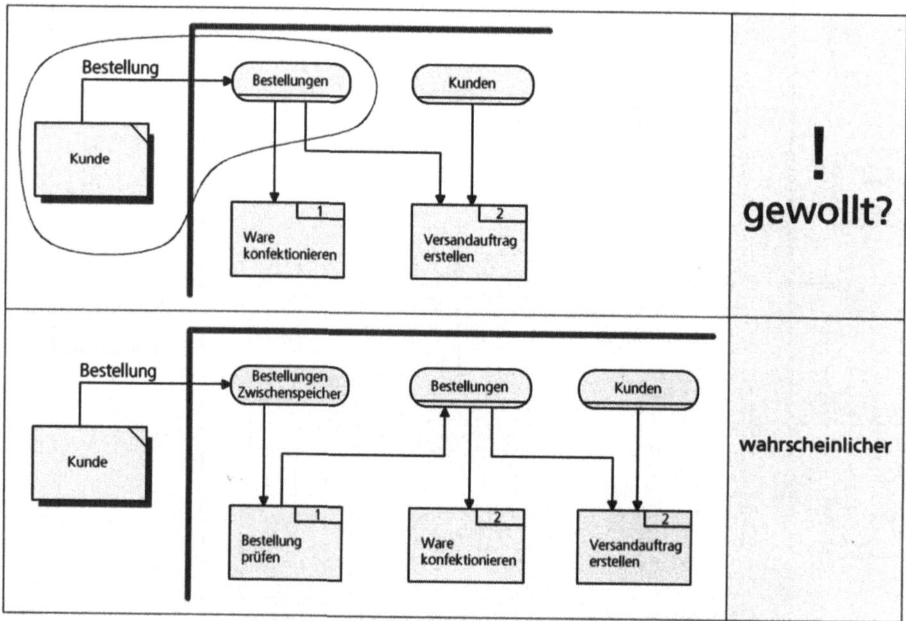

Abb. 352: Verbindung von externen Agenten mit internen Datenspeichern

In den meisten Fällen ist es jedoch üblich, dass Bestellungen, die Kunden beispielsweise über einen Datensatz oder über ein Web-Formular an ein Unternehmen senden, zunächst in einem Zwischenspeicher gehalten werden oder mit einem entsprechenden Flag versehen sind (was faktisch einer Zwischenspeicherung gleichkommt). Die Bestellungen werden dann entweder manuell oder durch softwaremäßig erfasste Konsistenzregeln geprüft und gegebenenfalls korrigiert (z. B. Widerspruch zwischen Artikelnummer und Preis) oder storniert („Scherzbestellung", z. B. Buchbestellung in Höhe von 1.000.000.000,-). Nach dieser Prüfung wird die Bestellung in die eigentliche Bestelldatenbank überführt oder ein entsprechendes Flag umgesetzt.

Bei einer detaillierten Modellierung kann die Anzahl der zu berücksichtigenden Funktionen, Datenflüsse, Datenspeicher und externen Agenten sehr umfangreich werden kann, so dass die Darstellung in einem einzigen Diagramm nicht mehr übersichtlich ist. Die Detaillierung ist aber in der Regel notwendig, da ein sehr grobes Datenflussdiagramm nicht genügend aufschlussreich ist. Aus diesem Grund entsteht die Notwendigkeit, im Rahmen der Detaillierung die Funktionen zu zerlegen. Da es nicht sinnvoll ist, in einem einzigen Diagramm mehr als 10 - 15 Funktionen aufzuführen, ist vorgesehen, unterschiedliche Funktionszerlegungsstufen in eigenen Diagrammen auszulagern und die Diagramme hierarchisch zu ordnen.

In ▶Abb. 353 wird die Hierarchiebildung neutralbetrachtet dargestellt. Die gröbste Darstellung eines Datenflussdiagramms ist als „Kontextdiagramm" (auch als „Level-0-Datenflussdiagramm" bezeichnet). Dem Kontextdiagramm folgen Level-1, Level-2 und eventuell noch tiefere Diagrammhierarchien.

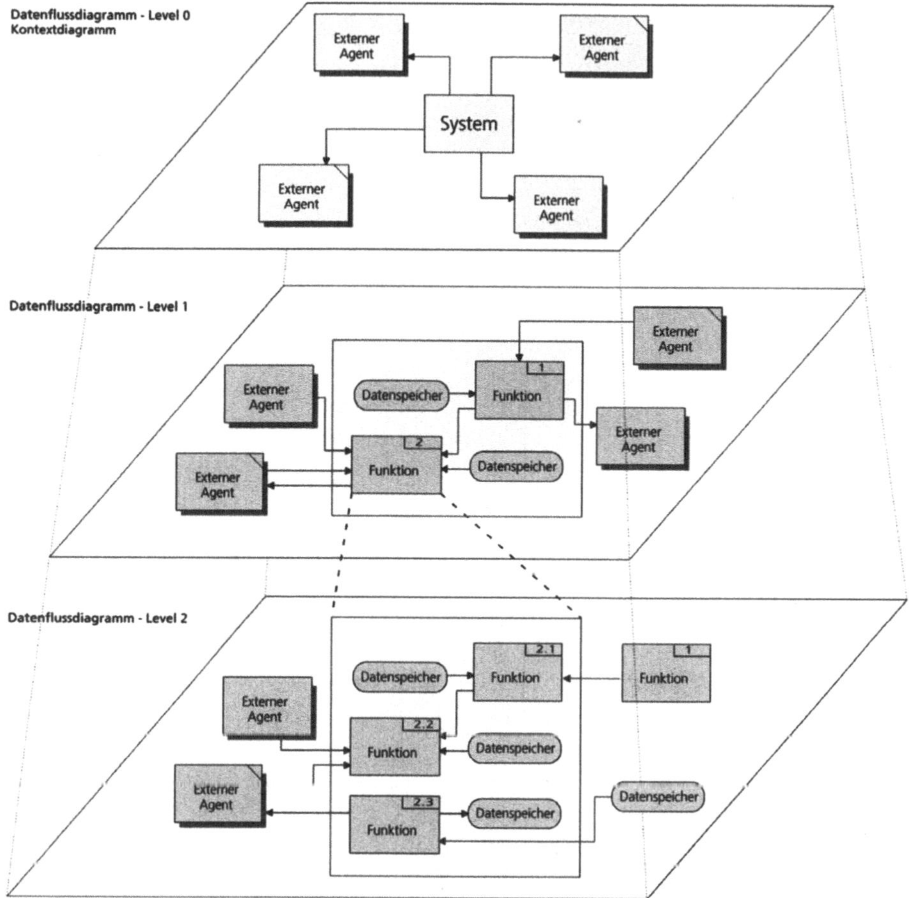

Abb. 353: Hierarchische Strukturierung von Datenflussdiagrammen

Ein wichtiger Orientierungspunkt ist dabei die im Funktionssymbol angegebene Funktionsnummer. Verschiedene Datenflussdiagramme unterschiedlichen Detaillierungsgrads können dadurch miteinander in Beziehung gesetzt werden. Auf der höchsten Abstraktionsstufe tragen die Funktionen einfache Nummern. In den darunter liegenden Detaillierungsstufen sind die Nummern durch Punkte getrennt.

Wird beispielsweise die Hauptfunktion „3 Material bereitstellen" eines Level-1-Diagramms in zwei Unterfunktionen zerlegt, so werden diese im Level-2-Diagramm wie folgt nummeriert:

- „3.1 Material ausgeben" und
- „3.2 Material nachbestellen"

Die Verfeinerung der Funktionen über mehrere Diagrammhierarchien kann solange erfolgen, bis Elementarfunktionen erreicht sind.

Wenn man Datenflussdiagramme hierarchisch vertieft, so stellt das Funktionssymbol im höheren Datenflussdiagramm die Systemgrenze für das neue, hierarchisch untergeordnete Datenflussdiagramm dar. Daraus ergibt sich, dass die ganze unmittelbare Umgebung der Funktion im höheren Datenflussdiagramm in das hierarchisch untergeordnete Diagramm mitgeführt werden muss. Im untergeordneten Diagramm darf ein Datenspeicher nur dann innerhalb der Systemgrenze aufgeführt werden, wenn keine anderen Funktionen, die sich außerhalb der Systemgrenze befinden, auf diesen Datenspeicher zugreifen. Erst dann handelt es sich um einen so genannten **„lokalen Datenspeicher"**; andernfalls handelt es sich bei dem Datenspeicher um einen externen Agenten.

Weiterhin ist auf die Konsistenz zwischen den verschiedenen Diagrammhierarchien zu achten. Sind beispielsweise bei einer Funktion auf Level 1 drei Datenflussbeziehungen zu externen Agenten enthalten, so müssen auch bei der Verfeinerungsdarstellung in Level 2 diese drei Datenflussbeziehungen enthalten sein.

Im Zuge der Verfeinerung kann es sinnvoll sein, nicht nur die Funktionen zu zerlegen, sondern auch externe Agenten und Datenspeicher aufzubrechen, um die Beziehungszusammenhänge zu konkretisieren. Werden im Zuge der Verfeinerung neue, konzeptionell wesentliche Datenflüsse, Externe Agenten oder Datenspeicher sichtbar, so müssen diese gegebenenfalls in den darüber liegenden Hierarchien nachgeführt werden.

9 Darstellungen des Entwurfs

9.1 Die Aufgabe des Entwurfs

Mit dem Entwurf vollzieht sich der Schritt von der Spezifikation der Anforderungen an die Lösung zur Beschreibung der Lösung. Während die Darstellungen, die im Rahmen der Anforderungsspezifikation verwendet werden, analytisch geprägt sind, haben die Darstellungen des Entwurfs einen systemgestalterischen Charakter. Das formale Spektrum der Entwurfsdarstellungen ist sehr groß. Es reicht von schemahaften Darstellungen des Zielsystems bzw. des Zielzustands, die auch als Marketing-Unterlagen verwendet werden, bis hin zu stärker formalisierten grafischen Beschreibungssprachen für den inneren Aufbau von Programmen.

Für die Entwicklung von Anwendungssystemen ist es notwendig, sowohl die logische als auch die physische Sicht des Systems zu modellieren. Die zentrale Aufgabe des Entwurfs ist es, die im Vorfeld erstellten logischen Modelle wie zum Beispiel Klassendiagramme, Kollaborationsdiagramme, Sequenzdiagramme, Aktivitätsdiagramme etc. in physische Modelle zu überführen:

- Die Aufgabe der **logischen Modelle** ist es, das Vokabular des Anwendungsgebiets und die strukturellen Merkmale und Verhaltensweisen der zusammenwirkenden Systemaspekte zu visualsieren, zu spezifizieren und zu dokumentieren.

- Die **physischen Modelle** werden erstellt, um ein ausführbares System zu konstruieren. Während die logischen Modelle in einer konzeptionellen Welt leben, sind physische Modelle Repräsentationen von konkret ausführbaren Systembausteinen oder Lösungsbausteinen, die an der Ausführung von Anwendungen beteiligt sind.

9.2 Architektur- und Funktionsbeschreibung

Das Kernziel des Entwurfs ist es, eine Systemarchitektur zu entwerfen, mit welcher es möglicht wird, die aus der Analyse spezifizierten Anforderungen an die fachliche Lösung in einer optimalen Art und Weise in der Zielumgebung zu realisieren. Das wesentlichste Anliegen des Entwurfs ist deshalb die Systemarchitektur des zu entwickelnden Anwendungssystems. Je nach Anwendungsart kann es sich dabei auch um eine Workflow-Architektur handeln, beispielsweise im Falle von stark kommunikationsorientierten Anwendungssystemvernetzungen (Business-Communication-Anwendungen).

Unter einer „**Architektur**" versteht man ein Konstruktionsprinzip, das die Struktur und die Beziehungen eines Systems umschreibt und dadurch auch gewisse Vorgaben macht, wie diese Struktur erreicht werden soll. Um welche Art von System es sich handelt, wurde bei dieser Definition bewusst offen gelassen. Denn letztendlich hat jedes System eine Architektur – eine innere Ordnung – und kann deshalb mit Darstellungen, die an die jeweilige Architekturform angelehnt sind, beschrieben werden.

Auch die Unified Modeling Language (UML) bietet Darstellungen für den Entwurf an – das Komponentendiagramm und das Verteilungsdiagramm. Im Folgenden sollen vor allem Entwurfsdarstellungen gezeigt werden, die auf einer breiten Basis eingesetzt und für alle an einem Entwicklungsprojekt beteiligten Personengruppen verständlich sind.

Der Architekturentwurf ist im Wesentlichen geprägt von Entscheidungen hinsichtlich der Modularität des Anwendungssystems. Modularität ist auch heute noch eines der wichtigsten Merkmale der Programmqualität. Module stellen funktional zusammengehörende Komponenten von Anwendungssystemen dar. Ihre Außenwirkung ist unabhängig von der inneren Struktur, was bedeutet, dass sie, abgesehen von definierten Schnittstellen, isoliert gestaltet, programmiert und getestet werden können. Ein wichtiges Ziel der Architektur ist es, das Anwendungssystem so zu modularisieren, dass die Bindung der Funktionen in einem Modul möglichst hoch und die Bindung zwischen unterschiedlichen Modulen möglichst gering ist bzw. sich sehr gut standardisieren lässt, so dass die daraus entstehenden modularen Systembausteine unabhängig voneinander entwickelt und getestet werden können.

9.2.1 Komponentendiagramm (UML)

Synonyme

- Implementierungsdiagramm

Die Unified Modeling Language (UML) verwendet für Module den Begriff „Komponenten" und sieht Komponentendiagramme vor, um Module und deren strukturelle Abhängigkeiten untereinander zu spezifizieren. Dadurch kann die physische Systemarchitektur von mehrschichtigen Anwendungssystemen visualisiert werden. Eine Komponente ist ein physischer und austauschbarer Teil eines Systems, das einer Menge von Schnittstellenspezifikationen genügt und diese realisiert. Eine Komponente repräsentiert die physische Zusammenstellung ansonsten logischer Elemente wie zum Beispiel Klassen, Schnittstellen und Kollaborationen. Komponenten definieren klare, abgegrenzte Abstraktionen mit wohldefinierten Schnittstellen, so dass sie leicht austauschbar bzw. ersetzbar sind.

Im Unterschied zu logischen Beschreibungen, sind Komponenten gegenständlicher Natur. Komponenten können in Form von Dateien bzw. ausführbaren Dateien auf Hardwaresysteme übertragen bzw. installiert werden. Man bezeichnet sie deshalb auch als „Einsatzkomponenten".

Betriebssysteme und Programmiersprachen unterstützen das Komponenten-Konzept direkt. Klassenbibliotheken, ausführbare Dateien, COM+-Komponenten, Java Enterprise Beans sind alles Beispiele für Komponenten. Die Modellierung von Komponenten ist dann überflüssig, wenn man ein triviales System konzipiert, dessen Implementierung aus genau einer ausführbaren Datei besteht. Da jedoch in den meisten Fällen Anwendungssysteme als verteilte Systeme konzipiert werden (z. B. Client-Server), setzen Systeme in der Regel aus vielen ausführbaren Dateien und zugehörigen Bibliotheken zusammen. Die Modellierung der Komponenten wird hierbei zu einem wichtigen Instrument, um die Entwurfs-Entscheidungen über das physische System zu visualisieren. Die Komponentenmodellierung stellt auch eine wichtige Basis für die Steuerung der Versionierung und des Konfigurationsmanagements während der Entwicklung und Implementierung dar.

Damit die Komponenten nicht von der restlichen Anwendungswelt isoliert sind, verfügen sie über Schnittstellen. Eine Schnittstelle ist eine Zusammenstellung von Operationen, die benutzt werden, um einen Dienst einer Klasse oder eine Komponente zu spezifizieren. Eine Komponente ohne Schnittstelle wäre ein geschlossenes System, ohne Kontakt zur Systemumwelt – da dieser Zustand nur in der Theorie vorstellbar ist, ist die Ausweisung der Schnittstellen von Komponenten ein wichtiger Bestandteil des Komponentendiagramms. Komponenten können Schnittstellen zur Verfügung stellen oder die Schnittstellen von anderen Komponenten nutzen. Abhängigkeiten sind idealerweise nur zwischen Komponente und Schnittstellen andere Komponenten vorhanden. Somit kann beim Austausch einer Komponente die Kompatibilität in den meisten Fällen gewahrt werden kann; es sei denn, es werden auch Änderungen an der Schnittstelle realisiert.

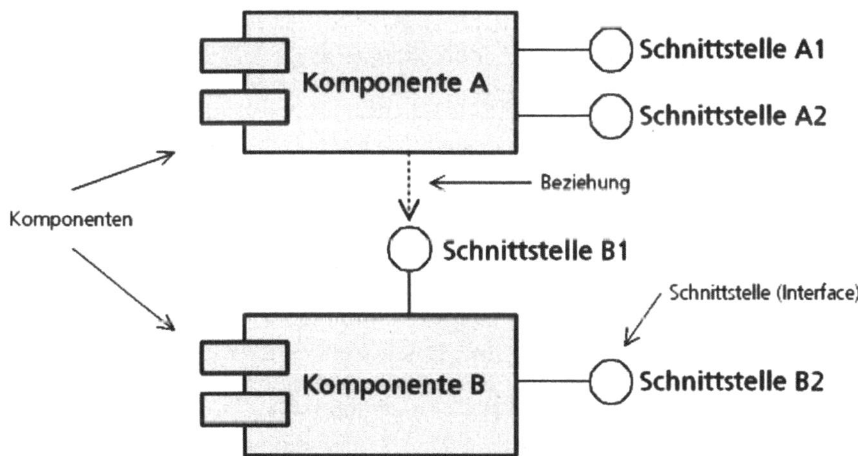

Abb. 354: Syntaxelemente von Komponentendiagrammen

421

Ein Komponentendiagramm besteht aus drei syntaktischen Elementen:

- einem Knotensymbol für die Komponente,

- einem Knotensymbol für die Schnittstellen von Komponenten (vereinfachte Notationsform; auch als „Lolli-Notation" bezeichnet) und

- einer gerichteten Kante für die Darstellung von Beziehungen zwischen den Komponenten.

In ▶Abb. 354 sind diese Elemente in einer neutralbetrachteten Form dargestellt. Die Aussagen dieser Darstellung lassen sich wie folgt interpretieren: Komponente „A" realisiert die Schnittstellen „A1" und „A2". Komponente „B" realisiert die Schnittstellen „B1" und „B2". Von der Komponente „A" besteht eine Abhängigkeit zur Schnittstelle „B1" von Komponente „B". Bei Änderungen des unabhängigen Elements (in diesem Fall Komponente „B") kann dies Auswirkungen auf das abhängige Element (Komponente „A") haben.

Es gibt zwei wesentliche Motivationen, um bei einer Komponente Schnittstellen offen zu legen – d.h. die Komponente zu öffnen. Entweder muss aufgrund einer modularen Anwendungsarchitektur eine Kommunikation zwischen den Komponenten möglich sein oder ein eigenständiges Front-End-Tool (User-Interface-Programm) realisiert die Benutzeroberfläche für eine oder mehrere Komponenten. Bei beiden Varianten handelt es sich programmtechnisch gesehen immer um Komponenten, die auf Komponenten zugreifen. Im ersten Fall ist die programminterne Strukturierung die treibende Kraft, im zweiten Fall (Front-End-Tool) stehen Überlegungen zur Anwendbarkeit im Vordergrund, wobei man davon ausgeht, dass die Benutzeroberfläche als eigenständige Komponente (bzw. als eigenständiges Programm) realisiert wird.

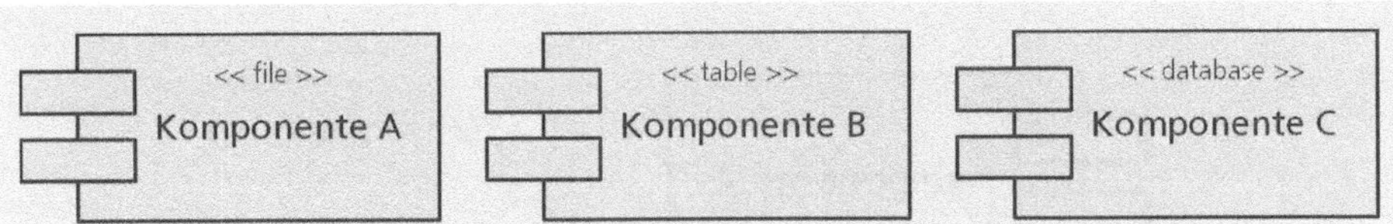

Abb. 355: Kennzeichnung von Datei- und Tabellen- und Datenbank-Komponenten

Bei den Komponenten kann man verschiedene Typen unterscheiden. Primäre Einsatzkomponenten sind die ausführbaren Dateien und Bibliotheken eines Anwendungssystems. Es gibt aber auch nachrangige Einsatzkomponenten, die weder ausführbar sind und auch keine Bibliotheken darstellen, jedoch trotzdem kritisch für den physischen Einsatz des Systems sind. Dabei handelt es sich um Dateien (files), Tabellen (tables) und Datenbanken (databases). Beispiele sind Dateien mit Hilfsdaten, Skripten, Logdateien, Konfigurationsdateien, Initialisierungsdateien, Installations- und Deinstallationsdateien etc oder Tabellen für Kategorisierung von Inhalten etc. Auch diese Komponenten werden in einem Komponentendiagramm dargestellt, jedoch entsprechend durch so genannte „Stereotypen" gekennzeichnet. Bei Komponenten die nicht besonders gekennzeichnet sind, handelt es sich immer um ausführbare Systembestandteile. Siehe auch ▶Abb. 355.

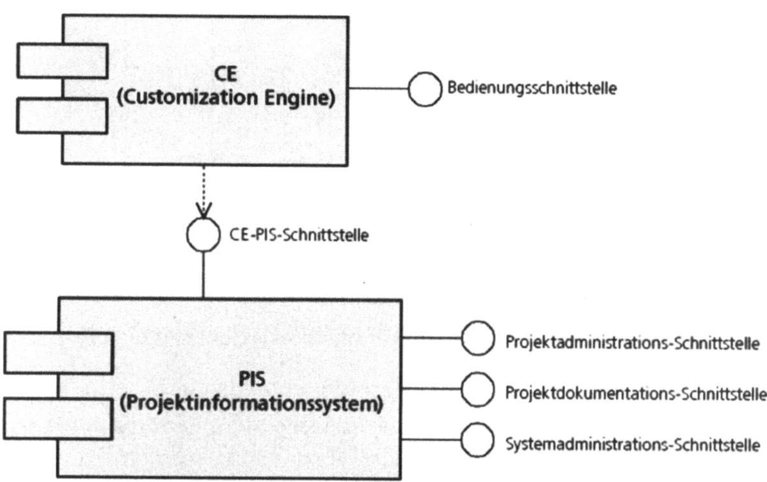

Abb. 356: Komponentendiagramm (Black-Box) – Projektinformationssystem

Anhand eines Projektinformationssystems soll im Folgenden die Erstellung von Komponentendiagrammen in unterschiedlichen Detaillierungsgraden gezeigt werden. Wir verwenden dafür eine vereinfachte Beschreibung mit reduzierten Inhalten. Die Architektur des Projektinformationssystems besteht aus zwei übergeordneten Komponenten, dem eigentlichen Anwendungskern (PIS) und einer „Customization-Engine", über welche das PIS von den Anwendern entsprechend der persönlichen Bedürfnisse konfiguriert werden kann. ▶Abb. 356 zeigt den Systemaufbau als Black-Box.

Die Hauptaufgaben des PIS sind die Projektadministration (Welche Projekte? Status der Projekte?) und die Verwaltung der Projektdokumentationen. Dazu stellt das PIS vier Schnittstellen für Front-Ends (Bedieneroberflächen) bereit. Über Projektadministrations-Schnittstelle können Projektportfolio-Manager neue Projekte eintragen, und Projektleiter können Angaben zum Status von Projekten vornehmen. Über die Projektdokumentations-Schnittstelle können Dokument-Autoren Dokumente publizieren. Über eine allgemeine Systemadministrations-Schnittstelle kann der Administrator des Systems die Benutzerverwaltung vornehmen. Weiterhin wird die Kommunikation mit der CE (Customization-Engine) über eine eigene Schnittstelle abgewickelt. Die CE hat die Aufgabe, einen benutzerspezifischen Zugriff auf das PIS zu ermöglichen. Je nachdem, welcher Benutzertyp auf das System zugreift (Projektleiter, Projektmitarbeiter, Management und Projektportfolio-Manager), ist die Customization-Engine für die Anpassung der Darstellung verantwortlich.

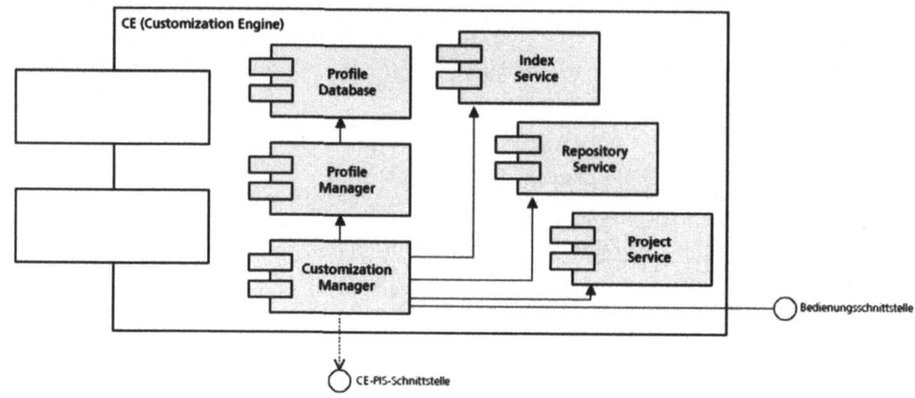

Abb. 357: Komponentendiagramm (White-Box) – Customization Engine

In ▶Abb. 357 werden die Bestandteile der CE-Komponente gezeigt. Dieser Teil des Projektinformationssystems besteht seinerseits aus mehreren Komponenten. Eine zentrale Rolle nimmt dabei der CustomizationManager ein. Benutzer, die das System für Abfragezwecke verwenden, greifen ausschließlich über diese Komponente auf das Projektinformationssystem zu. Der ProfileManager verwaltet die Profile der Anwender in einer Datenbank-Komponente (Profile-Database). Diese Profile steuern das Aussehen der Bedieneroberfläche. Die Customization-Engine verfügt über drei Service-Komponenten. Der IndexService behandelt Suchanfrage über Projektdokumente und liefert Listen mit den passenden Dokumenten zurück. Der RepositoryService ist für die Speicherung und den Abruf der Projektdokumente zuständig. Der ProjektService liefert Statusinformationen zu aktuellen Projekten. Aus dieser Abbildung wird auch ersichtlich, welche Komponente Schnittstellen bereitstellt und welche Komponente auf Schnittstellen anderer Komponenten zugreift.

In ▶Abb. 358 wird der Aufbau der Hauptapplikation gezeigt. Das Projektinformationssystem besitzt vier Hauptkomponenten. Der „ProjectAdminManager" bietet den Projektleitern und den Projektportfolio-Managern eine Schnittstelle für die Verwaltung der Projekte und der Projektstatus-Informationen. Der „DocumentAdminManager" bietet den Dokumentautoren eine Schnittstelle für die Publizierung und Verwaltung der Projektdokumente und der dazugehörigen Metadaten. Mit dem SystemAdminManager kann der Systemadministrator die autorisierten Projekt- und Dokumentverwalter pflegen. Dazu greift die Komponente auf die „AdminDatabase" zu. Die Schnittstelle zu der „ConfigurationEngine" ist über eine eigenständige Komponente realisiert.

Die weiteren Bausteine sollen an dieser Stelle nicht weiter besprochen werden, da sie für das Verständnis der Komponentendiagramme nicht von Bedeutung sind.

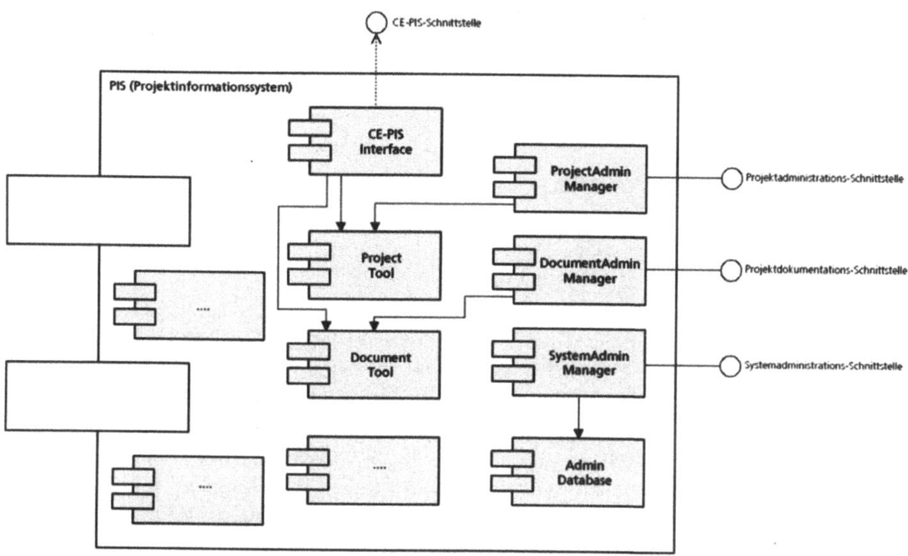

Abb. 358: Komponentendiagramm (White-Box) – Projektinformationssystem

Die Anwendungsbausteine CE und PIS verfügen in der bisher besprochenen
Form noch nicht über ein User-Interface. Es handelt sich bei diesen Systemen
lediglich um eine Basisarchitektur, welche die Anbindung von beliebigen Bedieneroberflächen ermöglicht. Es ist beispielsweise denkbar und auch vorteilhaft, ein Web-basierendes Abfrage-Front-End für den Zugriff beliebiger Anwender auf das System zu verwenden. Gleichfalls können die Bedieneroberflächen
für die Projektadministratoren und für die Dokumentverwaltung als Web-
Frontends realisiert werden. ▶Abb. 359 zeigt die Verbindung von Front-End
und Back-End Komponenten in Form eines Komponentendiagramms.

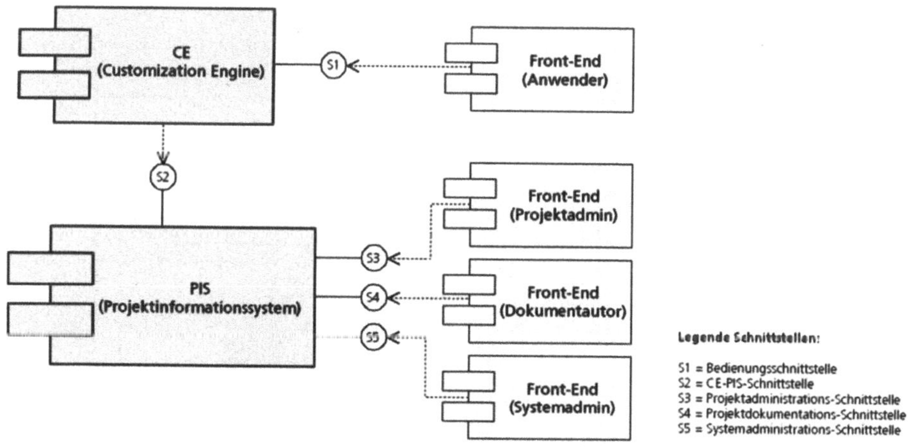

Abb. 359: Komponentendiagramm – Anbindung der Bedieneroberflächen

In einem Komponentendiagramm werden die Komponenten nur als Typen und nicht als konkrete Instanzen dargestellt. Letztere werden durch ein Verteilungsdiagramm beschrieben (beispielsweise kann eine User-Interface-Komponente auf mehreren unterschiedlichen Rechnerumgebungen installiert sein).

9.2.2 Verteilungsdiagramm (UML)

Synonyme

- Deployment-Diagramm
- Auslieferungsdiagramm

Das Verteilungsdiagramm ist eine weitere Darstellungstechnik, welche die Unified Modeling Language (UML) für den Entwurf vorsieht. Sie werden verwendet, um die physische Verteilung der Komponenten auf unterschiedlichen Systemen zu beschreiben. Durch die steigende Vernetzung von Anwendungssystemen nicht nur innerhalb von Unternehmen, sondern auch zwischen Unternehmen, gewinnen auch die Verteilungsdiagramme an Bedeutung. Sie eignen sich sehr gut für die Veranschaulichung von verteilten bzw. vernetzten Systemumgebungen.

Grundlage für ein Verteilungsdiagramm sind in der Regel die Komponenten eines Anwendungssystems. Alle Diagrammelemente aus dem Komponentendiagramm können im Verteilungsdiagramm genutzt werden. Wie die meisten anderen Diagramme setzt sich ein Verteilungsdiagramm aus Knoten und Kanten zusammen:

- Ein Knotentyp stellt die Hardware-Ressourcen (z. B. Server, PC, Terminal) der Zielumgebung dar. Diese Knoten werden als dreidimensionale Rechtecke dargestellt. Dabei macht es keinen Unterschied, ob es sich um firmeninterne oder um firmenexterne Rechnersysteme handelt. Die Komponenten werden entsprechend ihrer physikalischen Verteilung in den jeweiligen Knoten der Hardware-Ressourcen eingezeichnet.

- Die Kanten, welche die Knoten untereinander verbinden, repräsentieren Kommunikationspfade.

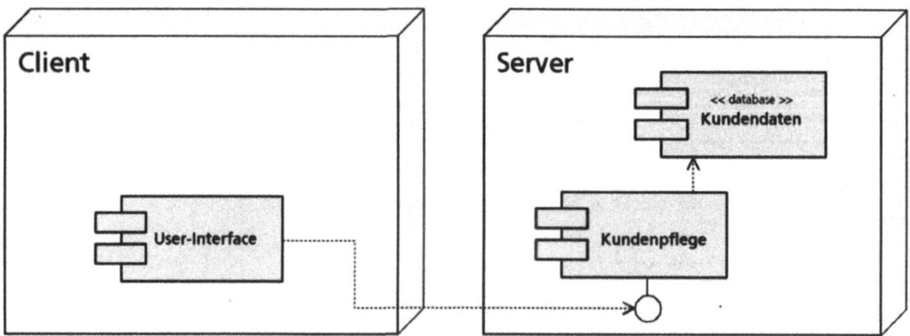

Abb. 360: Verteilungsdiagramm

Wie bereits im Komponentendiagramm werden auch die Schnittstellenmarkierungen der Komponenten und deren Benutzung in das Diagramm mit ausgenommen.

In ▶Abb. 360 wird ein einfaches Beispiel für ein Verteilungsdiagramm anhand einer Client-Server-Situation gezeigt. Auf dem Server befindet sich die Datenbank mit den Kundendaten, welche von einem Server-basierenden Kundenpflege-Programm verwaltet werden. Auf der Client-Seite ist lediglich das User-Interface für das Kundenpflege-Programm vorhanden. Es kommuniziert über eine definierte Schnittstelle mit der Server-Komponenten.

In einem Verteilungsdiagramm können nicht nur die Komponenten eines neu entwickelten Anwendungssystems eingezeichnet werden. Bereits vorhandene Komponenten der Zielumgebung, mit denen das neue System zusammenarbeiten muss (z. B. andere Programme oder Datenbanken), können ebenfalls dargestellt werden.

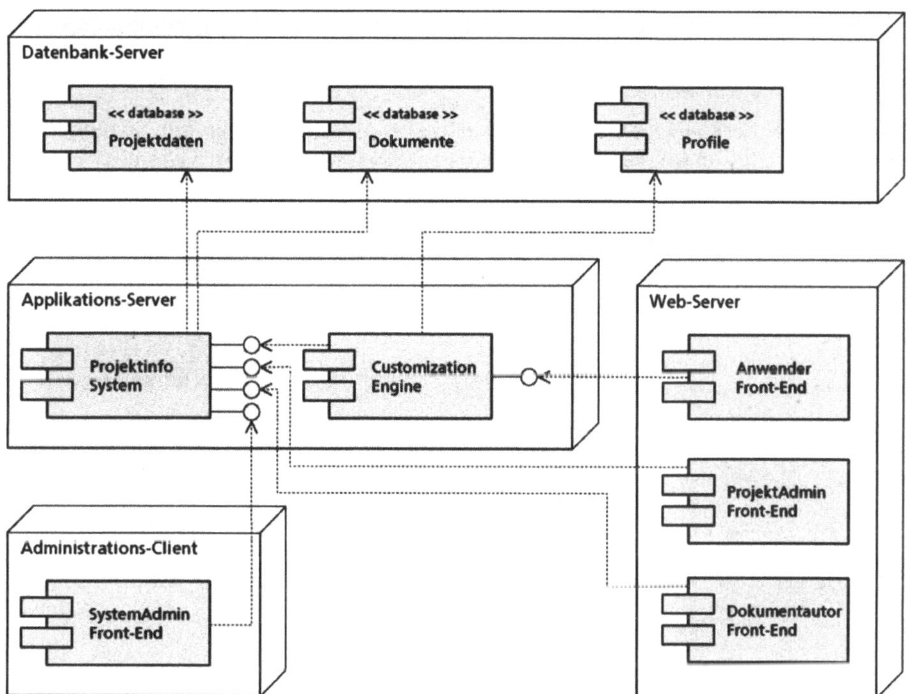

Abb. 361: Verteilungsdiagramm – Projektinformationssystem

Zur praktischen Beschreibung eines Verteilungsdiagramms verwenden wir das Projektinformationssystem, welches wir bereits bei den Erläuterungen zum Komponentendiagramm kennen gelernt haben. In ▶Abb. 361 wird die Verteilung der Komponenten auf den verschiedenen Rechnern der Zielumgebung dargestellt. Die Datenbanken (Projektinformationen, Projektdokumente, Anwenderprofile) werden auf dem Datenbank-Server gespeichert.

Der Anwendungskern (Projektinformationssystem) und die Customization-Engine laufen auf einem dedizierten Applikations-Server. Aus der Darstellung geht auch hervor, dass die Front-Ends größtenteils als Web-basierende Oberflächen ausgelegt sind und auf einem Web-Server ablaufen. Eine Ausnahme stellt das User-Interface für den Systemadministrator dar. Es ist „klassisch" programmiert und läuft auf einem „PC".

9.2.3 Blockdiagramme

Blockdiagramme können verwendet werden, um die Systemarchitektur von Anwendungsprogrammen zu beschreiben. Die Systemarchitektur macht Aussagen zu den eingesetzten Computersystemen (Hardware, Betriebssystem, Middleware) den verwendeten Standards (z. B. EDI) und den systemnahen Komponenten (User Interface, Datenbank, Transaktionsmonitor). Die Begriffe Systemarchitektur, Informationssystemarchitektur und Anwendungsarchitektur werden in der Praxis nicht einheitlich interpretiert und gebraucht, so dass sie als Synonyme anzusehen sind.

Bezogen auf ein konkretes Programm beschreibt die Architektur die Struktur des Quellcodes. Auf einer übergeordneten Stufe kann man die wesentlichen Elemente des Programms aus einer funktionalen Sicht betrachten und abstrakt als „Funktionseinheiten" gliedern (Funktionsarchitektur), während sich auf der Quellcode-Ebene die Struktur auf Module (bei der klassischen Programmierung) oder Klassentypen (bei der objektorientierten Programmierung) bezieht.

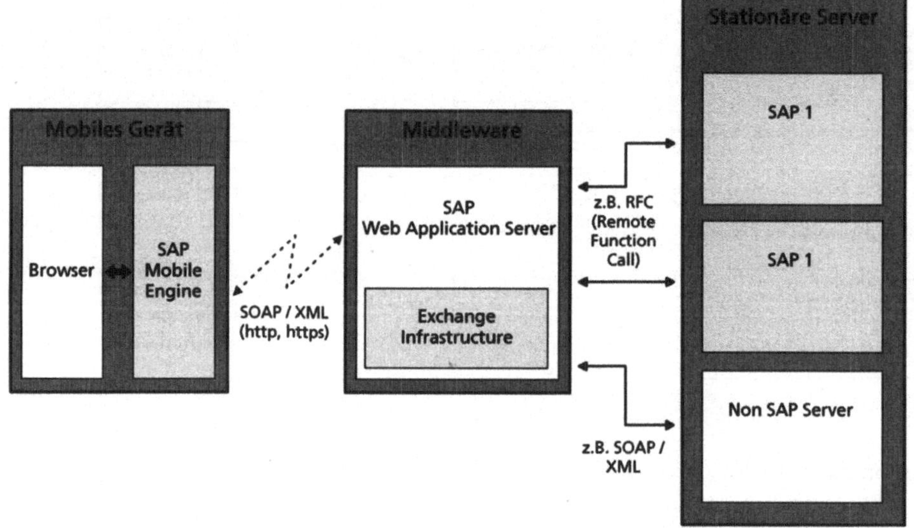

Abb. 362: 3-Schichten-Architektur – am Beispiel der SAP-Mobile Engine

In ▶Abb. 362 wird der Aufbau einer 3-Schichten-Architektur am Beispiel der SAP-Mobile Engine gezeigt. Die **erste Schicht** ist ein mobiles Gerät (PDA, Java-Handy) auf dem ein lokaler Web-Browser und die SAP-Mobile-Engine läuft. Die Mobile-Engine hat die Funktion eines „Mikro-Application-Servers" und agiert einerseits als Proxy für den lokalen Web-Browser und weiterhin als Zwischenspeicher für Geschäftsdatensätze und Metadaten.

Die **zweite Schicht** ist die Middleware, ein stationärer Web Application Server, der Daten von unterschiedlichen Datenbeständen und Anwendern zusammenführt. Um möglichst verschiedenartige Endgeräte ansprechen zu können, werden für die Kommunikation zwischen Middleware und mobilen Geräten offene Standards wie SOAP oder XML auf der Basis von http- und https-Protokollen verwendet. Der gestrichelte „blitzförmige" Pfeil zwischen dem mobilen Gerät und der Middleware symbolisiert eine firmenexterne Verbindungsstruktur (in der Regel über das Internet).

Die **dritte Schicht** bilden die stationären Server. Die Middleware kommuniziert über proprietäre Funktionsaufrufe mit den SAP-Servern und verwendet offene Standards (SOAP und XML) für die Kommunikation mit Non-SAP-Servern.

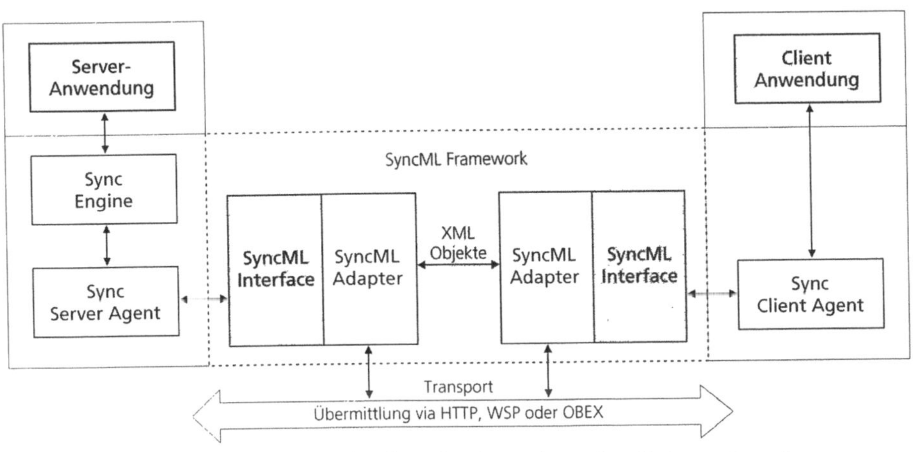

Abb. 363: SyncML-Architektur für den universellen Datenaustausch

In ▶Abb. 363 wird eine Darstellungsmöglichkeit für Datenaustauschbeziehungen am Beispiel des offenen und universellen Synchronisations-Standards „SyncML" (Synchronisation Markup Language) gezeigt. Mit SyncML sollen beliebige Geräte beliebige Daten austauschen können. Ein Datentransfer mit SyncML besteht insgesamt aus einem komplexen Ablauf von Befehlen und Antworten, die sich Client und Server untereinander austauschen. Wenn eine Anwendung auf der Client-Seite die Synchronisation startet, teilt sie dies dem lokal installierten „Sync Client Agent" mit. Dieser stellt eine Verbindungsanfrage an den „Sync Server Agent", welcher die „Sync Engine" initialisiert und eine Bestätigungsmeldung an den „Sync Client Agent" zurück sendet. Der danach stattfindende Datenaustausch geschieht bi-direktional, wobei zuerst die Daten des Clients an den Server übermittelt werden und danach die Daten vom Server an den Client.

Aus der Darstellung geht hervor, dass SyncML unabhängig vom Transportmedium ist. Der Datenaustausch kann über verschiedene Protokolle (HTTP, WSP oder OBEX) abgewickelt werden, womit auch unterschiedliche Verbindungen genutzt werden können (z. B. Netzwerk-Verbindungen, Bluetooth, USB, WAP).

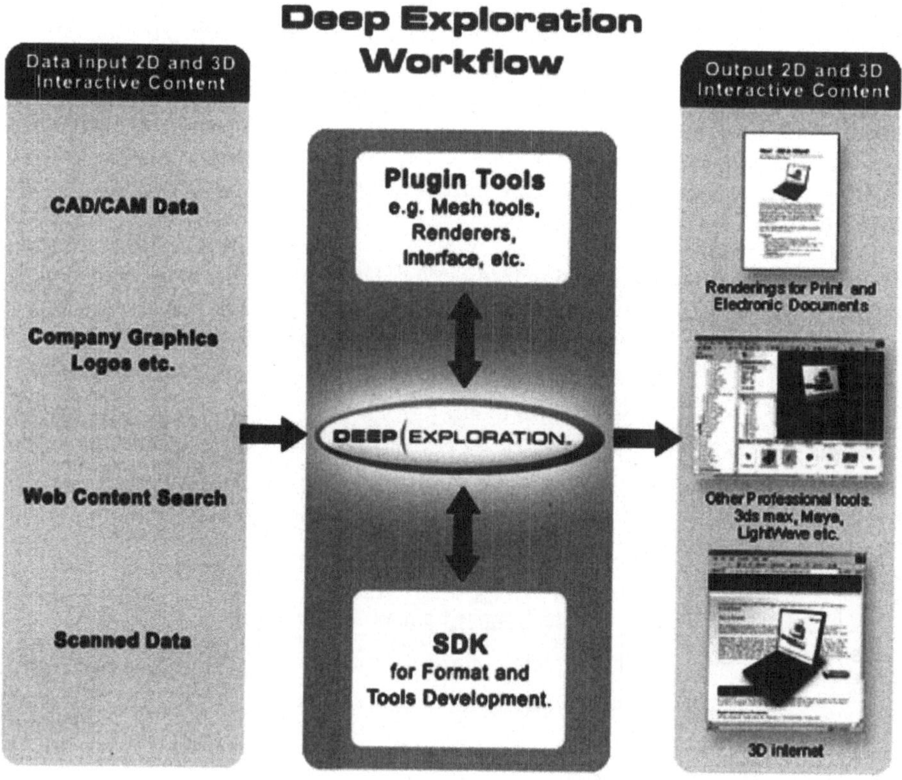

Abb. 364: Funktionsdarstellung eines File-Konverters (© Right Hemisphere)

In ▶Abb. 364 wird der Aufbau und die Funktionsweise des Grafik-Konvertierungstools „Deep Exploration" von Right Hemisphere gezeigt. Die Darstellung zeigt die Eingabe-Datenströme und die Ausgabe-Datenströme. Weiterhin zeigt es die zwei möglichen Architekturelemente, mit denen sich das Verhalten des Konverters anpassen und steuern lässt. Bei diesen Architekturelementen handelt es sich zum einen um optional verfügbare „Plug-In-Tools", die das Rendering, das Vermaschen (Meshing) oder das Interface von Deep Exploration individuell ergänzen. Weiterhin besteht über das SDK (Software Development Kit) die Möglichkeit, den Konverter um spezifische Formate zu ergänzen oder selbst Plug-In-Tools zu entwickeln.

Umfangreiche Software-Programme bestehen oftmals aus verschiedenen Kernkomponenten, die auch als „Engines" bezeichnet werden. Die Engines stehen in einer ganz bestimmten Verbindung zueinander und sind ihrerseits wiederum aus verschiedenen Modulen zusammengesetzt. Abb. 365 zeigt einen solchen Aufbau am Beispiel des Produktkonfigurators „PX5" von Perspectix. Dieser Produkt-Konfigurator besteht aus fünf Engines. Jede Engine ist wiederum aus mehreren Modulen zusammengesetzt. Alle Engines setzen auf einer einheitlichen Datenbank (Knowledge Base) auf. Die Engines rufen alle benötigten Informationen von diesem zentralen Daten-Pool ab bzw. speichern ihre Daten darin.

Connectivity Engine	Presentation Engine	Configuration Engine	Sales Engine	Content Engine
Integration Module	Visualization Module	Variants Module	Pricing Module	Authoring Module
Conversion Module	Catalog Module	Composer Module	Quoting Module	Versioning Module
ERP / CRM Connectors	Context Module	Plausibility Module	Ordering Module	Personalization Module
CAD / PDM Connectors	Printing Module	BOM Module	Profiling Module	Security Module

Product Knowledge Base

Representational	Structural	Commercial
Catalog Images	Product Components	Classification Scheme
3D Models	Component Interface	Article Structure
Interaction Design	Assembly Rules	Product Labels
GUI Definitions	Plausibility Rules	Pricing Data

Abb. 365: Aufbau eines Produktkonfigurators am Beispiel PX5 (© Perspectix)

9.2.4 Tier-Darstellungen

Die meisten Anwendungssysteme sind heute nach einem Client-Server-Prinzip aufgebaut. Auch das World-Wide-Web basiert auf diesem Architekturprinzip. Während sich der ursprüngliche Client-Server-Begriff der 1980er Jahre ausschließlich auf den Aspekt der Trennung von Rechnern auf Hardware-Ebene beschränkt hat (Mainframe-Computing), erfährt der Client-Server-Begriff heute eine umfassendere Bedeutung.

So kann man heute in einer Client-Server-Umgebung verschiedene Dienste differenzieren: Datenbank-Server, Application-Server, File-Server, Web-Server, Print-Server, Tranaktions-Server und Object-Application-Server (z. B. CORBA). Im Hinblick auf den Verteilungsgrad eines Anwendungssystems besteht die Möglichkeit, eine Einteilung in verschiedene Schichten vorzunehmen. Man unterscheidet heute zwischen drei Varianten, die unter dem englischen Dachbegriff „Tier" (deutsch: Reihe) zusammengefasst sind, womit die sachlogische Reihenfolge der Schichten gemeint ist.

Die entsprechenden Schichten sind:

- Präsentation,

- Geschäftslogik und

- Basisdienste.

Die **Präsentationsschicht (Presentation Logic)** ist für die Bildschirmdarstellung, die Ausgaben des Systems und die Eingaben des Anwenders zuständig. In der **Geschäftsschicht (Business Logic)** ist die Funktionalität des Anwendungssystems angesiedelt. Diese Schicht wird auch als „Geschäftslogik" bezeichnet, da sie in den meisten Fällen Regeln für geschäftliche Abläufe eines Unternehmens beinhaltet.

In der **Basisschicht (Data Logic)** sind allgemeine Dienste angesiedelt, die von den anderen Schichten bezogen werden. Dies sind beispielsweise Datenbankdienste, Dateidienste, Infrastrukturdienste etc.

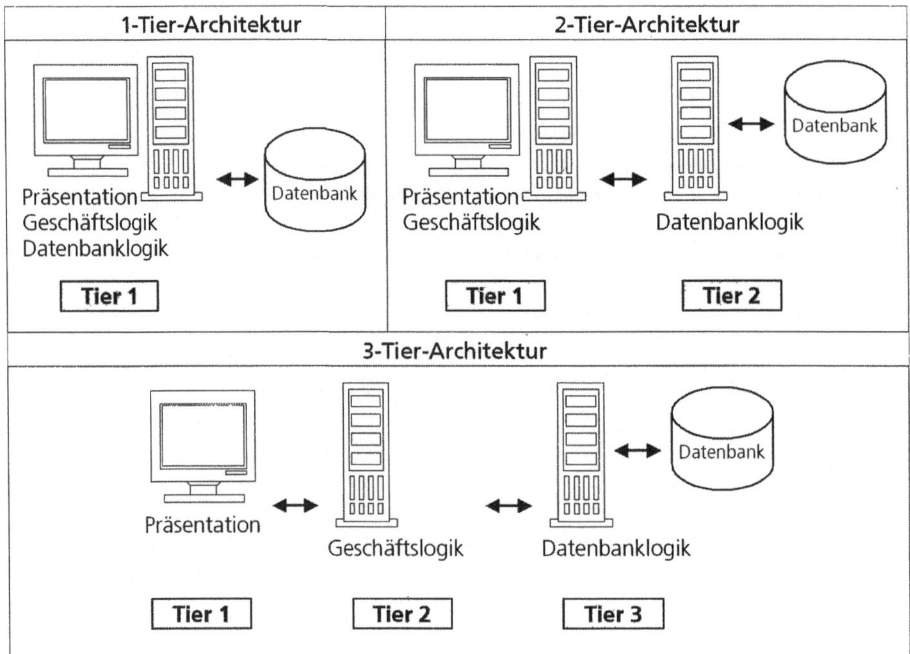

Abb. 366: Übersicht Tier-Architekturen

Die aus dieser Schichteneinteilung möglichen Systemvarianten bezeichnet man je nach Verteilungsgrad als 1-Tier, 2-Tier oder 3-Tier Programmarchitekturen.

Wenn ein Anwendungssystem vollständig auf einem Rechner läuft (es sind also alle Schichten integriert) spricht man von einer „**1-Tier-Architektur**". In diesem Fall sind die drei möglichen Schichten eng miteinander verwoben.

Läuft das Anwendungssystem auf zwei Rechnersystemen (Präsentation und Server-Dienste sind getrennt), so spricht man von einer „**2-Tier-Architektur**". Bei dieser Variante wird die Datenbanklogik entkoppelt und läuft selbständig auf einem getrennten Rechner. Die Zugriffe auf die Datenbank geschehen nur über den Datenbank-Server.

Ist das Anwendungssystem über drei Rechnersysteme verteilt (z. B. Präsentation, Applikations-Server und Datenbank-Server), spricht man von einer „**3-Tier-Architektur**". Hier wird zusätzlich noch die Geschäftslogik auf einen eigenständigen Rechner, dem so genannten „Applikations-Server" ausgelagert. Die Geschäftslogik im Applikations-Server wird oft auch als Middleware bezeichnet. In ▶Abb. 366 sind die möglichen Architekturformen in einer Übersicht dargestellt.

Als Beispiel für eine Tier-Darstellung ist in ▶Abb. 367 die Architektur eines Informationssystems für die Prozessbegleitung von Buchpublikationen dargestellt. Es wird eine 3-Tier-Architektur verwendet.

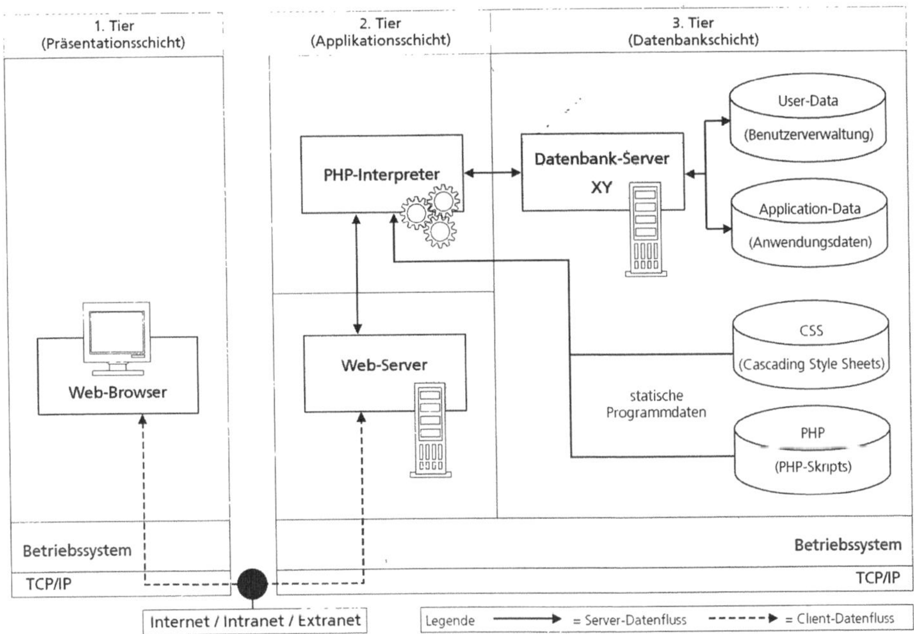

Abb. 367: Tier-Darstellung eines Informationssystems

Aus der Darstellung geht hervor, dass sich das System aus zwei wesentlichen Datengruppen zusammensetzt:

- den statischen Programmdateien (PHP und CSS) und

- den eigentlichen (dynamischen) Anwendungsdaten, wozu auch die Daten der Benutzerverwaltung zählen.

Mögliche Benutzer sind beispielsweise Verlagsmitarbeiter, Autoren, Grafiker, Layouter, Korrekturleser, Drucker etc. Das Kernprogramm basiert auf PHP-Skripts, welche dynamisch HTML-Seiten generieren und Cascading Style Sheets, die grundlegende und wieder verwendbare Layoutinformationen für die HTML-Seiten enthalten.

Die Anwendungs- und Benutzerdaten werden über den Datenbank-Server verwaltet. Dieser Datenbank-Server verkörpert die dritte Schicht (3.Tier). Die zweite Schicht (2.Tier) besteht aus einem PHP-Interpreter und einem Web-Server. Die CSS und PHP-Dateien werden direkt vom PHP-Interpreter abgerufen. Ein großer Teil der Anwendungsintelligenz liegt in den PHP-Dateien. Diese werden vom PHP-Interpreter abgerufen und verarbeitet.

Im Rahmen der Verarbeitung werden vom PHP-Interpreter die Anwendungsdaten (Buchprojektinformationen) über den Datenbank-Server abgerufen und nach einer bestimmten Logik und ergänzend durch CSS-Dateien zu HTML-Seiten zusammengebaut. Die Ergebnisse dieser Verarbeitung übergibt der PHP-Interpreter an den Web-Server. Die Präsentationssicht (1.Tier) ist der Client – in diesem Fall ein Web-Browser (Thin-Client). Der Web-Browser ist nur für die Darstellung (Rendering der vom Web-Server übermittelten Webseiten) und die Weiterleitung der Anwendereingaben zuständig.

9.2.5 Sequenz- und Zustandsdiagramme

Für die Entwurfsspezifikation interaktiver Verhaltensmuster können dynamische Diagramme verwendet werden. Sequenzdiagramme wurden bereits in den beiden vorhergehenden Kapiteln als Darstellungstechnik für die Geschäftsprozessanalyse und die Anforderungsanalyse vorgestellt. Im Rahmen des Entwurfs können Sequenzdiagramme erneut ihre Vielseitigkeit ausspielen. Man kann sie beispielsweise für die Visualisierung des Aufrufverhaltens von Modulen oder Bildschirmoberflächen verwenden. Letzteres ist vor allem für Web-basierende Anwendungen und Multimedia-Anwendungen interessant.

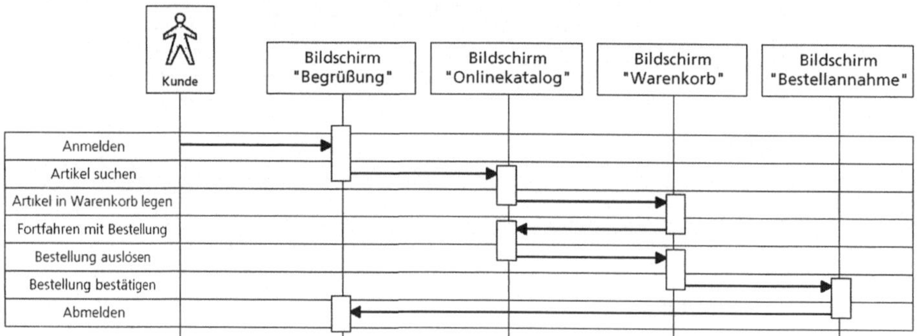

Abb. 368: Sequenzdiagramm – Darstellung von Bildschirmmasken

In ▶Abb. 368 wird die Anwendung eines Sequenzdiagramms für die Spezifikation eines User-Interfaces verwendet. Die grauen Balken auf den vertikalen Linien visualisieren die ungefähre Lebenszeit eines Bildschirms. Wenn der Anwender sich anmeldet, wird ein Begrüßungsbildschirm gezeigt (Anm.: „Bildschirm" ist hier nicht wörtlich zu verstehen, sondern wird bei der User-Interface Gestaltung für die Bezeichnung von bildschirmfüllenden Interfaces verwendet).

Die Anmeldung könnte auch aufgeteilt sein in einen neutralen Begrüßungsschirm, der als erstes gezeigt wird und einen personalisierten Begrüßungsschirm, der nach Eingabe von Benutzerkennung und Passwort gezeigt wird. Wenn der Anwender auf dem Begrüßungsschirm die Artikelsuche auswählt, wechselt das Bildschirmlayout und das Produktkatalog User-Interface wird angezeigt. Je nach ausgeführten Aktionen des Anwenders werden weitere speziell gestaltete Bildschirmmasken gezeigt. Wenn sich der Benutzer vom System abmeldet, wird erneut der neutrale Begrüßungsbildschirm gezeigt (dieser kann z. B. die Eingabefelder für Benutzerkennung und Passwort enthalten).

In ▶Abb. 369 wird ein weiteres Anwendungsbeispiel für ein Sequenzdiagramm gezeigt. Es handelt sich dabei um Details eines softwaretechnischen Ablaufs, der normalerweise für den Anwender nicht transparent ist („behind the doors"). Anhand des Sequenzdiagramms wird visualisiert, welche Bearbeitungsschritte ablaufen, nachdem der Anwender eine Datensynchronisation zwischen einem Client und einem Server ausgelöst hat. Die Funktionen, die Client und Server während der Synchronisation ausüben, sind in Feldern entlang der vertikalen Linien eingetragen. Die Datenaustauschbeziehungen sind mit gerichteten Kanten zwischen den vertikalen Linien eingezeichnet. Der Anwender sieht ab einem bestimmten Zeitpunkt das Ergebnis der Synchronisation.

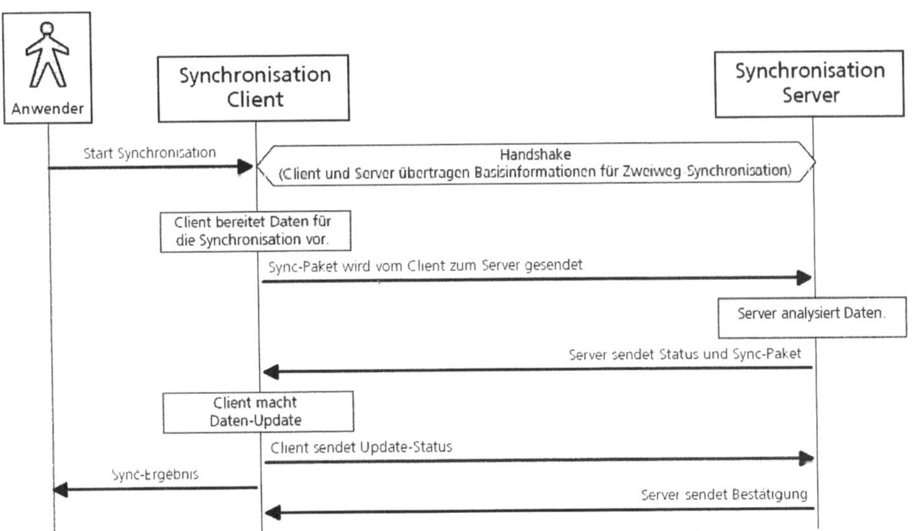

Abb. 369: Sequenzdiagramm – Darstellung von Synchronisationsbeziehungen

Falls weniger die zeitlich logische Reihenfolge eines Ablaufs gezeigt werden soll, kann die Modellierung des Ablaufs ereignisorientierte bzw. zustandsbezogen erfolgen. Bei dieser Darstellungsweise wird der Gesamtzusammenhang betont. Prinzipiell sind beide Darstellungsvarianten jedoch semantisch gleichbedeutend.

Die ereignis- bzw. zustandsbezogene Darstellungsweise basiert auf den UML-Zustandsdiagrammen; die Knoten in dem abgewandelten Zustandsdiagramm repräsentieren jedoch keine Objektlebenszyklen, sondern Informationssystemobjekte bzw. Bildschirmdarstellungen. Diese Darstellungsweise ist auch dann sinnvoll, wenn die Zahl der Knoten für ein Sequenzdiagramm zu groß ist. In ▶Abb. 370 wird diese Darstellungsmöglichkeit anhand eines Web-basierenden Kurs-Reservierungssystems beispielhaft gezeigt.

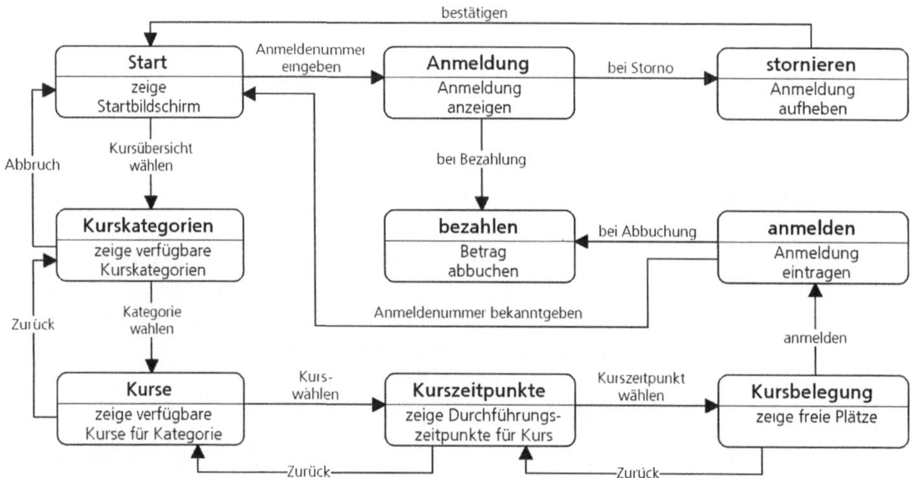

Abb. 370: Zustandsdiagramm – Kursreservierung

9.2.6 Strukturdiagramm

Synonyme

- Structure Chart

Strukturdiagramme werden wie auch die Komponentendiagramme zur grafischen Darstellung von funktionalen Modulen verwendet (wir gebrauchen hier die pragmatische Schreibweise anstelle des Informatik-Jargons, wie z. B. Moduln). Strukturdiagramme haben zwar gewisse Gemeinsamkeiten zu den Komponentendiagrammen, weisen aber auch eigenständige Darstellungsmerkmale auf, die sie von den Komponentendiagrammen abgrenzen. Strukturdiagramme stammen von der klassischen nicht-objektorientierten Programmierung. Je nach Projektart ist ihr Einsatz auch heute noch sehr verbreitet.

Wie auch die Komponentendiagramme beschreiben Strukturdiagramme die statische Aufrufstruktur von Komponenten. Bei Strukturdiagrammen wird jedoch zusätzlich der Datenfluss zwischen den Modulen durch entsprechende Syntaxelemente deutlich gemacht und auch die Aufrufhierarchie visualisiert.

Strukturdiagramme geben die äußere Sicht (Black-Box-Betrachtung) auf die Module eines Anwendungssystems wieder. Die dabei entstehende Modulhierarchie gleicht auf dem ersten Blick einer Funktionshierarchie. Die Beziehungen in einer Modulhierarchie verkörpern aber eine andere Semantik als die der Funktionshierarchie. Eine übergeordnete Funktion fasst ihre untergeordneten Funktionen lediglich zusammen. Die Semantik einer Funktionshierarchie entspricht damit in etwa der Summe der Funktionalitäten ihrer atomaren Funktion. In Modulhierarchien rufen die übergeordneten Module die untergeordneten auf verschiedene Arten und aus unterschiedlichen Motivationen auf. Dadurch bringen übergeordneten Module eine spezifische Semantik ein, die über die Bedeutung der atomaren Module hinausgeht.

Typische Module können beispielsweise sein:

- Menümodule, die den direkten Kontakt zum Anwender herstellen und zur Auswahl von Funktionen verwendet werden; bei dieser Modulart fließen normalerweise keine Daten.

- Eingabemodule, in denen der Anwender Daten eingibt; das entsprechende Modul gibt die Daten noch oben an das aufrufende Modul weiter.

- Transformationsmodule, welche die Eingaben der Anwender verarbeiten. Daten fließen sowohl in dieses Modul als auch wieder vom Modul heraus.

- Ausgabemodule, welche Informationen in der Benutzeroberfläche darstellen. Die dazu benötigten Daten erhalten sie vom aufrufenden Modul.

- Koordinationsmodule, welche die Steuerung und die Koordination der systeminternen Abläufe vornehmen. Daten fließen bei diesem Modultyp in beide Richtungen.

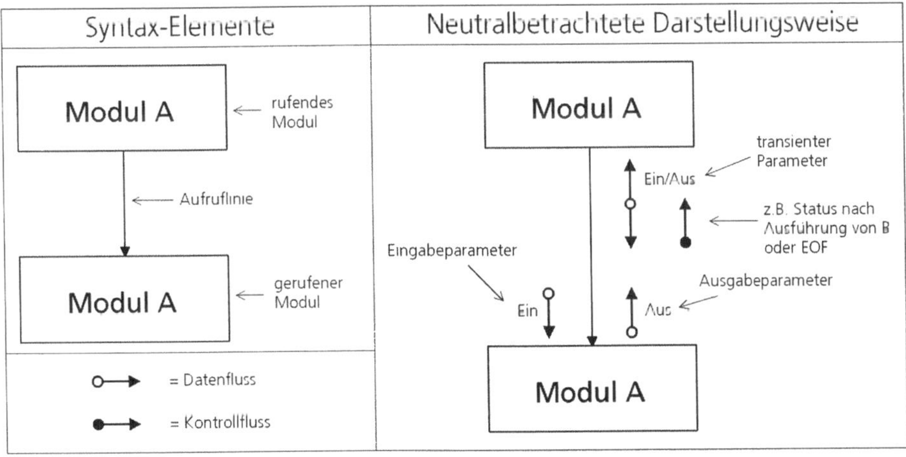

Abb. 371: Notation für Strukturdiagramme

Es gibt verschiedene Notationen für Strukturdiagramme, die teilweise erheblich voneinander abweichen. Wir stellen im Folgenden eine Notation vor, die aus einem Knotentyp und mehreren Kantentypen besteht. Die Syntax-Elemente und ein neutrales Darstellungsbeispiel werden in ▶Abb. 371 gezeigt.

Der Knoten verkörpert das funktionale Modul und wird durch ein Rechteck-Symbol dargestellt.

Bei den Kantentypen wird zwischen drei Kantentypen unterschieden:

- Aufruflinien, welche die Aufrufhierarchie der Module festlegen.

- Datenflusspfeile, die die Kommunikation zwischen den Modulen beschreiben, d.h. die Daten, die verarbeitet werden, aufzeigen.

- Kontrollflusspfeile, die die Steuerungsinformationen bzw. Status-Informationen beschreiben, die zwischen den Modulen ausgetauscht werden.

Die Pfeile zeigen immer auf das Modul, welches die Information empfängt. Die Inhalte der Daten- und Kontrollflüsse werden in prägnanter Form direkt neben jeder Kante angegeben.

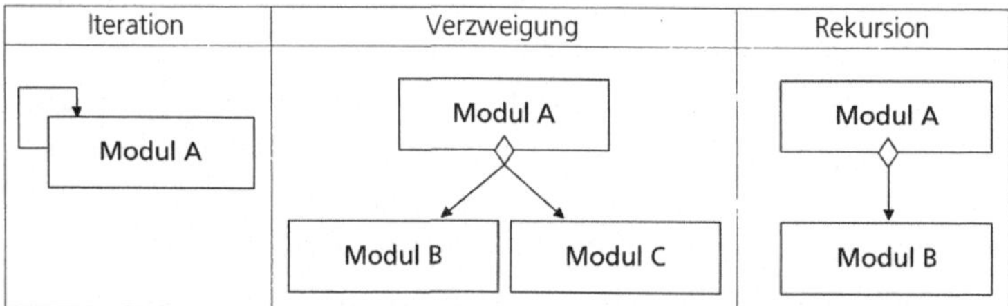

Abb. 372: Notation für die Darstellung der Auftrufarten

Module können auf mehrere Arten aufgerufen werden. In ▶Abb. 372 sind die Syntax-Konventionen für die drei Möglichkeiten (Iteration, Verzweigung und Rekursion) dargestellt. Ein mehrfacher Aufruf von Modulen bzw. Modulsequenzen bezeichnet man als Iteration. Die entsprechenden Aufrufe werden durch eine abgewinkelte Kante dargestellt. Diese kann durch eine Benennung der Iterationsgrundlage ergänzt werden. Wenn Module oder Modulsequenzen in Abhängigkeit von bestimmten Bedingungen aufgerufen werden (Verzweigung), so sind die entsprechenden Aufrufe durch eine Raute gekennzeichnet. Der Eigenaufruf eines Moduls (Rekursion) wird durch eine Raute und eine Aufruflinie dargestellt.

Ausgangspunkt für die Erstellungen der Strukturdiagramme sind einerseits die Überlegungen zur Anwendungsarchitektur und damit verbunden die bei der Analysetätigkeit identifizierten Funktionen. Diese können in geeigneten Blöcken zusammengefasst und schrittweise in eine hierarchisch gegliederte Modulstruktur überführt werden.

Anhand einer Druckausgabe wird ein Anwendungsbeispiel für ein Strukturdiagramm in ▶Abb. 373 gezeigt. Das Hauptmodul „Drucken Kundenliste" steuert den Gesamtablauf und ruft als erstes ein Vorbereitungsmodul auf. Das Vorbereitungsmodul übernimmt die Bestimmung der Druckparameter und das Sortieren der Kundendaten nach einem festgelegten Sortierkriterium und greift dazu seinerseits auf zwei spezialisierte Module zurück. Das Druckausgabemodul ruft ein Lesemodul und danach, falls eine bestimmte Bedingung erfüllt ist, ein Ausgabemodul auf. Das Druckausgabemodul ruft sich dabei solange selbst auf (Iteration), bis es vom Lesemodul durch einen Kontrollfluss mitgeteilt bekommt, dass das Dateiende erreicht ist.

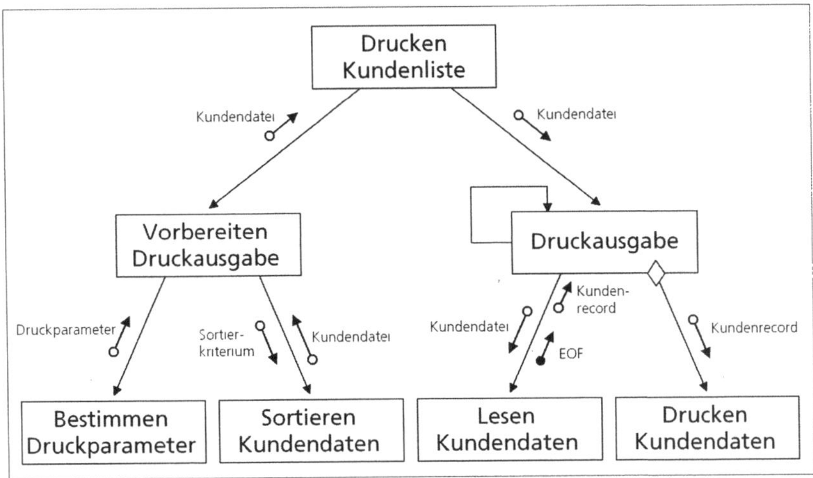

Abb. 373: Strukturdiagramm (in Anlehnung an [Schön Ném 1990])

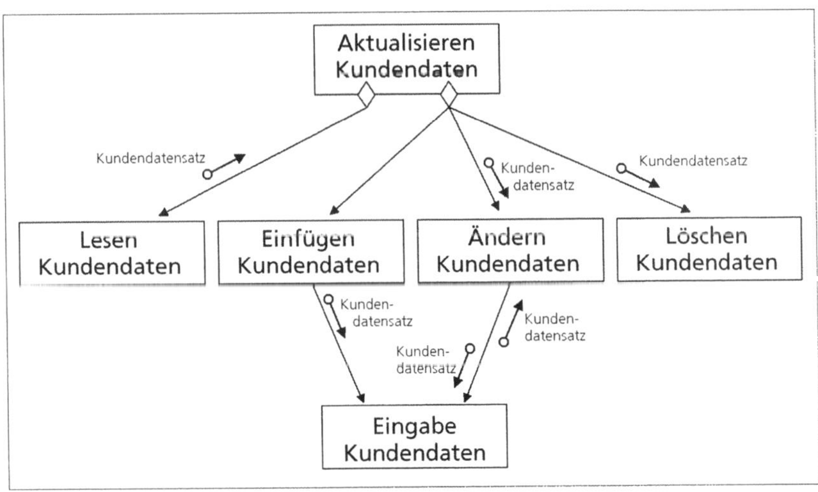

Abb. 374: Beispiel für Rekursion und Verzweigung

Ein Anwendungsbeispiel für die Darstellung von Rekursionen und Verzweigungen ist in ▶Abb. 374 dargestellt. Das Modul „Aktualisieren Kundendaten" kann das Modul „Lesen Kundendaten" mehrmals aufrufen (Rekursion). Die anderen Untermodule des Moduls „Aktualisieren Kundendaten" können nur in Form einer Verzweigung aufgerufen werden. Das heißt, dass bei einem Aufruf jeweils nur eines der drei Untermodule für Einfügen, Ändern oder Löschen aufgerufen werden kann.

9.3 API-Darstellung

Eine weitere Form der Modularisierung entsteht durch so genannte APIs (Application Programming Interfaces). Ein nach Meinung des Autors, eindrückliches Beispiel für die Vorteile dieser Art der Modularisierung stellen bestimmte Schachprogramme dar, bei denen die Benutzeroberfläche von der Logik getrennt ist. Verschiedene mathematische Lösungsmodelle können dann als „Plug-Ins" in das Schachprogramm integriert werden, und man kann diese sogar gegeneinander antreten lassen.

Programme können durch APIs flexibel erweitert bzw. angepasst werden. Derartige Programmerweiterungen werden oftmals als „3rd-Party-Applications" oder „Independent Applications" bezeichnet. Nahezu jedes Programm, das heute käuflich erworben werden kann, verfügt über eine oder mehrere API-Schnittstellen, wobei es sich im Wesentlichen um dokumentierte Funktionsbibliotheken handelt, mit deren Hilfe 3rd-Party-Applications in das Basis-Programm eingebunden werden können. Für die Darstellungen von API-Beziehungen hat der Autor ein Diagramm mit vier Knotentypen konzipiert.

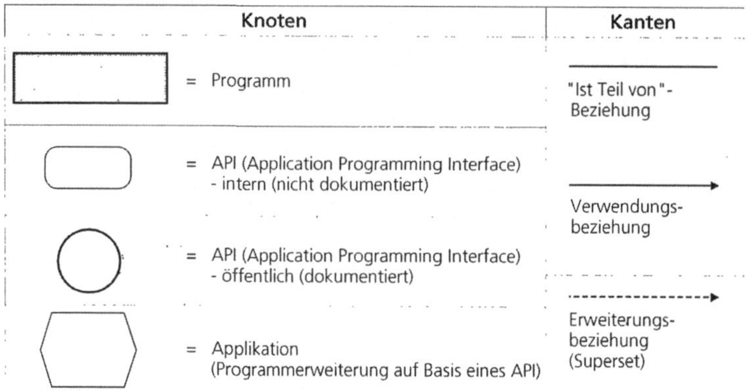

Abb. 375: Notation für die Darstellung von API-Beziehungen

In ▶Abb. 375 sind in einer Notationsübersicht die Symbole für ein API-Diagramm aufgeführt. Es handelt sich hierbei weder um einen nationalen noch um einen internationalen Standard. Gleichwohl entspringt die Verwendung dieser Symbole einem „common sense", d. h. einer in diesem Zusammenhang nahe liegenden Form. Wie an vielen Stellen in diesem Buch können deshalb die hier spezifizierten Symbole mit ihren Bedeutungen lediglich als ein Vorschlag für eine einheitliche Darstellung von derartigen Sachverhalten aufgefasst werden. Da jedoch grundsätzlich beliebige Symbole verwendet werden können, sollte man in jedem Fall darauf achten, in einer Legende die Bedeutung der Symbole anzugeben.

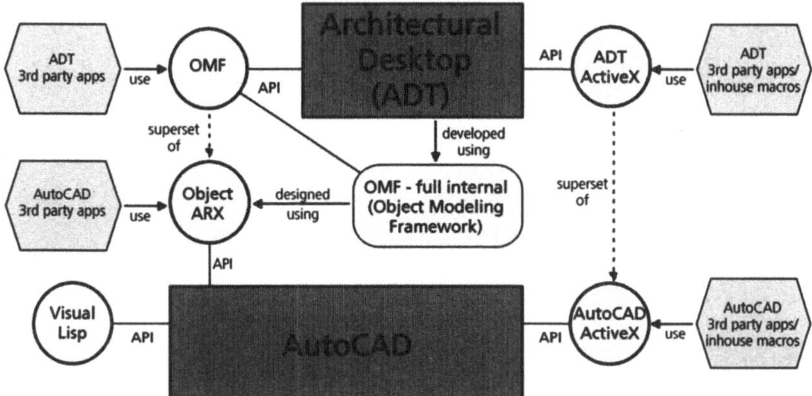

Abb. 376: Schemadarstellung von Programmierschnittstellen (© Autodesk)

►Abb. 376 zeigt an einem Beispiel, wie die Zusammenhänge zwischen Basis-Programm, API-Schnittstellen und 3rd-Party-Applications grafisch dargestellt werden können. Das Basis-Programm ist in diesem Fall AutoCAD.

AutoCAD verfügt über drei Programmierschnittstellen:

- ObjectARX,

- AutoCAD ActiveX und

- Visual Lisp.

Auf Basis des ObjectARX-APIs wurde eine interne Objekt-Bibliothek abgeleitet, auf deren Grundlage der Architectural Desktop entwickelt wurde (eine architekturorientierte Weiterentwicklung von AutoCAD).

Der Architectural Desktop hat wiederum zwei APIs, die jeweils Obermengen (so genannte „Supersets") von den AutoCAD-Programmierschnittstellen sind. Das heißt, dass sie sowohl den vollen Funktionsumfang des AutoCAD APIs, von dem sie abstammen, enthalten als auch die spezifischen API-Erweiterungen für den Architectural Desktop.

Die Abbildung zeigt auch, dass es zwei Kategorien von 3rd-Party-Applications gibt. Zum einen, Applikationen die auf AutoCAD aufsetzen und unter Verwendung der ObjectARX API oder der AutoCAD ActiveX-Schnittstelle realisiert wurden. Zum anderen, Applikationen die auf Architectural Desktop aufsetzen und über das OMF API oder die ADT ActiveX-Schnittstelle realisiert wurden.

10 Darstellungen systemischer Sachverhalte

10.1 Allgemeine Systemdarstellungen

Bei den in diesem Kapitel beschriebenen allgemeinen Darstellungen zur Systemanalyse und zur Systemgestaltung handelt es sich ausnahmslos um konzeptionelle Darstellungsformen, die das Ziel verfolgen, in einer kurzen Zeit einfache Systemübersichten zu erhalten. Sie können auch in einer anderen Hinsicht einen wertvollen Beitrag leisten. Wenn mehrere Personen an einem Projekt arbeiten, haben diese oftmals unterschiedlichen Vorstellungen über das zu bearbeitende System. Mit konzeptionellen Systemübersichten kann man diese verschiedenen Sichtweisen synchronisieren, den Interpretationsspielraum verkleinern und somit Missverständnisse und langwierige Abstimmungsgespräche reduzieren.

10.1.1 Bubble Chart

Ein Bubble Chart ist eine freie Darstellungsform, die als kreative Technik bei einer systemanalytischen oder systemgestalterischen Aufgabe angewendet werden kann. Ziel des Bubble Charts ist es, sich durch eine in der Regel handgefertigte Grafik, einen schnellen und groben Überblick über eine Ist-Ausgangslage (Problemfeldbetrachtung) oder eine Soll-Situation (Lösungsbetrachtung) zu verschaffen und gleichzeitig eine Diskussionsgrundlage für die ersten Gespräche oder Diskussionen zu erhalten. Mit einem Bubble Chart kann man sicherstellen, dass alle Beteiligten ein gemeinsames Verständnis („das gleiche Bild") über das System erhalten. Missverständnissen oder Fehlinterpretationen kann man mit dieser Darstellungstechnik bereits sehr früh entgegenwirken.

Das Bubble Chart ist eine konzeptionelle Darstellungsform. Im Vordergrund stehen also die wesentlichen funktionsgebenden Elemente des Systems und ihre Beziehungen bzw. der zwischen ihnen stattfindende Leistungsaustausch. Aspekte, die Hinweise für die spätere Implementierung geben, werden bewusst ausgeklammert. Bei Informationstechnologischen Vorhaben sind dies z. B. Betriebssysteme, Datenspeicher und in den meisten Fällen auch Datenbanken. Es sei denn, beim zu untersuchenden System handelt es sich um ein Betriebssystem oder eine Datenbank.

Für die Erstellung eines Bubble Charts gibt es wenig Regeln; ausser das es möglichst einfach und übersichtlich sein sollte. Ein Bubble Chart besteht aus bedeutungshaltigen Elementen (Knoten) und bedeutungshaltigen Relationen (Kanten). Die Elemente werden durch die Relationen verknüpft. Bei den Relationen handelt es sich um gerichtete Kanten (Linien mit richtungsweisenden Pfeilen). Als weiteres grafisches Element wird oftmals eine Systemgrenze in Form einer gestrichelten oder farblich hervorgehobenen Linie verwendet.

Bei der Erstellung eines Bubble Charts geht man in der Regel wie folgt vor:

- Als erstes identifiziert man die für eine Ausgangslage relevanten Beschreibungselemente, Organisationseinheiten oder externe Agenten und zeichnet diese in Kreise möglichst gut verteilt auf einem Blatt Papier ein.

- Die Kreise werden dann mit beschrifteten Pfeilen verbunden, wodurch die Beziehungen zwischen den Kreisen im Sinne von Daten- oder Informationsaustausch festgehalten werden.

- Schließlich wird mit einer gestrichelten Linie die Systemgrenze markiert bzw. der Untersuchungsbereich eingegrenzt.

Es spricht per Definition nichts dagegen, anstatt der Kreise auch Rechtecke zu verwenden. Kreise werden wohl deshalb öfter verwendet, weil sie sich von Hand schneller und einfacher zeichnen lassen.

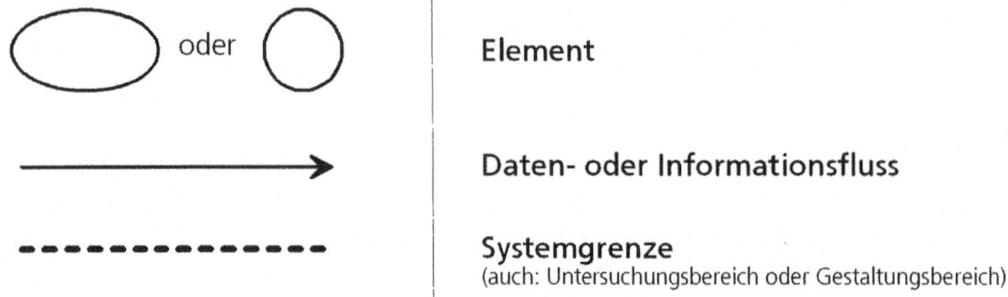

Abb. 377: Mögliche Syntaxelemente in einem Bubble Chart

Die Auswahl der Elemente in einem Bubble Chart geschieht meistens aus einer funktionalen Optik bzw. einer Objektsicht. In der Regel stehen interne Organisationseinheiten und ausgelagerte Funktionen (z. B. Distribution, Vertriebspartner, Zulieferer, Kooperationspartner, Rechenzentrum etc.) im Zentrum der Betrachtung. Primäres Ziel ist das Festhalten der Beziehungen zwischen diesen Funktionen. Es ist deshalb legitim, wenn man die Systemgrenze so zieht, dass sich auch externe Stellen innerhalb des Gestaltungsbereiches befinden.

Ein wesentlicher Punkt ist auch das Ziehen der **Systemgrenze** in einem Bubble Chart. Bei einer Problemfeldbetrachtung (Ist-Analyse) zieht man die Systemgrenze tendenziell etwas größer als bei einer Soll-Darstellung. Damit kann man sicherstellen, dass während der Analysephase alle problemrelevanten Sachverhalte aufgedeckt werden können. Da man sich zu Beginn eines Vorhabens nur sehr grob mit dem System auseinandersetzt, ist dieser Aufwand vertretbar. Werden demgegenüber wichtige Teilbereiche zu spät erkannt und müssen nachträglich ergänzt werden, so entsteht ein wesentlich höherer Aufwand. Im Zuge des Projektforschritts und vor allem bei der Konkretisierung der Lösungsfindung wird dann die Systemgrenze enger gezogen bzw. präzisiert, so dass sie nur noch die tatsächlich relevanten Teile der zukünftigen Systemlösung umfasst.

Elementtyp	Beispiele
Anwendungsfall bzw. Software-Funktion	„Waren bestellen", „Waren retournieren"
Prozess	„Auftragsprozess", „Einkaufsprozess"
Objekt	„Kunde", „Auftrag", „Transaktion", „Artikel", „Lieferung"
Softwarebaustein	Planungs-Modul, Steuerungs-Modul, Controlling-Modul
Anwendungssystem	Warenwirtschaft, ERP, CRM, PPS, CAD
Organisationseinheit	Einkauf, Entwicklung, Distribution, Marketing
Unternehmensfunktion	Lohnbuchhaltung, Kreditorenbuchhaltung, Personal
Aufgabenträger	Web-Master, Anwender, Datenbank-Administrator

Abb. 378: Mögliche Elementtypen in einem Bubble Chart

Im Zusammenhang mit der Systemabgrenzung besteht auch die Möglichkeit, zwischen Untersuchungsbereich und Gestaltungsbereich zu differenzieren.

- Der **Untersuchungsbereich** ist der etwas weiter gefasste Bereich, der Gegenstand einer systemanalytischen Betrachtung ist.

- Der **Gestaltungsbereich** wird meistens nach der Analyse festgelegt und definiert den Bereich, innerhalb dessen sich die zukünftige Lösung bewegen muss.

Die Systemgrenze in einem Bubble Chart kann auch unternehmensübergreifend gezogen werden. Ist beispielweise in einem Fall das Rechenzentrum eine eigenständige Firma, an die man gewisse Buchhaltungsaufgaben übertragen hat, so kann dieses trotzdem als gleichberechtigtes Element innerhalb unseres Systems aufgeführt werden, d.h. das Rechenzentrum kann innerhalb der Systemgrenze liegen. Schließlich macht die Systemgrenze keine Aussage über eine rechtliche Zugehörigkeit oder über die Intensität, mit der eine bestimmte Funktion verändert werden soll (sonst hätte man die Systemgrenze auch als „Unternehmensgrenze" bezeichnen können). Es wird lediglich eine Aussage in der Form gemacht, dass das Rechenzentrum mit den anderen Elementen des Gestaltungsbereiches in einer sehr engen Beziehung steht – so dass man von „einem" System sprechen kann.

Prozesse und andere Abläufe sind nicht Gegenstand einer Betrachtung beim Bubble Chart, obwohl dies theoretisch möglich wäre. Es gibt jedoch spezielle Darstellungstechniken, die für Ablaufdarstellungen optimiert sind und in einem der nachfolgenden Kapitel auch erläutert werden.

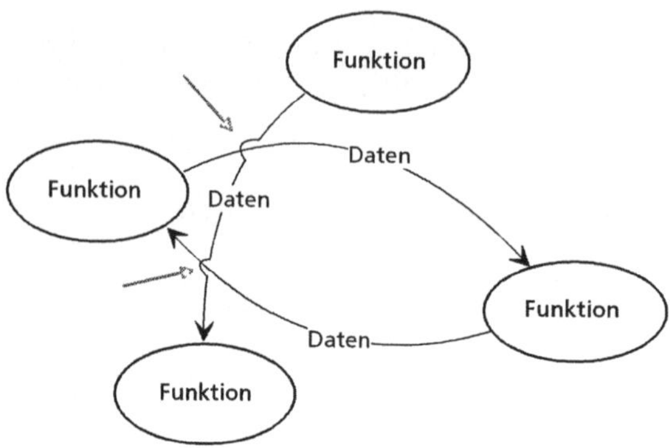

Abb. 379: „Grafische Brücken" bewirken einen eindeutigen Linienverlauf

Wenn sehr viele Linien in einem Bubble Chart verwendet werden und es zu Überschneidungen kommt, besteht die Möglichkeit, den Linienverlauf durch die Verwendung von „grafischen Brücken" eindeutig darzustellen. Somit kann man potentiellen Verwechslungen an den Kreuzungspunkten wirkungsvoll begegnen. Dies ist in ▶Abb. 379 illustriert.

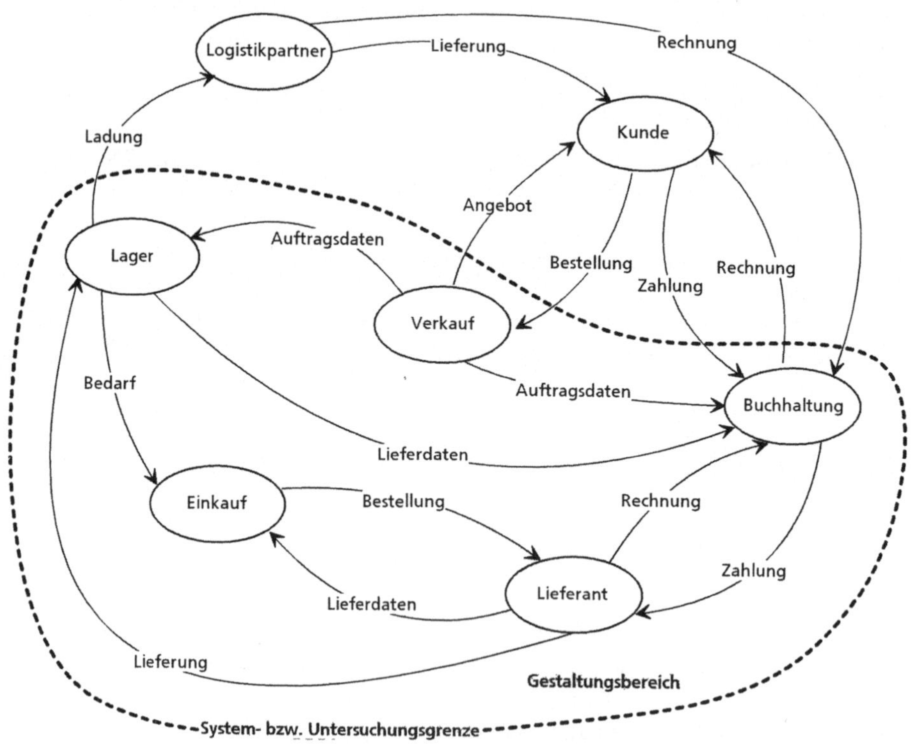

Abb. 380: Bubble Chart Anwendungsbeispiel

Das Beispiel in ▶Abb. 380 zeigt anhand einer gängigen Geschäftssituation (Auftragsabwicklung), wie ein Sachverhalt als Bubble Chart dargestellt werden kann. Obwohl es für das Bubble Chart keine Regeln gibt, sollte man beim Einzeichnen der Systemgrenze auf den folgenden formalen Aspekt achten. Es empfiehlt sich, die Systemgrenze so zu ziehen, dass die Bezeichnungen der Pfeile, die Kreise außerhalb des Gestaltungsbereichs betreffen, auch außerhalb der Systemgrenze liegen. Diese Beziehungen bilden letztendlich Schnittstellen zwischen dem System und seiner Außenwelt und sollten in diesem frühen Stadium das Innenleben des Untersuchungsbereichs nicht unnötig verkomplizieren.

Bei der Ableitung der Elemente in einem Bubble Chart sollte man auf einen homogenen Detaillierungsgrad achten. Das bedeutet, dass die aufgeführten Elemente eine ähnliche bzw. vergleichbare Abstraktionsstufe aufweisen sollten. So ist es wenig sinnvoll, in einem System, dessen Elemente nach Organisationseinheiten abgeleitet wurden (z. B. Verkauf, Einkauf, Buchhaltung, Versand etc.) ein Element „Call-Center-Gruppe B" als eigenständiges Element zu führen.

Es geht also darum, auf demselben Auflösungsniveau zu operieren bzw. unterschiedliche Auflösungsstufen zu kennzeichnen. Will man in einem Bubble Chart mit unterschiedlichen Detaillierungsstufen arbeiten, so kann man diese als Untersysteme abgrenzen und die entsprechenden Elemente innerhalb der jeweiligen Untersysteme aufführen. Entsprechend dem obigen Beispiel würde in dem Bubble Chart also das Untersystem „Call-Center" eingezeichnet, welches sich aus den verschiedenen Call-Center-Gruppen und eventuellen weiteren Elementen zusammensetzt.

Abb. 381: Beispiele für die Kennzeichnung von verschiedenen Beziehungsarten

Es können verschiedene Kommunikationsbeziehungen in einem Bubble Chart dargestellt werden. Bei Informatikvorhaben handelt es sich in der Regel um Datenflüsse, die gleichzusetzen sind mit Informationsflüssen. Andere Kommunikationsbeziehungen zwischen den Elementen können Belegflüsse (z. B. Materialausgabebeleg), Finanzflüsse oder Warenflüsse sein. Es ist möglich, verschiedene Arten von Beziehungen gleichzeitig in einer Grafik einzuzeichnen, wenn man unterschiedliche Pfeilarten verwendet und diese in einer Legende entsprechend kennzeichnet. Sollte die Darstellung unübersichtlich werden, kann man für jede Beziehungsart eine eigene Darstellung anfertigen. Diese „Sichtenaufteilung" wird detailliert im ▶Kapitel „*1 Systematisieren des Projektinhalts*", bei den Erläuterungen zur sichtenorientierten Beschreibung behandelt.

Zusammenfassung – Bubble Chart

Inhaltliche Aspekte (Grundsätze und Empfehlungen)
- Gleiche Auflösungsstufe (gleiches Auflösungsniveau) der Elemente; es sei denn, man will Systemhierarchien bewusst abbilden.
- Systemgrenze sollte bei der Ist-Analyse großzügig ausgelegt sein (Untersuchungsbereich) und später im Rahmen der Soll-Darstellungen präzisiert werden (Gestaltungsbereich).

Formale Aspekte (Grundsätze und Empfehlungen)
- Werden unterschiedliche Beziehungsarten dargestellt (z. B. Datenflüsse und Finanzflüsse) sollten diese durch unterschiedliche Verbindungslinien gekennzeichnet sein. Die Bedeutung der Verbindungslinien ist in einer Legende anzugeben.
- Die Bezeichnungen der Beziehungen, die Elemente außerhalb der Systemgrenze betreffen, sollten nach Möglichkeit auch außerhalb der Systemgrenze eingezeichnet werden. Dadurch können alle externen Beziehungen auf „einen Blick" identifiziert werden und müssen nicht erst zwischen den internen Beziehungen herausgesucht werden.

Abb. 382: Zusammenfassung Bubble Chart

10.1.2 Kontextdiagramm und Schnittstellendarstellung

Im Rahmen von konzeptionellen Überlegungen ist einer der ersten Schritte, die Zusammenstellung der Schnittstellen des neu zu schaffenden Systems mit seinen Umsystemen oder der Umwelt. Basis für diese Überlegungen bilden die formulierten Ziele oder die bereits bekannten Absichten.

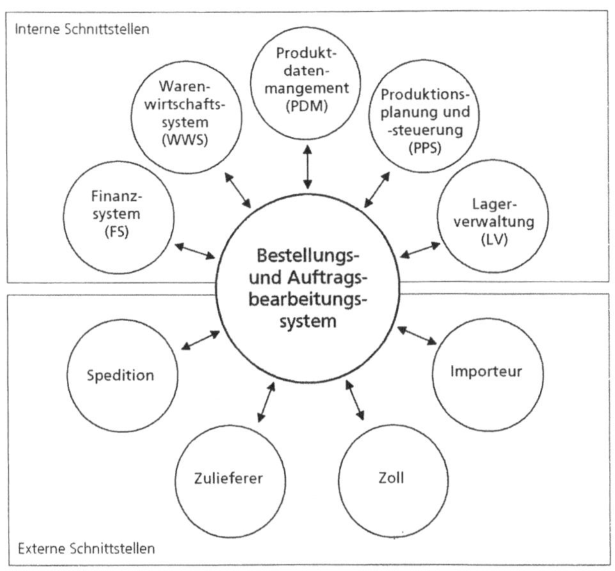

Abb. 383: Schnittstellen-Darstellung

▶Abb. 383 zeigt ein Beispiel, wie die Schnittstellenbeziehungen eines Systems grafisch dargestellt werden können. Um die Übersichtlichkeit zu erhöhen, ist es sinnvoll, Schnittstellen nach bestimmten Kriterien zu gruppieren. Im vorliegenden Beispiel wurden in der oberen Hälfte des Diagramms die unternehmensinternen Schnittstellen aufgeführt und in der unteren Hälfte die unternehmensexternen Schnittstellen. Es gibt eine Vielzahl von Möglichkeiten, um die Schnittstellenbeziehungen zu strukturieren.

Differenzierungsaspekte für Schnittstellen

Hinsichtlich dem Richtungsverlauf	Eingabeschnittstellen Ausgabeschnittstellen
Hinsichtlich der Offenheit	Dokumentierte (frei zugängliche) Schnittstellen Undokumentierte (geschlossene) Schnittstellen
Hinsichtlich der Sicherheit	Verschlüsselte Schnittstellen Unverschlüsselte Schnittstellen
Hinsichtlich der Implementierung	ASCII-Schnittstellen Binäre Schnittstellen XML-Schnittstellen EDIFACT-Schnittstellen
Hinsichtlich der Inhaltsart	Datenfluss, Belegfluss, Geldfluss

Abb. 384: Kriterien für die Klassifizierung von Schnittstellen

Das Ziel der Schnittstellendarstellung ist, einen groben Überblick über alle zu berücksichtigenden Umsysteme bzw. Kommunikationspartner zu erhalten. In der Schnittstellendarstellung wird zunächst noch keine Aussage hinsichtlich dem konkreten Inhalt, Zweck und Richtungsverlauf der Austauschbeziehungen vorgenommen. Diese Konkretisierung geschieht im Rahmen der Kontext-Abgrenzung.

In einem Kontextdiagramm wird, wie auch in einem Schnittstellendiagramm, das System als Black-Box betrachtet und von seiner Umwelt abgegrenzt. Im Unterschied zum Schnittstellendiagramm werden aber beim Kontextdiagramm die Leistungen, die zwischen dem betrachteten System und den Umsystemen ausgetauscht werden, bezeichnet. Weiterhin wird durch einen Pfeil der Richtungsverlauf eindeutig gekennzeichnet, und im Unterschied zum Schnittstellendiagramm werden eingehende und ausgehende Kommunikationsflüsse getrennt dargestellt und bezeichnet. Das Kontextdiagramm stellt gewissermaßen eine Konkretisierung des Schnittstellendiagramms dar.

Es besteht die Möglichkeit, die Umsysteme ähnlich wie auch beim Schnittstellendiagramm strukturiert anzuordnen, so wie dies beispielsweise in ▶Abb. 385 gezeigt wird. Hier wurden zwei Ebenen gebildet:

- Eine interne Ebene, in der die Umsysteme innerhalb des Unternehmens aufgeführt sind und

- eine externe Ebene, in der die Beziehungen mit Partnerfirmen abgebildet sind.

Die Schnittstellendarstellung und das Kontextdiagramm repräsentieren die höchstmögliche Abtraktionsstufe eines Systems.

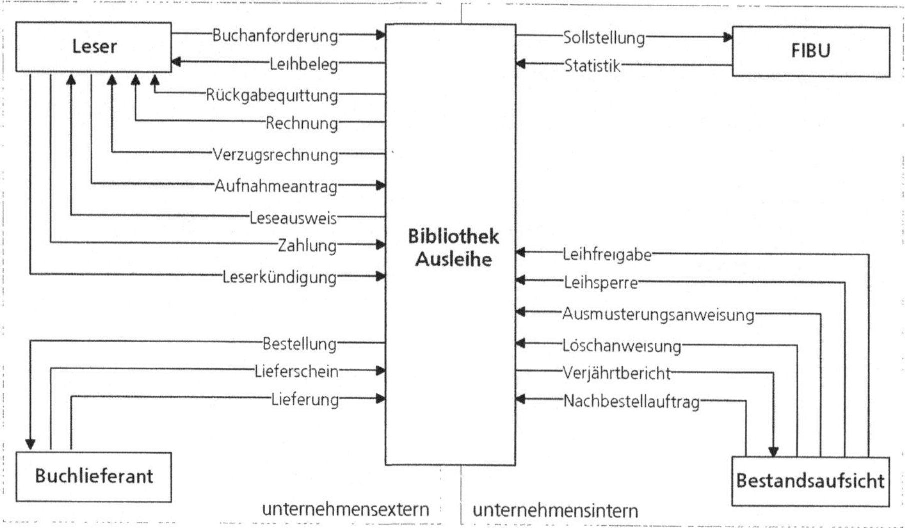

Abb. 385: Kontextdiagramm (Darstellungsvariante)

10.1.3 Schnittstellenmatrix

Ein System ist oftmals zu komplex, um als Ganzes sinnvoll bearbeitet zu werden. Deshalb wird im Rahmen des Systemdenkens ein System oftmals in unterschiedliche „Building-Blocks" (Bausteine) aufgeteilt. Diese Lösungsbausteine können Elemente, Untersysteme oder Teilsysteme sein. Als Oberbegriff für diese Bausteine soll hier die Bezeichnung „Sub-System" verwendet werden. Die einzelnen Bausteine können unabhängig voneinander bearbeitet werden, wodurch es möglich wird, die Problemlösung zu Parallelisieren und/oder sie auf verschiedene Teams bzw. Kompetenzgruppen zu verteilen. Allerdings müssen die Schnittstellen zwischen den Sub-Systemen perfekt aufeinander abgestimmt sein.

Damit bei dieser teil-isolierten Bearbeitung von Systembestandteilen keine Unverträglichkeiten zwischen den Sub-Systemen entstehen, benötigt man als Grundlage eine übersichtliche und ganzheitliche Darstellung aller Schnittstellenbeziehungen. Es muss sichergestellt sein, dass alle Schnittstellenbeziehungen fehlerfrei festgehalten und sinnvoll dargestellt werden können.

Dazu empfiehlt sich eine Darstellung in tabellarischer Form, die als „Schnittstellenmatrix" bezeichnet wird. In den Kopfspalten und den Kopfzeilen dieser Matrix werden die Sub-System-Bezeichnungen der Reihe nach eingetragen. Bei den Kreuzungspunkten der jeweiligen Sub-Systeme werden dann die Schnittstellen und ihre Inhalte notiert.

an (Empfänger) / von (Lieferant)	Subsystem 1	Subsystem 2	Subsystem 3
Subsystem 1		Schnittstellen	Schnittstellen
Subsystem 2	Schnittstellen		Schnittstellen
Subsystem 3	Schnittstellen	Schnittstellen	

Abb. 386: Neutralbetrachtete Form einer Schnittstellenmatrix

Die Schnittstellenmatrix ist universell einsetzbar. Man kann mit ihr verschiedene Arten von Schnittstellenbeziehungen festhalten. Neben den Schnittstellen von Sub-Systemen können zum Beispiel auch die Schnittstellen von Prozessen oder von Organisationseinheiten (Funktion) in einer Schnittstellenmatrix dargestellt werden. Je nach Einsatzzweck umfasst deshalb die Schnittstellenmatrix andere

Inhalte. Aus Prozesssicht betrachtet, zeigt die Schnittstellenmatrix Abhängigkeiten und deren Häufigkeiten für alle in den Prozess einbezogenen Stellen bzw. Organisationseinheiten. Dadurch kann man zum Beispiel erkennen, welche Schnittstellen zu reduzieren sind, um die Durchlaufzeiten zu verkürzen.

10.2 Darstellungen der Problemanalyse

Was ist hier eigentlich das Problem? Bei der Einschätzung bzw. Beurteilung von Problemen werden oft nicht die Ursachen, sondern lediglich gewisse Symptome bewertet. Ein entscheidender Schritt am Anfang des Problemlösungsprozesses ist deshalb die gezielte Abgrenzung zwischen erkennbaren Problemen, ihren Symptomen und den dahinter liegenden Ursachen. Eine aufgetretene Schwierigkeit wird oft voreilig als Problem bezeichnet. Dabei sind Schwierigkeiten normalerweise Anzeichen – eben Symptome – für tiefer liegende Probleme.

Das gängige Problemlösungsverhalten erschöpft sich oftmals in einer Symptombekämpfung, weil die wirklichen Problemursachen nicht aufgedeckt werden. Man spricht diesbezüglich auch von der „Eisberg-Regel", die davon ausgeht, dass man von einem Problem zunächst nur seine Symptome sieht, sozusagen die Spitze des Eisbergs, die sich über Wasser befindet. Die Ursachen, mitwirkenden Faktoren und die eigentliche Wurzel des Problems befinden sich unterhalb der Wasseroberfläche und müssen durch eine systematische „Problemanalyse" zu Tage gefördert werden.

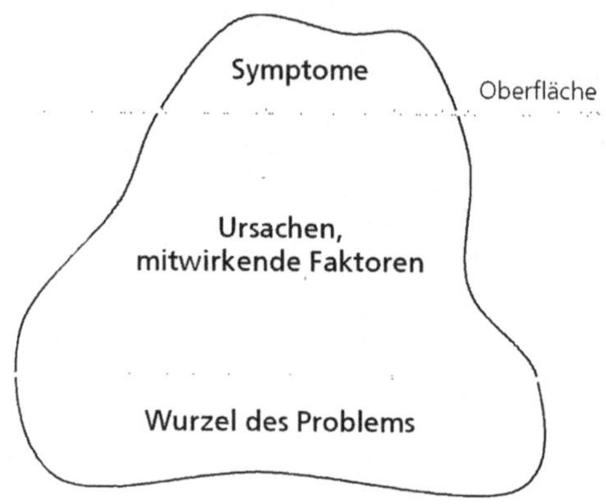

Abb. 387: Eisberg-Regel

Entscheidend für die Qualität der Lösung ist deshalb die Fragestellung: „Wie wird das Problem zum Problem?" Die Unterscheidung zwischen Symptom und Problem ist wegweisend für die frühen Schritte der Problemlösung. Sie wird das Vorgehen entscheidend prägen und hat einen großen Einfluss auf die Qualität der zukünftigen Lösung. Vorschnelle Problemfixierungen können zu irreführenden Rückschlüssen und damit auch zu unbefriedigenden Lösungen führen. Problemanalyse bedeutet also auch „Ursachenanalyse" und „Wirkungsanalyse", denn sowohl die Ursachen von Problemen als auch deren Wirkung auf die Elemente des Gesamtsystems müssen gewürdigt werden. Die auf dem vernetzten Denken aufgebauten Ursachen- und Wirkungsanalysen, die im Wesentlichen auf grafische Visualisierung beruhen, sind deshalb die zentralen Aktivitäten der Problemanalyse.

Die Ursachen-/Wirkungsanalysen bieten eine Hilfe bei der Zerlegung eines Problems in seine Ursachen und Einflussfaktoren. Sie systematisieren das Sammeln von bekannten und möglichen Ursachen und Einflussfaktoren für eine Wirkung (oder ein definiertes Problem). Wichtigstes Hilfsmittel sind dabei verschiedene grafische Darstellungsformen, die Ursachen- und Wirkungszusammenhänge miteinander in Beziehung setzen. Vorteilhaft bei der grafischen Darstellung ist, dass die Abhängigkeiten zwischen den Ursachen visualisiert werden. Die Dimension eines Problems wird erkennbar und kann für die weitere Bearbeitung gut visualisiert werden. Eine umfassende und ganzheitliche Problemlösung wird dadurch ermöglicht.

10.2.1 Ursache-Wirkung-Grafik

Die Ursache-Wirkung-Grafik ist eine freie Darstellungsform, die in einer frühen Projektphase – typischerweise im Rahmen eines Problemlösungszyklus – angewendet werden kann. Sie unterstützt den ursachenorientierten Betrachtungsaspekt. Die Ursache-Wirkung-Grafik hilft, alle Symptome, die zu einer bestimmten Wirkung führen, zu erfassen, sie zu strukturieren, Abhängigkeiten zur erkennen und die Elemente zueinander in Beziehung zu setzen. In der grafischen Darstellung wird eine Verbindung zwischen Ursachen und deren Wirkungen hergestellt, wobei die Ursachen immer am Beginn einer Kette stehen, und die daraus resultierenden Wirkungen das Ende der Kette bilden.

Folgendes Vorgehen empfiehlt sich:

- Als erstes wird das Problem bzw. die Schwachstelle definiert (z. B. „Zu lange Durchlaufzeit eines Auftrags").

- Um nun zu den Ursachen und Einflussfaktoren zu kommen, wird von folgender Leitfrage ausgegangen: „Was beeinflusst unser Problem?" bzw. „Welche Faktoren führen zur definierten Schwachstelle?"

- Lässt sich die Aufgabenstellung nicht derart eindeutig fixieren, so kann man auch themenbezogen vorgehen und sich folgende Leitfrage stellen: „Was ist das Thema?" Ohne eine Wertung vorzunehmen, werden dann Ursachen gesucht und notiert, wobei bereits die nachfolgend aufgeführten Darstellungstechniken zum Einsatz kommen.

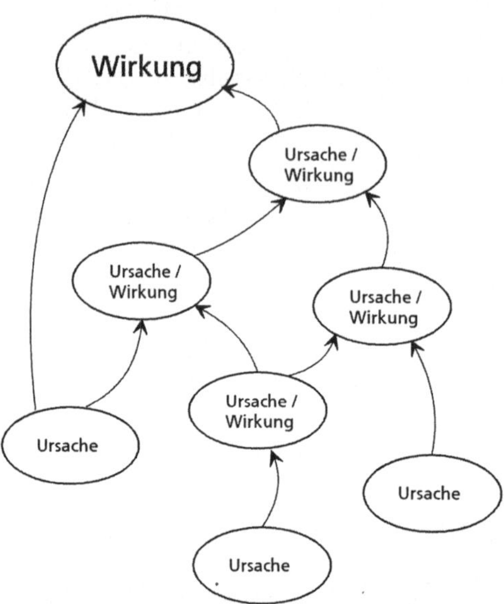

Abb. 388: Neutralbetrachtete Form einer Ursache-Wirkung-Grafik

Durch die vernetzte Darstellung wird nicht nur das Finden von Ursachen-/Wirkungszusammenhängen erleichtert, es wird auch die Intensität erkennbar, mit welcher einzelne Elemente oder Elementbeziehungen zur Wirkungsauslösung beitragen. Die notwendigen Teilschritte, die zu einer Verbesserung des Endzustandes beitragen, können identifiziert werden. Nützlich ist die Erarbeitung dieser Darstellung auch deshalb, weil durch die Verfolgung von kritischen Pfaden über mehrere Ebenen eine tiefgehende und damit gründliche und aussagekräftige Recherche stattfindet.

In der Literatur gibt es widersprüchliche Aussagen, was die Richtung der Verkettung von Ursachen und Wirkungen betrifft. Man findet sowohl die Variante, dass von einer vorgegebenen Wirkung auf mögliche Ursachen gezeigt wird, als auch die Variante, dass man ausgehend von Ursachen auf Wirkungen zeigt. Es ist jedoch klar festzustellen, dass die zweite Variante öfters erwähnt wird. Sie scheint dem Autor auch schlüssiger und wird deshalb hier übernommen.

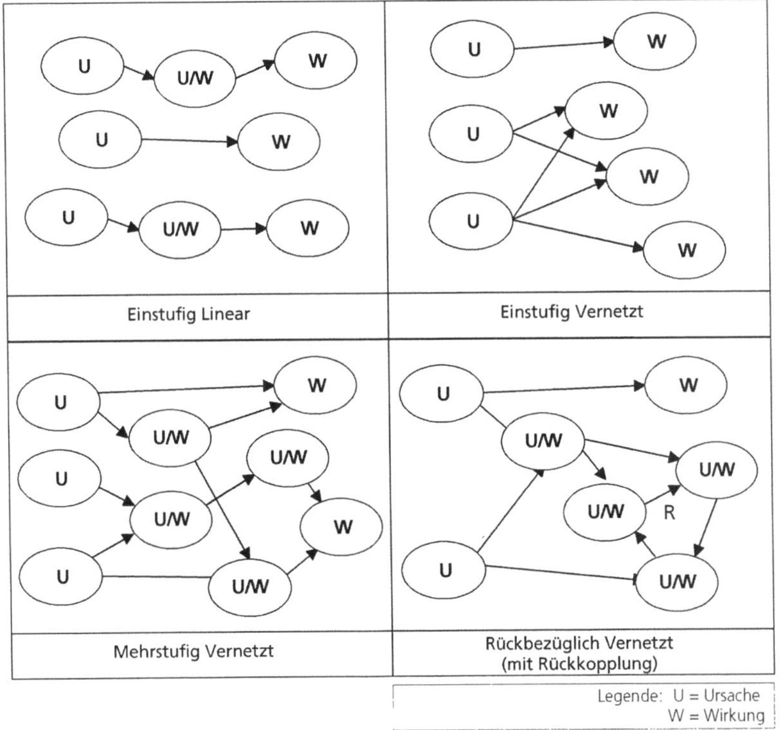

Abb. 389: Kombinationsmöglichkeiten von Ursachen-Wirkungsverbindungen

Man unterscheidet verschiedene Arten von Beziehungsdimensionen zwischen Ursachen und Wirkungen. Einfache Formen, die in der Realität jedoch nur selten anzutreffen sind, sind die „Einstufig lineare Dimension" und die „Einstufig vernetzte Dimension". In der Praxis ist es jedoch meistens so, dass eine Ursache mehrere Wirkungen auslöst und eine Wirkung durch verschiedene Ursachen hervorgerufen wird.

Das Ziel der Ursachen-Wirkungsanalyse ist es, Problemfelder und Handlungspotential zu erkennen und dabei zu klären, welche Faktoren so beeinflusst werden können, dass sie sich möglichst positiv auf den Prozess auswirken. Da die Einflussfaktoren normalerweise von unterschiedlicher Bedeutung sind, wird im Rahmen einer Ursachen-Wirkungsanalyse auch eine Gewichtung der Einflussfaktoren vorgenommen. Zu diesem Zwecke wird eine Bewertungsfrage gestellt, die bei der Ermittlung von Handlungsspielräumen z. B. folgendermassen lauten kann: „Auf welche Ursachen hat man den grössten Einfluss?". Anhand dieser Frage kann eine handlungsorientierte Priorisierung der Ursachen vorgenommen werden.

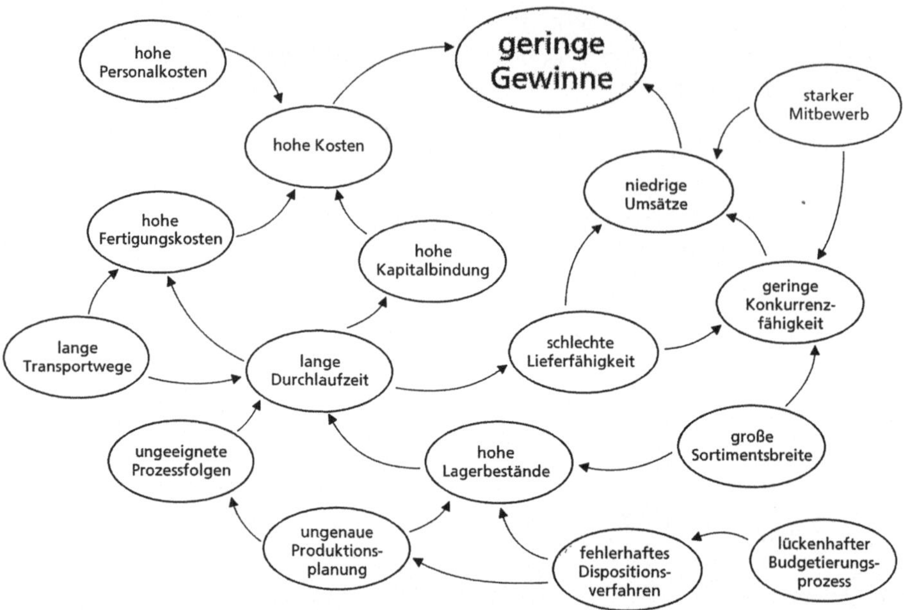

Abb. 390: Ursache-Wirkung-Grafik – Gewinnbeeinflussung

Die Ursache-Wirkung-Grafik kann bei Bedarf durch eine Beschreibung in Tabellenform ergänzt werden. Dazu müssen zunächst die in der Grafik aufgeführten Ursachen und Wirkungen nummeriert werden, damit eine eindeutige Zuordnung zu den Einträgen in den Tabellenspalten möglich wird. Der Vorteil bei der Verwendung einer Tabelle liegt darin, dass die Wirkungszusammenhänge detaillierter aufgeschlüsselt werden können. Die Tabelle unterstützt die Analyse und kann konkrete Anhaltspunkte für korrigierende Eingriffe liefern, da sowohl eine Prioritätenvergabe als auch eine Zuordnung der Ursachen/Wirkungen an konkrete Organisationseinheiten und/oder Funktionen vorgesehen ist.

Nr.	Kurzbezeichnung	Beschreibung	Ursache	Wirkung	Priorität (1-3)	Organisations-einheit	Maßnahmen
1							
2							
3							

Legende für Priorität:
1 = sehr problematsich
2 = problematisch
3 = unproblematisch, kann beseitigt werden

Abb. 391: Möglicher Aufbau einer Ursachen-Wirkungstabelle

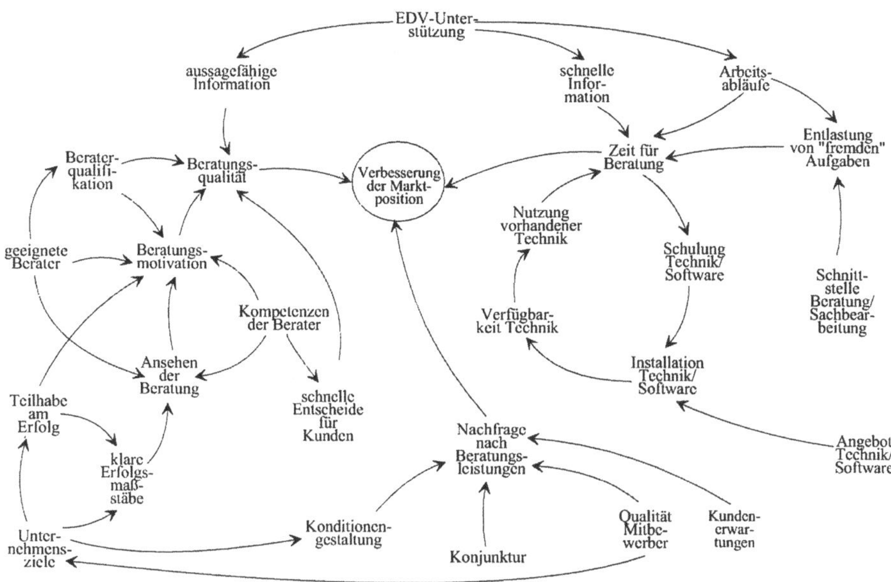

Abb. 392: Beispiel – Verbesserung der Marktposition (aus Götz Schmidt [Sch 2000])

10.2.2 Ishikawa-Diagramm

Synonyme

- Fischgräten-Diagramm
- Fish-Bone
- Verlaufsdiagramm

Diese Darstellungsform der Ursachen-Wirkungsanalyse wurde von Kaoru Ishi-kawa, Managementexperte und Autor von „Guide to Quality Control", entwi-ckelt, mit der ursprünglichen Absicht, die Qualitätssicherung am Arbeitsplatz zu gewährleisten. Das Ishikawa-Diagramm verfolgt das gleiche Ziel wie die Ursa-che-Wirkung-Grafik. Allerdings ist diese Darstellung stärker formalisiert. Das Diagramm hat eine vorgegebene Struktur, die eine klare Zuordnung von Ursa-chen an entsprechende Ursachenkategorien (Ursachen 1. Ordnung) ermöglicht. Diese Unterteilung in Haupt- und Nebenursachen ist gleichzeitig auch der wich-tigste Unterschied zu den vorher angeführten freien Darstellungsformen der Ursachen-Wirkungsanalyse.

Das Vorgehen beim Erstellen eines Ishikawa-Diagramms geschieht analog dem Vorgehen einer Ursache-Wirkung-Grafik, weshalb dies hier nicht mehr separat aufgeführt wird. Der einzige Unterschied besteht darin, dass die Ursachen nicht frei aneinander gereiht werden dürfen, sondern den vorab definierten Kriterien zugeordnet werden müssen. Weiterhin findet eine deutliche Trennung zwischen den Ursachen und Ursachenkategorien und dem daraus resultierenden Problem bzw. dem erwünschten Idealzustand statt.

Die nachfolgende Grafik zeigt den typischen Aufbau eines Fischgräten-Diagramms mit den so genannten 4M-Kategorien (Mensch, Methode, Material, Maschine). Diese vier Kategorien gehen auf den Erfinder des Fischgräten-Diagramms zurück (Prof. Ishikawa), der diese Methode ursprünglich für die Schwachstellenanalyse bei Arbeitsprozessen entwickelt hat. Bekannt ist auch die 6M-Einteilung, bei der die vorher erwähnte 4M-Einteilung mit den Kategorien „Mitwelt / Umwelt" und „Management" ergänzt wird.

Bei Informatikvorhaben wäre als pauschale Kategorisierung zum Beispiel eine Einteilung in Daten, Funktion, Prozess und Leistung denkbar. Allerdings ist es wesentlich sinnvoller, die Hauptkategorien entsprechend der Aufgabenstellung individuell zu definieren. Es können beliebig viele Hauptkategorien in einem Ishikawa-Diagramm verwendet werden. Entlang der Hauptkategorien werden die jeweiligen Ursachen eingetragen, wobei diese bei Bedarf aus beliebigen Verschachtelungen zusammengesetzt sein können.

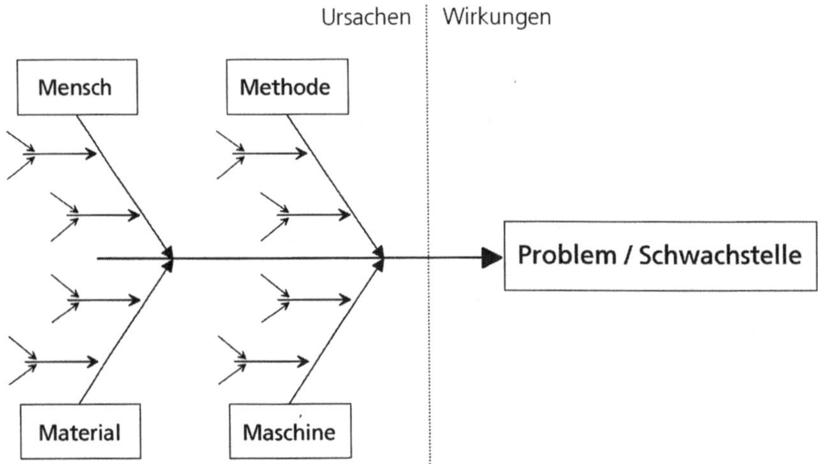

Abb. 393: Neutralbetrachtete Darstellung eines Ishikawa-Diagramms

Sinnvoll und effektiv kann das Ishikawa-Diagramm bei fach- bzw. abteilungsübergreifender Teamarbeit und dem Einsatz von Kreativitätstechniken (z. B. Brainstorming) eingesetzt werden. Dabei hat sich ein zweistufiges Vorgehen bewährt. In einer ersten Kreativphase werden für ein festgelegtes Problem, eine existierende Schwachstelle oder einen gewünschten Idealzustand mögliche Ursachenkategorien und Ursachen bzw. Einflussgrößen ermittelt und in einem Ishikawa-Diagramm eingetragen. Wenn das Diagramm erstellt ist, beginnt die Analysephase, bei der im Wesentlichen die folgende Prüffrage bewertet wird: „Wie trägt die Ursache bzw. Einflussgröße dazu bei, damit das Problem gelöst wird bzw. der Idealzustand erreicht wird?"

Durch den strukturierten Aufbau des Ishikawa-Diagramms ergeben sich weitere Anwendungsmöglichkeiten – etwa das Zusammenfassen und Analysieren von qualitätsbeeinflussenden Faktoren eines Prozesses. Entlang der horizontal verlaufenden Prozessachse werden die den Prozess beeinflussenden Hauptfaktoren (Ursachen 1. Ordnung bzw. Ursachenkategorien) diagonal angefügt. Zu jedem dieser Hauptfaktoren werden dann die Ursachen 2. Ordnung zugeordnet.

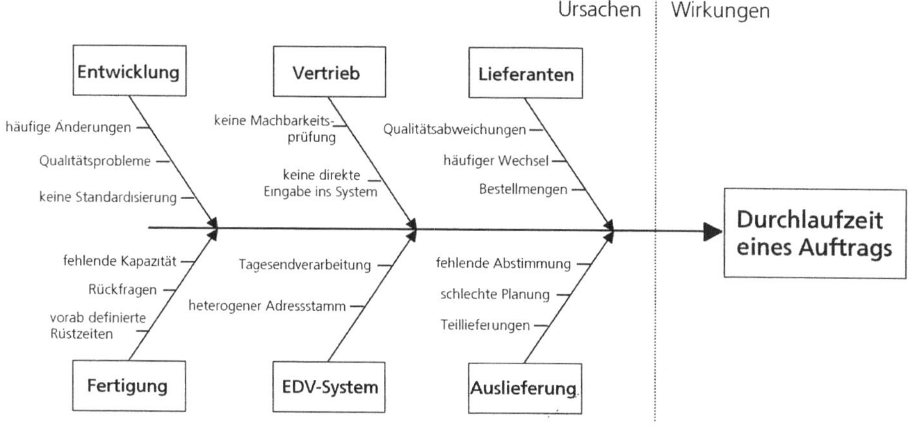

Abb. 394: Ishikawa-Diagramm

10.2.3 Ursachenmatrix

Die Ursachenmatrix verfolgt ebenfalls die gleichen Ziele wie die Ursache-Wirkung-Grafik und das Ishikawa-Diagramm, allerdings werden hier die Beziehungen in Tabellenform festgehalten. Die Spalten der Tabelle enthalten die möglichen Wirkungen eines Untersuchungsgebietes, während in den Zeilen potentielle Verursacher aufgeführt sind. Eine Beziehung zwischen den Elemente der Tabelle kann auf zwei Arten dargestellt werden:

- zum einen durch Ankreuzen der entsprechenden Tabellenfelder;

- eine andere Möglichkeit besteht darin, durch Nummernvergabe in den Tabellenfeldern gleichzeitig eine Bewertung durchzuführen (z. B. anhand einer Zahlenskala von 1 – 3, wobei „1=schwacher Einfluss" und „4=starker Einfluss" bedeutet).

Durch die tabellarische Darstellung können allerdings nur einstufige Verbindungen dargestellt werden. Eine Vernetzung von mehreren Faktoren ist nicht möglich. Trotzdem kann diese Matrix für Analysen genutzt werden. Wenn man quantitative Schlüsse aus der Ursachenmatrix zieht (Welche Ursachen führen zu den meisten Wirkungen?) muss man allerdings berücksichtigen, dass die in der Tabelle aufgeführten Wirkungen nicht qualifiziert sind (Wie wichtig ist eine Wirkung im Vergleich zu den anderen Wirkungen?).

Ursachen \ Wirkungen	hohe Durchlaufzeit für einen Auftrag	steigende Anzahl von Reklamationen	Aufwendige Bearbeitung von Reklamationen	Mehraufwand bei Disposition	Nachlieferungen und hohe Lieferkosten
häufige Produktionsänderungen	X		X		
keine Standardisierung	X		X		
Ungenaue Wareneingangskontrollen		X		X	X
Keine Personenerfassung der Qualitätskontrolle			X		

Abb. 395: Ursachenmatrix

Oftmals ist auch nicht offensichtlich, was als Ursache und was als Wirkung einzustufen ist. Die später besprochene Wirkungsmatrix, bei der zum Zeitpunkt der Tabellenerstellung nicht zwischen Ursachen und Wirkungen unterschieden wird, ist deshalb eine interessante Alternative zur Ursachenmatrix.

10.2.4 Wirkungsnetzwerk

Das Wirkungsnetzwerk ist eng verwandt mit den zuvor angeführten Ursachen-Wirkungsanalysen. Es werden ebenfalls verschiedene Problem- bzw. Lösungsfacetten in einer kreativen Phase ermittelt und frei angeordnet. Danach werden die gegenseitigen Abhängigkeiten (Wirkungen bzw. Beziehungen) ermittelt und mittels Pfeilen visualisiert. Dadurch werden Ursachen-Wirkungsbeziehungen verdeutlicht. Die Vernetzung der Elemente entspringt wie auch die zuvor beschriebenen Techniken einer vernetzenden Denkhaltung. Es gibt sowohl gewisse formale Ähnlichkeiten, als auch gewisse inhaltliche Ähnlichkeiten. Die inhaltliche Absicht, die mit einem Wirkungsnetzwerk verfolgt wird, unterscheidet sich jedoch von der Ursachenanalyse.

Beim Wirkungsnetzwerk steht nicht primär die Ursachenforschung im Vordergrund, obwohl dies mit dieser Technik gleichfalls möglich ist. Vielmehr geht es darum, ein vollständiges und übersichtliches „Bild" von allen Größen und Beziehungszusammenhängen einer Zielvorstellung bzw. einer Systemstruktur zu erhalten. Komplexe Problem- oder Zielsituationen werden dadurch fassbar, und man erhält ein Fundament, mit dem die voraussichtlichen Einflüsse von geplanten Eingriffen abschätzbar bzw. überschaubar werden. Wirkungsnetzwerke unterstützen die Projektarbeit also nicht nur in der Phase der Problemanalyse, sondern auch beim Lösungsentwurf und bei der Lösungsbeurteilung.

Die Methode der Wirkungsvernetzung wurde zu einem großen Teil geprägt von den Arbeiten von Frederic Vester, an denen auch Alexander von Hesler beteiligt war. Sie legten den entscheidenden Grundstein für die wirkungsorientierte Systemanalyse. Prof. Vester hat diese Grundlagen noch weiter ausgebaut und unter der Bezeichnung „Sensitivitätsmodell" publiziert.

Eine Wirkungsanalyse macht die Einflüsse, die zwischen den einzelnen Systemelementen herrschen, sichtbar. Es lässt sich beurteilen, wie eine einzelne Systemkomponente in das Gesamtsystem eingebunden ist und wie intensiv sie auf das Gesamtsystem wirkt. Ebenfalls werden kausale Zusammenhänge zwischen den Elementen sichtbar (so genannte Kausalketten). Kausalketten sind direkt zusammenhängende, nur schwer auflösbare Elementverkettungen. Aus einer Wirkungsanalyse lassen sich konkrete Rückschlüsse für spätere Eingriffsmöglichkeiten ableiten. Eingriffe können entsprechend abgesichert werden.

Der Nutzen eines Wirkungsnetzwerks erschöpft sich nicht mit den Aspekten in einer Systemanalyse. So gibt es unterschiedliche Motivationen, aus denen ein Wirkungsnetz angefertigt wird, beispielsweise um Ansatzpunkte für Szenarien zu erhalten oder um erste Grundlagen für Geschäftsstragien zu schaffen.

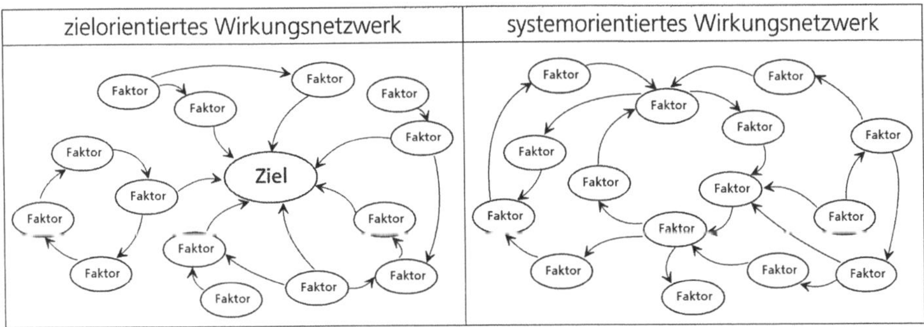

Abb. 396: neutralbetrachtete Form der unterschiedlichen Wirkungsnetzwerke

Beim Wirkungsnetzwerk gibt es unterschiedliche formale Ausprägungen, die bisher in der Literatur nur unzureichend abgegrenzt wurden. An dieser Stelle soll deshalb eine klare Differenzierung zwischen zwei fundamental unterschiedlichen Arten von Wirkungsnetzwerken vorgenommen werden. Diesbezüglich lässt sich eine Unterscheidung zwischen einem zielorientierten und einem systemorientierten Wirkungsnetzwerk treffen.

- Beim **zielorientierten Wirkungsnetzwerk** werden ausgehend von einer konkreten Ausgangslage, einer definierten Zielvorstellung oder einer erwünschten Wirkung alle Faktoren ermittelt, die direkt oder indirekt, positiv oder negativ auf das Ziel wirken. Das zielorientierte Wirkungsnetzwerk hat also immer einen zentralen Apsekt bzw. eine zentrale Zielvorstellung, die im Mittelpunkt der Betrachtung steht und von der alle anderen Faktoren direkt oder indirekt abgeleitet werden.

- Beim **systemorientierten Wirkungsnetzwerk** wird nicht von einem zentralen Aspekt bzw. Anliegen ausgegangen. Vielmehr ergeben sich die zu vernetzenden Faktoren oftmals durch die aus der Systemanalyse gewonnene Systemstruktur mit ihren Systembestandteilen (Elementen und Beziehungen). Im Unterschied zur Systemanalyse werden hier die Beziehungen auf die Wirkungszusammenhänge fokussiert. Das heißt, die Aussage „Element X wirkt auf Element Y" steht im Vordergrund.

Neben diesen beiden grundsätzlichen Varianten von Wirkungsnetzwerken (zielorientiert oder systemorientiert) können zur Spezifizierung der Wirkungen bzw. Beeinflussungen in diesen Netzwerken verschiedene Syntax-Varianten verwendet werden. Die Syntax-Arten beziehen sich auf die Art des Wirkungstyps (positiv oder negativ beeinflussend) und auf die Intensität der Wirkung, wobei bei der Intensität einer Wirkung unterschiedliche Mess- bzw. Vergleichsgrößen denkbar sind. Zum Beispiel kann die Intensität nach dem Vergleichswert „Zeit" beurteilt werden, wobei zwischen kurz-, mittel- und langfristig unterschieden wird. Denkbar wäre auch ein wertmäßiger Vergleich.

Weiterhin besteht in einem Wirkungsnetz die Möglichkeit, nicht nur die darin vorkommenden Wirkungen zu unterscheiden, sondern auch die Faktoren nach bestimmten Kriterien zu unterscheiden und diese Unterscheidung auch grafisch darzustellen. Beispielsweise sind Differenzierungen im Hinblick auf „lenkbare" bzw. „beeinflussbare" und „nicht-lenkbare" bzw. „nicht-beeinflussbare" Faktoren denkbar.

Das Vorgehen zum Erstellen eines systemorientierten Wirkungsnetzwerks lässt sich wie folgt gliedern:

1. Auswahl der Systemkomponenten und/oder der relevanten Faktoren

2. die Faktoren entsprechend ihren Beziehungszusammenhängen verbinden

3. bei Bedarf Wirkungstypen unterscheiden und in der Darstellung aufnehmen (möglich sind z. B.: stark oder schwach, positiv oder negativ, kurz-, mittel- oder langfristig)

4. gegebenenfalls die Systemumwelt miteinbeziehen und Austauschbeziehungen in der gleichen Form wie beim Systeminnenleben festhalten

5. gegebenenfalls die Rahmenbedingungen ermitteln (oder hervorheben, falls diese bereits bei den Faktoren aufgeführt wurden). Rahmenbedingungen sind Faktoren, die durch das Projekt nicht beeinflusst werden können.

Das Vorgehen zum Erstellen eines zielorientierten Wirkungsnetzwerks lässt sich wie folgt gliedern:

1. Zielvorstellung klären

2. die relevanten und zielwirksamen Faktoren ermitteln

3. die Faktoren durch Beziehungen miteinander verbinden

4. bei Bedarf Wirkungstypen unterscheiden und in der Darstellung aufnehmen (möglich sind z. B.: stark oder schwach, positiv oder negativ, kurz-, mittel- oder langfristig)

5. gegebenenfalls die Systemumwelt miteinbeziehen und Austauschbeziehungen in der gleichen Form wie beim Systeminnenleben festhalten

6. gegebenenfalls die Rahmenbedingungen ermitteln (oder hervorheben, falls diese bereits bei den Faktoren aufgeführt wurden). Rahmenbedingungen sind Faktoren, die durch das Projekt nicht beeinflusst werden können.

Abb. 397: Mögliche Anspruchsgruppen bei einem Web-Projekt

Um ein vollständiges und aussagekräftiges Wirkungsnetzwerk zu erhalten, ist die Auswahl der Faktoren von entscheidender Bedeutung. Die Faktoren für ein Wirkungsnetzwerk können entweder aus einer Systembeschreibung abgeleitet werden oder sie ergeben sich durch eine ganzheitliche Betrachtung der Aufgabenstellung bzw. des Lösungsansatzes. Es ist empfehlenswert, verschiedene Standpunkte einzunehmen, denn je nach Blickwinkel können unterschiedliche Aspekte sichtbar werden.

Die Berücksichtigung unterschiedlicher Positionen verhindert, dass eine Situation zu eng, zu einseitig, unvollständig oder nur symptombezogen erfasst wird. Man spricht in diesem Zusammenhang auch von den so genannten „Anspruchsgruppen" oder „Stakeholdern" und einer „ganzheitlichen Betrachtung". Es kann sich dabei um einzelne Personen oder Personengruppen handeln.

Für das Wirkungsnetzwerk gibt es eigentlich keine formalen Regeln. Man ist frei in der Wahl der Darstellungsweise. Inhaltlich sollte man jedoch darauf achten, dass die in einem Netzwerk zusammengestellten Faktoren in etwa das gleiche Abstratktions- bzw. Aggregationsniveau aufweisen. Werden beispielsweise in einem Netzwerk, dass sich mit der „Produktionsplanung" auseinandersetzt, Faktoren wie Dispositionsverfahren, Lagerbestände, Sortimentsbreite aufgeführt, so ist es wenig zielführend, wenn hier auch Faktoren wie „Volumen Lager A" oder „Kapazität Maschine B" auftauchen, da diese Faktoren zu spezifisch sind. Ein abgestimmtes und schlüssiges Auflösungsniveau sollte deshalb angestrebt werden.

In der einfachsten Form des Wirkungsnetzwerks (wie in ▶Abb. 398 dargestellt) wird noch nicht beschrieben, auf welche Art sich die vernetzten Faktoren beeinflussen. Es lässt sich somit nicht erkennen, ob eine Wirkung positiv oder negativ zu interpretieren ist. Um diese Unterscheidung im Netzwerk darstellen zu können, kann auf eine Syntax zurückgegriffen werden, die von Prof. Vester im Rahmen seines Sensitivitätsmodells spezifiziert wurde. Diese Syntax kann als „Plus-Minus-Syntax" bezeichnet werden und basiert auf einer Unterscheidung zwischen „gleichgerichteten" und „entgegengerichteten" Wirkungen.

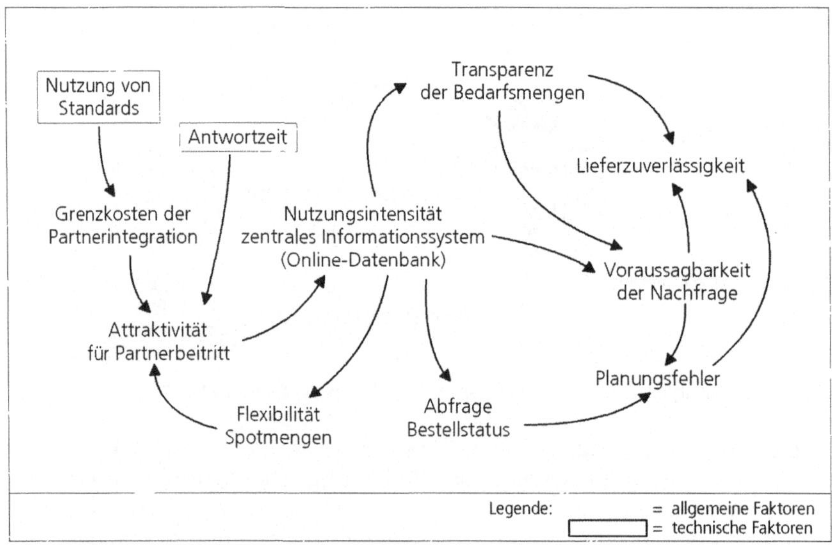

Abb. 398: Vernetztes Denken mit einem Wirkungsnetzwerk

Um eine **gleichgerichtete Beziehung** handelt es sich dann, wenn die Aussagen „Je mehr, desto mehr" bzw. „Je weniger, desto weniger" zutreffen. Zur formalen Darstellung dieses Sachverhalts im Wirkungsdiagramm wird ein Plus-Symbol verwendet.

Eine **entgegengerichtete Beziehung** liegt dann vor, wenn die Aussagen „Je mehr, desto weniger" bzw. „Je weniger, desto mehr" zutreffen. Dieser Sachverhalt wird mit einem Minus-Symbol im Wirkungsdiagramm dargestellt.

Mit Hilfe dieser formalen Ergänzung des Wirkungsnetzwerks wird bereits aus der Darstellung erkennbar, welche Veränderungen sich wie auswirken und letztendlich zu einer Verbesserung des Endzustands beitragen. Es lässt sich auch bereits grob abschätzen, mit welcher Intensität eine Optimierung zur Verbesserung des Endzustands beiträgt.

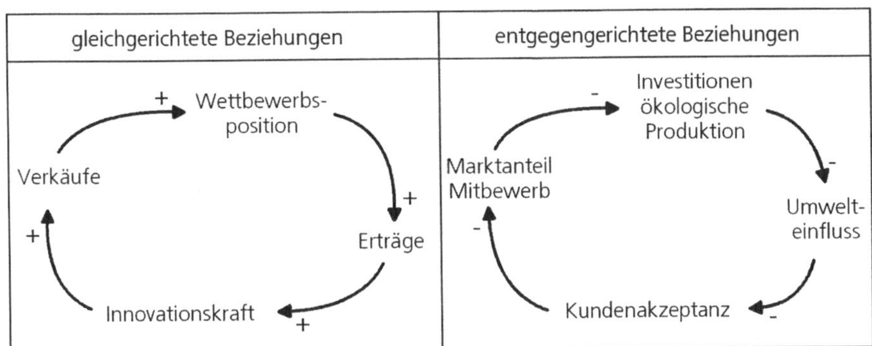

Abb. 399: gleichgerichtete und entgegengerichtete Beziehungen

Die in ▶Abb. 399 gezeigten Beispiele lesen sich wie folgt:

- Bei den gleichgerichteten Beziehungen gilt, je höher die Wettbewerbsposition, desto höher die Erträge, desto höher die Innovationskraft, was sich positiv auf die Verkäufe auswirkt. Die höheren Verkäufe stärken wiederum unsere Wettbewerbsposition. Es trifft auch immer der Umkehrschluss zu. Das heißt, je geringer unsere Wettbewerbsposition, desto geringer sind unsere Erträge, desto kleiner wird unsere Investitionskraft, desto geringer werden unsere Verkäufe.

- Bei den in der Grafik dargestellten entgegengerichteten Beziehungen gilt, je höher die Investitionen in eine ökologische Produktion, desto geringer sind die Umweltbeeinflussungen. Genauso gilt der Umkehrschluss, dass bei geringeren Investitionen in eine ökologische Produktion, die Umwelteinflüsse höher sind. Je geringer der Umwelteinfluss unserer Produkte ist, desto stärker werden diese von den Kunden akzeptiert – und umgekehrt. Je stärker unsere Produkte von den Kunden akzeptiert werden, desto geringer wird der Marktanteil des Mitbewerbs – und umgekehrt. Je geringer der Marktanteil des Mitbewerbs ist, desto mehr Mittel stehen uns für eine ökologische Produktion zu Verfügung – und umgekehrt.

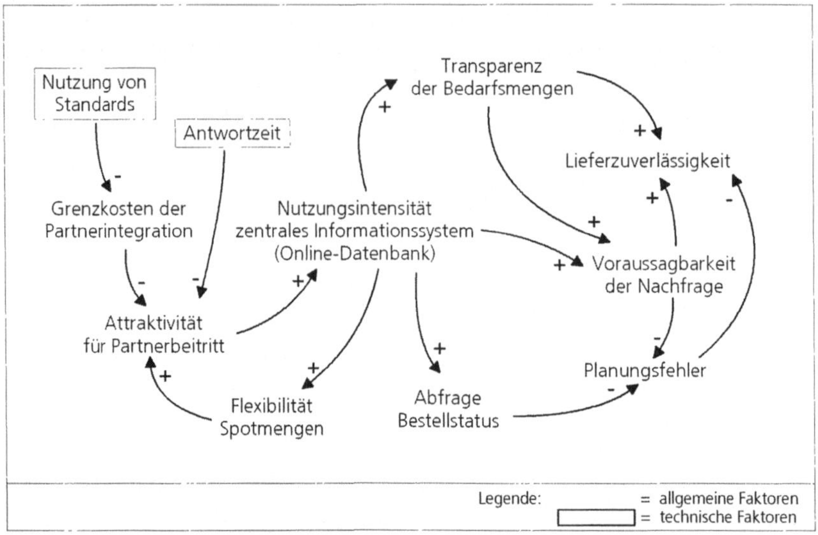

Abb. 400: Wirkungsnetz mit „Plus-Minus-Syntax"

In Anlehnung an die in ▶ Kapitel „*10 Darstellungen systemischer Sachverhalte*" gezeigten Wirkungsnetzwerke zur Geschäftsstrategie soll auch hier darauf hingewiesen werden, dass die Wirkungen nicht nur hinsichtlich ihrer Qualität (Plus oder Minus), sondern auch hinsichtlich ihrer zeitlichen Abhängigkeit (kurz-, mittel- und langfristig) unterschieden werden können. Dieser Unterschied hat jedoch bei geschäftsstrategischen Überlegungen eine wesentliche größere Bedeutung als bei Untersuchung von Problemursachen und ihren Auswirkungen.

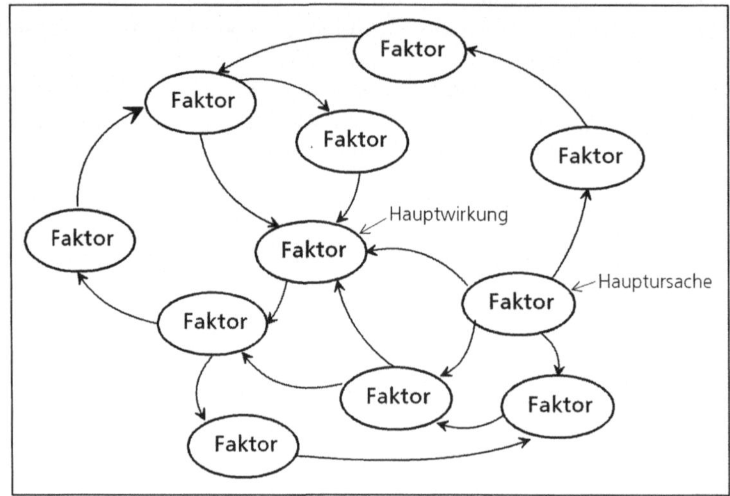

Abb. 401: Ermittlung von Hauptwirkung und Hauptursache

Als Ergebnis des Wirkungsnetzwerks erhält man wie auch bei der Ursache-Wirkung-Grafik ein Ursachen-Wirkungsmodell der Aufgabenstellung bzw. eines gewünschten Idealzustands, welches alle gegenseitigen Beeinflussungen der Ursachen zeigt und gleichzeitig eine Basis für die Beziehungsanalyse darstellt. Hauptursachen und Haupttreiber können ermittelt werden. Die Hauptursache ist das Element, von dem die meisten Pfeile ausgehen und Haupttreiber das Element, welches die meisten eingehenden Pfeile hat. In ▶Abb. 401 wird dies in einer neutralbetrachteten Darstellung gezeigt.

10.2.5 Wirkungsmatrix

Zweck der Wirkungsmatrix ist es, die in einem Wirkungsnetzwerk aufgeführten Faktoren und ihre Zusammenhänge zu analysieren. Die freie grafische Darstellung des Wirkungsnetzwerks bietet uns nur die Möglichkeit, zwischen positiven und negativen Wirkungen zu unterscheiden. Es ist aber nicht, möglich, die Intensität einer Wirkung zu spezifizieren. Dies ist eine wichtige Voraussetzung für konkrete, quantitativ untermauerte Analysen. Um das Potential der einzelnen Faktoren in konkreten Zahlen ausdrücken zu können, benötigt man eine systematisierte Vorgehensweise. Eine solche Systematik stellt die Wirkungsmatrix bereit. Mit Hilfe der Wirkungsmatrix wird es möglich, Schlussfolgerungen für konkrete Maßnahmen abzuleiten.

Voraussetzung für die „Wirkungsanalyse" mit einer Wirkungsmatrix ist ein erstelltes Wirkungsnetzwerk. Erst dadurch ist bekannt, welcher Faktor überhaupt auf welchen Faktor wirkt. Die im Wirkungsnetzwerk enthaltenen Faktoren werden vollzählig sowohl in den Kopfspalten als auch in den Kopfzeilen der Matrix eingetragen. Die Zeilen der Matrix verkörpern die Wirkungsquellen („Wirkung von"), die Spalten der Matrix verkörpern die Wirkungsziele („wirkt auf"). An den Kreuzungspunkten in der Matrix werden die Einflussstärken anhand einer vorab definierten Bewertungsskala eingetragen. Die diesbezüglich zu stellende Frage lautet: „Wie intensiv wirkt der in der Zeile aufgeführte Faktor auf die in den Spalten genannten Faktoren?"

Möglich ist beispielsweise folgende Skala:

- 0 = kein Einfluss
- 1 = schwacher Einfluss
- 2 = mittlerer Einfluss
- 3 = starker Einfluss

Anschließend werden sowohl die Summen der Spalten als auch die der Zeilen addiert. Schlussendlich ergeben sich daraus für jeden Faktor zwei Arten von Summen: Eine Aktivsumme (Zeilentotal), die für den jeweiligen Faktor ausdrückt, wie stark er alle anderen Faktoren beeinflusst, sowie eine Passivsumme (Spaltentotal), die aussagt, wie stark jeder Bereich von jedem anderen beeinflusst wird.

Aus den nun vorliegenden Summen für jeden Faktor können eine Reihe von Schlussfolgerungen getroffen werden. Hat beispielsweise ein Faktor eine hohe Aktivsumme, so haben Veränderungen bei diesem Element hohe Auswirkungen auf das Gesamtsystem. Falls es sich bei diesem Element um eine lenkbare Größe handelt, steht der Weg für Änderungen grundsätzlich frei. Hat ein Faktor demgegenüber eine wesentlich höhere Passivsumme als Aktivsumme, so kann man davon ausgehen, dass sich Veränderungen im System auch auf diesen Faktor durchschlagen. Er selbst aber hat keinen großen Einfluss auf das Gesamtsystem.

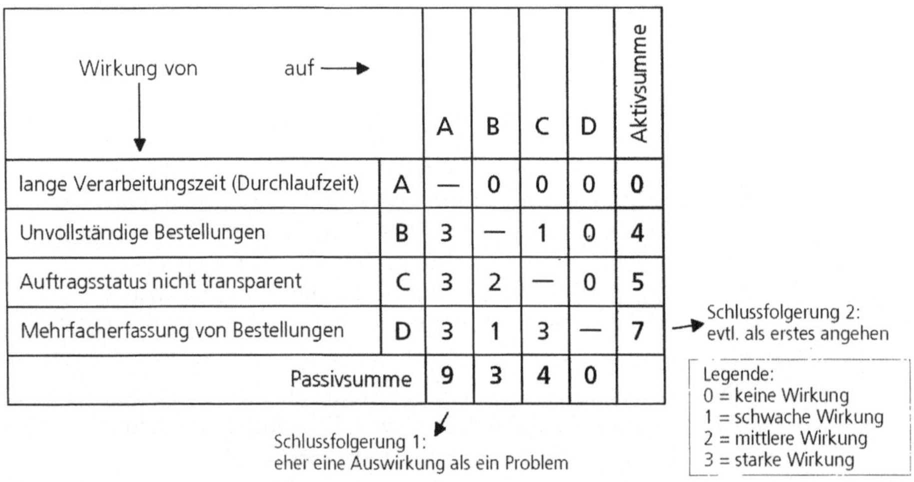

Abb. 402: Beispiel einer Wirkungsmatrix

Zu weiteren Aussagen kommt man, wenn man für die Faktoren ihre jeweilige Aktiv- und Passivsumme addiert. Ergibt sich daraus ein hohe Summe, so bedeutet dies, das der Faktor einen sehr starken Einfluss im Gesamtsystem hat. Bei einer tiefen Summe, handelt es sich um einen veränderungsresistenten Faktor, d. h. Veränderungen im System tangieren diesen Faktor nur schwach oder gar nicht. Aus dem Beispiel in ▶Abb. 402 können beispiel zwei wichtige Schlussfolgerungen gezogen werden. Zum einen handelt es sich bei Problem A („langen Verarbeitungszeit") nicht um ein Problem, sondern eher um eine Auswirkung von verschiedenen anderen Problemen. Dies wird deutlich durch die hohe Passivsumme. Zum zweiten sollte man Problem D („Merhfacherfassung von Bestellungen") als erstes angehen, da dieses Problem am intensivsten auf die anderen Probleme wirkt.

Durch die Wirkungsanalyse erhält man eine solide Basis, um zu beurteilen, bei welchen Maßnahmen mit welchen Auswirkungen auf das Gesamtsystem zu rechnen ist. Aktionen können sinnvoll dosiert werden und die Intensität ihrer Wirkung ist abschätzbar.

Es wurde bereits erwähnt, dass ein Wirkungsnetzwerk eine Voraussetzung für die Erstellung einer Wirkungsmatrix ist. Von dieser Regel muss allerdings eine

Ausnahme festgehalten werden. Es handelt sich dabei um einen speziellen Anwendungsfall der Wirkungsmatrix – die Problemanalyse. Der Problemanalyse liegt folgende Vorgehenssystematik zugrunde: Angeommen zu einem bestimmten Sachverhalt wurden eine Reihe von Problemen identifiziert. Es besteht nun Unsicherheit, welches Problem am wichtigsten ist und mit höchster Priorität gelöst werden sollte. Um diesbezüglich Klarheit zu erhalten, kann man in einer Wirkungsmatrix die Probleme direkt und in der gleichen Art und Weise eintragen, wie die Faktoren eines Wirkungsnetzwerks. Auch die Summenbildung verläuft genau nach dem gleichen Prinzip.

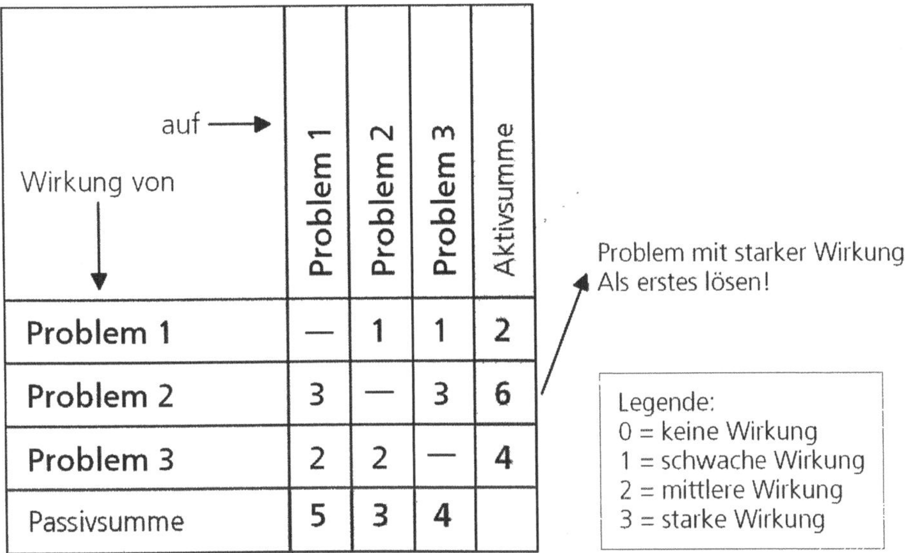

Abb. 403: Neutralbetrachtete Darstellung einer Wirkungsmatrix

Als Ergebnis erhält man wiederum Aktivsummen (Zeilentotal) und Passivsummen (Spaltentotal) zu jedem Problem. Eine hohe Aktivsumme sagt aus, dass von diesem Problem sehr intensive Wirkungen ausgehen. Es ist deshalb empfehlenswert, die Lösung dieses Problems vordergründig ins Auge zu fassen. Eine hohe Passivsumme bei einem Problem sagt aus, dass dieses Problem sehr stark von anderen Problemen beeinflusst wird. ▶Abb. 403 zeigt eine diesbezügliche Wirkungsmatrix in neutralbetrachteter Form.

Es soll aber nicht versäumt werden darauf hinzuweisen, dass wir bei der „Wirkungsanalyse" zwei Aspekte nicht berücksichtigt haben, die in einem Wirkungsnetzwerk vorhanden sein können:

- Die Art der Wirkung (positiv oder negativ) findet in der Wirkungsmatrix keine Beachtung.

- Der zeitliche Aspekt der Wirkung (kurz-, mittel- und langfristig) wird in der Wirkungsmatrix ebenfalls nicht berücksichtigt.

Man müsste die Wirkungsanalyse noch erweitern, um auch diese Aussagen angemessen würdigen zu können. Es handelt sich dabei aber um Spezialfälle, deren Thematisierung den Rahmen dieses Buches sprengen würden.

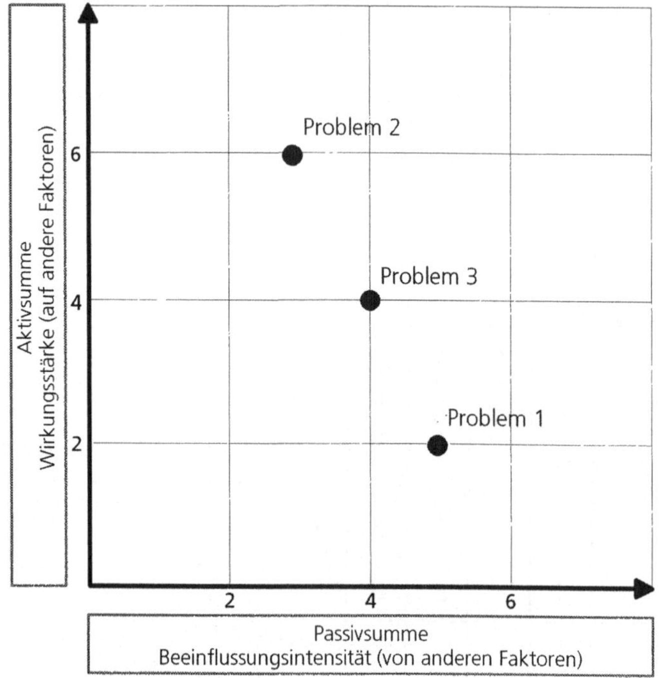

Abb. 404: Wirkungsdiagramm

Die Ergebnisse der Wirkungsmatrix können bei Bedarf in einem „Wirkungsdiagramm" visualisiert werden. In ▶Abb. 404 wird ein Wirkungsdiagramm gezeigt, in welchem die Probleme eingezeichnet sind, die in der zuvor besprochenen Wirkungsmatrix eingetragen sind.

11 Darstellungen des Projektmanagements

11.1 Strukturdarstellungen (Breakdown-Structures)

Wenn mehrere Personen an einem Projekt arbeiten, haben diese oftmals unterschiedliche Vorstellungen über das zu bearbeitenden Systems. Mit konzeptionellen Systemübersichten kann man diese verschiedenen Sichtweisen synchronisieren, den Interpretationsspielraum verkleinern und somit Mißverständnisse und langwierige Abstimmungsgespräche reduzieren. Einer der wichtigsten Schritte bei komplexen Aufgabenstellungen ist das Strukturieren der Inhalte. Strukturdarstellungen werden in Form von Baum-Diagrammen umgesetzt. Beispielsweise kann mit einem Baum-Diagramm eine Dekomposition der Aufgabenstellung bzw. der Lösung durchgeführt werden. In ▶Abb. 405 wird dies anhand eines vereinfachten Beispiels exemplarisch gezeigt.

Die visuelle Darstellung einer Struktur kann aus verschiedenen Motivationen erfolgen. Dementsprechend ergeben sich auch unterschiedliche Darstellungsinhalte. Die häufigsten Absichten von Strukturdarstellungen sind

- die Visualisierung aller durchzuführenden Bearbeitungsschritte (Projektstruktur)

- und die hierarchische Dekomposition der Lösungsbausteine (Produktstruktur).

Bei der zweiten Variante wird die mögliche Lösung über mehrere Hierarchiestufen in ihre einzelnen Inhalte bzw. Komponenten zerlegt – man spricht in diesem Zusammenhang auch von der „Projektstrukturanalyse". Weitere Motivationen für Strukturdarstellungen sind die Visualisierung der Projektorganisation und die systematische Aufschlüsselung der Projektkosten. Egal welche Absicht man verfolgt, die Darstellungsform ist immer angelehnt an einen hierarchischen Aufbau. Deshalb bildet das so genannte „Baum-Diagramm" die Grundlage für alle Darstellungen in Verbindung mit einer Projektstruktur.

Die Dekomposition der Aufgabenstellung kann hinsichtlich der Komponenten bzw. Bestandteile einer Lösung erfolgen oder hinsichtlich der durchzuführenden Aktivitäten zur Umsetzung der Lösung. Es besteht auch die Möglichkeit, beide Aspekte in einer Darstellung zu mischen, falls dies für die Strukturierung von Vorteil ist. In ▶Abb. 405 wird eine gemischte Form gezeigt. Durch die gemischte Darstellung können allgemeine Projektaktivitäten von den inhaltsbezogenen Tätigkeiten abgegrenzt werden.

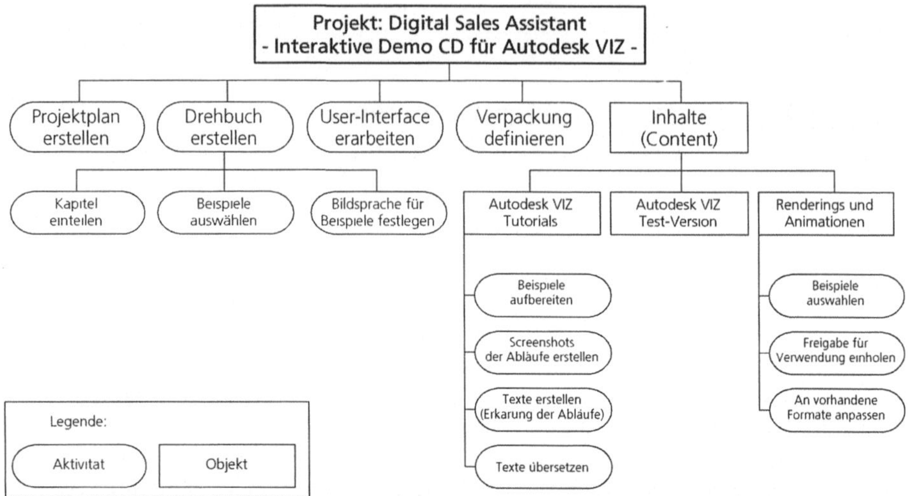

Abb. 405: Baum-Diagramm – Beispiel für die Dekomposition einer Aufgabenstellung

Die durch eine hierarchische Gliederung der Komponenten oder Aktivitäten der Aufgabenstellung vermittelt eine gute Gesamtübersicht und zeigt Abhängigkeiten zwischen den Elementen. Beim projektmäßigen Vorgehen bezeichnet man diese Art der Strukturierung als „Projektstrukturplan" oder als „Work Breakdown Structure" (abgekürzt als: WBS).

Bis anhin werden in der Fachwelt die verschiedenen Arten von Projektstrukturen namentlich nicht einheitlich unterschieden. Auch im Englischen verwendet man für Strukturdarstellung nur die Einheitsbezeichnung „Work-Breakdown-Structure". Zur besseren Unterscheidung der verschiedenen Arten wird in diesem Buch eine Namenskonvention vorgestellt, die vier wesentliche Ausprägungen der Projektstruktur namentlich differenziert. In ▶Abb. 406 werden die vier möglichen Arten einer Work-Breakdown-Structure tabellarisch gegenübergestellt. Jede Art verwendet ein anderes Gliederungskriterium (Tätigkeiten, Komponenten, Personen, Kosten), woraus inhaltlich unterschiedliche Strukturdarstellungen entstehen.

Breakdown-Structure-Typ	Inhalt
Work-Breakdown (Projektstruktur)	Tätigkeitsbezogene Darstellung der Projektstruktur. Welche Bearbeitungsschritte sind durchzuführen? In welchen Entwicklungsphasen wird das Projekt realisiert?
Content-Breakdown (Produktstruktur)	Inhaltsbezogene Darstellung der Projektstruktur. Welche Komponenten bzw. Inhalte hat die Aufgabe/Lösung?
Organisation-Breakdown (Projektorganisation)	Personenbezogene Darstellung der Projektstruktur. Welche Personen sind am Projekt beteiligt?
Cost-Breakdown (Kostenstruktur)	Kostenbezogene Darstellung der Projektstruktur. Welche Kosten entstehen durch das Projekt?

Abb. 406: Projektstrukturen und ihre Inhalte

Es gibt noch eine fünfte Form, die dadurch entsteht, dass verschiedene inhaltliche Aspekte in einer Strukturdarstellung gemischt werden. Diese fünfte Darstellungsart bezeichnet man als „gemischte Projektstruktur" oder, um bei der englischen Namenskonvention zu bleiben, als „Mixed-Breakdown-Structure". Beispielsweise können in der obersten Hierarchiestufe Personen aufgeführt sein und darunter die ihnen zugewiesenen Tätigkeiten angeführt werden. Oder auf der obersten Hierarchiestufe werden die wesentlichen Komponenten der Lösung gezeigt und darunter die Tätigkeiten, die notwendig sind, um die Komponente zu realisieren.

Mit einem Baum-Diagramm kann man eine Hierarchie auf zwei Arten zeigen:

- Entweder wird der Baum grafisch von oben nach unten aufgebaut (theoretisch auch umgekehrt, aber weniger üblich)

- oder er wird von links nach rechts aufgebaut.

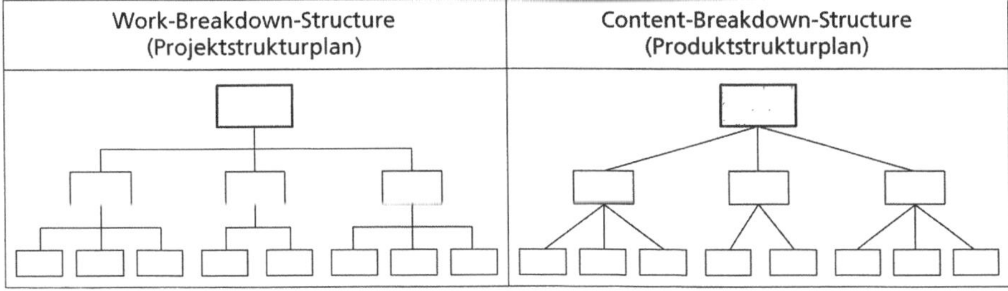

Abb. 407: Konvention für die Differenzierung von Projekt- und Produktstrukturen

Welche Art man verwendet hängt unter anderem vom Ziel-Medium ab (z. B. Präsentation auf Monitor oder Papierausdruck). Um Projektstrukturplan und Produktstrurplan optisch eindeutig zu differenzieren, besteht die Möglichkeit, sich an folgender Konvention zu orientieren: Die Linien im Projektstrukturplan werden gerade eingezeichnet. Die Linien im Produktstrukturplan werden schräg verlaufend eingezeichnet. Diese Unterscheidung wird in ▶Abb. 407 exemplarisch gezeigt.

Eine weitere Möglichkeit, um diese Strukturdarstellungen zu unterscheiden, ist der Gebrauch von unterschiedlichen Symbolen. Beispielsweise Rechtecke in der Work-Breakdown-Structure und Ellipsen in der Produktstruktur.

Strukturdarstellungen entstehen sehr oft aus einer Mischung zwischen Top-Down- und Bottom-Up-Vorgehen. Beim Top-Down-Vorgehen geht man vom Ganzen aus (oberste Hierarchiestufe) und zerlegt dieses schrittweise und über mehrere Hierarchiestufen in einzelne Teile. Beim Bottom-Up-Vorgehen kann man beispielsweise so vorgehen, dass in einem Brainstorming-Meeting die für die Realisierung eines Projektes durchzuführende Aktivitäten erhoben werden. Es wird eine Aktivitätsliste erstellt. Die Aktivitäten werden dann nach bestimmten Kriterien gruppiert (z. B. zeitliche und sachlogische Reihenfolge). Es werden Oberbegriffe gebildet und Gruppen von Aktivitäten diesen Oberbegriffen zugeordnet. Die Hierarchie ensteht also von unten nach oben – eben Bottom-Up.

P	Pragmatische Strukturierung anstreben
R	Ressourcen berücksichtigen
A	Angemessene Tiefe anstreben
K	Kombination aus Bottom-Up und Top-Down Vorgehen
T	Techniken einsetzen (z.B. Erhebungstechniken, Kreativitätstechniken)
I	Inneren Zusammenhang berücksichtigen
K	Koordinations- und Projektmanagement Arbeitspakete berücksichtigen
E	Ergebnisorientierung vorziehen
R	Rollende Planung vorsehen (Strukturdarstellung laufend aktualisieren)

Abb. 408: Praktiker-Empfehlung für die Erstellung von Strukturdarstellungen

Bei der Erstellung von Strukturdarstellungen empfiehlt sich ein Vorgehen nach der in ▶Abb. 408 dargestellten Praktiker-Methode. Die wichtigsten Ziele der Strukturdarstellungen sind das Erkennen von Unklarheiten in der Zieldefinition, das Schaffen von Transparenz im Projekt, das Erkennen und Eingrenzen der Risiken des Projekts, das Erkennen der Schwerpunktaufgaben, die Zuordnung aller Aufgaben (Arbeitspakete) und das Schaffen der Voraussetzungen für eine effektive Koordination aller Beteiligten. Es ist deshalb sehr wichtig, die Strukturdarstellung im Sinne einer „rollenden Planung" fortlaufend zu aktualisieren, sobald sich neue Erkenntnisse über Arbeitsinhalte des Projekts ergeben.

11.1.1 Content-Breakdown-Structure (Produktstrukturplan)

Synonyme

- Objektstrukturplan
- objektorientierter Projektstrukturplan

Die Content-Breakdown-Structure ist ein Mittel um ein Produkt grafisch in seine Teile zu zerlegen und darzustellen. Sie wird deshalb auch als „Produktstruktur" bezeichnet. Dabei stehen die Inhalte bzw. Bestandteile oder Komponenten des Projektergebnisses im Vordergrund und nicht die Aktivitäten, die zum Erreichen dieser Inhalte ausgeführt werden müssen. Das erwartete Soll-Zustand wird in seine abgrenzbaren Bestandteile zerlegt.

In ▶Abb. 409 wird die Zerlegung eines Softwaresystems in die Hierarchiestufen „Sub-System", „Komponente" und „Modul" bzw. „Klasse" gezeigt. Bei nicht objektorientierten Programmen (strukturierte Programmierung), sind Module die kleinsten Einheiten. Bei der objektorientierten Programmierung verlieren die Module an Bedeutung, weil die in ihnen enthaltenen Klassen nicht notwendigerweise funktionalen Zusammenhang besitzen müssen. Bei der Zerlegung eines objektorientierten Systems werden deshalb Klassen anstelle von Module als kleinste Hierarchieeinheiten aufgeführt.

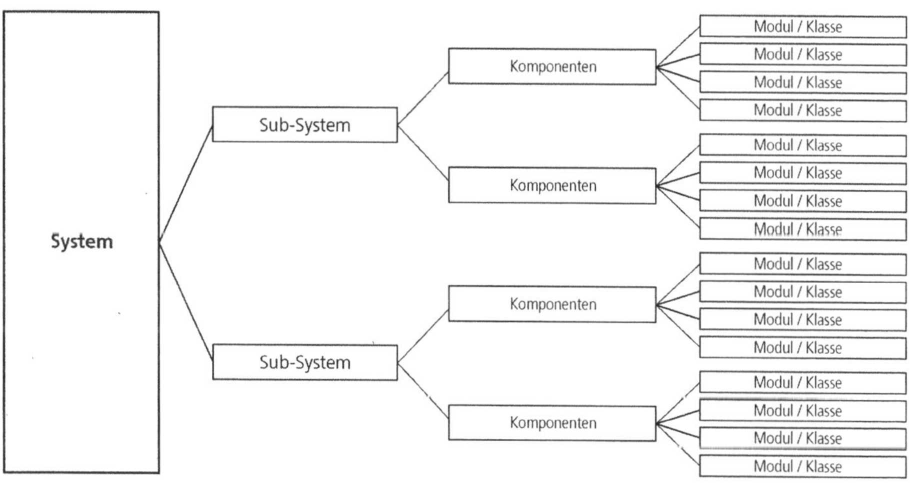

Abb. 409: Neutralbetrachtete Dekomposition eines Software-Systems

Die Summe der Objekte in einem Produktstrukurplan charakterisieren das Ergebnis, auf das man hinarbeitet. Eine Content-Breakdown-Structure muss gut überdacht werden, damit sie nicht Design-Entscheidungen über das zu entwickelnde Produkt ungewollt vorwegnimmt. Deshalb muss insbesondere der Zeitpunkt sorgfälltig gewählt werden, wenn mit der Gliederung in Sub-Systeme, Komponenten und Modulen/Klassen stellt man einen Bezug zum Design her. Das Design sollte bei dieser Art der Gliederung also in wesentlichen Teilen feststehen und als Grundlage für die Content-Breakdown-Structure verwendet werden. Man muss sich dann allerdings bewusst sein, dass eine sehr starke Abhängigkeit zwischen der tatsächlichen Produktstruktur und der Content-Breakdown-Structure besteht. Eine starke Koppelung der CBS and die Produktstruktur ist aber nur dann sinnvoll, wenn beide einigermaßen stabil sind.

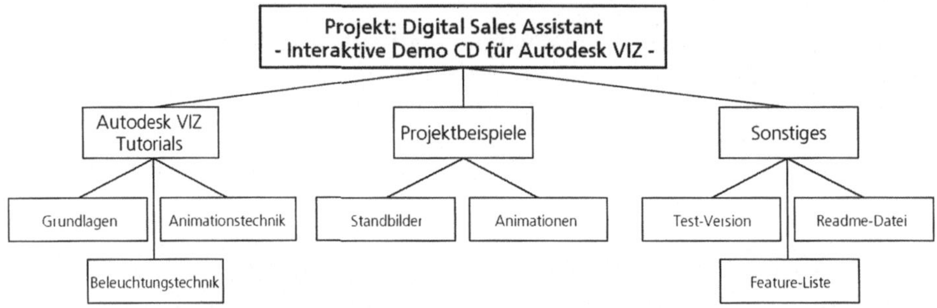

Abb. 410: Content-Breakdown-Structure (CBS) für ein Demo-CD Projekt

Eine Alternative stellt die Abkehr von den designorientierten Entscheidungen beim Erstellen einer CBS dar. Es wird eine neutralisierte Produktstruktur anhand von anderen Merkmalen erstellt, die keinen unmittelbaren Bezug zu Sub-Systemen, Komponenten und Modulen/Klassen haben. Design-neutrale Gliederungsmerkmale könnten sich beispielsweise aus fachlichen Überlegungen ergeben.

Diese Loslösung von der Produktstruktur ist vor allem dann wichtig, wenn die Entwicklung in einem iterativ-inkrementellen Entwicklungsprozess abläuft. Das Design wird bei dieser Entwicklungsstrategie fortlaufend beeinflusst, so dass eine evolutionäre Work-Breakdown-Structure, die sich an der Prozesshierarchie orientiert, besser geeignet ist. Evolutionäre WBS gehören zur Gruppe der Activity-Breakdown-Structures und werden anschließend vorgestellt.

11.1.2 Work-Breakdown-Structure (Projektstrukturplan)

Synonyme

- Vorgehensstrukturplan
- aufgabenorientierter Projektstrukturplan

Eine Work-Breakdown-Structure beschreibt die Aufgaben, die zu erfüllen sind, damit das Projektziel entstehen kann. Die Gesamtleistung des Projektes wird in abgrenzbare Aktivitäten (Vorgänge oder Tasks) zerlegt. Üblicherweise geht man davon aus, dass ein Projekt solange in Teilaufgaben zerlegt wird, bis diese direkt umsetzbar sind – und von einer einzelnen Person bearbeitet werden können. Dabei werden übergeordnete Teilschritte, Ziele, Hierarchien und Abfolgen verdeutlicht. Durch die damit gewonnene Übersicht können die Bearbeitungsschritte synchronisiert werden und es wird erkennbar, was fehlt oder was falsch ist.

476

Die Hauptäste des Baums (die oberste Hierarchiestufe) können nach verschiedenen Kriterien gegliedert sein:

- Sie können entweder eine schlüssige Gruppierung von Teilschritten darstellen

- oder in Projektphasen gegliedert sein.

Die erste Variante kann bei übersichtlichen Projekten angebracht sein, so wie es in ►Abb. 411 beispielhaft gezeigt wird. Die Gliederung in Projektphasen beschreibt die Konkretisierungsstufen im Sinne des Entwicklungsprozesses. Sie wird oft bevorzugt, weil sie sich am tatsächlichen Vorgehen orientiert und auch bei umfangreichen Vorhaben genügend Übersicht bietet. Man bezeichnet diese Art der Work-Breakdown-Structure als „evolutionäre WBS". Eine evolutionäre WBS strukturiert die Gliederungselemente anhand des Entwicklungsprozesses. Sie bietet sich besonders dann an, wenn das Vorgehen sich stark an einem Vorgehensmodell mit definierten Phasen orientiert. Oder wenn eine iterativ-inkrementelle Entwicklungsstrategie verfolgt wird.

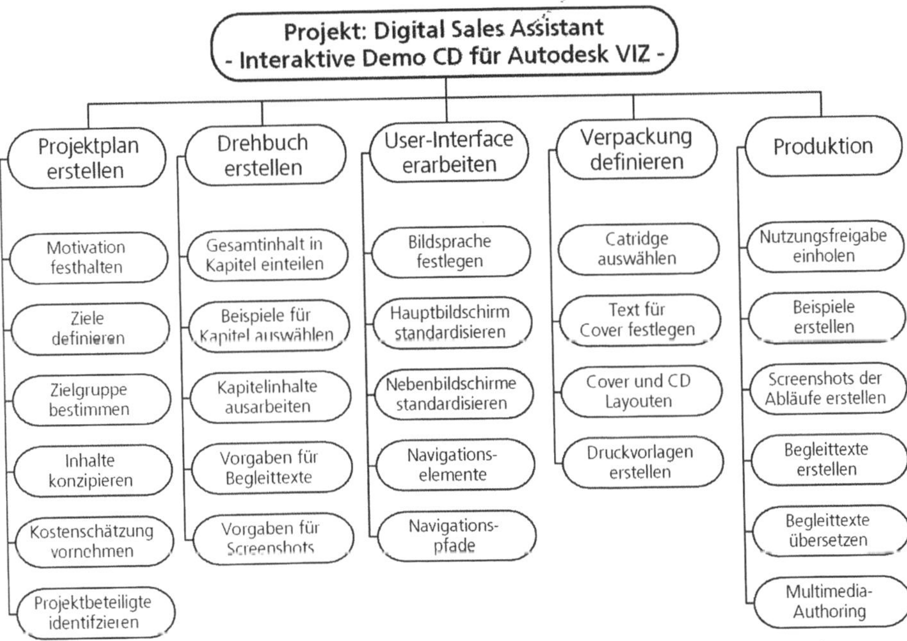

Abb. 411: Projektstrukturplan (aufgabenorientiert) für ein Demo-CD Projekt

Mögliche Hauptäste einer phasenorientierten Gliederungen könnten beispielsweise sein: Vorstudie, Hauptstudie, Detailstudie, Realisierung und Einführung.

Die einzelnen Aktivitäten werden dann der jeweiligen Phase zugeordnet. Bei einer iterativ-inkrementellen Entwicklung geschieht die Unterteilung in erster Linie anhand der Workflows (z. B. Anforderungen, Design, Implementation, Test, Inbetriebnahme). In zweiter Linie werden die Arbeitsschritte anhand der

Phasen eines Lebenszyklus aufgeteilt (z. B. Konzept, Entwurf, Entwicklung und Einführung).

Der wichtigste Vorteil dieser Strukturierungstechnik ist, dass die in der WBS aufgeschlüsselten Tätigkeitsinhalte zusammen mit dem Entwicklungsprozess fortlaufend verfeinert werden können. Diese Art der Strukturierung bezeichnet man als „**phasenorientiert**". Ein Beispiel für eine ablauforientierten WBS wird in ▶Abb. 412 gezeigt.

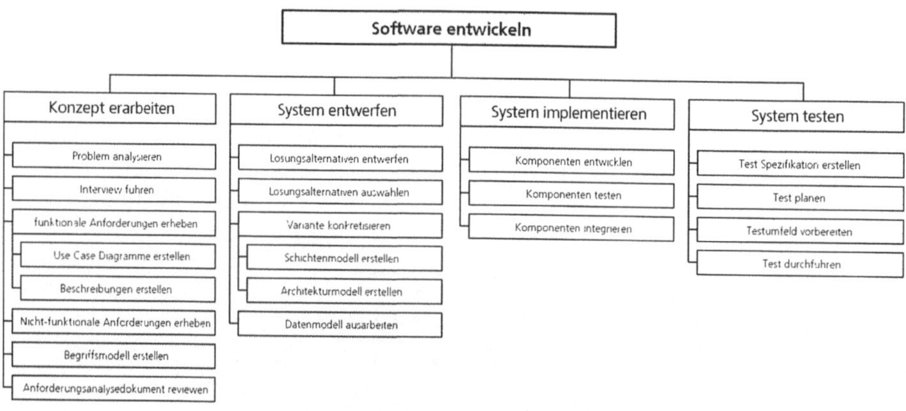

Abb. 412: Projektstrukturplan (phasenorientiert)

Im Unterschied zu einer phasenorientierten Gliederung erfolgt bei einem objektorientierten Projektstrukturplan, die Gliederung der obersten Hierarchiestufe entsprechend den übergeordneten Komponenten des zu erstellenden Produktes. Ein Beispiel für eine ablauforientierten WBS wird in ▶Abb. 413 gezeigt.

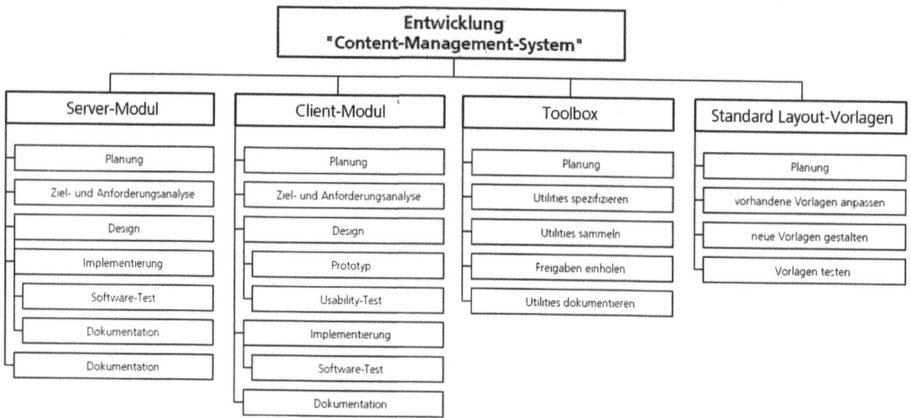

Abb. 413: Projektstrukturplan – objektorientiert

Die unterschiedlichen Beispiele zeigen, dass die verschiedenen Projekt- und Produktstrukturdarstellungen unterschiedlichen Sichten auf einen Betrachtungsgegenstand darstellen und demzufolge überlagert werden können – und für ein erfolgreiches Vorgehen – auch überlagert werden müssen. Die Aufgaben dienen dazu, die Objekte zu schaffen, und die Phasen dienen der Strukturierung der Aufgaben hinsichtlich des Zeit- und des Detaillierungsaspektes.

Eine der wichtigsten Motivationen für das Erstellen von Projektstrukturdarstellungen sind die Arbeitspakete. Diese werden direkt aus der Strukturdarstellung abgeleitet. Die Art und Weise der Gliederung einer Strukturdarstellung ist deshalb sekundär. Wichtig ist schlussendlich, dass eine vollständige Auflistung der durchzuführenden Bearbeitungsschritte aus der Strukturdarstellung hervorgeht.

11.1.3 Organisation-Breakdown-Structure

Die Darstellung der Projektorganisation verdeutlicht, welche Personen am Projekt beteiligt sind und welche Rolle sie dabei ausüben. Eine Organisation-Breakdown-Structure (OBS) wird in der Regel hierarchisch, ähnlich wie ein Organigramm dargestellt. Als Strukturierungsmerkmal der obersten Hierarchiestufe können verschiedene Kriterien herangezogen werden. Häufig werden die wesentlichen Funktionen eines spezifischen Entwicklungsprozesses für die Gliederung verwendet. Derartige Funktionen können beispielsweise sein: Fachbereich, Analytiker, Software-Architekten, Datenbank-Architekten, Entwickler, Qualitätssicherer, Trainer, Support, Netzwerkbetreuer etc. ▶Abb. 414 zeigt ein Beispiel für eine projektspezifische OBS.

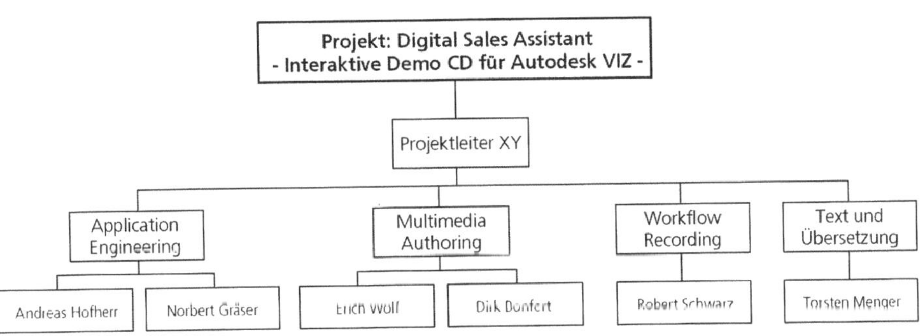

Abb. 414: Projektorganisation dargestellt in einem Baum-Diagramm

Die Gliederung kann aber auch phasenorientiert erfolgen, wobei die funktionalen Zugehörigkeiten durch Sub-Hierarchien gezeigt werden können. Dies ist insofern sinnvoll, als in einer Vorstudie andere Mitglieder aus dem Fachbereich und andere Business-Analysten beteiligt sein können, als in der nächsten Projektphase. Durch diese Darstellungsweise ist besser abschätzbar, zu welchem Projektzeitpunkt welche Ressourcen eingeplant sind.

479

11.1.4 Cost-Breakdown-Structure

Die Kostenschätzung wird aus Genauigkeitsgründen in der Regel Bottom-Up vorgenommen. Bei der Bottom-Up-Schätzung wird zuerst der Aufwand für jedes einzelne Arbeitspaket geschätzt und dann zum Gesamtaufwand des Projekts konsolidiert. Es kann deshalb auch sinnvoll sein, das Baum-Diagramm, in dem die Cost-Breakdown-Structure dargestellt wird, optisch umzudrehen.

Abb. 415: Cost-Breakdown-Structure am Beispiel Software-Entwicklung

In einer Cost-Breakdown-Structure können die Grundlagen der Kalkulation mehr oder weniger ausführlich eingetragen werden. Pro Phase bzw. Kostenabschnitt sollte mindestens die Anzahl Manntage und der Gesamtbetracht eingetragen werden. Werden andere Faktoren für die Kalkulation herangezogen, so können auch diese eingetragen werden. In ▶Abb. 415 ist ein Beispiel für eine Cost-Breakdown-Structure dargestellt.

11.1.5 Zuständigkeitsdiagramm

Synonyme

- Zuständigkeitsmatrix
- Verantwortlichkeitsmatrix
- Responsibility Assignment Matrix (RAM)
- Responsibility Accountability Matrix
- Responsibility Chart

Im Interesse eines konfliktfreien Projektablaufs ist es erforderlich, während der Initialisierung eines Projekts zu klären, wer welche Verantwortlichkeiten wahrnimmt bzw. Tätigkeiten ausführt (Was wird von wem erledigt?). Diese Festlegungen müssen anschließend dokumentiert und kommuniziert werden. Die Technik der Wahl ist hierbei das Zuständigkeitsdiagramm. Der Begriff „Zuständigkeiten" ist in diesem Zusammenhang weit gefasst und kann sich beispielsweise auf auszuführende Aufgaben / Aufgabenbereiche beziehen, auf die Zuweisung von Verantwortlichkeiten oder auf Rollen und Funktionen.

In jedem Fall vermittelt das Diagramm in grafischer Form die Beziehungen zwischen den Verrichtungen in einem Projekt und den am Projekt beteiligten Organisationseinheiten bzw. Aufgabenträgern. In diesem Sinne verschafft es Überblick und Übereinkunft darüber, welche Tätigkeiten im Projekt anstehen und wer was von wem erwarten kann (Nehmen beispielsweise die Mitglieder des Lenkungsausschuss´ die Anforderungsdokumentation ab oder zeichnet sich eine Geschäftsfunktion dafür verantwortlich?).

Der Gebrauch eines Diagramms für diese Zwecke hat den Vorteil, dass die Zuordnungen von Projektaufgaben zu Organisationseinheiten und Personen eindeutig sind. Das Diagramm schafft Klarheit für den Projektverlauf, die Kommunikation im Projekt und die Erwartungen der Stakeholder. Zudem löst es den klassischen Konflikt zwischen Projekt- und Linienorganisation hinsichtlich Aufgabenverantwortlichkeit. Das Zuständigkeitsdiagramm wird von der Projektleitung in der Regel als Grundlage für die Anforderung von Ressourcen aus der Linienorganisation genutzt.

Zusammenfassend machen drei wesentliche Gründe das Zuständigkeitsdiagramm zu einem bedeutenden Projektmanagement-Instrument.

- Das Diagramm unterstützt die strukturierte Identifikation von möglichen Zuständigkeiten und gewährleistet die vollständige Erfassung aller notwendigen Zuständigkeiten

- Das Diagramm übernimmt die Dokumentationsfunktion

- Das Diagramm dient als Grundlage für eine eindeutige Kommunikation

Bevor ein Zuständigkeitsdiagramm erstellt werden kann, müssen Vorarbeiten in zweierlei Hinsicht abgeschlossen sein:

- **Anstehende Aufgaben:** Es muss Klarheit über die zu verteilenden Aufgaben bestehen

- **Beteiligte Organisationseinheiten:** Es muss Klarheit über die zur Realisierung des Projekts erforderlichen Aufgabenträger bzw. die zu involvierenden Stellen bestehen

Das Zuständigkeitsdiagramm greift diese beiden Projektmanagement-Dimensionen auf und vernetzt sie anhand einer matrixartigen Struktur. In ▶Abb. 416 sind die Prozessschritte, die zu einem Zuständigkeitsdiagramm führen, dargestellt.

Prozessschritt	Prozessinhalt	Darstellungstechnik
Projektaufgaben	Konkretisierung der durchzuführenden Tätigkeiten	Content-Breakdown-Structure Work-Breakdown-Structure
Projektbeteiligte	Identifikation der erforderlichen Aufgabenträger	Organisation-Breakdown-Structure
Zuständigkeiten	Festlegung der Zuständigkeiten	Zuständigkeitsdiagramm

Abb. 416: Prozess zur Erstellung eines Zuständigkeitsdiagramms

Die Art der Zuständigkeit kann variieren und dementsprechend im Diagramm differenziert spezifiziert werden. Zum Beispiel ist die tatsächliche Durchführung von der Beratung oder der Abnahme des Ergebnisses zu unterscheiden. Um diese Variationen in einem Diagramm festzuhalten, kann man entweder auf grafische Symbole oder auf definierte „Verantwortlichkeitscodes" zurückgreifen, die an den Schnittstellen der Matrix eingezeichnet sind.

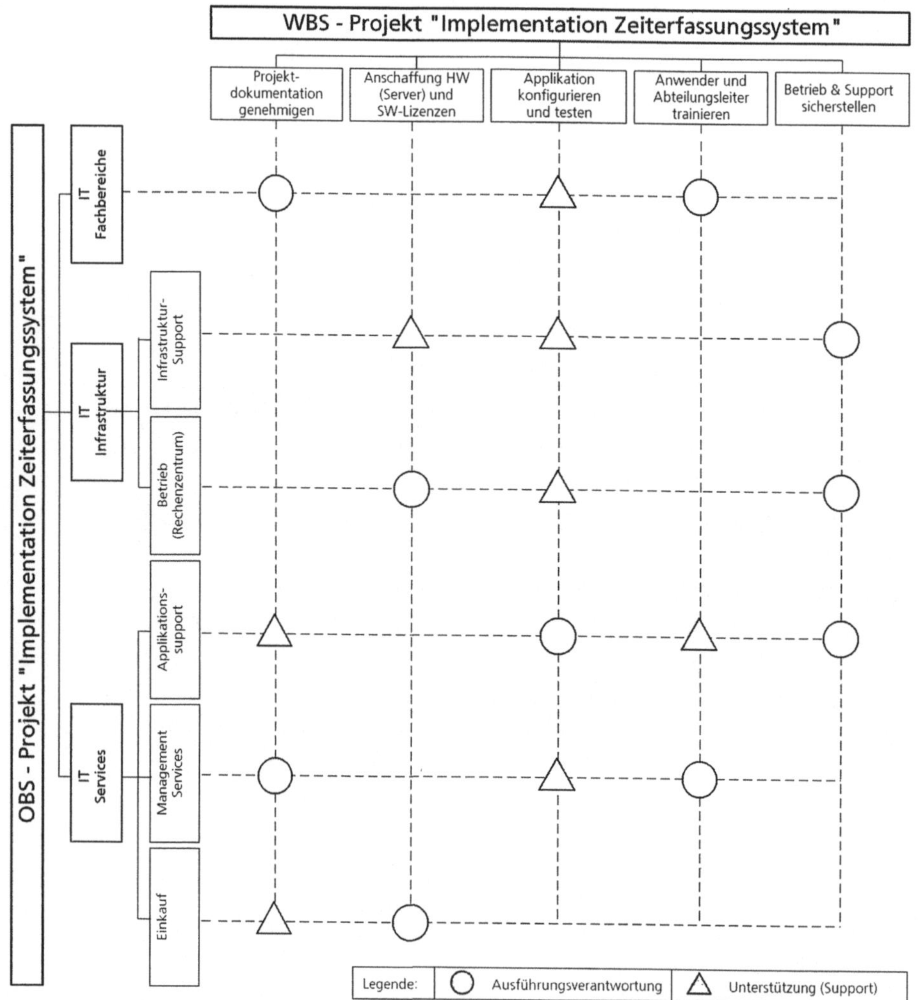

Abb. 417: WBS und OBS – vernetzt mittels eines Zuständigkeitsdiagramms

In ▶Abb. 417 wird gezeigt wie durch ein Zuständigkeitsdiagramm eine matrixförmige Verbindung zwischen „Work-Breakdown-Structure" (WBS) und „Organisation-Breakdown-Structure" (OBS) entsteht. Die Zuständigkeitsarten sind durch Symbole gekennzeichnet (Anm.: in der Praxis verwendet man oftmals farbige Symbole).

Weitere mögliche Beispiele für Zuordnungsarten sind:

- E = Erstellung / Entwicklung des Lieferobjekts

- I = gibt Informationen und Unterstützung

- P = Durchsicht / Überprüfung des Lieferobjekts (und gibt Rückmeldung)

- A = Abnahme / Freigabe des Lieferobjekts

- N = Wird bei Beendigung eines Lieferobjekts benachrichtigt

- S = Stellvertretung (Sekundärverantwortung)

- W = Verwaltet die Lieferobjekte bzw. ist für die Verwaltung und Archivierung der Dokumente verantwortlich.

In ▶Abb. 418 wird anhand eines vereinfachten Beispiels das „Mapping" von organisatorischen Projekteinheiten und Lieferobjekten gezeigt. Entsprechend diesem Diagramm wird beispielsweise der Business Case vom Projektmanager erstellt und das Projekt vom Projektmanager definiert. Die Projektdefinition wird vom Projektsponsor, vom Linienmanager und vom Lenkungsausschuss abgenommen und vom Projektteam überprüft. Die Anforderungsspezifikation wird vom Projektteam erarbeitet, vom Projektmanager und Linienmanager überprüft und vom Projektsponsor und dem Lenkungsausschuss genehmigt.

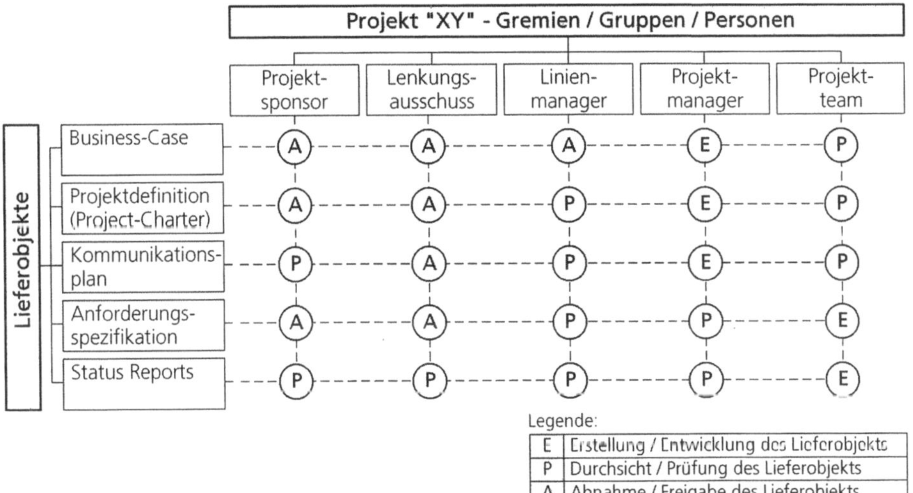

Abb. 418: Beispiel eines alphanumerisch codierten Zustandigkeitsdiagramms

Ein Zuständigkeitsdiagramm kann auf unterschiedlichen Ebenen mit unterschiedlichem Detaillierungsgrad verwendet werden. Polare Beispiele sind:

- Gegenüberstellung der grundlegenden Aufgabenbereiche eines Projekt-Vorgehensmodells und der am Projekt beteiligten Organisationseinheiten

- Zuordnung von konkreten Aufgaben and benannte Personen

In einer frühen Planungsphase des Projektes wird das Zuständigkeitsdiagramm typischerweise verwendet um grob definierten Arbeitspaketen aus der Work-Breakdown-Structure Rollen zuweisen. Zu einem späteren Zeitpunkt werden diese Arbeitspakete dann einzelnen Personen namentlich zugewiesen. Wenn dann die Arbeitspakete durchgeführt werden, kann es sinnvoll sein, diese in einzelne Aufgabenblöcke zu unterteilen und für diese wiederum ein Zuständigkeitsübersicht zu erstellen. Je nach Integrationsgrad und Konkretisierung der Aufgaben können demnach spezialisierte Zuständigkeitsdiagramme sinnvoll sein.

Die in einem Zuständigkeitsdiagramm vernetzten Strukturen können hierarchisch sein. So können beispielsweise das Projektteam in einzelne Gruppen aufgeteilt sein oder die Personen, welche für die Phase „Anforderungsspezifikation" verantwortlich sind, einzeln angegeben sein. Wichtig ist aber, dass immer nur eine Stelle (Gremium / Gruppe / Person) letztlich verantwortlich ist für eine Tätigkeit. Wird die Verantwortung auf mehrere Stellen verteilt, gibt es erfahrungsgemäß Probleme während der Projektabwicklung. Jeder der Verantwortlichen zeigt dann, nach dem Grund gefragt, auf den anderen Verantwortlichen.

Es besteht die Möglichkeit, das Zuständigkeitsdiagramm in Tabellenform zu erstellen. Hierzu werden die Aufgaben in der Regel als Zeilenbeschriftungen untereinander gereiht. Die Projektbeteiligten sind als Spaltenüberschriften horizontal angeordnet. In den Tabellenzellen wird dann entweder die Zuordnung von Aufgabe und Person bzw. Organisationseinheit markiert (einfaches Symbol) oder durch einen Code qualifiziert (sprechende Symbole).

Eine Spezialform des Zuständigkeitsdiagramms ist die so genannte "RACI-Matrix", in welcher vier Zuordnungsarten differenziert werden:

- **Responsible**, d.h. verantwortlich im disziplinarischen Sinne

- **Accountable**, d.h. verantwortlich aus finanzieller Sicht (z.B. Budgetverantwortung)

- **Consulted**, d.h. verantwortlich in fachlicher Hinsicht

- **Informed**, d.h. benötigt die Information für andere Verantwortlichkeiten

Die jeweiligen Zuordnungen werden oftmals durch die Codes "R", "A", "C" und "I" spezifiziert.

Basierend auf dem Zuständigkeitsdiagramm und der Zeitplanung für ein Projekt kann ein Personalmanagementplan ausgearbeitet werden. Dieser legt fest, wann welche Person im

Projekt gebraucht wird und wann sie wieder aus dem Projektteam entlassen werden kann.

Abschließend der Hinweis, dass das Zuständigkeitsdiagramm genehmigt werden sollte (entweder eigenständig oder als Teil der Projektdokumentation). Es wird dadurch zu einem offiziellen Projektbestandteil auf welchen man während der Projektlaufzeit verweisen kann.

11.2 Zeit- und Aufgabenplanung

Einer der kritischsten Aspekte in einem Projekt ist die Projektplanung im Allgemeinen und die Zeitplanung im Besonderen. Im Rahmen der Zeitplanung werden Zeitmanagement und Aufgabenmanagement zusammengeführt. Es werden entsprechende Techniken benötigt, um ein Vorhaben planerisch zu unterstützen, den Überblick über den Projektablauf zu gewinnen, die Fertigstellungstermine einzelner Aufgaben und Phasen zu koordinieren und den Projektfortschritt zu überwachen. Die Visualisierung der Zeit- und Aufgabenplanung schafft die Grundlagen für ein gemeinsames Verständnis des Projektablaufs. Alle beteiligten Personen und Gruppen erhalten auf diese Weise eine übersichtliche Orientierung über den Projektstand und können Input hinsichtlich möglicher Risiken oder nicht berücksichtigter Abhängigkeiten geben.

Die Darstellungstechniken der Zeit- und Aufgabenplanung können in zwei übergeordnete Kategorien eingeteilt werden:

- Ablaufplanungen
- Terminplanungen

Darstellungen, welche die logische Ablaufreihenfolge der Aufgaben in den Vordergrund stellen, werden für die Visualisierung der Ablaufplanung verwendet. Dies sind zum Beispiel Projektfortschrittsdiagramme. Darstellungen, welche die zeitliche Dauer der einzelnen Phasen und Aufgaben betonen werden für die Terminplanung verwendet. Beispiele für derartige Darstellungstechniken sind das Balkendiagramm, das Termin-Trend-Diagramm und die Zeitachse. Konkrete Start- und Endtermine oder Meilensteine werden erst im Rahmen der Terminplanung vorgenommen.

Liegt für ein Projekt ein Vorgehensmodell vor, so wird dieses als Basis für die Zeit- und Aufgabenplanung herangezogen werden. Die Konkretisierung der Terminplanung bis hin zu den so genannten „Arbeitspaketen", erfolgt dann über die Stufen Vorgehensmodell, Ablaufplanung (Darstellung der Arbeitsinhalte des Vorgehensmodells entlang einer Zeitachse) und Terminplanung (Planung der Zeitdauer jeder einzelnen Phase bzw. Aufgabe).

11.2.1 Projektfortschrittsdiagramm

Die Idee des Projektfortschrittsdiagramms ist, in einer grafischen Form über den Projektfortschritt zu informieren und dabei gleichzeitig auch die Trennung der Aufgabenbereiche und Verantwortlichkeiten aufzuzeigen. Dazu wird jede Hauptaktivität eines Projekts in einem Rechteck eingetragen und dieses entlang einer horizontal oder vertikal verlaufenden Zeitachse positioniert. Die Darstellung ist in zwei übergeordnete Felder eingeteilt, von denen eines den Fachbereich und das andere die Informatik-Abteilung verkörpert. Je nach Grad der Involvierung wird ein Aktivitätsrechteck mehr dem Fachbereich zugeordnet oder mehr der Informatik.

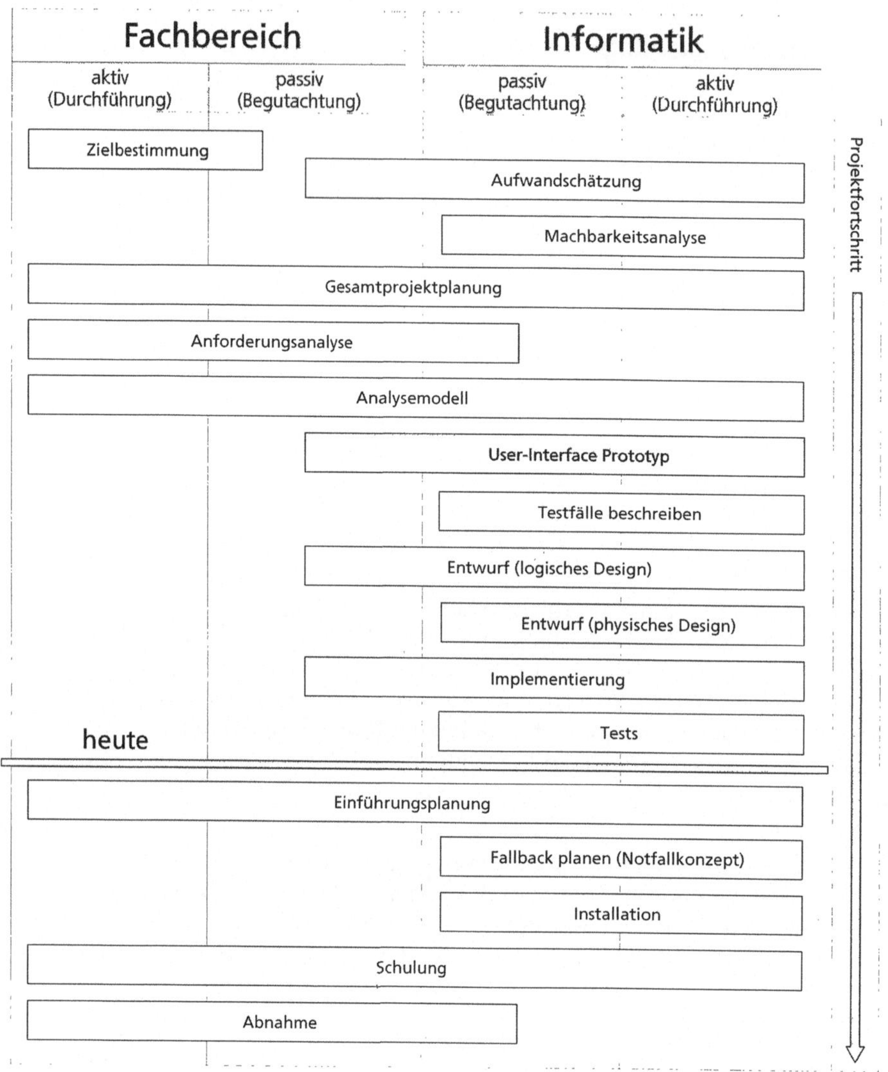

Abb. 419: vertikales Projektfortschrittsdiagramm

Im vertikalen Projektfortschrittsdiagramm kann es sinnvoll sein, die Felder für
den Fachbereich und die Informatik zusätzlich zu unterteilen. Beim Grad der
Involvierung kann dann unterschieden werden zwischen einer **passiven Beteiligung** (Prüfung, Genehmigung, Zur Kenntnisnahme etc.) und einer **aktiven
Beteiligung**. Um eine passive Beteiligung handelt es sich beispielsweise dann,
wenn die Anwender des Fachbereichs einen Prototyp begutachten. Sie sind
nicht aktiv an der Programmierung des Prototyps beteiligt. Das Feld für die aktive Beteiligung befindet sich immer an der Außenseite der Darstellung, das
Feld für die passive Beteiligung immer an der Innenseite.

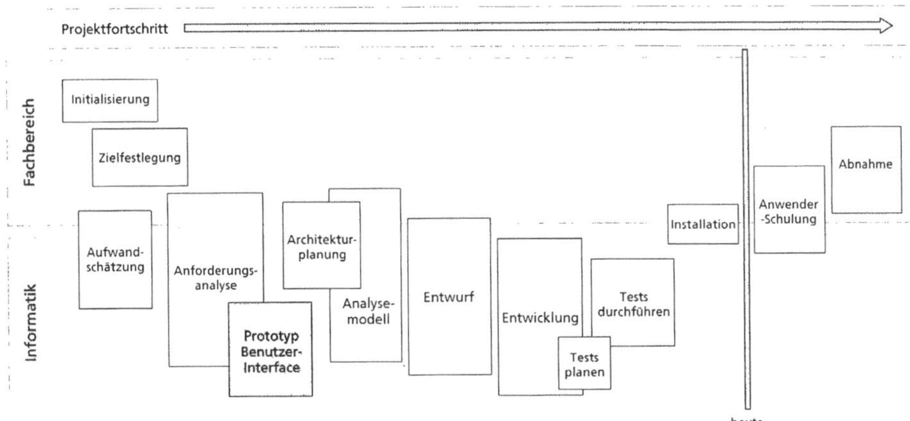

Abb. 420: horizontales Projektfortschrittsdiagramm

11.2.2 Balkendiagramm und Zeitachse

Eines der am meisten verwendeten Visualisierungsinstrumente für die Zeitplanung ist das Balkendiagramm. Es wird nach seinem geistigen Vater auch als „Gantt-Diagramm" bezeichnet. Mit einem Balkendiagramm können Abläufe unter Einbeziehung der Dauer der einzelnen Vorgänge visuell umgesetzt werden. Die Verwendung von Balkendiagrammen ist sehr vielseitig und es ergeben sich auch immer wieder neue Variationen. Es ist auf einem zweidimensionalen Koordinatensystem aufgebaut, wobei eine Dimension (in der Regel die horizontale Achse) immer den Zeitverlauf darstellt.

Entlang der vertikalen Achse können verschiedene Inhalte eingtragen werden, beispielsweise Projektphasen, Aktivitäten, Aufgabentrager oder Sachmittel. Je nach Grösse, die in der Vertikalen eingetragen wird, bezeichnet man ein Balkendiagramm auch als

- Tätigkeitsplan (Größe: Aktivitäten),

- Projektfortschrittsplan (Größe: Projektphasen),

- Einsatzplan (Größe: Mitarbeiter) oder

- Belegungsplan (Größe: Sachmittel).

Im Rahmen der Zeitplanung spricht man von Vorgängen und versteht darunter einen Zeitverlauf mit definiertem Anfang und Ende, der in der Regel mit der Inanspruchnahme von Einsatzmitteln (Arbeitskräfte, Maschinen etc.) verbunden ist. Es kann sich aber auch um einen lediglich zeitverbrauchenden Vorgang (z. B. Daten-Update zwischen zwei Informationssystemen, Reorganisation einer grossen Datenbank) handeln.

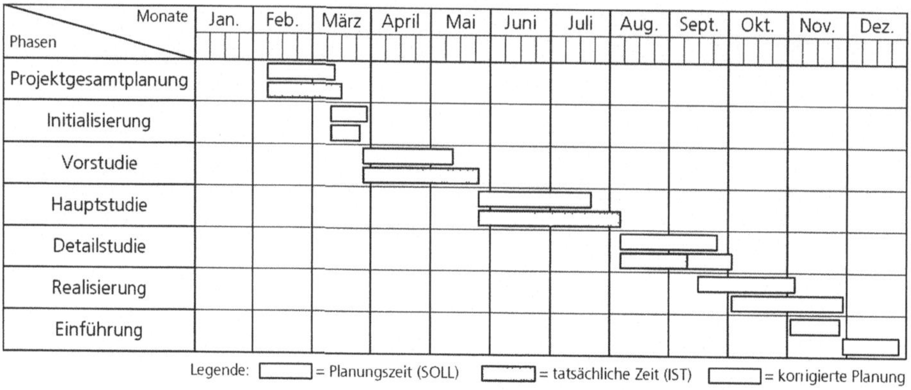

Phasen \ Monate	Jan.	Feb.	März	April	Mai	Juni	Juli	Aug.	Sept.	Okt.	Nov.	Dez.
Projektgesamtplanung												
Initialisierung												
Vorstudie												
Hauptstudie												
Detailstudie												
Realisierung												
Einführung												

Legende: = Planungszeit (SOLL)   = tatsächliche Zeit (IST)   = korrigierte Planung

Abb. 421: Balkendiagramm – mit Soll-Ist-Vergleich (idealisiert)

Die Vernetzung der beiden Informationsdimensionen (Achsen) geschieht durch horizontal verlaufende Balken, welche die Zeitdauer für eine vertikale Größeneinheit darstellen. Der Inforamtionsgehalt eines Balkendiagramms kann um eine Dimension erhöht werden, wenn in den Balken eine weitere Größe eingetragen wird, beispielsweise die Namen der Mitarbeiter, welche an der jeweiligen Aktivität beteiligt sind. Es besteht auch die Möglichkeit, für jede vertikal dargestellte Größe zwei Balken zu verwenden. Diese Darstellungsweise kann als Ist-Soll-Vergleich von Planungswerten oder für erledigte Arbeiten genutzt werden.

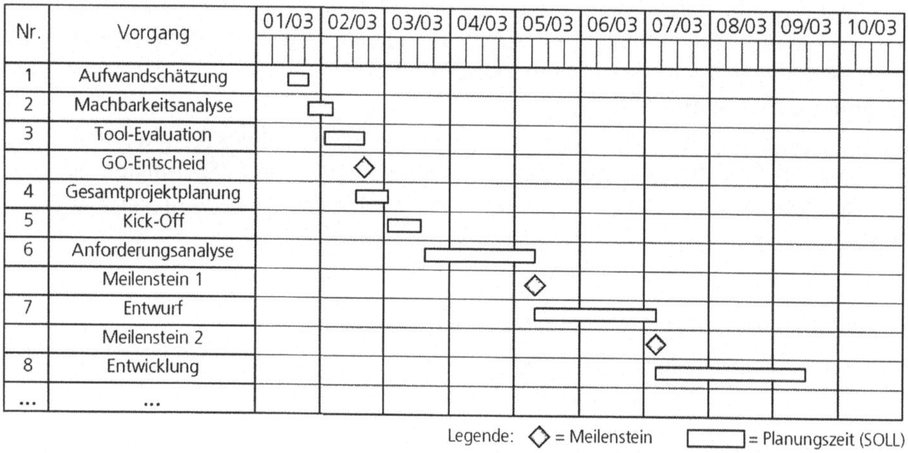

Nr.	Vorgang	01/03	02/03	03/03	04/03	05/03	06/03	07/03	08/03	09/03	10/03
1	Aufwandschätzung										
2	Machbarkeitsanalyse										
3	Tool-Evaluation										
	GO-Entscheid										
4	Gesamtprojektplanung										
5	Kick-Off										
6	Anforderungsanalyse										
	Meilenstein 1										
7	Entwurf										
	Meilenstein 2										
8	Entwicklung										
...	...										

Legende: ◇ = Meilenstein   = Planungszeit (SOLL)

Abb. 422: Balkendiagramm – mit Meilensteinen

Man kann beim Balkendiagramm zwischen drei Arten von sachlogischen Beziehungen unterscheiden. Diese sind in ▶Abb. 423 dargestellt. Bei parallelen Vorgängen gibt es keine Abhängigkeiten bezüglich der Ablauffolge, sie können gleichzeitig beginnen. Bei Teilparallelen und Sequentiellen Vorgängen gibt es Abhängigkeiten, die durch so genannte „Anordnungsbeziehungen" ausgedrückt werden können. Anordnungsbeziehungen sind zum Beispiel:

- „Ende-Anfang-Beziehung" (EA oder Normalfolge NF) – der Anfang eines Vorgangs ist abhängig vom Ende seines Vorgängers.

- „Anfang-Anfang-Beziehung" (AA oder Anfangsfolge AF) – der Anfang eines Vorgangs ist abhängig vom Anfang seines Vorgängers.

- „Ende-Ende-Beziehung" (EE oder Endfolge EF) – das Ende eines Vorgangs ist abhängig vo Anfang seines Vorgängers.

- „Anfang-Ende-Beziehung" (AE oder Sprungfolge SF) – das Ende eines Vorgangs ist abhängig vom Anfang seines Vorgängers.

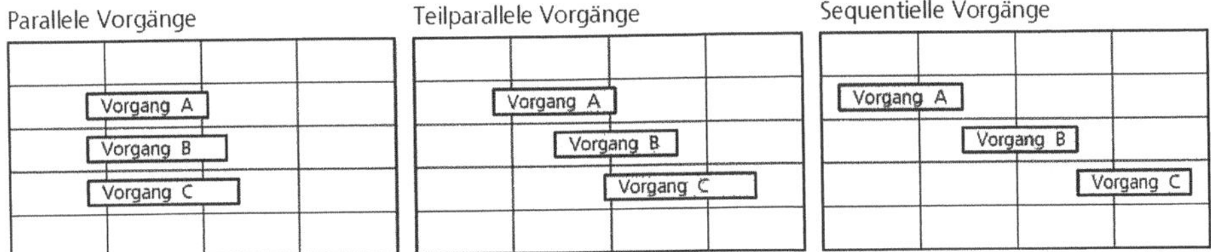

Abb. 423: Mögliche Beziehungen zwischen Vorgängen

Aus Balkendiagrammen sind die Zusammenhänge der einzelnen Aktivitäten nicht ersichtlich. Für gewöhnlich entscheidet der Anfangszeitpunkt der Aktivitäten über die Reihenfolge, in der sie im Diagramm aufgeführt werden. Dies muss aber nicht notwendigerweise die sachlogische Reihenfolge sein.

Um derartige Abhängigkeiten darstellen zu können, kann man auf eine Erweiterung der Balkenplanung zurückgreifen – die so genannten **„vernetzten Balkenpläne"**. Dabei werden in das Balkendiagramm einfache Abhängigkeiten zwischen den einzelnen Vorgängen in Form von gerichteten Kanten (Linienverbindungen) eingefügt. Die gerichteten Kanten verlaufen vom Vorgänger-Balken zum jeweiligen Nachfolger und stellen damit logische Folgeziehungen dar. Direkte Abhängigkeiten können auf diese Weise sichtbar gemacht werden, so dass erkennbar wird, welche weiteren Vorgänge aufgrund einer Verzögerung ebenfalls verspätet ausgeführt werden und welche nicht von den Verzögerungen betroffen sind.

In ▶Abb. 424 wird ein Beispiel für ein vernetztes Balkendiagramm gezeigt. Wie üblich sind auch in diesem Diagramm die Tätigkeiten in absteigender Reihenfolge entsprechend ihrem Anfangszeitpunkt aufgelistet. Beispielsweise kann die Aktivität „Software anpassen" nach Software-Evaluation beginnen. Das Ende der Hardware-Evaluation hat keinerlei Einfluss auf diese Aktivität. Die Anwenderschulung verlangt den Abschluss von zwei vorhergehenden Ereignissen („Software anpassen" und „Hardware installieren").

Die unter Punkt vier aufgeführte Aktivität „Fallback Konzept erstellen" hat hingegen keinerlei Einfluss auf die nachfolgenden Tätigkeiten, so dass nahezu alle nachfolgenden Tätigkeiten beginnen können, auch wenn das Fallback-Konzept noch nicht erstellt ist.

Nr.	Vorgang	01/03	02/03	03/03	04/03	05/03	06/03	07/03	08/03	09/03	10/03
1	Software evaluieren										
2	Hardware evaluieren										
3	Software anpassen										
4	Fallback Konzept erstellen										
5	Hardware installieren										
6	Anwenderschulung										
7	Test										
8	Datenmigration										
9	Roll-Out										
10	Abnahme										

Abb. 424: Vernetzter Balkenplan

Vernetzte Balkenpläne zählen zwar zu den einfachsten und wichtigsten Kommunikationsinstrumenten im Projektmanagement, sie können aber keine beliebig komplexen Vernetzungen zwischen den Vorgängen aufzeigen. Dies kann nur mit Hilfe der Netzplantechnik erreicht werden, die allerdings im Rahmen dieses Buches nicht behandelt werden kann. Die Netzplantechnik wird im Rahmen der Projektmanagement-Literatur oder in eigenen Fachbüchern thematisiert (z. B. [Alt 1996]).

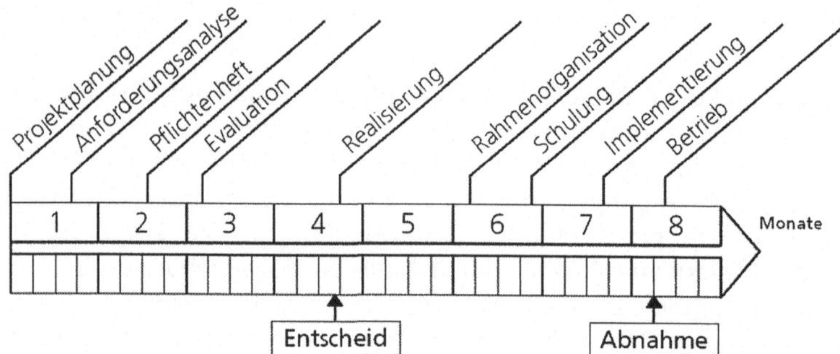

Abb. 425: Zeitachse – Projekt mit einer geplanten Dauer von 8 Monaten

Eine weitere Darstellungsvariante für die Visualisierung der Zeitplanung ist die **Zeitachse**. Der Vorteil der Zeitachse ist, dass Zeiträume und Zeitpunkte gleichzeitig und optisch getrennt dargestellt werden können. Wie auch beim Balkendiagramm kann der Zeitverlauf in einer Zeitachse absolut oder relativ angegeben sein:

- Ein absoluter Zeitverlauf ist beispielsweise dann gegeben, wenn in der Zeitskala konkret benannte Monate aufgeführt sind (z. B.: Jan. – Dez.).

- Bei einem relativen Zeitverlauf sind die Monate numerisch bezeichnet – relativ zum Projektbeginn.

Ein Beispiel für eine relative Zeitachse wird in ▶Abb. 425 gezeigt. Oberhalb der Zeitachse sind die markanten Arbeitsinhalte eines Evaluationsprojekts mit einer

490

veranschlagten Dauer von acht Monaten eingetragen. Diese Aktivitäten beschreiben Zeiträume (sie haben eine bestimmte Dauer). Unterhalb der Zeitachse können die wichtigsten Zeitpunkte eingetragen werden. Beispielsweise Meilensteine, die Übergabe an den Fachbereich bzw. der Zeitpunkt der Abnahme.

11.2.3 Termin-Trend-Diagramm

Ein Termin-Trend-Diagramm entsteht als Ergebnis einer Meilenstein-Trend-Analyse (MTA). Die Meilen-Trend-Analyse ist eine wirksame Methode zur Terminverfolgung. Das daraus resultierende Diagramm verdeutlicht auf einen Blick den Stand eines Projektes anhand der Meilensteine. Eine Voraussetzung für die Durchführung der Analyse ist deshalb ein realistischer Terminplan, bei dem Meilensteine definiert sind. Im Rahmen der Analyse wird an regelmäßigen Berichtszeitpunkten die Terminplanung des Projekts durch die Abfrage von Meilensteinterminen erfasst. Für jeden Meilenstein werden die zu erwartenden Erfüllungszeitpunkte erhoben und in einem Termin-Trend-Diagramm grafisch dargestellt.

Das Termin-Trend-Diagramm wird nur einmal erstellt und dann während der gesamten Projektdauer in einer einzigen Grafik laufend fortgeschrieben. Es wird meistens als Dreieck dargestellt, auf dessen vertikaler Achse die geplanten Meilensteintermine eingetragen werden und entlang der horizontalen Achse die Berichtszeitpunkte, die für die Überprüfung der Meilensteine vorgesehen sind. Beispielsweise können für ein Projekt die Meilenstein-Verantwortlichen alle zwei oder vier Wochen um eine Prognose gebeten werden, wann der Meilenstein vollständig erreicht sein wird. Dieser Termin wird für jeden Meilenstein einzeln im Termin-Trend-Diagramm eingetragen. Durch die laufende Fortführung dieser Eintragung entsteht eine Visualisierung des Projektverlaufs, woraus sich ein Trend für die gesamte Terminentwicklung interpretieren lässt.

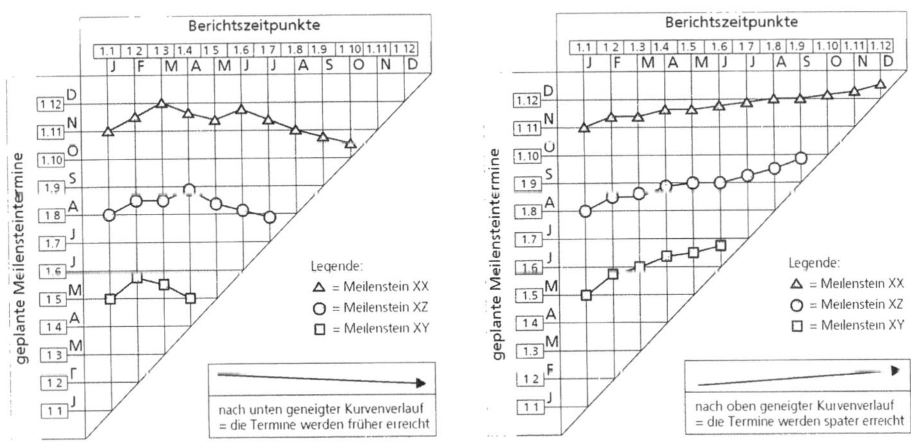

Abb. 426: Termin-Trend-Diagramm bezogen auf Meilensteintermine

Eine ideale Erfüllung der ursprünglich festgelegten Meilenstein-Termine erkennt man an einer waagerechten Linie. In den meisten Fällen entsteht jedoch ein Kurvenverlauf. Zeigt die Kurve nach oben, so handelt es sich um einen Terminverzug, zeigt sie nach unten, wird der Meilenstein früher erreicht als geplant. Siehe ▶Abb. 426.

Es besteht auch die Möglichkeit, ein Termin-Trend-Diagramm nur für das Projektende anzufertigen und nicht jeden einzelnen Meilenstein zu berücksichtigen. Zusätzlich können in einem Termin-Trend-Diagramm auch Kommentarfelder aufgenommen werden, um die Abweichungen zu dokumentieren. Ein Beispiel für eine diesbezügliche Darstellungsvariante wird in ▶Abb. 427 gezeigt. Mit dieser Variante des Termin-Trend-Diagramms ist es möglich, dem Projektkunden oder dem Management gezielte Aussagen hinsichtlich des erwarteten Projektendes zu informieren. Gleichzeitig können Aussagen über die im Zusammenhang mit Terminverschiebungen erforderlichen und bereits eingeleiteten oder durchgeführten Maßnahmen im Diagramm vermerkt werden.

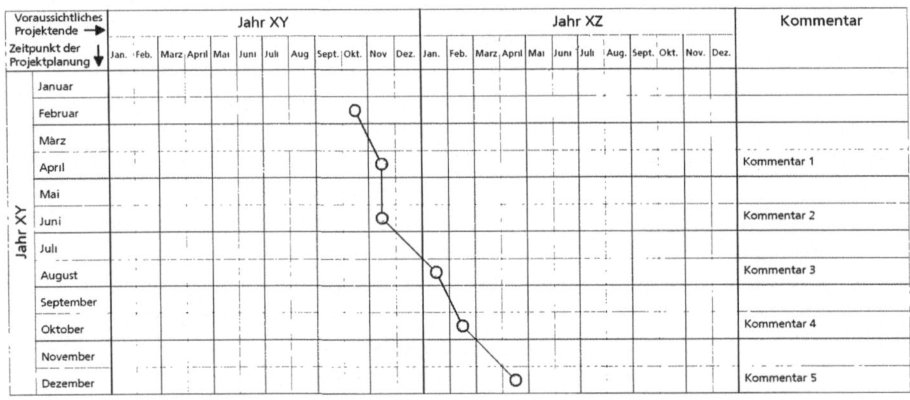

Abb. 427: Termin-Trend-Diagramm bezogen auf Projektende

Aus der Darstellung in ▶Abb. 427 kann man entnehmen, dass man im Februar geplant hat, dass das Projekt im Oktober abgeschlossen ist. Im August hat sich das Projektende auf den Januar des Folgejahres verschoben und im Dezember hat sich erneut eine Verschiebung des Projektendes auf den April des Folgejahres ergeben.

Ein wichtiger Vorteil der Termin-Trend-Darstellung ist, dass die Projektbeteiligten und die Verantwortlichen mit der gesamten Projektplanung konfrontiert werden. Durch die gesamtheitliche Darstellung wird das Projektteam zu rechtzeitigen Korrekturen motiviert.

12 Universelle Darstellungen

12.1 Metamodelle und Assoziationsmodelle

Wenn man sich einen Überblick über eine komplexe Situation verschaffen will, muss man den Blick für den Gesamtzusammenhang öffnen. Man muss eine höhere Perspektive einnehmen, um ein breiteres Sichtfeld zu bekommen. Genau dies ist die Absicht der Metamodelle und der Assoziationsmodelle. Mit ihrer Hilfe begibt man sich auf einen übergeordneten Betrachtungsstandpunkt, dass heißt man betrachtet einen Sachverhalt von einer höheren Ebene.

Worin unterscheiden sich nun Assoziationsmodelle von Metamodellen. Wenn man beide Modellarten von ihrer formalen Optik her betrachtet, wird man nicht zwingenderweise deutliche Unterschiede feststellen. Beide können die gleichen formalen Beschreibungselemente verwenden (Rechtecke und Linien). Sie sind also inhaltlich zu unterscheiden. Und diesbezüglich führt uns die Definition von Strahringer zu dem wesentlichen Unterschied: „Ein Metamodell ist ein Modell eines Modells, wobei es sich bei dem übergeordneten Modell um ein sprachliches Beschreibungsmodell handelt, das die Sprache, in der das untergeordnete Modell formuliert ist, abbildet." So beschreibt dies zumindest S. Strahinger in seinem Beitrag „Ein sprachbasierter Metamodellbegriff und seine Verallgemeinerung". Diese Aussage werden wir im Verlauf der nachfolgenden Erklärungen zum Metamodell noch präzisieren.

Aus den angeführten Definitionen geht hervor, dass ein Metamodell bestimmte inhaltliche Voraussetzungen erfüllen muss, um als solches bezeichnet zu werden. Allerdings gibt es keine einheitliche und verbindliche Normierung für die Semantik und die Syntax von Metamodellen, was in der Praxis nicht nur zu sehr unterschiedlichen Ausprägungen von Metamodellen geführt hat, sondern auch zu einer uneinheitlichen Verwendung des Begriffs „Metamodell".

Durch den inhaltlichen Anspruch eines Meta-Modells kann es theoretisch als Konsistenzsicherung für Modelle verwendet werden, die von dem Meta-Modell abgeleitet werden. Die Synatx eines Modells, das von einem Meta-Modell abgeleitet wurde, ließe sich also grundsätzlich durch das Meta-Modell überprüfen. Dieses strenge semantische Korsett der Metamodelle findet aber in der Praxis nicht immer Beachtung, so dass heute eine Abgrenzung zwischen Metamodellen und Assoziationsmodellen nicht eindeutig möglich ist und es zwei polare Arten von Metamodellen gibt:

- Metamodelle die streng formal spezifiziert sind, und

- Metamodelle, die etwas freier interpretiert werden „wollen".

Im Folgenden soll als erstes geklärt werden, was unter einem Metamodell zu verstehen ist und wie diese aufgebaut sind. Danach werden die Assoziationsmodelle besprochen.

12.1.1 Metamodelle

Um zu verstehen, um was es bei einem Metamodell eigentlich geht, kann man die beiden Wortbestandteile („Meta" und „Modell"), aus denen der zusammengesetzte Begriff gebildet wurde, zunächst einmal einzeln betrachten. Ein **„Modell"** ist eine Vereinfachung der Realität, die durch eine abstrahierte Sicht auf einen Betrachtungsgegenstand entsteht. Es kann sich dabei um einen beliebigen Betrachtungsgegenstand handeln. Zum Beispiel ein Software-Programm, ein Gebäude, eine Vorgehensweise – all dies kann mit einem Modell abstrakt repräsentiert werden. Was ändert sich nun an dieser Definition, wenn wir den Begriff „Meta" vorne anstellen?

Die Bezeichnung **„Meta"** wird als adjektivischer Zusatz, z. B. zu Objekt, Phänomen oder eben Modell verwendet, um zum Ausdruck zu bringen, dass über diese Objekte, Phänomene, Modelle, usw. reflektiert wird. Beispielsweise sind „Metadaten" Daten über Daten, „Meta-Kommunikation" ist Kommunikation über Kommunikation, „Metakognitives Wissen" ist Wissen über unser Wissen und ein „Metamodell" ist demzufolge ein Modell des Modells. Der Modellbegriff ist in diesem Zusammenhang sehr umfassend zu sehen. Auch Modellierungstechniken und Methoden sind Modelle und können durch ein Metamodell beschrieben werden. Die enge Beziehung zu den Methoden ist auch der Grund, weshalb Metamodelle für das methodische Vorgehen relevant sein können.

Metamodell	Modell
Grundlage für Modelle	Basierend auf Metamodell
Modell zum prinzipiellen Aufbau von Modellen	Modell zu konkretem Sachverhalt (Ausprägung)
Definition der Modellierungssprache	Beschrieben mit Modellierungssprache
Grundlagen / Kern von Entwurfstools	Ergebnis der Anwendung von Entwurfstools

Abb. 428: Abgrenzung Metamodell und Modell

Die Herleitung eines Metamodells wird von M. Glinz wie folgt beschrieben werden: „Der klassische Modellbildungsprozess führt von jeweils einem Problembereich zu einem Modell des Modellbereichs. Die Metamodellierung beschreibt die im Modellbereich verwendete Modellierungstechnik in einem Modell. Ein Metamodell ist nicht ein Modell eines Modells, sondern ein Modell eines Modellbereichs, d. h. einer Menge gleichartiger, nach der gleichen Technik erstellten Modelle". Siehe dazu ►Abb. 429.

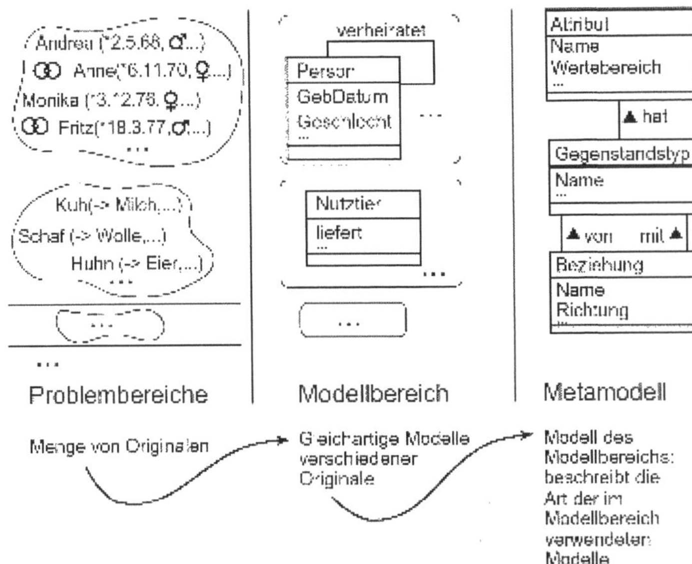

Abb. 429: Herbeiführung eines Metamodells [Glinz 1999]

Metamodelle enthalten Wissen über die Eigenschaften eines bestimmten Modells bzw. Modelltyps und stellen dieses Wissen in einer grafischen Form dar. Das bedeutet, dass es sich bei einem Metamodell immer um eine formale Darstellung der Modelleigenschaften handelt. Konkret zeigt ein Metamodell die Komponenten (Modellbausteine) eines bestimmten Modells und deren Beziehungen untereinander auf.

Das Metamodell kann also als Bauplan des Modells verstanden werden. Zu diesem Bauplan gehören auch die für ein bestimmtes Modell gebrauchten Begriffe und Konzepte. Ein Metamodell kann auch die Bestandteile der wesentlichen Entwurfsergebnisse einer Methode spezifizieren. Das Metamodell wird dadurch zum konzeptionellen Datenmodell der Ergebnisse einer Methode.

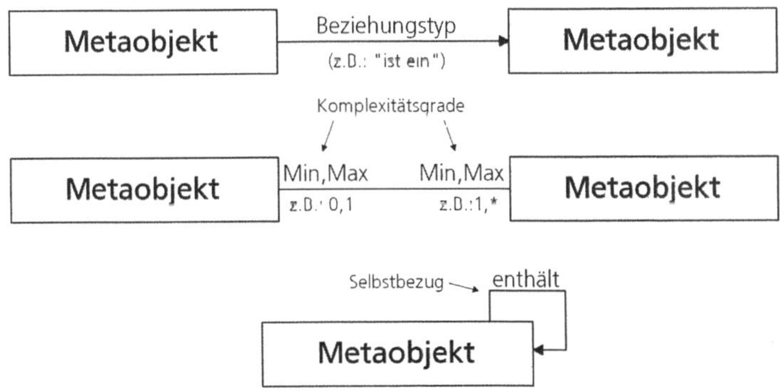

Abb. 430: Formale Grundstrukturen und Syntax-Varianten eines Metamodells

Die in einem Metamodell aufgeführten Modellbausteine bezeichnet man auch als „Metaobjekte" – sie sind durch Rechtecke grafisch dargestellt. Die Beziehungen zwischen Metaobjekten werden durch Linienverbindungen grafisch dargestellt.

Es gibt zwei fundamental unterschiedliche Möglichkeiten, die Beziehungstypen zu charakterisieren:

- Zum einen kann man die Linien mit einer beschreibenden Definition versehen. Beispiele für derartige Beziehunstypen sind: „ist ein" und „besteht aus". Der Beziehungstyp „besteht aus" zeigt eine mögliche hierarchische Zerlegbarkeit von Metaobjekten an, während der Beziehungstyp „ist ein" eine Verfeinerung von Metaobjekten durch Generalisierung beschreibt. Durch beschreibende Definitionen von Beziehungstypen entstehen allgemeinverständliche Metamodelle. Diese sind allerdings maschinell nicht nutzbar, d.h. ein Computerprogramm kann anhand eines solchen Metamodells keine Modelle ableiten oder überprüfen. In ▶Abb. 430 werden die formalen Elemente eines Meta-Modells mit möglichen Syntax-Varianten gezeigt.

- Eine andere – streng formale – Art von Metamodellen entsteht, wenn die Beziehungen in Form von „Komplexitätsgraden" spezifiziert sind. Komplexitätsgrade stammen von der Datenmodellierung. Ein Komplexitätsgrad gibt an, mit wievielen Objekten ein Objekt minimal in Beziehung stehen muss und maximal in Beziehung stehen darf. Die Angabe des Komplexitätsgrads erfolgt in der Min-Max-Notation, wobei meistens drei Abstufungen unterschieden werden: 0, 1 und * (das Symbol * steht für „beliebig viele"). Es gibt aber auch andere Notationen, die strenger an die Datenmodellierung angelehnt sind. Metamodelle, die durch Komplexitätsgrade spezifiziert sind, können durch Computerprogramme interpretiert und verarbeitet werden.

Beschreibender Beziehungstyp	Beziehungstyp als Komplexitätsgrad
Z. B.: „ist ein", „ist zuständig für"	Z. B.: „1,*" oder „1:n"
Allgemein verständlich; auch für Laien	Nur für Fachleute verständlich
Maschinell nicht auswertbar	Maschinell auswertbar
Beliebige Aussagen bezüglich den Beziehungsarten sind möglich	Nur Zuordnungen mit quantitativer Aussage möglich

Abb. 431: Vergleich zwischen Beziehungstyp-Spezifikationen

Ziel eines Metamodells ist die kompakte, aber dennoch vollständige Darstellung der Syntax und der Semantik eines Modells oder einer Methode. Zur Syntax gehören die erlaubten Bausteine, Beziehungen und die möglichen Verknüpfungen der Bausteine durch die Beziehungen. Letztendlich gibt die Syntax eine Antwort auf die Fragen: „Wie darf man welche Bausteine des Modells mit welchen Beziehungen kombinieren?" und „Wie hängen die Modellbausteine hierarchisch zusammen?" Das Metamodell erlaubt also die Definition von Regeln zur Verwendung und Verfeinerung der Modellbausteine und der Beziehungen. Bei der Semantik geht es um die Bedeutung der Bausteine und den Beziehungskombinationen.

Beispiele für beschreibende Beziehungstypen

Aggregationen:

- ist ein
- besteht aus
- setzt sich zusammen aus
- gehört zu
- integriert
- besitzt
- ist Teil von / ist Bestandteil von
- enthält
- teilt sich auf in

Weitere:

- verwendet
- kann sein
- bestimmt
- besitzt / hat
- wertet aus
- produziert / erzeugt
- konsumiert
- benutzt
- bietet an
- unterstützt
- führt aus
- löst aus
- greift zu auf
- läuft auf
- ist zuständig für
- wird transformiert zu
- spezifiziert
- ist Grundlage für

Abb. 432: Beschreibende Beziehungstypen

In ▶Abb. 433 wird ein einfaches Beispiel für ein Metamodell gezeigt. Es handelt sich um einen Ausschnitt von typischen Komponenten einer Aufbauorganisation. Die Beziehungstypen sind in Beschreibungsform angegeben.

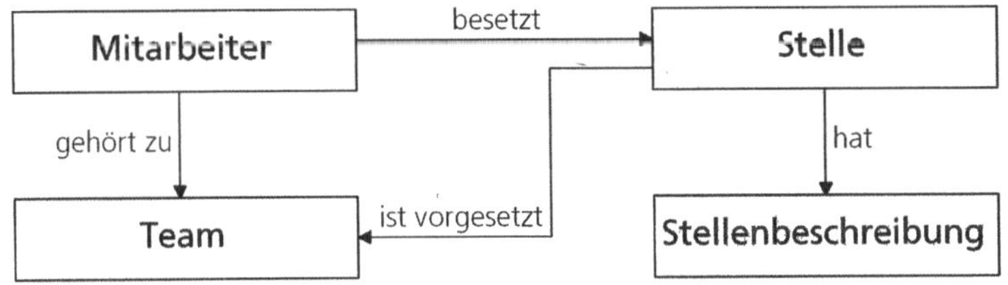

Abb. 433: Metamodell Beispiel – Ausschnitt einer Aufbauorganisation

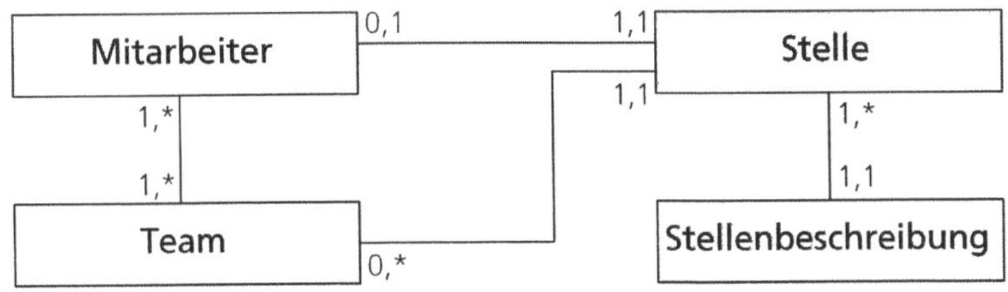

Abb. 434: Metamodell mit Komplexitätsgraden

Der gleiche Metamodell-Ausschnitt wird auch in ▶Abb. 434 gezeigt. Allerdings sind in dieser Abbildung die Beziehungstypen durch **Komplexitätsgrade** spezifiziert:

- Die 1,1-Beziehung von Mitarbeiter zu Stelle sagt beispielsweise aus, dass ein Mitarbeiter mindestens eine und maximal eine Stelle besetzt.

- Umgekehrt sagt die 0,*-Beziehung von Stelle zu Mitarbeiter aus, dass eine Stelle entweder von keinem Mitarbeiter oder von einem Mitarbeiter besetzt sein kann.

- Die 1,1-Beziehung zwischen Stelle und Stellenbeschreibung sagt aus, das es für eine Stelle genau eine Stellenbeschreibung gibt (mindestens 1 und maximal 1).

- Umgekehrt sagt die 1,*-Beziehung zwischen diesen Metaobjekten aus, dass es für eine Stellenbeschreibung mindestens eine Stelle oder beliebig viele Stellen geben kann.

Aus diesem Beispiel wird ersichtlich, dass die Verwendung von Komplexitätsgraden für Beziehungstypen nur dann sinnvoll ist, wenn die maschinelle Interpretierbarkeit notwendig ist oder wenn mengenmäßige Aussagen im Vordergrund stehen. Im Rahmen dieses Buches soll auf die Komplexitätsgrade nicht weiter eingegangen werden. Ihre Anwendung ist sehr speziell und um den Umgang mit den Komplexitätsgraden zu verstehen, müssten die Grundlagen der Datenmodellierung vermittelt werden – ein Unterfangen, dass den Rahmen dieses Buches sprengen würde.

Metamodelle können für nahezu jeden Sachverhalt erstellt werden. In ▶Abb. 433 wird ein einfaches Beispiel gezeigt, bei dem typische Elemente einer Aufbauorganisation zu einem Metamodell verdichtet wurden. Dieses Modell wird wie folgt interpretiert: Mitarbeiter sind Inhaber von Stellen und gleichzeitig Mitglieder in Teams. Jede Stelle ist durch eine Stellenbeschreibung definiert.

In ▶Abb. 435 wird ein mögliches Metamodell einer Methode gezeigt (entsprechend dem von Thomas A. Gutzwiller konzipierten „Method Engineering"). Das Methoden-Engineering ist ein von Gutzwiller/Heym entwickelter Ansatz zur systematischen Entwicklung von Methoden. Er hat sich bei der Erstellung verschiedener Methoden und deren Anwendung in der Praxis bereits vielfach bewährt.

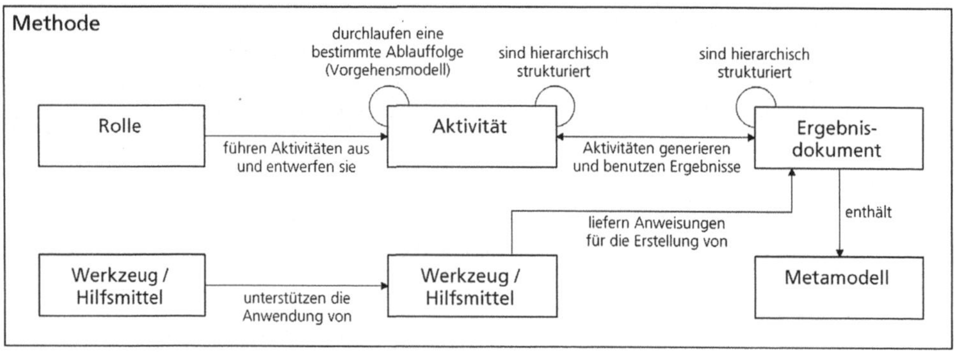

Abb. 435: Metamodell einer Methode

Die im Metamodell erwähnten Metaobjekte und Beziehungen sind dabei wie folgt zu interpretieren: Rollen beschreiben, wer in einer bestimmten Phase an einem Projekt beteiligt ist und welche Aktivitäten ausführt. Die Reihenfolge der Aktivitäten wird auf oberster Ebene oftmals von einem Vorgehensmodell vorgegeben, so dass eine hierarchische Verkettung von Aktivitäten entsteht. Sie sind von den Entscheidungskompetenzen und dem Wissen, die zur Erstellung der Ergebnisdokumente erforderlich sind, bestimmt.

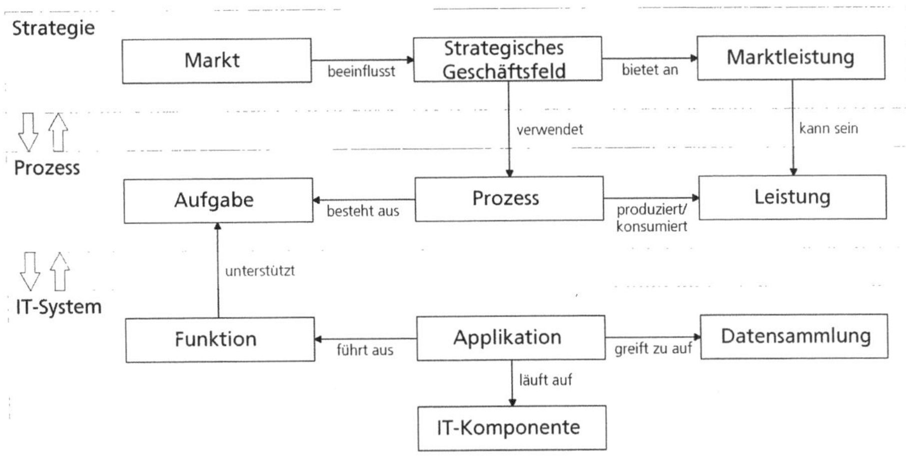

Abb. 436: Metamodell des Business Engineering (gemäß [Öst 2000])

Ergebnisdokumente werden zur Dokumentation von Ergebnissen erstellt und bilden einen wichtigen Input für die Festlegung der IT-Anforderungen. Techniken beschreiben, wie ein oder mehrere Ergebnisse erzielt werden können. Werkzeuge wie z. B. Software-Programme für die Prozessgestaltung, können den Einsatz von Techniken unterstützen. Das Metmodell einer konkreten Ausprägung einer Methode beinhaltet die Hauptobjekte der Gestaltung und die zwischen diesen Objekten bestehenden Beziehungen. Beim Process-Engineering wären dies z. B. Prozesse, die Outputs erzeugen und aus Aktivitäten bestehen.

Warum verwendet man Metamodelle?

- Das Metamodell ermöglicht eine kompakte und übersichtliche Darstellung der wichtigsten Eigenschaften eines Modells (und damit kann auch eine Methode gemeint sein), was mit natürlichsprachigen Beschreibungen nicht möglich ist. Man kann sich dadurch einen schnellen Überblick die Beschreibungs- und Gestaltungsbereiche und die verwendete Terminologie eines Modells oder eben einer Methode verschaffen.

- Ein Metamodell ist eindeutig, was auf natürlichsprachige Beschreibungen nicht immer zutrifft.

- Anhand eines Metamodells lässt sich auch die Korrektheit (Syntax, Konsistenz und Vollständigkeit) eines bestimmten Modellsystems leicht überprüfen.

- Durch die standardisierte Struktur sind Metamodelle auch international verständlich.

All diese Vorteile können ein Metamodell zu einem wichtigen Element für die Gleichschaltung von Projektbeteiligten oder Arbeitsgruppen machen. In ▶Abb. 436 wird als Beispiel ein Metamodell gezeigt, dass die Beziehungen zwischen Strategie, Prozess und IT-System beim Business Engineering aufzeigt.

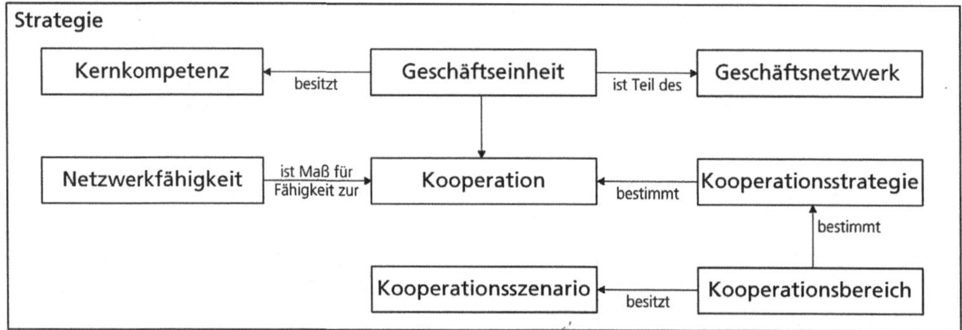

Abb. 437: Metamodell der Strategieebene

Es ist nicht in jedem Fall möglich, mit einem einzigen Metamodell eine vollständige Repräsentation eines Modells bzw. einer Methode zu erreichen. Aus Gründen des Platzbedarfs und der Übersichtlichkeit wird oftmals ein vereinfachtes Metamodell angefertigt, welches den Gesamtzusammenhang zeigt. Aus dem Gesamtzusammenhang werden dann Teilbereiche isoliert und mit individuellen Meta-Modellen vollständig abgebildet.

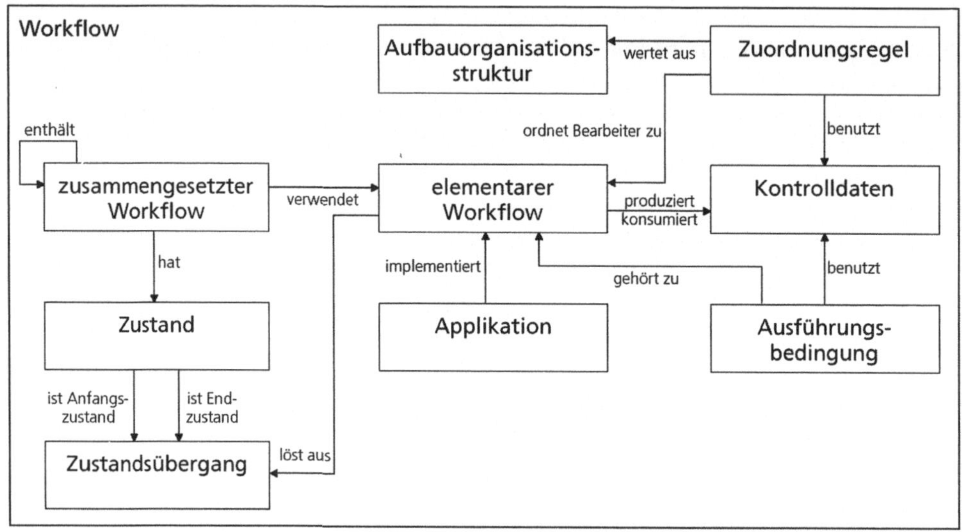

Abb. 438: Workflow Metamodell (gemäß [Deru1997])

Beispielsweise gibt es von der SSADM-Methode (Structured System Analyse and Design) ein Meta-Modell zum Teilbereich „System-Analyse" und eines zum Teilbereich „System-Design". Bei dem in ▶Abb. 436 gezeigten Metamodell des Business Engineering können beispielsweise die Details der einzelnen Ebenen durch individuelle Metamodelle komplettiert werden. Eine mögliche detailliertere Ausformulierung der Strategieebene wird in ▶Abb. 437 gezeigt.

12.1.2 Assoziationsmodelle

Die Notation der Assoziationsmodelle entspricht im Wesentlichen der Syntaxkonvention, die bei den Metamodellen angewendet wird. Bei Assoziationsmodellen gibt es allerdings nur wenig inhaltliche Anforderungen – und, abgesehen davon, dass Knoten mit gerichteten Kanten verbunden werden, keine Anforderungen in Bezug auf die Form der Darstellung. Mit anderen Worten: Der Ersteller eines Assoziationsmodells kann sowohl Syntax (Form) als auch Semantik (Inhalt) weitgehend frei bestimmen. In der Praxis scheint es allerdings sinnvoll, dass man für Assoziationsmodelle eine in groben Zügen standardisierte Darstellungsweise wählt, um durch die dadurch entstehende Einheitlichkeit eine universelle Verständlichkeit zu ermöglichen und zu fördern.

Ein wichtiger Unterschied zwischen den Assoziationsmodellen und den Metamodellen ist die Möglichkeit, in einem Assoziationsmodell, zwischen Elementen und deren Eigenschaften zu differenzieren. Dies kann beispielsweise dadurch geschehen, dass unterschiedliche Symbole verwendet werden. Die Bedeutung der Symbole sollte in diesem Fall unbedingt in einer Legende beschrieben sein.

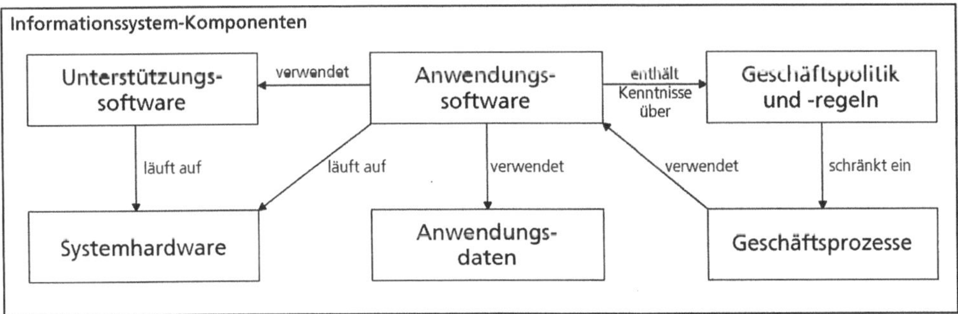

Abb. 439: Typische Komponenten eines Informationssystems [Som 2001]

Ein Beispiel für eine derartige Darstellungsmöglichkeit wird in ▶Abb. 440 gezeigt. Dieses Assoziationsmodell stellt eine Zusammenfassung der Inhalte von ▶Kapitel „3 *Systematisieren des Projektvorgehens"* dar. In diesem Modell ist beispielsweise für die Anforderungen spezifiziert, dass diese entweder funktional oder nicht-funktional sein können. Anhand eines speziellen Symbols wird der inhaltliche Unterschied optisch hervorgehoben, womit die Unterscheidung von Elementen und Eigenschaften betont wird. Auch für die Vorgehensstrategie wurden die möglichen Eigenschaften spezifiziert.

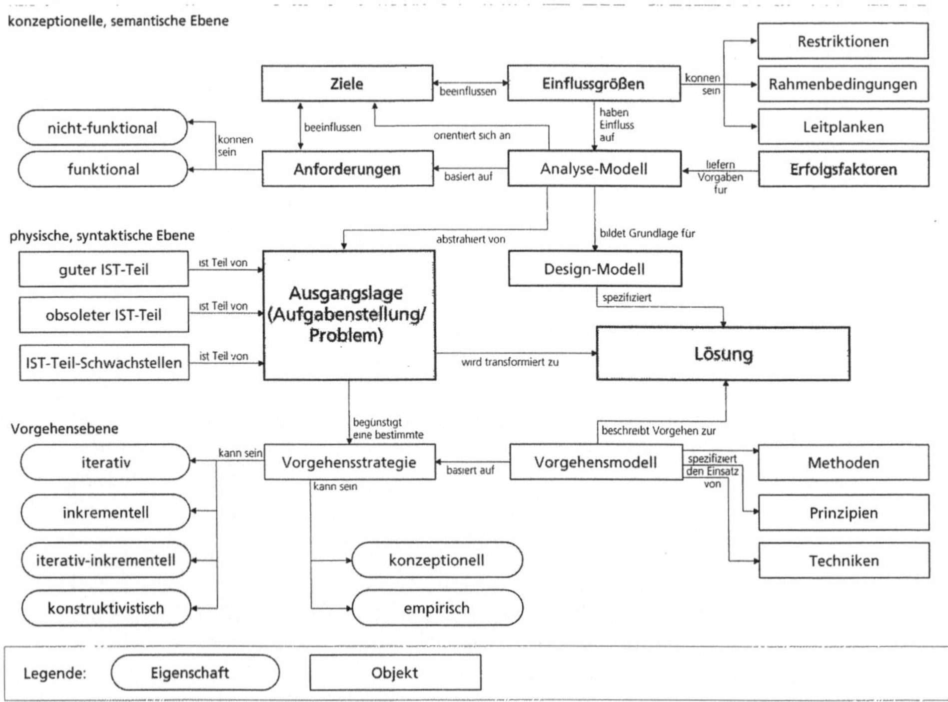

Abb. 440: Assoziationsmodell mit Objekt- und Eigenschaft-Unterscheidung

In einem Assoziationsmodell können beliebige Beziehungsbeschreibungen zwischen den Elementen angegeben werden. Die bei der Beschreibung der Metamodelle angegebenen Beziehungstypen können hier ebenfalls als Referenz herangezogen werden (siehe ▶Abb. 432). Ansonsten trifft die Beschreibung der Metamodelle weitgehenst auch für die Assoziationsmodelle zu, so dass zur Vermeidung von Redundanzen dieselbe hier nicht wiederholt wird.

12.2 Vergleichsdarstellungen / Bewertungsdarstellungen

Im Rahmen von Aufgabenbewältigungen kommt es immer wieder vor, dass eine bestimmte Auswahl von Faktoren anhand mehrerer Beurteilungskriterien bewertet werden müssen oder dass Varianten anhand verschiedener Beurteilungskriterien verglichen werden müssen. Die Visualisierung der Bewertung bzw. des Vergleichs ist das Anliegen der Darstellungstechniken, die im Folgenden präsentiert werden. Mit ihnen können die Ausprägungen von beliebigen skalierbaren Bewertungsmaßstäbe bzw. Vergleichskriterien grafisch anschaulich dargestellt werden.

Um eine Bewertung handelt es sich dann, wenn beispielsweise im Rahmen einer Risikoanalyse mögliche Risiken erhoben werden und jedes Risiko anhand der beiden Kriterien **„Eintrittswahrscheinlichkeit"** und **„Schadensausmaß"** beurteilt wird. Die Visualisierung einer solchen Beurteilung kann mit einer Bewertungsdarstellung durchgeführt werden.

Ein Vergleich liegt vor, wenn eine bestimmte Zahl von Alternativen zur Auswahl steht und verschiedene Kriterien für die Gegenüberstellung herangezogen werden beispielsweise bei einer Evaluation, wenn mehrere Angebote auf Basis eines Pflichtenhefts eingehen und die Geeignetheit der Varianten geprüft werden muss. Die Visualisierung eines solchen Vergleichs kann mit Vergleichsdarstellungen durchgeführt werden.

In Textform sind umfassende Bewertungen und Vergleiche nur schwer durchführbar. Es fehlt die notwendige Übersicht und Transparenz über die Faktoren mit ihren Bewertungen bzw. die Kriterien mit ihren Erfüllungsgraden für jede Variante. Durch die Techniken der Vergleichs- und Bewertungsdarstellung erhält man eine unmittelbare visuelle Einschätzung über alle beteiligten Faktoren und Kriterien mit ihrer jeweiligen Bewertung bzw. ihrem jeweiligen Erfüllungsgrad. Nicht zuletzt deshalb, weil in den Diagrammen mehrere Betrachtungsgegenstände gleichzeitig abgebildet werden können.

12.2.1 Kiviatdiagramm

Bei einem Kiviatdiagramm handelt es sich um eine Visualisierungstechnik für Vergleichsdarstellungen. Sie zeigen zum einen, inwieweit die für einen Vergleich maßgeblichen Kriterien relativ erfüllt sind, aber auch, wie diese im Vergleich zu anderen Varianten zu sehen sind. Die Beurteilungsskalen für die einzelnen Vergleichskriterien sind strahlenförmig um einen Mittelpunkt angeordnet. Die Werte der Skala beginnen im Zentrumspunkt. Die Bewertung der Faktoren wird durch einen Polygonzug im Diagramm dargestellt. Je größer der Abstand vom Mittelpunkt ist, umso besser ist das entsprechende Kriterium durch die jeweilige Variante erfüllt. Unterschiedliche Polygonzüge repräsentatieren dabei verschiedene Varianten. Es entsteht dabei für jede Variante ein sternförmiges Muster, welches die Erfüllungsgrad-Unterschiede zwischen den Varianten aufzeigt.

Anstelle von Varianten kann mit einem Kivitatdiagramm auch ein Vergleich zwischen einem vorhandenen Ist-Zustand und einem geplanten Soll-Zustand durchgeführt werden oder es können die Ergebnisse von Vorher-Nachher-Vergleichen visualisiert werden, beispielsweise die Qualität eines Anwendungssystems vor der Durchführung eines Refactorings und nach der Durchführung. Es werden dann zwei Polygonzüge in das Diagramm eingezeichnet: Ein Polygonzug für die Vorher-Bewertung und einer für die Nachher-Bewertung.

In ▶Abb. 441 wird ein Beispiel für diese Darstellungsmotivation gezeigt. Die Darstellung zeigt gleichzeitig die einfachste Art und Weise, wie ein Kiviat-Diagramm grafisch aufgebaut sein kann. Es gibt bezüglich der Gestaltung viele verschiedene Varianten.

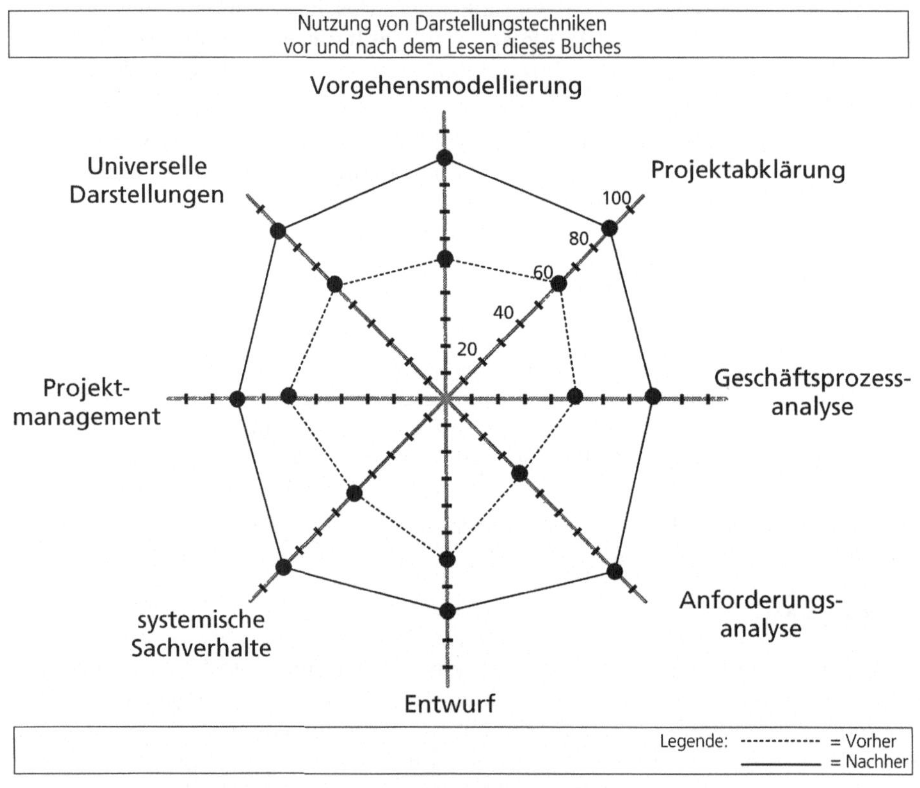

Abb. 441: Kiviatdiagramm – Vorher-Nachher-Vergleich

Die von den Polygonzügen umschlossenen Felder (Polygonflächen) können auch schattiert dargestellt werden. Dies kann insbesondere bei farbigen Darstellungen aussagekräftig sein, bei der jede Fläche mit einer anderen Farbe ausgefüllt werden kann. Die Felder werden dabei leicht transparent dargestellt, so dass keine Fläche vollständig überdeckt wird, was einen Informationsverlust bedeuten würde. Der Gebrauch dieser Darstellungsvariante empfiehlt sich besonders dann, wenn nur zwei Varianten gegenübergestellt werden. Bei drei Varianten muss die Tauglichkeit geprüft werden, und bei mehr als drei Varianten ist von einer Schattierung der Felder abzuraten.

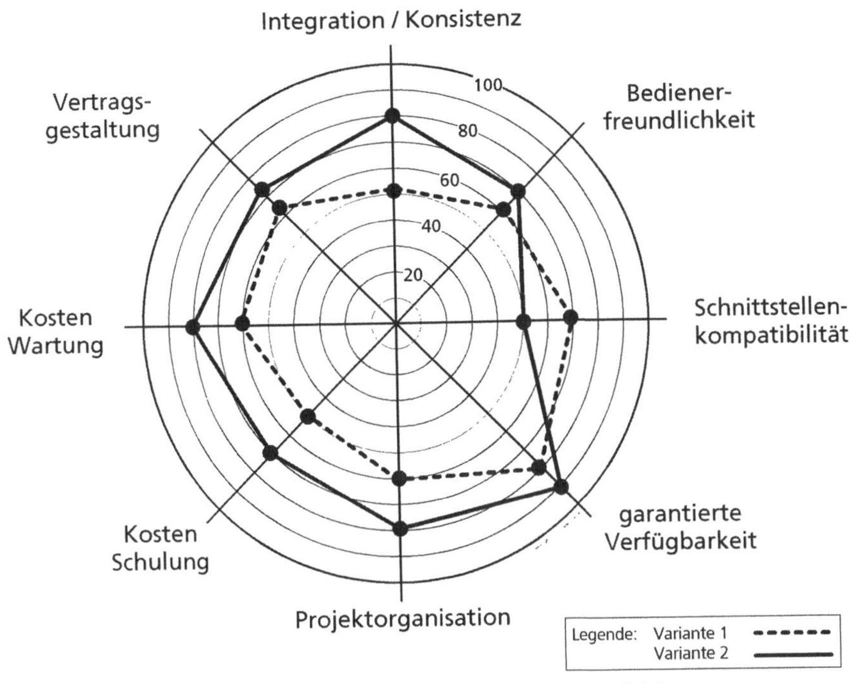

Abb. 442: Kiviatdiagramm – Variantenvergleich

12.2.2 Nutzwertprofil / Polaritätsprofil

Bei einem Nutzwertprofil handelt es sich vereinfacht gesagt um ein abgerolltes Kiviat-Diagramm. Während bei einem Kiviat-Diagramm die Merkmale kreisförmig angeordnet sind, werden sie in einem Nutzwertprofil untereinander aufgeführt. Dadurch entsteht eine tabellenförmige Darstellung. Sehr oft wird für diese Darstellungsform auch die Bezeichnung „Polaritätsprofil" verwendet.

Polaritätsprofile sind in ihrer ursprünglichen Form so aufgebaut, dass eine bestimmte Anzahl von Begriffspaaren untereinander stehen. In jeder Zeile ist ein Begriffspaar aufgeführt, welches polare Zustände verdeutlicht (beispielsweise „leicht bedienbar" und „schwer bedienbar"). Aus diesem Grund bezeichnet man die Begriffspaare auch als „Polaritäten". Zwischen dem Begriffspaar befindet sich ein Freiraum, der als Bewertungsskala genutzt wird.

Diese Form des Polaritätsprofils kann auch in einem Fragebogen genutzt werden, um beispielsweise anlässlich eines Softwareentwicklungsprojektes Informationen von den bisherigen Anwendern zu erheben.

Ergebnisse Beurteilung "IST-System"	Negativ		Positiv	
Beurteilungskriterien	-2 -1	0	+1	+2
Effizienz / Leistung				
Antwortzeiten für Abfragen				
Programmlaufzeiten für Systemaufgaben				
Geschwindigkeit Bildschirmaufbau				
Zeitbedarf Datenreorganisation				
Benutzerfreundlichkeit				
Online-Hilfe				
Bildschirmmasken				
Dokumentation				
Individuelle Konfigurierbarkeit				
...				
	-2 -1	0	+1	+2

Abb. 443: Polaritätsprofil – Ergebnisdarstellung einer Anwenderbefragung

Das Polaritätsprofil basiert auf der Erkenntnis, das die menschliche Wahrnehmung und damit auch die Beurteilung von Sachverhalten immer innerhalb von Polaritäten (schnell – langsam, einfach erlernbar – schwer erlernbar usw.) geschieht. In diesem Zusammenhang wird deutlich, dass Polaritätsprofile und die auf einem ähnlichen Prinzip basierenden Nutzwertprofile für viele verschiedene Zwecke eingesetzt werden, wenngleich sie im Bereich der Informationstechnologie vorwiegend für Auswertungszwecke genutzt werden.

In ▶Abb. 443 wird ein Beispiel für ein Polaritätsprofil gezeigt, welches die Ergebnisse einer Anwenderbefragung visualisiert. Diese Darstellungsform kann jedoch ebenso gut verwendet werden, um mehrere Betrachtungsgegenstände in einem Diagramm gegenüberzustellen. Dazu können unterschiedlich schraffierte Balken im Diagramm verwendet werden. Die Bedeutung der Schraffur sollte in einer Legende angegeben sein.

Bei informationstechnologischen Aufgabenstellungen wird das Polaritätsprofil in vielen Fällen zu einem Nutzwerprofil abgewandelt, in welchem statt einem Begriffspaar nur ein beschreibendes Merkmal verwendet wird (z. B. Benutzerfreundlichkeit). Rechts neben dem beschreibenden Merkmal befindet sich eine Skala (beispielsweise von 0 – 10 oder 0 – 100). Diese Skala stellt die so genannten „Nutzwerte" dar, woraus auch die Bezeichnung „Nutzwertprofil" resultiert. Dennoch wird auch für diese

Darstellungsform in der Literatur immer wieder die Benennung „Polaritätsprofil" gewählt.

Die Nutzwerte dienen der Bewertung von Lösungsvorschlägen oder Lösungsalternativen und können entweder nach Gefühl vergeben oder unterstützt durch ein im Vorfeld durchgeführtes Ermittlungsverfahren (z. B. Nutzwertanalyse) spezifiziert werden. Die zweite Variante ist vorzuziehen, da hierbei eine (wenn auch nicht vollständige) Ent-Subjektivierung möglich ist.

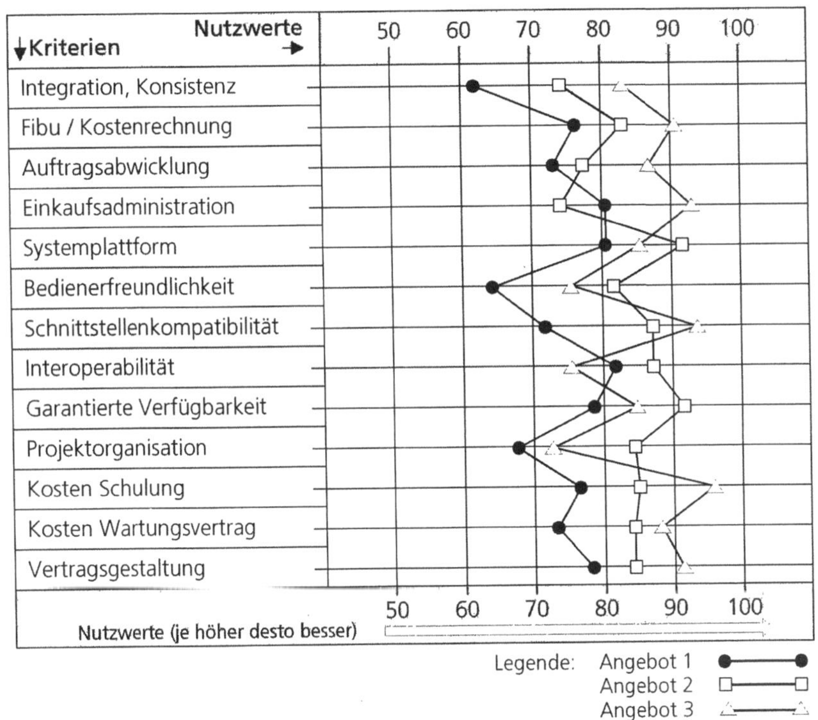

Abb. 444: Nutzwertprofil

Durch das Nutzwertprofil wird visualisiert, welchen Zielerreichungsgrad eine bewertete Lösung für jedes Merkmal aufweist. Eine derartige Darstellung ist besonders dann sinnvoll, wenn mehrere Lösungen anhand von vorab definierten Zielen und Anforderungen bewertet und verglichen werden sollen. Nutzwertprofile werden häufig bei Benchmarks für den Ergebnisvergleich und bei Evaluationen für den Lösungsvergleich von mehreren Anbietern eingesetzt. Starke Abweichungen von Normalwerten sind in einem Nutzwertprofil sofort erkennbar. In ▶Abb. 444 ist ein Beispiel für ein Nutzwertprofil dargestellt, in dem drei Angebote anhand bestimmter Merkmale gegenübergestellt werden.

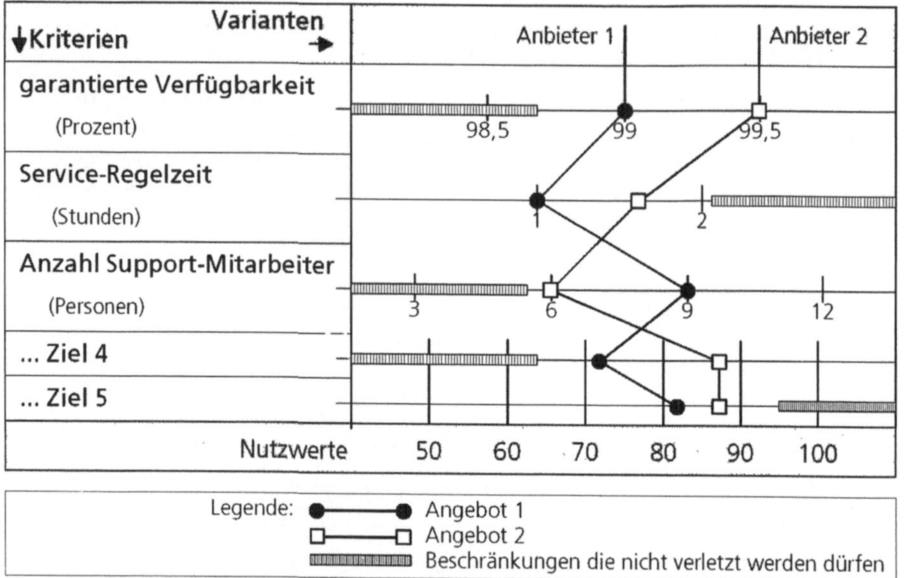

Abb. 445: Nutzwertprofil mit merkmalsspezifischen Bewertungsmaßstäben

Nicht für alle Vergleichsaspekte ist eine vorausgehende und in Nutzwerten ausgedrückte Analyse notwendig. Denkbar sind auch Vergleichskriterien, die objektiv formuliert sind und anhand von unterschiedlichen, d. h. merkmalsspezifischen Skalierungen, verglichen werden können. Ein derartiges Beispiel ist in verkürzter Form in ▶Abb. 445 dargestellt. Horizontal verlaufende Balken auf der Bewertungsskala verdeutlichen zusätzlich gewisse Minimal- oder Maximalwerte.

12.2.3 Risikoprofil

Im Rahmen von geplanten Vorhaben müssen neben Zielen, Rahmenbedingungen und Anforderungen auch Risiken festgehalten und analysiert werden. Ein gewichtiger Grund für das Scheitern von Projekten bzw. für den vorzeitigen Ersatz von eingeführten Lösungen liegt oft darin, dass keine umfassende Risikoanalyse als Grundlage der Entscheidungsfindung durchgeführt wurde. Gerade bei informationstechnologischen Vorhaben gibt es unterschiedliche Gefahren, auf die man vorbereitet sein sollte. Risikoverursacher sollten deshalb möglichst vollständig erhoben und in Risikogruppen bzw. Risikoklassen gegliedert werden. Mögliche Risikoklassen sind z. B. technische Risiken, personelle Risiken, Terminrisiken, Kosten-/Nutzenrisiken, Partnerrisiken.

Bei der Risikoanalyse werden die Risiken meist hinsichtlich der zwei Kenngrößen Eintrittswahrscheinlichkeit (W = Wahrscheinlichkeit) und Schadensausmass (S = Schaden) bewertet. Dazu wird für jede Kenngröße eine Skala festgelegt.

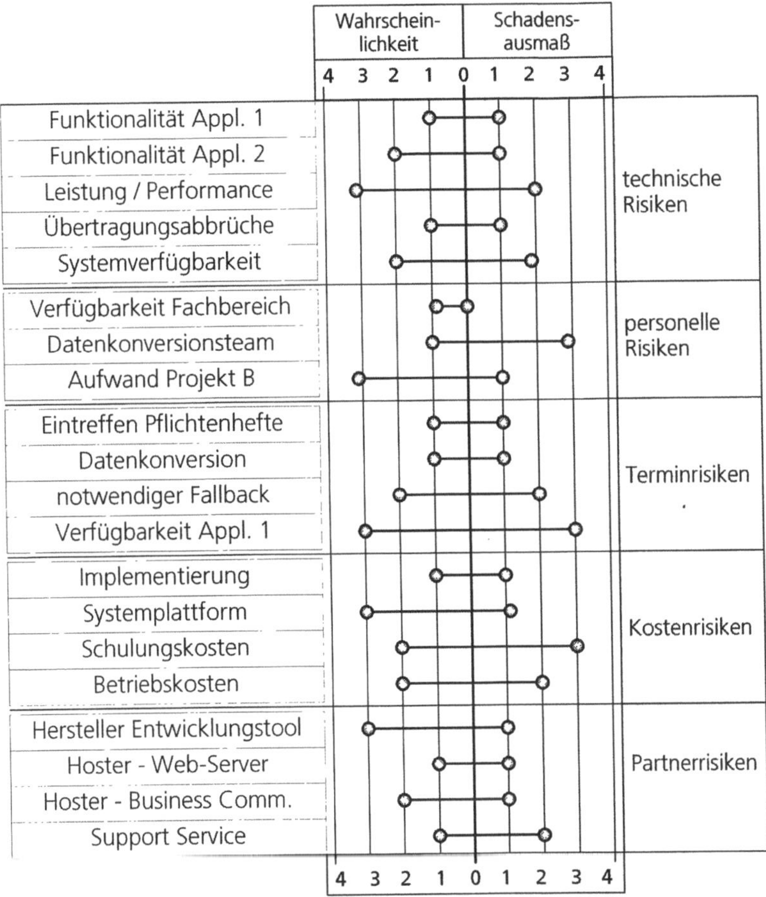

Abb. 446: Risikoprofil mit Eintrittswahrscheinlichkeit und Schadensausmass

Die Skalen für beide Faktoren sind in dem Buch „Beschaffung von Informatikmitteln" von J. Schreiber wie folgt definiert:

Wahrscheinlichkeit des Eintretens (W):

0 = sehr gering, praktisch kein Risiko auszumachen

1 = geringe Eintretenswahrscheinlichkeit

2 = mittlere Eintretenswahrscheinlichkeit

3 = hohe Eintretenswahrscheinlichkeit

4 = sehr hohe Eintretenswahrscheinlichkeit

Auswirkungen des Schadens (S):

0 = keine, praktisch nicht spürbar

1 = geringe, nicht stark ins Gewicht fallende Schäden

2 = mittlere, durchaus spürbare Schäden,
jedoch vertretbarer Aufwand für Korrektur

3 = hohe Schäden, Projekterfolg gefährdet,
hoher Aufwand für Beseitigung

4 = sehr hohe Schäden, nicht mehr vollständig zu beseitigen;
Projektabbruch als Folge

Die Zusammenstellung der Risikoanalyse geschieht in der Regel in Tabellenform, wo jedes Risiko mit seiner Bewertung, einer genaueren Risikobeschreibung, möglichen Auswirkungen und Gegenmaßnahmen aufgeführt ist. Für die Visualisierung der Bewertung kann ein „Riskioprofil" verwendet werden. Ein Beispiel ist in ▶Abb. 446 dargestellt.

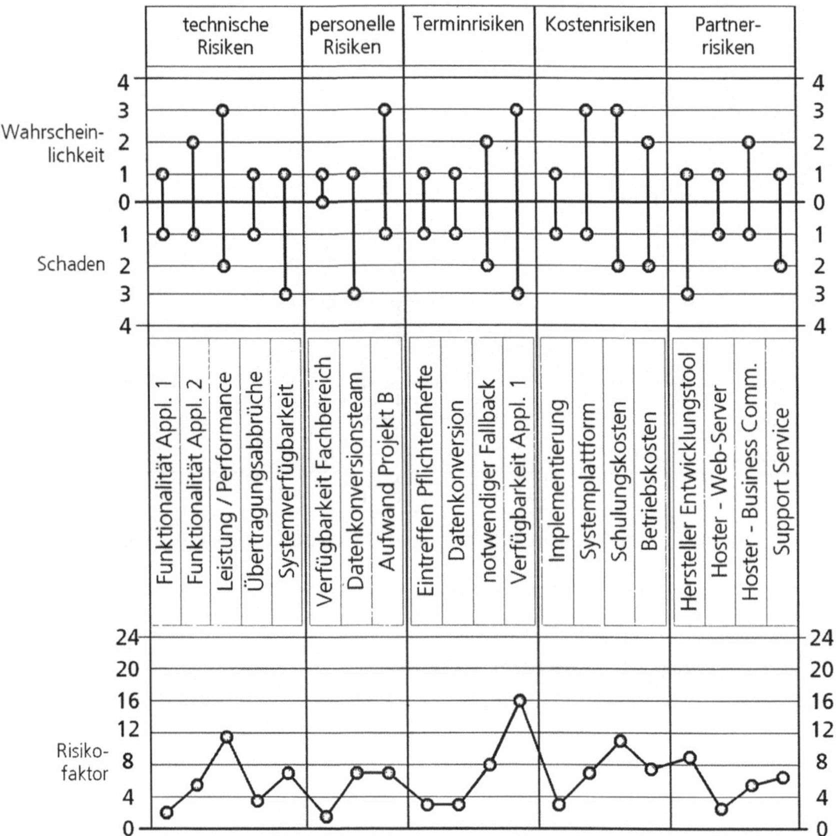

Abb. 447: Risikoprofil (in Anlehnung an [Schreiber 2000])

Die beiden Faktoren Eintrittswahrscheinlichkeit (W) und Schadensausmaß (S) können bei Bedarf zu einem Wert verdichtet werden – dem „Risikofaktor" (R). Der Risikofaktor ergibt sich aus der Formel: R = (W+1) x (S+1)-1. Es stellt sich allerdings nun

510

die Frage, wie man diesen dritten Wert gleichzeitig mit den beiden anderen Faktoren in einer Darstellung zeigen kann. Dies ist möglich, indem man der in ▶Abb. 446 gezeigten Darstellung eine weitere Skala einzeichnet. Die neue Skala sollte so hinzugefügt werden, dass sich die Liste der Risiken zwischen den beiden Skalen befindet. Ein Beispiel ist in ▶Abb. 447 dargestellt.

12.2.4 Überdeckungs-Darstellung

Für die Visualisierung von Überdeckungsgraden sind Kreisschaubilder die Technik der Wahl. Durch das Ineinanderschieben von transparenten Kreisflächen können die Intensitäten von Deckungsgleichheiten dargestellt werden. Nach dem Prinzip der Mengenlehre entstehen dabei unterschiedliche Teilmengen, die verschiedene Überlagerungszustände ausdrücken.

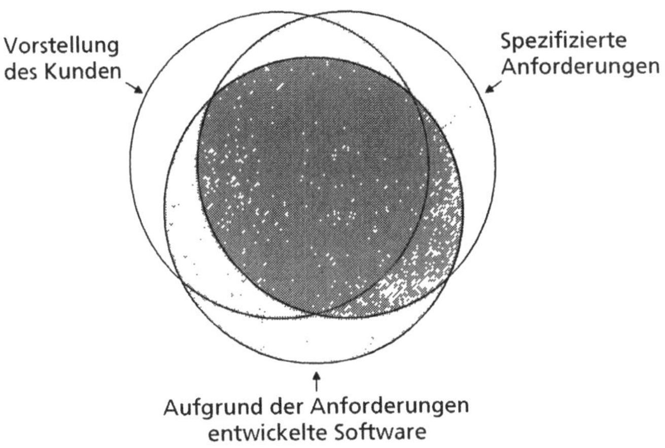

Abb. 448: Kreise für die Visualisierung des Überdeckungsgrades

Das Beispiel in ▶Abb. 448 zeigt dies anhand von Informationsmengen bei einem Softwareentwicklungsprojekt. Der mit „Vorstellung des Kunden" bezeichnete Kreis repräsentiert das von den Anwendern (Kunden) gewünschte bzw. geforderte System. Daraus werden im Rahmen eines Analysevorgangs Anforderungen spezifiziert und ein Analysemodell erstellt. Dabei ergeben sich oftmals leichte Abweichungen zu den ursprünglichen Vorstellungen der Anwender.

Aus der Darstellung wird ersichtlich, dass nicht alle ursprünglich geäußerten Vorstellungen des Kunden im Endprodukt umgesetzt sind, wobei diese Abweichungen nicht zwangsweise negativ sein müssen. Sie können ebenso einen positiven Einfluss auf das zu erstellende System haben. Das Analysemodell wird dann von den Entwicklern in Software umgesetzt. Das dabei tatsächlich entstandene System/Programm kann erneut Differenzen zu den Entwürfen der Analysephase aufweisen, die sowohl teilweise positiv als auch negativ sein können.

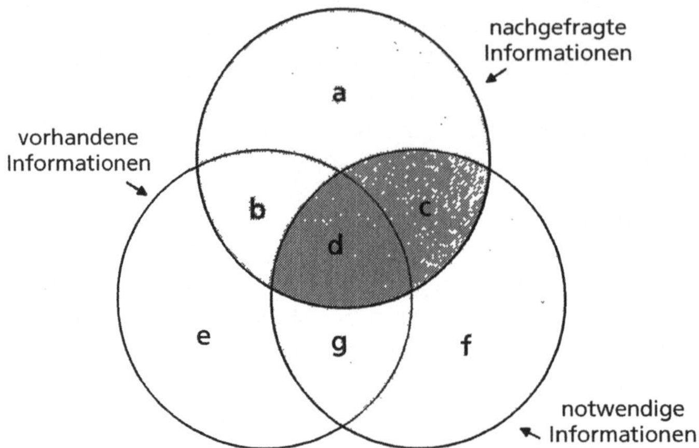

Abb. 449: Überdeckungsgradvisualisierung für die Informationsanalyse

In ▶Abb. 449 wird ein Beispiel aus dem Informationsmanagement gezeigt. In dieser Darstellung wird der Informationsbedarf hinsichtliche Nachfrage und Verfügbarkeit unterteilt. Die unterschiedlichen Merkmalsausprägungen werden im Rahmen einer Informationsanalyse erhoben.

- Der Kreis „a" symbolisiert die nachgefragte, nicht notwendige und nicht vorhandene Information.

- Kreis „e" symbolisiert die vorhandene, nicht nachgefragte und nicht notwendige Information.

- Kreis „f" stellt die notwendige, nicht nachgefragte und nicht vorhandene Information dar.

Durch die teilweise Überdeckung der Kreis entstehen die Teilmengen „b", „c", „g" und „d". Teilmenge „b" zeigt die vorhandene, nachgefragte, aber nicht notwendige Information. Teilmenge „c" zeigt die notwendige und nachgefragte, aber nicht vorhandene Information. Teilmenge „g" zeigt die notwendige, vorhandene, aber nicht nachgefragte Information. Teilmenge „d" stellt die vollständige Überlagerung aller Kreise dar und repräsentiert somit die vorhandene, nachgefragte und notwendige Information.

12.3 Verschiedene

Es gibt einige universelle Darstellungstechniken, die sehr vielseitig einsetzbar sind und nicht in ein bestimmtes Raster eingeordnet werden können. Diese Darstellungen lassen sich nicht spezifischen Projektphasen zuordnen, sodass sie zu verschiedenen Zeitpunkten im Rahmen der Problemformulierung oder Aufgabenbewältigung eingesetzt werden können.

12.3.1 Ist-Soll-Vergleichsdiagramm

Beim Ist-Soll-Vergleichsdiagramm geht es vor allem darum, die verbesserungsfähigen bzw. problemverursachenden Komponenten der Ist-Situation den jeweiligen Bestandteilen der Lösung gegenüberzustellen. Die Ist-Komponenten sind auf der linken Seite des Diagramms aufgeführt, die Soll-Komponenten auf der rechten Seite. In der Mitte werden die Probleme stichwortartig beschrieben.

Die Ist-Soll-Vergleichsdarstellung kann bei verschiedenen Aufgabenstellungen angewendet werden: bei der Systementwicklung (zur Gegenüberstellung von Systembestandteilen), bei der Programmierung (zur Gegenüberstellung von Komponenten oder Modulen) oder bei allgemeinen eher nicht-technischen Situationen, etwa bei organisatorischen Aufgaben wie zum Beispiel der Organisation des Help-Desks oder bei betriebswirtschaftlichen Themen.

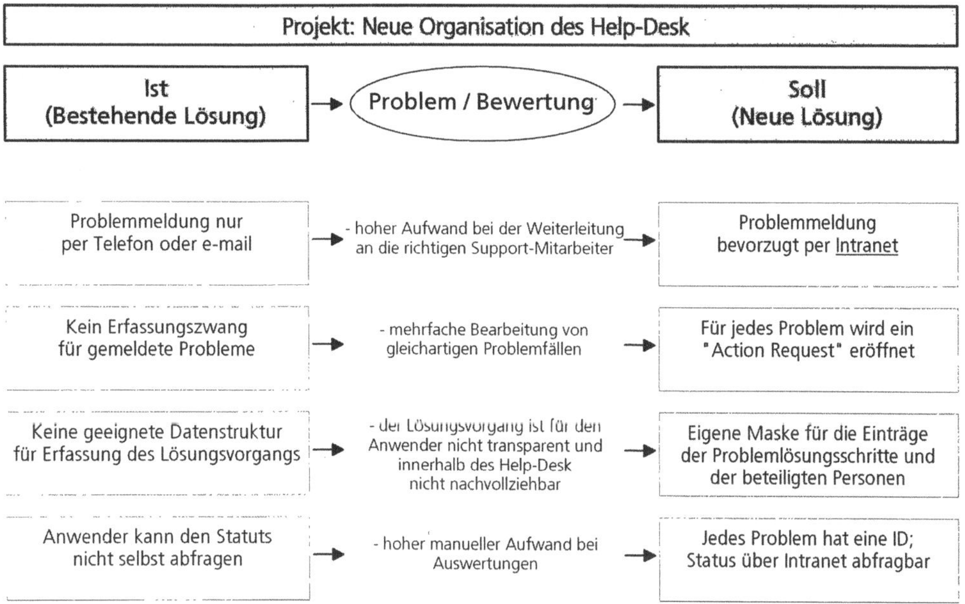

Abb. 450: Beispiel eines Ist-Soll-Problemvergleichs in grafischer Form

Ein wichtiger Vorteil dieser Darstellungsart ist, dass man drei Inhalte in einer Grafik verdeutlichen kann:

- zum einen die Probleme,

- dann die im „Ist" liegenden Problemverursacher und

- weiterhin die Art und Weise der Problemlösung im „Soll".

Zusammengefasst: Problem, Problemursache und Lösung. Ein weiterer Vorteil ist, dass der Vergleich auf Komponentenebene stattfindet. Ein Problem oder eine

Schwachstelle steht somit in direktem Bezug zum jeweiligen Element im „Ist" und im „Soll".

12.3.2 Ist-Soll-Abhängigkeitsdiagramm

Das Ist-Soll-Abhängigkeitsdiagramm ist eine Erweiterung des zuvor beschriebenen Vergleichsdiagramms. Es kann verwendet werden, um den Überblick über Ziele, Tätigkeiten und Abhängigkeiten bei einem komplexen Vorhaben zu erhalten und Unmöglichkeiten oder Hindernißgründe möglichst früh zu erkennen. Die hier erläuterte Form des Ist-Soll-Abhängigkeitsdiagramms geht auf eine Beschreibung der Autorengemeinschaft Zuser, Biffl, Grechenig und Köhle zurück. In dem von dieser Autorengemeinschaft veröffentlichten Buch „Software Engineering" wird dieses Diagramm für das frühe Ausloten und Sortieren der anstehenden Tätigkeiten in einem komplexen Projekt verwendet.

Ähnlich wie beim Ist-Soll-Vergleichsdiagramm besteht die Grundüberlegung darin, dass in einem Projekt ein Ist-Zustand in einen Soll-Zustand überführt werden muss. Das Ist-Soll-Abhängigkeitsdiagramm soll nun dabei helfen, die für den Umsetzungsprozess notwendigen Aktivitäten zu finden und ihre Abhängigkeiten untereinander zu erkennen.

Das Ist-Soll-Abhängigkeitsdiagramm wird in einem zweistufigen Prozess erstellt:

1. In einem ersten Schritt wird das Wissen über den Ist-Zustand auf der linken Seite des Diagramms festgehalten, so dass sich ein möglichst vollständiges Bild über die Zusammensetzung der Ausgangslage ergibt. Auf der rechten Seite des Diagramms werden die wesentlichen Elemente eines gewünschten oder geforderten Idealzustands aufgeführt. Dabei kann es sich um Funktionsmerkmale, Lösungsbausteine oder qualitätsbestimmende Eigenschaften des Zielprodukts handeln.

2. Wenn „Ist" und „Soll" ausreichend detailliert aufgeschlüsselt sind und die Merkmale dieser Zustände sich gegenübergestellt sind, beginnt eine weitere kreative Phase, in welcher die für den Umsetzungsprozess notwendigen Zwischenprodukte und -tätigkeiten identifiziert werden.

Dabei kann man sich der Methode des Vorwärtsschreitens oder Rückwärtsschreitens bedienen. Diese beiden Vorgehensmöglichkeiten sind im ▶Kapitel *„2 Komplexe Projektaufgaben systematisch lösen"* im Rahmen der methodischen Variantenbildung ausführlich beschrieben:

- Beim **Vorwärtsschreiten** wird der Lösungsansatz ausgehend vom Ist-Zustand konzipiert. Diese Vorgehensweise ist problembezogen und orientiert sich an der Fragestellung: „Wie kann ich dieses Problem lösen bzw. diese Anforderung realisieren" (Anforderungen sind bekanntlich lösungsneutral und stellen keine Ziele dar).

- Beim **Rückwärtsschreiten** werden die Merkmale der Soll-Situation als Zielmaßstäbe betrachtet. Die zentrale Frage lautet hier: „Wie kann ich dieses Ziel erreichen?"

Die Einflussgrößen und Teilzustände werden entsprechend ihrer Auswirkungen und Abhängigkeiten mit gerichteten Kanten verbunden, die bei Bedarf beschriftet werden können. In Abhängigkeitsdiagrammen sind keine Wertausprägungen enthalten. Sie verdeutlichen nur prinzipielle Zusammenhänge.

Zuser, Biffl, Grechenig und Köhle beschreiben in ihrem Buch das Abhängigkeitsdiagramm anhand eines Fallbeispiels, welches wir hier auszugsweise wiedergeben: „Ein Info-Kiosk, der Kinobesuchern das einfache Abfragen der Spielpläne nach verschiedenen Kriterien (Film, Genre, Kino, Uhrzeit usw.) und das Reservieren von Karten im Selbstbedienungsverfahren ermöglichen soll, ist zu entwickeln. Er soll in Kinos, aber auch an geeigneten öffentlichen Orten mit hoher Publikumsfrequenz aufgestellt werden und muss daher robust und pflegeleicht sein.

Aus diesem Grund wurde bereits die Verwendung eines Touchscreens beschlossen. Für die Akzeptanz durch das Publikum ist es wichtig, dass die Ausfallzeiten des Kiosks möglichst gering sind und keine veralteten Informationen angeboten werden. Die Bedienung soll auch dem computerunerfahrenen Nutzer leicht fallen. Der Benutzer soll einen Ausdruck des Suchergebnisses mitnehmen können [Zu Bi Gr Kö 2001]".

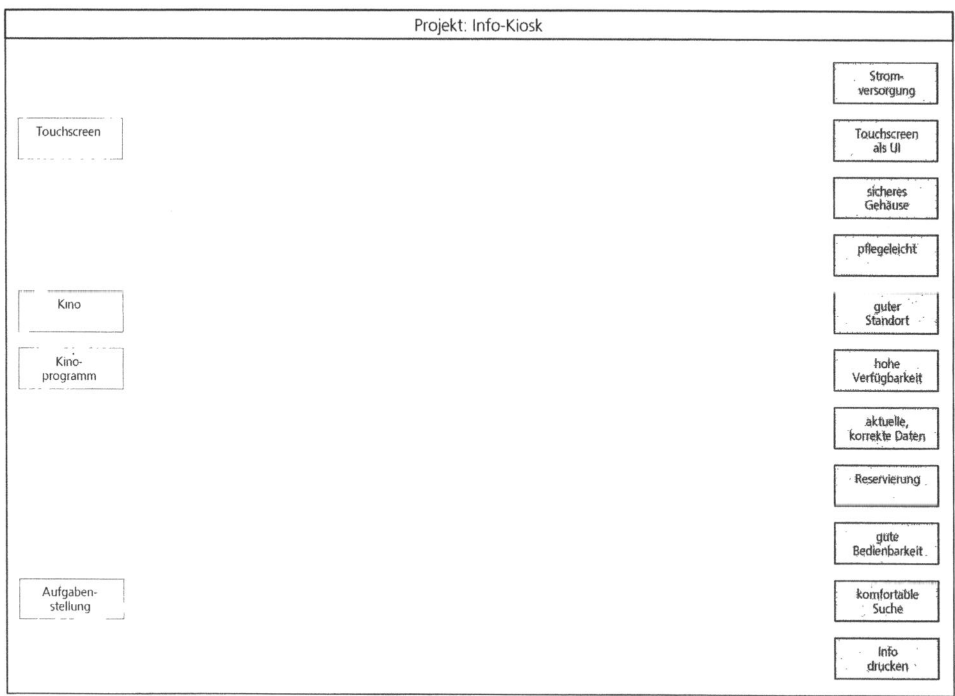

Abb. 451: Ist-Soll-Abhängigkeitsdiagramm – erstes Stadium

Die an die Lösung gestellten Anforderungen werden auf der rechten Seite des Ist-"Soll" Abhängigkeitsdiagramms eingetragen. Die vorhandenen bzw. bekannten

Komponenten der Ausgangssituation werden auf der linken Seite eingetragen. Gegeben sind beispielsweise die Kinos, das Vorführprogramm, der Touchscreen und die Aufgabenbeschreibung. Dieses erste Stadium des Ist-Soll-Abhängigkeitsdiagramm ist in ▶Abb. 451 dargestellt.

Zuser, Biffl, Grechenig und Köhle beschreiben beispielhaft ein regressives Vorgehen (Rückwärtsschreiten), um Lösungsteilschritte zu erkennen und dadurch die Ziele mit den Merkmalen der Ausgangslage zu verknüpfen. „Um einen guten Standort innerhalb des Kinos für den Kiosk zu finden, benötige ich einen Plan des Kinos und Informationen über den Platzbedarf des Geräts. Den Plan kann mir das betroffene Kino zur Verfügung stellen, über den Platzbedarf gibt der Geräteentwurf Auskunft, der auf der entsprechenden Spezifikation beruht. Diese wiederum geht von der vorhandenen Aufgabenstellung und dem Wunsch nach Verwendung eines Touchscreens aus."

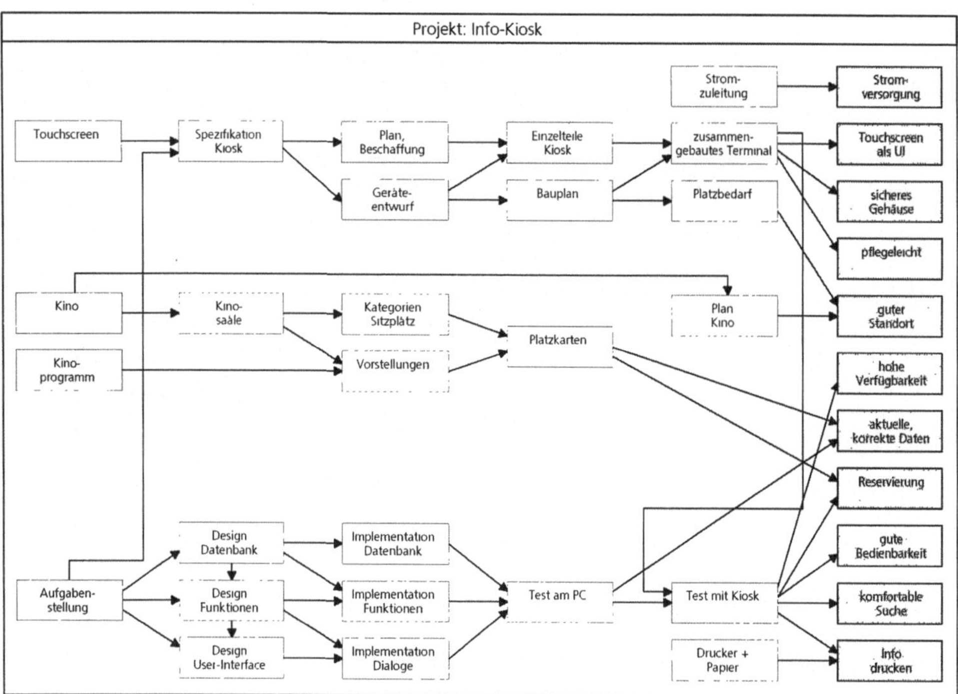

Abb. 452: Ist-Soll-Abhängigkeitsdiagramm „Info-Kiosk" [Zu Bi Gr Kö 2001]

Dieses Verfahren wird solange fortgeführt, bis alle wesentlichen Teilschritte gefunden und damit die Abhängigkeiten zwischen dem „Ist" und dem „Soll" aufgelöst sind. Dabei können regressives und progressives (Vorwärtsschreiten) Vorgehen gemischt werden. Beispielsweise kann die auf der linken Diagrammseite aufgeführte „Aufgabenstellung" vorwärtsgerichtet konkretisiert werden. Drei erstrangige Teilaktivitäten sind das Datanbank-Design, das Funktionen-Design und das User-Interface-

Design. Ausgehend von diesen Teilschritten ergeben sich für die Erreichung der Soll-Ziele weitere Aktivitäten. Ein mögliches Ergebnis ist in ▶ Abb. 452 dargestellt.

Zuser, Biffl, Grechenig und Köhle weisen darauf hin, dass die in einem Ist-Soll-Abhängigkeitsdiagramm dargestellten gerichteten Kanten (Abhängigkeitspfeile) auf unterschiedliche Weise zu lesen sind. So bedeuten sie im Bereich der Eigenschaften des Zielprodukts größtenteils „kann anhand von … beurteilt werden". Bei konkreten durchzuführenden Projektaktivitäten, beispielsweise im linken unteren Bereich (Design, Implementierung, Test), bedeuten sie „muss vor … durchgeführt werden" und stellen somit eine zeitliche Abhängigkeit dar. In der Mitte des gezeigten Beispieldiagramms (Kinosäle, Kinoprogramm, Sitzplätze, Vorstellungen) stellen die Abhängigkeiten Informationsquellen und -flüsse dar.

Die Genauigkeit bei der Erstellung eines Ist-Soll-Abhängigkeitsdiagramms kann je nach Projektphase und zugrunde liegender Motivation für die Erstellung des Diagramms variieren. Beispielsweise kann es als grober Übersichtsplan für die Projektinitialisierung genutzt werden und als Basis für eine detaillierte Vorgehensplanung dienen. Bei Vorhaben mit geringerem Umfang kann das Ist-Soll-Abhängigkeitsdiagramm bei sorgfältiger Ausarbeitung eventuell die Vorgehensplanung vollständig ersetzen. Nicht unbedeutend scheint der Gebrauch dieses Diagrammtyps als Kreativitäswerkzeug beispielsweise für ein team-gestütztes Brainstorming zu sein. Durch das halb-strukturierte Vorgehen (Gegenüberstellung von „Ist" und „Soll") wird das Ordnen von Gedanken und das Auffinden von Handlungsoptionen in den frühen Projektphasen sehr gut unterstützt.

12.3.3 Kommunikationsbeziehungsdiagramm

Projekte werden in Teams bearbeitet. Jedes Teammitglied nimmt eine bestimmte Rolle im Team ein, so dass sich ein Team letztendlich aus einer definierten Anzahl von Rollen zusammensetzt, zwischen denen verschiedene wesentliche Kommunikationsbeziehungen bestehen. Diese Kommunikationsbeziehungen sind besonders dann wichtig, wenn geklärt werden muss, wer welche Dokumente zu welcher Zeit in welcher Form erhält. Dabei müssen nicht unbedingt die Dokumente selbst per e-mail oder in gedruckter Form versendet werden, sondern es kann sich auch um eine Nachricht handeln, dass das jeweilige Dokument an einer bestimmten Stelle abgerufen werden kann. Oftmals herrscht in einem Projektteam auch Unklarheit darüber, in welcher Form in einer bestimmten Situation zu kommunizieren ist und/oder wer in die Kommunikation einbezogen werden sollte.

Damit ein einheitliches Verständnis über die Kommunikationsbeziehungen herrscht und auch neue Mitarbeiter eine Orientierung bekommen und sich schnell zurecht finden, können die wesentlichen Informationsaustauschbeziehungen in einem Diagramm festgehalten werden. Das Ziel eines solchen Diagramms ist zum einen, schnell den richtigen Ansprechpartner für bestimmte Probleme oder Sachverhalte zu finden und zum anderen auch die beste Art der Kommunikation für die jeweiligen Anliegen festzuhalten. Damit kann eine Homogenisierung der Abläufe in einem Projekt erreicht werden. Ein solches Diagramm kann spezifisch für ein Projekt erstellt werden oder als Firmenstandard deklariert werden und damit allgemeingültig sein.

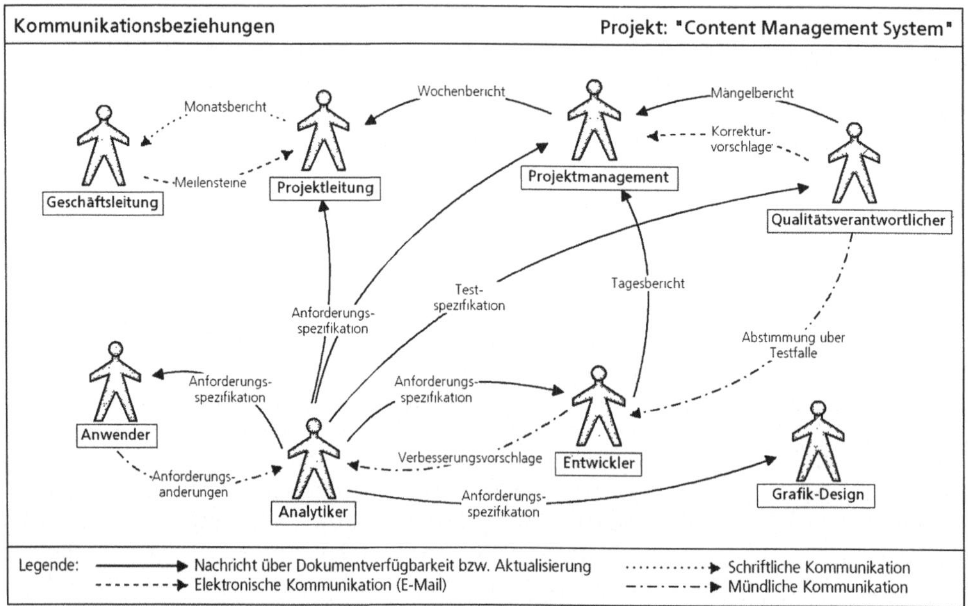

Abb. 453: Beispiel – Kommunikationsbeziehungsdiagramm

In ▶Abb. 453 ist ein Beispiel für ein Kommunikationsbeziehungsdiagramm darge-stellt. In diesem Beispiel wurde der „offizielle" Dokumentaustausch in Form von Nachrichten über Dokumente, E-Mails und schriftlichem Dokumentenversand mit den „mündlichen" Kommunikationsbeziehungen zusammengefasst. Um eine bessere Übersicht bei einer größeren Zahl von Kommunikationsbeziehungen zu erhalten, ist es empfehlenswert, diese Sachverhalte in zwei verschiedenen Diagrammen darzu-stellen.

12.3.4 Produktübersichtsdiagramm

Ein ähnlicher Abklärungsbedarf wie bei den Kommunikationsbeziehungen kann auch bezüglich der in einem Projekt zu erstellenden Produkte bestehen. Auch dies-bezüglich ist nicht allen Projektbeteiligten unmittelbar klar, wann, in welchem Pro-jekt, welche Produkte erstellt werden. Man unterscheidet in dieser Hinsicht drei we-sentliche Produkttypen: Dokumente, Darstellungstechniken und Systembestandteile.

Beim ersten Produkttyp, den Dokumenten, handelt es sich um die Unterlagen, die im Rahmen der administrativen Projektdokumentation (z. B. Projektplan), der Do-kumentation des Entwicklungsprozesses (z. B. Vorgehensmodell) und der Doku-mentation über die fachlichen und technischen Inhalte des Ergebnisproduktes (z. B. Anforderungsspezifikation) erstellt werden, wobei diese Unterlagen sowohl in elekt-ronischer als auch gedruckter Form vorliegen können. Ein weiterer Produkttyp sind die genutzten Darstellungstechniken, die besonders intensiv während der Analyse, aber auch während des Entwurfs und während der Implementierung genutzt werden. Der dritte Produkttyp sind die Systembestandteile. Diesen Produkttyp bezeichnet man auch als „Technisches System". ▶Abb. 454 zeigt ein Darstellungsbeispiel für ein Produktübersichtsdiagramm.

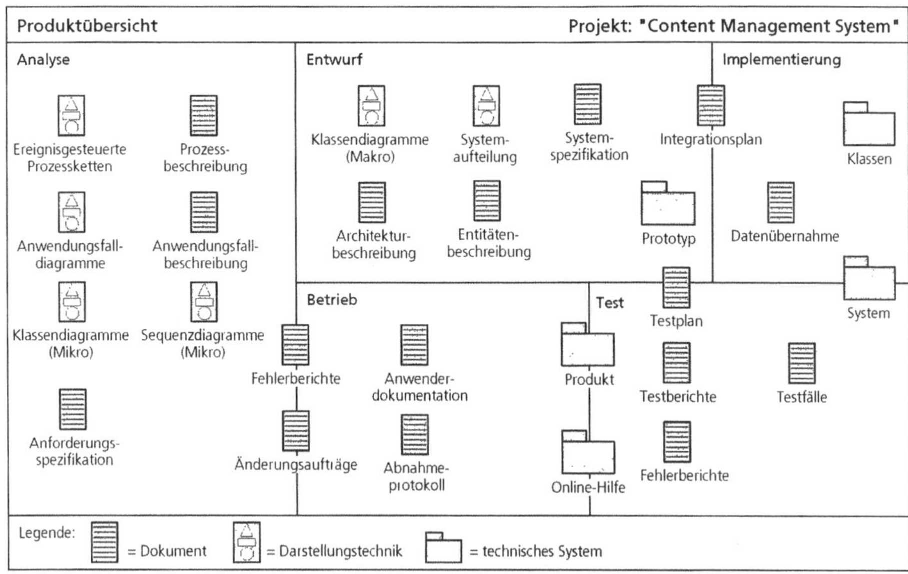

Abb. 454: Beispiel – Produktübersichtsdiagramm

12.3.5 Morphologischer Kasten

Der Begriff „Morphologie" stammt aus dem Griechischen und bedeutet soviel wie Gestaltungs- oder Ordnungslehre. Damit wird die Morphologie zur Lehre von Gebilden und Formen und deren zugrunde liegenden Ordnungen. Sie wird gleichgesetzt mit dem „Denken in geordneter Form" und befasst sich schwerpunktmäßig mit einer bestimmten Denkmethode – der Theorie des Entdeckens und Erfindens. Die morphologische Analyse dient der vollständigen Erfassung eines komplexen Problembereichs, um daraus alle möglichen und sinnvollen Lösungen abzuleiten.

Eine der Ideen der Morphologie ist es, Kombinationen systematisch nach Lösungen von Problemen abzusuchen. Ein Ziel der morphologischen Analyse ist es, eine Hilfestellung beim Finden von Lösungsmöglichkeiten für eine Gesamtproblematik zu geben. Dazu kann man auf den „morphologischen Kasten" zurückgreifen. Als Erfinder des morphologischen Kastens und gleichzeitig Begründer des neuzeitlichen morhologischen Denkens gilt der Schweizer Fritz Zwicky, der diese Technik erstmals in seinem Buch „Entdecken, Erfinden, Forschen im Morphologischen Weltbild" beschreibt. Der morphologische Kasten gehört zu den analytisch-systematischen Methoden der Kreativitättechniken. Die Lösungsfindung geschieht in einem zweistufigen Prozess.

In einem ersten Schritt werden die grundlegenden Parameter des Gesamtproblems bestimmt. Das sind wiederholt auftauchende Merkmale, die unterschiedlich gestaltet sein können und aus denen sich eine Gesamtlösung zusammensetzt. Diese Parameter werden in der Vorspalte einer Matrix eingetragen. Diese Matrix bildet später den morphologischen Kasten. Im Blick auf das Gesamtproblem werden nun für die eingetragenen Parameter mögliche Ausprägungen gesucht. Dies geschieht, indem man für jede Komponente bzw. jeden Baustein des Gesamtproblems Lösungsmöglichkeiten bzw. Gestaltungsalternativen sucht. Die Zahl der Lösungsparameter sollte nicht zu groß sein, und deren Ausprägungen sollten wichtige Unterschiede verdeutlichen. Die möglichen Lösungsbausteine werden in der Matrix gegenübergestellt.

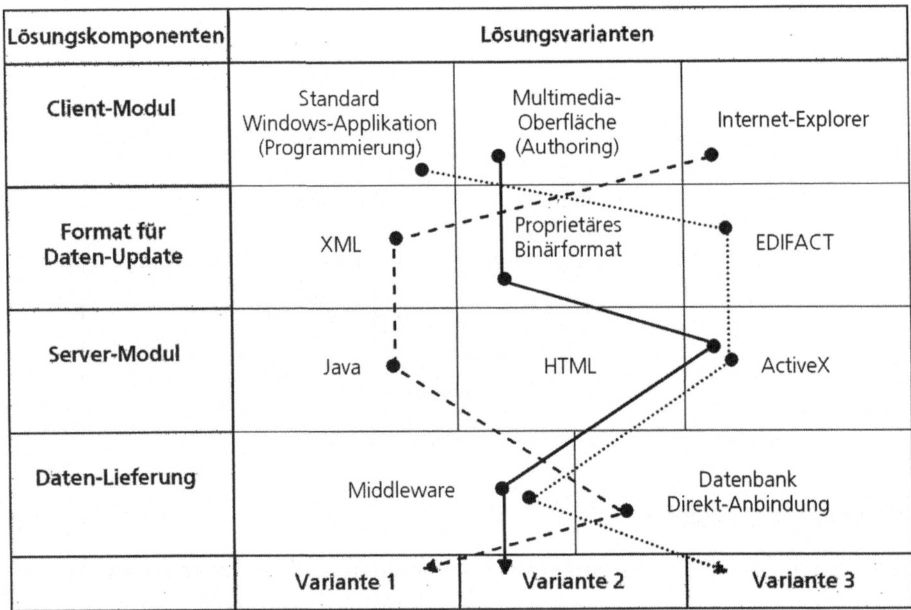

Abb. 455: Beispiel für Variantenbildung mit dem morphologischen Kasten

Ist der morphologische Kasten erstellt, werden in einem zweiten Schritt die Lösungsvarianten des Gesamtproblems dadurch konzipiert, dass einzelne Teilaspekte im Kasten frei miteinander verknüpft werden. Eine vollständige Lösungsvariante setzt sich dann aus der Kombination von jeweils einem Element aus allen Zeilen zusammen. Diese können durch einen Linienzug miteinander verbunden werden. Durch die freie Kombination der Matrixelemente lassen sich zu einem Problem bzw. einer Aufgabenstellung mehrere weitere Lösungsmöglichkeiten ableiten. Daß dabei auch a priori unsinnige Kombinationen, die noch niemand vorher gemacht hat, durchprobiert werden können, birgt eines der Grundelemente der „morphologischen Kreativität".

Es ist bei diesem Verfahren anzumerken, das ein morphologischer Kasten nicht mehr hergeben kann, als vorher in ihm gespeichert wurde. Daraus geht hervor, wie wichtig eine umfassende Informationsbeschaffung und -analyse vor der eigentlichen Erstellung des morphologischen Kastens ist.

Die generellste Anwendung des morphologischen Kastens im Business Engineering wird so durchgeführt, dass vorweg eine Problemanalyse und Abstraktion der Gesamtaufgabe vorgenommen wird. Zentrale Fragen sind hierbei: „Welche Funktionen sind zu erfüllen?" und „Welche Eigenschaften werden von der Lösung erwartet?" Aus der Problembestimmung ergibt sich eine aus mehreren Teilfunktionen zusammengesetzte Lösungsstruktur. Diese Teilfunktionen werden in der Vertikalen des morphologischen Kastens eingetragen. In der Horizontalen werden die für die Teilfunktionen ermittelten Lösungsbausteine eingetragen. Die zentrale Fragen lautet nun: „Welche Lösungsmöglichkeiten gibt es für jeden Teilaspekte?" Aus der Kombination der Teillösungen entstehen dann unterschiedliche Gesamtlösungen.

12.3.6 Problemlösungsbaum

Der Problemlösungsbaum gehört wie auch der morphologische Kasten zu den analytisch-systematischen Methoden der Kreativitättechniken. Er ist ein Instrument, um alle Alternativen, die sich für eine Aufgabenstellung anbieten, zu erfassen und in strukturierter Form darzustellen. Wie bereits aus dem Namen ersichtlich, erfolgt die Darstellung in einer Baumstruktur. Dadurch ergibt sich eine Hierarchie, weshalb man von elementaren, grundlegenden Varianten ausgehend (Prinzipvarianten) eine schrittweise Verfeinerung des Variantenspielraums vornimmt (Detailvarianten).

Ausgangspunkt der Hierarchie ist ein Problem oder eine Aufgabenstellung (beispielsweise eine zu entwickelnde Geschäftslösung). Die grundlegenden Lösungsvarianten werden dann als Hauptäste aufgenommen (siehe dazu auch die Erläuterungen zur methodischen Variantenbildung in ▶Kapitel *„2 Komplexe Projektaufgaben systematisch lösen"*). Für jeden Hauptast werden nun wiederum verschiedene Lösungsvarianten erkundet (Ausprägungsvarianten) und als Folgeverzweigungen festgehalten. Diese Unterteilung kann sich über beliebig viele Hierarchiestufen erstrecken. Allerdings wird der Baum bei zu vielen Hierarchiestufen leicht unübersichtlich, und es ist in solchen Fällen ratsam, Varianten ab einer bestimmten Verschachtelungstiefe auszugliedern und in eigenen Bäumen weiter zu verfolgen.

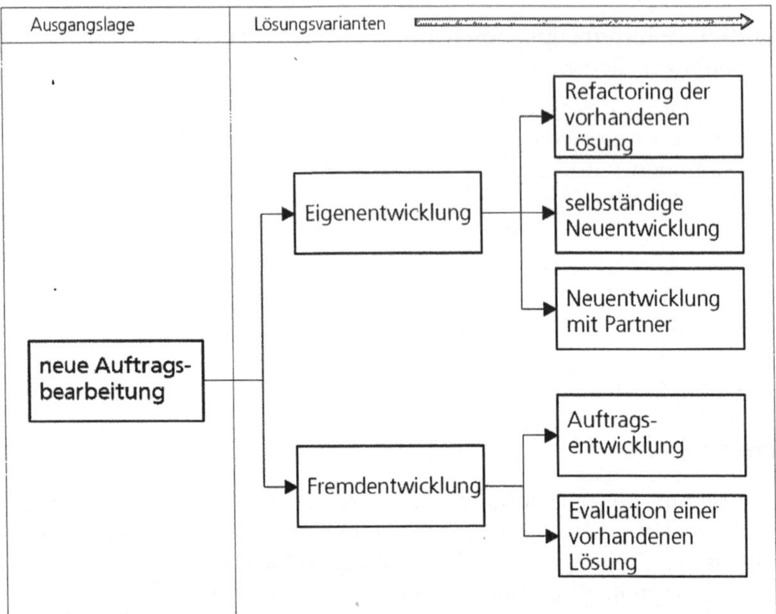

Abb. 456: Beispiel für den Aufbau eines Problemlösungsbaums

Wie auch der morphologische Kasten erfordert die Anwendung des Problemlösungsbaums eine gewisse fachliche Kompetenz über den zu bearbeitenden Bereich.
Nur dadurch erschließt sich letztendlich das Spektrum an möglichen Varianten, die
in einem Problemlösungsbaum einander gegenübergestellt werden können.

Anhang

Für die weitere Vervollständigung dieses Werkes, sind Sie, liebe Leserin, lieber Leser, herzlichst eingeladen, von ihren Erfahrungen zu berichten. Falls Sie im Rahmen Ihrer Berufspraxis oder Ausbildung bzw. Studium mit Anwendungsbeispielen für grafische Darstellungen konfrontiert werden, wäre der Autor über eine entsprechende Information dankbar. Auch Beispiele für weitere Darstellungstechniken oder Variationen von bereits beschriebenen Darstellungsformen können für die zukünftige Erweiterung des Buches hilfreich sein. Falls ein Praxisbeispiel von Lesern oder Firmen im Buch aufgenommen werden sollte, geschieht dies mit namentlicher Nennung.

Des Weiteren ist der Autor über jede Art von Feedback zum Inhalt des Buches dankbar. Von besonderem Interesse ist es für den Autor, zu erfahren, welche Bedeutung bzw. Wichtigkeit für den Leser die beiden Kernthemen des Buches haben.

- Teil 1 Systematisieren des Projektinhalts und des Projektvorgehens
- Teil 2 Visualisieren mit Darstellungstechniken

War ein bestimmter Themenbereich ausschlaggebend für den Kauf des Buches? Welcher Themenbereich sollte in Zukunft stärker ausgebaut werden? Welcher Teil ist für den Leser von geringerer Bedeutung und kann eventuell gestrafft werden?

Folgende weitere Fragen können als Anhaltspunkte für Feedback dienen:

- Was fehlt?
- Was ist unklar?
- Welche Themeninhalte sollten vertieft werden?
- Was sollte ausführlicher erklärt oder beschrieben werden?
- Wo sollten mehr Praxisbeispiele aufgenommen werden?

Kontaktadresse: ralph.brugger@web.de

Postsendungen richten Sie bitte an die folgende Adresse des Verlags:

Vieweg & Sohn Verlagsgesellschaft mbH
Autor: Ralph Brugger
Abraham-Lincoln-Strasse 46
65189 Wiesbaden
Deutschland

Vielen Dank !

Literaturverzeichnis

Querverweis im Text	Literaturangabe
Bö Fu 2002	System-Entwicklung in der Wirtschaftsinformatik Rolf Böhm, Emmerich Fuchs 5. Auflage vdf, Hochschulverlag AG , Zürich 2002 ISBN: 3-7281-2762-0
Br 2005	Der IT Business Case Ralph Brugger Springer Verlag, Berlin 2005 ISBN: 3540232036
Deru 1997	Kundenorientierte Workflowprojekte Marc Derungs Deutscher Universitätsverlag Wiesbaden, 1997
Fer Sinz 1998	Grundlagen der Wirtschaftsinformatik Otto Ferstel, Elmar Sinz Band 1, 3. Auflage Oldenbourg Verlag, München, Wien 1998
Glinz 1999	Martin Glinz Informatik, Teil II (Modellierung) Vorlesungsskript, SS 1999 Institut für Informatik, Universität Zürich
Gom Pro 1999	Die Praxis des ganzheitlichen Problemlösens Peter Gomez, Gilbert Probst Haupt Verlag, Bern 1999 ISBN: 3-258-05575-0
Hei 2002	Informationsmanagement Lutz J. Heinrich Oldenbourg Verlag, München ISBN: 3-4862-5842-7
Hier 2000	Benchmarking der Kundenorientierung von IV-Prozessen Andreas Hierholzer In: IV-Controlling Konzepte – Umsetzungen – Erfahrungen Gabler Verlag, Wiesbaden 2000 ISBN: 3-4091-1677-X
Kral 1989	EDV-Sicherungsmanagement Krallmann, H. Schmidt, Berlin 1989

Querverweis im Text	Literaturangabe
Leist Winter 1998	Component-Based Banking In: Informationssysteme in der Finanzwirtschaft Hrsg.: Weinhardt, Meyer zu Selhausen, Morlock Berlin et al. 1998, S. 121-138
Lev Har 1983	Analysing software safety IEEE Trans. On Software Engineering, 1983 N.G. Leveson und P.R. Harvey
Öst 2000	Business Engineering Hubert Österle, Robert Winter (Herausgeber) Springer Verlag, Berlin Heidelberg, 2000 ISBN: 3-5406-7258-3
Öst 2002	Business Networking Hubert Österle, Elgar Fleisch, Rainer Alt Springer Verlag, Berlin Heidelberg, 2002 ISBN: 3-5404-1370-7
Pla Se 1996	Innovationsmanagement Franz Pleschak, Helmut Sabisch UTB Schäffer-Poeschel, Stuttgart, 1996 ISBN: 3825281221
Sch 2000	Methoden und Techniken der Organisation Band 1 Götz Schmidt 12. Auflage, 2000 Verlag Dr. Götz Schmidt
Schön Ném 1990	Software-Entwicklungswerkzeuge Methodische Grundlagen F. Schönthaler, T. Németh Teubner Verlag, Stuttgart 1990
Schreiber 2000	Beschaffung von Informatikmitteln Josef Schreiber 3. Auflage Haupt Verlag, Bern 2000 ISBN: 3-258-06136-X
Som 2001	Software Engineering Ian Sommerville 6. Auflage Pearson Studium (Addison-Wesley), München 2001 ISBN: 3-8273-7001-9
Teu 1995	Computerunterstützung für die Gruppenarbeit Teufel S., Sauter C., Mühlherr T., Bauknecht K. Addison-Wesley, Bonn, 1995
Ves 1980	Neuland des Denkens Frederic Vester Deutsche Verlagsanstalt, Stuttgart 1980

Querverweis im Text	Literaturangabe
Way Col 1997	Customer Connections Robert E. Wayland, Paul M. Cole Harvard Business School Press, 1997 ISBN: 0875847994
Zu Bi Gr Kö 2001	Software Engineering mit UML und dem Unified Process Wolfgang Zuser, Stefan Biffl, Thomas Grechenig, Monika Köhle Pearson Studium, München, 2001 ISBN: 3-8273-7027-2

Q

Programmiersprachen und Datenbanken

Dietmar Abts
Grundkurs JAVA
Von den Grundlagen bis zu Datenbank- und Netzanwendungen
5., überarb. u. erw. Aufl. 2007. X, 419 S. mit 66 Abb. und Online-Service
Br. EUR 24,90   ISBN 978-3-8348-0417-4

Doina Logofătu
Algorithmen und Problemlösungen mit C++
Von der Diskreten Mathematik zum fertigen Programm - Lern- und Arbeits-
buch für Informatiker und Mathematiker
2006. XVIII, 472 S. mit 160 Abb. und Online-Service
Br. EUR 34,90   ISBN 978-3-8348-0126-5

Wolf-Michael Kähler
SQL mit ORACLE
Eine aktuelle Einführung in die Arbeit mit relationalen und objektrelationalen
Datenbanken unter Einsatz von ORACLE Express
3., akt. und erw. Aufl. 2008. XI, 343 S. mit 311 Abb.
Br. EUR 34,90   ISBN 978-3-8348-0527-0

Sven Eric Panitz
Java will nur spielen
Programmieren lernen mit Spaß und Kreativität
2008. X, 245 S. mit 16 Abb. und Online-Service
Br. EUR 24,90   ISBN 978-3-8348-0358-0

Abraham-Lincoln-Straße 46
65189 Wiesbaden
Fax 0611.7878-400
www.viewegteubner.de

Stand Juli 2008.
Änderungen vorbehalten.
Erhältlich im Buchhandel oder im Verlag.